Progetto Genesis

Claudia Borgioli
Sandra von Borries

Processi e modelli di BIOLOGIA B

per il secondo biennio dei nuovi licei

BIOLOGIA ANIMALE E UMANA

DeAGOSTINI

DeAGOSTINI

internet: www.scuola.com
e-mail: scrivi@scuola.com

La Casa Editrice è certificata da
CISQCERT
In conformità alla norma UNI EN ISO 9001:2008 per l'attività di «Progettazione e realizzazione di prodotti per l'editoria scolastica» (certificato n. 02.565)

Redattore responsabile:	Alessio Delfrati
Tecnico responsabile:	Chiara Giuliani
Revisione scientifica:	Paolo Bianco, Marco Zucchelli (Capoverso srl, Torino)
Redazione e ricerca iconografica:	Capoverso srl, Torino
Traduzioni inglesi:	Michelle Nebiolo (Capoverso srl, Torino)
Illustrazioni:	Capoverso srl, Torino
Progetto grafico e copertina:	Veronica Paganin
Realizzazione editoriale e tecnica:	Capoverso srl, Torino
Art Director:	Nadia Maestri

Si ringrazia la professoressa Mirna Pintucci per la consulenza didattica.

1ª edizione: gennaio 2012
Printed in Italy

Immagine in copertina: Monarch Butterfly (Danaus plexippus), iStockphoto

Ricerca iconografica per la copertina: Cristina Colombo

Le fotografie di questo volume sono state fornite da: Corbis, De Agostini Picture Library, Getty Images, iStockphoto, Marka, Photos.com, Tips Images.

Eventuali segnalazioni di errori, refusi, richieste di chiarimento/funzionamento dei supporti multimediali o spiegazioni sulle scelte operate dagli autori e dalla Casa Editrice possono essere inviate all'indirizzo di posta elettronica *scrivi@scuola.com*

Stampa: L.E.G.O. S.P.A. - ITALIA

Ristampa	4 5	6 7	8 9	10 11
Anno			2016	2017

parte **C**

Biologia
animale e umana

Legenda degli strumenti multimediali

I seguenti simboli indicano la presenza di un'attività multimediale all'interno del libro digitale:

- Video
- Animazione
- Esercizi autocorrettivi
- Sintesi audio

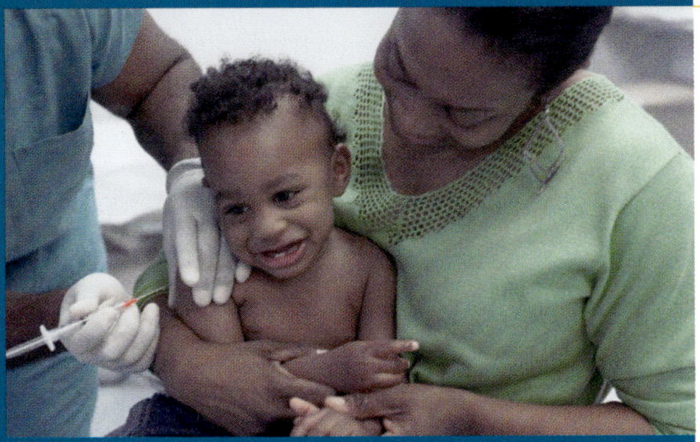

Presentazione

Scoprire e comprendere i processi più complessi della biologia

Al Primo biennio hai acquisito un nucleo di fondamenti scientifici e metodologici della biologia.
Questo corso ti permetterà di **capire la complessità dei sistemi e dei fenomeni biologici**, di **scoprire le relazioni che si stabiliscono** tra i componenti di tali sistemi (indagandone anche le **basi molecolari**), nonché di **potenziare il metodo scientifico**. Per facilitarti nel raggiungimento di questo obiettivo, il corso ti aiuterà in tre modi:

- fornendoti sempre una **formalizzazione semplice e logica** dei fenomeni, anche quelli più articolati (partendo sempre dall'osservazione per giungere in maniera deduttiva al modello);
- offrendoti una serie di attività, chiamate nel testo *Strategie d'indagine scientifica*, che vanno incontro a **differenti attitudini e interessi** (troverai attività per chi ama la lettura, per chi è portato per il calcolo e l'elaborazione, per chi ha il pallino dell'informatica, per chi ha capacità pratica ecc.);
- mettendoti a disposizione **strumenti multimediali** di diretto supporto alla comprensione del testo (animazioni, video, esercizi interattivi ecc.).

Grazie ai materiali del corso potrai costruire una solida conoscenza dei processi fondamentali della biologia, che ti permetterà di ampliare la **visione critica e globale dell'ambiente naturale e umano** in cui vivi.

COM'È FATTO QUESTO LIBRO

La struttura del testo è organizzata nel modo seguente:

Parte
Unità
Lezione

Questo volume si compone di un'unica **parte**:
C. Biologia animale e umana

Libro digitale

Tutto il volume è consultabile anche in formato digitale sul cd-rom allegato al corso, che propone un'esperienza di lettura ipermediale, arricchita da video, animazioni e approfondimenti. Puoi inoltre esercitarti e valutare la tua preparazione per mezzo di verifiche interattive con autocorrezione, e produrre presentazioni interattive da proiettare in classe con il videoproiettore o la LIM. Le sintesi audio in inglese ti consentono di consolidare le tue competenze nel campo della comunicazione delle conoscenze scientifiche.

LIBRO DIGITALE

Nel libro digitale puoi accedere, con un semplice click, a interessanti video sui fenomeni della natura e a utili animazioni sui principali processi biologici. Puoi inoltre verificare la tua preparazione con gli esercizi interattivi presenti alla fine di ogni unità.

Biologia
animale e umana

PARTE **C**

UNITÀ **C1**
L'organizzazione del corpo umano

UNITÀ **C2**
Il sistema scheletrico e il sistema muscolare

UNITÀ **C3**
L'apparato digerente e la nutrizione

UNITÀ **C4**
L'apparato respiratorio e l'apparato circolatorio

UNITÀ **C5**
L'apparato escretore e l'apparato tegumentario

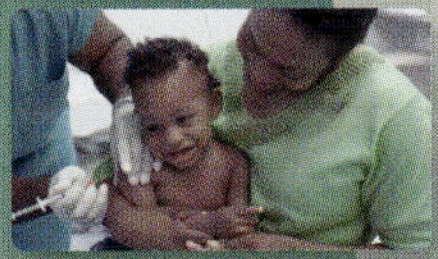

UNITÀ **C6**
Il sistema immunitario

UNITÀ **C7**
Il sistema endocrino

UNITÀ **C8**
Il sistema nervoso e gli organi di senso

UNITÀ **C9**
L'apparato riproduttore

UNITÀ **C10**
Il comportamento animale

UNITÀ C1

L'organizzazione del corpo umano

Osserva... Il nostro organismo manifesta una grande capacità nel mantenere costante l'ambiente interno, caratteristica che ha permesso all'uomo di sopravvivere in una varietà di habitat maggiore rispetto a quasi tutti gli altri vertebrati. Questa capacità naturale, comune in differente misura a tutti gli animali, è nota come omeostasi. Il primo scienziato a rendersi conto dell'importanza dell'omeostasi fu il fisiologo francese Claude Bernard (1813-1878). Nel 1859, nel corso dei suoi esperimenti sulla regolazione della concentrazione del glucosio nel sangue del cane, scoprì che tale concentrazione rimaneva costante anche inserendo fortissime variazioni nella composizione della dieta. Lo scienziato dedusse che il cane e gli altri mammiferi dovevano avere meccanismi di controllo che mantenevano i loro parametri corporei nell'ambito di certi limiti.
Con la tecnologia l'uomo ha inoltre realizzato sistemi di «omeostasi artificiale», che fanno sì che il nostro organismo possa mantenere relativamente stabili i propri parametri corporei anche in ambienti estremi, come le profondità del mare o lo spazio, estendendo ulteriormente le possibilità di esplorazione e colonizzazione di nuovi habitat da parte della nostra specie.

1 Le funzioni vitali

2 Struttura generale di un organismo animale

3 I principali tipi di tessuto

4 Sistemi di regolazione

Claude Bernard

Le funzioni vitali

1 Ogni attività biologica richiede energia

1 La funzione nutritiva

Proviamo a osservare differenti organismi intenti in una qualunque attività biologica: un ragazzo che corre, un fiore che si apre, un'ameba che fagocita un batterio ▶ 1: ci rendiamo conto facilmente che ogni funzione vitale svolta da un essere vivente richiede *energia*. Gli organismi ricavano energia dai **nutrienti**, molecole semplici (quali glucosio, amminoacidi ecc.) e complesse (quali glucidi, proteine ecc.) necessarie per il metabolismo. La maggior parte dei nutrienti consumati da un organismo svolge una funzione energetica ed è utilizzata per il mantenimento delle funzioni vitali (sono **nutrienti energetici** glucidi, lipidi e proteine). Un'altra porzione di nutrienti serve invece a procurare il materiale plastico necessario per la crescita, il rimodellamento e la riparazione dei tessuti: si tratta dei cosiddetti **nutrienti plastici** (proteine). Una piccola quantità di nutrienti, infine, viene utilizzata per la regolazione dei processi metabolici; sono i **nutrienti regolatori** (minerali e vitamine).

Il consumo di nutrienti porta inevitabilmente alla produzione da parte degli organismi di **prodotti di scarto** che devono essere eliminati dal corpo. Tali materiali sono rilasciati nell'ambiente, dove specifici organismi sono in grado di utilizzarli a loro volta come nutrienti e smaltirli. Questo insieme di processi fa sì che gli esseri viventi siano strettamente connessi tra loro e con l'ambiente che li circonda. Come vedremo nel dettaglio più avanti, ben quattro apparati del nostro corpo (e più in generale dei vertebrati) sono coinvolti nella funzione nutritiva, che implica l'acquisizione e l'elaborazione dei nutrienti e l'eliminazione dei prodotti di scarto ▶ 2.

2 TESTO-IMMAGINE **Gli apparati coinvolti nella funzione nutritiva nei vertebrati**

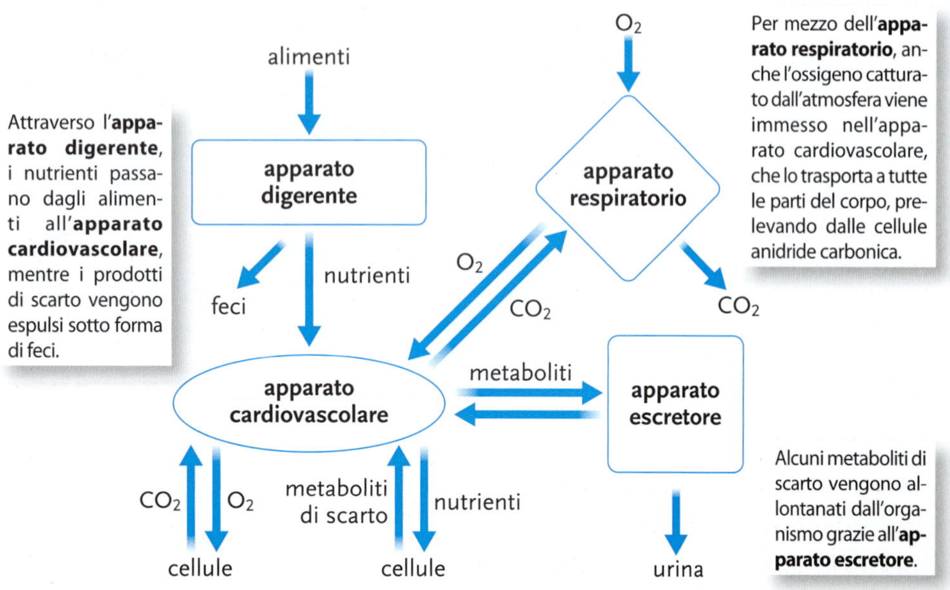

2 La funzione riproduttiva

Se l'obiettivo quotidiano di un essere vivente è sopravvivere, la teoria dell'evoluzione ci insegna che lo scopo ultimo di ogni essere vivente è *riprodursi*. È grazie a questa tendenza innata di ogni organismo che la vita si è mantenuta sul nostro pianeta.

Solo gli individui che sono in grado di mettere al mondo una prole capace di superare le malattie, scampare ai predatori, affrontare le avversità ambientali trasmetteranno i loro geni alle generazioni successive, garantendo così il loro successo riproduttivo e il mantenimento della specie. Ogni individuo, quindi, non solo deve procurarsi risorse ed energia sufficienti alla propria sopravvivenza, ma, almeno in un periodo della propria esistenza, deve dedicare tempo ed energia al processo della riproduzione.

A dispetto di quello che si può immaginare, la forma di riproduzione più diffusa tra i viventi è la **riproduzione asessuata**, tipica degli organismi procarioti, che come sappiamo formano due dei tre domini dei viventi. Tali organismi unicellulari si moltiplicano per *scissione binaria*, un processo che dà luogo alla formazione di due cellule identiche alla cellula madre ▶ 3A. Questo metodo di riproduzione cellulare non si perde negli organismi superiori, ma è anzi il processo per mezzo del quale avviene la duplicazione di tutte le cellule degli eucarioti, eccetto i gameti.

È infatti attraverso la *mitosi*, una forma di riproduzione cellulare molto simile alla riproduzione asessuata dei procarioti, che gli organismi eucarioti passano dalla condizione unicellulare dello zigote alla condizione pluricellulare dell'embrione; ed è sempre grazie alla mitosi che gli eucarioti si accrescono fino all'età adulta e mantengono e riparano i tessuti per tutto il corso della propria vita ▶ 3B.

Sebbene in alcuni microrganismi compaia una forma primitiva di **riproduzione sessuata** (detta *coniugazione*), è solo negli eucarioti che si evolve la vera e propria riproduzione sessuata.

Nei vertebrati le strategie riproduttive e, di conseguenza, le caratteristiche degli apparati coinvolti (**apparati riproduttori maschile e femminile**) si sono evolute di pari passo con la conquista della terraferma. Rispetto ai vertebrati acquatici, che in genere producono grandi quantità di uova poco protette e rilasciate direttamente nell'ambiente, i vertebrati terrestri hanno gradualmente sviluppato la capacità di produrre uova più resistenti e più ricche di riserve di nutrimento. Nei mammiferi superiori le uova sono prive di gusci e scorte energetiche, ma sono mantenute all'interno del corpo femminile, dove l'embrione è nutrito e protetto fino alla nascita ▶ 4.

3 La scissione binaria dei procarioti e la mitosi degli eucarioti a confronto

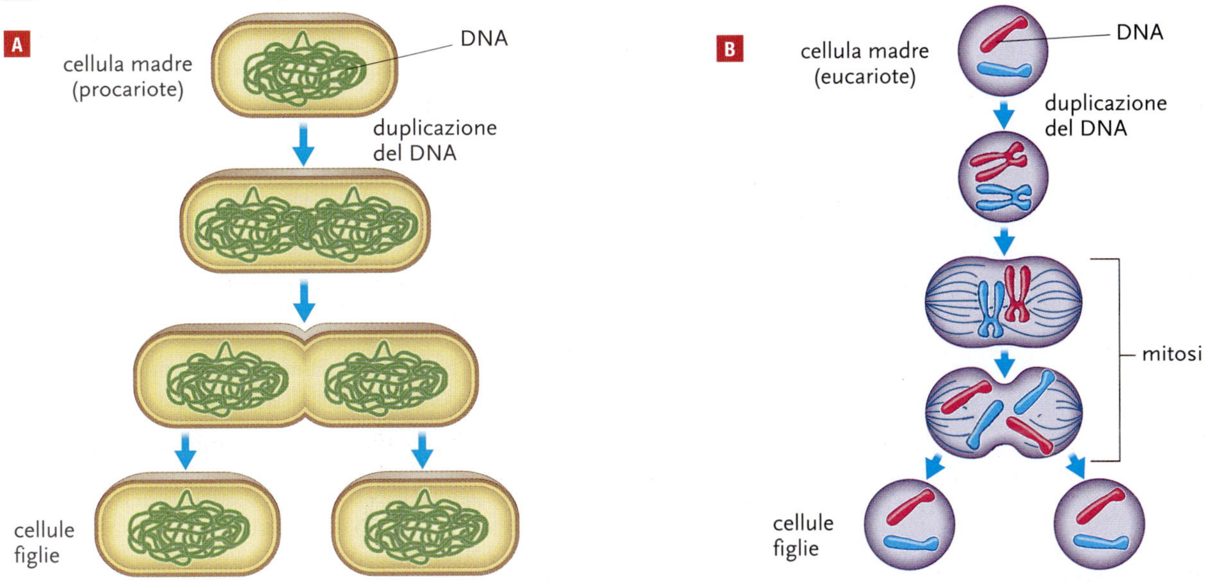

4 La riproduzione

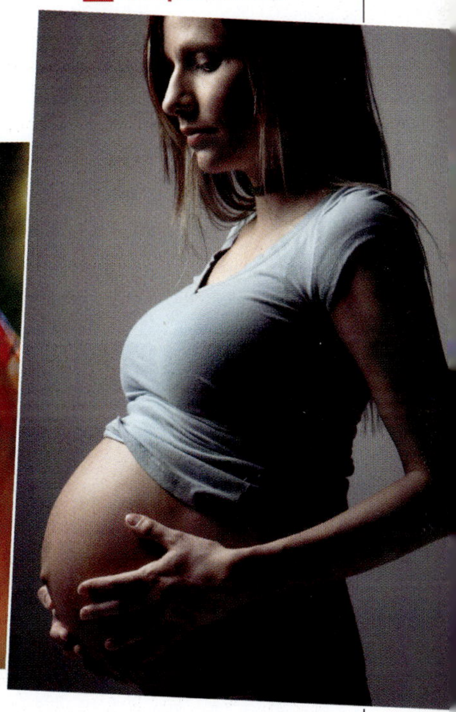

5 Il movimento

3 Sensibilità, coordinamento e risposta

Per svolgere al meglio le proprie funzioni vitali, che si tratti di sopravvivere o di riprodursi, un organismo deve poter interagire costantemente con l'*ambiente* che lo circonda e anche con tutti gli altri organismi. Ogni azione viene messa in atto in un preciso contesto ecologico che l'individuo deve essere in grado di percepire e al quale deve saper rispondere. L'ambiente è mutevole e per ogni essere vivente è necessario ricevere continuamente informazioni da esso. Se le variabili ambientali cambiano, è probabile che anche l'individuo debba modificare il proprio comportamento o il proprio stato fisiologico per affrontarle adeguatamente. Può sopraggiungere un predatore, la temperatura si può abbassare, può avvicinarsi un potenziale partner: ognuno di questi eventi determina cambiamenti interni ed esterni del corpo. Gli animali hanno fondamentalmente due sistemi di organi con i quali affrontano in ogni istante questi mutamenti: il **sistema nervoso** e il **sistema endocrino**. Questi due sistemi concorrono a ricevere e analizzare informazioni dall'ambiente esterno e interno e a coordinare la risposta. In generale, il sistema endocrino è coinvolto nella risposta ai cambiamenti a lungo termine e ha un ruolo fondamentale nella crescita, nella riproduzione, nella regolazione del metabolismo. Il sistema nervoso permette invece di fronteggiare rapidamente mutamenti improvvisi. Negli animali la reazione a tali cambiamenti implica spesso un **movimento** più o meno ampio del corpo ▶ 5. Nel corso dell'evoluzione si sono affermati vari meccanismi atti a rendere più efficiente possibile il movimento. Nella funzione del movimento sono implicati principalmente il **sistema muscolare** e il **sistema scheletrico**, responsabili anche della forma e della postura del nostro corpo.

La ▶ **Tabella 1** riassume i principali sistemi e apparati dei vertebrati, collegandoli alla propria funzione. Ognuno di essi verrà trattato dettagliatamente nelle unità indicate.

Tabella 1 Principali sistemi dei vertebrati e loro funzione

Sistema / Apparato	Funzione	Unità
sistema scheletrico	sostegno del corpo e movimento	C2
sistema muscolare	forma del corpo e movimento	C2
apparato digerente	assorbimento di nutrienti	C3
apparato respiratorio	scambio di ossigeno e anidride carbonica	C4
apparato cardiovascolare	trasporto di materiali attraverso il corpo	C4
apparato escretore	eliminazione dei prodotti di scarto	C5
sistema endocrino	regolazione e coordinamento	C7
sistema nervoso	sensibilità, risposta e coordinamento	C8
apparato riproduttore	riproduzione	C9

DOMANDE CHIAVE

1. Qual è il fine ultimo di ogni essere vivente?
2. A che cosa servono i nutrienti?
3. In che modo l'organismo interagisce con l'ambiente?

LEZIONE 2

Struttura generale di un organismo animale

1 L'organizzazione gerarchica degli organismi pluricellulari

Gli organismi pluricellulari si differenziano a partire da una singola cellula, lo *zigote*. Questa prima cellula si divide dando inizio a un processo di moltiplicazione che porterà alla formazione di un essere vivente costituito da milioni e milioni di cellule. Nel corso dello sviluppo e della crescita i vari gruppi di cellule si specializzano per differenti funzioni, formando i **tessuti**. I vari tessuti non sono isolati fra loro, ma interagiscono strettamente. L'interdipendenza fra le cellule è la caratteristica distintiva degli organismi pluricellulari. Anche negli unicellulari, infatti, alla divisione cellulare alle volte non segue la separazione delle cellule e si ha la formazione di *colonie*. In questo caso però le varie cellule, che possono in alcuni casi addirittura specializzarsi per differenti funzioni, si mantengono indipendenti le une dalle altre. Negli animali, il numero e la complessità dei tessuti può variare notevolmente: nelle meduse, ad esempio, sono presenti solo pochi tessuti, mentre nell'uomo se ne possono contare fino a 200. Nei vertebrati possiamo, in ogni modo, individuare quattro tessuti principali: *epiteliale*, *connettivo*, *muscolare* e *nervoso* (descritti nella prossima lezione).

L'organizzazione gerarchica degli organismi pluricellulari non si ferma a livello dei tessuti. Questi a loro volta sono assemblati in **organi**, strutture nelle quali i differenti tessuti cooperano allo svolgimento di una determinata funzione. Lo stomaco, ad esempio, è un organo formato esternamente da tessuto connettivo e internamente da muscoli, nervi e altri tessuti.

A loro volta, infine, gli organi collaborano tra loro nei **sistemi** (se gli organi sono costituiti da tessuti molto simili) e negli **apparati** (se gli organi sono costituiti da tessuti diversi).

Complessivamente, quindi, i livelli gerarchici tipici dell'organizzazione degli organismi pluricellulari sono i seguenti: *cellula*, *tessuto*, *organo*, *sistema o apparato*, *individuo* ▶ 1.

1 I livelli gerarchici di organizzazione di un organismo pluricellulare

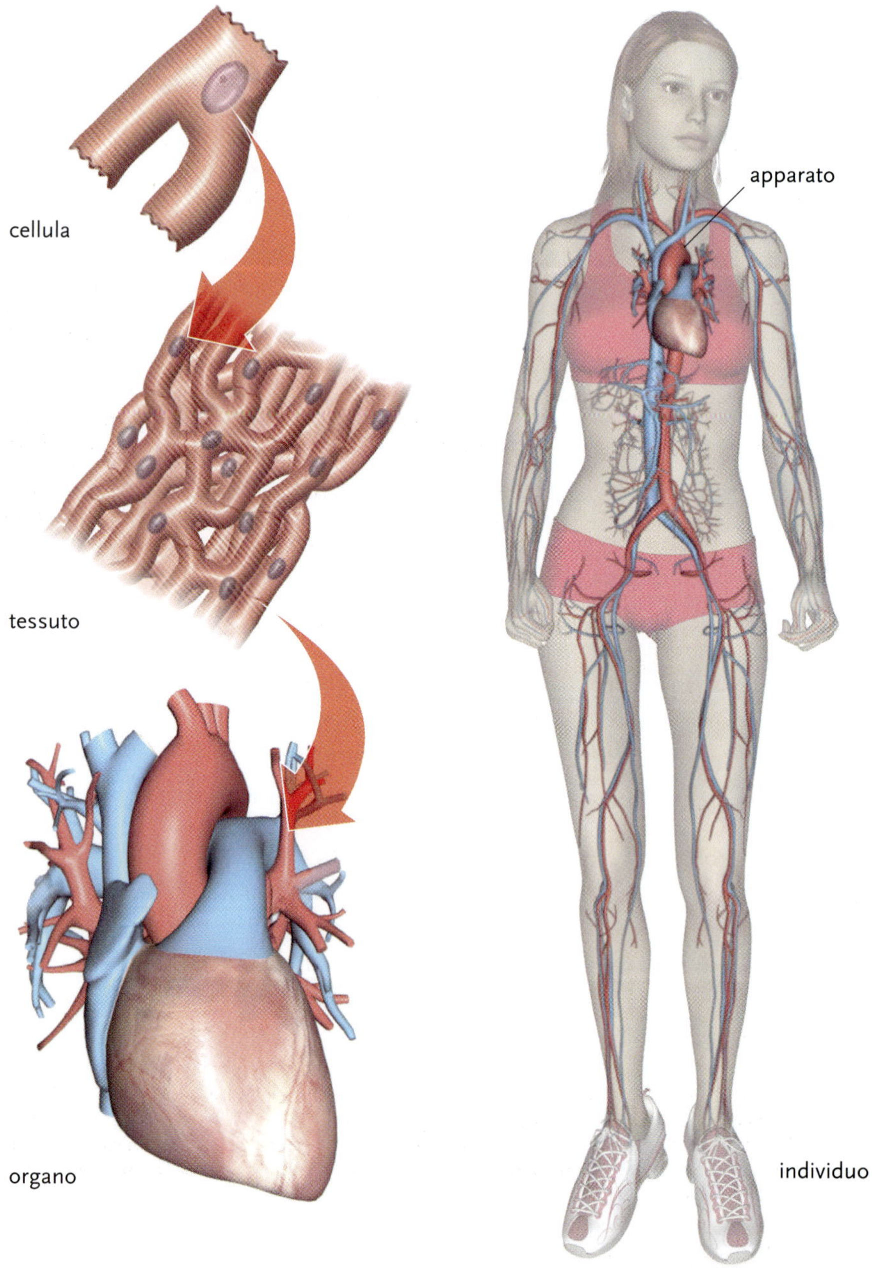

2 Le parti del nostro corpo

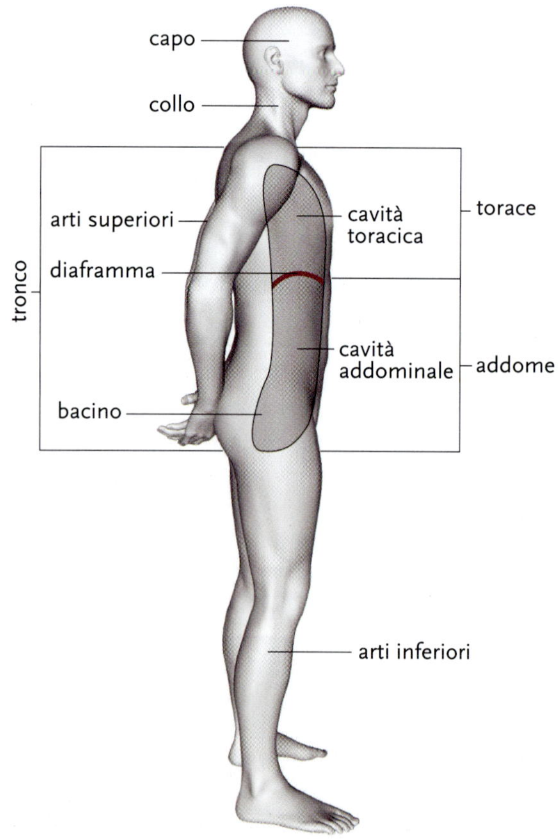

2 Una panoramica sul corpo umano

Oltre a un'organizzazione per livelli, nel nostro corpo, come in quello della maggior parte degli animali, possiamo individuare una divisione in parti. Le parti fondamentali del corpo umano sono: il **capo**, il **tronco** e gli **arti**. Il capo e il tronco sono collegati dal *collo*. Gli arti si distinguono in *superiori* (chiamati comunemente braccia) e *inferiori* (o gambe). Nel tronco possiamo riconoscere un segmento superiore, detto *torace*, e un segmento inferiore, detto *addome*. La parte più bassa dell'addome prende il nome di *bacino*.
Il torace e l'addome sono cavi internamente (cavità toracica e cavità addominale) e sono separati da un muscolo laminato che ha la forma di un ombrello aperto verso il basso, il *diaframma*. All'interno di questi distretti sono accolti tutti gli organi.
La figura ▶ 2 mostra la divisione in parti del nostro corpo, mentre la figura ▶ 3 offre una panoramica dei principali sistemi e apparati, fornendo una breve sintesi della loro funzione.

DOMANDE CHIAVE

1. Quali sono i livelli gerarchici di organizzazione di un organismo pluricellulare?
2. Che cosa sono i tessuti?
3. Da che cosa è formato un organo?
4. Qual è la differenza fra tessuti e colonie di cellule?

3 I principali sistemi e apparati del corpo umano

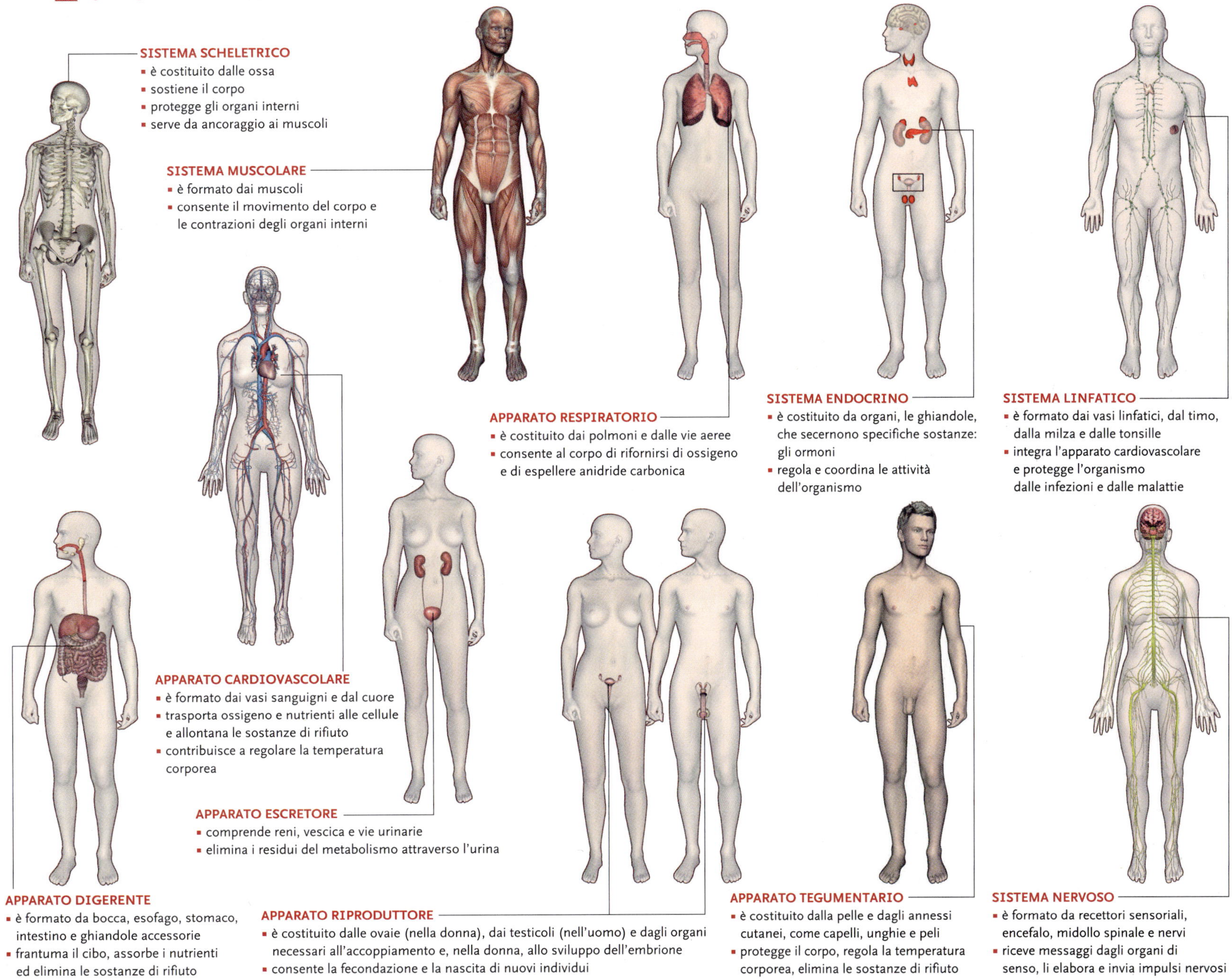

I principali tipi di tessuto

Bio Parole

Epitelio
dal greco *epí*, «sopra» e *thelé*, «capezzolo» (perché in origine il termine indicava la pelle che copre il capezzolo)
Epithelium

1 Struttura e funzioni del tessuto epiteliale

Il **tessuto epiteliale** è il tessuto che ricopre l'intera superficie del corpo, internamente ed esternamente, fornendo uno strato di protezione continuo. Esistono tanti tipi di tessuto epiteliale, detti anche più semplicemente **epiteli**. Le cellule degli epiteli sono in genere disposte in maniera compatta, con pochi spazi extracellulari, e hanno una distribuzione piuttosto regolare in strati. L'epitelio è complessivamente tenuto unito e sostenuto da una sottile struttura chiamata **membrana basale**, che segna la linea di demarcazione con il sottostante tessuto connettivo. Il contatto con il tessuto connettivo è fondamentale, perché gli epiteli sono privi di vasi sanguigni che apportino direttamente nutrienti e rimuovano le sostanze di scarto; lo scambio di questi materiali avviene interamente per diffusione dal tessuto connettivo. Gli epiteli sono invece innervati e il loro corredo di fibre nervose ne determina la sensibilità agli stimoli. Tipica delle cellule epiteliali è la capacità di riprodursi rapidamente per rimpiazzare le cellule danneggiate da traumi, malattie o invecchiamento.

Esistono fondamentalmente due tipi di tessuto epiteliale: l'**epitelio di rivestimento** e l'**epitelio ghiandolare**.

EPITELIO DI RIVESTIMENTO Ricopre esternamente il corpo e riveste internamente alcuni organi e cavità. I differenti epiteli di rivestimento si differenziano e si classificano in relazione alla *disposizione* e alla *forma* delle cellule.

In base alla **disposizione** delle cellule, distinguiamo due tipi di epitelio ▶ 1A:

- l'**epitelio semplice**, nel quale le cellule sono distribuite in un *singolo strato*; è particolarmente idoneo per le funzioni di osmosi, diffusione, secrezione (ad esempio di muco, sudore, enzimi) e di assorbimento (ad esempio di nutrienti nel tratto intestinale);
- l'**epitelio stratificato**, costituito da più strati di cellule, di cui solo il più profondo poggia sulla membrana basale; è tipico delle parti del corpo maggiormente esposte a usura o traumi.

Per quanto riguarda la **forma** delle cellule, possiamo individuare tre tipologie di cellule epiteliali ▶ 1B:

- le **cellule squamose** o **pavimentose**, piatte e sottili, disposte come a formare un pavimento; risultano adatte al passaggio delle sostanze;
- le **cellule cubiche**, di larghezza e altezza circa uguali, in genere riconducibili a cubi o parallelepipedi a base esagonale; possono avere funzione di secrezione o assorbimento;
- le **cellule colonnari**, a forma di cilindro o di parallelepipedo con altezza molto superiore alla larghezza; anch'esse con funzione di secrezione o assorbimento.

Dalla combinazione dei diversi tipi di cellule con le possibili disposizioni in strati si ottiene una varietà di epiteli:

- *squamoso semplice*;
- *cubico semplice*;
- *colonnare semplice*;
- *squamoso stratificato*;
- *cubico stratificato*;
- *colonnare stratificato*.

EPITELIO GHIANDOLARE È un tessuto presente in tutte le ghiandole e costituisce la parte coinvolta nella **secrezione** (vedi Unità C7). Le cellule degli epiteli ghiandolari sono altamente specializzate per la produzione di sostanze. Esistono due tipi di epiteli ghiandolari:

- gli **epiteli ghiandolari esocrini**, deputati alla secrezione di sostanze (quali muco, sudore, saliva, enzimi digestivi, latte) che vengono riversate all'esterno della superficie corporea o nel lume di organi cavi;
- gli **epiteli ghiandolari endocrini**, che producono *ormoni*, messaggeri chimici immessi nel flusso sanguigno.

1 TESTO-IMMAGINE Gli epiteli di rivestimento

A Disposizione in strati.

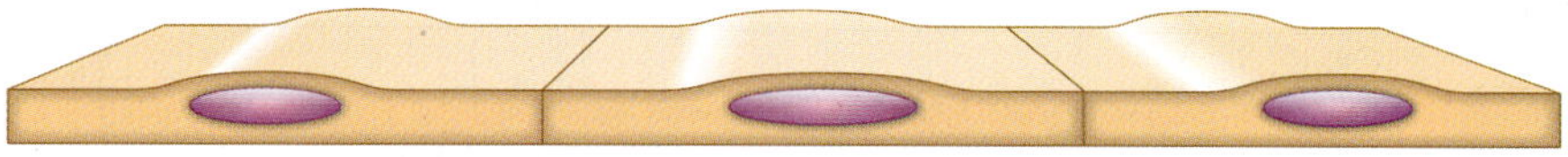

Nell'**epitelio semplice**, il singolo strato di cellule che lo costituisce poggia direttamente sulla membrana basale.

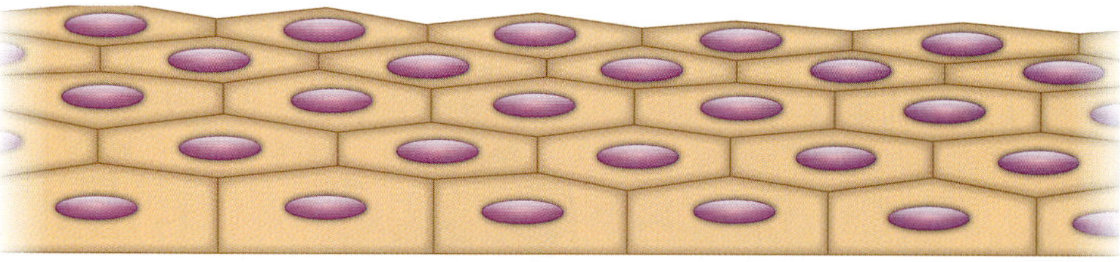

Nell'**epitelio stratificato**, solo lo strato più profondo è a diretto contatto con la membrana basale.

B Forma delle cellule.

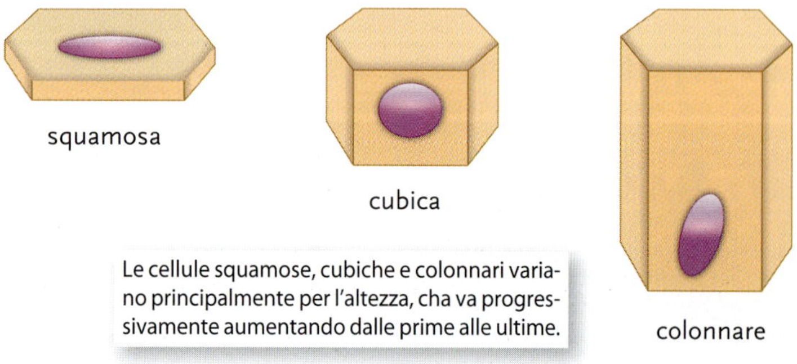

Le cellule squamose, cubiche e colonnari variano principalmente per l'altezza, cha va progressivamente aumentando dalle prime alle ultime.

2 Struttura e funzioni del tessuto connettivo

Come dice il nome stesso, il tessuto connettivo serve a «connettere», ovvero mettere in collegamento tra loro tessuti e organi. A differenza del tessuto epiteliale, il tessuto connettivo ha una struttura scarsamente organizzata ed è caratterizzato dalla presenza di cellule affondate in una **matrice extracellulare** ricca di fibre proteiche. La consistenza della matrice cambia a seconda dei tessuti: da liquida (nel sangue) a viscosa (negli strati adiposi), a solida (nelle ossa). Anche il rapporto tra la componente cellulare e quella extracellulare varia da una parte all'altra del corpo, in relazione alle necessità funzionali: in alcune zone gli elementi cellulari sono abbondanti e ravvicinati, in altre predomina la matrice.
In base alla diversa consistenza e all'abbondanza relativa delle due componenti (cellulare ed extracellulare), possiamo distinguere sei tipi di tessuto connettivo ▶ 2.

TESSUTO CONNETTIVO LASSO È il tessuto connettivo più comune. Le cellule sono chiamate **fibroblasti**. La matrice è caratterizzata dalla presenza di due proteine fibrose: il *collagene* (che conferisce resistenza) e l'*elastina* (che permette al tessuto di «stirarsi» senza rompersi).

TESSUTO CONNETTIVO DENSO Forma i *tendini*, che collegano i muscoli alle ossa, e i *legamenti*, che collegano le ossa alle articolazioni. Anche in questo tessuto le cellule sono chiamate **fibroblasti**; la matrice è caratterizzata da fibre collagene disposte in parallelo in maniera compatta.

TESSUTO ADIPOSO Protegge e isola gli organi. Le cellule adipose, o **adipociti**, sono specializzate per la sintesi e l'accumulo di sostanze ricche di energia (lipidi); la matrice extracellulare è scarsa.

TESSUTO OSSEO È il tessuto di cui sono fatte le ossa, che costituiscono la struttura portante del corpo e danno protezione agli organi interni. Il *midollo*, contenuto all'interno delle ossa, dà origine alle cellule del sangue. Le cellule dell'osso adulto, chiamate **osteociti**, sono in grado di produrre una sostanza ricca di collagene, calcio e altri minerali, che solidifica dando luogo a una matrice rigida. Questo tessuto serve anche come riserva di calcio per l'organismo in caso di carenze nella dieta.

CARTILAGINE Forma parti anatomiche flessibili come le orecchie e il naso e garantisce resistenza agli urti. A livello delle articolazioni, le ossa sono rivestite di cartilagine per favorire lo scorrimento reciproco nei punti in cui differenti ossa sono in contatto fra loro. Le cellule di questo tessuto sono chiamate **condrociti**; la matrice è densa e ricca di collagene.

SANGUE È un tessuto che circola in tutto il corpo all'interno di vene, arterie e capillari. La componente cellulare (**elementi del sangue**) include *globuli rossi*, *globuli bianchi* e *piastrine* (vedi Unità C4); la matrice è liquida.

Bio Parole

Osteocita
dal greco *ostéon*, «osso» e *kýtos*, «cellula»
Osteocyte

Condrocita
dal greco *chóndros*, «granello» e *kýtos*, «cellula»
Chondrocyte

2 I sei tipi di tessuto connettivo
TESTO-IMMAGINE

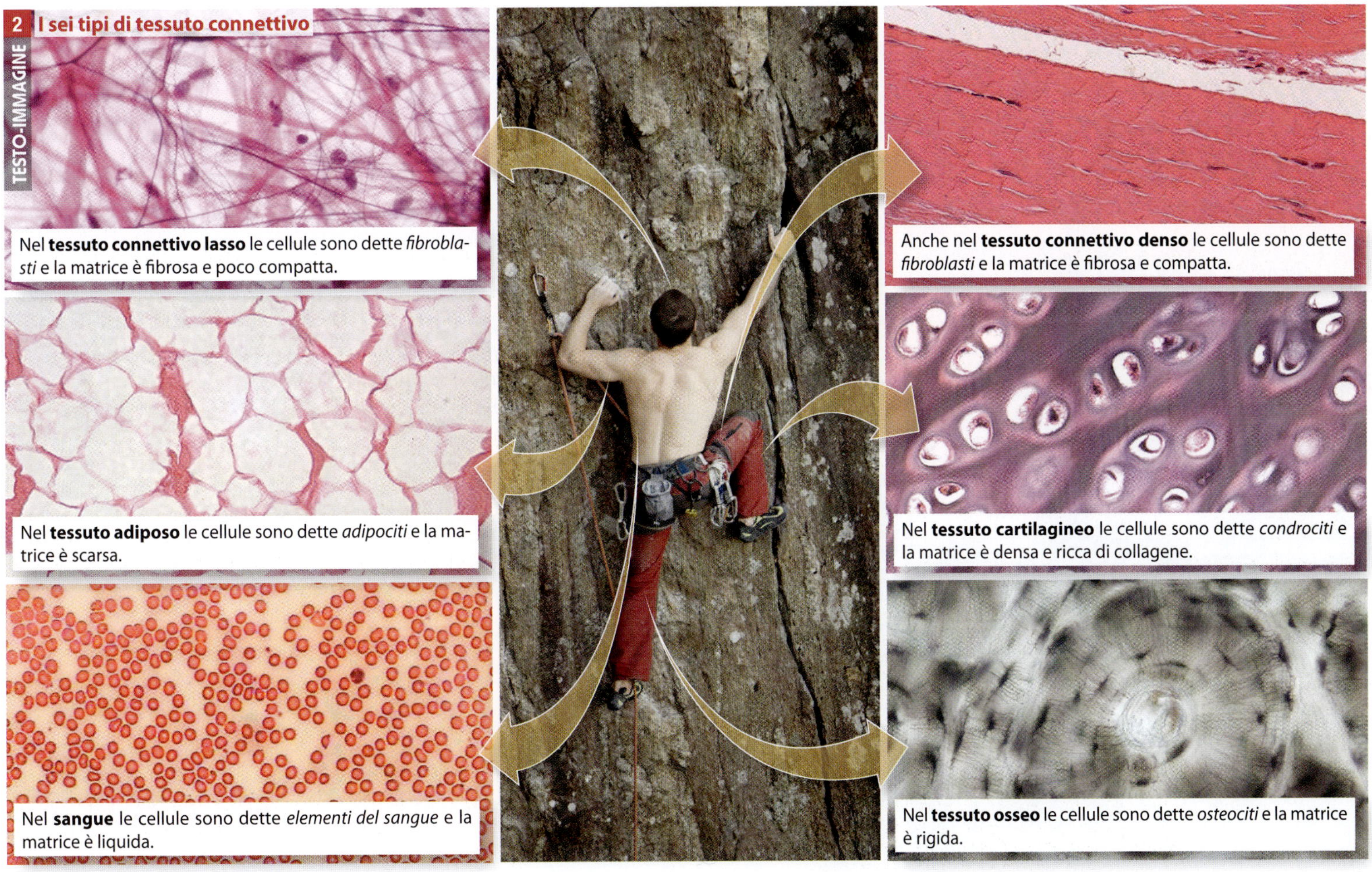

Nel **tessuto connettivo lasso** le cellule sono dette *fibroblasti* e la matrice è fibrosa e poco compatta.

Anche nel **tessuto connettivo denso** le cellule sono dette *fibroblasti* e la matrice è fibrosa e compatta.

Nel **tessuto adiposo** le cellule sono dette *adipociti* e la matrice è scarsa.

Nel **tessuto cartilagineo** le cellule sono dette *condrociti* e la matrice è densa e ricca di collagene.

Nel **sangue** le cellule sono dette *elementi del sangue* e la matrice è liquida.

Nel **tessuto osseo** le cellule sono dette *osteociti* e la matrice è rigida.

Bio Parole

Actina
dal greco *aktís*, «raggio»
Actin

Miosina
dal greco *mys*, «muscolo»
Myosin

3 Struttura e funzioni del tessuto muscolare

Il tessuto muscolare è il tessuto più abbondante nel corpo degli animali: tutto ciò che genericamente chiamiamo «carne» è costituito in effetti da muscolo. Si tratta di un tessuto altamente specializzato la cui caratteristica principale è rappresentata dalla *capacità di contrazione*. Le cellule che costituiscono il tessuto muscolare, chiamate **fibre muscolari**, sono lunghe, sottili, cilindriche e riunite in fasci. Queste cellule contengono due speciali proteine, l'**actina** e la **miosina**, in grado di far contrarre le fibre in risposta a un segnale nervoso. Grazie alla generazione di forza legata alla contrazione, il tessuto muscolare permette il movimento, il mantenimento della postura e lo sviluppo di calore (vedi Unità C2).

I vari tipi di tessuto muscolare si differenziano in base alla funzione che devono svolgere. Innanzitutto possiamo distinguere fra tessuto muscolare **volontario**, preposto a funzioni che richiedono una scelta cosciente, come il camminare, e tessuto muscolare **involontario**, coinvolto in funzioni, come il battito cardiaco, che non richiedono un pensiero consapevole.

I tessuti muscolari si differenziano inoltre per la presenza o assenza di «bande», che al microscopio appaiono come sottili *striature* trasversali alla fibra (la striatura è dovuta alla particolare disposizione dell'actina e della miosina). I muscoli che mostrano queste bande sono detti **striati**, gli altri **lisci**. In base alla combinazione di queste due caratteristiche, volontarietà/involontarietà e presenza/assenza di striature, nell'uomo e negli altri vertebrati possiamo distinguere tre tipi di tessuto muscolare: **tessuto muscolare scheletrico**, **tessuto muscolare cardiaco** e **tessuto muscolare liscio** ▶ 3.

TESSUTO MUSCOLARE SCHELETRICO È chiamato così perché si trova di solito collegato alle ossa per generare movimento. I muscoli scheletrici sono muscoli *volontari* formati da tessuto muscolare *striato*. Con l'allenamento sportivo le dimensioni delle cellule muscolari scheletriche possono aumentare, mentre non può essere incrementato il loro numero.

TESSUTO MUSCOLARE CARDIACO Si trova solo nel cuore, dove è responsabile della contrazione ritmica che produce il battito cardiaco. È un tessuto muscolare *involontario* formato da fibre *striate*. Le cellule cardiache sono fittamente intrecciate e interconnesse fra loro, in modo da permettere la trasmissione del segnale all'unisono.

TESSUTO MUSCOLARE LISCIO È presente nelle pareti dei vasi sanguigni, delle vie aeree, dello stomaco, dell'intestino e di altri organi interni. Si tratta di un tessuto muscolare *liscio* e *involontario*, formato da cellule «fusiformi» (a forma di fuso). Il tessuto muscolare liscio si contrae più lentamente di quello scheletrico, ma può mantenere la contrazione più a lungo.

3 I tre tipi di tessuto muscolare

TESTO-IMMAGINE

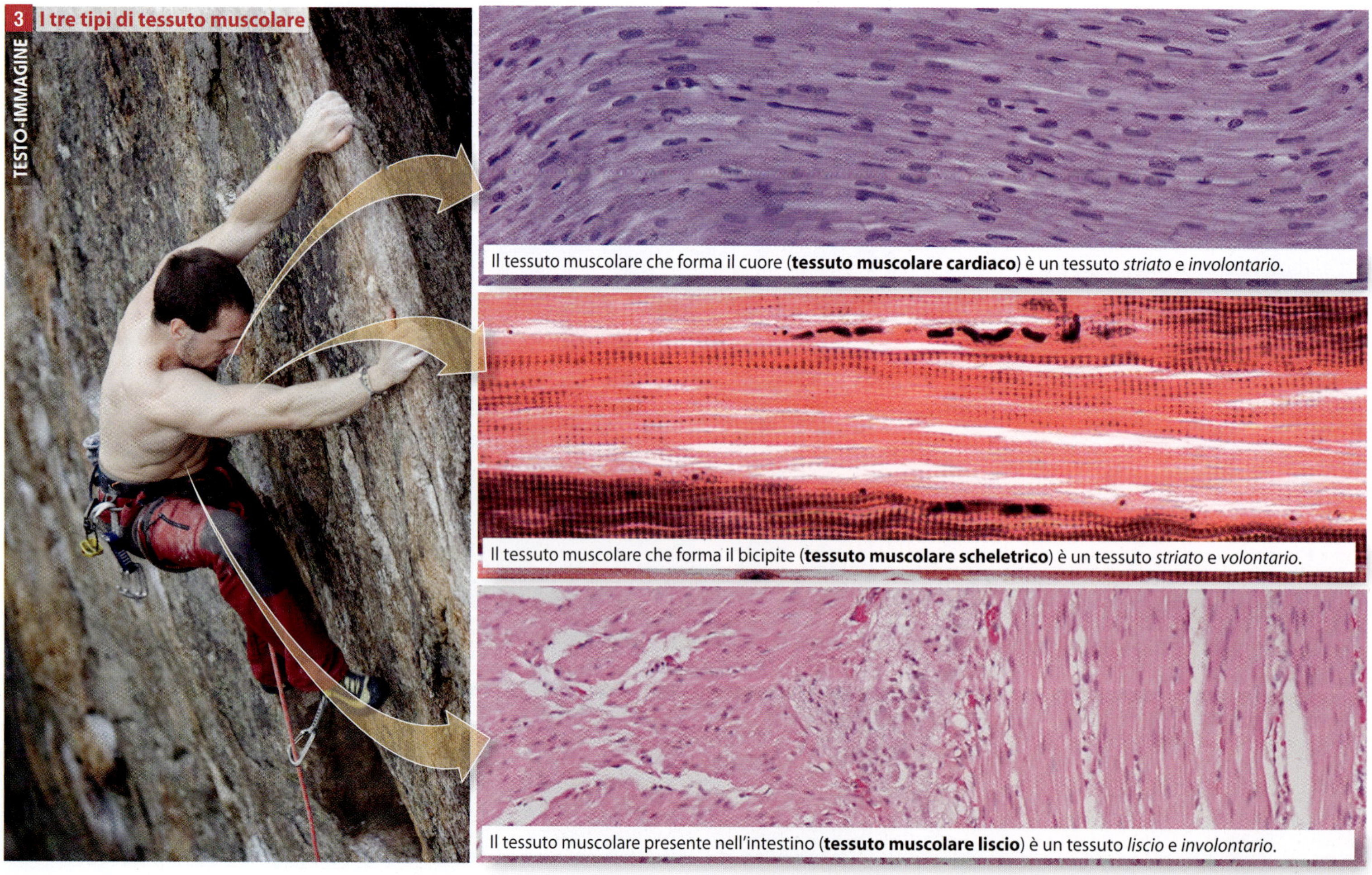

Il tessuto muscolare che forma il cuore (**tessuto muscolare cardiaco**) è un tessuto *striato* e *involontario*.

Il tessuto muscolare che forma il bicipite (**tessuto muscolare scheletrico**) è un tessuto *striato* e *volontario*.

Il tessuto muscolare presente nell'intestino (**tessuto muscolare liscio**) è un tessuto *liscio* e *involontario*.

4 Struttura e funzioni del tessuto nervoso

La funzione principale del tessuto nervoso è quella di rendere l'organismo in grado di percepire gli stimoli, analizzarli e generare una risposta (vedi Unità C8). Ogni operazione compiuta da un organismo implica un'analisi del contesto e un coordinamento delle azioni, e in molti casi tutto ciò avviene in una frazione di secondo. Proprio perché possa svolgere al meglio questo insieme di funzioni, il tessuto nervoso si trova in tutti i distretti dell'organismo ▶ 4.

Nonostante l'enorme complessità funzionale del sistema nervoso, il tessuto nervoso si compone di due soli tipi cellulari: i **neuroni** e le **cellule del nevroglia** o **cellule gliali**.

NEURONI Sono cellule caratterizzate da un corpo cellulare contenente il nucleo dal quale si dipartono numerosi e brevi estensioni, chiamate **dendriti**, e un sottile prolungamento, detto **assone**. Grazie a questa particolare struttura i neuroni sono in grado di captare gli stimoli (attraverso i dendriti), elaborarli e trasmetterli a una cellula bersaglio (per mezzo dell'assone). I neuroni possono avere come cellule bersaglio altri neuroni, fibre muscolari o ghiandole. La direzione dell'informazione nervosa è *a senso unico*: dal dendrite, al corpo cellulare, all'assone.

CELLULE DEL NEVROGLIA O CELLULE GLIALI Non sono in grado ricevere e trasmettere l'informazione nervosa, ma svolgono importanti funzioni di supporto per i neuroni: alcune forniscono nutrienti, altre isolano e proteggono gli assoni, altre ancora mantengono costante l'ambiente extracellulare che circonda i neuroni.

5 Le membrane del corpo

Varie superfici del nostro corpo sono rivestite da speciali combinazioni di tessuti chiamate **membrane**. Si definiscono in particolare **membrane epiteliali** quelle strutture flessibili formate da uno strato di tessuto epiteliale sovrapposto a uno strato di tessuto connettivo. Nel nostro organismo esistono tre tipi di membrane epiteliali: la **membrana mucosa**, la **membrana sierosa** e la **membrana cutanea**.

MEMBRANA MUCOSA (O SEMPLICEMENTE MUCOSA) Riveste le cavità in collegamento con l'esterno, come il canale alimentare, le vie respiratorie, le vie urinarie e genitali. Nella mucosa la componente epiteliale è responsabile della secrezione di una sostanza, detta **muco**, che lubrifica e mantiene umide queste cavità. Il tessuto connettivo sottostante garantisce invece l'apporto di ossigeno e nutrienti, nonché l'eliminazione delle sostanze di scarto.

BioParole

Neurone
dal greco *neuron*, «nervo»
Neuron

Nevroglia
dal greco *neuron*, «nervo» e *glía*, «colla»
Neuroglia

TESTO-IMMAGINE

4 La funzione del tessuto nervoso

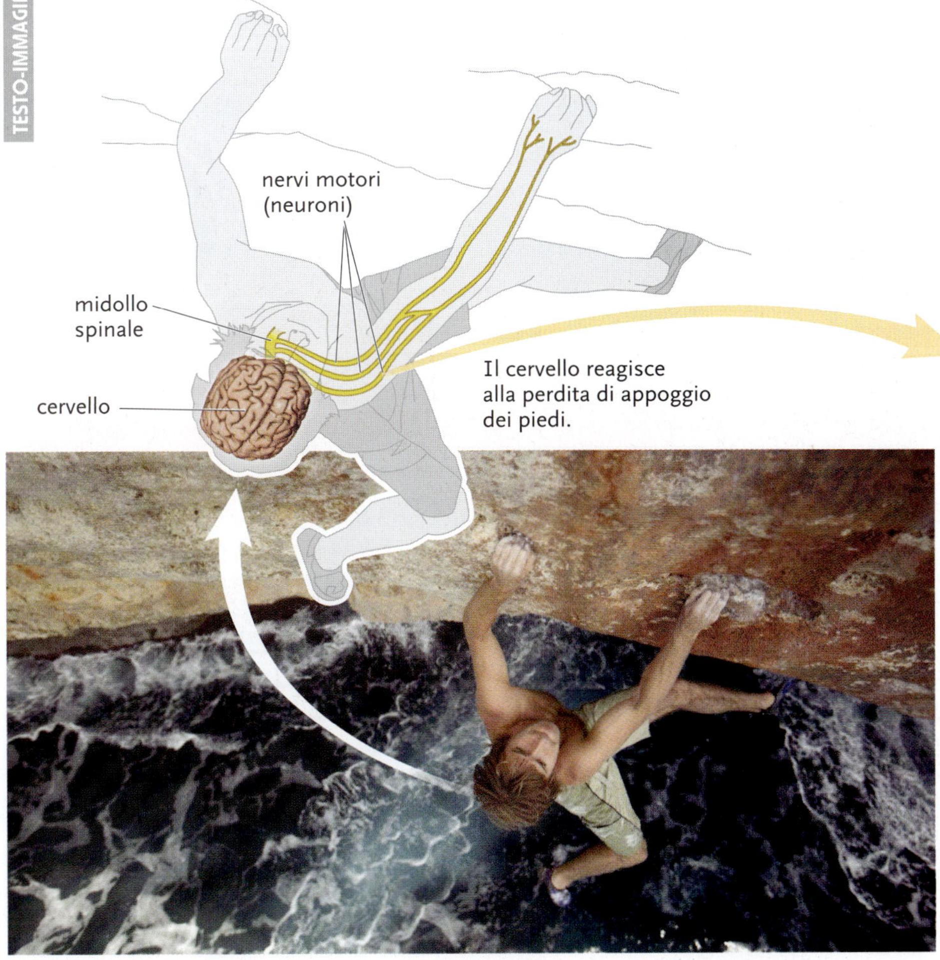

Il tessuto nervoso è altamente specializzato per la ricezione di stimoli e per l'elaborazione di risposte. Ad esempio, quando uno scalatore percepisce un pericolo, l'informazione viene trasmessa dagli organi di senso al cervello, che elabora l'informazione e invia il comando per una risposta motoria che gli permetta di evitare il pericolo.

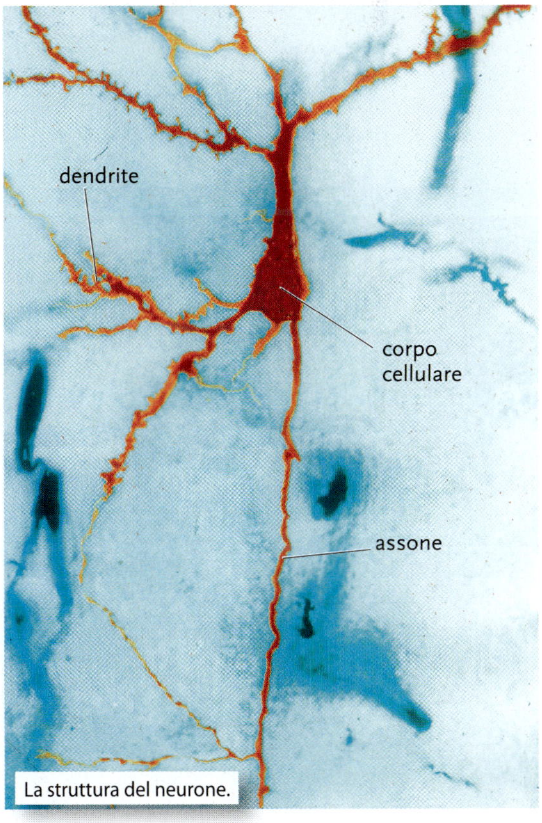

La struttura del neurone.

MEMBRANA SIEROSA Ricopre le cavità interne e riveste alcuni organi. In questa membrana la parte epiteliale secerne un liquido sieroso che permette agli organi di scivolare senza attrito l'uno sull'altro. Sono membrane sierose: la *pleura* (che avvolge i polmoni), il *pericardio* (che ricopre il cuore), il *peritoneo* (che riveste la cavità addominale).

MEMBRANA CUTANEA (O PELLE) Costituisce una copertura esterna per tutto il corpo. Questa speciale membrana è formata da una sottile *epidermide* superficiale e da un *derma* profondo (vedi Unità C5). Un differente tipo di membrana è rappresentato dalla **membrana sinoviale** che si trova in corrispondenza di alcune articolazioni. Nella composizione di questa membrana si trovano differenti tipi di connettivo (lasso e adiposo), ma non è presente la componente epiteliale. Il liquido prodotto dalla membrana sinoviale, detto *liquido sinoviale*, facilita il movimento delle ossa a livello delle articolazioni e contribuisce a rimuovere i microrganismi che potrebbero accumularsi in queste zone (vedi Unità C2).

DOMANDE CHIAVE

1. Quali sono i quattro tessuti che costituiscono il corpo umano?
2. Qual è la funzione dell'epitelio?
3. Quali sono le principali differenze fra tessuto muscolare scheletrico, tessuto muscolare cardiaco e tessuto muscolare liscio?
4. In che cosa la funzione dei neuroni differisce da quella delle cellule gliali?

Osserva e COMPLETA

Di quale cellula si tratta? A che tipo di tessuto appartiene? Inserisci i termini mancanti.

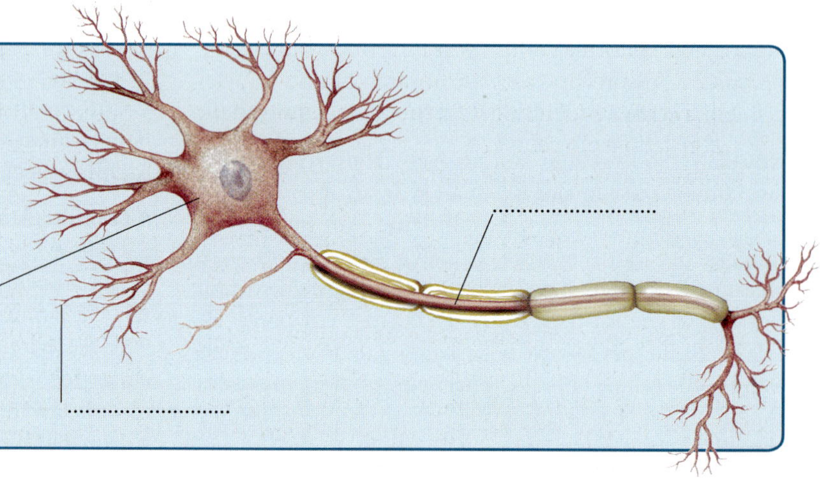

BioSalute

La donazione di tessuti e organi

Abbiamo visto in questa lezione l'importanza dei vari tipi di tessuto. Non stupisce quindi che, in caso di danni, i tessuti debbano essere riparati e, in situazioni estreme, sostituiti. Il prelievo di tessuti da un individuo può avvenire, dietro consenso dei parenti, quando è stata dichiarata la **morte celebrale**, ovvero quando il cervello ha smesso di funzionare. In questo caso, perché il corpo del *donatore* possa rimanere in vita, tutte le funzioni vitali devono essere affidate ad apposite macchine. I traumi alla testa provocati dagli incidenti stradali sono tra le cause più comuni di morte cerebrale. Questi traumi impediscono alle cellule del cervello di essere raggiunte da ossigeno e nutrienti, decretandone la morte. La donazione di tessuti e organi può avvenire anche in caso di **morte cardiaca**, che si verifica quando cuore e polmoni cessano di operare.

Fra i tessuti che possono essere donati ricordiamo il tessuto osseo, i tendini, i legamenti, la cartilagine, i vasi sanguigni, le valvole cardiache e la cute. È comune anche il trapianto dell'intera cornea, una parte dell'occhio formata da tessuto epiteliale e tessuto connettivo fibroso, che serve come barriera protettiva contro polvere e microrganismi.

Una volta rimossi dal donatore, i tessuti vengono analizzati per testare la presenza di virus o batteri che potrebbero causare infezioni nel *ricevente*. Talvolta alcune cellule devono essere rimosse per evitare il **rigetto** da parte del ricevente (fenomeno che accade quando il ricevente riconosce come estranee delle cellule). I tessuti prelevati da un donatore che non vengono immediatamente impiantati possono essere congelati e conservati anche per alcuni anni in banche specificatamente attrezzate.

Oltre ai singoli tessuti, possono essere trapiantati interi organi. Gli organi che si possono prelevare sono i reni, il fegato, il cuore, il pancreas, i polmoni e l'intestino. Tali organi possono però essere donati solo in caso di morte cerebrale, poiché in caso di morte cardiaca l'improvvisa interruzione dell'ossigenazione ne decreta il rapido deterioramento. A differenza dei tessuti, gli organi devono essere trapiantati più rapidamente possibile: i polmoni, ad esempio, possono essere preservati fuori dall'organismo al massimo per sei ore. Dal momento che sono più frequenti le morti cardiache delle morti cerebrali, gli organi disponibili per la donazione sono molto più rari dei tessuti. Per questo motivo esiste una lista di persone in attesa, che deve essere rispettata al momento in cui si rende disponibile un organo per un trapianto. Le persone in cima alla lista sono in genere molto malate; spesso si tratta di pazienti ospedalizzati la cui speranza di vita è molto compromessa senza un trapianto.

I tessuti e gli organi donati da un solo individuo possono migliorare e spesso salvare la vita a molte persone. Per le famiglie è drammatico, nel momento della morte di un parente, affrontare il tema della donazione; per questo le associazioni che si occupano di donazione hanno personale altamente specializzato in grado di sostenere e motivare chi si decide a un gesto tanto difficile e generoso ▶ **A**.

A Campagne e associazioni per le donazioni in Italia

Sistemi di regolazione

1 Il mantenimento delle condizioni interne

Per il funzionamento ottimale di un organismo è necessario che il corpo non solo raggiunga determinate condizioni interne, ma sia anche in grado di mantenerle in misura prolungata. Se qualche evento determina l'allontanamento da tali condizioni, l'organismo deve essere capace di recuperarle nel minor tempo possibile. Una relativa *stabilità* è infatti il presupposto ideale per un efficace metabolismo cellulare.
L'insieme di processi che contribuiscono al mantenimento delle condizioni interne prende complessivamente nome di **omeostasi**. Grazie all'omeostasi, l'ambiente interno di un organismo rimane in un ambito di condizioni relativamente stabili, fronteggiando con appositi meccanismi i piccoli e grandi cambiamenti che intervengono nel tempo.
I meccanismi di omeostasi agiscono a livello delle cellule, dei tessuti e degli organi. Tra i più importanti parametri corporei che devono essere mantenuti entro determinati valori possiamo ricordare: il *battito cardiaco*, la *pressione sanguigna*, il *bilancio idrosalino*, la *concentrazione di glucosio* nel sangue, la *temperatura corporea* ▶ 1. Quest'ultima, in particolare, deve rimanere nell'uomo intorno ai 37 °C, valore ottimale perché vengano assicurati adeguati livelli di nutrizione e ossigenazione delle cellule.
Caratteristica principale del fenomeno dell'omeostasi è la *dinamicità*: nessuno dei parametri corporei rimane «fisso» a un determinato valore, ma fluttua costantemente nell'ambito di un certo *range* (ovvero intervallo) di valori adeguati. Si può dunque affermare che l'omeostasi mantiene l'ambiente interno dell'organismo in una condizione di **equilibrio dinamico**.

2 Feedback negativo e feedback positivo

Il controllo dell'omeostasi avviene attraverso due meccanismi: il **sistema di retroazione negativo**, o *feedback negativo*, e il **sistema di retroazione positivo**, o *feedback positivo*.
Entrambi questi sistemi si basano su un ciclo di eventi che ruota intorno al costante monitoraggio dei parametri corporei. Gli eventi che allontanano i parametri dai valori ottimali possono avere origine nell'ambiente esterno, come un eccesso di caldo o una riduzione dell'ossigeno disponibile, o nell'ambiente interno, come il cattivo funzionamento di un organo.
Nel **feedback negativo** il cambiamento che ha spostato il parametro dai valori ottimali viene fronteggiato con un cambiamento che provoca un effetto opposto. Il feedback negativo è il sistema di retroazione sul quale si basa quasi tutta l'omeostasi. Per comprenderlo meglio, vediamo come esempio la regolazione della temperatura corporea. Quando la temperatura aumenta (ad esempio a causa di un esercizio fisico), un centro di controllo collocato nel cervello manda segnali a tutto l'organismo affinché vengano dilatati i vasi sanguigni superficiali e attivate le ghiandole sudoripare, in modo che il corpo possa disperdere il calore e raffreddarsi. Quando la temperatura corporea diminuisce, al contrario, i vasi sanguigni superficiali si restringono per diminuire la dispersione, i muscoli si contraggono per generare calore e la temperatura aumenta di nuovo. Questo meccanismo mantiene la temperatura dei vertebrati endotermi all'interno di un ristretto range di valori. In generale, nel feedback negativo il prodotto finale di un processo inibisce il processo stesso, in modo che il processo si autoregoli mantenendo la concentrazione di quel prodotto più o meno costante.
Nel **feedback positivo**, al contrario, il prodotto finale di un processo intensifica il processo stesso. Ad esempio durante il travaglio e il parto le contrazioni dell'utero stimolano il rilascio di specifici ormoni che a loro volta determinano un aumento nell'intensità delle contrazioni. Questo provoca un ulteriore aumento nella produzione di quegli ormoni e così via. Come si può capire facilmente, il feedback positivo provoca di fatto un allontanamento sempre maggiore da condizioni di stabilità e risulta quindi idoneo solo nella regolazione di particolari processi fisiologici.

DOMANDE CHIAVE

1. Come si definisce il fenomeno dell'omeostasi?
2. Che cos'è un feedback?
3. Che cosa significa «equilibrio dinamico»?

BioParole

Omeostasi
dal greco *hómoios*, «simile» e *stásis*, «situazione»
Homeostasis

1 L'importanza dell'omeostasi

La sensazione di caldo o di freddo, così come il bisogno di assumere o eliminare liquidi, aiutano a mantenere costanti parametri come la temperatura corporea o l'equilibrio idrico.

LE LEZIONI IN SINTESI

1 Le funzioni vitali

Gli animali hanno bisogno di nutrirsi per ottenere l'energia necessaria alle funzioni vitali. I processi attraverso i quali gli organismi assumono **nutrienti** ed eliminano i **prodotti di scarto** coinvolgono nei vertebrati quattro apparati: *digerente*, *respiratorio*, *cardiovascolare* ed *escretore*. Se l'obiettivo quotidiano di un organismo è sopravvivere, scopo ultimo della sua esistenza è **riprodursi**. Nei vertebrati la riproduzione è **sessuata** e gli *apparati riproduttori maschili e femminili* si sono evoluti di pari passo con la conquista della terraferma, in direzione di una maggiore protezione dell'embrione. Indispensabile per ogni organismo è in generale interagire con l'**ambiente** e affrontarne adeguatamente i continui cambiamenti. Negli animali due sistemi di organi sono coinvolti in questa funzione: *endocrino* e *nervoso*. Il primo interviene nel caso di cambiamenti a lungo termine, il secondo permette risposte rapide a cambiamenti improvvisi. Tali risposte comportano spesso un movimento dell'organismo, funzione alla quale sono preposti due specifici sistemi: *muscolare* e *scheletrico*.

2 Struttura generale di un organismo animale

Le cellule sono organizzate in **tessuti**; più tessuti che collaborano per svolgere lo stesso lavoro formano un **organo**; più **organi** coordinati nello svolgere una delle funzioni vitali dell'organismo formano un **sistema**, se sono costituiti da tessuti molto simili, o un **apparato**, se sono costituiti da tessuti diversi. I principali sistemi e apparati del corpo umano sono i seguenti: *sistemi scheletrico*, *muscolare*, *linfatico*, *endocrino*, *nervoso*; *apparati digerente*, *cardiovascolare*, *respiratorio*, *escretore*, *tegumentario*, *riproduttore*.

3 I principali tipi di tessuto

Nel nostro organismo possiamo riconoscere quattro principali tipi di tessuto: *epiteliale*, *connettivo*, *muscolare* e *nervoso*. Il **tessuto epiteliale**, o **epitelio**, riveste e protegge il corpo. Distinguiamo due tipi principali di epitelio: gli *epiteli di rivestimento*, classificati in base alla forma e alla stratificazione delle cellule, e gli *epiteli ghiandolari*, che si differenziano in base al tipo di secrezione (esocrina o endocrina). Il **tessuto connettivo** serve a mettere in continuità tra loro tessuti e organi. È formato sempre da una componente cellulare e da una matrice extracellulare. In base alle caratteristiche di queste due componenti, identifichiamo: *tessuto connettivo lasso*, *tessuto connettivo denso*, *tessuto adiposo*, *tessuto osseo*, *cartilagine*, *sangue*. Il **tessuto muscolare** è il più abbondante del corpo. La sua funzione è la contrazione, che può essere volontaria o involontaria. Le sue cellule, chiamate *fibre muscolari*, possono essere lisce o striate. Riconosciamo tre tipi di tessuto muscolare: *tessuto muscolare scheletrico* (striato e volontario), *tessuto muscolare cardiaco* (striato e involontario), *tessuto muscolare liscio* (liscio e involontario). Il **tessuto nervoso** è altamente specializzato per la ricezione di stimoli e la loro trasformazione in impulsi nervosi. È composto da due tipi cellulari: i *neuroni* (formati da *dendriti*, *corpo cellulare* e *assone*) e le *cellule del nevroglia* o *cellule gliali* (destinate alla nutrizione e alla protezione dei neuroni).

4 Sistemi di regolazione

L'**omeostasi** consiste nella capacità di un organismo di mantenere costanti le proprie condizioni interne, anche quando mutamenti dell'ambiente interno o esterno possono perturbare tali condizioni. L'omeostati è controllata tramite due *sistemi di regolazione a retroazione*. Nel **feedback negativo**, che è il meccanismo più comune, il prodotto finale di un processo inibisce il processo stesso. Nel **feedback positivo**, al contrario, il prodotto finale di un processo ne aumenta l'intensità.

THE CHAPTER IN REVIEW

- **Cells** are organised into **tissues**, tissues into **organs**, and organs into **systems**. The main systems in the human body are the *skeletal*, *muscular*, *digestive*, *circulatory*, *respiratory*, *excretory*, *integumentary*, *lymphatic*, *endocrine*, *nervous* and *reproductive systems*.
- There are four main types of tissue in the human organism: **epithelial tissue**, or **epithelium**, which covers and protects the body; **connective tissue**, which connects tissues and organs; **muscle tissue**, which has the function of contracting; and **nervous tissue**, which is highly specialised to receive stimuli and transform them into nervous impulses.
- One of the fundamental characteristics of the human organism is **homeostasis**, that is the ability to maintain stable internal conditions. Homeostasis is usually regulated by **negative feedback**, and only rarely through **positive feedback** systems.

Termini chiave *Key Terms*

Apparato *Apparatus*
Apparato riproduttore *Reproductive system*
Cellula *Cell*
Feedback negativo *Negative feedback*
Feedback positivo *Positive feedback*
Nutrienti *Nutrients*
Omeostasi *Homeostasis*
Organo *Organ*
Prodotti di scarto *Waste products*
Riprodursi *To reproduce*
Riproduzione sessuata *Sexual reproduction*
Sistema *System*
Sistema endocrino *Endocrine system*
Sistema muscolare *Muscular system*
Sistema nervoso *Nervous system*
Sistema scheletrico *Skeletal system*
Tessuto *Tissue*
Tessuto connettivo *Connective tissue*
Tessuto epiteliale (epitelio) *Epithelial tissue (epithelium)*
Tessuto muscolare *Muscle tissue*
Tessuto nervoso *Nervous tissue*

LE MAPPE DELL'UNITÀ

Competenza disciplinare ➔ Riconoscere e stabilire relazioni tra i concetti

Completa gli schemi

A

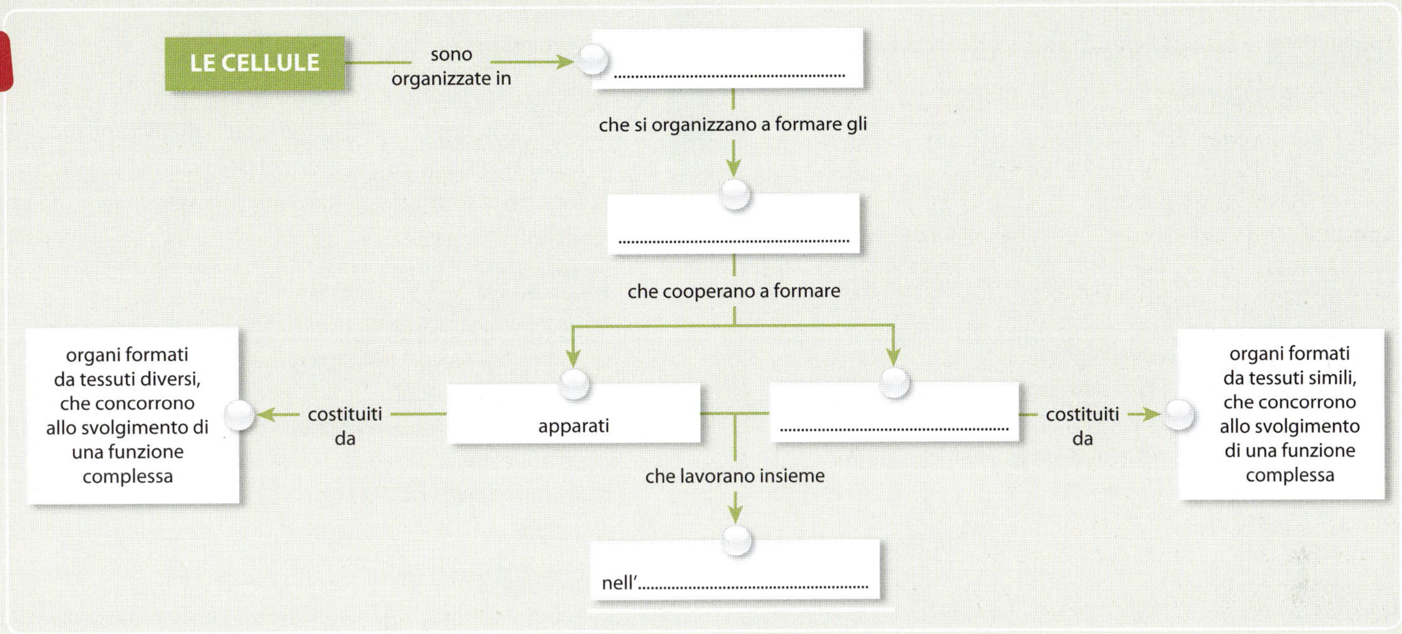

B

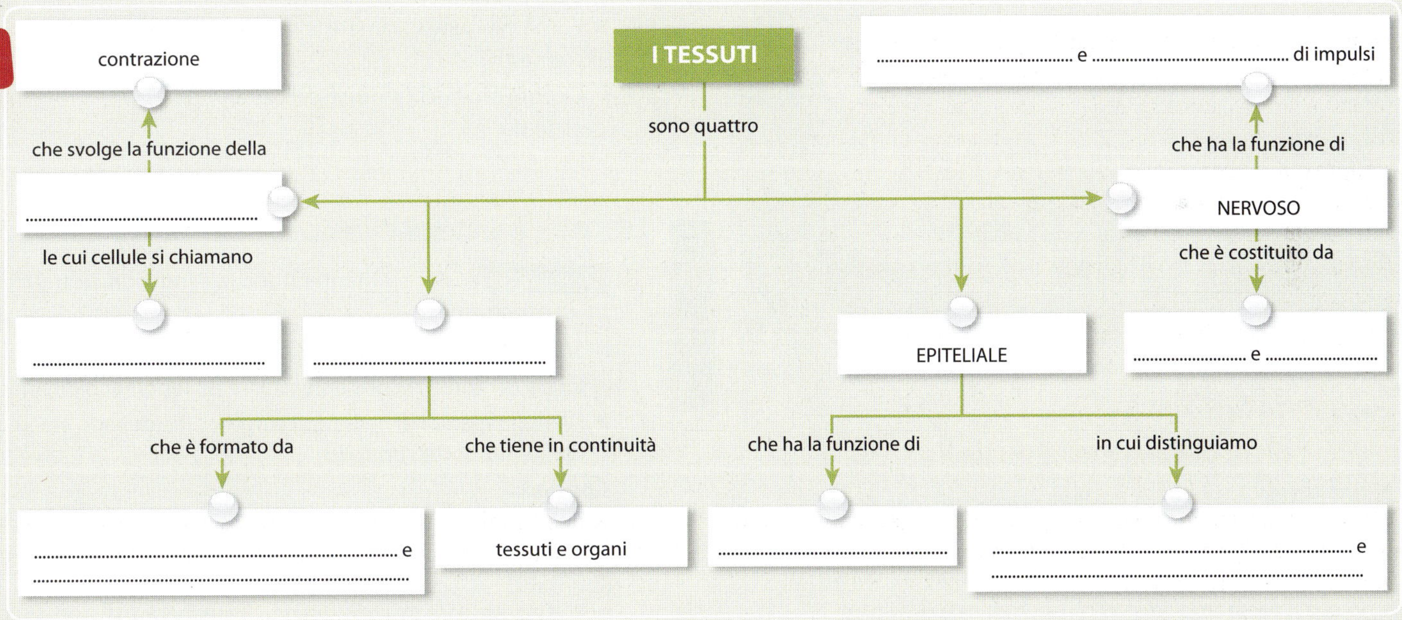

C

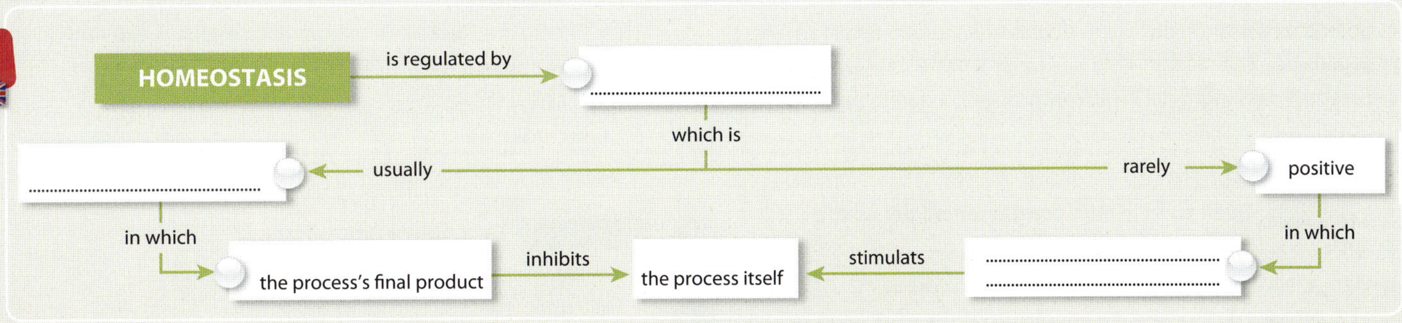

D Progetta e disegna una mappa che abbia come nodo centrale «le funzioni vitali».

PROVE D'INTERROGAZIONE

Competenza disciplinare ▶ Effettuare connessioni logiche e comunicare in forma orale

LEZIONE 1 Le funzioni vitali

A. Domanda: Che cosa s'intende per «funzione nutritiva»?

- Illustra le funzioni e le tipologie dei nutrienti.
- Spiega che cosa sono i prodotti di scarto.
- Qual è lo scopo della funzione nutritiva?
- Quali organi sono coinvolti?

Concludi.

B. Domanda: In che modo un organismo può svolgere la funzione riproduttiva?

- Qual è il fine della riproduzione?
- Descrivi a confronto la riproduzione asessuata e la riproduzione sessuata.
- In che direzione si sono evoluti gli apparati riproduttori?

Concludi.

LEZIONE 2 Struttura generale di un organismo animale

A. Domanda: Quali sono i livelli di organizzazione di un organismo pluricellulare?

- Illustra come si forma l'individuo a partire dallo zigote.
- Spiega il passaggio dal livello delle cellule a quello dei tessuti.
- Spiega il passaggio dal livello dei tessuti a quello degli organi.
- Spiega il passaggio dal livello degli organi a quello degli apparati e dei sistemi.

Concludi.

B. Domanda: Quali sono le parti fondamentali del nostro corpo?

- Elenca le tre parti fondamentali del nostro corpo.
- In quali parti può essere a sua volta distinto il tronco?
- Descrivi brevemente gli arti del corpo umano.

Concludi.

LEZIONE 3 I principali tipi di tessuto

A. Domanda: Che cosa sono le membrane?

- Definisci la struttura delle membrane.
- Descrivi la struttura e le funzioni della membrana mucosa.
- Descrivi la struttura e le funzioni della membrana sierosa.
- Descrivi la struttura e le funzioni della membrana cutanea.

Concludi.

B. Domanda: Che cos'è un epitelio?

- Descrivi la struttura di un epitelio.
- A che cosa serve il tessuto connettivo al di sotto della membrana basale?
- Spiega la differenza tra epitelio di rivestimento ed epitelio ghiandolare.
- Illustra i tipi di epitelio in base alla forma delle cellule.

Concludi.

C. Domanda: Descrivi il tessuto connettivo.

- Spiega la struttura generale del tessuto connettivo.
- Illustra le varie tipologie di connettivo e le relative funzioni.
- Come vengono chiamate le cellule nei diversi tipi di connettivi?
- E come cambia la matrice cellulare?

Concludi.

LEZIONE 4 Sistemi di regolazione

A. Domanda: Come si mantengono le condizioni di stabilità in un organismo?

- Spiega che cosa s'intende per «omeostasi».
- Che cosa significa che l'omeostasi è un fenomeno dinamico?
- Fai degli esempi di parametri corporei che devono essere mantenuti sotto controllo.

Concludi.

B. Domanda: Che cosa significa «retroazione»?

- Descrivi come funziona il controllo a feedback.
- Illustra che cosa avviene quando il feedback è di tipo negativo.
- Illustra che cosa avviene quando il feedback è di tipo positivo.
- Che cosa succede al nostro corpo se la temperatura esterna si abbassa?

Concludi.

Question: Describe nervous tissue.

- Explain the nervous tissue's general functions.
- Describe neurons.
- Describe glial cells' functions.

Conclude your exposition.

TEST E QUESITI

Competenza disciplinare ▶ Applicare le conoscenze acquisite (es. 1-10)
Applicare il linguaggio scientifico (es. 11)
Spiegare in forma scritta fenomeni e processi (es. 12-16)

Scegli la risposta corretta

1. L'epitelio è mantenuto in vita…
- A da vasi sanguigni che penetrano nelle cellule.
- B per diffusione dal tessuto connettivo sottostante.
- C dalle numerose fibre nervose presenti in superficie.
- D per osmosi dalla membrana basale.

2. Negli organismi superiori un processo molto simile alla scissione binaria dei procarioti è…
- A il differenziamento embrionale.
- B la riproduzione sessuata.
- C la mitosi.
- D la meiosi.

3. Il neurone è…
- A un organo.
- B una cellula.
- C un tessuto.
- D un sistema.

4. Se la temperatura corporea diminuisce, il sistema di retroazione determina il restringimento dei vasi sanguigni e la contrazione dei muscoli. Questo al fine di…
- A diminuire la temperatura corporea.
- B bloccare i muscoli.
- C aumentare la temperatura corporea.
- D senza uno scopo preciso.

5. Le cavità del corpo in collegamento con l'esterno sono rivestite da…
- A epidermide.
- B membrana sierosa.
- C membrana sinoviale.
- D membrana mucosa.

6. I sistemi e gli apparati coinvolti nella funzione nutritiva sono:
- A cardiovascolare, respiratorio, endocrino e nervoso.
- B immunitario, respiratorio, endocrino e escretore.
- C cardiovascolare, respiratorio, escretore e digerente.
- D escretore, respiratorio, endocrino e riproduttivo.

7. Negli animali i sistemi e gli apparati coinvolti maggiormente nelle risposte ai cambiamenti sono:
- A nervoso e cardiovascolare.
- B endocrino ed esocrino.
- C nervoso e muscolare.
- D endocrino e nervoso.

8. La giusta sequenza nei livelli di organizzazione di un organismo pluricellulare è…
- A cellule – organi – tessuti – sistemi/apparati – organismo.
- B tessuti – cellule – organismo – organi – sistemi/apparati.
- C cellule – tessuti – organi – sistemi/apparati – organismo.
- D organi – tessuti – organismo – cellule – sistemi/apparati.

9. Il tessuto connettivo è costituito da…
- A miofibrille.
- B cellule disperse in una matrice extracellulare.
- C neuroni e cellule gliali.
- D cellule epiteliali.

10. Nel tessuto epiteliale squamoso le cellule sono…
- A cubiche.
- B cilindriche.
- C piatte.
- D di forma variabile.

Metti in relazione

11. Completa la tabella scrivendo i termini mancanti.

Tipo cellulare o epitelio	Tessuto	Funzione
cellula epiteliale	....	ricopre il corpo
....	tessuto muscolare	permette la contrazione
adipociti	tessuto adiposo	....
neurone	....	permette il passaggio di impulsi nervosi
cellula ghiandolare	epitelio ghiandolare	....
osteociti	....	formano l'osso producendo sali minerali e collagene
cellula gliale	tessuto nervoso	....
condrociti	....	producono collagene
....	tessuto connettivo lasso e denso	producono collagene ed elastina
....	sangue	sono la componente cellulare del sangue

Rispondi utilizzando i termini indicati

12. Come è fatto il tessuto muscolare?
fibra muscolare – volontario – striato – involontario – liscio – cardiaco

13. Che cosa significa «livello degli organi»?
unione – tessuti – assemblare – funzioni

14. Quali sono le regioni del corpo umano?
testa – addome – anteriore – torace – posteriore – tronco – arti

Rispondi e motiva la tua risposta

15. In termini generali, che cosa rappresenta il tessuto muscolare nel corpo degli animali? Perché i vegetariani sostituiscono la carne con le leguminose? Quale sostanza è contenuta in entrambi i cibi? Come si chiamano le molecole che la costituiscono nel muscolo?

Rispondi alla domanda in base all'estensione richiesta

16. Descrivi le funzioni vitali di un organismo collegando a ogni funzione l'apparato o il sistema preposto al suo svolgimento. (**massimo 10 righe**)

In English Competenza trasversale Usare la lingua inglese in un contesto scientifico

Complete the following sentences

1. Different types of .... assembled together form organs.
2. Bone is a .... tissue with a .... cellular matrix.

Choose the right answer for the following questions

3. Homeostasis is…
   - A the sum of all bodily metabolisms.
   - B the indication that something has changed.
   - C the tendency to maintain stable and optimal internal conditions.
   - D the tendency to invert internal conditions as a reaction to stimuli.

4. Which of the following tissues is not connective?
   - A Cartilage.
   - B Bone.
   - C Squamous epithelium.
   - D Blood.

Answer in a few words

5. What are membranes? How many types of membrane do you know? Name them.

....

....

....

....

....

IL MIO ESAME DI STATO

Esercizi di simulazione della **Terza Prova**

1. **Tipologia A della Terza Prova**
Descrivi struttura e funzioni del tessuto epiteliale. Per quali aspetti si differenzia un epitelio di rivestimento da un epitelio ghiandolare? Con quale criterio si classificano i vari epiteli? Fai qualche esempio di epitelio. (**massimo 15 righe**)

2. **Tipologia B della Terza Prova**
Elenca quali organi, apparati o sistemi sono attivi durante un piccolo sonnellino dopo pranzo, spiegando brevemente quali sono le funzioni di ognuno di essi.

3. **Tipologia C della Terza Prova**
Scegli la risposta corretta.
L'actina e la miosina sono proteine…
   - A fibrose che conferiscono resistenza ed elasticità al tessuto connettivo.
   - B globulari che permettono la trasmissione dell'impulso nervoso.
   - C presenti nella fibra muscolare e coinvolte nella contrazione muscolare.
   - D presenti nella membrana mucosa e coinvolte nella diffusione dei soluti.

4. **Tipologia C della Terza Prova**
Scegli la risposta corretta.
Sistemi e apparati sono insiemi di…
   - A tessuti specializzati per svolgere la stessa funzione.
   - B organi che cooperano per svolgere una determinata funzione.
   - C organi formati da tessuti uguali.
   - D tessuti formati da cellule uguali.

Proposte per l'incremento dei crediti scolastici (cumulabili nel voto d'esame)

5. Più di un secolo fa il patologo Giulio Bizzozero fornì una classificazione dei tessuti in base al ciclo cellulare delle cellule che li componevano, distinguendone tre tipologie principali: *a elementi cellulari perenni*, *a elementi cellulari stabili* e *a elementi cellulari labili*. Fai una ricerca utilizzando varie fonti e scrivi una tesina su questo tema tenendo conto dei seguenti argomenti:
   - stabilisci il significato di tessuto «stabile», «labile» o «perenne» in relazione alle conoscenze scientifiche attuali;
   - determina quali tessuti del nostro corpo possono essere definiti stabili, quali labili e quali perenni;
   - cerca notizie sugli studi della nota scienziata Rita Levi Montalcini (premio Nobel per la medicina), nei quali si evidenzia che un tessuto ritenuto perenne, come il tessuto nervoso, produce comunque un fattore di crescita;
   - scopri quali sono le cellule labili capaci di generare milioni di nuove cellule che permangono in età adulta e dove sono situate;
   - ricerca informazioni sulle cellule staminali spiegando che cosa sono, dove si trovano in età adulta e in quali usi terapeutici sono implicate.

OSSERVAZIONE E ANALISI

Competenza disciplinare
Riconoscere e descrivere strutture e fenomeni
Formulare ipotesi in base ai dati forniti

Osserva e rispondi

1. Completa lo schema indicando le parti del corpo umano.

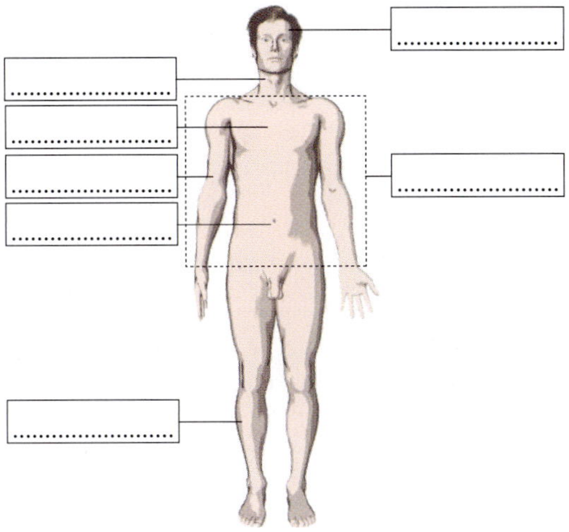

2. Osserva attentamente le figure, inserisci i termini mancanti e rispondi alle domande.
   a. Di quale tessuto si tratta?
   b. Quale tipo è rappresentato in **A**?
   c. Qual è la forma delle cellule dell'epitelio B?

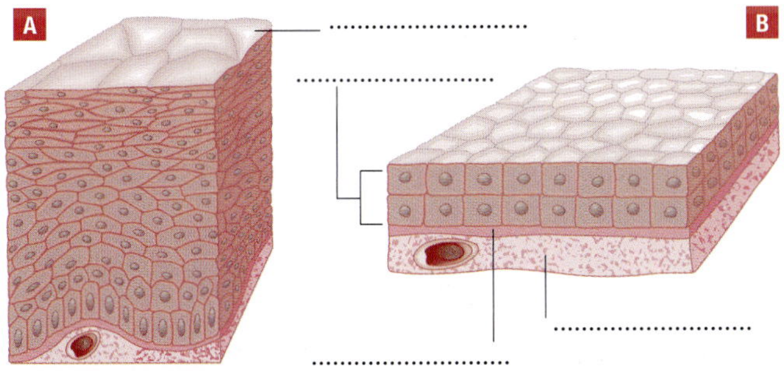

3. Completa lo schema e rispondi alle domande.
   a. Lo schema illustra il meccanismo di regolazione di un parametro corporeo. Quale?
   b. Si tratta di un meccanismo di regolazione a retroazione positiva o negativa?

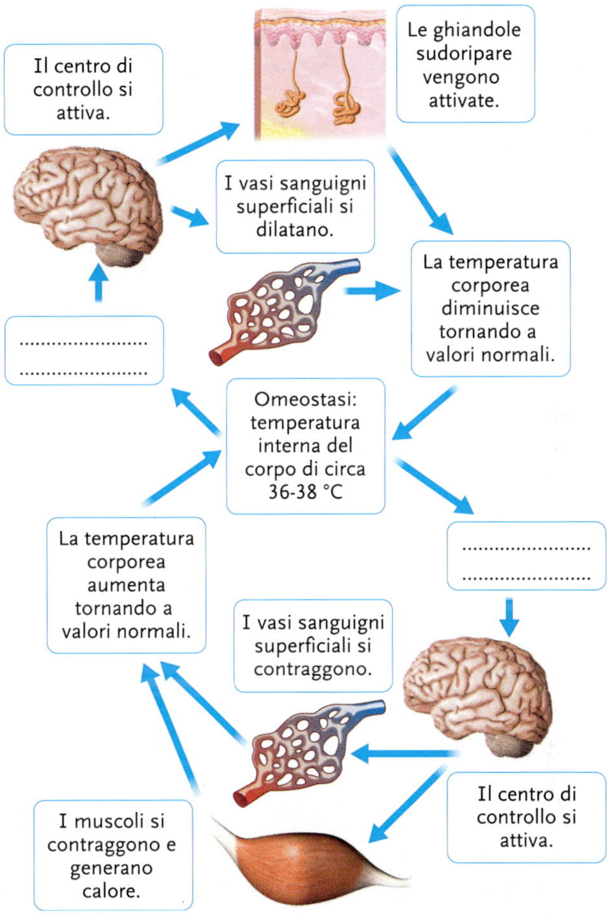

Analizza e interpreta

4. Osserva le fotografie e rispondi.

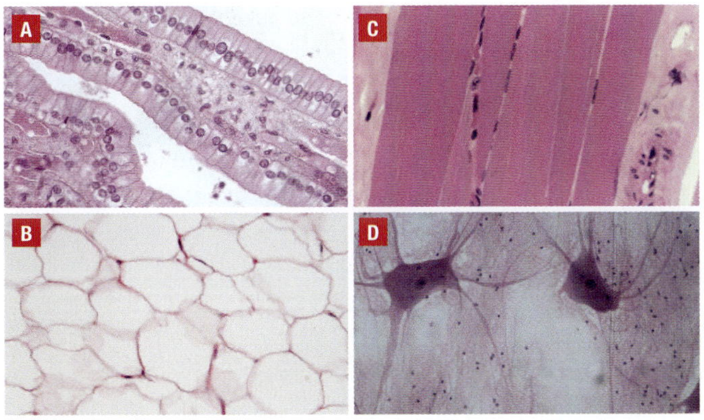

   a. Che tipo di tessuto è rappresentato nella figura **A**?
   ....
   b. Che tipo di tessuto è rappresentato nella figura **B**?
   ....
   c. Che tipo di tessuto è rappresentato nella figura **C**?
   ....
   d. Che tipo di tessuto è rappresentato nella figura **D**?
   ....

La tua analisi

Osserva ogni epitelio e rispondi.

a. Descrivi il tessuto nella figura **A** usando i criteri di classificazione che hai studiato.

b. Come si chiamano le cellule presenti nel tessuto della figura **B**?

c. Nomina il tessuto nella figura **C** usando i criteri di classificazione che hai studiato. È volontario o involontario?

d. Come si chiamano le cellule presenti nel tessuto nella figura **D**? Quale funzione hanno?

UNITÀ C2

Il sistema scheletrico e il sistema muscolare

Osserva... La velocità alla quale un pesce nuota è generalmente relazionata alla sua taglia. Il pesce spada può raggiungere i 4,90 m ed è in grado di arrivare a una velocità di 100 km/h, classificandosi probabilmente come il più veloce fra i nuotatori. La funzione della «spada» non è del tutto chiarita, ma potrebbe contribuire a dare all'animale una forma particolarmente idrodinamica, tale da fargli «tagliare» letteralmente l'acqua.
Il ghepardo, fra gli animali terrestri, mostra performance straordinarie, con una velocità di accelerazione pari a quella di un'auto sportiva: da 0 a 100 km/h in soli tre secondi! Può raggiungere la velocità di 110 km/h, battendo qualunque altro animale sulle brevi distanze.
Queste prestazioni richiedono muscoli potenti e un'ossatura in grado sostenere l'organismo senza appesantirlo. Come vedremo in questa Unità, in tutti gli animali il sistema scheletrico e il sistema muscolare concorrono a garantire la massima efficienza nel movimento.

Il sostegno negli animali

BioParole

Scheletro
dal greco *skeletós*, derivato di *skéllein*, «disseccare, inaridire»
Skeleton

Muta
dal latino *mutare*, «cambiare»
Moultine

1 Dall'idroscheletro all'esoscheletro

La maggior parte degli animali è dotata di una struttura adatta a fornire sostegno, forma e protezione al corpo: lo **scheletro**. Nel corso dell'evoluzione, con la conquista della terraferma, lo scheletro diventa ancora più importante, perché viene a mancare la spinta idrostatica che contribuisce al sostegno degli animali acquatici. Nella maggior parte degli animali, inoltre, lo scheletro serve da punto di ancoraggio per i muscoli, concorrendo in maniera fondamentale al movimento. In relazione alle necessità ambientali, si sono affermati differenti tipi di scheletro: l'*idroscheletro*, l'*esoscheletro* e l'*endoscheletro*.
Il primo passo verso una struttura di sostegno si ha in alcuni invertebrati acquatici con un corpo molle e flessibile, come l'idra; questi animali presentano al loro interno una lamina gelatinosa imbevuta d'acqua (la *mesoglea*) in grado di esercitare una pressione uniforme sulle pareti interne. Questa lamina costituisce di fatto uno «scheletro idrostatico», detto **idroscheletro**, che conferisce consistenza e protezione agli organi interni ▶ 1.
L'idroscheletro è tipicamente ricco d'acqua, resistente e flessibile. Anche per gli invertebrati terrestri che abitano nella sabbia, nel fango o nel terreno, come i nematodi e gli anellidi, l'idroscheletro offre notevoli vantaggi, perché permette al corpo di deformarsi in maniera plastica, vincendo la resistenza che l'animale può incontrare durante gli spostamenti nel suolo. Nel lombrico, ad esempio, ogni segmento del corpo possiede una cavità, il *celoma*, ripiena di un liquido che, oltre a sostenere l'animale, ha una funzione primaria nel movimento. Intorno al celoma, infatti, si trovano i muscoli circolari e longitudinali, che contraendosi in maniera alternata consentono all'animale di avanzare nel terreno con un tipico andamento «a onda» (*moto peristaltico*).
Nei molluschi, come la chiocciola e la vongola, compare per la prima volta una struttura rigida, la *conchiglia*, che accoglie al suo interno l'animale. Questa costruzione in carbonato di calcio, a causa del peso e dell'ingombro, non facilita il movimento dell'animale, ma ne permette comunque la crescita, grazie all'aggiunta continua di materiale sul suo margine esterno.
Tuttavia, tanto lo scheletro idrostatico che la conchiglia non permettono tutte quelle forme di locomozione che richiedono al corpo di rimanere sollevato dal suolo. In questo senso, la vera svolta evolutiva avviene negli artropodi (come i crostacei, gli insetti e gli aracnidi), nei quali compare uno scheletro esterno vero e proprio, che funziona come un'armatura articolata, perfettamente aderente al corpo dell'animale. Questa struttura rigida, detta **esoscheletro**, non solo conferisce sostegno e protezione, ma funziona come solido punto di attacco per i muscoli ▶ 2. L'esoscheletro degli artropodi è costituito da placche di un polisaccaride chiamato *chitina*. Queste placche, per quanto siano rigide, risultano leggere, flessibili e articolate tra loro così da permettere all'animale di muoversi piuttosto liberamente. A differenza della conchiglia, tuttavia, l'esoscheletro non si accresce con l'animale e deve essere periodicamente eliminato e sostituito con uno nuovo di dimensioni maggiori; questo processo di rinnovamento prende il nome di **muta**. Per alcuni insetti il numero delle mute può variare da quattro a otto prima dello sviluppo definitivo; in alcuni crostacei, come il granchio, le mute si succedono per tutta la vita.

1 L'idroscheletro
Negli cnidari, come l'*Hydra*, l'idroscheletro è costituito dalla **mesoglea**.

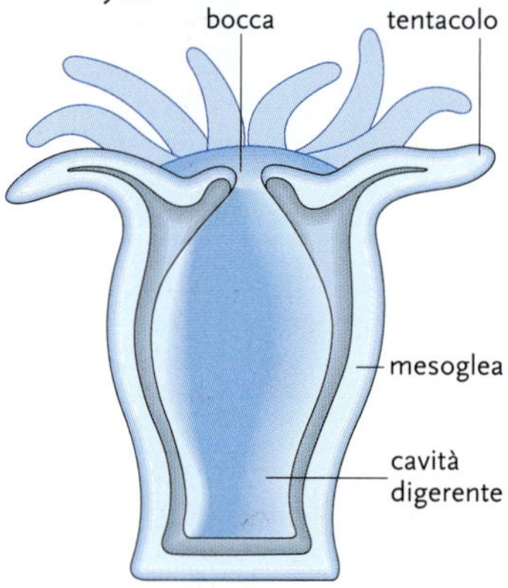

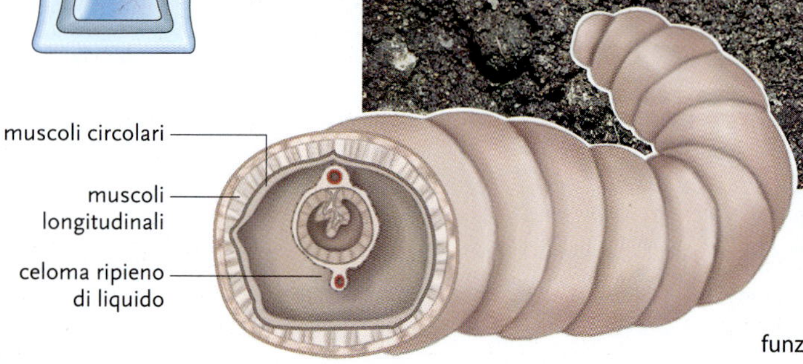

Negli anellidi, come il lombrico, è il **celoma** a funzionare da idroscheletro.

2 L'esoscheletro di alcuni artropodi

2 Il successo evolutivo dell'endoscheletro

L'esoscheletro risulta efficiente in animali di piccole dimensioni, come gli insetti, perché protegge il corpo e permette una certa libertà di movimento. In animali più grandi, invece, uno scheletro esterno sarebbe talmente pesante da diventare ingombrante e da rallentare i movimenti. Le mute inoltre dovrebbero succedersi con una certa frequenza e ciò costituirebbe un rischio per l'animale, che in queste fasi è notevolmente esposto ai predatori. Tali problemi vengono superati nel corso dell'evoluzione con la comparsa dell'**endoscheletro**, uno scheletro situato all'interno del corpo, che permette all'animale di raggiungere maggiori dimensioni, di muoversi facilmente e di sostenere efficacemente il peso.

L'endoscheletro è tipicamente formato da elementi di supporto rigidi o coriacei che si trovano fra i tessuti molli. Anche in alcuni animali molto semplici troviamo «tracce» di endoscheletro. Il corpo delle spugne, ad esempio, è rinforzato in alcune specie da un'impalcatura di fibre resistenti di natura proteica e in altre da strutture rigide dette *spicole*. Le spicole solitamente sono microscopiche e appuntite e sono costituite da materiali inorganici, come sali di calcio o silice. Le stelle marine, i ricci di mare e la maggior parte degli altri echinodermi possiedono invece un endoscheletro formato da dure piastre sottocutanee, detto **dermascheletro** ▶ 3.

Benché, come abbiamo visto, alcuni invertebrati possiedano un endoscheletro, lo scheletro interno è una struttura caratteristica dei vertebrati, uomo compreso. L'endoscheletro dei vertebrati è formato da una combinazione di due tessuti connettivi: la *cartilagine*, che forma le parti più elastiche dello scheletro, e l'*osso*, che va a costituire strutture rigide chiamate **ossa**. Tuttavia, un'importante linea evolutiva di vertebrati ha lo scheletro interamente cartilagineo: si tratta dei condroitti, o *pesci cartilaginei*, il gruppo al quale appartengono gli squali e le razze ▶ 4. La maggior parte dei pesci e i vertebrati terrestri da adulti mantengono invece la cartilagine solo nelle aree che necessitano di grande flessibilità. L'endoscheletro di questi vertebrati è costituito da centinaia di ossa articolate tra loro ▶ 5.

Possiamo riassumere come segue le principali *funzioni dello scheletro dei vertebrati*.

- **Sostegno**: lo scheletro sostiene il corpo.
- **Movimento**: allo scheletro sono ancorati i muscoli. Scheletro e muscoli consentono al corpo di muoversi.
- **Protezione**: gli organi vitali (come cervello, cuore e polmoni) sono contenuti in cavità formate dallo scheletro, che li protegge dagli urti.
- **Riserva di sali minerali**: il tessuto di cui è fatto lo scheletro (tessuto osseo) funge da «banca» per gli ioni calcio, gli ioni fosfato e altri tipi di ioni; a seconda delle necessità metaboliche, l'organismo deposita o preleva tali ioni dalle ossa.
- **Produzione di cellule del sangue**: in alcune ossa è contenuto il *midollo osseo*, tessuto che genera le cellule del sangue.

3 Negli echinodermi è presente un endoscheletro detto dermascheletro

In un riccio di mare morto, privo degli aculei, sono ben visibili le piastre che formano l'astuccio rigido.

4 I condroitti, come gli squali, presentano un endoscheletro cartilagineo

squalo balena

5 Lo scheletro di alcuni vertebrati a confronto

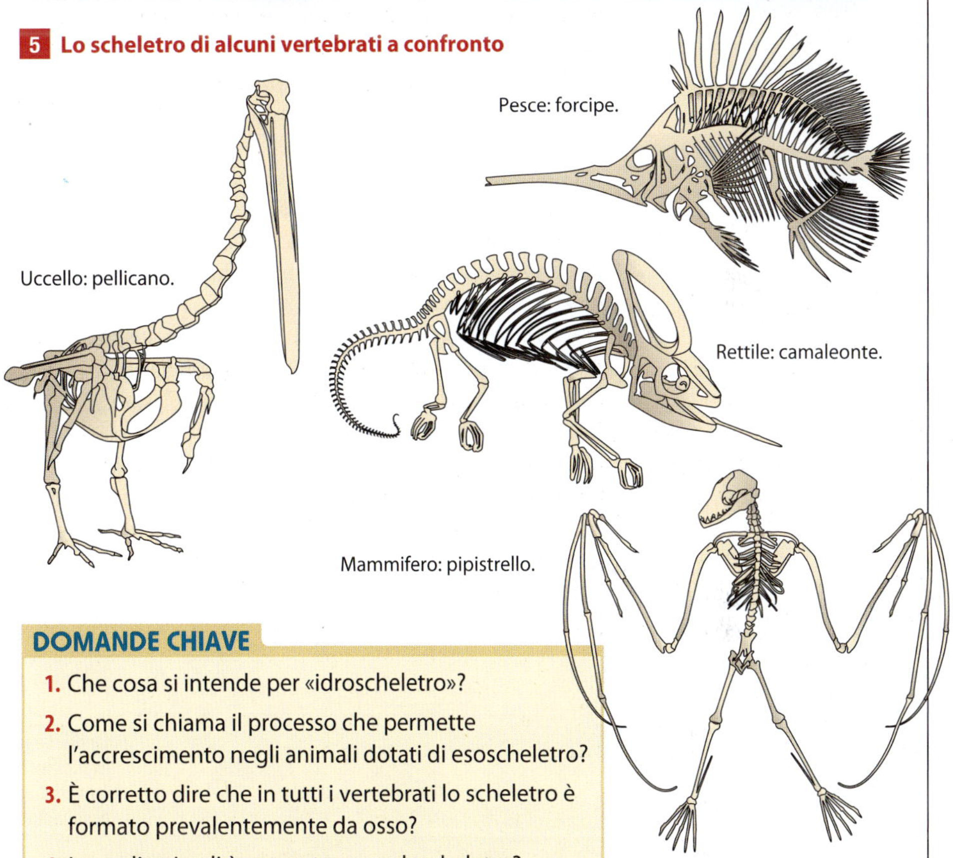

DOMANDE CHIAVE

1. Che cosa si intende per «idroscheletro»?
2. Come si chiama il processo che permette l'accrescimento negli animali dotati di esoscheletro?
3. È corretto dire che in tutti i vertebrati lo scheletro è formato prevalentemente da osso?
4. In quali animali è presente un endoscheletro? In quali gruppi è maggiormente evoluto?

Osserva e RAGIONA

Quale tipo di scheletro hanno gli animali rappresentati in **A**, **B** e **C**? Lo scheletro dell'animale in **C** da che cosa è costituito?

lombrico — insetto — squalo

Anatomia dello scheletro

BioParole

Vertebra
dal latino *vertebra*, «articolazione, giuntura», dal verbo *vertere*, «girare, volgersi»
Vertebra

1 Lo scheletro dell'uomo

Lo scheletro interno, rigido e flessibile al tempo stesso ▶ 1, rappresenta la struttura portante del corpo dei vertebrati. Per quanto esista un piano comune, nella specie umana lo scheletro presenta alcune caratteristiche specifiche legate alla nostra particolare postura. L'uomo, essendo *bipede*, ha infatti la necessità di mantenere la posizione eretta. Per questo motivo, ad esempio, le ossa del piede sono specializzate per sostenere il peso dell'intero corpo e consentire il movimento; la mano, invece, non ha più una funzione locomotoria – come nella maggior parte degli altri vertebrati – e le sue ossa consentono una presa forte e precisa grazie al pollice opponibile. Rispetto agli altri vertebrati, inoltre, il cranio umano è di dimensioni maggiori in rapporto alle dimensioni corporee, e deve essere mantenuto in equilibrio sulla sommità dell'asse che sostiene il corpo, la colonna vertebrale.
Il nostro scheletro si compone di 206 ossa, che si dispongono a formare lo *scheletro assile* e lo *scheletro appendicolare* ▶ 2. Lo **scheletro assile** costituisce l'asse e il sostegno principale del corpo ed è formato dal cranio, dalla colonna vertebrale e dalla gabbia toracica. Lo **scheletro appendicolare** è formato dalle ossa degli arti e da gruppi di ossa, detti «cinture», che collegano gli arti allo scheletro assile. Gli arti superiori sono le braccia e servono soprattutto per afferrare gli oggetti, hanno cioè funzione prensile (si attaccano allo scheletro assile tramite la **cintura scapolare**); gli arti inferiori, le gambe, vengono utilizzati fondamentalmente per la locomozione e quindi hanno funzione deambulatoria (prendono contatto con la colonna vertebrale attraverso la **cintura pelvica**).

2 La colonna vertebrale

La **colonna vertebrale** costituisce la parte scheletrica del *rachide*, una struttura complessa che include anche i legamenti, i dischi intervertebrali, i muscoli, i nervi (con il midollo spinale) e i vasi sanguigni. La colonna vertebrale è flessibile e resistente, e presenta una tipica forma a «S». Possiamo individuare cinque funzioni principali della colonna vertebrale:

- proteggere il midollo spinale;
- sostenere la cintura scapolare e la cintura pelvica;
- sostenere la testa e le costole;
- fornire un punto di attacco ai muscoli, permettendo al corpo di mantenere la posizione eretta e di muoversi;
- assorbire gli stimoli meccanici, in caso di traumi.

La colonna vertebrale è costituita da un'alternanza di **vertebre** ossee e di dischi cartilaginei intimamente connessi per mezzo di robusti legamenti. Questi dischi, detti **dischi intervertebrali**, consentono alle vertebre una certa mobilità reciproca; nonostante si tratti di piccoli movi-

1 Rigidità e flessibilità dello scheletro
La rigidità e la flessibilità dello scheletro sono dovute alla combinazione di due tessuti: osso e cartilagine.

2 TESTO-IMMAGINE L'organizzazione generale dello scheletro umano

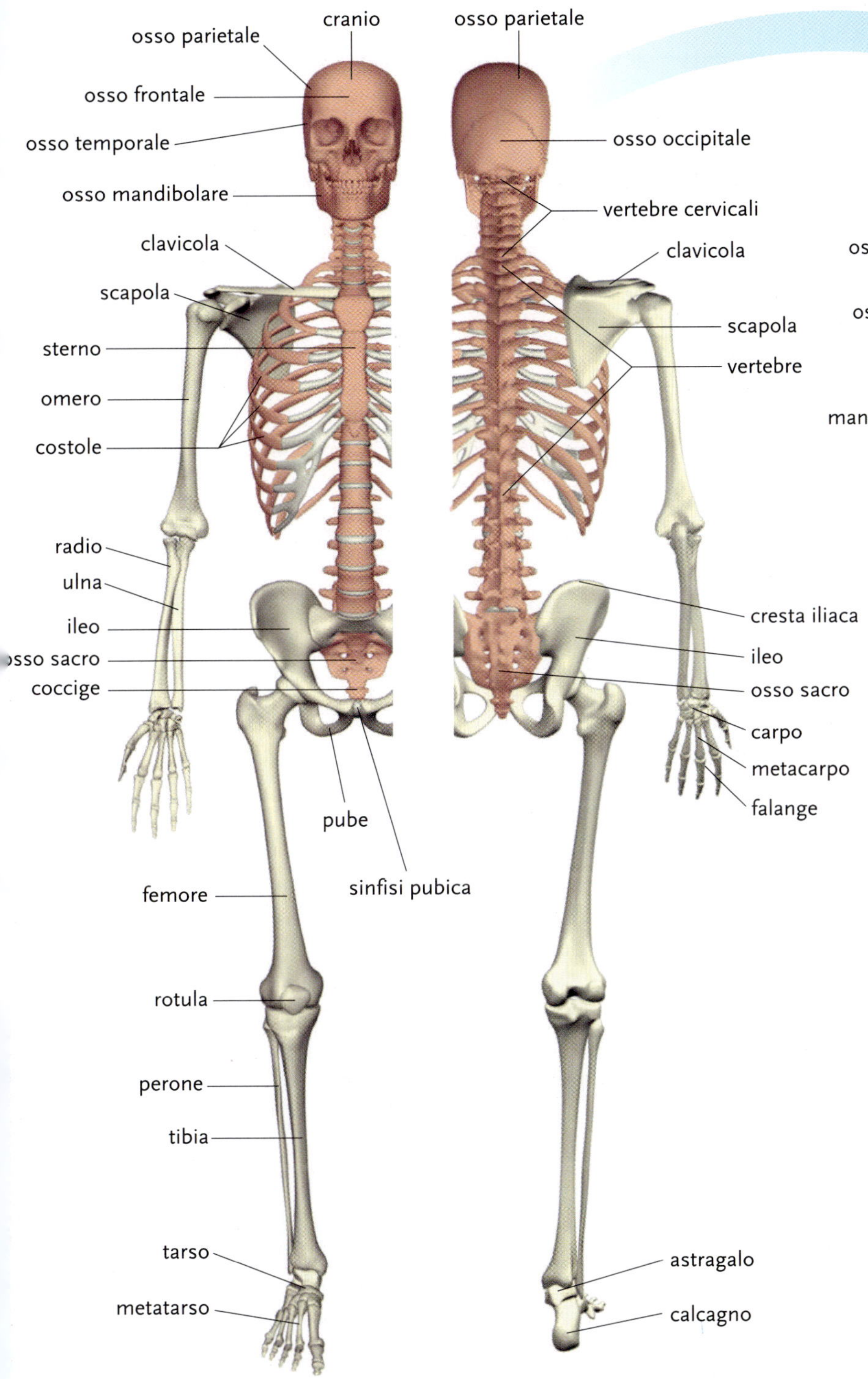

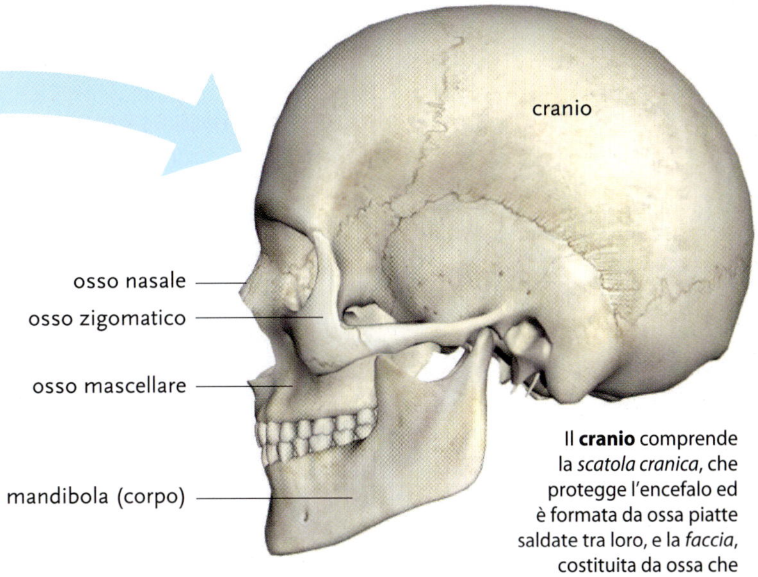

Il **cranio** comprende la *scatola cranica*, che protegge l'encefalo ed è formata da ossa piatte saldate tra loro, e la *faccia*, costituita da ossa che presentano cavità per gli organi di senso. Le ossa della scatola cranica sono tutte fisse, eccetto la mandibola.

La figura evidenzia la distinzione tra scheletro assile (in rosa) e scheletro appendicolare (in giallo). A destra, la struttura della scatola cranica.

menti, la loro somma conferisce un considerevole margine di mobilità alla colonna vertebrale considerata nel suo insieme.

Benché non siano tutte perfettamente uguali, le vertebre hanno una struttura di base comune ▶ 3. Una vertebra tipica consiste di un **corpo**, più o meno cilindrico, e di un **arco**; l'arco è composto a sua volta da due peduncoli, detti **processi trasversali**, e due lamine, unite a formare il **processo spinoso**. Il corpo e l'arco delimitano una cavità, detta **foro vertebrale**; dalla sovrapposizione di due vertebre si forma un canale, detto **canale vertebrale**, che ospita il midollo spinale.

3 Le vertebre

Struttura di una vertebra tipica.

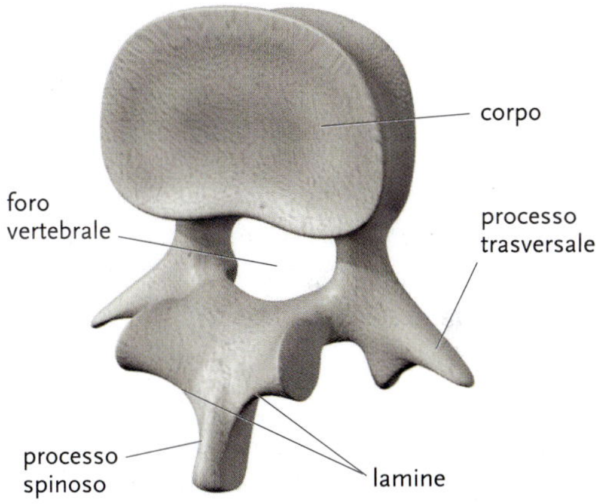

Sovrapposizione delle vertebre nella colonna vertebrale.

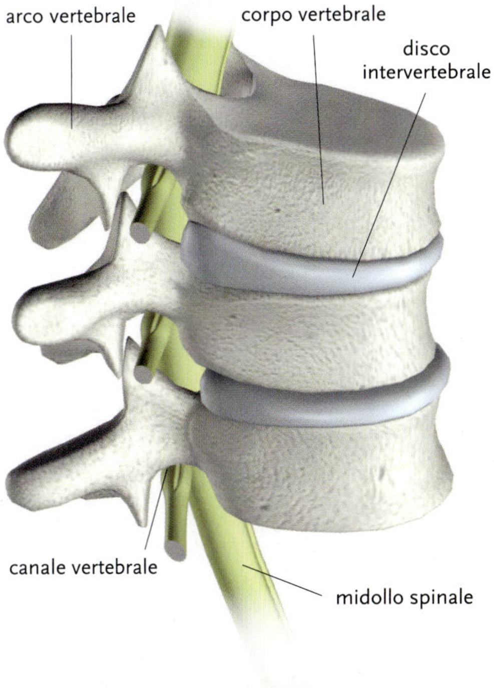

A seconda delle differenti regioni cui appartengono, le vertebre presentano variazioni nella loro conformazione. Partendo dall'estremità della colonna vertebrale più vicina al cranio, possiamo individuare 5 gruppi di vertebre: *cervicali* (7), *toraciche* (12), *lombari* (5), *sacrali* (5) e *coccigee* (4) ▶ **4A**. Sebbene si tratti di 33 vertebre complessive, nell'adulto si considera la colonna vertebrale composta da 24 vertebre mobili, perché le vertebre sacrali e coccigee sono generalmente fuse, formando rispettivamente il *sacro* e il *coccige*.

Le prime due vertebre cervicali, con le loro particolari caratteristiche, formano il complesso articolare più delicato e vulnerabile del corpo umano: devono sostenere il cranio e proteggere il passaggio del sistema nervoso centrale tra encefalo e midollo spinale. Per questo motivo sono indicate con due nomi specifici: *atlante* ed *epistrofeo* (il nome «atlante» fa riferimento al mitico personaggio di Atlante che sosteneva sulle sue spalle il globo terrestre) ▶ **4B**.

4 La colonna vertebrale e le sue regioni

A

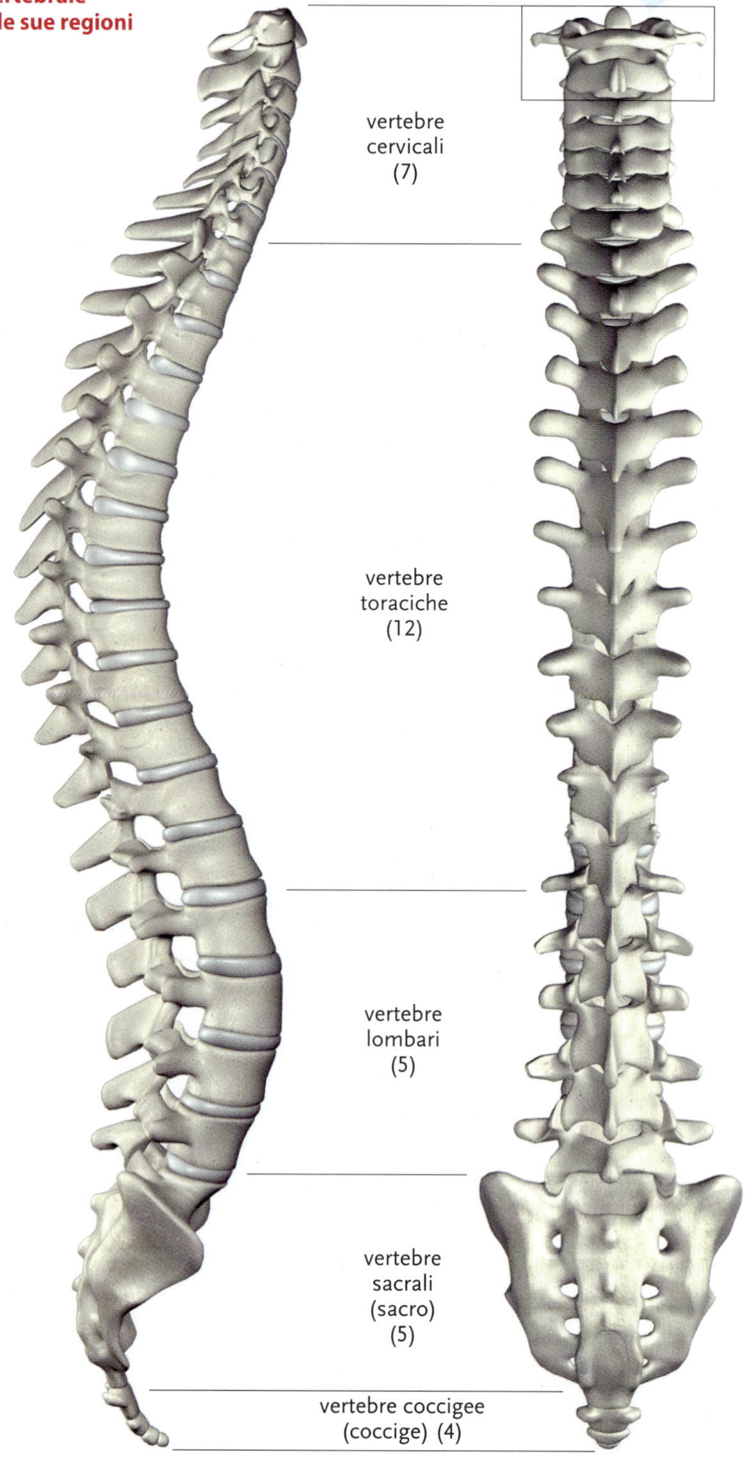

B Prima e seconda vertebra cervicale

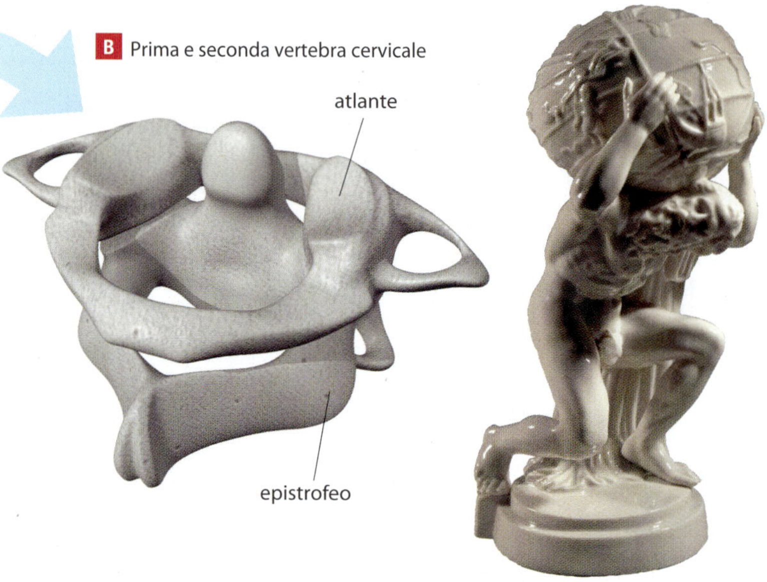

Osserva e COMPLETA

Che cosa è rappresentato nella figura?
Inserisci i termini mancanti.

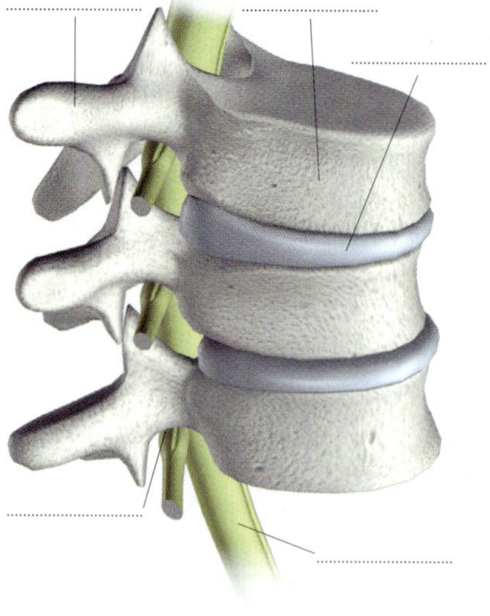

DOMANDE CHIAVE

1. Quali sono le due grandi componenti dello scheletro?
2. Che cosa passa nel foro centrale delle vertebre?
3. Che cosa sono l'atlante e l'epistrofeo?

Le ossa e le articolazioni

1 Struttura e formazione delle ossa

Le ossa del corpo umano sono notevolmente diversificate tra loro. In base alla forma, possiamo individuare quattro principali categorie: *ossa lunghe*, *ossa piatte*, *ossa brevi*, *ossa irregolari*.

- Le **ossa lunghe** sono tipicamente formate da una parte cilindrica delimitata da due estremità più robuste, che possono assumere varie forme. Si trovano a livello degli arti: nelle gambe, nelle braccia, nelle dita delle mani e dei piedi.
- Le **ossa piatte** sono simili a lamine. La loro ampia superficie fornisce un buon attacco per i muscoli; svolgono inoltre al meglio la funzione protettiva. Formano ad esempio il cranio (che protegge l'encefalo), lo sterno e le costole (che racchiudono gli organi del torace) e il bacino.
- Le **ossa brevi**, piuttosto piccole, sono approssimativamente cubiche, con molte facce di contatto con le ossa vicine. Sono situate nei punti del corpo dove l'articolazione del movimento è più complessa, come polsi e caviglie.
- Le **ossa irregolari** hanno varie forme, che non le fanno rientrare nelle precedenti categorie. Ne sono un esempio le vertebre e alcune ossa craniche.

Per analizzare la struttura generale di un osso, utilizzeremo come modello un osso lungo ▶ 1.

STRUTTURA MACROSCOPICA In un osso lungo, a livello macroscopico, possiamo distinguere le seguenti parti ▶ 1A:

- la **diafisi**, il corpo dell'osso, di forma allungata e cilindrica;
- le **epifisi**, le due estremità dell'osso, che contengono *midollo osseo rosso*;
- la **cartilagine articolare**, uno strato di cartilagine che ricopre l'epifisi in corrispondenza delle articolazioni;
- il **periostio**, una guaina di tessuto connettivo che riveste interamente l'osso e serve da punto di attacco per i legamenti e i tendini;
- la **cavità midollare**, un canale interno alla diafisi, che contiene il *midollo osseo giallo*.

Il **midollo osseo** è l'organo deputato alla sintesi delle cellule del sangue. Alla nascita le cavità ossee sono interamente occupate da midollo rosso, che viene progressivamente sostituito da midollo giallo (più ricco di tessuto adiposo).

STRUTTURA MICROSCOPICA Se osserviamo lo stesso osso a livello microscopico ▶ 1B, possiamo notare che è costituito da un tessuto connettivo, il **tessuto osseo**, contenente un'abbondante *matrice extracellulare*. Questa matrice è costituita per il 50% da sali minerali cristallizzati, responsabili della durezza dell'osso. Per quanto riguarda la *componente cellulare*, distinguiamo tre tipi di cellule:

- gli **osteociti**, tipici dell'osso maturo e responsabili del metabolismo quotidiano;

Bio Parole

Osteocita
dal greco *ostéon*, «osso», e *kýtos*, «cavità, cellula»
Osteocyte

1 La struttura di un osso lungo

A Struttura macroscopica.

B Struttura microscopica.

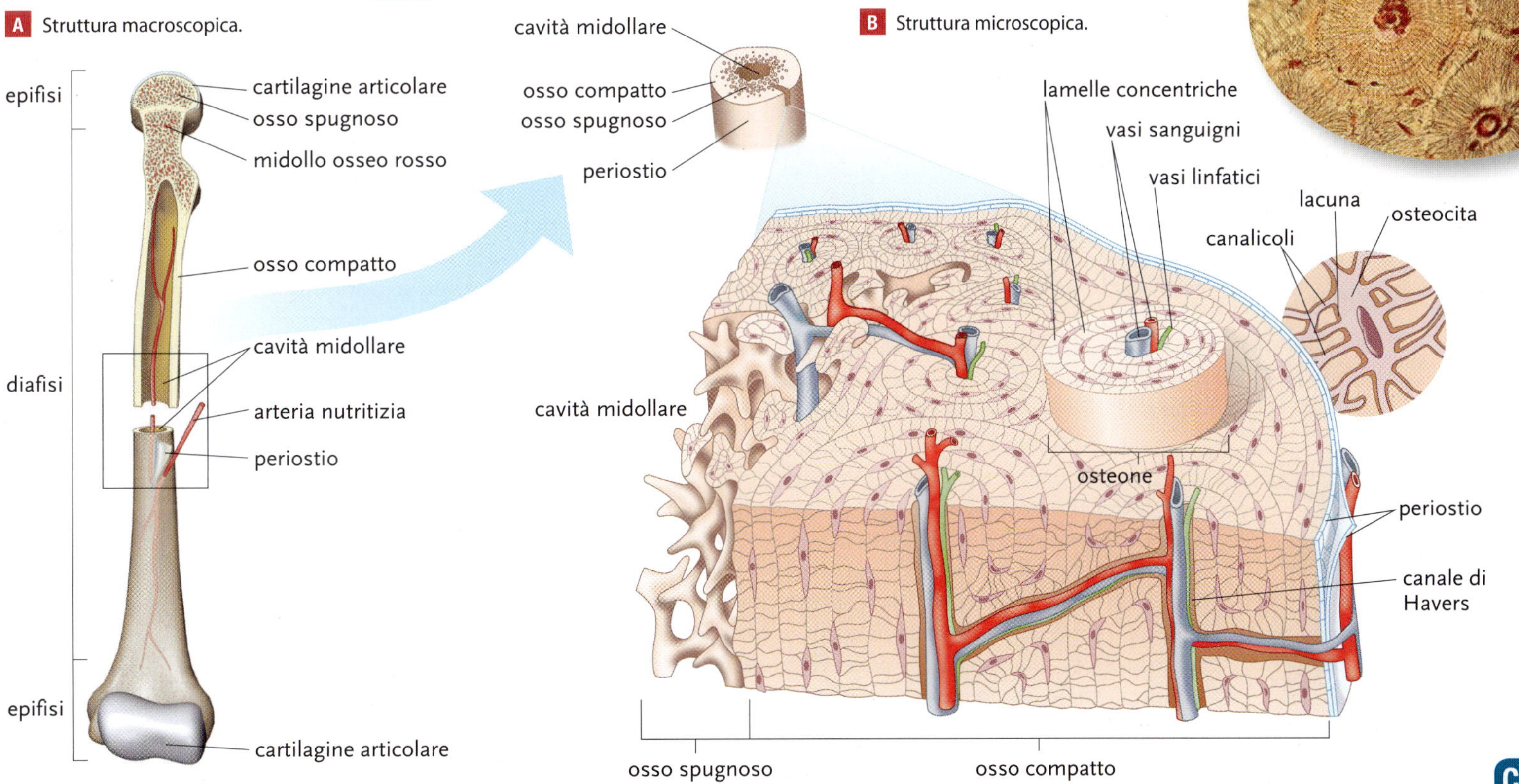

2 **Una tipica articolazione sinoviale**

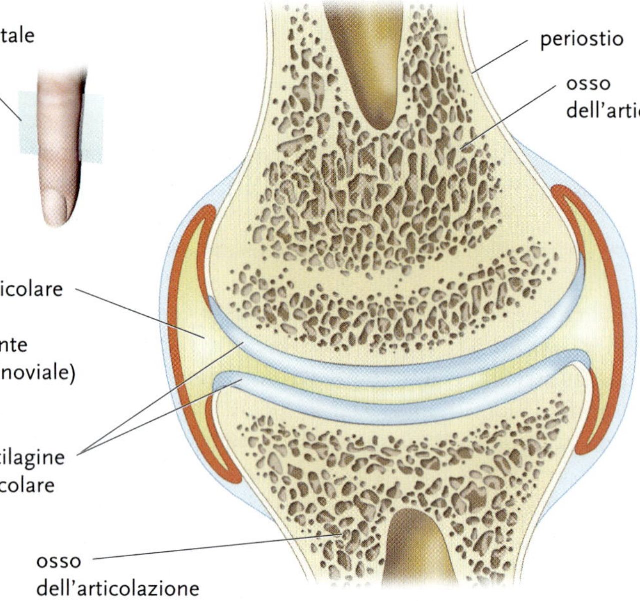

BioParole

Legamento
dal latino *ligare*, «legare insieme»
Ligament

- gli **osteoblasti**, coinvolti nella «costruzione» dell'osso, in particolare nella sintesi della matrice;
- gli **osteoclasti**, implicati nel mantenimento e nel rimodellamento delle ossa, grazie alla capacità di produrre enzimi che «riassorbono» la matrice.

Tra le cellule e la matrice extracellulare sono presenti molti spazi vuoti. A seconda della distribuzione di questi spazi, le varie parti dell'osso risultano compatte (**osso compatto**) o spugnose (**osso spugnoso**). L'80% dello scheletro è formato da osso compatto. L'unità funzionale dell'osso compatto adulto è rappresentata dall'**osteone**. Al centro dell'osteone è presente un canale, detto **canale di Havers**, percorso da vasi sanguigni, nervi e vasi linfatici. Intorno al canale sono disposte in maniera concentrica delle **lamelle** di matrice extracellulare dura e calcificata. Gli osteociti, che appaiono «schiacciati» tra le lamelle, sono ospitati all'interno di piccolissime *lacune*, collegate tra loro da *canalicoli*. Questa struttura conferisce all'osso una particolare resistenza.

FORMAZIONE DELLE OSSA La formazione dell'osso, o **ossificazione**, ha inizio nel feto e continua nel corso della vita. In una prima fase viene determinata la struttura generale dello scheletro; in seguito si realizza il differenziamento delle cellule e del tessuto. In alcuni casi l'osso si forma a partire da un tessuto connettivo primitivo per differenziamento delle cellule in osteoblasti. In altri casi l'osso sostituisce completamente o in parte un precedente *modello cartilagineo*. La formazione e il modellamento delle ossa è il risultato dell'attività degli osteoblasti e degli osteoclasti: l'equilibrio di tali attività favorisce la deposizione di osso nel corso dell'accrescimento. Il processo di rimaneggiamento si completa con la formazione definitiva delle ossa nell'adolescente, ma continua anche in età adulta stimolato dal movimento e dalla deambulazione, nonché durante la riparazione delle fratture. Infine, l'osso costituisce la nostra principale riserva di calcio (Ca^{2+}), che diventa disponibile proprio quando una parte dell'osso viene distrutta con il processo di rimodellamento.

3 **I principali tipi di articolazione**

A

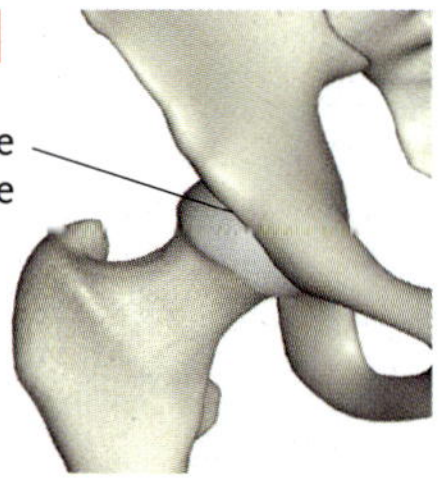

B

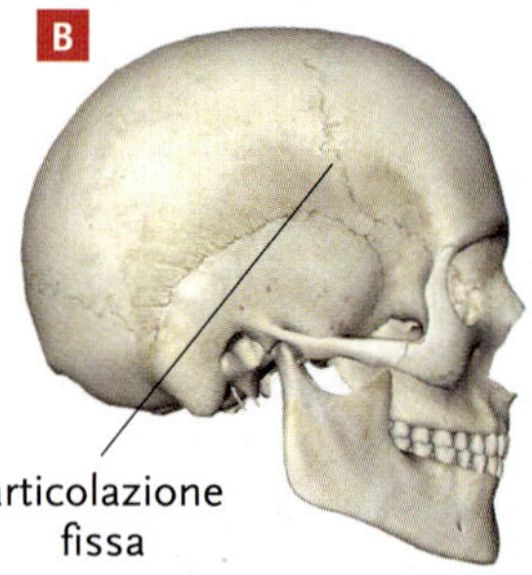

C

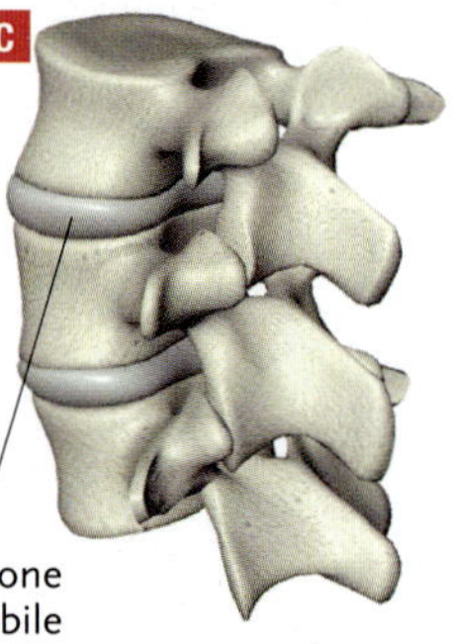

2 Le articolazioni

Lo scheletro umano è un'incredibile combinazione di *rigidità* e *flessibilità*. Deve fornire un saldo punto di attacco per i muscoli, ma deve essere in grado di muoversi in maniera estremamente articolata quando i muscoli si contraggono. Questo compromesso tra rigidità e libertà di movimento è raggiunto grazie alla combinazione di due tessuti dalle caratteristiche molto diverse: la cartilagine e l'osso. Come abbiamo visto, nell'adulto il tessuto osseo costituisce il corpo dell'osso, mentre la cartilagine si trova nei punti di contatto fra due o più ossa. Queste zone di contatto prendono il nome di **articolazioni**. Esse permettono in genere il movimento più o meno libero di un osso rispetto all'altro. Più raramente esse uniscono due ossa senza consentire il movimento: questo avviene in punti dello scheletro che hanno la funzione di proteggere organi particolarmente importanti. A livello delle articolazioni, le ossa sono tenute insieme da strutture resistenti e flessibili, formate da tessuto connettivo fibroso e chiamate **legamenti**. In alcuni casi è presente fra le ossa una cavità, detta **cavità sinoviale**, ripiena di un liquido; questo liquido svolge varie funzioni: riduce l'attrito lubrificando l'articolazione, fornisce nutrienti alle cellule e rimuove i rifiuti metabolici ▶ 2. Un'articolazione sinoviale si trova ad esempio a livello del ginocchio, l'articolazione più complessa del corpo.

In base alle possibilità di movimento, nel nostro corpo si riconoscono tre principali tipi di articolazione:

- **articolazioni mobili** ▶ 3A, presenti negli arti, dove le cartilagini di ciascun osso scivolano le une rispetto alle altre; l'ampiezza del movimento è regolata dalla presenza di legamenti;
- **articolazioni fisse** ▶ 3B, tipiche del cranio, ma che si ritrovano anche nel punto di attacco tra costole e vertebre; le cartilagini tra i margini delle ossa sono state completamente riassorbite e le ossa sono saldate insieme;
- **articolazioni semimobili** ▶ 3C, che si trovano tra una vertebra e l'altra; nonostante i vincoli dovuti ai legamenti, sono possibili movimenti di flessione, estensione, inclinazione laterale e rotazione; questi movimenti sono più ampi a livello delle regioni cervicale e lombare.

DOMANDE CHIAVE

1. In che cosa si differenziano l'osso compatto e l'osso spugnoso?
2. Che cosa sono la diafisi e l'epifisi?
3. Da che cos'è caratterizzata un'articolazione sinoviale?
4. Qual è la struttura dell'osso a livello microscopico?

LEZIONE 4

Il movimento negli animali

1 L'evoluzione del movimento

Solo pochi animali, come le spugne, i coralli o alcuni anellidi marini, possono permettersi di rimanere fermi ad aspettare che il nutrimento, sotto forma di piccole particelle filtrabili, passi nelle loro vicinanze, mentre la maggior parte degli animali deve muoversi attivamente per procurarsi il cibo. Il movimento consente anche di sfuggire ai predatori e massimizzare il successo riproduttivo con la ricerca attiva di un partner. Per tutti questi motivi, nel tempo gli animali hanno sviluppato strutture anatomiche e strategie comportamentali per muoversi nei più svariati ambienti della Terra. Gli animali *sessili* (fissi a un substrato) utilizzano la muscolatura per compiere movimenti, ma non sono in grado di spostarsi attivamente. Per compiere **movimenti locomotori** un animale deve vincere due forze: la *gravità* e l'*attrito*. L'importanza relativa di queste due forze varia notevolmente a seconda degli ambienti. Gli animali hanno dunque evoluto differenti adattamenti in relazione al mezzo in cui si muovono e al tipo di locomozione adottata. Al movimento concorrono principalmente due sistemi di organi: il *sistema scheletrico* e il *sistema muscolare*.

Se ripercorriamo adesso a ritroso l'evoluzione alla ricerca di qualche traccia di muscolatura, possiamo osservare che le **cellule muscolari** sono presenti già nella maggior parte delle spugne, mentre negli invertebrati marini più evoluti si differenziano *cellule contrattili fusiformi*, nelle quali sono individuabili le **miofibrille** (le unità fondamentali del muscolo). Nella scala zoologica compaiono dapprima le miofibrille lisce, poi quelle striate. La muscolatura striata si afferma negli artropodi, dove i muscoli sono attaccati all'interno dell'esoscheletro; la muscolatura liscia persiste intorno agli organi cavi e, in generale, in tutte quelle parti che sono prive di scheletro. Nei vertebrati, nei quali si evolve uno scheletro interno, la muscolatura striata diventa particolarmente abbondante, tanto da costituire la metà del peso corporeo.

DOMANDE CHIAVE

1. Fornisci almeno tre esempi di adattamenti al volo negli uccelli.
2. L'uomo è un animale digitigrado, plantigrado o unguligrado?

Bio Plus

Principali tipi di locomozione

Nuotare e volare. La forma di locomozione più diffusa tra gli animali primitivi è il **nuoto**.

Gli animali sono dotati di differenti strutture specializzate per il nuoto. I crostacei, ma anche le tartarughe marine, usano le zampe come remi. Le seppie e i calamari utilizzano invece un **movimento a propulsione**: risucchiano l'acqua e la espellono con forza dal corpo. I migliori nuotatori sono senza dubbio i pesci: hanno un corpo affusolato che, piegandosi verso destra e verso sinistra, consente all'animale di avanzare, e sono dotati di **pinne** per regolare velocità e direzione. Il tipico «movimento a S» è provocato dalla contrazione alternata di muscoli collocati lateralmente sul corpo dell'animale; nella maggior parte dei pesci l'onda di contrazione parte dalla coda, dove viene generata la forza propulsiva per il movimento in avanti ▶ **A**. Alcuni uccelli, come le anatre, i cormorani e i gabbiani, hanno zampe con membrane tra le dita (zampe palmate) che utilizzano come pagaie per spostarsi nell'acqua. Tra i mammiferi i migliori nuotatori sono i cetacei (balene, delfini, capodogli).

Il movimento nell'aria, il **volo**, si è evoluto negli insetti, negli uccelli e, tra i mammiferi, solo nei pipistrelli. Per volare è necessario generare una spinta sufficiente a vincere la gravità al punto da fare sollevare l'animale. Questa operazione risulta particolarmente difficoltosa in un ambiente, come quello aereo, che a causa della scarsa densità offre poca «massa di appoggio». Gli strumenti che consentono agli animali di alzarsi da terra e volare sono le **ali**. Negli uccelli possiamo osservare molti adattamenti al volo: un corpo leggero, compatto e affusolato (o aerodinamico); numerose ossa cave che li rendono meno pesanti; un cranio privo di denti, sostituiti dal becco; ali innestate su potenti muscoli in grado di generare il «colpo d'ala»; torace carenato per fendere l'aria. Gli uccelli utilizzano due diverse modalità per volare: nel volo battuto le ali si muovono verso l'alto e verso il basso spingendo l'animale in avanti ▶ **B**; nel volo planato le ali, ferme, sfruttano le correnti d'aria.

Camminare e correre. Il movimento sulla terraferma presenta problemi opposti a quelli del nuoto. L'aria, meno densa dell'acqua, offre minore resistenza agli spostamenti, ma non è in grado di sostenere il peso del corpo dell'animale. Per gli animali che vivono sulla terraferma è quindi necessario un sistema di appoggio in grado di vincere la forza di gravità, che tenderebbe a farli afflosciare al suolo. Nei quadrupedi, durante la locomozione lenta viene alzata una sola zampa per volta, mentre le altre formano un «triangolo di appoggio». Durante la locomozione rapida tutte e quattro le zampe vengono sollevate da terra simultaneamente, ma solo per un brevissimo periodo di tempo. Un ghepardo ad esempio, che durante la corsa può raggiungere la velocità di 110 km/h, sembra volare sul suolo ▶ **C**. Gli animali che, come i felini, corrono sulle dita sono detti **digitigradi**. In questi animali la colonna vertebrale è come un arco flessibile che permette all'animale di sviluppare al massimo la potenza esplosiva degli arti; i digitigradi sono soprattutto carnivori. I vertebrati che, come l'uomo e l'orso, poggiano tutto il piede sono detti invece **plantigradi**. Sono definiti infine **unguligradi** gli animali che, come i cervi, le antilopi, i cavalli e le mucche, poggiano sul terreno solo le falangi terminali. In questi vertebrati, tipicamente erbivori, le unghie sono modificate in *zoccoli* per essere protette dall'usura.

A Il nuoto

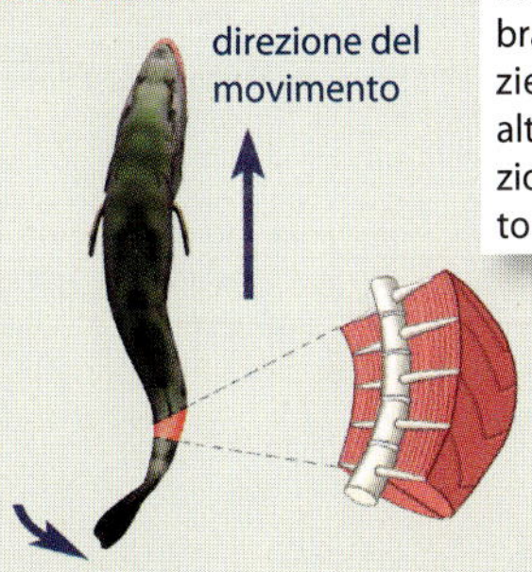

La colonna vertebrale si muove grazie al movimento alternato di contrazione e rilassamento dei muscoli.

B Il volo

C La corsa

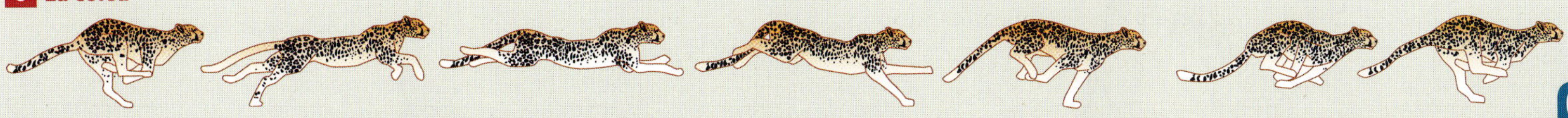

La muscolatura umana

1 Struttura e funzioni dei muscoli

I muscoli, insieme allo scheletro, hanno la funzione di consentire il movimento e di mantenere la postura; contribuiscono inoltre a conservare costante la temperatura corporea grazie al calore liberato durante la contrazione. Tutti i muscoli sono formati da cellule allungate, chiamate **fibre muscolari**, che hanno la capacità di modificare la loro lunghezza producendo una *tensione*. Queste cellule hanno caratteristiche e disposizione diversa nei vari tipi di tessuto muscolare (vedi Unità C1). In relazione al tessuto di cui sono costituiti, riconosciamo tre tipi di muscolo: **scheletrico**, **cardiaco** e **liscio**.

MUSCOLO SCHELETRICO Forma i muscoli che si fissano alle ossa ▶ 1 e 2A. Sono i muscoli che consentono di muovere le diverse parti del corpo e che si contraggono in seguito a comandi **volontari**. Sono detti anche **muscoli striati** perché sono formati da un tessuto muscolare che al microscopio mostra tipiche striature. Ogni muscolo è formato da migliaia di fibre muscolari *plurinucleate* (dotate cioè di molti nuclei), impacchettate fra loro e riccamente innervate e irrorate. Il nostro corpo si muove grazie all'azione di circa 600 muscoli scheletrici distribuiti in superficie e in profondità. Questi muscoli sono collegati alle ossa mediante fasci paralleli di tessuto connettivo: i **tendini**. Tra i muscoli scheletrici fanno eccezione i muscoli della faccia, i cosiddetti *muscoli mimici*, che, anziché alle ossa, sono ancorati alla pelle o ad altri muscoli; in tal modo, quando si contraggono, spostano la pelle determinando le espressioni del volto.

1 I muscoli scheletrici dell'uomo

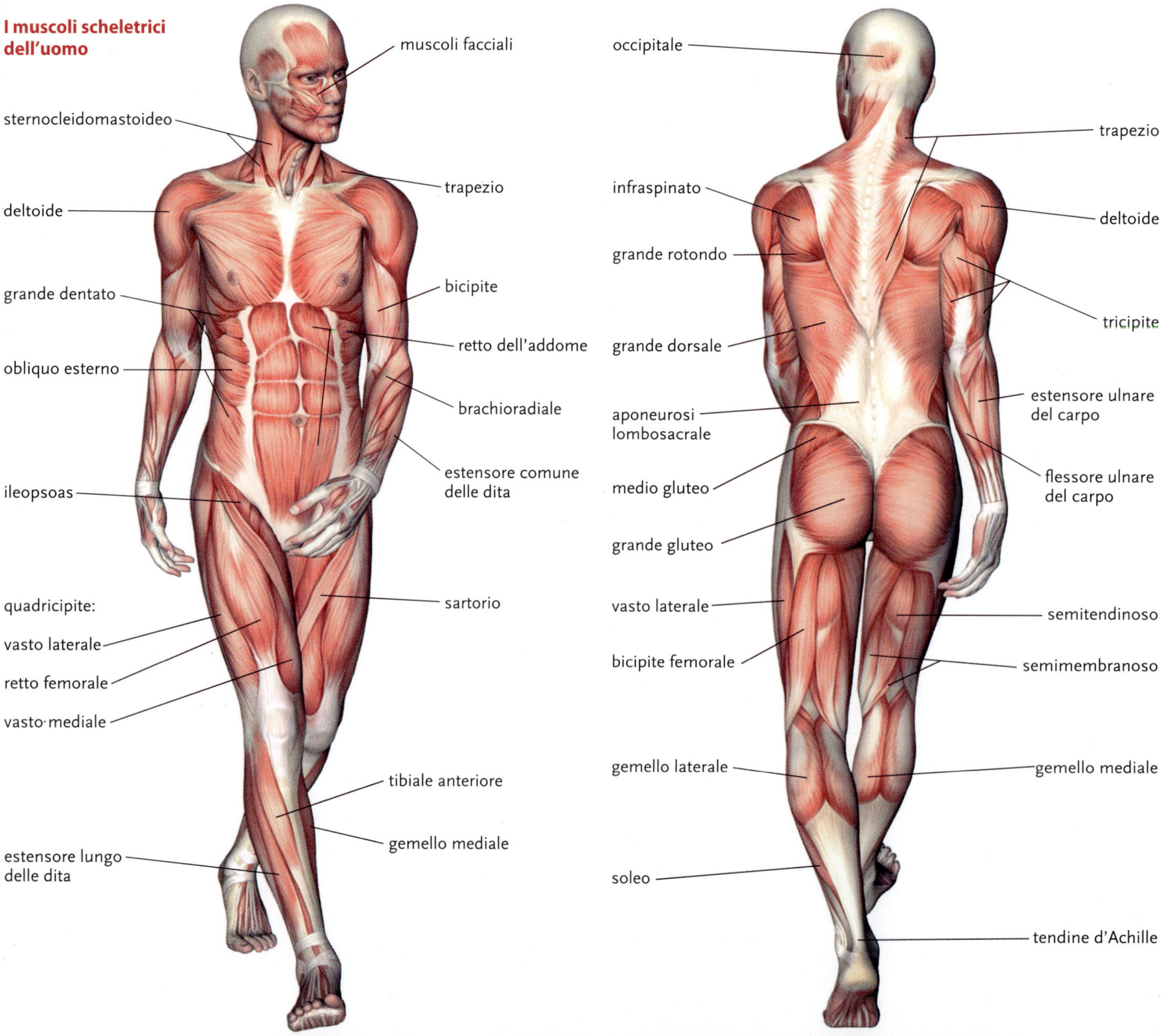

MUSCOLO CARDIACO O MIOCARDIO ▶ **2B** Costituisce le pareti del cuore; presenta delle striature, ma le cellule hanno un solo nucleo e sono più corte di quelle del tessuto muscolare striato. Le cellule muscolari cardiache sono fittamente intrecciate fra loro a formare una rete. Più fibre contigue sono connesse tra loro tramite speciali giunzioni chiamate **dischi intercalari**. Si tratta di aree di intimo contatto tra le membrane plasmatiche che permettono la rapida diffusione dell'eccitamento da un elemento cellulare all'altro fino a invadere tutto il tessuto (vedi Unità C4).

La contrazione di questo muscolo non è controllata dalla nostra volontà, quindi anche il cuore è un muscolo *involontario*. Il miocardio presenta una strana particolarità: anche se rimosso dal corpo continua a contrarsi ritmicamente; cessa però di battere se viene a mancare l'apporto di ossigeno.

MUSCOLO LISCIO ▶ **2C** Forma i muscoli che si trovano nelle pareti degli organi interni (*muscoli viscerali*) ed è così definito perché al microscopio appare privo di striature. Le cellule sono a forma di fuso e hanno un unico nucleo centrale; possono presentarsi singolarmente o in gruppi, disposte a formare fogli, fasci o anelli. Gruppi di cellule muscolari lisce disposte ad anello prendono nome di **sfinteri** e sono presenti nell'apparato digerente: in particolare nel piloro, dove regolano il passaggio del cibo dallo stomaco al duodeno, e nell'ano, dove controllano l'eliminazione delle feci (vedi Unità C3). I muscoli lisci si contraggono in genere lentamente e ritmicamente e richiedono molto tempo per affaticarsi. La contrazione di questi muscoli non è controllata dalla nostra volontà e i muscoli lisci vengono perciò definiti **involontari**. Tuttavia sembra che l'uomo, con l'allenamento, possa raggiungere un certo grado di controllo su questi muscoli.

2 I tre tipi di muscolo

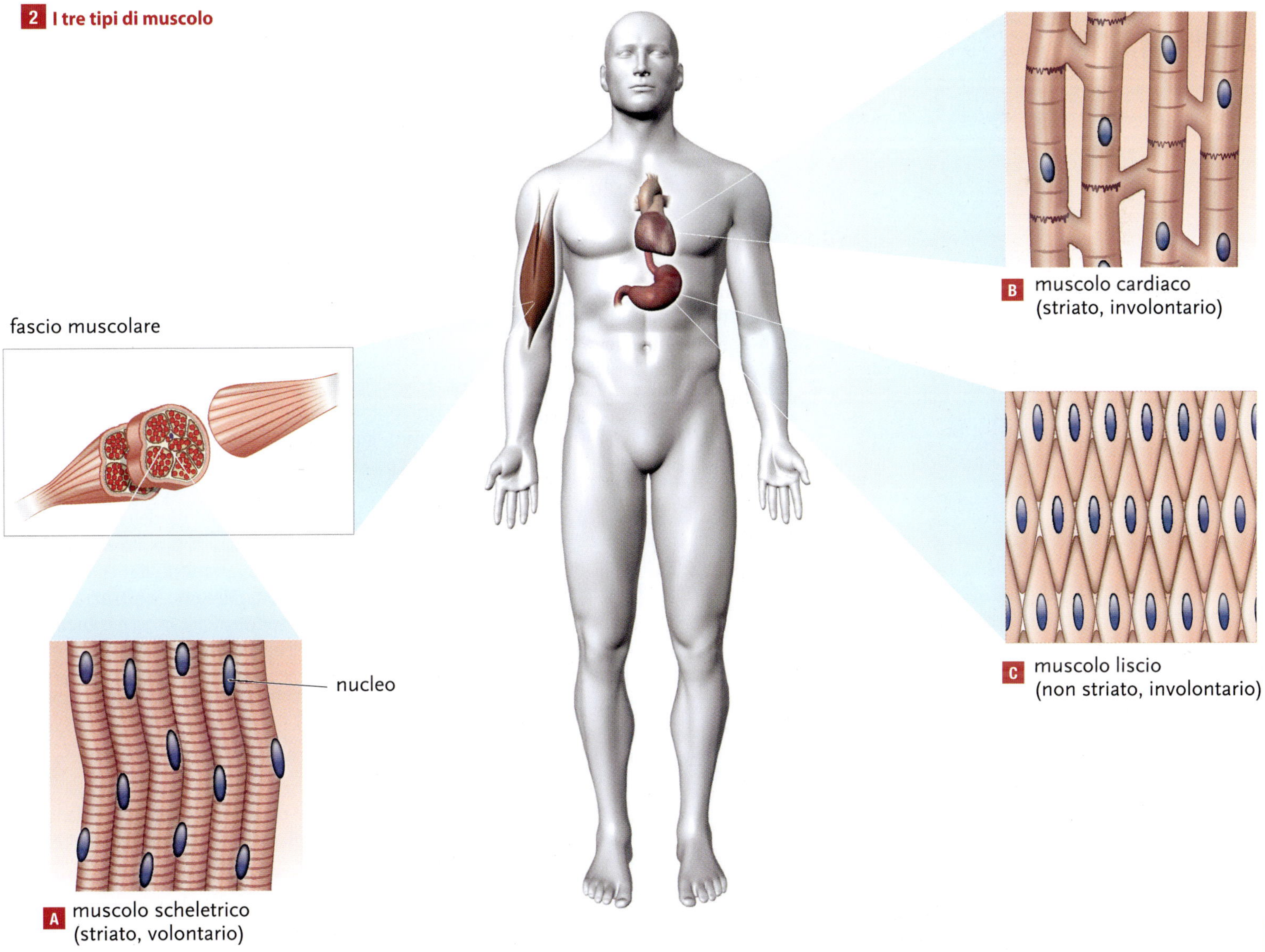

3 TESTO-IMMAGINE Una tipica coppia di antagonisti: il bicipite e il tricipite

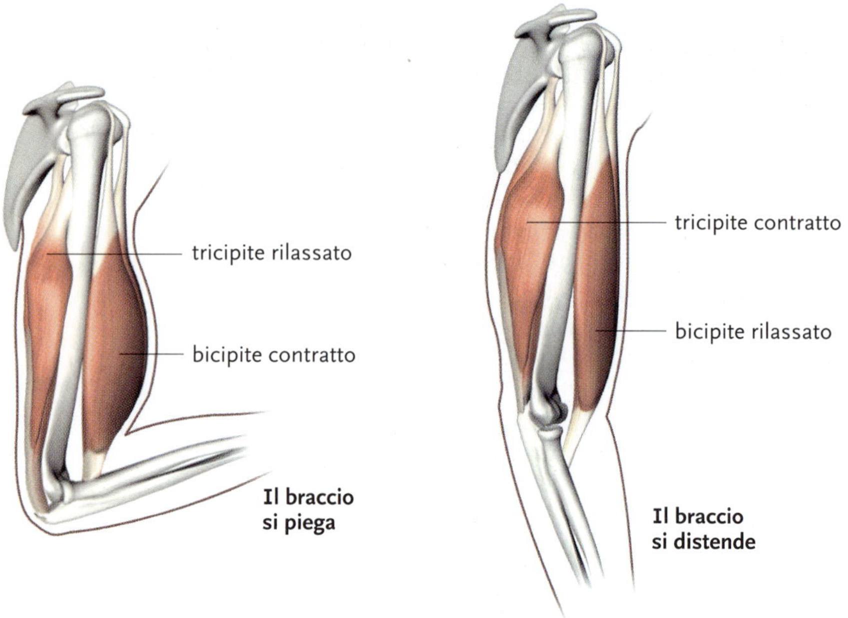

Attraverso i tendini, il **bicipite** è ancorato, da un'estremità, alla scapola e, dall'altra, al radio (un osso dell'avambraccio), in un punto vicino all'articolazione del gomito. Il bicipite è un *flessore* e, quando si contrae, il braccio si flette.

Il **tricipite** è inserito anch'esso, da un'estremità, alla spalla, mentre, dall'altra, è fissato al gomito. In antagonismo al bicipite, agisce da *estensore*: quando si contrae, il braccio si distende.

Bio Parole

Sinergico
dal greco *synérghein*, «collaborare»
Synergic

Antagonista
dal greco *antagónisma*, composto da *antí*, «contro» e *agonismós*, «gara»
Antagonistic

Osserva e RAGIONA

Osserva la figura e visualizza il bicipite femorale e il quadricipite femorale sulla tua gamba. Quando camminiamo, come si comportano i due muscoli di questa coppia? Qual è il flessore? E l'estensore?

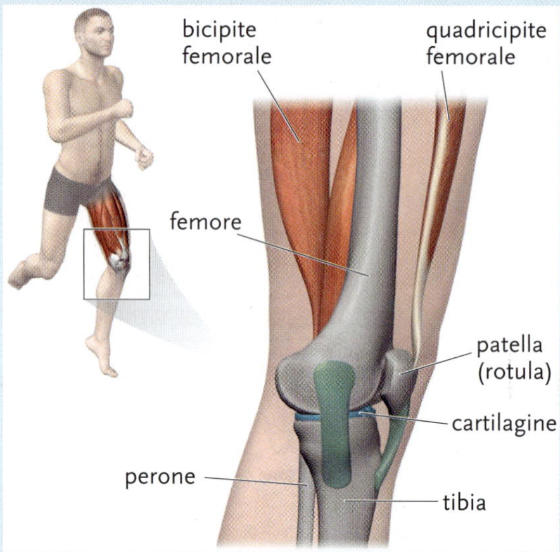

2 L'interazione tra muscoli e scheletro

Mediante la contrazione, i muscoli scheletrici fanno muovere le ossa cui sono ancorati per mezzo dei tendini. Un muscolo che riceve uno stimolo nervoso *si accorcia* grazie alla capacità che hanno le fibre muscolari di contrarsi e torna alla lunghezza originaria in seguito al rilassamento passivo delle fibre stesse. Dal momento che il muscolo può soltanto accorciarsi attivamente, il movimento di un osso può avvenire solo grazie all'azione di più muscoli su quello stesso osso. Le coppie di muscoli che agiscono su uno stesso osso possono avere effetti diversi. Sono detti:

- **muscoli sinergici** quelli che collaborano alla realizzazione dello stesso movimento;
- **muscoli antagonisti** quelli che svolgono azioni opposte.

La maggior parte dei movimenti è dovuta a coppie di muscoli antagonisti che esercitano forze opposte su una determinata parte dello scheletro. Le ossa formano tipicamente sistemi di leve che si muovono intorno a un fulcro: l'*articolazione*. Le caratteristiche dei muscoli scheletrici che agiscono sulle ossa e il tipo di articolazione che le unisce concorrono a determinare tutti i possibili movimenti dello scheletro.
Una tipica coppia di muscoli antagonisti è rappresentata dal bicipite e dal tricipite del braccio. Quando il bicipite si contrae e il tricipite si rilassa, l'avambraccio si flette sul braccio intorno all'articolazione del gomito, che funziona da fulcro; quando il tricipite si contrae e il bicipite si rilassa, l'arto si distende. In base al tipo di movimento provocato dalla contrazione dei muscoli, possiamo ulteriormente distinguere tra:

- **muscoli flessori**, che piegano le ossa a livello delle articolazioni;
- **muscoli estensori**, che le distendono.

Il bicipite è dunque un flessore, mentre il tricipite è un estensore ▶ 3. Per incrementare il volume del braccio, i culturisti contraggono e rilassano ripetutamente bicipiti e tricipiti, aumentando l'afflusso di sangue a questi muscoli (per questo si dice che si «pompano»!). La possibilità e il desiderio di modificare con l'allenamento il proprio corpo, agendo proprio sul modellamento della massa muscolare, ha fatto notevolmente sviluppare nell'ultimo secolo la disciplina praticata dai culturisti e nota come *body building* (letteralmente «costruzione del corpo»). Nel tempo sono state sviluppate e sperimentate numerose metodologie di allenamento, basate soprattutto sugli esercizi con sovraccarichi (i cosiddetti «pesi»).

DOMANDE CHIAVE

1. In quale tipo di muscolo sono presenti i dischi intercalari?
2. Quando un giocatore di baseball carica il tiro e lancia la palla, in che sequenza contrae bicipite e tricipite?
3. Come sono chiamati i muscoli della faccia?

La contrazione muscolare

1 La struttura microscopica del muscolo scheletrico

Abbiamo visto che, tramite la contrazione, i muscoli scheletrici sono in grado di far muovere le varie parti del nostro scheletro. Per capire nel dettaglio il meccanismo della contrazione, occorre addentrarsi nella struttura del muscolo scheletrico.

La prima cosa che si può osservare è che il muscolo scheletrico è altamente organizzato a differenti livelli ▶ 1A. Ogni muscolo è formato da migliaia di **fibre muscolari** disposte in fasci paralleli tra loro nella direzione di azione del muscolo. I fasci sono avvolti da una guaina di tessuto connettivo attraversato da vasi sanguigni e nervi. Ogni fibra è una singola cellula: le fibre muscolari sono le cellule più grandi del nostro organismo e possono contenere alcune centinaia di nuclei. I vasi sanguigni si insinuano tra i fasci, raggiungendo ogni singola fibra, che riceve così un sufficiente apporto di ossigeno e nutrienti. Anche i nervi raggiungono singolarmente le fibre muscolari, cosicché ogni cellula del muscolo scheletrico può essere indotta individualmente alla contrazione. All'interno di ogni fibra, la maggior parte del volume cellulare è occupata da piccole strutture parallele, le **miofibrille**. Il citoplasma è ridotto al minimo e i nuclei sono situati alla periferia. Al microscopio ottico ogni miofibrilla presenta una *sequenza regolare di bande chiare e scure alternate* (da cui la tipica striatura che dà il nome a questi muscoli). A metà della banda chiara è presente una linea scura chiamata **linea Z**. La zona compresa tra due linee Z consecutive costituisce l'unità funzionale di base delle fibre muscolari, il **sarcomero** ▶ 1B. Ogni miofibrilla appare formata a sua volta da fasci di molecole proteiche. Si tratta di un'alternanza regolare di *filamenti sottili* di **actina** e di *filamenti spessi* di **miosina** legati tra loro. L'actina è una proteina globulare organizzata a formare lunghi «fili di perle» intrecciati a doppia elica. La miosina è una proteina fibrosa dotata di una «testa» globulare, che le conferisce un aspetto a mazza da baseball. Le bande chiare sono zone dove ci sono solo filamenti di actina, quelle scure sono aree che contengono solo miosina oppure actina e miosina sovrapposte. Le linee Z, infine, scure all'interno delle bande chiare, corrispondono a proteine che fanno da ponte tra le molecole di actina di sarcomeri adiacenti.

Perché il muscolo si contragga non basta però la complessa organizzazione delle fibre muscolari, ma è necessario uno stimolo nervoso che inneschi il processo della contrazione. Tale stimolo arriva al muscolo tramite un *neurone motorio* o *motoneurone*, che stimola un certo numero di fibre motorie a livello di particolari sinapsi chiamate *giunzioni neuromuscolari* (vedi Unità C8). L'insieme costituito da un motoneurone e dalle fibre da esso innervate costituisce la cosiddetta **unità motoria**. Il numero di fibre che formano l'unità motoria varia in base al tipo di movimento: da poche fibre per muscoli che controllano azioni di precisione a 2000-3000 fibre per muscoli responsabili di movimenti ampi e potenti.

BioParole
Sarcomero
dal greco *sárx*, *sarkós*, «carne» e *méros*, «parte»
Sarcomere

1 L'organizzazione di un muscolo scheletrico

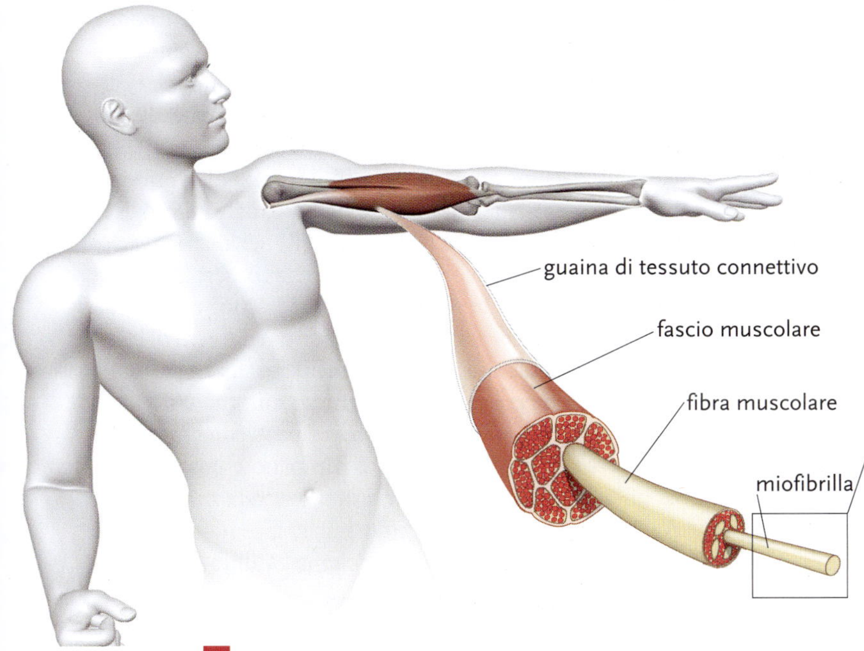

A I tre livelli strutturali: fasci, fibre e miofibrille.

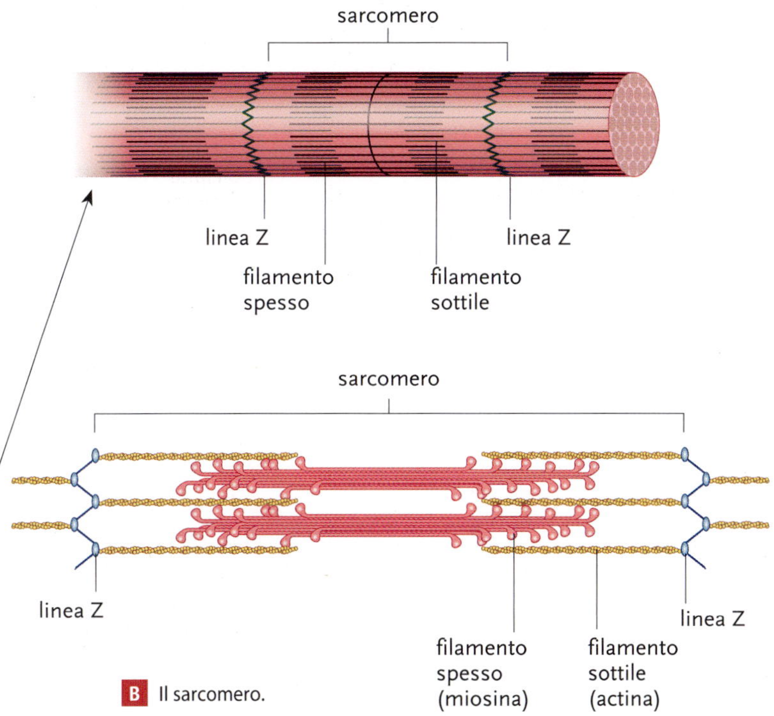

B Il sarcomero.

2 Il meccanismo della contrazione

Durante la contrazione, il muscolo si accorcia; per lungo tempo si è quindi pensato che a loro volta le molecole di actina e di miosina, durante il processo, si accorciassero. L'osservazione al microscopio di muscoli contratti e rilassati ha però mostrato che tali proteine non modificano la loro lunghezza. Se si pone invece l'attenzione sui sarcomeri, si osserva che la lunghezza di questa porzione della fibra muscolare diminuisce quando il muscolo si contrae e aumenta quando il muscolo si rilassa.

A partire da tali osservazioni è stata formulata un'ipotesi, nota come *teoria di Huxley*. Essa si basa sul cosiddetto **modello dello scorrimento dei filamenti**, che vede il sarcomero come l'unità fondamentale della contrazione. Secondo questo modello, in seguito a un impulso nervoso i filamenti di actina scorrono su quelli di miosina come un telefono cellulare ad apertura slide, determinando un accorciamento della lunghezza complessiva del muscolo, senza modificare la lunghezza delle singole parti in scorrimento. Il rilassamento del muscolo avviene quando i due tipi di filamenti scorrono di nuovo nella direzione opposta e il muscolo ritrova la sua lunghezza massima. L'accorciamento del sarcomero mediante lo scorrimento dei filamenti implica una serie di passaggi finemente coordinati ▶ 2. I filamenti di actina sono ancorati alla linea Z all'estremità del sarcomero. Quando il muscolo non è contratto, i filamenti di actina sono parzialmente sovrapposti ai filamenti di miosina, disposti parallelamente e non ancorati alle linee Z. I filamenti di miosina rimangono fermi durante la contrazione, mentre quelli di actina si muovono l'uno verso l'altro, scorrendo sopra i filamenti di miosina. Quando il muscolo si contrae, le «teste» di miosina si agganciano a punti specifici, detti *siti di legame*, posizionati sulle molecole di actina. Facendo leva su questi punti, le molecole di miosina trascinano le molecole di actina verso il centro del sarcomero. Per ottenere lo scorrimento completo, le teste di miosina si attaccano e si staccano più volte in punti successivi sui filamenti di actina. È il filamento fisso (la miosina) che aggancia e rilascia il filamento mobile (l'actina), facendolo scorrere. Il meccanismo di aggancio e sgancio della testa di miosina all'actina richiede un consumo di ATP. Secondo il modello dello scorrimento dei filamenti, la contrazione è dunque un processo graduale che avviene per passaggi successivi, con consumo di energia a ogni passaggio. Tutti i movimenti resi possibili dai nostri muscoli sono in ultima analisi il risultato di un fine processo molecolare che avviene all'interno delle nostre cellule muscolari.

2 TESTO-IMMAGINE

La contrazione muscolare secondo il modello dello scorrimento dei filamenti

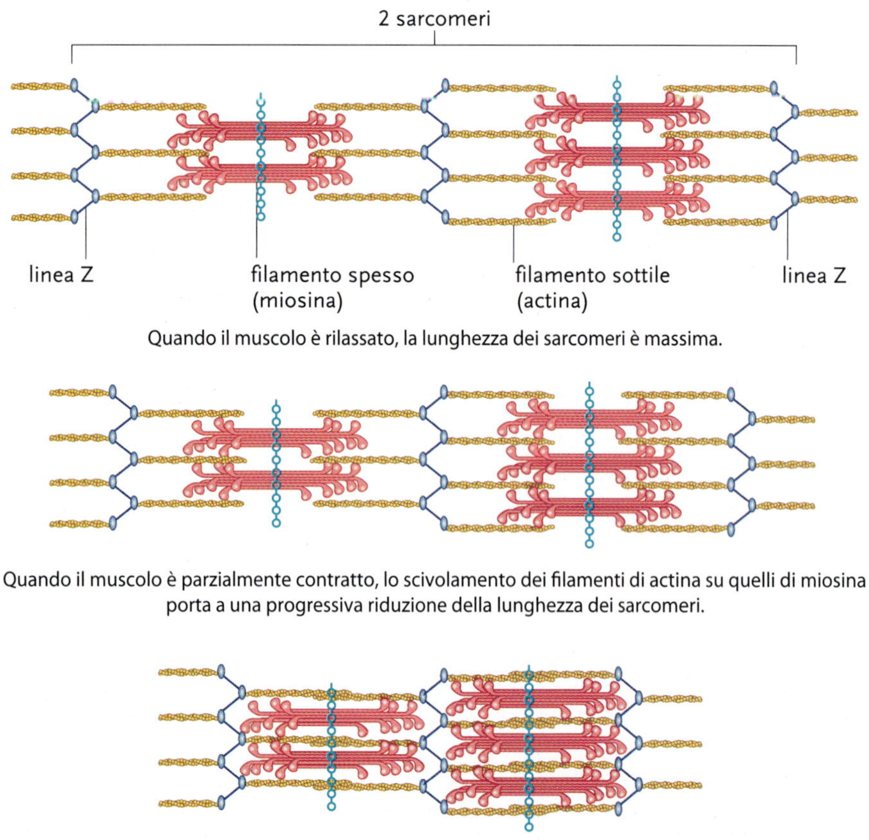

Quando il muscolo è rilassato, la lunghezza dei sarcomeri è massima.

Quando il muscolo è parzialmente contratto, lo scivolamento dei filamenti di actina su quelli di miosina porta a una progressiva riduzione della lunghezza dei sarcomeri.

Quando i sarcomeri raggiungono la loro lunghezza minima, il muscolo è contratto al massimo.

3 La regolazione della contrazione

Nel muscolo a riposo il legame tra miosina e actina non può avvenire grazie alla presenza di due proteine che svolgono un ruolo chiave nella regolazione della contrazione. Si tratta della *tropomiosina* e della *troponina* ▶ 3.

La **tropomiosina** ha una forma a nastro e «abbraccia» l'actina per tutta la sua lunghezza, in modo da coprire, e quindi bloccare, tutti i siti di legame per la miosina. La **troponina** a sua volta serve a mantenere la tropomiosina in questa precisa posizione, garantendo un ulteriore controllo. Affinché i siti di legame vengano «liberati», è necessario un processo innescato dallo ione calcio (Ca^{2+}). Quando l'impulso nervoso raggiunge la fibra muscolare, il calcio, conservato in un particolare distretto della fibra muscolare (il *reticolo sarcoplasmatico*), viene liberato e può raggiungere le miofibrille. Il legame del calcio alle molecole di troponina induce un cambiamento strutturale nell'actina che fa allontanare il complesso troponina-tropomiosina dai siti di legame. È in questo momento che inizia il **ciclo della contrazione**, una sequenza ripetuta di eventi che porta allo scivolamento dei filamenti fino all'accorciamento del sarcomero.

Il ciclo inizia con la scissione dell'ATP, che «energizza» le teste miosiniche facendole orientare verso i siti di legame. Le molecole di miosina possono così legarsi all'actina formando i cosiddetti *ponti trasversali*, che si flettono facendo scivolare i filamenti verso il centro del sarcomero. Perché i ponti trasversali si rompano e possa iniziare un altro ciclo, è necessaria una seconda molecola di ATP, che si lega alle teste miosiniche facendole staccare dall'actina. Il ciclo si ripete finché nella fibra muscolare sono disponibili ATP e Ca^{2+}.

Come abbiamo appena visto, la contrazione muscolare è un processo che richiede energia: quanto più lungo e intenso è lo sforzo di un muscolo, tanto maggiore è la quantità di energia che deve essere utilizzata. In una cellula impegnata nella contrazione, la scissione dell'ATP avviene a una velocità da venti a cento volte maggiore rispetto a una cellula a riposo. L'ATP è prodotto nei mitocondri delle cellule muscolari attraverso la *respirazione cellulare* (vedi Unità C4), il processo tramite il quale, in presenza di ossigeno, il glucosio viene scisso in acqua e anidride carbonica. Nelle fibre muscolari si trovano numerose molecole di una speciale proteina, la **mioglobina**, un pigmento rosso simile all'emoglobina in grado di immagazzinare ossigeno come riserva per la respirazione cellulare. La mioglobina lega l'ossigeno quando è abbondante e lo rilascia quando è scarso. È questo pigmento a conferire il tipico colore rosso ai muscoli.

3 TESTO-IMMAGINE Il ciclo della contrazione

Il ciclo viene innescato dal calcio (Ca^{2+}), che, legandosi alla troponina, sposta la tropomiosina dai siti di legame dell'actina e li rende disponibili per il legame con le teste di miosina.

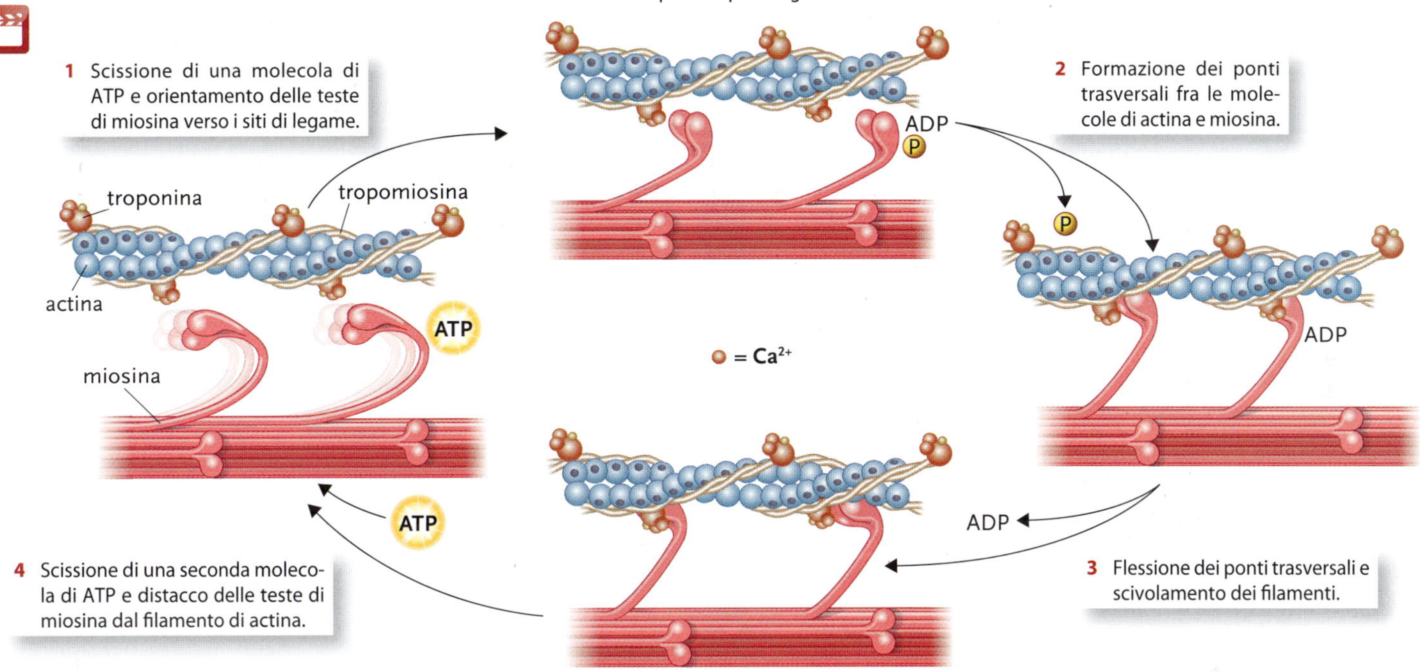

Osserva e COMPLETA

Che cos'è rappresentato nella figura? Che cosa succede alle linee Z se avviene una contrazione? Inserisci i termini mancanti.

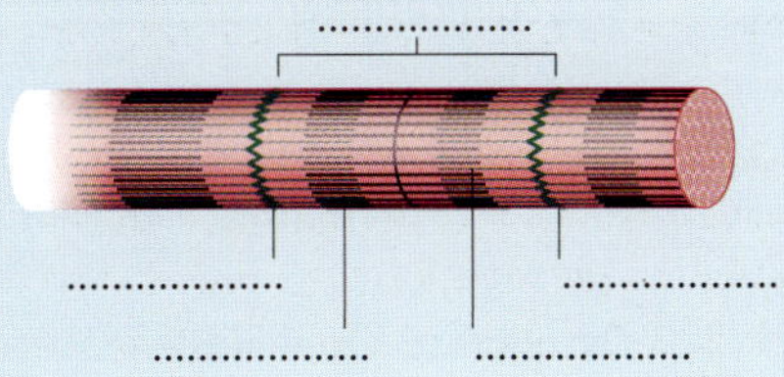

DOMANDE CHIAVE

1. Come si chiama l'unità funzionale della fibra muscolare?
2. Da quali proteine sono formate le miofibrille?
3. Quale proteina conferisce il colore rosso ai muscoli?

BioSalute

I crampi muscolari

Un'intensa attività fisica determina un incremento della respirazione cellulare: il respiro affannoso serve a far entrare più ossigeno nell'organismo e a rifornire le *cellule muscolari*. Quando però l'esercizio fisico è così intenso e prolungato che l'ossigeno non è più sufficiente, le molecole di ATP vengono ottenute mediante la *fermentazione lattica*, un processo che demolisce parzialmente il glucosio formando *acido lattico* e liberando energia. L'acido lattico si accumula progressivamente nei muscoli fino a causare dolorosi **crampi** ▶ A. I crampi muscolari possono essere evitati, o comunque attenuati, seguendo alcune semplici regole.

- Eseguire sempre qualche esercizio di riscaldamento generale prima di iniziare l'allenamento e aumentare progressivamente l'intensità e la durata dell'esercizio.
- Praticare regolarmente lo *stretching* (ovvero gli esercizi finalizzati all'allungamento muscolare), sia all'inizio sia – soprattutto – al termine dell'attività fisica.
- Seguire una dieta sana ed equilibrata; in particolare, assumere cibi ricchi di sali minerali (soprattutto potassio e magnesio), antiossidanti, calcio e vitamine del gruppo B.
- Mantenersi ben idratati prima, dopo e durante l'attività fisica e utilizzare indumenti che lascino traspirare la pelle.

A Un atleta colpito da crampi muscolari

Quando si è colpiti dai crampi, l'unica soluzione è quella di allungare immediatamente il muscolo interessato. L'allungamento contrasta infatti la contrazione involontaria e, se il crampo non è troppo intenso, può dare sollievo in pochi secondi. Anche il massaggio della zona colpita può essere utile. Per lo stesso motivo, se possibile, è bene cercare di contrarre il muscolo antagonista.

LE LEZIONI IN SINTESI

1 Il sostegno negli animali

Lo scheletro dà sostegno, forma e protezione al corpo. Alcuni invertebrati, come le idre, i nematodi e gli anellidi, sono dotati di uno scheletro fluido, detto **idroscheletro**. Nei molluschi è presente una struttura esterna rigida, la *conchiglia*. Negli artropodi compare un **esoscheletro** articolato. Nei vertebrati si afferma l'**endoscheletro**, una struttura interna con molteplici funzioni.

2 Anatomia dello scheletro

Lo scheletro umano si compone di uno **scheletro assile**, formato dalla *scatola cranica*, dalla *colonna vertebrale* e dalla *gabbia toracica*, e da uno **scheletro appendicolare**, costituito dagli *arti* e dalle *cinture scapolare* e *pelvica*. L'asse del corpo è rappresentato dalla **colonna vertebrale**, formata dall'alternanza di *vertebre* e *dischi intervertebrali*. Una tipica **vertebra** è costituita da un *corpo* e da un *arco*, formato a sua volta da più processi. Dalla sovrapposizione di più vertebre si forma un *canale vertebrale*, nel quale passa il midollo spinale.

3 Le ossa e le articolazioni

In base alla forma, possiamo distinguere quattro tipi di ossa: *piatte*, *lunghe*, *brevi* e *irregolari*. Nella struttura macroscopica di un tipico osso lungo possiamo individuare: un corpo centrale (**diafisi**); due estremità ingrossate (**epifisi**); una cavità che corre lungo tutto l'osso (**cavità midollare**); una guaina protettiva (**periostio**); uno strato di cartilagine in corrispondenza delle articolazioni (**cartilagine articolare**). A livello microscopico possiamo osservare un'abbondante matrice extracellulare e vari tipi cellulari (**osteociti**, **osteoblasti** e **osteoclasti**). Nei punti di contatto fra le ossa sono presenti le **articolazioni**.

4 Il movimento negli animali

I buoni nuotatori, come i pesci, utilizzano un corpo affusolato (*idrodinamico*), una potente muscolatura e **pinne** per stabilizzare il nuoto. I vertebrati che volano, come gli uccelli, presentano vari adattamenti, quali un corpo leggero (*aerodinamico*), ossa cave, cranio privo di denti, **ali** specializzate. I vertebrati che camminano e corrono possono essere classificati in base al tipo di appoggio: **plantigradi**, **digitigradi**, **unguligradi**.

5 La muscolatura umana

In base al tessuto di cui sono fatti, possiamo distinguere tre tipi di muscolo: il **muscolo scheletrico**, striato e volontario; il **muscolo cardiaco**, striato e involontario; il **muscolo liscio**, privo di striature e involontario. Il nostro corpo si muove grazie a circa 600 muscoli scheletrici collegati alle ossa attraverso i **tendini**. Per il movimento di ogni parte dello scheletro sono necessarie coppie di **muscoli antagonisti**, che agiscono in maniera opposta.

6 La contrazione muscolare

Il muscolo scheletrico è formato da cellule chiamate **fibre muscolari**, caratterizzate dalla presenza di lunghe strutture dette **miofibrille**. Le miofibrille sono costituite da filamenti di **actina** e **miosina** disposti a formare l'unità funzionale della fibra muscolare: il **sarcomero**. Durante la contrazione, i filamenti di actina scorrono sui filamenti di miosina e il sarcomero si accorcia. Questo processo richiede ioni calcio e ATP. Il ciclo di contrazione è regolato da due speciali proteine: la **tropomiosina** e la **troponina**.

THE CHAPTER IN REVIEW

- The main types of skeleton in animals are **hydroskeleton**, **exoskeleton** and **endoskeleton**, which is typically found in vertebrates. The human skeleton is made up of **axial skeleton** (skull, vertebral column and rib cage) and **appendicular skeleton** (limbs and girdles).
- Bones are divided into: *flat*, *long*, *short* and *irregular*. In the macroscopic structure of a typical long bone, there are one **diaphysis** and two **epiphyses**. On the microscopic level, bones present abundant extracellular matrix and various types of cells (**osteocytes**, **osteoblasts** and **osteoclasts**).
- Where bones come into contact, there are **joints**.
- Thanks to the coordinated action of the skeletal and muscular systems, animals are able to move in most environments.
- In general, muscles can be divided into three types: **smooth**, **cardiac** and **skeletal**. Skeletal muscles are formed by cells called **muscle fibres**, which have functional units called **sarcomeres**, which are responsible for contractions.

Termini chiave *Key Terms*

Actina *Actin*
Ali *Wings*
Articolazioni *Joints*
Cavità midollare *Marrow cavity*
Colonna vertebrale *Vertebral column*
Diafisi *Diaphysis*
Endoscheletro *Endoskeleton*
Epifisi *Epiphysis*
Esoscheletro *Exoskeleton*
Fibre muscolari *Muscle fibres*
Idroscheletro *Hydroskeleton*
Miofibrille *Myofibrils*
Mioglobina *Myoglobin*
Miosina *Myosin*
Muscoli antagonisti *Antagonistic muscles*
Muscolo cardiaco *Cardiac muscle*
Muscolo liscio *Smooth muscle*
Muscolo scheletrico *Skeletal muscle*
Osteoblasti *Osteoblasts*
Osteociti *Osteocytes*
Osteoclasti *Osteoclasts*
Periostio *Periosteum*
Sarcomero *Sarcomere*
Scheletro appendicolare *Appendicular skeleton*
Scheletro assile *Axial skeleton*
Tendini *Tendons*
Tropomiosina *Tropomyosin*
Troponina *Troponin*
Vertebra *Vertebra*

LE MAPPE DELL'UNITÀ

Competenza disciplinare ❯ Riconoscere e stabilire relazioni tra i concetti

Completa gli schemi

A

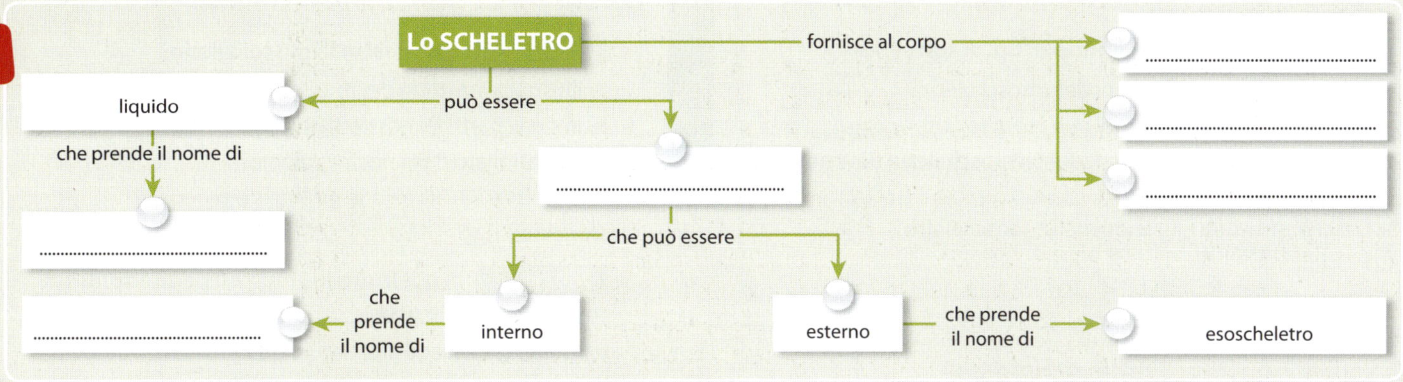

B

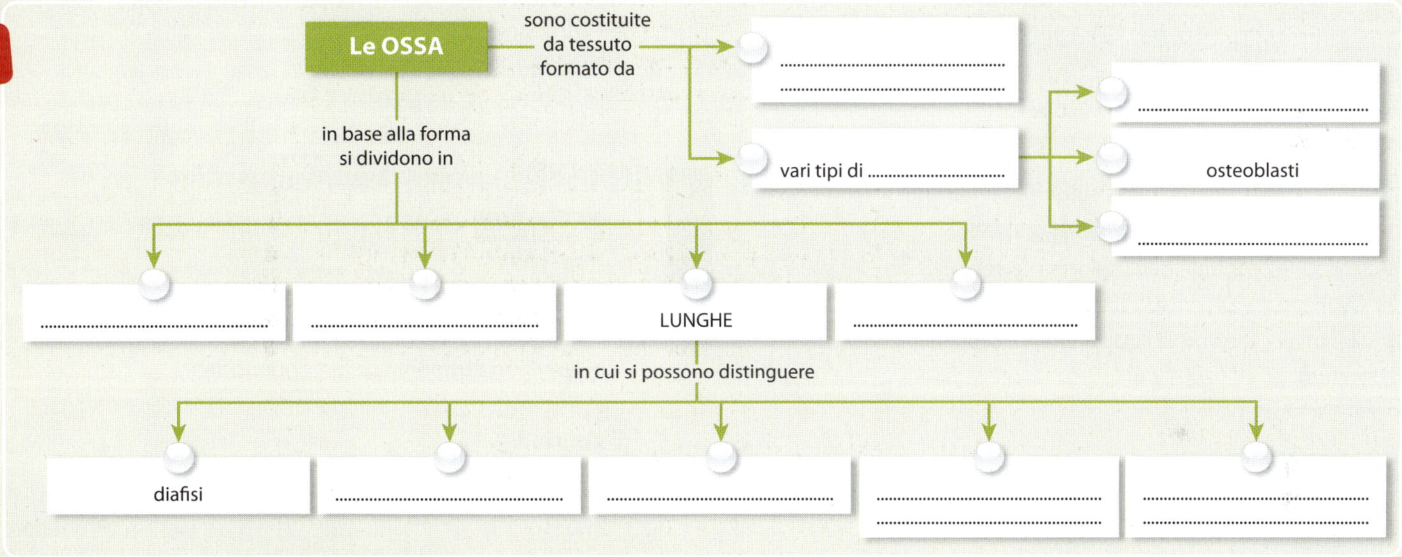

C

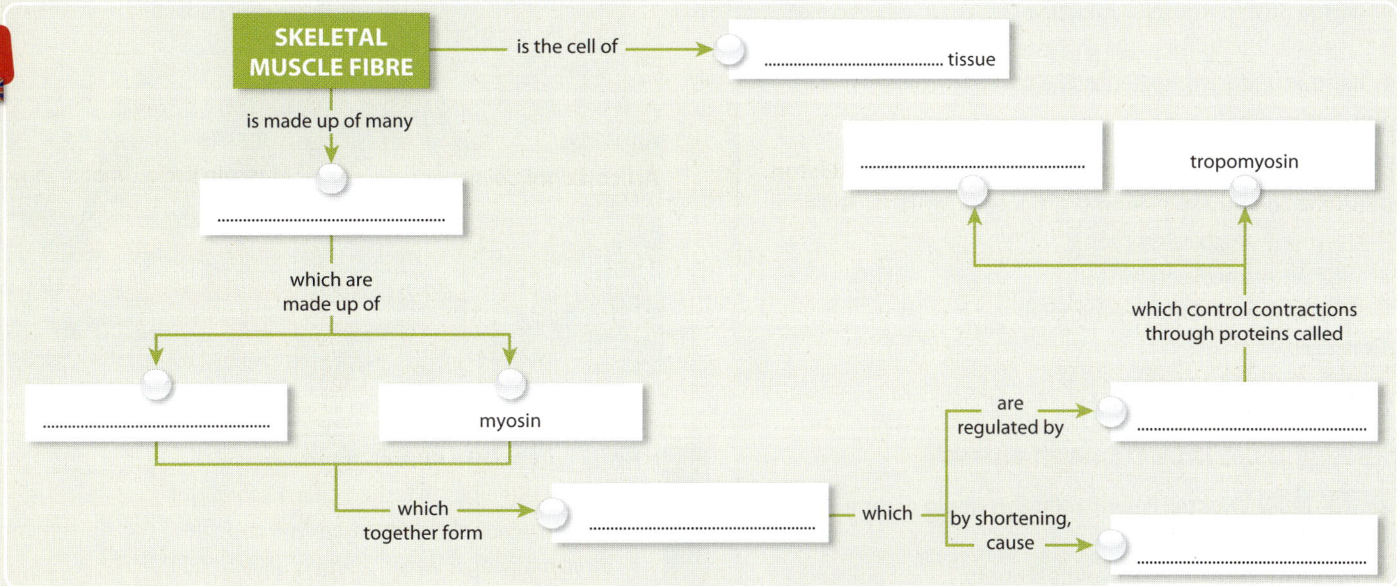

D Progetta e disegna una mappa che abbia come nodo centrale «la muscolatura umana».

PROVE D'INTERROGAZIONE

Competenza disciplinare ▶ Effettuare connessioni logiche e comunicare in forma orale

LEZIONE 1 Il sostegno negli animali

A. Domanda: Quali sono i principali tipi di sostegno?

- ▶ Descrivi struttura e funzioni dell'idroscheletro.
- ▶ Descrivi struttura e funzioni dell'esoscheletro.
- ▶ Perché gli animali che possiedono l'esoscheletro devono subire una muta?
- ▶ Descrivi struttura e funzioni dell'endoscheletro.

Concludi.

LEZIONE 2 Anatomia dello scheletro

A. Domanda: Descrivi lo scheletro umano.

- ▶ Quante sono le ossa che compongono lo scheletro dell'uomo?
- ▶ Descrivi lo scheletro assile.
- ▶ Descrivi lo scheletro appendicolare.

Concludi.

B. Domanda: Com'è fatta la colonna vertebrale?

- ▶ Illustra le funzioni della colonna vertebrale.
- ▶ Illustra le proprietà della colonna vertebrale.
- ▶ Qual è generalmente la sua forma?
- ▶ Descrivi le vertebre e i dischi intervertebrali.

Concludi.

LEZIONE 3 Le ossa e le articolazioni

A. Domanda: Com'è fatto un osso lungo?

- ▶ Illustra che cosa sono la diafisi e le epifisi.
- ▶ Illustra dove si trovano il midollo osseo rosso e quello giallo.
- ▶ Spiega le loro funzioni nel corso della vita di un uomo.
- ▶ Illustra che cosa sono periostio e cavità articolare.

Concludi.

B. Domanda: A che cosa servono le articolazioni?

- ▶ Spiega che cosa sono le articolazioni e la cavità sinoviale.
- ▶ Descrivi le articolazioni mobili.
- ▶ Descrivi le articolazioni fisse.
- ▶ Descrivi le articolazioni semimobili.

Concludi.

LEZIONE 4 Il movimento negli animali

A. Domanda: Descrivi il nuoto come esempio di forma di locomozione.

- ▶ Spiega in che modo si è evoluto il nuoto.
- ▶ Illustra i vantaggi che offre il movimento in acqua.
- ▶ Illustra gli svantaggi che offre il movimento in acqua.

Concludi.

LEZIONE 5 La muscolatura umana

A. Domanda: Com'è fatto il muscolo liscio?

- ▶ Illustra la struttura del muscolo liscio e delle sue cellule.
- ▶ In quali parti del nostro corpo è presente?
- ▶ È controllato dalla nostra volontà?
- ▶ Che tipo di contrazione muscolare produce?

Concludi.

B. Domanda: In quale modo i muscoli permettono il movimento delle ossa?

- ▶ Che cosa succede al muscolo quando viene stimolato?
- ▶ Illustra le tipologie di muscolo in base agli effetti ottenuti.
- ▶ Illustra le tipologie di muscolo in base al tipo di movimento ottenuto.

Concludi.

LEZIONE 6 La contrazione muscolare

A. Domanda: Come avviene il controllo della contrazione muscolare?

- ▶ Spiega che cosa si intende per «ciclo di contrazione».
- ▶ Illustra come interagiscono l'actina e la miosina.
- ▶ Descrivi la troponina e la tropomiosina.
- ▶ Che cosa succede quando arriva un impulso nervoso?

Concludi.

B. Domanda: Com'è fatta una cellula muscolare?

- ▶ Descrivi la morfologia della fibra muscolare confrontandola con gli altri tipi di cellula.
- ▶ Che cosa sono le miofibrille?
- ▶ Che cos'è il sarcomero?

Concludi.

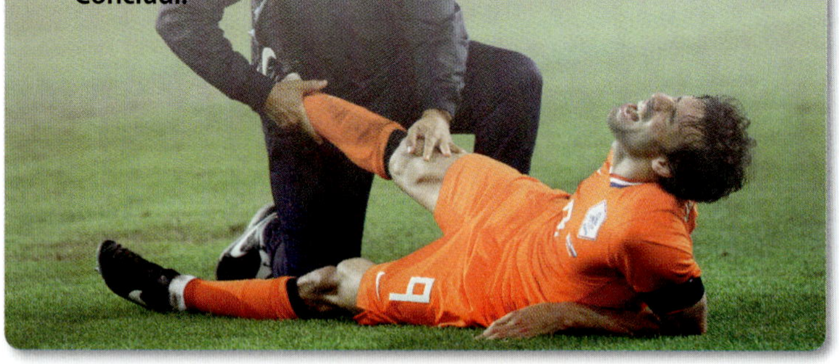

Question: How do animals fly?

- ▶ Describe the best-adapted animals for flight.
- ▶ Explain which forces must be won to achieve this movement.
- ▶ What are wings? Which animals developed them?
- ▶ Explain the difference between powered flight and gliding.

Conclude your exposition.

TEST E QUESITI

Competenza disciplinare: Applicare le conoscenze acquisite (es. 1-9)
Applicare il linguaggio scientifico (es. 10)
Spiegare in forma scritta fenomeni e processi (es. 11-16)

Scegli la risposta corretta

1. Osteoblasti e osteoclasti rispettivamente…
   - A demoliscono e costruiscono le ossa.
   - B mantengono e distruggono le ossa.
   - C rimodellano e maneggiano le ossa.
   - D costruiscono e demoliscono le ossa.
2. Tutti i pesci hanno uno scheletro di tipo…
   - A idroscheletro.
   - B osseo o cartilagineo.
   - C solo cartilagineo.
   - D solo osseo.
3. Quali proteine sono coinvolte nella contrazione muscolare?
   - A Actina e miosina.
   - B Acetilcolina e miosina.
   - C Mioglobina e troponina.
   - D Mioglobina e tropomiosina.
4. A quale proteina si lega il calcio per regolare la contrazione muscolare?
   - A Actina.
   - B Mioglobina.
   - C Troponina.
   - D Tropomiosina.
5. Tra le ossa una sacca ripiena di liquido prende il nome di…
   - A membrana fibrosa.
   - B capsula sinoviale.
   - C legamento.
   - D tendine.
6. Sono involontari i muscoli…
   - A cardiaco e scheletrico.
   - B scheletrico e liscio.
   - C solo lo scheletrico.
   - D liscio e cardiaco.
7. Gli osteociti sono responsabili…
   - A della demolizione dell'osso.
   - B della costruzione dell'osso.
   - C del metabolismo quotidiano dell'osso.
   - D della riparazione dell'osso.
8. Il midollo osseo rosso è…
   - A il punto di attacco dei tendini.
   - B ricco di tessuto adiposo.
   - C deputato alla sintesi delle cellule del sangue.
   - D ricco di osteoclasti e osteoblasti.
9. Una vertebra tipica consiste di un corpo e di un arco composto a sua volta da…
   - A due processi spinosi e due lamine che formano il processo trasversale.
   - B due lamine che formano i processi trasversali e il processo spinoso.
   - C due peduncoli che sono i processi trasversali e due lamine che formano il processo spinoso.
   - D due processi trasversali che formano insieme il processo spinoso.

Metti in relazione

10. Completa la tabella scrivendo i termini mancanti.

Struttura	Definizione
vertebre	....
....	unità funzionale del tessuto osseo
sarcomero	....
....	estremità di un osso lungo
miosina	....
....	pigmento respiratorio presente nei muscoli
....	strutture impacchettate all'interno della fibra muscolare contenenti il sarcomero
miocardio	....
....	tessuto connettivo che connette i muscoli alle ossa
osteoblasti	....
....	parte centrale di un osso lungo
antagonisti	....
....	cellule coinvolte nella demolizione della matrice ossea
troponina	....
....	parti centrali dell'osteone percorsi dal sistema circolatorio e nervoso

Rispondi utilizzando i termini indicati

11. Com'è fatto il muscolo cardiaco?
    dischi intercalari – striato – contrarsi ritmicamente – involontario – diffusione
12. A che cosa servono la tropomiosina e la troponina?
    regolazione – teste di miosina – ioni calcio – contrazione – siti di legame – actina

13. In che cosa differiscono osso spugnoso e osso compatto?

cellule – scheletro umano – spazi vuoti – distribuzione spazi – matrice extracellulare

Rispondi e motiva la tua risposta

14. Si può affermare con sicurezza che le ossa sono tessuti vivi? Perché?

15. Un atleta si prepara a una gara sportiva alternando la corsa con il lavoro di pesi in palestra. Questi tipi di allenamento hanno effetti diversi sulla massa muscolare? Motiva la tua risposta.

Rispondi alla domanda in base all'estensione richiesta

16. Come avviene la contrazione muscolare? Che cosa avviene nel sarcomero di ogni muscolo? Perché il muscolo ha bisogno di ATP e di ioni calcio? (**massimo 10 righe**)

In English Competenza trasversale Usare la lingua inglese in un contesto scientifico

Complete the following sentences.

1. Cardiac muscle cells are connected to each another with special junctions called ....

2. Bones are held together by resistant and flexible structures called .... In some cases, there is a cavity between bones that is full of liquid and which is called ....

Choose the right answer for the following questions

3. Cartilage and bone together make the skeleton…

A resistant and soft.
B elastic but also fluid.
C rigid and flexible.
D plastic and malleable.

4. The contractile unit in muscles is called…

A myoglobin.
B sarcomere.
C actin.
D myofibril.

Answer in a few words

5. What are the skeleton's functions? Which types of skeleton have you studied?

....
....
....
....
....
....

IL MIO ESAME DI STATO

Esercizi di simulazione della **Terza Prova**

1. Tipologia A della Terza Prova

Descrivi le principali differenze tra muscolatura cardiaca, liscia e scheletrica approfondendo per queste ultime il fenomeno della contrazione a livello di sarcomero. (**massimo 15 righe**)

2. Tipologia B della Terza Prova

Illustra la struttura microscopica del tessuto osseo e il processo di ossificazione. È un luogo comune dire che «i bambini anche se cadono non si fanno male perché *sono elastici*»? Motiva la tua risposta.

3. Tipologia C della Terza Prova

Scegli la risposta corretta.
Quando sorridiamo muoviamo prevalentemente i muscoli…

A del collo.
B oculomotori.
C mimici.
D bicipiti.

4. Tipologia C della Terza Prova

Scegli la risposta corretta.
I dischi intervertebrali…

A legano i muscoli alle vertebre.
B proteggono il midollo osseo.
C tengono unite in modo flessibile le vertebre.
D si chiamano atlante ed epistrofeo.

Proposte per l'incremento dei crediti scolastici (cumulabili nel voto d'esame)

5. Nella vita di tutti i giorni può succedere che si verifichi la frattura di un osso. Si definisce frattura qualsiasi rottura di un osso. Fai una ricerca utilizzando varie fonti e scrivi una tesina su questo tema tenendo conto dei seguenti argomenti:

- spiega che cosa si intende per «frattura parziale» e «frattura completa»;
- spiega che cosa sono le fratture chiuse (o semplici) e le fratture aperte (o scomposte);
- approfondisci gli avvenimenti che si verificano durante la riparazione della frattura all'interno dell'osso;
- il rimodellamento osseo avviene anche se non c'è stata frattura? Sotto quali stimoli?
- perché dopo mesi di immobilità dovuta alla riparazione della frattura si ha perdita di massa muscolare? Che cosa si deve fare per ritornare alle condizioni precedenti?

OSSERVAZIONE E ANALISI

Competenza disciplinare
Riconoscere e descrivere strutture e fenomeni
Formulare ipotesi in base ai dati forniti

Osserva e rispondi

1. Che cosa rappresenta la figura? Se fosse l'osso di un bambino, che cosa ci sarebbe nella cavità midollare? Se fosse invece quella di un adulto? Inserisci i termini mancanti.

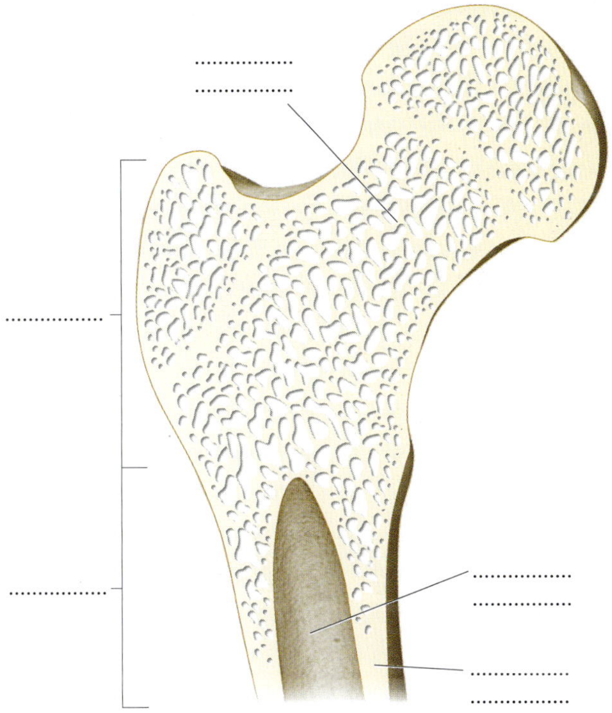

2. Che cosa rappresentano le figure? In che condizioni è il muscolo nella figura A? E nella figura B? La lunghezza dei filamenti di actina e di miosina varia durante la contrazione? Inserisci i termini mancanti.

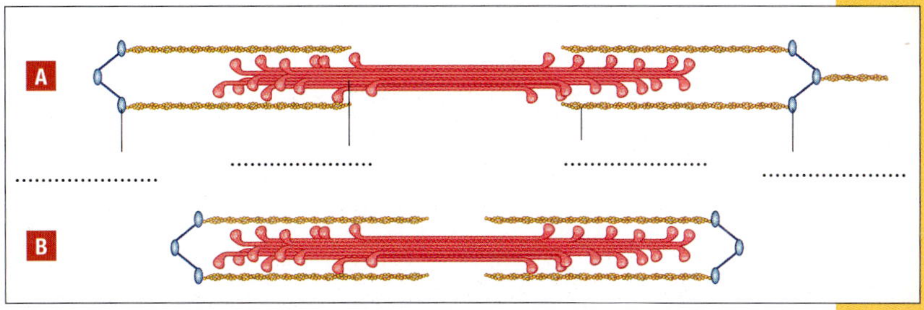

3. Che cosa rappresentano le figure? Nella figura B che cos'è visibile? Come si chiamano e che cosa contengono i canali centrali? E gli strati concentrici? Da chi sono prodotte? E da chi vengono demolite? In quale processo?

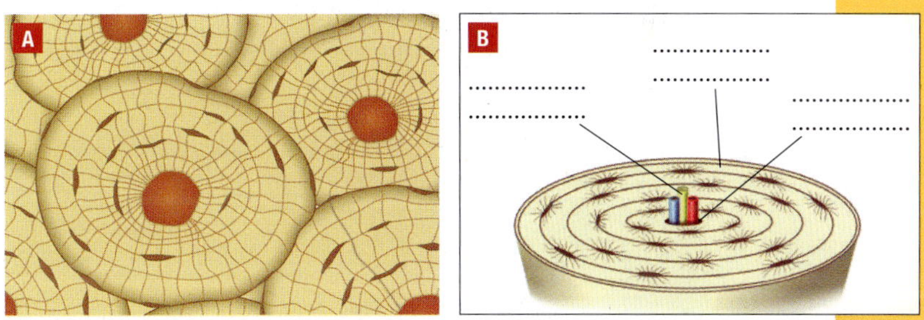

Analizza e interpreta

4. Inserisci i termini mancanti nei riquadri viola della figura A e rispondi.

a. Che cosa rappresenta la figura A?

b. Che cosa avviene nella sequenza 1 - 2?

c. Inserisci brevi spiegazioni nei riquadri verdi della sequenza 3 - 4.

Inserisci i termini mancanti nei riquadri viola della figura B e rispondi.

d. Che cosa rappresenta la figura B?

e. Inserisci brevi spiegazioni nei riquadri verdi della sequenza 1 - 2.

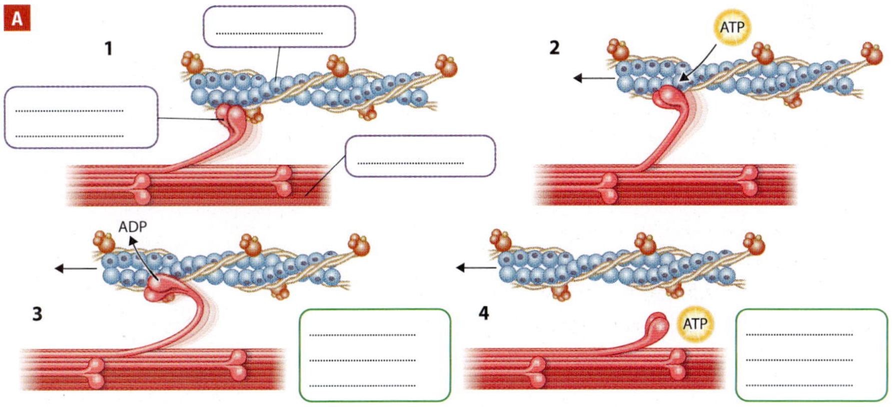

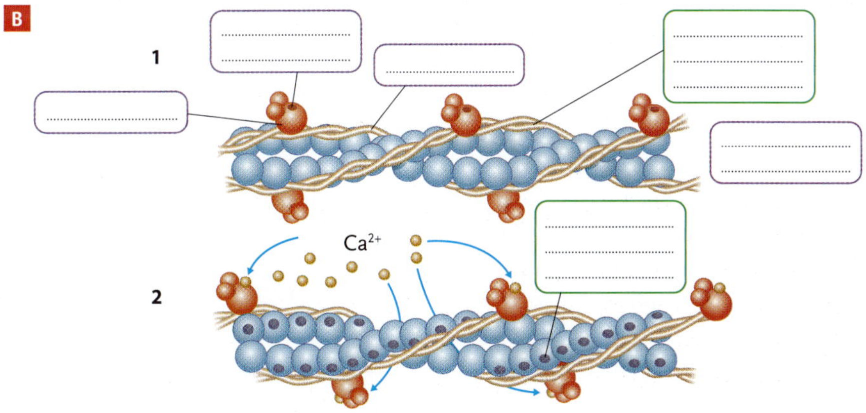

La tua analisi

Osserva la figura A e rispondi.

a. Quanto ATP viene consumato per ogni ciclo di formazione?

Osserva la figura B e rispondi.

b. Quando e da quale struttura è prodotto lo ione Ca^{2+}?

UNITÀ C3

L'apparato digerente e la nutrizione

Osserva... Conosciamo tutti l'importanza che una buona alimentazione riveste nel mantenere sano il nostro organismo e nel farlo funzionare al meglio.

Ogni alimento contiene sostanze utili al nostro metabolismo e, a seconda della composizione, viene digerito in maniera diversa: alcuni cibi ci fanno sentire appesantiti dopo averli mangiati, altri meno, e questo è legato non solo alla tipologia del cibo, ma anche alle quantità che ingeriamo durante il pasto. In generale, più gli alimenti sono grassi, maggiore è la loro permanenza nello stomaco. Ma anche la velocità con cui mastichiamo influenza la digestione: meglio vengono sminuzzati i cibi, minore sarà la loro permanenza nello stomaco. Minestre e bevande sono in assoluto gli alimenti più digeribili e lasciano lo stomaco nel giro di poco tempo.

Le bevande contenenti carboidrati in varie concentrazioni permangono nello stomaco per 15-30 minuti, mentre frutta, latte scremato, yogurt, fiocchi d'avena per 1-2 ore. I pasti leggeri, come il pesce, la pasta al pomodoro o un risotto con le verdure, restano nello stomaco per 2-3 ore, mentre pasti particolarmente ricchi di grassi o di fibre (legumi, carni grasse) impiegano anche di 4 o più ore prima di lasciare lo stomaco.

In questa unità vedremo quali sono le caratteristiche che rendono un alimento più digeribile dal nostro organismo rispetto a un altro.

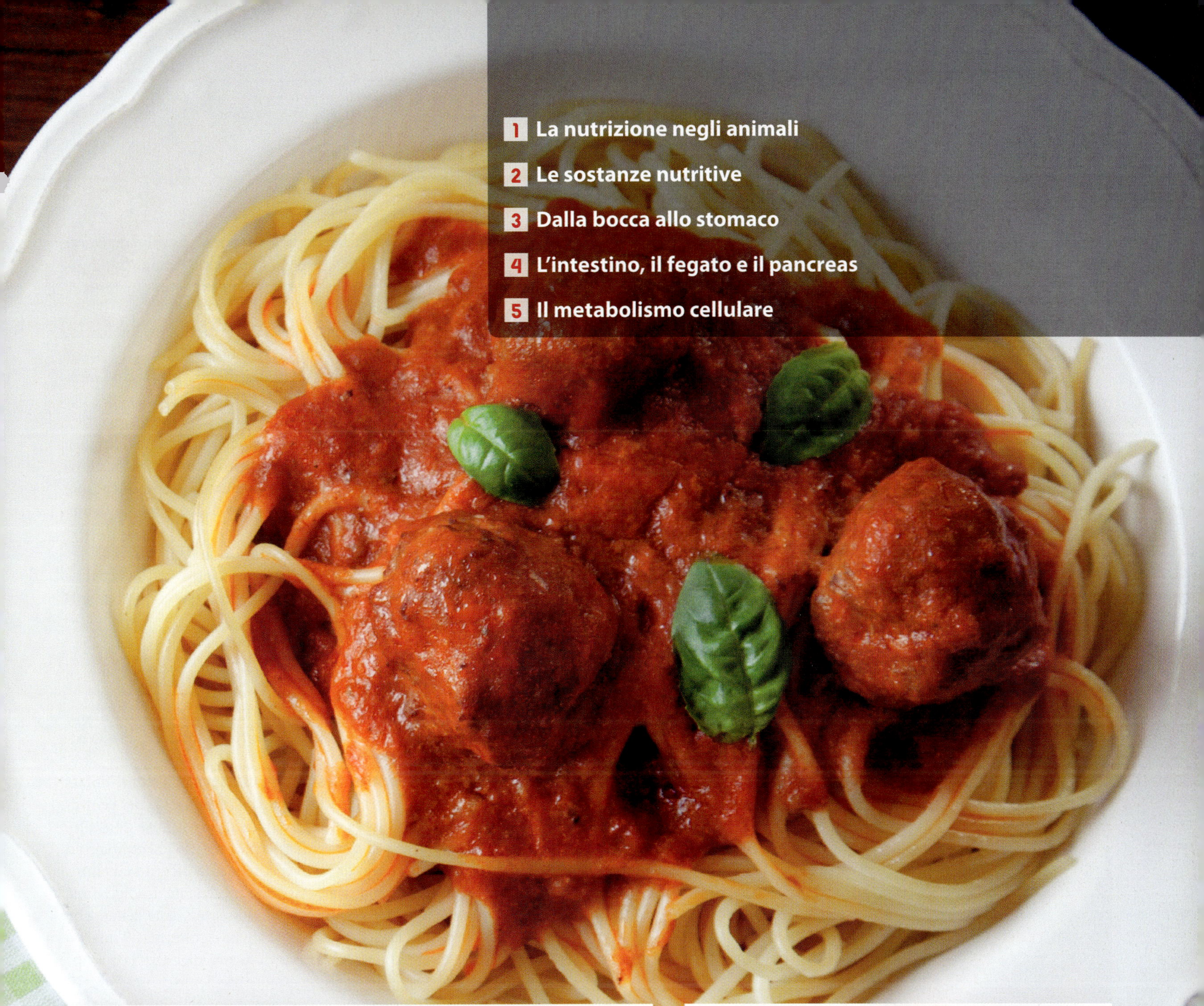

La nutrizione negli animali

BioParole

Digestione
dal latino *digerere*, «ripartire, distribuire»
Digestion

1 La nutrizione

Le giraffe si nutrono di foglie, le iene catturano e divorano altri animali, le pecore brucano l'erba, le balene e le spugne filtrano le particelle di cibo sospese nell'acqua. Gli animali, nonostante utilizzino strategie diverse per nutrirsi, sono tutti **eterotrofi**: devono assumere molecole nutritive prodotte da altri organismi per trasformarle in energia utile alle proprie attività.
Il processo che consente a un organismo vivente di ingerire e utilizzare il cibo è detto **nutrizione**.
Nel cibo sono presenti gli **elementi nutritivi**, sostanze indispensabili per il funzionamento dell'organismo, per costruire e rinnovare le strutture del corpo e per fornire il substrato per i processi metabolici. Gli elementi nutritivi di base degli animali sono le **proteine**, i **carboidrati**, i **lipidi**, a cui si aggiungono le **vitamine** e i **minerali**, che non forniscono energia ma sono estremamente utili all'organismo.
L'**apparato digerente** è costituito dagli organi che permettono all'animale di assumere il cibo, di degradarlo, di assorbire i nutrienti e di eliminare le sostanze di rifiuto.
La nutrizione può essere suddivisa in varie fasi: *ingestione*, *digestione*, *assorbimento*, *escrezione*.
L'**ingestione** è il processo che consente di portare il cibo nell'apparato digerente; negli animali generalmente consiste nell'introduzione del cibo nella bocca e nella sua deglutizione. La muscolatura delle pareti del tubo digerente si contrae e si rilascia alternativamente (*motilità*), favorendo il rimescolamento del cibo e il suo avanzamento nel tubo digerente.
La vera e propria **digestione** consiste nella demolizione delle macromolecole ingerite. Questo processo si svolge sia meccanicamente sia chimicamente, attraverso l'*idrolisi enzimatica*. Le molecole che si ottengono da tale demolizione sono abbastanza piccole da poter attraversare le pareti dell'apparato digerente per portarsi nel sangue; questa fase è detta **assorbimento**. Attraverso il sistema circolatorio i nutrienti vengono quindi trasportati a tutte le cellule del corpo, dove vengono utilizzati per costruire composti organici.
Il cibo non digerito, batteri e residui cellulari del tratto gastrointestinale formano nel complesso le *feci*, che vengono espulse dal corpo attraverso l'ano, mediante la cosiddetta **eliminazione**.

1 Cavità gastrointestinale dell'idra e della medusa

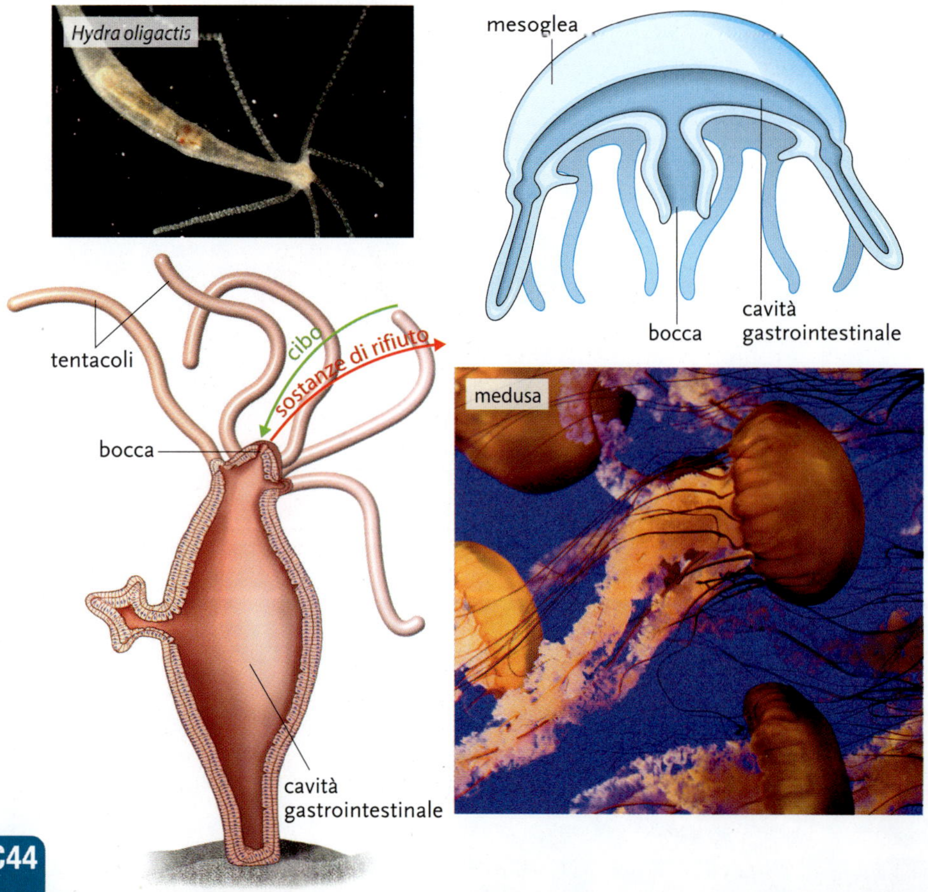

2 La digestione negli animali

Negli animali si distinguono due principali tipi di apparato digerente: la *cavità gastrointestinale* e il *tubo digerente*.
La **cavità gastrointestinale** è una cavità digerente dotata di una sola apertura, utilizzata dall'animale sia per l'entrata del cibo sia per l'eliminazione delle sostanze di rifiuto. La presenza di un'unica apertura costringe l'animale ad alimentarsi solo dopo aver totalmente digerito ed eliminato quanto mangiato nel pasto precedente. La digestione avviene grazie a specifici enzimi secreti dalle cellule che rivestono la cavità gastrointestinale e continua all'interno delle cellule grazie all'azione di vacuoli digestivi. Le sostanze non digerite vengono espulse mediante contrazioni del corpo. Questa tipologia di apparato, definito *incompleto* per la presenza di una sola apertura, si ritrova nei vermi piatti e negli cnidari, come la medusa e l'idra ▸ 1.
La maggior parte degli animali è fornita di un **tubo digerente** che si estende all'interno del corpo e che risulta suddiviso in regioni specializzate con funzioni diverse. Questo tipo di apparato digerente è definito *completo*, poiché è dotato di due aperture: una bocca per l'ingresso del cibo e un ano per l'espulsione delle sostanze di rifiuto ▸ 2.
Rispetto alla cavità gastrointestinale, il tubo digerente consente all'animale di nutrirsi più frequentemente, assumendo così quantità maggiori di nutrienti. Quasi tutte le regioni del tubo digerente sono dotate di un'attività propulsiva, detta **peristalsi**, caratterizzata da onde di contrazione muscolare in grado di spingere il cibo in una sola direzione, dalla bocca verso l'ano.
A partire dai vermi cilindrici (i primi animali in cui compare il tubo digerente) le diverse strutture dell'apparato digerente si sono progressivamente sviluppate, miglio-

2 **Il tubo digerente di alcuni invertebrati**

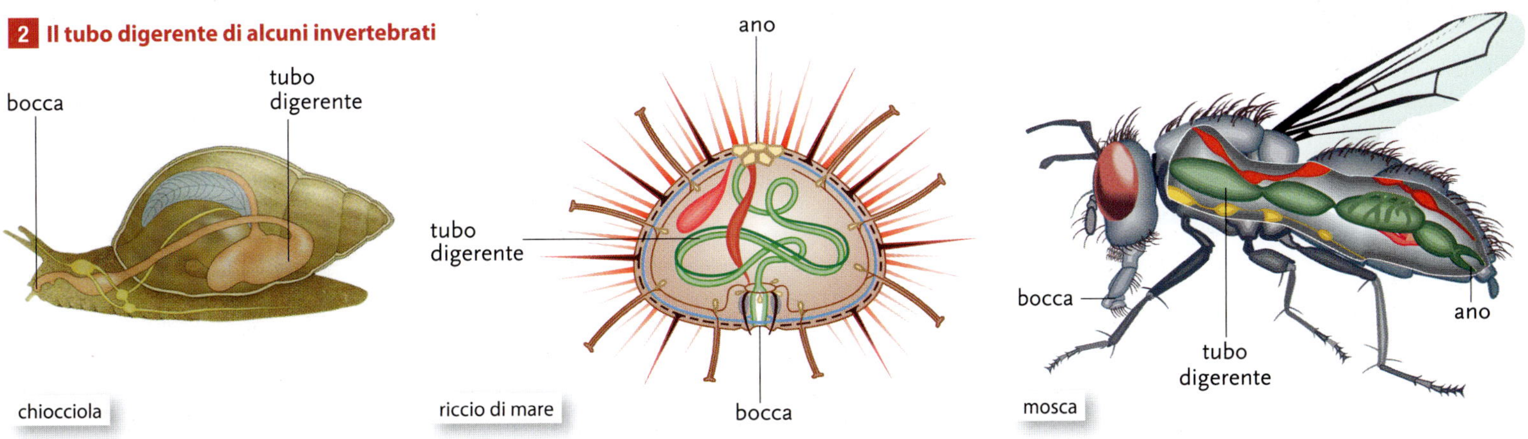

rando le modalità di frammentazione del cibo ed estendendo le aree deputate all'assorbimento dei nutrienti. Negli animali più evoluti l'organo deputato all'ingestione è la **bocca**, quello per la digestione è lo **stomaco**, quello per l'assorbimento (e per altre importanti funzioni digestive) è l'**intestino** e quello per l'eliminazione del cibo è l'**ano**.

3 Erbivori, carnivori e onnivori

La competizione per le risorse disponibili nell'ambiente ha portato organismi diversi a sfruttare differenti fonti nutritive. In base alla loro alimentazione, gli animali possono essere distinti in **erbivori**, **carnivori** e **onnivori**.

ERBIVORI Detti anche **consumatori primari**, gli **erbivori** si nutrono solo di organismi vegetali, ma, poiché non sono in grado di digerire la cellulosa, hanno dovuto sviluppare strategie particolari per ricavare nutrimento dalle piante.
L'intestino di alcuni erbivori, come le termiti, le mucche e i cavalli, è abitato da *batteri simbionti*: i batteri ricevono cibo dall'ospite e in cambio demoliscono la cellulosa della parete cellulare delle piante, consentendo agli enzimi digestivi dell'animale di accedere alle sostanze nutritive delle cellule vegetali.
Molti mammiferi erbivori, come i bovini, gli ovini, le giraffe, i cervi e i cammelli, vengono definiti **ruminanti** per il loro particolare modo di digerire. Oltre a essere dotati di una dentatura specializzata per brucare l'erba, questi animali hanno uno stomaco molto complesso, suddiviso in quattro cavità ▶ **3**. Il cibo viene masticato, inghiottito e immagazzinato in una prima cavità, il **rumine**. Passa quindi nella seconda cavità, il **reticolo**, dove viene prima ridotto in poltiglia e poi spinto di nuovo in bocca, per essere masticato a lungo. Il cibo viene quindi deglutito e passa alle altre due cavità dello stomaco, prima nell'**omaso** e poi nell'**abomaso**, dove viene ulteriormente degradato da specifici succhi digestivi. Infine passa all'intestino, dove i nutrienti vengono assorbiti e le sostanze di rifiuto eliminate tramite l'ano.
La digestione degli erbivori non è molto efficiente e buona parte di ciò che mangiano non viene digerita. Per questo motivo, al fine di ottenere il nutrimento necessario devono ingerire grandi quantità di cibo, al punto tale che molti di questi animali passano gran parte del loro tempo mangiando.

CARNIVORI I **carnivori** sono detti **consumatori secondari**, perché si nutrono di altri animali. Molti carnivori sono predatori, con strutture specializzate per la cattura e l'uccisione della preda: i mammiferi carnivori, ad esempio, sono dotati di canini particolarmente sviluppati e affilati, che utilizzano durante i combattimenti e la caccia.
I carnivori hanno un apparato digerente più corto rispetto agli erbivori, poiché la carne è più facilmente digeribile rispetto al cibo di origine vegetale. Nello stomaco dei carnivori è presente un succo digestivo ricco di enzimi in grado di degradare le proteine.

ONNIVORI Gli **onnivori**, come il lombrico, la balena, l'orso e l'uomo, si nutrono di alimenti di origine sia vegetale sia animale. La balenottera azzurra, l'animale più grande della Terra, mangia piccole alghe e animali, filtrandoli mentre nuota.
Gli onnivori sono dotati di adattamenti che consentono loro di distinguere tra un'ampia varietà di odori e di sapori, così da poter scegliere tra diversi tipi di cibo.

Bio Parole

Erbivoro
dal latino *herba*, «erba» e *vorare*, «divorare»
Herbivore

Carnivoro
dal latino *caro*, «carne» e *vorare*, «divorare»
Carnivore

Onnivoro
dal latino *omnis*, «tutto» e *vorare*, «divorare»
Omnivorous

3 **Lo stomaco dei ruminanti**

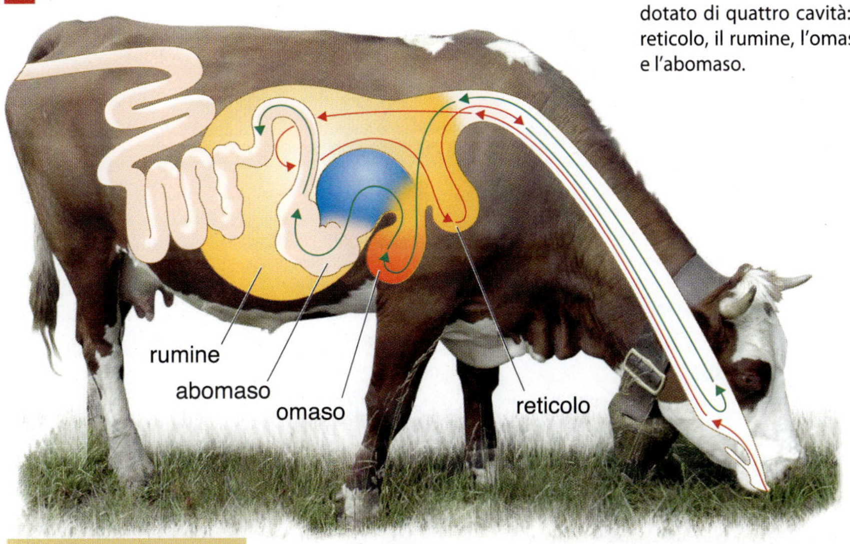

Lo stomaco dei ruminanti è dotato di quattro cavità: il reticolo, il rumine, l'omaso e l'abomaso.

DOMANDE CHIAVE

1. Qual è la principale caratteristica di un apparato digerente incompleto?
2. Perché il tubo digerente è un apparato definito completo?
3. Di che cosa si nutrono gli onnivori?
4. Qual è la differenza principale tra digestione e assorbimento?

Le sostanze nutritive

BioParole

Glucide
dal greco *glykýs*, «dolce»
Glucide

Proteina
dal tedesco *Protein*, dal greco *próteios*, «primario»
Protein

1 Gli alimenti

Tutti gli animali per vivere hanno bisogno delle stesse sostanze nutritive di base: **carboidrati**, **proteine** e **lipidi** ▶ 1. Questi elementi non solo formano le strutture del corpo, ma forniscono energia per tutte le attività cellulari.

Vitamine e **minerali** sono molto importanti per il funzionamento dell'organismo ma, contrariamente a carboidrati, proteine e lipidi, sono sostanze che non forniscono energia.

Anche l'**acqua** è un elemento essenziale per il corpo, ma non viene considerata un vero e proprio nutriente. È però fondamentale per compensare i liquidi che l'organismo perde attraverso le urine, il sudore, le feci e la respirazione.

Altri componenti importanti della dieta sono le **fibre**, presenti soprattutto nei cereali, nella frutta e nelle verdure. Le fibre sono una miscela complessa di cellulosa e di altri carboidrati non digeribili che non viene assorbita dall'organismo, ma permette di mantenere il tubo digerente libero e funzionante. Tra gli effetti benefici delle fibre c'è quello di diminuire la concentrazione di colesterolo nel sangue.

I carboidrati, le proteine e i lipidi sono molecole organiche costituite da carbonio, idrogeno e ossigeno; le proteine contengono anche azoto e zolfo. Le sostanze che ingeriamo con il cibo sono generalmente polimeri che durante la digestione vengono scissi da specifici enzimi: i monomeri che ne derivano possono essere facilmente assorbiti e distribuiti a tutte le cellule del corpo attraverso il circolo sanguigno.

2 I carboidrati

I **carboidrati** (detti anche **glucidi** o più semplicemente **zuccheri**) sono la principale fonte di energia per l'uomo, perché rapidamente utilizzabili. Sono suddivisibili in tre categorie: *monosaccaridi, disaccaridi* e *polisaccaridi*.

- I **monosaccaridi**, o **zuccheri semplici**, sono costituiti da una sola molecola. Essi rappresentano i monomeri che formano gli zuccheri più complessi. Le cellule sono in grado di utilizzarli rapidamente ricavandone energia tramite un importante processo: la **respirazione cellulare**. Sono monosaccaridi il *glucosio*, il *ribosio*, il *fruttosio*.
- I **disaccaridi** sono formati da due molecole di monosaccaridi. Lo zucchero da tavola, il *saccarosio*, è un disaccaride derivato dall'unione di una molecola di glucosio con una molecola di fruttosio.
- I **polisaccaridi**, o **zuccheri complessi**, sono invece costituiti da molte unità di zuccheri semplici unite in lunghe catene. La maggior parte dei carboidrati che ingeriamo è sotto forma di *amido* o *cellulosa*, polisaccaridi composti di tante unità di glucosio legate assieme. I polisaccaridi si trovano in cibi come le patate, il riso, la pasta, il pane e altri cereali.

3 Le proteine

Le **proteine** sono molecole essenziali per la crescita, lo sviluppo e la buona salute del corpo. Svolgono nell'organismo un'incredibile varietà di funzioni: rappresentano i mattoni per la costruzione delle strutture cellulari, servono come *enzimi* per tutte le attività metaboliche,

1 Gli alimenti

I carboidrati.

I lipidi.

Le proteine.

sono le sostanze di base per la costruzione di molecole più complesse. Sono anche fonte di energia per le cellule, anche se ne forniscono meno rispetto ai carboidrati e ai lipidi.
Le proteine che ingeriamo vengono degradate in **amminoacidi** nel tubo digerente. Dei venti amminoacidi importanti nell'alimentazione, nove, detti **amminoacidi essenziali**, non vengono sintetizzati dall'uomo e devono essere necessariamente assunti con gli alimenti.
Le proteine alimentari si distinguono, in base alla loro origine, in *proteine animali*, presenti nella carne, nei formaggi, nel latte, nelle uova e nel pesce, e *proteine vegetali*, che si ritrovano nei farinacei, nei legumi, nella frutta e nella verdura. Le proteine più complete, quelle cioè che contengono il maggior numero di amminoacidi utili all'organismo, sono contenute nel latte, nelle uova, nella carne e nel pesce.
La quota proteica da assumere dovrebbe essere di circa 1 g di proteine per kilogrammo di peso corporeo. L'assunzione dovrebbe essere giornaliera, poiché le proteine introdotte con la dieta vengono rapidamente utilizzate dal nostro organismo, con eliminazione dei loro prodotti azotati nel giro di poche ore, senza poter essere accumulate.

4 I lipidi

I **lipidi**, o **grassi**, sono sostanze insolubili in acqua. Le cellule utilizzano i lipidi che vengono assunti con il cibo come fonte di energia, come componenti delle membrane e per costruire composti lipidici, quali gli ormoni steroidei o i sali biliari. Quando i lipidi sono in eccesso, vengono immagazzinati a livello del tessuto adiposo e nel fegato.
I grassi forniscono un'energia quasi tripla rispetto ai carboidrati, ma entrano in gioco solo quando gli zuccheri non sono disponibili.
Circa il 98% dei lipidi della nostra dieta si trova sotto forma di **trigliceridi**. Ogni trigliceride è costituito da una molecola di glicerolo legata a tre acidi grassi. Gli acidi grassi possono essere *saturi* (completamente carichi di idrogeno e privi di doppi legami tra gli atomi di carbonio) o *insaturi* (con uno o più doppi legami) ▶ 2.
Il cibo di origine animale, come il tuorlo dell'uovo, il burro e il lardo, è generalmente ricco di acidi grassi saturi, mentre molti grassi di origine vegetale, come la margarina, l'olio di oliva, l'olio di mais o l'olio di semi, contengono elevate quantità di acidi grassi insaturi.
Tre acidi grassi insaturi (l'*acido linoleico*, l'*acido linolenico* e l'*acido arachidonico*) sono **acidi grassi essenziali**: non vengono prodotti dal nostro organismo e devono quindi essere assunti con la dieta.
In caso di bisogno, le riserve di grasso sono idrolizzate ad acidi grassi, che vengono liberati nel sangue. Prima, però, che le cellule possano utilizzarli come combustibile, devono essere degradati in composti più piccoli e combinati con il *coenzima A*, a formare **acetil coenzima A** (acetil CoA), che può entrare nella respirazione cellulare.

5 Le vitamine e i sali minerali

Le **vitamine** sono composti organici indispensabili per la sopravvivenza dell'organismo. Contrariamente alle cellule vegetali, le cellule animali non sono in grado di sintetizzare le vitamine: devono perciò necessariamente ricavarle dagli alimenti.
Ogni vitamina svolge un ruolo ben preciso nel metabolismo cellulare e per questo motivo la carenza di una di esse può causare disturbi anche molto gravi ▶ Tabella 1.
Le vitamine fondamentali per la cellula animale sono tredici e si dividono in *liposolubili* e *idrosolubili*.
Le vitamine **liposolubili** (vitamina A, vitamina D, vitamina E, vitamina K) si trovano principalmente nei grassi di origine animale, come il latte o gli oli vegetali. Il fegato e il tessuto adiposo hanno la capacità di immagazzinare queste vitamine e di liberarle all'occorrenza.
Le vitamine **idrosolubili** (vitamine del gruppo B, vitamina C, acido folico) sono presenti nella frutta, nei vegetali e nei semi. Contrariamente alle liposolubili, queste vitamine devono essere assunte più di frequente, poiché il nostro organismo non è in grado di immagazzinarle.
L'attività metabolica, come la conversione del cibo in energia, richiede anche la presenza di piccole quantità di sostanze inorganiche, i **minerali**, che si trovano abbondanti nella frutta e nella verdura.
I minerali intervengono in numerosi processi cellulari: il potassio è fondamentale nell'attività muscolare e nervosa e durante la sintesi proteica; il ferro è molto importante per i globuli rossi, poiché forma l'emoglobina, la molecola che trasporta l'ossigeno nel sangue; senza sodio e potassio i neuroni cessano di funzionare.

Vitamine e minerali sono quindi molto importanti nella regolazione di molti processi cellulari e il modo migliore perché l'organismo ne riceva un'adeguata quantità è avere un regime alimentare bilanciato.

2 Acidi grassi saturi e insaturi

Gli acidi grassi saturi sono privi di doppi legami tra gli atomi di carbonio, diversamente dagli acidi grassi insaturi, che hanno uno o più doppi legami.

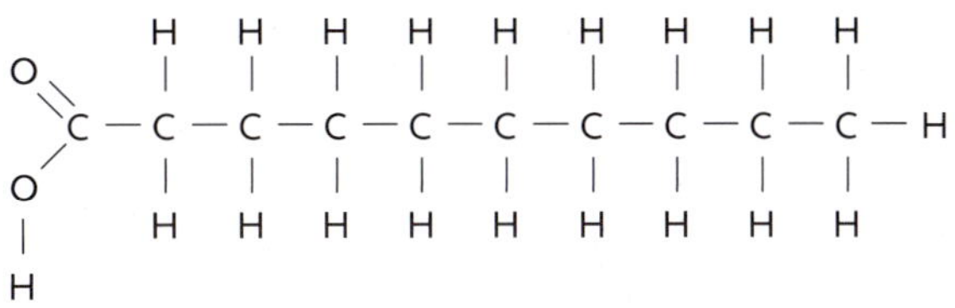

Acidi grassi saturi.

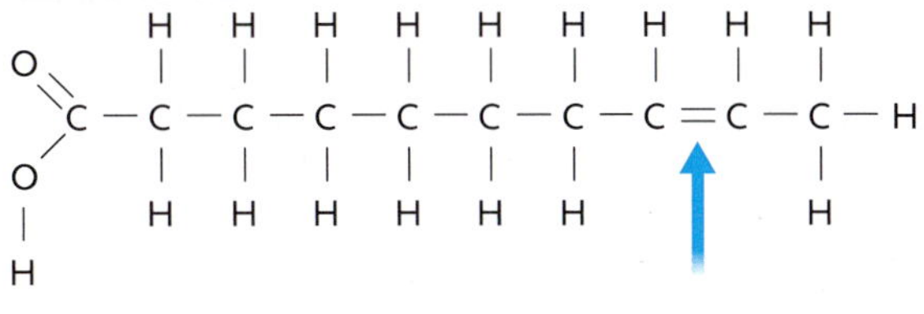

Acidi grassi insaturi.

Bio Parole

Lipide
dal greco *lípos*, «grasso, adipe»
Lipid

Vitamina
dal latino *vita*, «vita» e *am(m)ina*, sul modello dell'inglese *vitamin*
Vitamin

Tabella 1 **Vitamine: fonti, funzioni e sintomi da carenza**

Vitamine liposolubili			
Vitamina	**Fonti più comuni**	**Funzioni**	**Sintomi da carenza**
A (retinolo)	Verdure verdi e arancioni, frutta arancione, latticini.	Interviene nella sintesi dei pigmenti visivi, ha un'azione antiossidante e un ruolo nel mantenimento dei tessuti epiteliali.	Ridotta resistenza alle infezioni, dermatiti, disturbi visivi, cecità.
D	È prodotta dalle cellule della pelle; è presente nell'olio di fegato di merluzzo e nel rosso d'uovo.	Favorisce la crescita, la mineralizzazione e l'assorbimento di calcio nelle ossa.	Rachitismo nei bambini, fragilità ossea negli adulti.
E	Verdure verdi, tè, oli vegetali, cereali integrali, margarina.	Ha un'azione antiossidante; partecipa al mantenimento delle membrane cellulari.	Disfunzioni della coagulazione, anemia.
K	Tè, verdure verdi, cavolfiore; viene anche prodotta dai batteri intestinali.	Interviene nella coagulazione del sangue e nella catena di trasporto degli elettroni durante la respirazione cellulare.	Emorragie, anemia, disfunzione della coagulazione.

Vitamine idrosolubili			
Vitamina	**Fonti più comuni**	**Funzioni**	**Sintomi da carenza**
B1 (tiamina)	Cereali integrali, carne magra, legumi, verdure verdi, uova.	Attività da coenzima; serve per la formazione del tessuto connettivo.	Ritenzione idrica, scompensi cardiaci, disturbi nervosi.
B2 (riboflavina)	Carne, cereali integrali, latte, pollame, pesce.	Attività da coenzima.	Lesioni cutanee.
B6 (piridossina)	Spinaci, pomodori, carne, patate.	Coenzima nel metabolismo degli amminoacidi.	Anemia, danni ai nervi, ai muscoli e alla pelle.
B12 (cobalamina)	Carne rossa, pollame, pesce, latticini.	Coenzima nel metabolismo degli acidi nucleici.	Disfunzioni neurologiche, anemia.
PP (niacina)	Fegato, pesce, cereali, carne, pollame.	Attività da coenzima.	Disturbi nervosi, lesioni gastrointestinali e cutanee (pellagra).
C (acido ascorbico)	Frutta (soprattutto agrumi), verdura, pomodori, patate.	Necessaria per la formazione di ossa e cartilagine, ha azione antiossidante, antiinfettiva e antiemorragica.	Scorbuto, ridotta resistenza alle infezioni, ridotta capacità di riparare le ferite.
acido pantotenico	Carne, rosso d'uovo, lievito di birra.	Coenzima nel metabolismo del glucosio e nella sintesi degli acidi grassi e degli steroidi.	Emicrania, affaticamento, formicolio alle mani, nausea.
acido folico	Verdure verdi, cereali integrali, carne magra, lievito di birra.	Coenzima nel metabolismo degli amminoacidi e degli acidi nucleici; ha un'azione nello sviluppo del tubo neurale nell'embrione.	Anemia, crescita ridotta, disturbi mentali.
biotina	Rosso d'uovo, legumi.	Coenzima nel metabolismo del glicogeno, dei grassi e degli amminoacidi.	Dermatiti, depressione, anemia.

6 Il fabbisogno energetico

Per mantenersi in buona salute, il nostro organismo ha bisogno di nutrirsi in modo da rifornirsi di materia prima, utile per la crescita, per la riparazione dei tessuti, per la sostituzione di cellule senescenti, per l'attività enzimatica e per ricavare energia dalle molecole nutritive.

Il nostro corpo consuma energia non solo quando svolgiamo un'attività fisica o intellettuale, ma anche in condizioni di riposo: il battito cardiaco, la circolazione del sangue, la respirazione si svolgono con un consumo energetico. Il consumo energetico di un organismo a riposo prende il nome di **metabolismo basale**.

L'apporto di energia fornito dagli alimenti necessario a compensare il consumo energetico è dato dalla somma tra l'energia richiesta per il metabolismo basale e l'energia utilizzata per le attività che svolgiamo quotidianamente ed è detto **fabbisogno energetico** ▶ 3.

L'unità di misura utilizzata dai nutrizionisti per esprimere l'energia, quindi anche il valore energetico degli alimenti, è il **kilojoule** (**kJ**), che equivale a 1000 J. Un **joule** è definito come il *lavoro necessario a esercitare la forza di un newton per un metro*. Un'altra unità di misura dell'energia è la **caloria**, dove 1 cal = 4,186 J.

3 Piramide degli alimenti

L'immagine mostra la **piramide settimanale degli alimenti**, che fornisce un'indicazione sui tipi di cibo e sulle quantità che dovremmo ingerire settimanalmente per avere una dieta bilanciata. La piramide è composta da sei piani, in cui sono disposti in modo scalare i vari gruppi di alimenti. Ogni gruppo richiede differenti frequenze di consumo; inoltre, all'interno di ogni gruppo gli alimenti devono essere alternati, così da avere un'alimentazione completa. Alla base della piramide si trovano gli alimenti di origine vegetale, tipici della cosiddetta *dieta mediterranea*; sono ricchi di fibre e di sostanze non energetiche (vitamine, sali minerali, acqua). Salendo da un piano all'altro ci sono gli alimenti via via più calorici, che è necessario consumare in minore quantità rispetto a frutta e verdura, al fine di mantenere un peso corporeo equilibrato.

Osserva e RISPONDI

Quali alimenti sono rappresentati nella figura? Mangiando questo piatto quali tipi di nutrienti principali si ottengono? Quali alimenti potresti mangiare per assumere lo stesso tipo di nutrienti?

DOMANDE CHIAVE

1. Quali sono le sostanze nutritive di base che forniscono energia agli animali?
2. Come si dividono le vitamine?
3. Che cos'è il metabolismo basale?

BioSalute

I disturbi del comportamento alimentare

Il cibo fornisce energia al nostro corpo. Questa energia viene utilizzata dall'organismo per mantenere le funzioni vitali come la respirazione, il battito cardiaco e la temperatura corporea (metabolismo basale) e per svolgere tutte le altre attività volontarie come muoversi, studiare e fare sport.

Il fabbisogno energetico individuale dipende da diversi fattori, come il sesso, l'età, la massa corporea, l'attività fisica svolta, e da eventuali condizioni particolari, come la gravidanza e l'allattamento.

Affinché il corpo sia in buona salute, è importante avere una *dieta equilibrata*, assumendo gli alimenti in modo vario e nelle giuste quantità. Per avere un apporto nutritivo ottimale, le quantità relative di alimenti che dovremmo assumere ogni giorno sono: il 55-60% di carboidrati, il 15-20% di proteine, il 20-25% di grassi.

I **disturbi del comportamento alimentare** (DCA) hanno come base comune un alterato rapporto con il cibo e con il proprio corpo. Gli individui che soffrono di disturbi alimentari mangiano in maniera molto irregolare, spesso caotica e ossessiva, e considerano il grasso come un nemico da combattere.

La percezione distorta del proprio corpo, la paura di ingrassare e il progressivo rifiuto del cibo possono sfociare in una grave malattia con una forte componente psicologica: l'**anoressia nervosa**. Essa colpisce prevalentemente le ragazze e spesso ha inizio in età adolescenziale, con una difficoltà a riconoscersi nel corpo che sta cambiando. Il tentativo di tenere sotto controllo questo cambiamento può prendere la forma del controllo dell'alimentazione e dell'attività fisica intensa. Il cibo viene assunto in maniera saltuaria, preferibilmente in solitudine, dando la preferenza ad alimenti a basso contenuto calorico. L'anoressia nervosa porta spesso a denutrizione, con danni progressivi all'organismo che, se prolungati nel tempo, possono condurre alla morte.

La **bulimia** è un disturbo dell'alimentazione di origine psicologica, che spinge chi ne è colpito ad assumere in maniera ossessiva e incontrollata quantità eccessive di cibo. Spesso la persona bulimica dopo aver mangiato si induce il vomito o assume lassativi e diuretici, nel tentativo di «liberarsi» delle calorie assunte. La diagnosi di bulimia può essere più complessa rispetto a quella di anoressia, poiché generalmente è assente il sintomo della denutrizione.

Anoressia e bulimia sono manifestazioni di un profondo disagio, ma possono essere curate se vengono affrontate su due fronti principali: la cura del corpo tramite un nutrizionista e la terapia psicologica, mediante un terapista specializzato in disturbi dell'alimentazione.

LEZIONE 3

Dalla bocca allo stomaco

BioParole

Tonaca
dal latino *tunica*, «tunica»
Tunic

1 L'apparato digerente

Nell'uomo l'apparato digerente è costituito dal *tubo digerente* e dagli *organi annessi* ▶ 1.

Il **tubo digerente**, o **tratto gastrointestinale**, contiene il cibo da quando viene ingerito a quando viene assorbito o espulso dal corpo ed è composto dalla *bocca*, dalla *faringe*, dall'*esofago*, dallo *stomaco*, dall'*intestino tenue* e dall'*intestino crasso*.

Gli **organi annessi**, che svolgono diverse funzioni importanti per la digestione, sono i *denti*, la *lingua*, le *ghiandole salivari*, il *fegato*, la *cistifellea* e il *pancreas*. Fatta eccezione per denti e lingua, che servono per frantumare e mescolare gli alimenti, gli altri organi non entrano mai in contatto con il cibo, ma secernono sostanze che raggiungono il cibo ingerito tramite dotti e lo degradano chimicamente.

2 Le tonache

Le pareti del tubo digerente, dall'esofago fino all'ano, sono formate da quattro strati di tessuto sovrapposti, le **tonache** ▶ 2.

TONACA MUCOSA La **tonaca mucosa** è lo strato più interno della parete ▶ 3. È formata a sua volta da tre strati: il primo, a diretto contatto con il cibo, è costituito da tessuto epiteliale, il secondo è uno strato di tessuto connettivo chiamato *lamina propria* e il terzo è la *mucosa muscolare*, un sottile strato di muscolatura liscia. La tonaca mucosa protegge il tubo digerente dagli agenti patogeni ingeriti con il cibo, grazie ai linfonodi presenti nel suo spessore.

TONACA SOTTOMUCOSA La **tonaca sottomucosa** è il secondo strato. È costituita da tessuto connettivo lasso,

1 L'apparato digerente dell'uomo

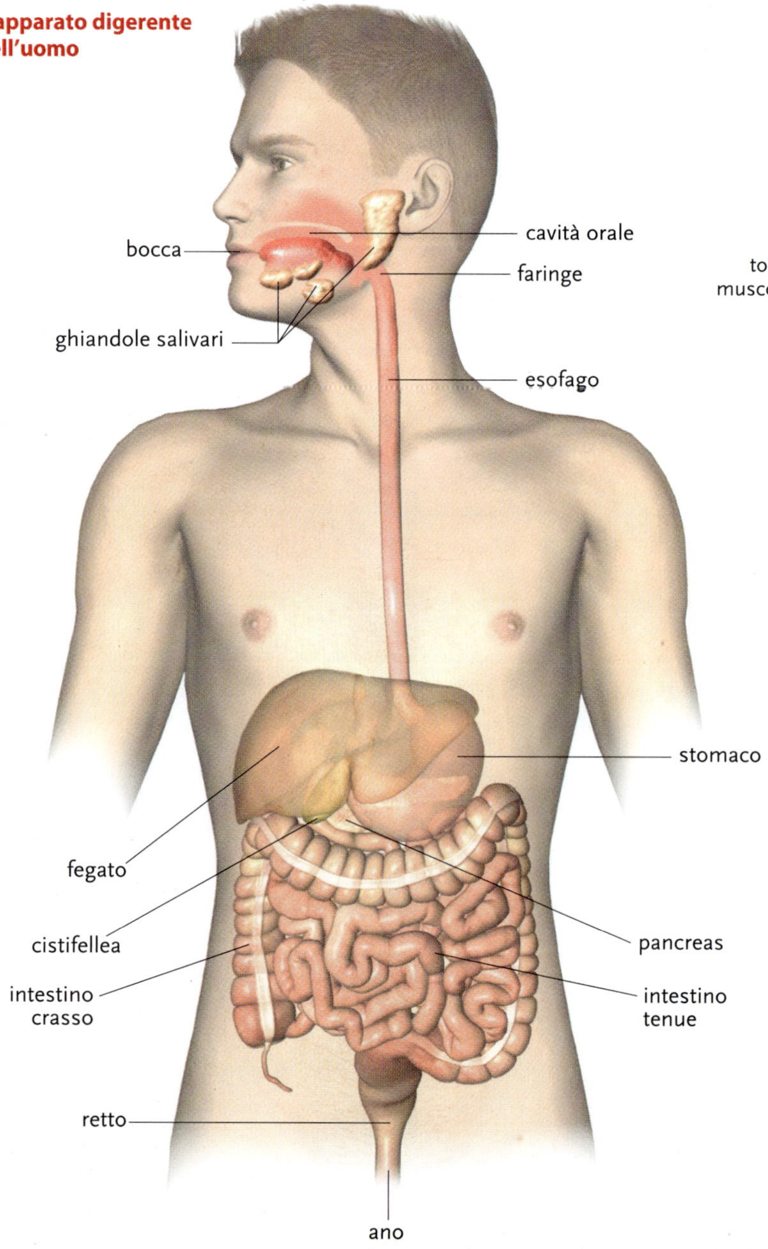

2 Le quattro tonache della parete del tubo digerente

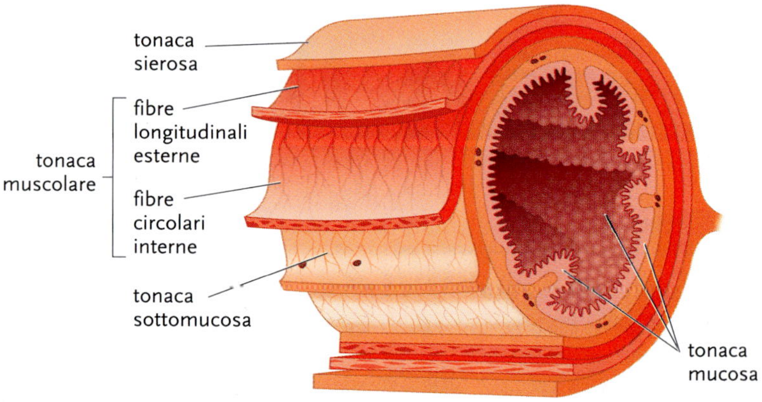

3 Tonaca mucosa dello stomaco

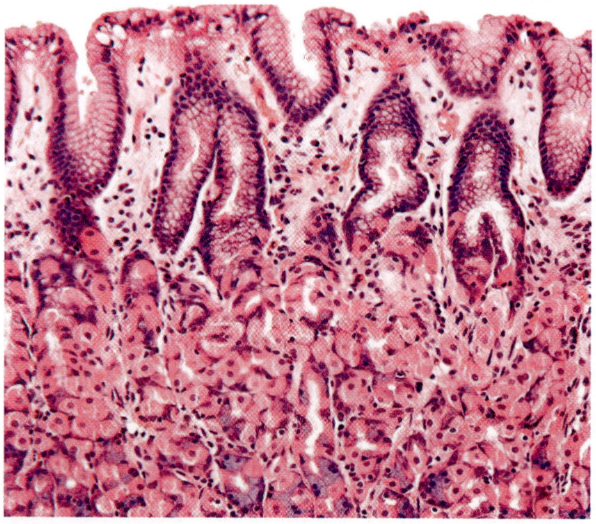

attraversato da vasi sanguigni e linfatici; nei vasi entrano le sostanze nutritive assorbite con la digestione. Nella sottomucosa sono presenti anche reti di neuroni che hanno la funzione di regolare le secrezioni.

TONACA MUSCOLARE Il terzo strato è rappresentato dalla **tonaca muscolare**, formata da due strati di muscolatura liscia: uno strato interno *circolare* e uno più esterno *longitudinale*. Essi si contraggono alternativamente e in maniera involontaria, creando un movimento a onde (*peristalsi*), che consente di frantumare il cibo e di mescolarlo con le secrezioni enzimatiche. La contrazione di questo spesso strato muscolare è regolata da fibre nervose che lo attraversano. La tonaca muscolare è presente, sotto forma di muscolo scheletrico volontario, anche nella bocca, nella faringe e nel primo tratto dell'esofago, per permettere la deglutizione, e nello sfintere anale esterno (un anello muscolare intorno all'ano), per consentire la defecazione.

TONACA SIEROSA Lo strato più esterno è la **tonaca sierosa**, detta anche **peritoneo viscerale**. È costituita da epitelio squamoso semplice e da tessuto connettivo lasso. Le cellule che formano la tonaca sierosa secernono un liquido lubrificante, che permette a visceri e organi vicini di scivolare l'uno contro l'altro senza danneggiarsi.

3 La cavità orale

La nutrizione ha inizio nella **bocca**, o **cavità orale**, un organo specializzato nell'ingestione e nella masticazione del cibo ▶ 4A. La bocca è costituita dalle *labbra*, dalle *guance*, dalla *lingua*, dal *palato duro*, che forma il «tetto» della cavità orale, e dal *palato molle*, che si trova posteriormente al palato duro. Dal palato molle scende un'escrescenza, l'*ugola*, che si alza con il palato molle durante la deglutizione, impedendo a cibo e liquidi di entrare nella cavità nasale. Sul retro del palato molle si trovano le *tonsille*, che hanno il ruolo di difendere il tubo digerente dall'entrata di agenti patogeni.

All'interno della bocca i **denti**, grazie alla masticazione, iniziano la digestione meccanica del cibo. Pur avendo una struttura di base comune ▶ 4B, i denti differiscono tra loro per forma e funzione. Nei mammiferi gli *incisivi*, a forma di scalpello, sono usati per afferrare e tagliare, gli appuntiti *canini* per lacerare il cibo, mentre i *premolari* e i *molari*, che hanno la superficie appiattita, sono specializzati per schiacciare e triturare. La dentatura dell'uomo adulto comprende trentadue denti disposti in maniera simmetrica su due *arcate dentarie*, superiore e inferiore. Ogni arcata ha quattro incisivi, due canini, quattro premolari e sei molari ▶ 5.

Durante la masticazione la **lingua** mischia il cibo con la **saliva**, un fluido secreto da tre paia di ghiandole, le **ghiandole salivari**, che producono circa un litro di saliva al giorno. La saliva contiene due enzimi: l'*amilasi*, che scinde l'amido, e il *lisozima*, che uccide i batteri ingeriti con gli alimenti. Il cibo così elaborato assume la forma di una massa tondeggiante che prende il nome di **bolo alimentare**.

4 La bocca

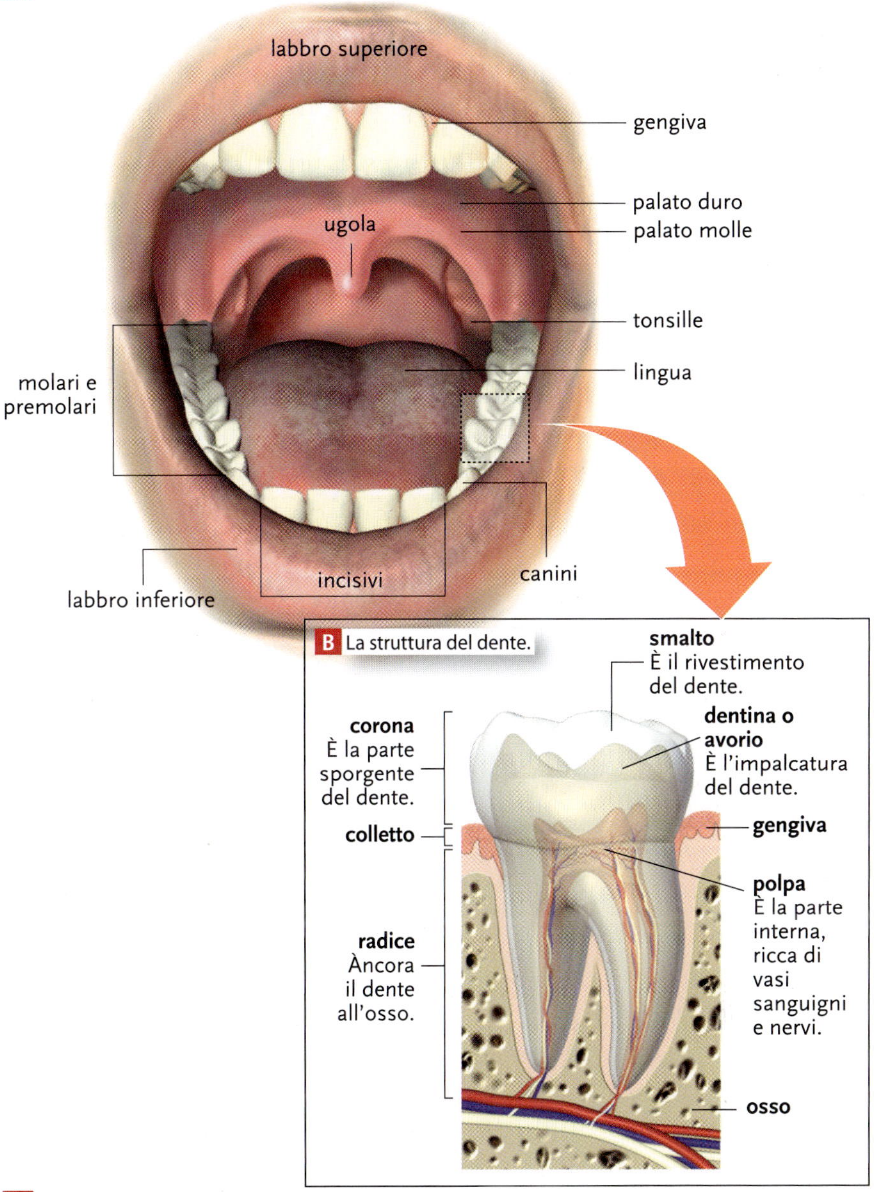

5 Le arcate dentarie

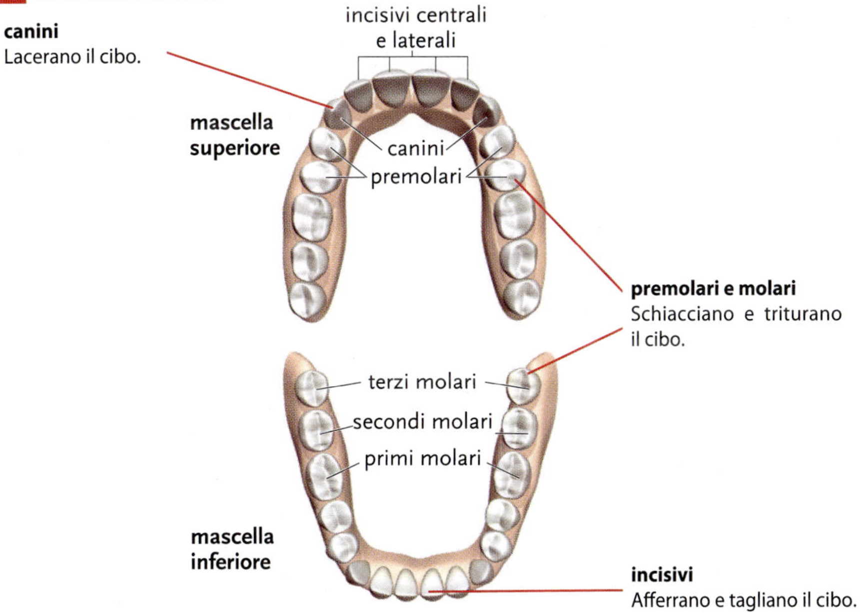

Bio Parole

Piloro
dal greco *pylorós*, «custode della porta»
Pylorus

4 La faringe e l'esofago

Con la **deglutizione** la lingua spinge il bolo alimentare sul retro della bocca in un canale muscolare a forma di imbuto, la **faringe**, che serve da passaggio sia per il cibo sia per l'aria diretta verso la trachea e i polmoni. Durante la deglutizione, l'entrata alle vie respiratorie viene chiusa da una sottile struttura cartilaginea, l'**epiglottide**, e il bolo alimentare viene così indirizzato verso il secondo tratto del canale digerente, l'**esofago**.

Le contrazioni involontarie delle fibre muscolari della parete dell'esofago spingono il bolo verso il basso. Questo meccanismo, definito **peristalsi**, fa sì che in pochi secondi il cibo attraversi l'esofago e giunga nello stomaco ▶ 6.

Anche la forza di gravità, quando ci troviamo in posizione eretta, aiuta l'avanzamento del cibo. Essa però non è indispensabile, come dimostrato dal fatto che negli astronauti il bolo procede comunque verso lo stomaco anche in assenza di gravità.

6 TESTO-IMMAGINE La peristalsi a livello esofageo

1 Durante il passaggio del cibo, le fibre muscolari circolari sopra il bolo si contraggono, restringendo l'esofago e spingendo in avanti il bolo.

2 Contemporaneamente, le fibre muscolari longitudinali della parete intorno al bolo si contraggono, accorciando quel tratto di esofago e spingendo le pareti verso l'esterno.

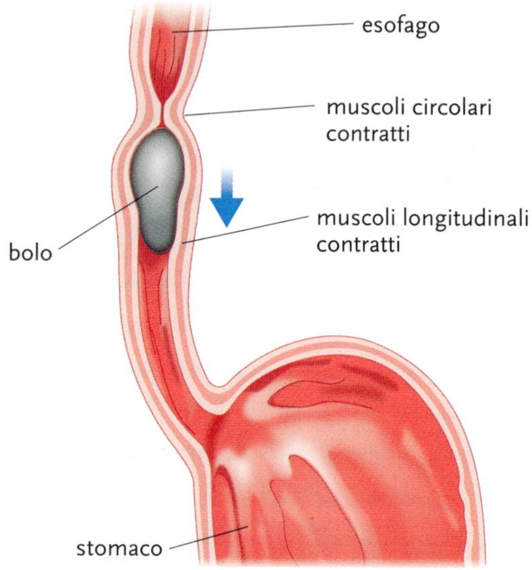

5 Lo stomaco

Lo **stomaco** è una dilatazione del tubo digerente ed è localizzato sotto il diaframma. È costituito dalle quattro tonache tipiche di tutto il tratto gastrointestinale e rappresenta l'organo più elastico dell'apparato digerente: quando è vuoto, ha la forma di una salsiccia e presenta nella faccia interna una serie di ripiegamenti della mucosa, le **creste**, che si distendono gradualmente all'entrata del cibo facendo aumentare notevolmente il volume dell'organo.

Nello stomaco si possono distinguere quattro zone principali: il **cardias**, all'imboccatura dello stomaco, il **fondo**, a fianco del cardias, il **corpo**, l'ampia porzione centrale, e il **piloro**, la regione inferiore dello stomaco, divisa dal duodeno tramite lo *sfintere pilorico* ▶ 7A. Il cardias e lo sfintere pilorico sono muscoli ad anello che devono chiudersi perfettamente e al momento opportuno, il

7 Lo stomaco

A Struttura generale.

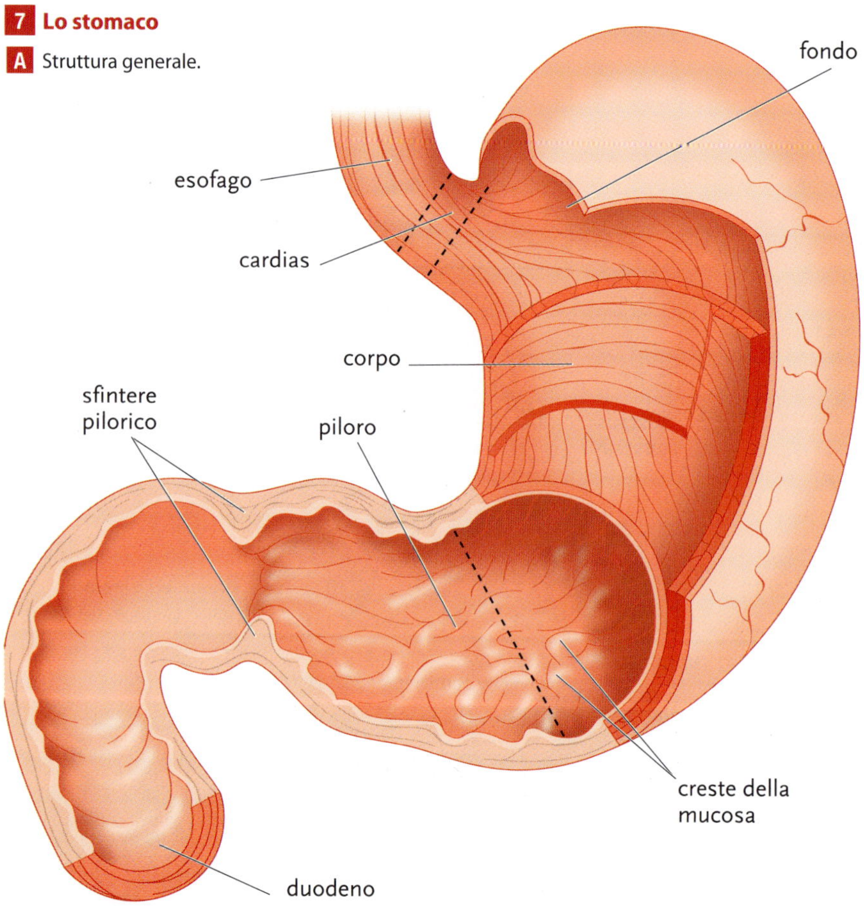

B Sezione della parete dello stomaco.

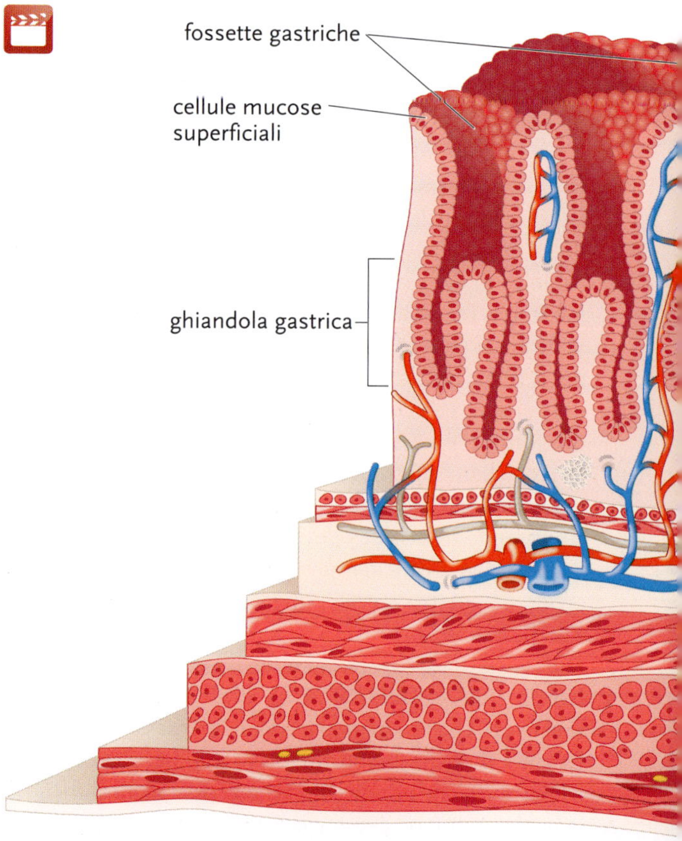

primo per evitare che il bolo risalga verso l'esofago, il secondo per regolare la velocità del passaggio del cibo verso l'intestino.

Lo stomaco è rivestito da un epitelio cilindrico semplice, costituito da cellule prive di ciglia, le cosiddette *cellule mucose superficiali*. L'epitelio di superficie si invagina a formare canali che sboccano nel lume dello stomaco mediante aperture, dette *fossette gastriche* ▶ **7B**. Questi canali formano le **ghiandole gastriche**, costituite da quattro tipi di cellule secretorie: le **cellule della mucosa**, che producono muco; le **cellule parietali**, che secernono *acido cloridrico* e *fattore intrinseco*, una sostanza che serve per assorbire la vitamina B12; le **cellule principali**, che secernono *pepsinogeno*, un enzima gastrico inattivo; le **cellule G**, che producono un ormone, la *gastrina*, che stimola la secrezione gastrica ▶ **7C**.

Pepsinogeno, fattore intrinseco e acido cloridrico formano i **succhi gastrici**, che vengono riversati dalle ghiandole nel lume dello stomaco. L'acido cloridrico ha la funzione di distruggere i microrganismi ingeriti con il cibo, di abbassare il pH per degradare alcuni alimenti come le fibre, ma anche di convertire il pepsinogeno in *pepsina*, l'enzima attivo che demolisce le proteine.

Il **muco** secreto dalle cellule della mucosa è alcalino e, affinché non vengano digerite, riveste le pareti dello stomaco con uno strato protettivo che neutralizza l'acidità dei succhi gastrici.

Le cellule epiteliali che rivestono la parete dello stomaco sono strettamente aderenti l'una all'altra, in modo da impedire agli acidi di infiltrarsi nei tessuti sottostanti. Lo stomaco ha inoltre la capacità di sostituire con estrema rapidità le cellule che vengono danneggiate dai succhi gastrici.

Quando il cibo entra nello stomaco, le pareti si distendono. Specifici impulsi nervosi e ormonali (come la gastrina prodotta dalle cellule G) stimolano la secrezione dei succhi gastrici e la contrazione della tonaca muscolare che, mediante movimenti peristaltici, macera il cibo e lo mescola con le secrezioni gastriche.

Nello stomaco avviene solo la digestione delle proteine, che vengono ridotte a piccole catene polipeptidiche. La degradazione dell'amido in corti polisaccaridi e maltosio, iniziata nella bocca, si interrompe a livello gastrico, dove l'amilasi salivare viene inattivata dal pH acido dello stomaco.

L'attività digestiva dello stomaco porta alla conversione del bolo in un liquido denso chiamato **chimo** che, attraverso il piloro, passa nel duodeno, la prima parte dell'intestino tenue.

DOMANDE CHIAVE

1. Come si chiamano le quattro tonache che formano le pareti del tubo digerente?
2. Dove sono localizzate le ghiandole salivari?
3. Da quali strutture dello stomaco sono prodotti i succhi gastrici e il muco?

Osserva e RISPONDI

Che cosa è rappresentato nella figura? Quali cellule proteggono lo stomaco dall'autodigestione?

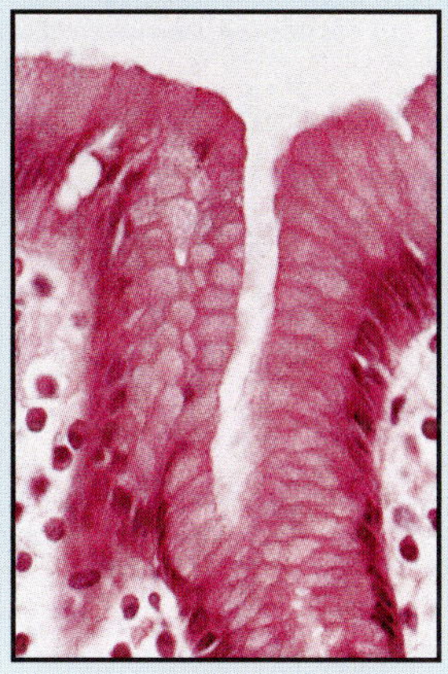

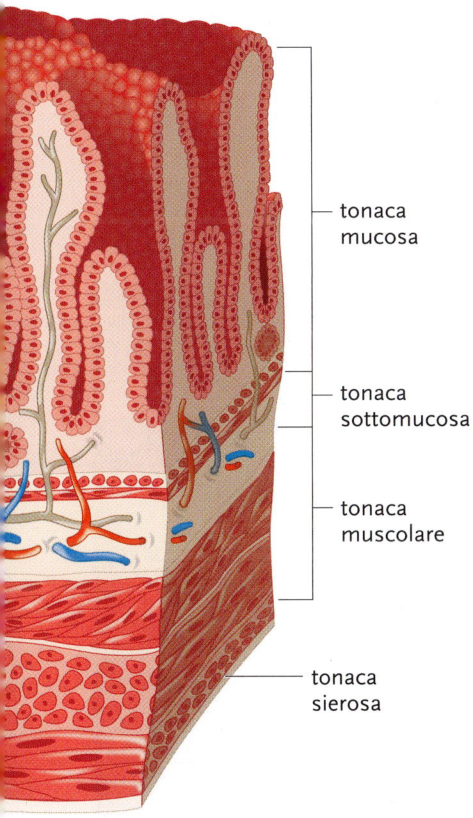

C Ghiandola gastrica e cellule della mucosa.

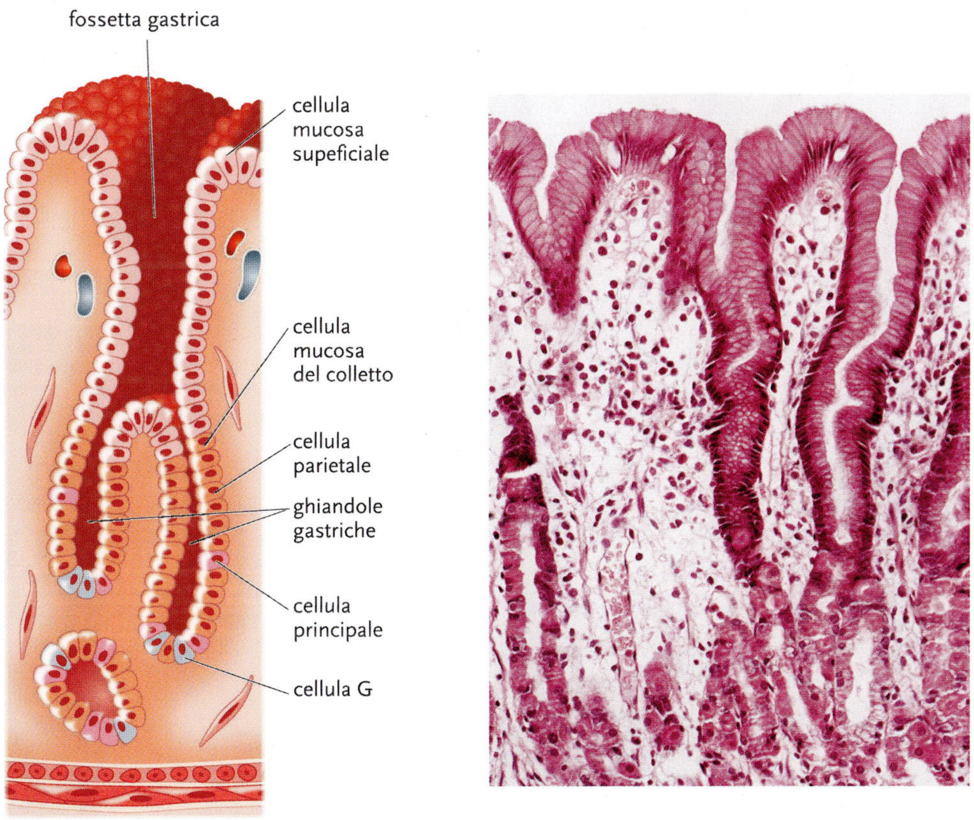

L'intestino, il fegato e il pancreas

BioParole

Ileo
dal greco *eileós*, derivato di *eilein*, «avvolgere»
Ileum

1 L'intestino tenue

L'**intestino tenue** è un canale di circa 3 m di lunghezza e 2,5 cm di diametro, dove in poche ore viene completata la digestione del cibo e viene assorbita la maggior parte delle sostanze nutritive.

L'intestino tenue si divide in tre regioni: il *duodeno*, il *digiuno* e l'*ileo*. La maggior parte della digestione chimica, più che nello stomaco, ha luogo nel **duodeno**, il primo, breve (12 cm) tratto dell'intestino tenue. È nel duodeno, infatti, che vengono riversati la *bile* prodotta dal fegato e il *succo pancreatico* rilasciato dal pancreas, che vanno ad agire sul chimo insieme agli enzimi digestivi del *succo enterico* prodotto dalle cellule epiteliali del duodeno.

Nel **digiuno** (lungo circa 1 m) e nell'**ileo** (lungo circa 2 m) si assiste all'assorbimento della maggior parte delle molecole nutritive prodotte dalla degradazione del cibo.

La superficie interna dell'intestino tenue è ricoperta da milioni di sottili pieghe, simili a dita, chiamate **villi intestinali** ▶ 1A. Ogni villo ha una lunghezza di circa 1 mm e si trova a stretto contatto con i capillari sanguigni. I villi intestinali servono ad aumentare notevolmente l'area interna dell'intestino tenue, in modo da rendere più efficiente l'assorbimento dei nutrienti e favorire il loro rapido passaggio nel sangue.

La superficie intestinale è ulteriormente aumentata dai **microvilli**, ripiegamenti della superficie libera delle cellule epiteliali che rivestono i villi ▶ 1B. Ogni cellula presenta circa 600 microvilli, che conferiscono al rivestimento epiteliale un aspetto crespato, definito «orletto a spazzola». L'aumento di superficie della tonaca mucosa dell'intestino tenue, determinato dai villi e dai microvilli, è tale che se venisse steso coprirebbe circa l'area di un campo da tennis.

Tra un villo e un altro sono presenti le aperture delle *ghiandole intestinali*. Queste ghiandole producono il **succo enterico**, un fluido acquoso e leggermente alcalino, che contiene enzimi digestivi e, insieme alle secrezioni del pancreas e della bile, facilita l'assorbimento delle sostanze nutritive a livello dei villi intestinali.

2 Il fegato

Dopo la pelle, il **fegato** rappresenta l'organo più grande del nostro corpo. È localizzato nella regione addominale, a destra, sotto il diaframma ▶ 2A. È formato da due lobi principali (destro e sinistro) e ha un peso di circa 1,5 kg.

Le unità funzionali epatiche sono chiamate **lobuli** ▶ 2B. Ogni lobulo presenta una vena centrale circondata da cellule parenchimali specializzate, gli **epatociti**, organizzate in lamine. Queste cellule poligonali formano la maggior parte della massa del fegato e svolgono numerose e importanti funzioni metaboliche.

Il fegato riceve il sangue ossigenato dall'**arteria epatica** e il sangue ricco di sostanze nutritive dalla **vena porta**, una vena di grosso calibro che raccoglie il sangue proveniente da tutto l'apparato digerente. La vena porta si ramifica all'interno del fegato, andando a formare una rete di piccoli capillari, i *sinusoidi*. Il sangue che ha attraversato il fegato esce tramite le **vene epatiche**.

Il fegato svolge numerose e importanti funzioni. Vediamo quelle principali.

1 I villi intestinali

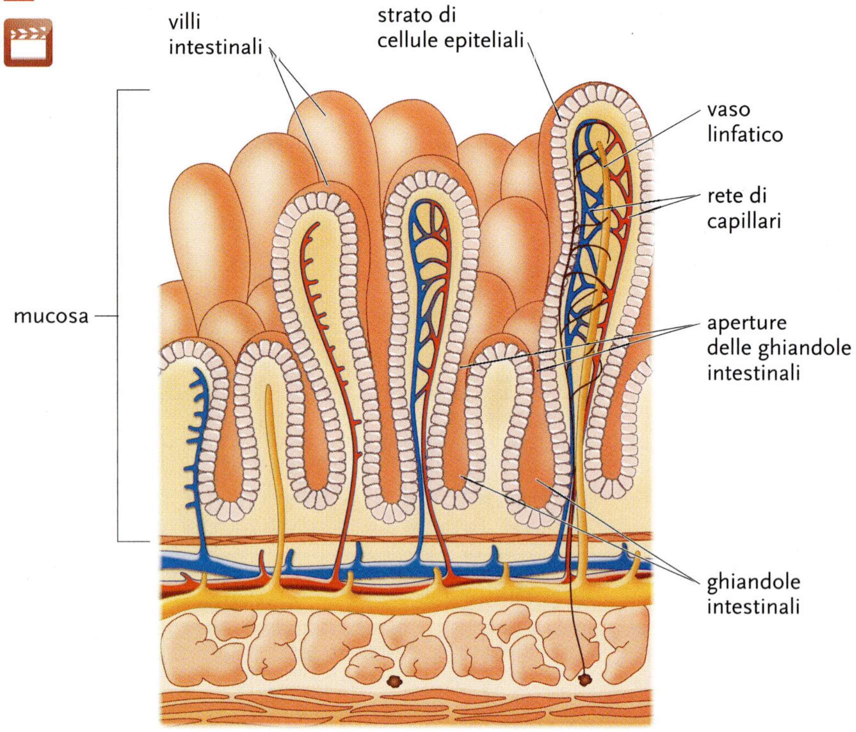

A I **villi intestinali** sono estroflessioni della mucosa. Hanno la funzione di aumentare la superficie di assorbimento dell'intestino. La parete del villo è costituita da uno strato di cellule epiteliali. All'interno del villo vi sono una rete di capillari sanguigni e un vaso linfatico centrale, il **vaso chilifero**.

B I **microvilli** sono estroflessioni della membrana delle cellule della mucosa intestinale.

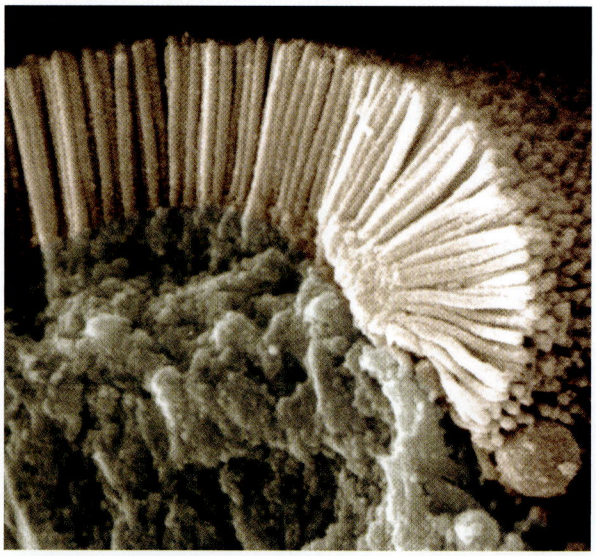

PRODUZIONE DELLA BILE Gli epatociti secernono un liquido digestivo di colore giallo scuro, la **bile**, che il fegato immette nell'intestino tenue durante la digestione oppure accumula tra un pasto e l'altro nella **cistifellea** (o **colecisti**), una struttura a sacchetto situata sotto il fegato, che funge da deposito ▶ 2A. La bile esce dal fegato mediante una rete di condotti, i *dotti biliari*, che si uniscono in un **dotto biliare comune**, a cui si unisce anche il dotto cistico proveniente dalla cistifellea. Il dotto biliare comune e il dotto proveniente dal pancreas si uniscono, infine, poco prima di sboccare nel duodeno.

La bile è un fluido basico privo di enzimi, che viene riversato nell'intestino in risposta alla presenza di grassi. È costituita da numerose sostanze: *acqua*, *sali biliari* (che derivano dal colesterolo), *pigmenti biliari* (provenienti dalla demolizione di globuli rossi senescenti), *lecitina* (un fosfolipide) e *colesterolo*.

I sali biliari presenti nella bile hanno la capacità di *emulsionare* (cioè di ridurre in piccole goccioline) le gocce di grasso presenti nel chimo e impedire che si riuniscano. Questo facilita molto l'azione della lipasi pancreatica, che ha così a disposizione una superficie più ampia per degradare i grassi.

La bile ha anche altre funzioni: facilita l'assorbimento delle vitamine liposolubili (A, D, E, K); attenua l'acidità dei succhi gastrici che giungono nel duodeno, per evitare che danneggino le delicate pareti dell'intestino tenue; facilita la progressione del chimo nell'intestino.

FUNZIONE METABOLICA Il fegato produce la maggior parte delle proteine del sangue, come l'albumina e i fattori della coagulazione. Elabora inoltre gli zuccheri: quando sono in eccesso, essi vengono immagazzinati negli epatociti sotto forma di *glicogeno*, un polisaccaride costituito da monomeri di glucosio. Il glicogeno viene scisso e il glucosio immesso nuovamente nel circolo sanguigno quando nell'organismo aumentano le richieste energetiche.

I grassi alimentari assorbiti dall'intestino (come trigliceridi e colesterolo) e quelli provenienti dai depositi di tessuto adiposo possono essere utilizzati, trasformati e in parte eliminati dal fegato.

Molte vitamine vengono attivate nel fegato e alcune di esse (come la vitamina B12) vengono immagazzinate a livello epatico.

Il fegato ha un'azione anche sul metabolismo degli ormoni (sostanze regolatrici prodotte da specifiche ghiandole), poiché produce le proteine necessarie al loro trasporto nel sangue e può influenzare la loro attività attraverso le proteine di trasporto.

ATTIVITÀ DETOSSIFICANTE Il fegato ha un'azione detossificante nei confronti di varie sostanze dannose all'organismo, come alcol e droghe. Quest'azione si svolge mediante complesse attività chimiche, che consistono o nella modificazione chimica della molecola-substrato o nella facilitazione del suo legame con complessi che fungono da trasportatori; così trasformate, numerose sostanze di per sé dannose possono essere più facilmente eliminate o dalla bile o da altri organi (ad esempio dal rene). Questi stessi processi biochimici sono utilizzati dal fegato anche per metabolizzare molti farmaci.

2 Fegato, cistifellea e pancreas

A Visione frontale dei tre organi. Sono indicati anche i dotti che portano le secrezioni al duodeno.

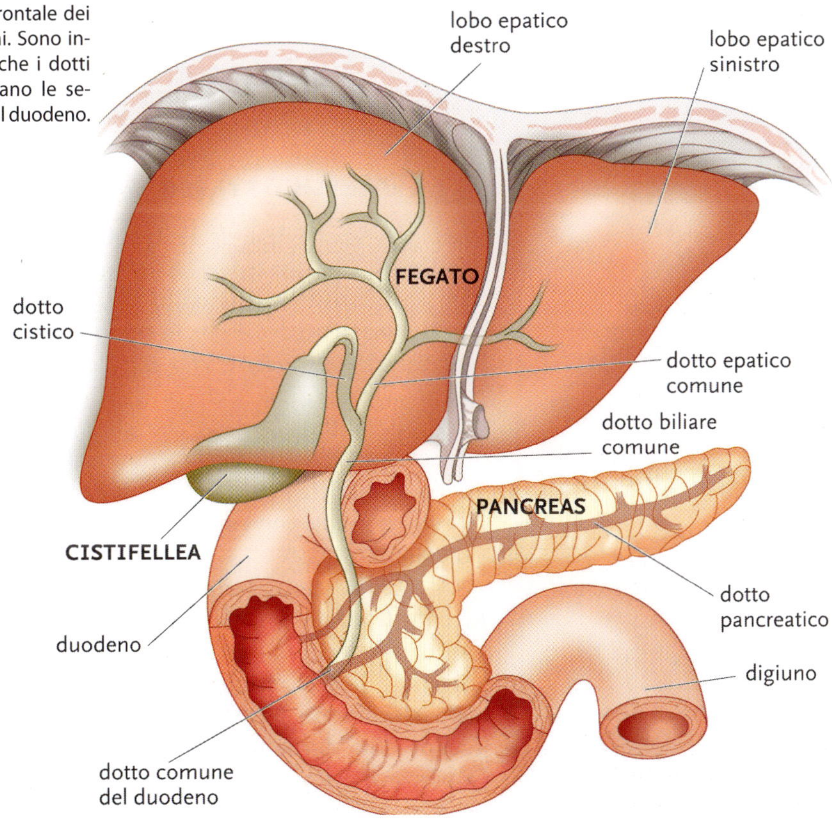

B I **lobuli epatici** rappresentano le unità funzionali del fegato e sono costituiti da una vena centrale circondata da epatociti organizzati in lamine.

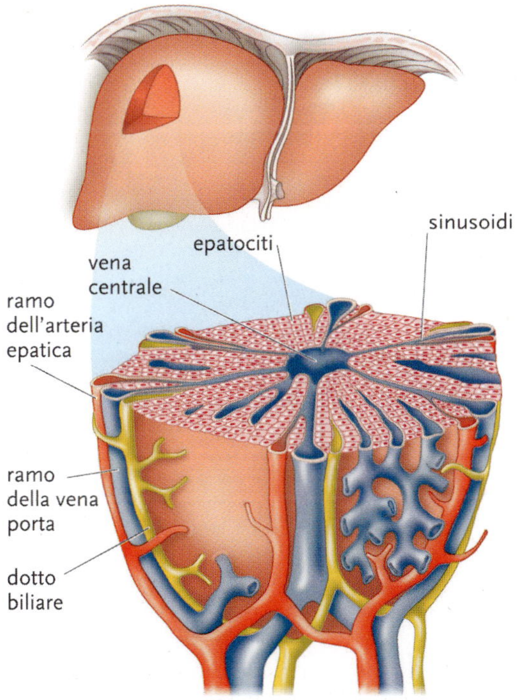

BioParole

Pancreas
dal greco *pánkreas*, composto di *pan*, «tutto» e *kréas*, «carne»
Pancreas

DISTRUZIONE DI GLOBULI ROSSI INVECCHIATI, BATTERI E VIRUS I *sinusoidi* che percorrono tutto il fegato sono delimitati da un epitelio formato da cellule, chiamate **cellule di Kupffer**. Queste derivano da precursori del midollo osseo e si comportano come macrofagi tissutali, fagocitando gli agenti patogeni che penetrano nel fegato o resti di globuli rossi invecchiati. Le cellule di Kupffer sono molto importanti per la difesa del fegato, poiché la ricca vascolarizzazione di quest'organo lo rende bersaglio di infezioni e di altre malattie.

3 Il pancreas

Il **pancreas** ▶ **2A** è una ghiandola allungata, annessa come il fegato all'apparato digerente. Le sue secrezioni escono dal pancreas mediante il dotto pancreatico; questo, unendosi al dotto biliare proveniente da fegato e cistifellea, forma un dotto comune che sbocca nel duodeno.
Il pancreas produce il **succo pancreatico**, che contiene molti enzimi digestivi:

- *tripsina* e *chimotripsina*, per la degradazione dei polipetidi;
- *lipasi pancreatica*, per la degradazione dei grassi;
- *amilasi pancreatica*, per la demolizione dei polisaccaridi;
- *ribonucleasi* e la *desossiribonucleasi*, per la scissione degli acidi nucleici ▶ **Tabella 1**.

Il succo pancreatico è ricco anche di ioni bicarbonato, che hanno la funzione di neutralizzare l'acido cloridrico proveniente dallo stomaco.
Oltre a produrre enzimi digestivi, il pancreas secerne l'**insulina** e il **glucagone**, due ormoni che svolgono un ruolo fondamentale nel controllo dei livelli di glucosio nel sangue (vedi Unità C7).

Tabella 1 **Gli enzimi digestivi e la loro azione sui nutrienti**

CARBOIDRATI				
amido	amilasi salivare → amilasi pancreatica	maltosio	maltasi →	glucosio
PROTEINE				
polipeptidi	tripsina, chimotripsina → pepsina, carbossipeptidasi	polipeptidi più corti	amminopeptidasi, carbossipeptidasi, dipeptidasi →	amminoacidi
ACIDI NUCLEICI				
DNA e RNA	nucleasi →	nucleotidi	altri enzimi →	basi azotate, zucchero, gruppi fosfato
GRASSI				
particelle di grasso	sali biliari →	goccioline di grasso (emulsionate)	lipasi →	acidi grassi e glicerolo

4 L'assorbimento dei nutrienti

Solo poche sostanze, come l'acqua, gli zuccheri semplici, i sali, alcuni medicinali e l'alcol, sono abbastanza piccole da poter essere assorbite attraverso le pareti dello stomaco. La maggior parte dell'assorbimento degli elementi nutritivi avviene nell'intestino tenue, a livello di villi intestinali.
Per raggiungere il circolo sanguigno o linfatico, una molecola di nutriente deve attraversare prima una cellula epiteliale del rivestimento intestinale, poi una cellula della parete del vaso sanguigno o linfatico.
Glucosio, galattosio, amminoacidi, dipeptidi e tripeptidi non possono diffondere attraverso i villi e devono essere assorbiti dalle cellule mediante trasporto attivo. Il fruttosio, invece, passa per diffusione facilitata. All'interno delle cellule epiteliali alcune molecole (come i dipeptidi e i tripeptidi) vengono prima scisse e poi per diffusione semplice o facilitata passano nei capillari del villo.
I prodotti della digestione lipidica sono assorbiti mediante vie differenti: gli acidi grassi a catena corta attraversano i villi per diffusione semplice, gli acidi grassi a catena lunga e il glicerolo si combinano con i sali biliari per formare complessi solubili, le **micelle**, che diffondono negli enterociti dei villi, dove vengono impacchettati con un rivestimento proteico in particelle sferiche chiamate **chilomicroni**. I chilomicroni escono dalle cellule epiteliali per esocitosi e si riversano in un vaso linfatico.
Mentre in generale le molecole provenienti dalla degradazione di carboidrati e proteine diffondono nei capillari sanguigni e si dirigono mediante la vena porta verso il fegato, la maggior parte dei lipidi entra nei vasi linfatici e non attraversa il fegato, ma riversa le proprie molecole nutritive in una vena (la *succlavia*), che porta i chilomicroni al tessuto adiposo e al fegato, dove vengono scomposti in modo da poter immagazzinare i lipidi in essi contenuti.

5 L'intestino crasso

La maggior parte degli elementi nutritivi viene assorbita a livello dell'intestino tenue. Le sostanze non assorbite passano nell'**intestino crasso**, un canale lungo circa 1,5 m con un diametro di 6-8 cm, in cui è possibile individuare tre regioni: *cieco*, *colon* e *retto* ▶ **3**. Il **cieco** è un breve segmento a forma di sacca che precede il **colon**, il tratto più esteso dell'intestino crasso, che sale lungo la parte destra della cavità addominale, la attraversa orizzontalmente, per poi scendere lungo la parte sinistra. L'ultimo tratto, il **retto**, termina con l'**ano**, l'apertura finale del tubo digerente.
Nell'intestino crasso vengono assorbiti acqua e minerali, mentre le sostanze non digerite si accumulano e vanno a formare le **feci** (un miscuglio di batteri e materiale non digerito). Le feci accumulate creano una pressione sulle pareti intestinali, sollecitando l'espulsione dal corpo dei prodotti di rifiuto attraverso l'ano. In questo modo il percorso di digestione e assorbimento degli alimenti si conclude. L'espulsione è controllata dal sistema nervoso,

3 L'intestino crasso

L'intestino crasso rappresenta l'ultimo tratto del tubo digerente ed è suddiviso in cieco, colon e retto.

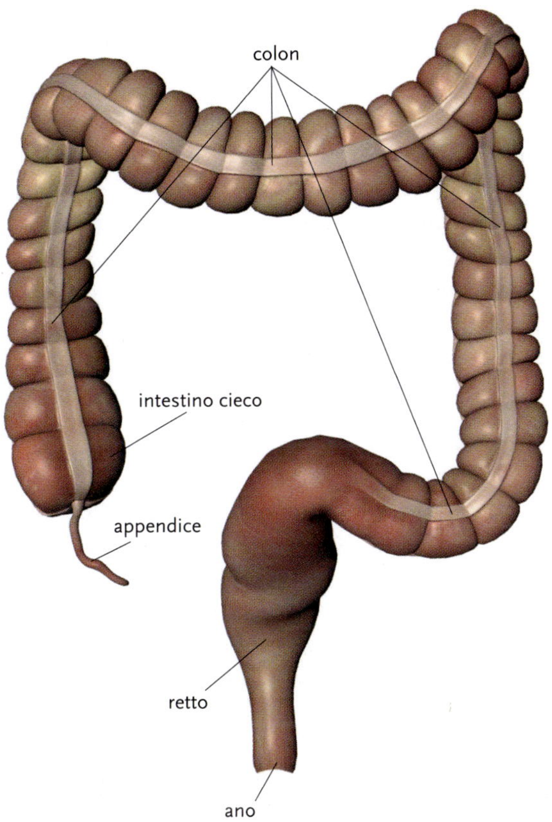

che può stimolare o inibire la contrazione di uno sfintere che si trova a livello dell'ano.

La superficie interna dell'intestino crasso è ricoperta da un muco, che la protegge dallo sfregamento causato dalle feci e che lubrifica il materiale di rifiuto. Il muco produce anche bicarbonato, allo scopo di neutralizzare i prodotti acidi che si liberano dalla fermentazione operata da milioni di batteri che abitano questo tratto di intestino e che costituiscono la **flora intestinale**. Questi batteri hanno la capacità di degradare molte sostanze e risultano quindi importanti per il processo digestivo. Alcuni batteri producono sostanze utili all'organismo, come vitamina K, biotina, alcune vitamine del gruppo B e acido folico.

Il cibo impiega solo qualche ora per percorrere l'intero tratto intestinale, ma può trattenersi nell'intestino crasso dalle 18 alle 48 ore circa. Nel cieco è presente una stretta estroflessione di pochi centimetri di lunghezza, l'**appendice**, che non sembra avere una funzione particolare nella digestione, ma è ricca di linfociti, quindi potrebbe avere un ruolo nella difesa dagli agenti patogeni. A causa della sua forma e delle sue dimensioni, può facilmente infiammarsi provocando l'*appendicite*. L'appendice può essere rimossa con una semplice operazione chirurgica, senza compromettere le nostre capacità digestive. In alcuni casi, l'appendice può perforarsi e i batteri intestinali fuoriuscire nella cavità addominale, provocando gravi infezioni.

6 Il controllo della digestione

L'apparato digerente è controllato da due sistemi di regolazione: il sistema nervoso e il sistema endocrino.

Nella parete dello stomaco sono presenti specifiche cellule (i meccanocettori) che, se attivate dalla dilatazione dello stomaco dovuta all'entrata del cibo, mandano segnali che stimolano la secrezione gastrica e la contrazione delle pareti dello stomaco.

Un'elevata acidità o un elevato contenuto di lipidi nel chimo sollecita la produzione di alcuni ormoni ▶ **Tabella 2** che determinano un rallentamento nel processo di svuotamento dello stomaco, favorendo così il contatto tra gli enzimi digestivi e il cibo nell'intestino tenue.

Anche ansia, depressione e stress possono interferire con il processo digestivo, rallentandolo.

Tabella 2 Principali ormoni digestivi

Ormone	Prodotto da	Stimolato da	Funzione
gastrina	stomaco	cibo nella cavità orale; distensione dello stomaco; peptidi nello stomaco	Stimola la secrezione di acido cloridrico da parte delle cellule gastriche e le contrazioni dello stomaco.
secretina	duodeno	ambiente acido	Stimola la produzione di bicarbonato da parte del pancreas.
colecistochinina	duodeno	amminoacidi, acidi grassi nell'intestino tenue	Stimola la secrezione di enzimi pancreatici e induce la colecisti a rilasciare la bile.
pancreozima	duodeno	cibo nel duodeno	Stimola il pancreas a produrre enzimi.

Osserva e COMPLETA

Lo schema mostra l'assorbimento degli zuccheri. Inserisci i termini mancanti, relativi alle modalità di passaggio delle sostanze attraverso le pareti intestinali. Dove vengono trasportati gli zuccheri che sono arrivati ai capillari dei villi?

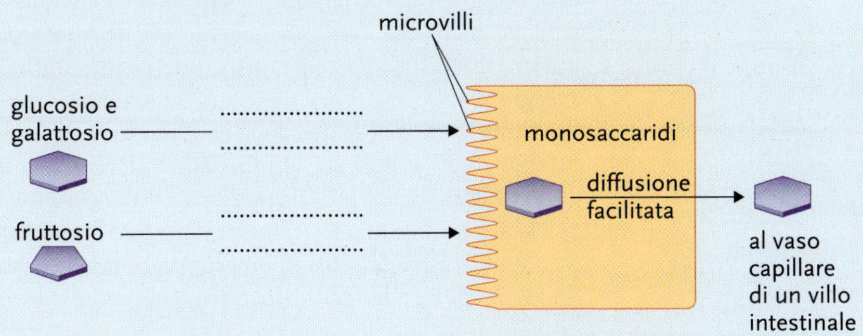

DOMANDE CHIAVE

1. Quale organo annesso all'apparato digerente produce la bile?
2. Quali sono i tre tratti dell'intestino tenue?
3. In quale parte dell'intestino si riversano le secrezioni provenienti dal pancreas e dal fegato?

LEZIONE 5

Il metabolismo cellulare

1 Il metabolismo cellulare

Il **metabolismo cellulare** è l'insieme delle reazioni chimiche che avvengono all'interno della cellula. Molte reazioni complesse che si svolgono nella cellula non avvengono in una sola fase, ma richiedono più passaggi successivi, ognuno catalizzato da un enzima: il prodotto intermedio della prima reazione viene utilizzato come reagente di partenza nella reazione successiva, fino alla formazione del prodotto finale. Le reazioni che si svolgono in più tappe fanno parte di una **via metabolica**.

Il metabolismo cellulare può accelerare o rallentare a seconda dei bisogni energetici della cellula e dell'organismo in generale. Le reazioni chimiche che combinano molecole semplici per formare molecole più complesse fanno parte del cosiddetto **anabolismo** della cellula e consumano più energia di quanta ne producono; invece, le reazioni che demoliscono molecole complesse in molecole semplici fanno parte del **catabolismo** e liberano più energia di quanta ne consumino.

L'energia è indispensabile per tutti gli esseri viventi. Gli organismi autotrofi, come le piante, sono in grado, attraverso la fotosintesi, di utilizzare la luce del Sole per sintetizzare carboidrati o altre molecole organiche. Gli eterotrofi, invece, assumono biomolecole nutrendosi di altri organismi.

Indipendentemente dalla fonte, tutte le cellule, sia animali sia vegetali, hanno bisogno di estrarre l'energia presente nelle sostanze, in modo da poterla utilizzare per le migliaia di reazioni cellulari che svolgono ogni giorno.

Mediante complesse reazioni, le cellule demoliscono carboidrati, proteine e lipidi, e accumulano l'energia che si libera da queste reazioni in molecole di **ATP** (**adenosintrifosfato**), dei veri e propri depositi chimici di energia ▶ 1.

Per ricavare energia da questo magazzino chimico, è sufficiente che la cellula stacchi mediante idrolisi uno dei gruppi fosfato dall'ATP: tale reazione libera energia (circa 7 kcal per mole di ATP), che la cellula può immediatamente utilizzare; l'idrolisi di un gruppo fosfato converte l'ATP in **ADP** (**adenosindifosfato**), che può ricaricarsi di energia legando nuovamente un gruppo fosfato, a spese però di altre reazioni chimiche.

1 La molecola di ATP

La molecola di ATP è formata da adenina, ribosio e tre gruppi fosfato. Quando mediante idrolisi viene rimosso un gruppo fosfato, si libera energia e l'ATP si trasforma in ADP.

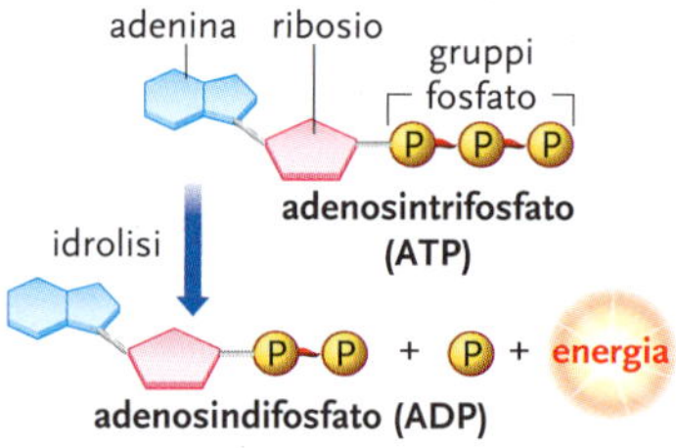

2 Le reazioni redox

Molte delle importanti reazioni che si svolgono nel metabolismo cellulare sono **reazioni di ossidoriduzione**, dette anche **reazioni redox**. In queste reazioni una sostanza cede uno o più elettroni a un'altra sostanza. La reazione di cessione di elettroni è detta **ossidazione** e la sostanza che li cede si dice che *si ossida*; la reazione di acquisto di elettroni è detta **riduzione** e la sostanza che li acquisisce si dice che *si riduce*. Nelle reazioni redox, ossidazione e riduzione sono accoppiate: c'è sempre una sostanza che cede elettroni e una che li acquisisce.

Poiché nelle reazioni biochimiche lo spostamento di elettroni avviene come conseguenza dello spostamento di atomi di idrogeno, una sostanza che perde atomi di idrogeno (e quindi elettroni) si ossida, una che acquista atomi di idrogeno (e quindi elettroni) si riduce.

Durante le reazioni redox avviene sempre un trasferimento di energia: alcune ossidoriduzioni si svolgono con rilascio di energia e sono dette *esoergoniche*, altre, le reazioni *endoergoniche*, hanno bisogno di un apporto energetico per poter avvenire.

Le reazioni di ossidoriduzione sono catalizzate da specifici enzimi, che si avvalgono di alcuni coenzimi. I due coenzimi più importanti, il **NAD** (**nicotinammide adenin dinucleotide**) e il **FAD** (**flavin adenin dinucleotide**), derivano da alcune vitamine e sono in grado di trasportare elettroni e atomi di idrogeno a un elevato livello di energia potenziale. Quando i due coenzimi portano il loro carico di elettroni e atomi di idrogeno, si trovano nella forma ridotta e sono indicati con NADH e $FADH_2$. Le forme ossidate sono invece indicate con NAD^+ e FAD ▶ 2.

2 NAD^+ e NADH

Il NAD è uno dei trasportatori di elettroni nelle reazioni redox.

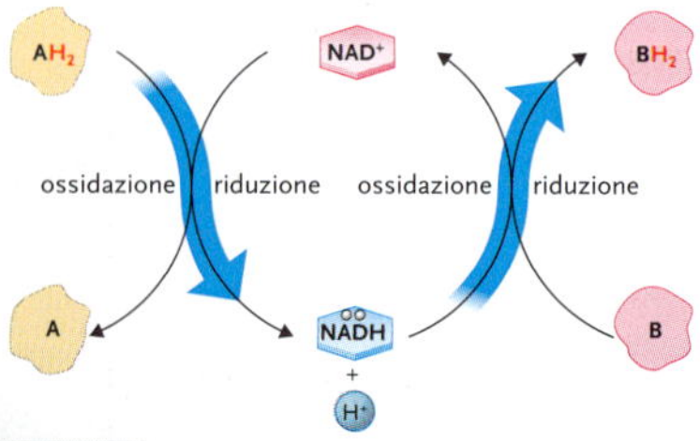

3 Una panoramica sulla respirazione cellulare

Il nutriente più utilizzato dalle cellule per ricavare energia è il **glucosio** ($C_6H_{12}O_6$), una molecola che ha un'elevata resa energetica. Anche lipidi e proteine possono essere utilizzati come fonte di energia, ma devono prima essere convertiti in glucosio o in un prodotto intermedio del metabolismo del glucosio.

La demolizione del glucosio, nota come **respirazione cellulare**, ha lo scopo di rigenerare l'ATP, molecola essenziale per tutti gli esseri viventi.

La formula generale della respirazione cellulare può essere così riassunta:

$$\underset{\text{glucosio}}{C_6H_{12}O_6} + \underset{\text{ossigeno}}{6O_2} \rightarrow \underset{\text{biossido di carbonio}}{6CO_2} + \underset{\text{acqua}}{6H_2O}$$

Si tratta di una reazione di ossidoriduzione, che consiste nell'ossidazione del glucosio e nella riduzione dell'ossigeno. L'energia che si libera da questa reazione viene utilizzata per sintetizzare molecole di ATP a partire da ADP e gruppi fosfato (P_i), secondo la seguente formula:

$$ADP + P_i + \text{energia} \rightarrow ATP$$

La respirazione cellulare utilizza l'ossigeno che assumiamo con l'aria durante la ventilazione polmonare e pro-

duce, al termine del processo, anidride carbonica, che espelliamo con l'espirazione.
La degradazione del glucosio avviene in più tappe, ognuna catalizzata da uno specifico enzima ▶ 3.
La prima tappa è chiamata **glicolisi**. Si svolge nel citoplasma e spezza la molecola di glucosio (a sei atomi di carbonio) in due molecole di **acido piruvico** o **piruvato** (a tre atomi di carbonio). La glicolisi, che per avvenire non ha bisogno di ossigeno, libera una piccola quantità di energia; la cellula usa quest'energia per sintetizzare due molecole nette di ATP che può utilizzare direttamente. Si formano inoltre due molecole di NADH, che produrranno ATP solo se saranno convertite nella via aerobia.
Le molecole di piruvato che si formano al termine della glicolisi possono seguire due strade: in presenza di ossigeno vengono demolite mediante due processi chiamati *ciclo di Krebs* e *fosforilazione* ossidativa; in assenza di ossigeno vengono degradate con la *fermentazione*.
Nella via aerobia (quindi in presenza di ossigeno) alla glicolisi seguono, dunque, il **ciclo di Krebs** e la **fosforilazione ossidativa**, che si svolgono nei mitocondri. Il risultato è la completa demolizione del piruvato proveniente dalla glicolisi. Da ogni molecola di piruvato si ottengono tre molecole di CO_2. Si ha inoltre la liberazione di una grande quantità di energia, che viene utilizzata per la costruzione di molecole di ATP. La resa energetica che si ha dal ciclo di Krebs e dalla fosforilazione ossidativa è estremamente elevata: da una molecola di glucosio si ottengono ben 34-36 molecole di ATP che sommate alle due ricavate dalla glicolisi dà un totale di *36-38 molecole di ATP*.
In assenza di ossigeno, alla glicolisi segue un processo anaerobio chiamato **fermentazione**, che converte il piruvato in *acido lattico* o in *etanolo*. La fermentazione è utilizzata soprattutto da batteri e protisti, organismi che vivono in ambienti privi di ossigeno. Nel nostro organismo alcune cellule (come le cellule muscolari) sono in grado, in situazioni di anaerobiosi e solo per breve tempo, di svolgere la fermentazione.

4 La glicolisi

La **glicolisi** è un processo che si svolge nel citoplasma delle cellule e che consiste della demolizione parziale del glucosio in due molecole di piruvato.
Questo importante processo avviene in due fasi fondamentali, suddivisibili ognuna in cinque tappe; ogni tappa è catalizzata da un enzima specifico.

FASE 1 Le prime 5 tappe della glicolisi sono reazioni endoergoniche, in cui la cellula utilizza l'energia per convertire la molecola di glucosio, a sei atomi di carbonio, in una forma attivata, il **fruttosio 1,6-difosfato**, che viene spezzato in due molecole di **gliceraldeide 3-fosfato** (G3P). La G3P è una molecola a tre atomi di carbonio. In questa prima fase vengono consumate due molecole di ATP ▶ 4.

FASE 2 Successivamente, attraverso una serie di reazioni, le due molecole di gliceraldeide 3-fosfato vengono ossidate (grazie alla riduzione di due NAD^+ in NADH) e convertite in due molecole di **piruvato**. Questo processo, contrariamente al precedente, è esoergonico e l'energia che si libera viene utilizzata per sintetizzare quattro molecole di ATP.
Complessivamente, a partire da una molecola di glucosio con la glicolisi si formano: due molecole di piruvato, due molecole di NADH e due molecole di ATP totali (quattro ATP finali di resa, meno due ATP spesi per la formazione della G3P).

3 Le tappe della respirazione cellulare

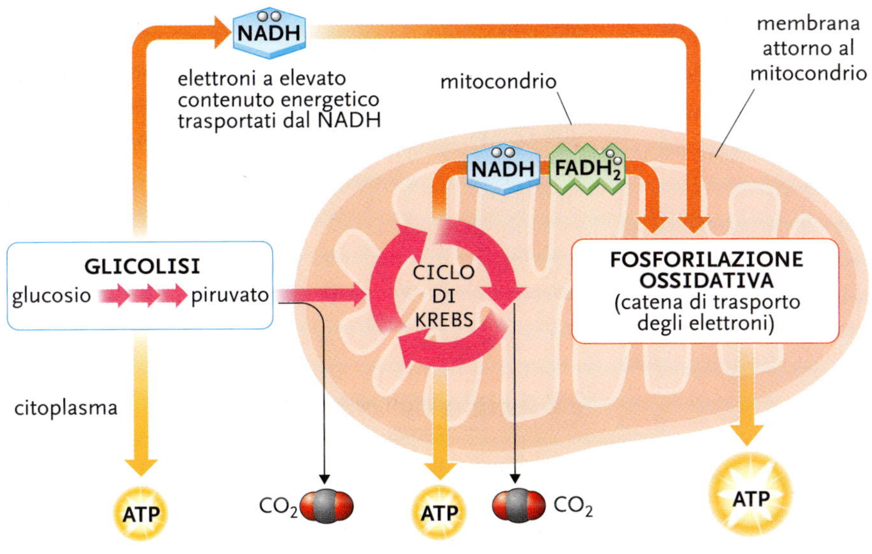

Bio Parole
Glicolisi
dal greco *glykýs*, «dolce» e *lýsis*, «dissoluzione»
Glycolysis

4 TESTO-IMMAGINE La glicolisi

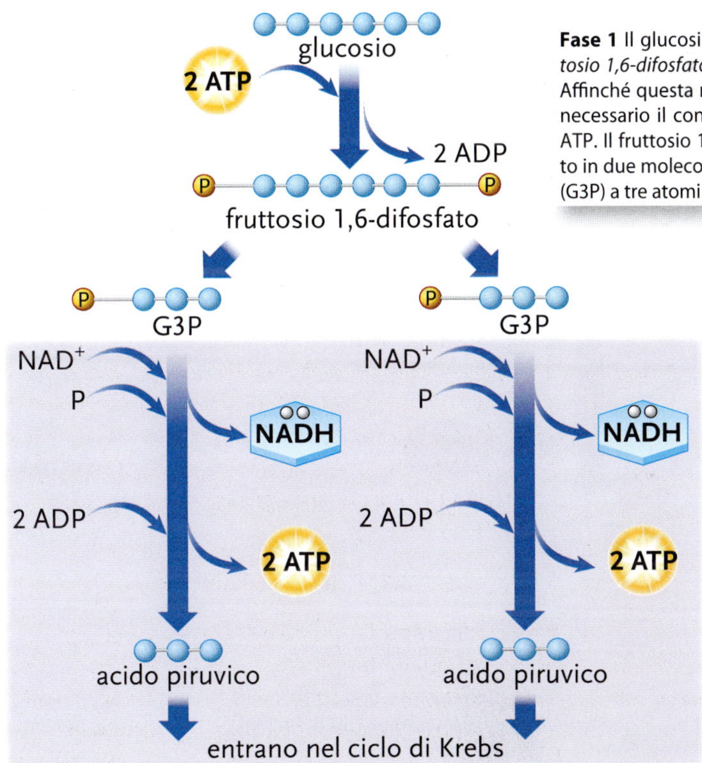

Fase 1 Il glucosio viene convertito in *fruttosio 1,6-difosfato*, a sei atomi di carbonio. Affinché questa reazione possa avvenire, è necessario il consumo di due molecole di ATP. Il fruttosio 1,6-difosfato viene spezzato in due molecole di *gliceraldeide 3-fosfato* (G3P) a tre atomi di carbonio.

Fase 2 Le due molecole di G3P vengono ossidate ad *acido piruvico*; questa reazione porta alla riduzione di due molecole di NAD^+ e alla sintesi di quattro molecole di ATP.

Il NAD svolge un ruolo estremamente importante, poiché trasporta gli elettroni da una molecola a un'altra in quasi tutte le reazioni di ossidoriduzione della respirazione. Poiché il NAD^+ è presente nella cellula in quantità limitata, quando viene ridotto a NADH durante la glicolisi, deve essere rapidamente ossidato di nuovo a NAD^+, affinché possa essere utilizzato ancora. Se questo non avvenisse, la glicolisi si arresterebbe.

Appena conclusa la glicolisi, quindi, il NADH prodotto, in presenza di ossigeno, entra in un'altra via metabolica, la fosforilazione ossidativa, che ne determina l'ossidazione, con un notevole ricavo energetico. L'acido piruvico, invece, viene demolito attraverso il ciclo di Krebs.

5 Il ciclo di Krebs

L'acido piruvico prodotto nella glicolisi lascia il citoplasma ed entra nei mitocondri. Qui si svolgono sia il ciclo di Krebs sia la fosforilazione ossidativa.

I mitocondri ▶ 5 sono presenti in numero variabile nel citoplasma di ogni cellula e sono costituiti da una *membrana esterna* permeabile a ioni e molecole di piccole dimensioni, e da un'estesa *membrana interna*, ripiegata a formare le *creste mitocondriali*; tra le due membrane è presente uno spazio, chiamato *spazio intermembrana*. La membrana interna è impermeabile a ioni e molecole polari, che per attraversarla devono necessariamente utilizzare proteine di trasporto. Il compartimento delimitato dalla membrana interna è riempito da una sostanza gelatinosa, la **matrice**, che contiene DNA, RNA e ribosomi.

Durante il **ciclo di Krebs**, o **ciclo dell'acido citrico**, viene portata a termine l'ossidazione del glucosio iniziata con la glicolisi. Questo avviene grazie all'ossidazione del piruvato a CO_2 e la riduzione dell'ossigeno ad acqua. Questa reazione è esoergonica e l'energia liberata serve per sintetizzare molecole di ATP. Poco prima dell'inizio del ciclo di Krebs, una proteina di trasporto trasferisce nel mitocondrio le due molecole di acido piruvico provenienti dalla glicolisi. Da ogni molecola di acido piruvico viene rimosso un carbonio (che si libera sotto forma di anidride carbonica) e si forma un prodotto intermedio a due atomi di carbonio, detto *gruppo acetile*. Questa fase preparatoria al ciclo di Krebs è catalizzata da un enzima, con cui collabora un coenzima, chiamato **coenzima A** (in sigla **CoA**). Il CoA si lega al gruppo acetile formando **acetil-CoA**, la molecola che entra nel ciclo di Krebs. Questa reazione produce, per ogni molecola di piruvato, un NADH e una molecola di CO_2 ▶ **6A**.

Il ciclo di Krebs si svolge nella matrice mitocondriale e consiste in una serie di reazioni redox, ognuna catalizzata da uno specifico enzima.

Il ciclo inizia con la rimozione del CoA dall'acetil-CoA ▶ **6B**; il gruppo acetile si lega con una molecola a quattro atomi di carbonio, l'**acido ossalacetico**, presente nel

5 Il mitocondrio

All'interno dei mitocondri si svolgono due fasi importanti della respirazione cellulare: il ciclo di Krebs e la fosforilazione ossidativa.

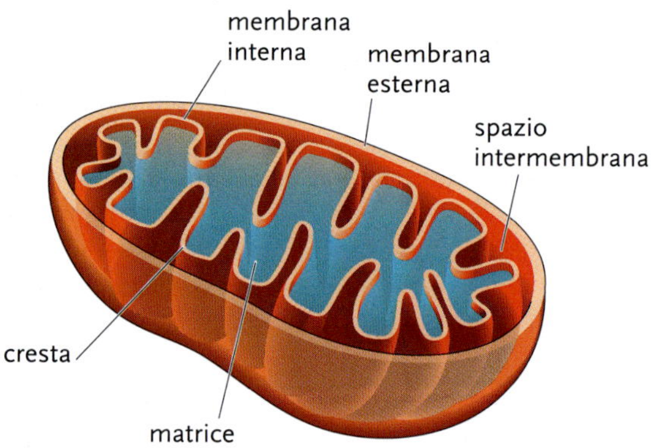

6 Il ciclo di Krebs

Fase preparatoria al ciclo di Krebs.

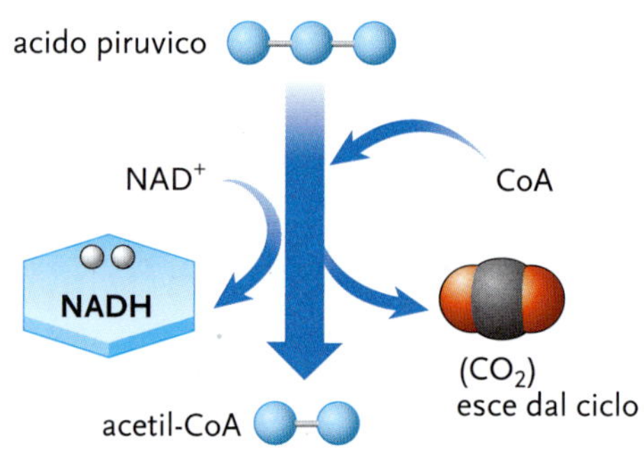

Le reazioni redox del ciclo di Krebs.

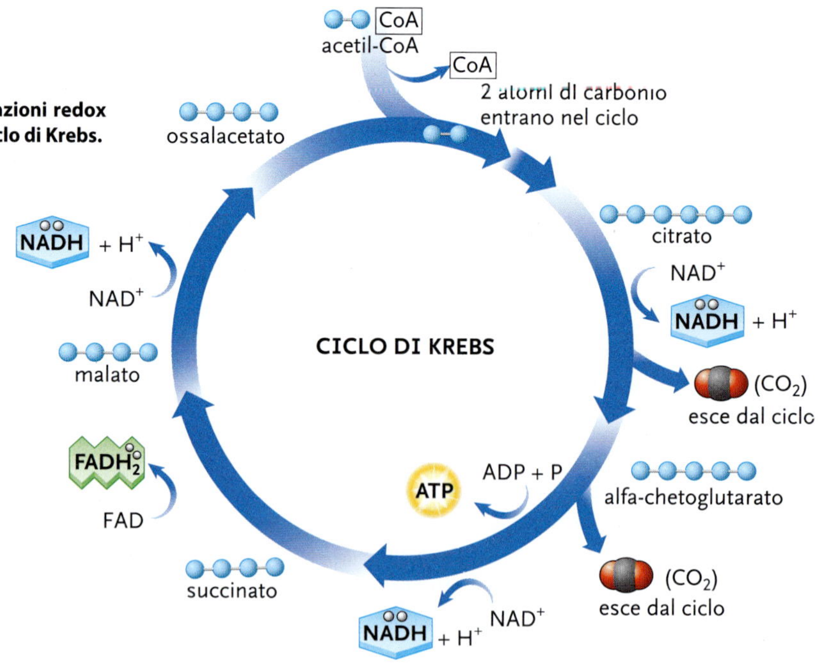

A Prima di entrare nel ciclo di Krebs, l'acido piruvico si lega al CoA formando acetil-CoA. In questa fase si formano una molecola di NADH e una di CO_2. L'acetil-CoA è la molecola che entra nel ciclo di Krebs.

B Il ciclo di Krebs inizia con l'unione tra l'acetil-CoA e l'ossalacetato. La formazione dei prodotti intermedi è accompagnata dalla riduzione, complessivamente, di tre molecole di NAD^+ in NADH e una di FAD in $FADH_2$. Durante il ciclo si liberano due molecole di CO_2.

mitocondrio. Ne deriva una molecola di **acido citrico** o **citrato**. L'ossidazione del gruppo acetile avviene progressivamente attraverso reazioni redox che rimuovono atomi di idrogeno dai prodotti intermedi del ciclo (*alfa-chetoglutarato*, *succinato* e *malato*), e producono tre molecole di NADH e una $FADH_2$, più una molecola di ATP. Durante il ciclo si formano inoltre due molecole di CO_2. Al termine del ciclo di Krebs si riforma l'acido ossalacetico, che può riprendere il ciclo legandosi a un altro acetil-CoA. Per ogni molecola di glucosio che inizia la glicolisi si compiono due cicli di Krebs, una per ogni molecola di piruvato che entra nel mitocondrio. In totale si producono quindi:

- quattro molecole di CO_2;
- due ATP;
- sei NADH;
- due $FADH_2$.

6 La fosforilazione ossidativa

La **fosforilazione ossidativa**, l'ultima fase della respirazione cellulare, si svolge sulle creste mitocondriali e consiste nell'ossidazione delle molecole di NADH e di $FADH_2$ che si sono formate nelle fasi precedenti, con cessione degli elettroni all'ossigeno. In questa fase si ha la massima produzione di ATP. Grazie alla fosforilazione ossidativa le molecole di NADH e di $FADH_2$ si ossidano e possono tornare immediatamente a «ricaricarsi» di elettroni; se non venissero ossidate, il processo si esaurirebbe rapidamente.
Il passaggio di elettroni dal NADH e dal $FADH_2$ all'ossigeno non è diretto, ma avviene attraverso una serie di proteine localizzate sulle creste mitocondriali, che fanno parte della **catena di trasporto degli elettroni** o **catena respiratoria**. Ogni atomo di ossigeno riceve due elettroni dalla catena di trasporto e due ioni H^+ presenti in soluzione e forma acqua (H_2O), uno dei prodotti finali della respirazione cellulare.
La catena respiratoria ▶ 7 è costituita da quattro complessi enzimatici inseriti nella membrana interna del mitocondrio; il NADH e il $FADH_2$ passano gli elettroni e gli ioni H^+ al primo accettore di elettroni (il più alto di livello energetico), il quale lo cederà a quello successivo, in modo tale che il passaggio degli elettroni avvenga da un livello di energia superiore a uno inferiore, fino ad arrivare all'ultimo accettore di elettroni, che è rappresentato dall'ossigeno.
Oltre alle proteine di trasporto, nella membrana del mitocondrio sono presenti tre complessi enzimatici chiamati **ATP sintetasi**, che sfruttano parte dell'energia liberata durante il passaggio di elettroni nella catena di trasporto per rigenerare molecole di ATP.
Durante la fosforilazione ossidativa, gli elettroni fluiscono lungo la catena passando da un componente a un altro; nel farlo cedono energia alle proteine di trasporto, che trasferiscono ioni H^+ dalla matrice allo spazio intermembrana, attraverso la membrana interna. In breve tempo nel compartimento tra le due membrane aumenta la concentrazione di ioni H^+ rispetto alla matrice e si stabilisce un *gradiente di concentrazione* attraverso la membrana interna. L'energia associata a questo gradiente spinge gli ioni H^+ a tornare indietro, dallo spazio intermembrana verso la matrice, ma essendo la membrana interna impermeabile agli ioni H^+, questi possono passare solo attraverso un canale presente nell'ATP sintetasi. Durante questo passaggio gli ioni H^+ cedono energia all'enzima, che la utilizza per aggiungere un gruppo fosfato (fosforilazione) all'ADP e formare ATP.
La produzione continua di ATP è possibile grazie alla presenza costante di atomi di ossigeno che fungono da accettori finali di elettroni al termine del loro percorso lungo la catena respiratoria e che, combinandosi con ioni H^+, formano molecole di acqua.
L'ATP, via via che si forma nella matrice, diffonde attraverso le due membrane del mitocondrio e si porta nel citoplasma, dove viene utilizzato per le reazioni chimiche che richiedono un apporto energetico. L'ADP che si forma dall'idrolisi dell'ATP entra invece nei mitocondri e si porta nella matrice, pronto per essere nuovamente «ricaricato» di un gruppo fosfato.

7 La fosforilazione ossidativa TESTO-IMMAGINE

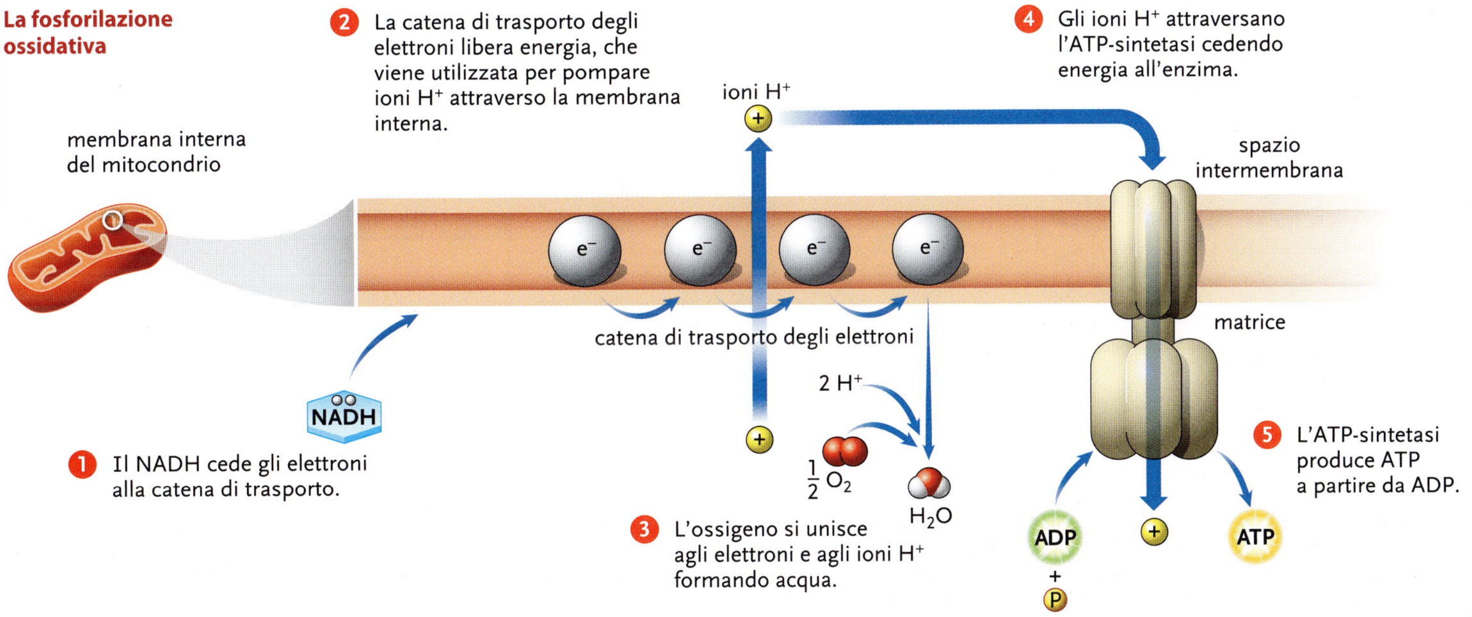

7 Il bilancio energetico della respirazione cellulare

La seguente formula riassume la respirazione cellulare aerobia incluso il bilancio energetico:

$$\underset{\text{glucosio}}{C_6H_{12}O_6} + \underset{\text{ossigeno}}{6O_2} \longrightarrow 36\text{-}38\ ATP + \underset{\text{diossido di carbonio}}{6CO_2} + \underset{\text{acqua}}{6H_2O}$$

La catena respiratoria porta alla formazione di 32 ATP a partire da una molecola di glucosio, quindi il rendimento totale della respirazione cellulare è di 36 ATP ▶ 8. Tale valore può talvolta variare a seconda delle necessità: nelle cellule del fegato, ad esempio, la resa della respirazione cellulare è di 38 molecole di ATP.
Dall'ossidazione della molecola di glucosio si libera, in verità, molta più energia: quella utilizzata per sintetizzare ATP corrisponde al 40% dell'energia totale, il resto viene disperso sotto forma di calore.
Nonostante questa dispersione, la resa energetica della respirazione aerobia è elevata e addirittura 18 volte superiore a quella della respirazione anaerobia.

8 Le fonti di energia per l'organismo

La respirazione cellulare è un processo molto importante, che serve a rifornire costantemente di energia il nostro organismo. Per svolgere la respirazione, le cellule del nostro corpo hanno bisogno di glucosio, che ricavano fondamentalmente dai carboidrati complessi, ma anche da zuccheri più semplici, come il saccarosio, presenti negli alimenti.
Quando però il nostro organismo non ha sufficiente disponibilità di zuccheri, è in grado di utilizzare lipidi e proteine come fonte di energia ▶ 9.

8 Schema riassuntivo della respirazione cellulare

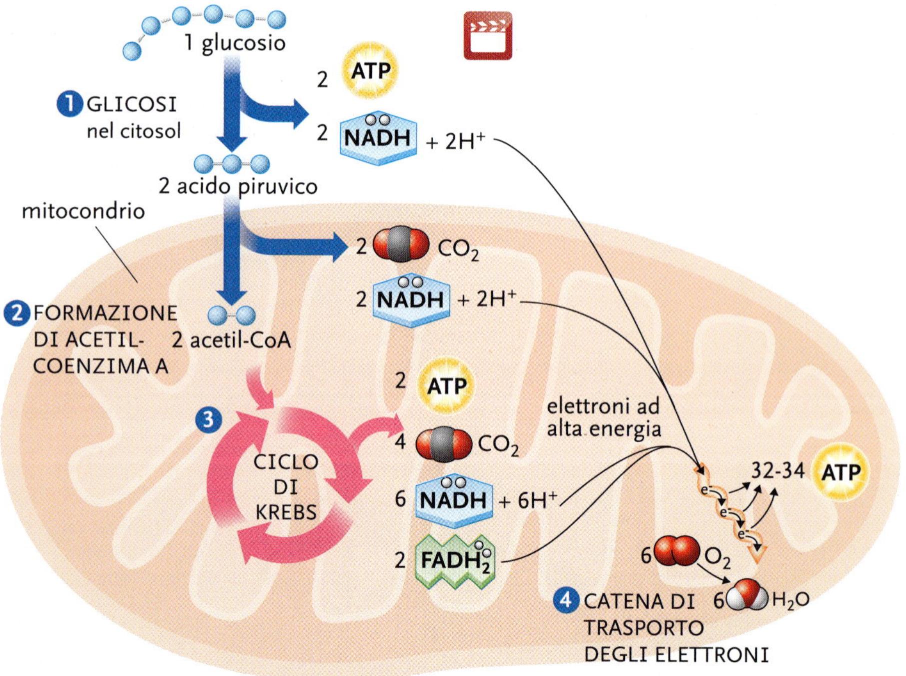

CARBOIDRATI ED ENERGIA Dopo un pasto, il glucosio che si libera dalla demolizione dei carboidrati attraversa le pareti dell'intestino e si porta nel circolo sanguigno, che lo trasporta a tutte le cellule del corpo. Le cellule che assumono il glucosio nel citoplasma lo avviano verso la glicolisi, per ricavarne energia.
Quando però il glucosio è presente in eccesso nell'organismo, viene trasportato alle cellule del fegato e dei muscoli, dove viene accumulato in molecole di *glicogeno*, un polisaccaride costituito da lunghe catene di glucosio. Tra un pasto e un altro cala il rifornimento di glucosio e, poiché l'organismo (e soprattutto il sistema nervoso) per funzionare perfettamente ha bisogno di svolgere senza sosta la respirazione cellulare, specifici messaggeri chimici (gli *ormoni*) stimolano le cellule del fegato a demolire il glicogeno e liberare glucosio nel circolo sanguigno.

LIPIDI ED ENERGIA I lipidi che assumiamo con il cibo sono accumulati a livello del tessuto adiposo. Si tratta soprattutto di trigliceridi, costituiti da una testa di glicerolo e tre code di acidi grassi.
Quando nell'organismo scende la concentrazione di glucosio, le riserve di grasso possono essere utilizzate come fonte di energia.
Specifici enzimi rompono i legami tra glicerolo e acidi grassi, che vengono liberati nel sangue. Il glicerolo si porta nel fegato e viene convertito in gliceraldeide 3-fosfato (G3P), un intermedio della glicolisi; in questo modo può essere utilizzato per la respirazione cellulare. Le cellule del corpo, inoltre, prelevano dal circolo gli acidi grassi

9 Carboidrati, lipidi e proteine come fonte di energia

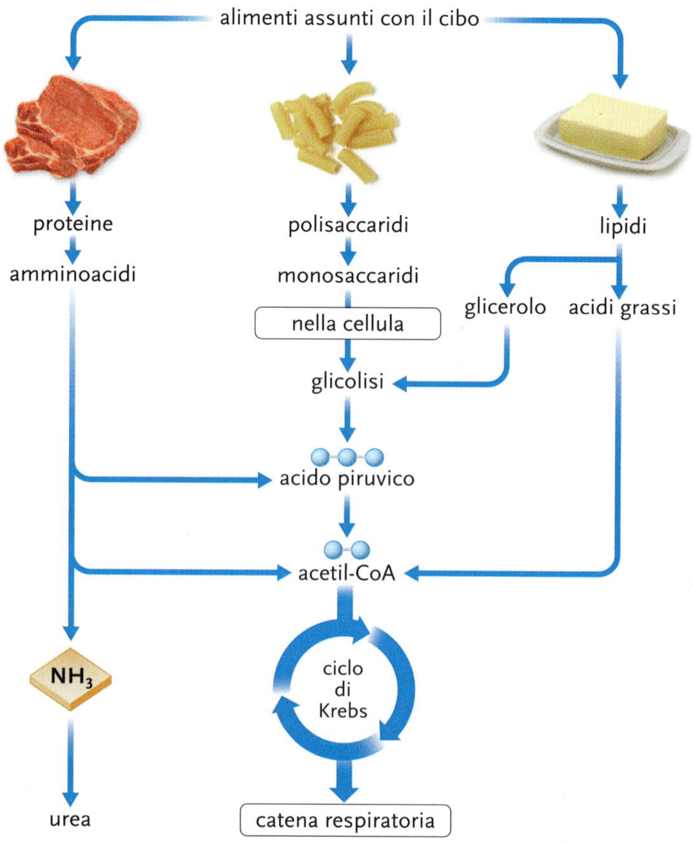

e, mediante specifiche reazioni enzimatiche, li spezzano in frammenti, che vengono convertiti in acetil-CoA. In questo modo possono entrare nel ciclo di Krebs. Poiché un acido grasso è costituito da molti più atomi di carbonio del glucosio, da un singolo acido grasso si ottiene un numero di molecole di ATP molto superiore.

PROTEINE ED ENERGIA Le proteine che assumiamo con l'alimentazione non vengono accumulate nei tessuti, ma specifici enzimi le scindono nei singoli amminoacidi. Da ogni amminoacido viene eliminato il gruppo amminico (—NH_2); questo va a formare l'ammoniaca (NH_3) e poi l'urea, che viene espulsa tramite l'urina. La parte residua dell'amminoacido può essere convertita, in caso di necessità, in carboidrati o in lipidi, oppure può essere immessa nel ciclo di Krebs, dopo modificazione in acido piruvico o acetil-CoA.

9 La fermentazione

Nella respirazione aerobica, la demolizione completa del glucosio avviene grazie al fatto che l'ossigeno si riduce ad acqua, fungendo da accettore finale degli elettroni provenienti dalla catena respiratoria e partecipando così alla sintesi delle molecole di ATP.
Molti microrganismi (protisti e batteri) vivono in ambienti dove l'ossigeno scarseggia: nelle paludi, in fondo al mare, in profondità nel terreno, nell'intestino degli animali. Questi esseri viventi non svolgono la respirazione cellulare, ma la **fermentazione**, una via metabolica anaerobia.
La prima parte della fermentazione è la glicolisi, come nella respirazione aerobia. Infatti, le reazioni della glicolisi non richiedono ossigeno. Il glucosio viene spezzato in due molecole di piruvato con una resa energetica di due ATP (quattro ATP si formano, due si consumano) e due molecole di NADH.
Da questo punto in poi la fermentazione non demolisce il piruvato per ricavarne ATP, come avviene nella respirazione aerobia, ma subisce alcune modifiche che hanno come scopo la rigenerazione del NAD^+ necessario per far proseguire la glicolisi. I due ATP complessivi che si ottengono con la fermentazione sono sufficienti alla sopravvivenza di alcuni organismi unicellulari, ma sarebbero insufficienti al mantenimento di qualsiasi essere pluricellulare.
I microrganismi svolgono due tipi di fermentazione: la *fermentazione lattica* e la *fermentazione alcolica* ▶ 10.
La **fermentazione alcolica** viene svolta dai lieviti e da alcuni batteri. A partire dall'acido piruvico, si forma un prodotto intermedio a due atomi di carbonio, l'**acetaldeide**, con formazione di anidride carbonica. L'acetaldeide riceve poi elettroni e idrogeno dal NADH (che si ossida) e si converte in etanolo, anch'esso a due atomi di carbonio.
L'uomo da secoli è in grado di sfruttare questo processo per prodotti alimentari, come il pane, il vino e la birra.
Per preparare il pane, si utilizza la farina come fonte di zuccheri e si aggiungono cellule di lievito *Saccharomyces* ▶ 11A. L'aumento di volume che caratterizza il processo di lievitazione è dovuto all'accumularsi all'interno dell'impasto di anidride carbonica, liberata durante la fermentazione. L'etanolo, invece, evapora durante la cottura.
Nella produzione di vino e birra, l'etanolo viene utilizzato come bevanda e l'anidride carbonica che si sviluppa viene sfruttata, con modalità diverse, per ottenere l'effetto di effervescenza.
La **fermentazione lattica** viene svolta da alcuni microrganismi, come il batterio *Lactobacillus acidophilus* ▶ 11B. In questo processo, il piruvato viene convertito in acido lattico, una molecola a tre atomi di carbonio, con ossidazione del NADH in NAD^+.
I batteri che ricorrono alla fermentazione lattica vengono ampiamente utilizzati dall'uomo per trasformare il latte in formaggio o in yogurt.
Le cellule dei nostri muscoli, anche se generalmente utilizzano la respirazione aerobia, in determinate condizioni possono svolgere la fermentazione lattica. Durante uno sforzo intenso, le riserve di ossigeno dell'organismo possono temporaneamente esaurirsi; in questi casi le cellule muscolari non possono continuare a svolgere la respirazione aerobia e devono affidarsi, anche se per breve tempo, al piccolo rifornimento di ATP garantito dalla glicolisi, che è mantenuta dal processo della fermentazione lattica.
L'acido lattico, però, quando raggiunge una certa concentrazione nei muscoli, diventa tossico e l'organismo lo avverte con affaticamento, dolore e rigidità muscolare.

10 La fermentazione alcolica e la fermentazione lattica

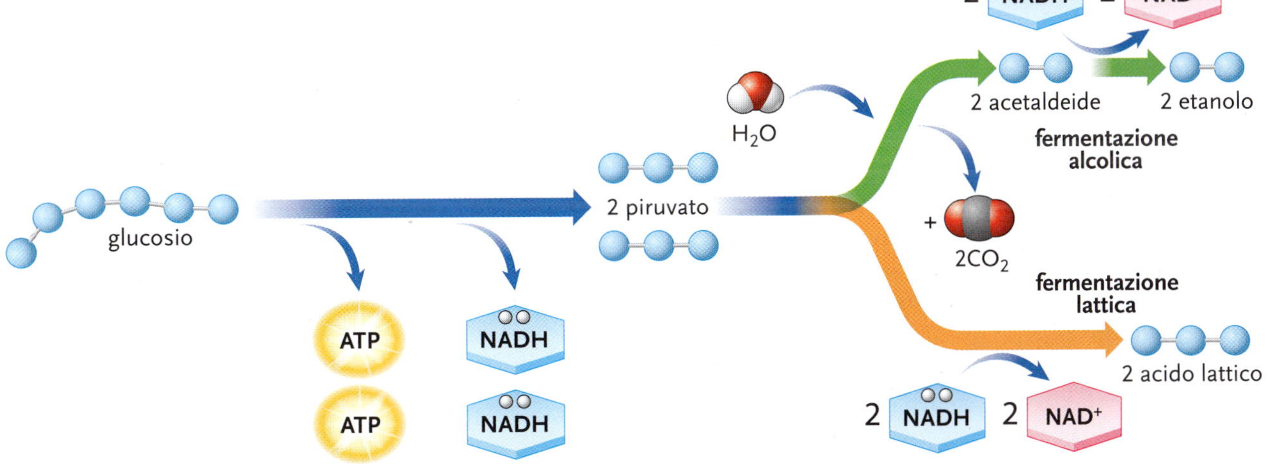

BioParole
Fermentazione
dal latino *fermentare*, derivato di *fermentum*, «fermento, lievito»
Fermentation

11 Microrganismi in grado di svolgere la fermentazione

A *Saccharomyces*

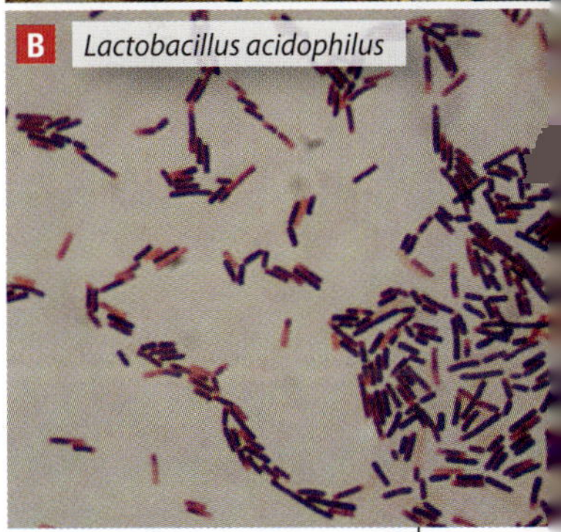
B *Lactobacillus acidophilus*

Osserva e RISPONDI

$C_6H_{12}O_6 + 6O_2 \rightarrow 6CO_2 + 6H_2O$
Che cosa rappresenta questa equazione? In quali fasi si formano le molecole di CO_2? In quale fase invece l'ossigeno reagisce producendo acqua? Qual è il risultato in termini di ATP?

DOMANDE CHIAVE

1. Quali organismi utilizzano la respirazione anaerobia?
2. Quali sono le tre fasi della respirazione aerobia?
3. Qual è la resa energetica della respirazione cellulare?
4. Quali sono i due tipi di fermentazione?

LE LEZIONI IN SINTESI

1 La nutrizione negli animali

La **nutrizione** è il processo che permette agli animali di ingerire il cibo e di digerirlo. Gli **elementi nutritivi** presenti nel cibo e utili agli animali sono le **proteine**, i **carboidrati**, i **lipidi**, che sono fonte di energia, più **vitamine** e **minerali**, sostanze importanti per il metabolismo. L'**apparato digerente** è costituito dagli organi che consentono all'animale di assumere il cibo, di degradarlo, di assorbire i nutrienti e di eliminare le sostanze di rifiuto. In base al cibo di cui si nutrono, gli animali sono suddivisibili in **erbivori**, che mangiano vegetali, **carnivori**, che si cibano di altri animali, e **onnivori**, che si nutrono sia di altri animali sia di piante.

2 Le sostanze nutritive

Gli **zuccheri** rappresentano la principale fonte di energia per l'uomo e si dividono in *monosaccaridi*, *disaccaridi*, *polisaccaridi*. Le **proteine**, che svolgono nell'organismo un'ampia varietà di funzioni, sono costituite da lunghe catene di amminoacidi. I **lipidi**, sostanze insolubili in acqua, vengono utilizzati come fonte di energia, come componenti delle membrane e per costruire altri composti lipidici. Le **vitamine** sono composti organici indispensabili per l'organismo. Mentre le cellule vegetali sono in grado di sintetizzare le vitamine, quelle animali no e devono perciò ricavarle dagli alimenti. L'attività metabolica della cellula richiede anche la presenza di piccole quantità di **minerali**, sostanze inorganiche abbondanti nella frutta e nella verdura.

3 Dalla bocca allo stomaco

Il **tubo digerente** è formato dalla **bocca**, dalla **faringe**, dall'**esofago**, dallo **stomaco**, dall'**intestino tenue** e dall'**intestino crasso**. Le pareti del tubo digerente sono avvolte da quattro tonache: la **tonaca mucosa**, la **tonaca sottomucosa**, la **tonaca muscolare** e la **tonaca sierosa**. La digestione inizia in bocca, con l'azione meccanica della **masticazione** e l'azione chimica della **saliva**. Con la **deglutizione** il cibo passa attraverso l'esofago e giunge allo stomaco. Qui specifici impulsi nervosi e ormonali stimolano la secrezione dei **succhi gastrici** e la tonaca muscolare, mediante movimenti peristaltici, macera il cibo e lo mescola con le secrezioni gastriche.

4 L'intestino, il fegato e il pancreas

L'**intestino tenue** si divide in tre regioni: il **duodeno**, il **digiuno** e l'**ileo**. Gran parte della digestione chimica si svolge nel duodeno, dove vengono riversati la **bile** prodotta dal fegato e il **succo pancreatico** rilasciato dal pancreas, che agiscono sul chimo insieme agli enzimi digestivi del succo enterico, prodotto dalle cellule intestinali. La maggior parte dell'assorbimento degli elementi nutritivi avviene nell'intestino tenue: a livello dei **villi intestinali** le sostanze digerite vengono assorbite ed entrano nel circolo sanguigno. Le sostanze non assorbite passano nell'intestino crasso (che ha tre regioni, **cieco**, **colon** e **retto**) e, dopo un riassorbimento di acqua e minerali, si formano le **feci**, che vengono espulse tramite l'**ano**.

5 Il metabolismo cellulare

Molte delle importanti reazioni che si svolgono nel **metabolismo cellulare** sono reazioni di **ossidoriduzione**. **FAD** e **NAD** sono due coenzimi molto importanti per il metabolismo cellulare. Le cellule demoliscono carboidrati, proteine, lipidi per ricavarne energia da accumulare in molecole di ATP e lo fanno, in presenza di ossigeno, attraverso la **respirazione cellulare**. La respirazione aerobia si svolge in tre fasi: la **glicolisi**, il **ciclo di Krebs** e la **fosforilazione ossidativa**. Da questi processi, a partire da una molecola di glucosio, la cellula è in grado di ricavare **36-38** molecole di ATP. Alcuni organismi unicellulari (ma anche le cellule muscolari, in condizioni di anaerobiosi) vivono in assenza di ossigeno e per ricavare energia svolgono la **fermentazione**, un processo che inizia con la glicolisi e termina con la formazione o di etanolo o di acido lattico.

THE CHAPTER IN REVIEW

- **Nutrients** found in food are **proteins**, **carbohydrates**, and **lipids**. Food also contains **minerals** and **vitamins**.
- **Digestion** consists in ingesting food, **demolishing** it and **absorbing** nutrients. At the end of the process, waste substances are eliminated. Digestion occurs within the **digestive system**. The **digestive tube** is made up of **mouth**, **pharynx**, **oesophagus**, **stomach**, **small intestine** and **large intestine**.
- Digestion begins in the mouth with the mechanical action of **chewing** and the chemical action of **saliva**. Then food moves through the oesophagus and into the stomach, were it is mixed with **gastric juices**.
- Chemical digestion occurs within the **duodenum** for the most part, thanks to **bile** produced by the *liver* and **pancreatic juice** released by the *pancreas*.
- The absorption of nutrients occurs within the small intestine for the most part, through **intestinal villi**. The substances that are not absorbed move to the large intestine and form **faeces**, which are eliminated through the **anus**.
- **Cellular respiration** entails three phases: **glycolysis**, **Krebs cycle** and **oxidative phosphorylation**; it produces 36-38 molecules of ATP from a single molecule of glucose.

Termini chiave *Key Terms*

Apparato digerente *Digestive system*
Bile *Bile*
Carboidrati *Carbohydrates*
Carnivori *Carnivores*
Deglutizione *Swallowing*
Elementi nutritivi *Nutrients*
Erbivori *Herbivores*
Esofago *Oesophagus*
Faringe *Pharynx*
Intestino *Intestine*
Masticazione *Chewing*
Metabolismo *Metabolism*
Onnivori *Omnivores*
Respirazione *Respiration*
Saliva *Saliva*
Stomaco *Stomach*
Succhi gastrici *Gastric juices*
Tubo digerente *Digestive tube*
Villi intestinali *Intestinal villi*

LE MAPPE DELL'UNITÀ

Competenza disciplinare ▶ Riconoscere e stabilire relazioni tra i concetti

Completa gli schemi

A

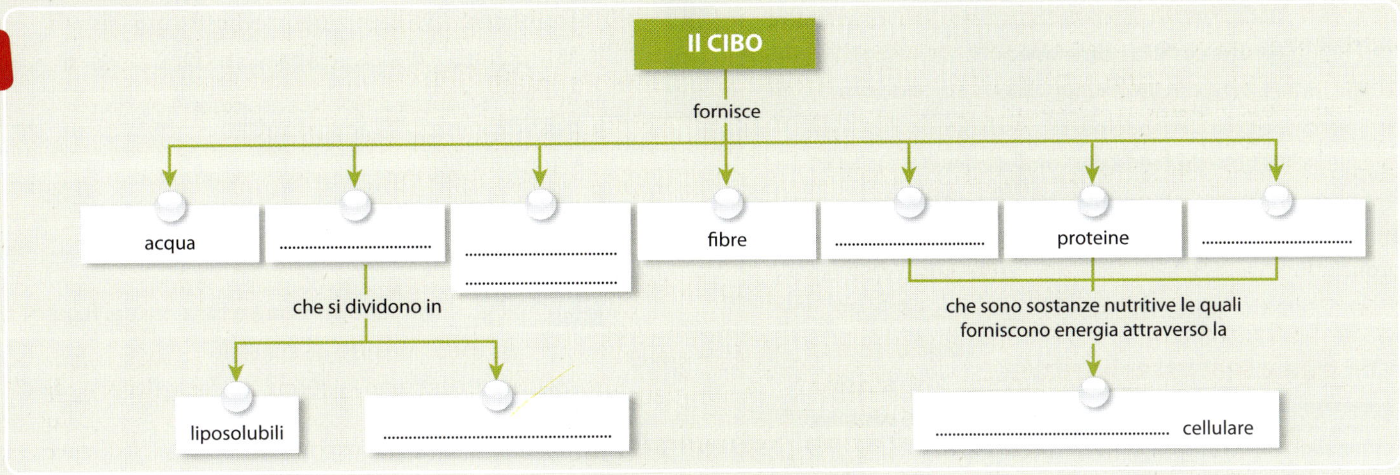

B

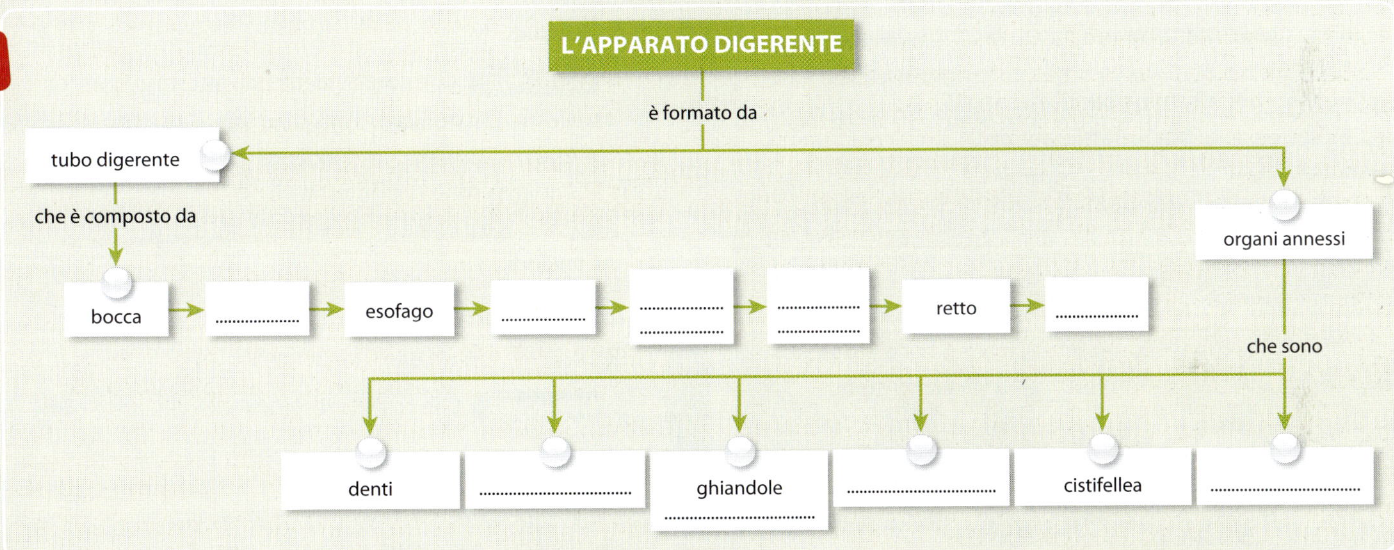

C

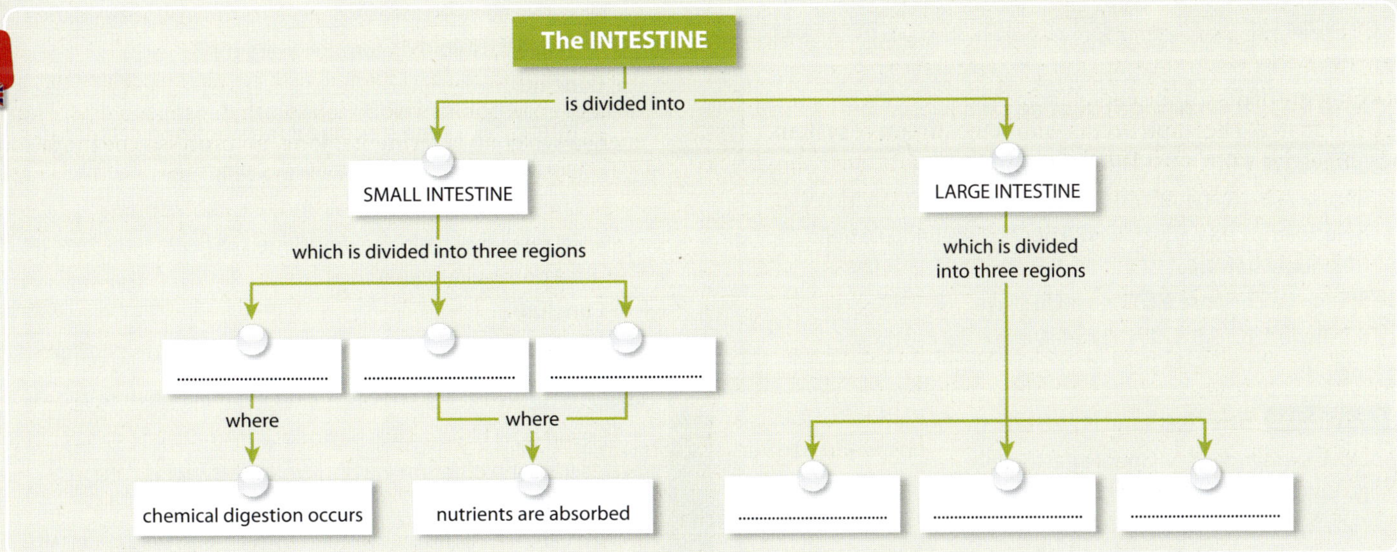

D Progetta e disegna una mappa che abbia come nodo centrale «il fegato».

PROVE D'INTERROGAZIONE

Competenza disciplinare Effettuare connessioni logiche e comunicare in forma orale

LEZIONE 1 La nutrizione negli animali

A. Domanda: Che cos'è la nutrizione?

- Illustra a che cosa serve la nutrizione.
- Spiega che cosa s'intende per «ingestione».
- Spiega che cosa s'intende per «digestione».
- Spiega che cosa s'intende per «assorbimento».
- Descrivi le differenze tra animali erbivori, carnivori e onnivori.

Concludi.

LEZIONE 2 Le sostanze nutritive

A. Domanda: Che cosa sono, nella nutrizione, le sostanze essenziali?

- Descrivi quali sono le sostanze nutritive di base.
- Spiega quali sostanze non vengono prodotte dal nostro organismo.
- Che cosa sono gli amminoacidi essenziali?
- Che cosa sono gli acidi grassi essenziali?

Concludi.

LEZIONE 3 Dalla bocca allo stomaco

A. Domanda: Com'è strutturata la cavità orale?

- Illustra le parti anatomiche che costituiscono la cavità orale.
- Spiega struttura e funzione dei denti, della lingua e delle ghiandole salivari.
- Spiega da che cosa è composta la saliva.
- Illustra le funzioni dell'amilasi salivare e del lisozima.

Concludi.

B. Domanda: Che cosa sono le fossette gastriche?

- Dove si trovano le ghiandole gastriche?
- Descrivi la funzione delle cellule del muco.
- Descrivi la funzione delle cellule parietali.
- Descrivi la funzione delle cellule principali.
- Descrivi la funzione delle cellule G.

Concludi.

LEZIONE 4 L'intestino, il fegato e il pancreas

A. Domanda: In che modo avvengono la digestione e l'assorbimento dei carboidrati nel nostro organismo?

- Illustra come e dove agisce l'amilasi salivare e da chi viene prodotta.
- Illustra come e dove agisce l'amilasi pancreatica e da chi viene prodotta.
- Illustra in che modo vengono assorbite le molecole di zucchero a livello dei villi intestinali.

Concludi.

B. Domanda: Quali sono struttura e funzioni del fegato?

- Che cosa sono i lobuli? E gli epatociti?
- Spiega che cosa sono i sinusoidi e il ruolo delle cellule di Kupffer.
- Qual è la differenza tra arteria epatica e vena porta?
- Elenca e spiega le principali funzioni del fegato.

Concludi.

C. Domanda: Che cosa avviene nell'intestino?

- Illustra l'anatomia dell'intestino tenue e dell'intestino crasso.
- Che cosa avviene nel duodeno?
- Che cosa sono i villi intestinali?
- Che cos'è e come avviene l'assorbimento?

Concludi.

LEZIONE 5 Il metabolismo cellulare

A. Domanda: Che cos'è la respirazione cellulare e come si svolge?

- Spiega lo scopo della respirazione cellulare.
- Illustra come e dove avviene la glicolisi.
- Illustra come e dove avviene il ciclo di Krebs.
- Illustra come e dove avviene la fosforilazione ossidativa.
- Qual è il risultato in termini energetici?

Concludi.

B. Domanda: Come si svolge il metabolismo cellulare?

- Illustra che cos'è il metabolismo cellulare.
- Che cosa significa anabolismo? E catabolismo?
- Da quali molecole ricavano l'energia necessaria tutte le reazioni della cellula?

Concludi.

Question: What are micelles? And what are chylomicrons?

- Explain how bile and lipase work.
- Describe the different ways in which fatty acids can be absorbed.
- What are the molecules formed by fatty acids and bile salts called?
- What are chylomicrons and where do they form?

Conclude your exposition.

TEST E QUESITI

Competenza disciplinare ▶ Applicare le conoscenze acquisite (es. 1-9)
Applicare il linguaggio scientifico (es. 10)
Spiegare in forma scritta fenomeni e processi (es. 11-16)

Scegli la risposta corretta

1. In quali zone anatomiche si può dividere lo stomaco?
   - A Cieco, fondo, sfintere e digiuno.
   - B Cardias, fondo, corpo e piloro.
   - C Duodeno, digiuno, ileo e corpo.
   - D Cieco, colon, retto e ano.

2. Gli animali che mangiano sia piante che altri animali sono detti…
   - A eterotrofi.
   - B erbivori.
   - C onnivori.
   - D autotrofi.

3. Quali dei seguenti enzimi *non* è prodotto dal pancreas?
   - A Lipasi.
   - B Tripsina.
   - C Chimotripsina.
   - D Pepsina.

4. La respirazione aerobia avviene attraverso le fasi…
   - A fosforilazione ossidativa, fermentazione e ciclo di Krebs.
   - B glicolisi, ciclo di Krebs e fermentazione.
   - C glicolisi, ciclo di Krebs e fosforilazione ossidativa.
   - D ciclo di Krebs, glicolisi, ossidazione dell'acido piruvico.

5. Quale dei seguenti ormoni stimola la produzione di succhi gastrici nello stomaco?
   - A Secretina.
   - B Colecistochinina.
   - C Gastrina.
   - D Pancreozima.

6. I mammiferi ruminanti hanno…
   - A solo l'intestino tenue.
   - B un fegato più grande e l'appendice funzionate.
   - C uno stomaco diviso in quattro cavità.
   - D quattro sacche intestinali.

7. Mangiando carne ci nutriamo principalmente di…
   - A proteine.
   - B carboidrati.
   - C lipidi.
   - D fibre.

8. La funzione principale dell'intestino crasso consiste nel…
   - A riassorbire glucosio.
   - B produrre il succo enterico.
   - C riassorbire acqua e minerali.
   - D assorbire le sostanze nutritive.

9. Il guadagno netto in molecole di ATP dell'intero processo aerobio è:
   - A 10 molecole di ATP.
   - B 30-32 molecole di ATP.
   - C 2 molecole di ATP.
   - D 36-38 molecole di ATP.

Metti in relazione

10. Completa la tabella scrivendo nella colonna corrispondente alle sostanze che demoliscono durante la digestione, gli enzimi prodotti dalle ghiandole e dagli organi indicati. Nell'ultima colonna indica in quale tratto dell'apparato digerente agiscono i singoli enzimi.

Ghiandole e organi dell'apparato digerente	Sostanze che vengono demolite			
	Carboidrati	Proteine	Lipidi	Dove agisce
ghiandole salivari				
ghiandole gastriche				
pancreas				
duodeno				

Rispondi utilizzando i termini indicati

11. Che cos'è la fosforilazione ossidativa? Come e dove avviene?
    mitocondri – NADH – trasporto elettroni – ossigeno – H^+ – ATP sintetasi

12. Come avviene la digestione nello stomaco?
    demolizione – pepsinogeno – acido cloridrico – muco – gastrina – pepsina

13. Qual è la struttura delle pareti del tubo digerente?
    tonache – sottomucosa – sierosa – mucosa – muscolare

Rispondi e motiva la tua risposta

14. Quali sono le principali sostanze che, una volta demolite, portano alla formazione di ATP? In che modo vengono utilizzate nelle fasi della respirazione cellulare? Se seguiamo una dieta povera di carboidrati, quali composti consumiamo per ricavarne energia?

15. Descrivi da quali sostanze è costituito il succo pancreatico, da quale organo è prodotto e qual è la funzione delle singole sostanze che lo compongono. I malati di fibrosi cistica producono un succo pancreatico che non funziona a dovere. Che cosa accade secondo te nel loro organismo durante la digestione? Quando mangiano, quali enzimi pensi che debbano assumere per poter assimilare in maniera efficiente i nutrienti presenti nel cibo?

Rispondi alla domanda in base all'estensione richiesta

16. Quale ruolo svolge l'intestino crasso nel processo digestivo? Per quale motivo se ci sottoponiamo a un trattamento antibiotico è consigliato un apporto esterno di vitamine? (**massimo 10 righe**)

In English Competenza trasversale Usare la lingua inglese in un contesto scientifico

Complete the following sentences

1. .... movements cause food to mix.
2. Food is transformed into usable nutrients through four phases: ingestion, ..., ... and ....

Choose the right answer for the following questions

3. Nutrients are absorbed mainly…
   - A by the large intestine.
   - B by the small intestine.
   - C in the stomach.
   - D in the liver.

4. The role of oxygen in cellular respiration is to…
   - A start glycolysis.
   - B accept electrons.
   - C donate electrons.
   - D transport electrons.

Answer in a few words

5. Which cells make up the gastric mucosa?

....

....

....

....

....

IL MIO ESAME DI STATO

Esercizi di simulazione della **Terza Prova**

1. **Tipologia A della Terza Prova**

Esponi in modo discorsivo la respirazione cellulare, indicando la reazione generale e suddividendo il rendimento energetico nei vari stadi. (**massimo 15 righe**)

2. **Tipologia B della Terza Prova**

Descrivi l'anatomia generale del tubo digerente, soffermandoti nello specifico sulla descrizione delle ghiandole gastriche. Che cosa comporterebbe la mancata sintesi di acido cloridrico da parte della mucosa gastrica?

3. **Tipologia C della Terza Prova**

Scegli la risposta corretta.
Le sostanze contenute nella saliva hanno la funzione di…
- A scindere gli amidi e uccidere i microrganismi.
- B abbassare il pH e scindere le proteine.
- C emulsionare i grassi.
- D scindere i grassi e gli acidi nucleici.

4. **Tipologia C della Terza Prova**

Scegli la risposta corretta.
La funzione dei villi intestinali è…
- A produrre il succo pancreatico.
- B produrre bile.
- C rimescolare il cibo nell'intestino.
- D aumentare la superficie di assorbimento dei nutrienti.

Proposte per l'incremento dei crediti scolastici (cumulabili nel voto d'esame)

5. La gastroenterologia è la disciplina medica che studia le patologie dell'apparato digerente, in particolare dello stomaco e dell'intestino. Fai una ricerca utilizzando varie fonti e scrivi una tesina su questo tema, tenendo conto dei seguenti argomenti:
   - spiega che cos'è l'ulcera peptica e dove si può verificare; individua quali sono i fattori predisponenti;
   - spiega che cosa sono la diverticolosi e la diverticolite;
   - approfondisci quali sono i tumori dell'intestino più diffusi, soffermandoti in particolare a descrivere i fattori predisponenti (ereditari e legati a stile di vita) del più letale, il tumore del colon-retto;
   - chiarisci di quali regioni dell'apparato digerente si occupa la proctologia;
   - fai una sintesi delle forme di epatite più comuni e delle loro cause di insorgenza.

OSSERVAZIONE E ANALISI

Competenza disciplinare: Riconoscere e descrivere strutture e fenomeni; Formulare ipotesi in base ai dati forniti

Osserva e analizza

1. Quale processo è rappresentato nella figura? Inserisci i nomi delle diverse fasi e descrivi brevemente sul tuo quaderno che cosa avviene in ognuna di esse.

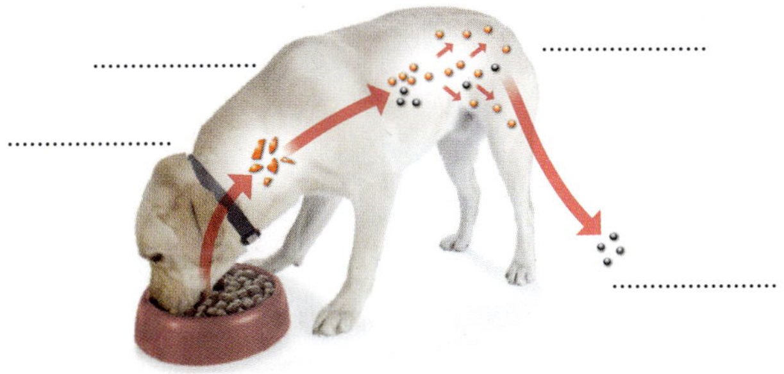

2. Osseva la tabella, che rappresenta i valori nutrizionali medi per 100 g di pane in cassetta, tonno all'olio di oliva e formaggio (mozzarella). Confronta i dati tra loro e rispondi.
   - **a.** Qual è l'alimento a più alto valore energetico e da quale nutriente deriva l'energia?
   - **b.** Qual è il secondo alimento più calorico, tra quelli riportati? Da quale nutriente deriva l'energia?
   - **c.** Esiste un alimento senza carboidrati?
   - **d.** Quale nutriente contiene in quantità maggiori il tonno?
   - **e.** Da quale alimento derivano i grassi presenti nella scatoletta di tonno? Ciò si può dedurre anche dalle indicazioni in etichetta?
   - **f.** In che modo tutti questi alimenti vengono utilizzati nel nostro organismo?

	Pane in cassetta (100 g)	Tonno all'olio d'oliva (100 g)	Mozzarella fresca (100 g)
Valore energetico	1185 kJ / 281 kcal	715 kJ / 170 kcal	1082 kJ / 2601 kcal
Proteine	8,3 g	29 g	19,5 g
Carboidrati	49,9 g	0,2 g	1,7 g
di cui zuccheri	3,8 g	0,0 g	1,7 g
Grassi	4,6 g	5,9 g	19,5 g
di cui saturi	0,6 g	0,9 g	13,5 g
Fibre alimentari	3,2 g	0,0 g	0,0 g

3. Inserisci i termini mancanti e rispondi.
   - **a.** Quale processo è rappresentato nella figura?
   - **b.** Quante molecole di ATP e quante di NADH si formano al termine della glicolisi?
   - **c.** Qual è il bilancio energetico totale della respirazione cellulare?
   - **d.** Perché è preferibile la via aerobia rispetto a quella anaerobia?
   - **e.** Da dove proviene il glucosio che entra nella respirazione cellulare?
   - **f.** Da dove proviene l'ossigeno?

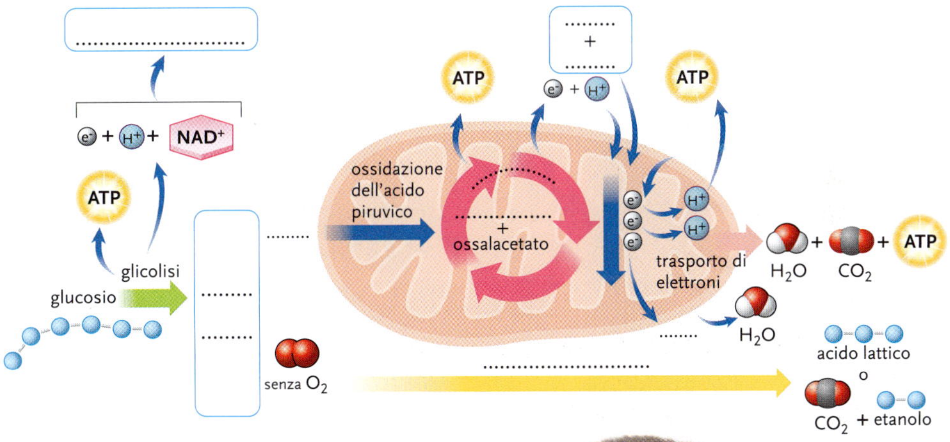

Analizza e interpreta

4. Inserisci nella figura, che raffigura l'apparato digerente, i nomi dei singoli organi, poi rispondi.
   - **a.** Quali sono gli organi che fanno parte del tubo digerente?
   - **b.** Qual è la funzione della cistifellea?
   - **c.** Il fegato svolge la sua attività solo nell'apparato digerente? Quali altri ruoli svolge nel nostro organismo?
   - **d.** Che funzione ha il pancreas? La sua attività si svolge solo nella digestione?

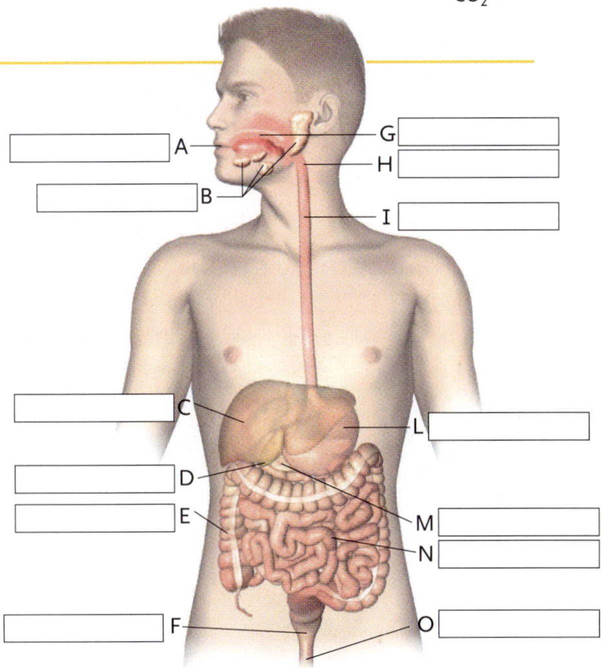

La tua analisi

Analizza l'attività enzimatica.

- **a.** Descrivi le tappe e gli enzimi coinvolti nella demolizione dei carboidrati.
- **b.** Descrivi le tappe e gli enzimi coinvolti nella demolizione dei lipidi.
- **c.** Descrivi le tappe e gli enzimi coinvolti nella demolizione delle proteine.

UNITÀ C4

L'apparato respiratorio e l'apparato circolatorio

Osserva... I delfini sono mammiferi e respirano mediante i polmoni. Per questo motivo devono portarsi costantemente in superficie, in modo da assumere aria e con essa ossigeno.

Il delfino, come la balena, l'orca e tutti i cetacei, possiede sulla sommità del capo lo sfiatatoio, un meccanismo «a valvola» che si apre quando è in superficie, permettendogli di respirare l'aria dell'atmosfera, e si chiude ermeticamente durante le immersioni. A contatto con l'atmosfera, l'acqua espirata dall'animale attraverso lo sfiatatoio condensa e forma un caratteristico getto.

Fuori dall'acqua il cuore dei delfini batte più rapidamente di quando sono in immersione, in modo da assorbire più ossigeno e farne così scorta. Durante l'immersione, mentre trattengono il respiro, il cuore rallenta il battito e il sangue affluisce in particolar modo verso organi importanti come cuore e cervello, rispetto ad altri tessuti che richiedono meno ossigeno.

I delfini adulti dormono circa 7-8 ore al giorno, ma non perdono mai coscienza: riescono infatti ad addormentare un solo emisfero cerebrale alla volta, in modo da poter continuare a emergere per respirare, anche durante il sonno.

balena
sfiatatoio

orca
sfiatatoio

LEZIONE 1

La respirazione negli animali

1 La respirazione

Tutte le cellule di piante e animali svolgono la respirazione cellulare *aerobia*, e hanno quindi bisogno di ossigeno per produrre energia sotto forma di ATP. In che modo gli esseri pluricellulari si procurano le molecole di ossigeno utili al proprio metabolismo?
Gli organismi assumono ossigeno dall'ambiente mediante la **respirazione** e lo trasportano a tutte le cellule del corpo. Nel processo respiratorio, inoltre, l'anidride carbonica, prodotto di rifiuto del metabolismo cellulare, viene espulsa nell'ambiente esterno.
Gli animali per respirare utilizzano l'**apparato respiratorio**. Negli animali, le superfici di scambio dei gas soddisfano due criteri principali:

- sono sufficientemente *estese* da consentire l'entrata di ossigeno in quantità adeguate alle richieste dell'organismo e da far uscire rapidamente i gas di scarto;
- sono costantemente *umide*, poiché ossigeno e anidride carbonica riescono ad attraversarle solo se disciolti in acqua.

Qualunque sia la tipologia di apparato respiratorio, il principio della respirazione è analogo:

- l'ossigeno presente nell'aria o nell'acqua giunge alla superficie respiratoria;
- grazie ai vasi situati a stretto contatto con la superficie di scambio, l'ossigeno passa nel sangue e viene trasportato a tutti i tessuti del corpo;
- l'anidride carbonica segue il percorso opposto e viene espulsa dal corpo.

2 La respirazione cutanea e le branchie

Gli anellidi, i platelminti e altri invertebrati hanno dimensioni corporee ridotte e un metabolismo piuttosto basso.
Questi animali non sono dotati di strutture specializzate negli scambi gassosi, ma utilizzano l'intera superficie del corpo, che è sottile, umida e ricca di vasi sanguigni, per assumere ossigeno e rilasciare anidride carbonica ▶ 1. Questo tipo di respirazione è definita **respirazione cutanea**.
La pelle, per quanto sia un organo respiratorio efficiente in esseri così piccoli, non riuscirebbe a soddisfare le richieste di ossigeno di animali più grandi. Con l'aumento delle dimensioni si assiste allo sviluppo di ampie superfici respiratorie specializzate, che hanno la funzione di aumentare l'area di scambio.
Molti invertebrati acquatici, pochi anfibi e alcune larve di pesce sono dotati di **branchie esterne**, organi che sporgono dalla superficie corporea specializzati nell'assunzione di ossigeno dall'acqua. Le branchie sono costituite da sottili estroflessioni della pelle, a stretto contatto con i vasi sanguigni.
I pesci, gli anfibi e alcuni crostacei sono dotati di **branchie interne** ▶ 2, strutture pari poste ai lati della faringe, riccamente vascolarizzate ed estremamente efficienti nell'estrarre l'ossigeno dall'acqua. L'acqua entra dalla bocca, passa nella faringe e viene pompata attraverso le branchie. Le branchie sono costituite da sottili pieghe dell'epitelio, i *filamenti branchiali*, a stretto contatto con i capillari e rappresentano la sede di scambio dei gas: l'ossigeno viene assorbito dall'acqua, dove viene rilasciata l'anidride carbonica. Il flusso d'acqua che passa attraverso le branchie ha direzione opposta rispetto al sangue che scorre nei capillari. Questo *flusso controcorrente* permette un trasferimento particolarmente efficiente dell'ossigeno dall'acqua al sangue.

3 Trachee e polmoni

La concentrazione di ossigeno nell'aria è del 21% circa, mentre quella nell'acqua è pari al 5%: la maggior quantità di ossigeno nell'aria è vantaggiosa da un punto di vista energetico, poiché gli animali terrestri possono spendere

1 La respirazione cutanea in un anellide polichete
Negli anellidi policheti la respirazione avviene in genere attraverso l'intera superficie corporea; alcune specie hanno branchie esterne per aumentare l'area respiratoria.

2 Le branchie dei pesci

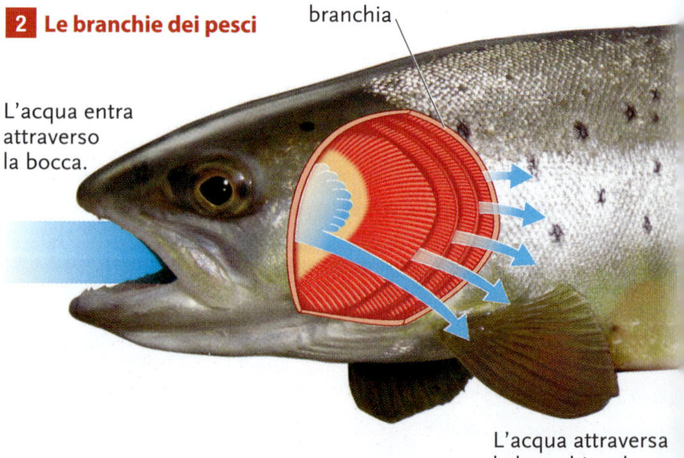

meno energia per ricavare ossigeno dall'ambiente (i pesci usano il 20-30% della loro energia per respirare, mentre gli animali terrestri ne utilizzano solo l'1%).
Gli animali che vivono sulla terraferma, per evitare l'essiccamento delle superfici respiratorie, hanno organi respiratori interni, con epiteli sottili e umidi, dove avviene lo scambio dei gas.
La maggior parte degli artropodi respira tramite le **trachee** ▶ **3**, un sistema di canali ramificati che trasporta l'aria a tutte le cellule dell'organismo. L'aria entra nelle trachee attraverso fori posti ai lati del corpo, gli **stigmi**, che si aprono e si chiudono grazie alla presenza di valvole. Le trachee trasportano l'aria direttamente ai tessuti; quindi in questi animali l'apparato circolatorio non è coinvolto nel trasporto di ossigeno.
Tutti i vertebrati terrestri sono dotati di **polmoni**, organi respiratori interni al corpo. I polmoni sono formati da due sacche circondate da una fitta rete di vasi sanguigni e comunicano con l'esterno mediante una serie di canali ramificati.
Nella respirazione polmonare l'apparato circolatorio è direttamente coinvolto negli scambi gassosi: l'aria, che entra dalla bocca o dalla cavità nasale, raggiunge i polmoni tramite una serie di canali chiamati *vie aeree* e dai polmoni, per diffusione, passa nel sangue.
Esiste un'ampia varietà di polmoni nei vertebrati terrestri ▶ **4**.
Gli anfibi sono vertebrati che non si sono completamente adattati all'ambiente terrestre. Le salamandre sono dotate di polmoni molto semplici a forma di sacco, ma respirano comunque tramite la pelle. Le rane e i rospi hanno polmoni di piccole dimensioni con una superficie di scambio piuttosto limitata, ma anche la pelle viene utilizzata come superficie di scambio per ossigeno e anidride carbonica. Per respirare, le rane ingoiano l'aria e la spingono nei polmoni: per riempire completamente i polmoni devono compiere questa operazione più volte. Quando i polmoni sono pieni di aria, la rana contrae i muscoli toracici per espellerla.
Rettili, uccelli e mammiferi respirano esclusivamente tramite polmoni.
Gli uccelli sono animali molto attivi, con un alto tasso metabolico, e hanno bisogno di grandi quantità di ossigeno per il volo e le altre attività. Essi hanno sviluppato perciò alcuni adattamenti per aumentare gli scambi gassosi e sono i vertebrati con il sistema respiratorio più efficiente. I loro polmoni sono piuttosto piccoli, ma a ciascun polmone sono collegate alcune **sacche aeree**, che permettono di accumulare l'aria da utilizzare mentre volano.
Il sistema respiratorio dei mammiferi è formato dai polmoni (organi dotati di una struttura estremamente complessa, con un'ampia superficie respiratoria) e dalle *vie aeree*.

3 Le trachee degli insetti

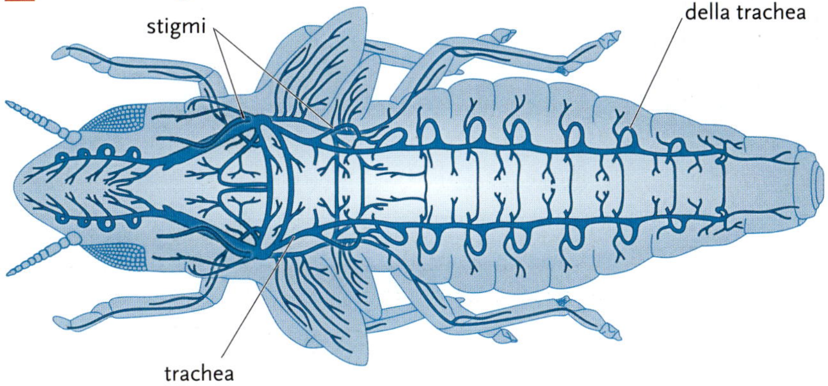

Bio Parole

Polmoni
dal latino *pulmo, pulmonis*, «polmone»
Lung

Osserva e SPIEGA

Indica a quali animali appartengono i polmoni nella figura. Spiega che cosa sono e quali funzioni hanno le sacche collegate ai polmoni.

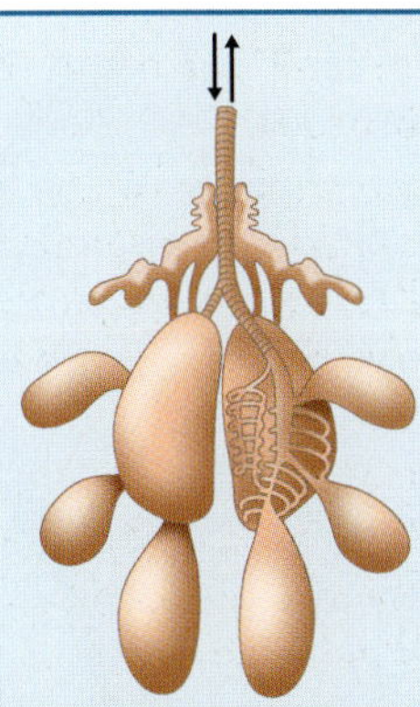

DOMANDE CHIAVE

1. Che tipo di respirazione utilizzano i lombrichi?
2. Quali sono gli organi respiratori dei pesci?
3. Che cosa sono le vie aeree?

4 I polmoni dei vertebrati

La superficie respiratoria dei polmoni è aumentata nel corso dell'evoluzione. I polmoni della salamandra sono semplici sacchi, mentre quelli di altri anfibi e dei rettili hanno pieghe lungo le pareti che permettono di incrementare la superficie per gli scambi gassosi. Gli uccelli oltre ai polmoni hanno le sacche aeree. I mammiferi hanno una superficie respiratoria estremamente estesa grazie agli alveoli polmonari.

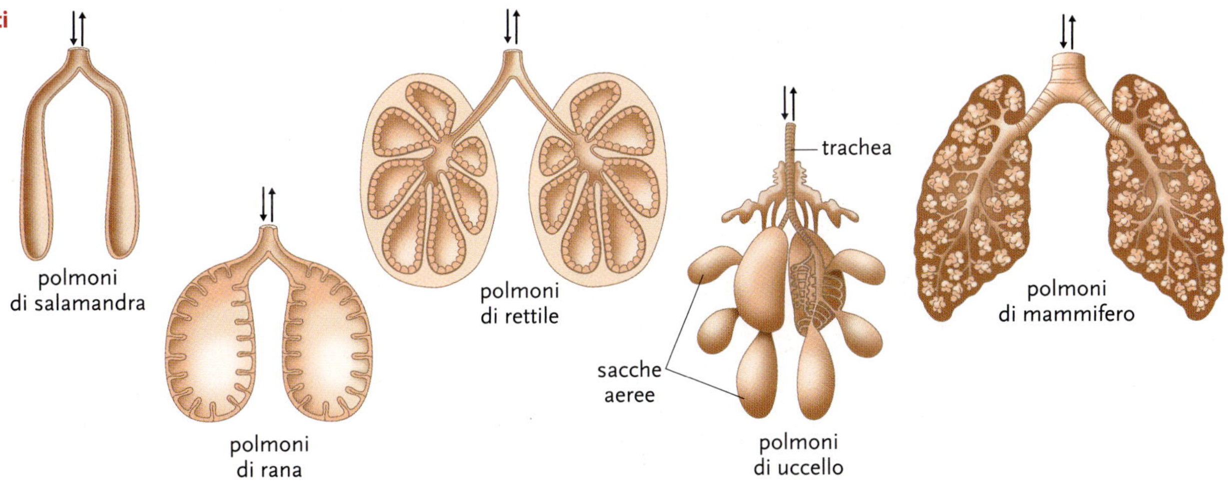

Anatomia dell'apparato respiratorio

BioParole

Diaframma
dal greco *diáphragma*, derivato di *diaphragnýnai*, «separare»
Diaphragm

Alveolo
dal latino *alveolum*, diminutivo di *alveus*, «cavità»
Alveolus

1 L'apparato respiratorio dell'uomo

La funzione principale dell'apparato respiratorio è prelevare ossigeno dall'aria ed eliminare anidride carbonica. L'apparato respiratorio dell'uomo è costituito dai polmoni e da una rete di canali che li mettono in comunicazione con l'esterno: le **vie aeree** ▶ 1.
I **polmoni** sono due grossi organi di aspetto spugnoso, dotati di un'ampia superficie per gli scambi gassosi. Sono localizzati nel torace, protetti dalle costole e poggiano su un muscolo a forma di cupola, il **diaframma**, che costituisce il pavimento della cavità toracica. Il polmone sinistro è leggermente più piccolo del destro, per lasciare spazio al cuore.

1 L'apparato respiratorio dell'uomo

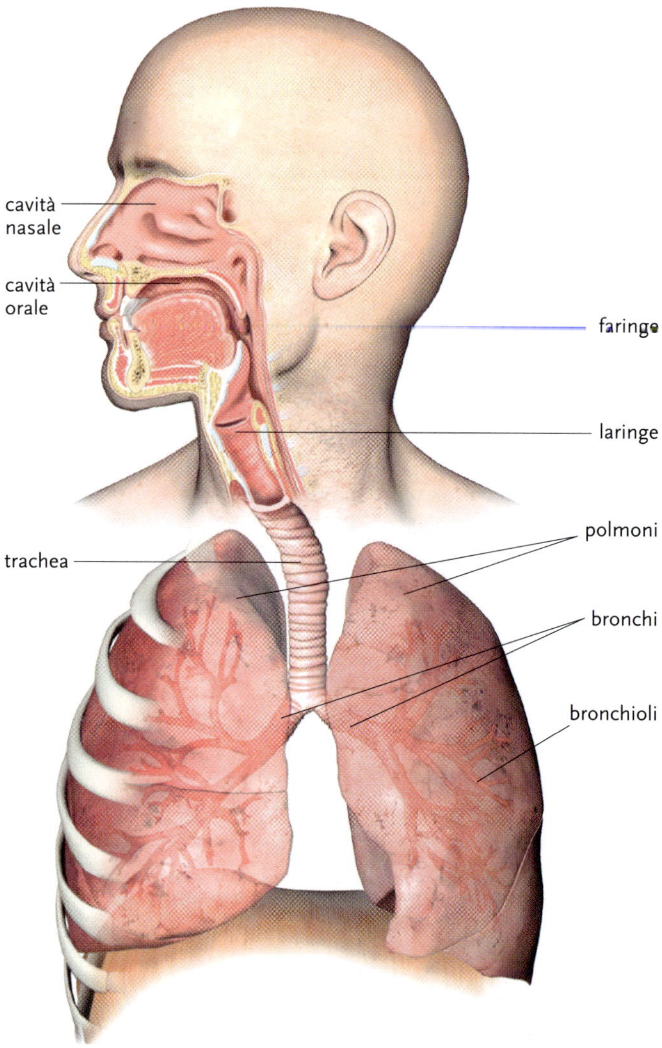

Ogni polmone è avvolto e protetto da una membrana a doppio strato, la **pleura**. Lo strato più esterno è chiamato *pleura parietale*, quello più interno, che aderisce al polmone, *pleura viscerale*. Tra i due strati vi è una cavità, la *cavità pleurica*, che contiene un fluido che consente lo scorrimento delle due membrane l'una sull'altra senza attrito. I polmoni sono privi di muscolatura propria: aumentano e diminuiscono il loro volume in conseguenza alle variazioni di volume della cassa toracica.

2 Le vie aeree

L'aria entra nel corpo mediante le **narici** e fluisce attraverso le **cavità nasali**, dove viene riscaldata, filtrata e umidificata. Le cavità nasali sono rivestite da un epitelio ciliato riccamente vascolarizzato, che produce un muco in grado di intrappolare i batteri e le particelle estranee presenti nell'aria inspirata. Il battito delle ciglia spinge il muco con le impurità verso la gola, in modo che venga deglutito ed eliminato dall'apparato digerente.
Dopo aver attraversato la **faringe**, il breve tratto in comune con il sistema digerente, l'aria entra nella **laringe**, una struttura a forma di imbuto rovesciato. La laringe è anche detta *organo della fonazione*, perché contiene le **corde vocali**, due pieghe della muscosa che vibrano al passaggio dell'aria e producono suoni.
Durante la deglutizione l'**epiglottide**, un lembo di tessuto, chiude automaticamente la laringe, in modo che cibo e liquidi siano convogliati nell'esofago e non nelle vie aeree.
Dalla laringe l'aria passa nella **trachea**, un tubo posto davanti all'esofago costituito da anelli cartilaginei che ne impediscono il collassamento. La trachea si divide in due rami principali, i **bronchi**, ognuno dei quali si collega con un polmone.
Sia la trachea sia i bronchi sono rivestiti da una membrana di cellule ciliate, che ha la funzione di mantenere i polmoni puliti. Le particelle estranee sfuggite al meccanismo di pulizia della cavità nasale vengono inglobate nel muco che ricopre le pareti e, grazie al battito delle ciglia, sono spinte verso la faringe, dove vengono deglutite.

3 I polmoni e gli scambi gassosi

All'interno dei polmoni, i bronchi si dividono in ramificazioni sempre più piccole, i **bronchioli**, ognuna delle quali termina in un grappolo di piccoli sacchi dotati di pareti sottilissime: gli **alveoli polmonari** ▶ 2. Ogni polmone umano contiene circa 300 milioni di alveoli, circondati da una fitta rete di *capillari sanguigni*.
Gli alveoli polmonari creano una superficie di scambio molto estesa e lo scambio di gas avviene attraverso la loro parete. La parete degli alveoli è costituita da un epitelio

2 Gli alveoli polmonari

Gli alveoli polmonari sono piccoli sacchi disposti a grappoli all'interno dei polmoni. I gas diffondono dagli alveoli al sangue e dal sangue agli alveoli, attraversando semplicemente due strati di cellule epiteliali: la parete alveolare e la parete dei capillari che circondano gli alveoli.

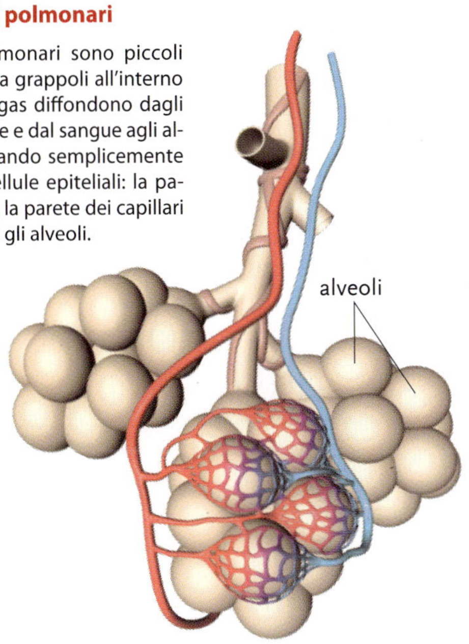

3 Gli scambi gassosi

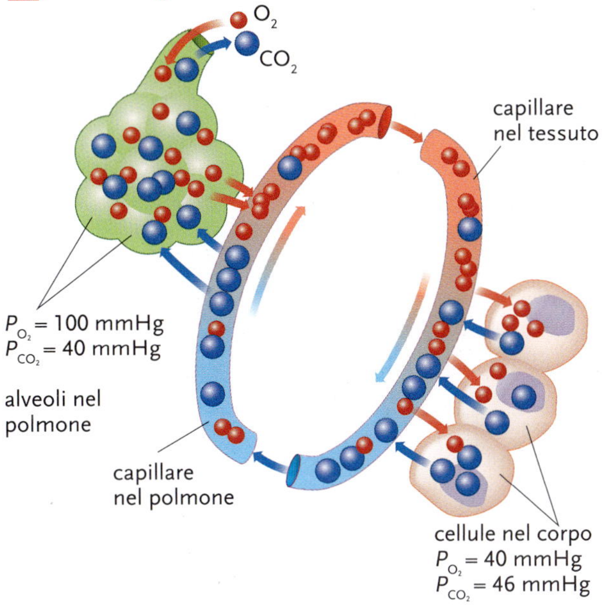

L'ossigeno diffonde dall'aria agli alveoli, poi nel sangue e infine all'interno delle cellule, grazie alla progressiva diminuzione della sua concentrazione nei vari distretti, mentre l'anidride carbonica segue il percorso opposto, poiché è più concentrata nelle cellule e meno nell'atmosfera. Da notare la differenza di pressione parziale dei due gas (P_{O_2} e P_{CO_2}) tra l'atmosfera e l'ambiente intracellulare.

pavimentoso molto sottile ed è a stretto contatto con i capillari sanguigni, disposti a formare una fitta rete.

Le molecole di ossigeno diffondono dagli alveoli, dove sono più concentrate, nel sangue dei capillari polmonari, dove sono meno concentrate ▶ 3. Una volta nel circolo sanguigno, si portano nelle cellule, che, a causa del continuo consumo di ossigeno dovuto alla respirazione cellulare, hanno una concentrazione di ossigeno minore rispetto ai capillari.

L'anidride carbonica compie il percorso opposto dell'ossigeno: esce dalle cellule, dov'è più concentrata rispetto ai capillari perché prodotta dalla respirazione cellulare, e si riversa nel sangue; dal sangue, dove è più concentrata, passa per diffusione agli alveoli, dove lo è meno.

Ossigeno e anidride carbonica diffondono facilmente, poiché attraversano due pareti estremamente sottili: quella dell'alveolo e quella del capillare.

Il fattore che determina la direzione e la velocità di diffusione è la *pressione parziale* dei gas. La **legge di Fick** sulla diffusione spiega che la quantità di ossigeno o di anidride carbonica che diffonde attraverso la membrana di un alveolo dipende dalla differenza della pressione parziale ai due lati della membrana, ma anche dall'estensione della superficie di scambio: maggiore è la differenza di pressione e più estesa è la superficie di scambio, maggiore è la quantità di gas che diffonde.

4 La ventilazione polmonare

Il respiro consente di assumere costantemente ossigeno ed eliminare anidride carbonica. L'aria entra ed esce dai polmoni grazie a variazioni di volume della gabbia toracica. La **ventilazione polmonare** è quel processo meccanico che permette l'introduzione dell'aria dall'ambiente esterno nei polmoni e l'espulsione dell'aria dai polmoni all'ambiente esterno ▶ 4.

La ventilazione è un processo ciclico e ogni **ciclo respiratorio** consiste in due fasi: l'inalazione di aria nei polmoni, o *inspirazione*, e l'eliminazione di aria dai polmoni nell'ambiente, o *espirazione*.

La cavità toracica aumenta e diminuisce di volume nel corso di ogni ciclo respiratorio. La conseguenza di questi cambi di volume è che vengono modificati i gradienti di pressione tra l'aria presente nell'ambiente e l'aria localizzata nelle vie aeree e all'interno dei polmoni.

L'**inspirazione** è sempre un processo attivo che richiede consumo di energia. Durante l'inspirazione il volume della cavità toracica aumenta per la contrazione del diaframma, il muscolo che forma il pavimento della cavità toracica, e in misura minore anche dei muscoli intercostali esterni. Contraendosi, il diaframma si sposta verso il basso, aumentando il volume del torace e quindi anche dei polmoni. La contrazione dei muscoli intercostali esterni, più marcata durante un respiro particolarmente profondo, fa muovere le costole verso l'alto, aumentando ulteriormente il volume della cavità toracica.

Questi movimenti non solo allargano i polmoni lasciando più spazio all'aria che entra, ma determinano la diminuzione della pressione all'interno dei polmoni di 2-3 mmHg (millimetri di mercurio) rispetto alla pressione dell'aria

4 Il ciclo respiratorio: inspirazione ed espirazione

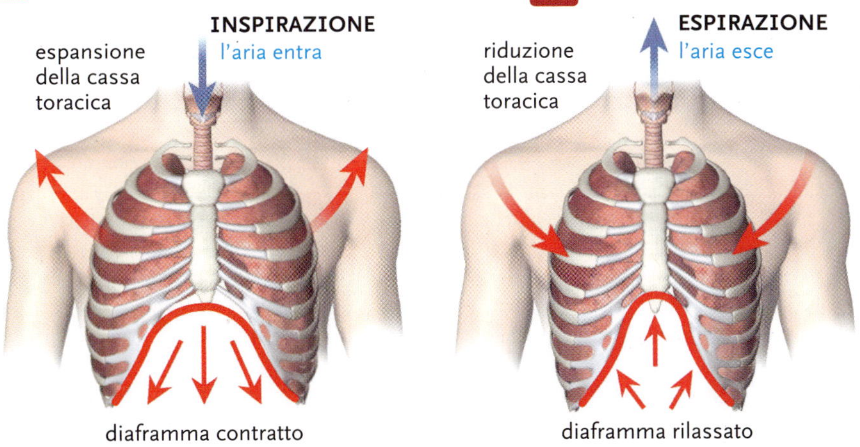

all'esterno del corpo. La differenza di pressione che ne risulta determina un ulteriore flusso di aria dall'ambiente esterno, che riempie i polmoni fino a quando la pressione interna ed esterna sono nuovamente bilanciate.
Contrariamente all'inspirazione, l'**espirazione** è un processo passivo. Il diaframma si rilassa e risale. La cavità toracica diminuisce di volume, così come i polmoni, che riprendono la loro forma iniziale, determinando un aumento della pressione dell'aria presente negli alveoli (2-3 mmHg sopra la pressione atmosferica). A questo punto gli alveoli rilasciano l'aria, che viene spinta all'esterno.
L'espirazione diventa un processo attivo, che richiede quindi un dispendio di energia, solo durante gli esercizi fisici intensi, quando è necessario espellere dai polmoni una quantità maggiore di aria. In questi casi partecipano anche i muscoli della parete addominale, che si contraggono durante l'espirazione spingendo il diaframma verso l'alto e riducendo così la cavità toracica. Anche i muscoli intercostali interni si contraggono, determinando un'ulteriore diminuzione del volume del torace.
Le contrazioni dei muscoli che consentono la ventilazione polmonare sono regolate da impulsi nervosi provenienti dall'encefalo. Il controllo di questi movimenti avviene grazie a due sistemi differenti: l'uno involontario, che fa sì che la respirazione avvenga in maniera automatica e costante, l'altro volontario, che permette entro certi limiti e per breve tempo di controllare il respiro, come quando si trattiene il fiato.
Il flusso di aria che si crea nelle vie aeree con la ventilazione polmonare non è importante solo per la respirazione e per il trasporto di ossigeno, ma anche perché consente di parlare, di cantare e in generale di emettere suoni, grazie alla vibrazione delle corde vocali.

DOMANDE CHIAVE

1. Qual è la funzione delle vie aeree?
2. Quali strutture dei polmoni sono la sede di scambio dei gas?
3. Quali sono le due fasi del ciclo respiratorio?

Osserva e RAGIONA

Elenca, nell'ordine, le strutture che una molecola di ossigeno presente nell'aria attraversa per arrivare agli alveoli polmonari.

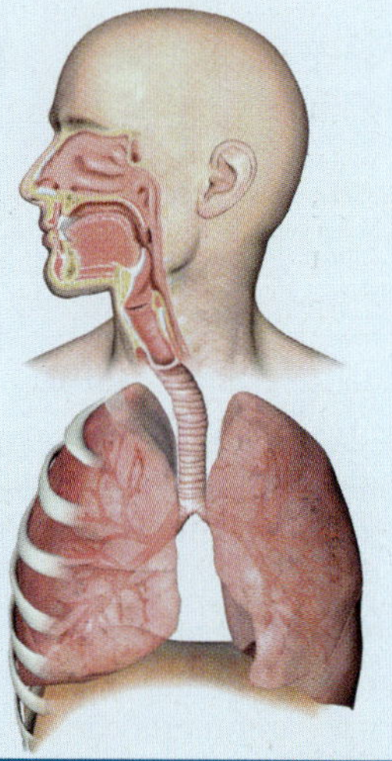

Bio Salute

Le malattie dell'apparato respiratorio

L'aria inquinata delle città e di alcuni ambienti di lavoro, ma anche il fumo di sigaretta, contengono quantità anomale di particelle e gas, estremamente nocivi per il nostro sistema respiratorio. Inoltre, la costante entrata di aria nei polmoni rende vie aeree e polmoni soggetti agli attacchi di microrganismi.
Le vie respiratorie hanno le pareti ricoperte da un *epitelio ciliato* che secerne *muco*. Questo epitelio è molto importante per la difesa dell'apparato respiratorio, poiché costituisce una barriera contro l'ingresso di sostanze nocive e agenti patogeni. Il muco, infatti, imprigiona le impurità e le ciglia le spingono verso la faringe, affinché vengano deglutite nell'apparato digerente, o espulse all'esterno del corpo. Gli **starnuti** e la **tosse** sono riflessi delle vie respiratorie che si innescano quando i sensori nervosi che abbiamo nel naso, o in regioni più profonde delle vie aeree, segnalano la presenza di sostanze estranee. Durante entrambi i processi, i muscoli respiratori si contraggono e le vie respiratorie si chiudono, creando una forte pressione nei polmoni; questa determina una violenta espirazione, che consente di liberare all'esterno le particelle estranee.
La **bronchite** è una risposta infiammatoria a un'infezione o all'esposizione prolungata ad agenti irritanti (come sostanze tossiche nell'aria o fumo di sigaretta), che ha come conseguenza l'accumulo di muco nei bronchi. Il muco in eccesso, che interferisce con l'attività delle ciglia e causa difficoltà respiratorie, contiene particelle e batteri intrappolati, e accumulandosi progressivamente nei bronchi causa la tosse, che dura finché è presente l'irritazione delle pareti dei bronchi. I batteri o le sostanze chimiche intrappolati nel muco possono danneggiare le pareti dei bronchi e le ciglia e con il tempo si può formare tessuto cicatriziale che può ostruire in parte le vie respiratorie.
Alcune infiammazioni persistenti delle vie respiratorie possono portare a un accumulo di muco tale da causare un danno a una parte degli alveoli. Gli alveoli si ricoprono di tessuto fibroso e non fungono più da superfici di scambio gassoso. Gli alveoli ancora funzionanti, dovendo supportare un lavoro superiore, aumentano di volume, ma ne risulta un equilibrio alterato tra afflusso di aria e circolo sanguigno. Questa situazione patologica, in cui lo scambio di ossigeno e anidride carbonica non è più efficiente, prende il nome di **enfisema polmonare**.
Ogni anno nel mondo circa tre milioni di persone muoiono per malattie contratte a causa dal fumo. Il *fumo di sigaretta* contiene sostanze provenienti dalla combustione del tabacco e della carta che creano disturbi molto seri al sistema respiratorio, ma anche ad altri organi e tessuti del nostro corpo. A livello di trachea e di bronchi, il fumo determina il blocco delle ciglia epiteliali, che non riescono più a filtrare le impurità; i bronchi si restringono in seguito all'infiammazione e all'accumulo di muco, rendendo più difficoltosa la respirazione; si abbassano le difese a livello dei polmoni, che diventano soggetti a frequenti irritazioni. Anche il calore inalato mentre si fuma danneggia i tessuti dell'apparato respiratorio.
Uno dei rischi maggiori per chi fuma è contrarre un cancro ai polmoni (ma anche ad altri organi), che nei fumatori è dieci volte superiore rispetto ai non fumatori. Alcuni composti, definiti **cancerogeni**, presenti nel catrame e nel fumo, sono convertiti dall'organismo in sostanze molto reattive, che provocano la divisione incontrollata delle cellule e quindi l'insorgenza del cancro. Il fumo è responsabile di circa l'80% delle morti per cancro al polmone.

La circolazione negli animali

1 Apparati circolatori chiusi e aperti

Tutte le cellule di un organismo aerobio hanno bisogno di rifornirsi continuamente di ossigeno e di sostanze nutritive e di rimuovere anidride carbonica e prodotti di rifiuto.

In animali di piccole dimensioni, queste necessità possono essere soddisfatte dalla semplice *diffusione*: le sostanze si spostano dalle zone dove sono più concentrate alle zone dove lo sono meno. Questo processo può avvenire solo quando le distanze che le molecole devono percorrere sono brevi. I vermi, ad esempio, usano la pelle come superficie di scambio e le sostanze entrano ed escono dal corpo per diffusione. In generale, negli invertebrati che hanno uno spessore di poche cellule la diffusione è un meccanismo efficiente per assumere e spostare le sostanze utili, ma anche per eliminare i rifiuti.

Gli organismi più evoluti hanno sviluppato veri e propri canali, i **vasi sanguigni**, che, grazie a numerose ramificazioni, riescono a raggiungere ogni cellula del corpo. Nei vasi sanguigni un tessuto connettivo fluido sempre in movimento, il **sangue**, trasporta ossigeno, sali minerali, ormoni e altre sostanze in tutto l'organismo e rimuove anidride carbonica e prodotti di rifiuto. Una pompa muscolare, il **cuore**, è il generatore di pressione che consente al sangue di circolare. Il cuore, preciso come un orologio, batte per tutta la vita dell'animale.

Cuore, vasi sanguigni e sangue formano insieme l'**apparato circolatorio** o **apparato cardiovascolare**.

Gli artropodi e quasi tutti i molluschi hanno un **apparato circolatorio aperto**: il sangue viene pompato dal cuore in condotti dotati di estremità aperte e viene riversato nei tessuti ▶ 1. Qui il sangue si mescola con i liquidi intercellulari, per poi rientrare nei vasi e tornare verso il cuore. In questo tipo di sistema il sangue fluisce lentamente e sono i movimenti del corpo dell'animale che favoriscono la circolazione.

Negli artropodi e nei molluschi, dotati di un sistema circolatorio aperto, il sangue e il liquido interstiziale non sono distinguibili e formano nel complesso la cosiddetta **emolinfa**. L'emolinfa contiene un pigmento, chiamato **emocianina**, che contiene rame ed è in grado di legare l'ossigeno. Quando l'emocianina è ossigenata diventa blu e conferisce un colore bluastro all'emolinfa.

Nei molluschi il cuore consiste di tre camere (due *atri* e un *ventricolo*). Gli atri ricevono l'emolinfa dalle branchie, mentre il ventricolo pompa l'emolinfa ricca di ossigeno nei vasi sanguigni, che la conducono al resto del corpo. Dopo aver bagnato le cellule di tutto il corpo, l'emolinfa rientra nei vasi che vanno alle branchie.

Negli artropodi il cuore è di forma tubulare ed è dotato di minuscole aperture (gli *ostii*), dotate di valvole per impedire il ritorno del flusso dell'emolinfa.

Alcuni insetti hanno cuori accessori e vasi modificati che permettono di pompare l'emolinfa nelle estremità e in particolar modo nelle ali.

Alcuni invertebrati e tutti i vertebrati, compreso l'uomo, hanno un **apparato circolatorio chiuso**, un circuito chiuso in cui il sangue, pompato da uno o più cuori, non fuoriesce mai e l'ossigeno e le molecole nutritive si portano nei tessuti diffondendo attraverso la parete dei vasi.

1 Apparati circolatori aperti

Negli animali dotati di apparato circolatorio aperto, i vasi hanno le estremità aperte e riversano il sangue nei tessuti.

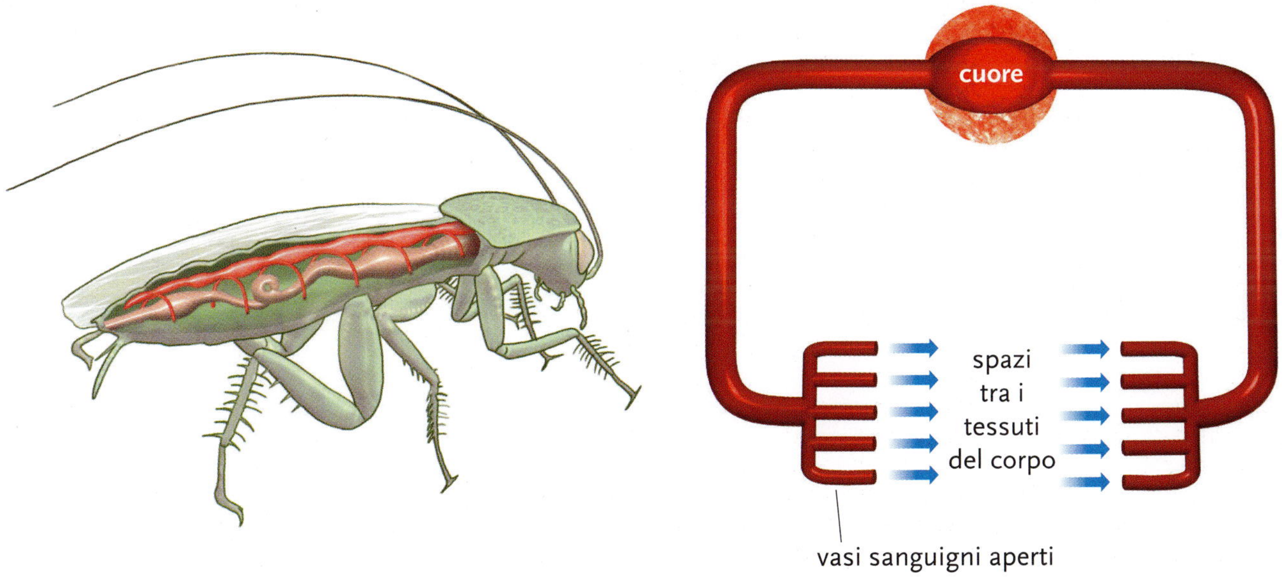

BioParole

Atrio
dal latino *atrium*, «camera d'ingresso»
Atrium

Ventricolo
dal latino *venter*, «ventre»
Ventricle, Ventriculus

2 L'apparato circolatorio dei vertebrati

Nei vertebrati, l'apparato circolatorio si è evoluto in stretta relazione con il passaggio dall'ambiente acquatico a quello aereo. Il sangue scorre in uno o più circuiti chiusi e viene pompato da un solo cuore, che risulta suddiviso in due, tre o quattro compartimenti.

Nei pesci il sangue circola in un solo circuito ▶ Tabella A. Viene spinto dal cuore verso le branchie, dove assorbe ossigeno e rilascia anidride carbonica; da qui, attraverso un vaso che si ramifica progressivamente, trasporta l'ossigeno a tutti i tessuti del corpo e raccoglie l'anidride carbonica come residuo del metabolismo. Infine torna verso il cuore.

I pesci sono gli unici vertebrati ad avere una **circolazione semplice**: il sangue viaggia in un solo circuito, che va dal cuore ai tessuti, passando dalle branchie, e dai tessuti ritorna al cuore. Tutti gli altri vertebrati presentano una **circolazione doppia**, in cui il sangue che esce dal cuore viene spinto in due diverse direzioni: verso i polmoni (**circolazione polmonare**) e verso i tessuti (**circolazione sistemica**). La circolazione polmonare porta il sangue ai polmoni, dove si ossigena e poi ritorna al cuore; la circolazione sistemica diffonde il sangue dal cuore al resto del corpo, rilasciando ossigeno e raccogliendo anidride carbonica, per poi tornare verso il cuore.

La circolazione doppia consente un maggior apporto di ossigeno a tutti gli organi, rispetto alla circolazione semplice.

La maggior complessità dell'apparato circolatorio di uccelli e mammiferi, che hanno un cuore suddiviso in quattro compartimenti (due **atri** e due **ventricoli**), permette di ossigenare con la massima efficienza i tessuti. Più ossigeno alle cellule significa un metabolismo più alto e quindi maggiore energia.

Tabella A **Apparati circolatori chiusi nei vertebrati**

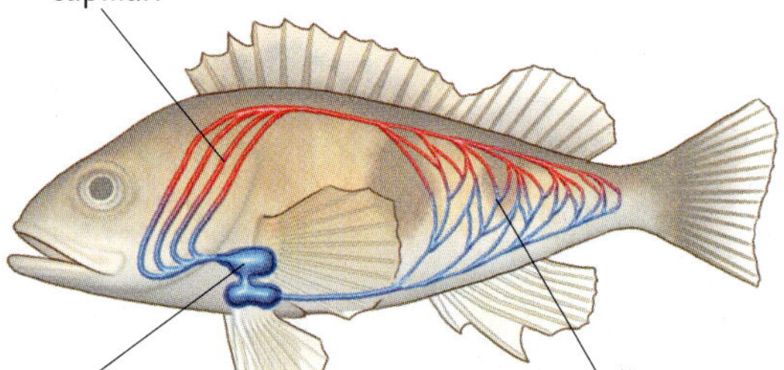	I **pesci** hanno un apparato circolatorio chiuso, con circolazione semplice. Il cuore è dotato di due cavità: un atrio e un ventricolo. 
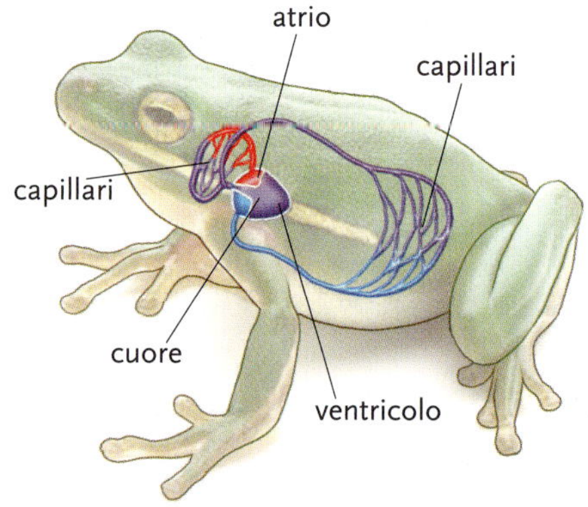	**Anfibi** e **rettili** sono dotati di un apparato circolatorio chiuso, con circolazione doppia. Il cuore presenta tre cavità: due atri e un ventricolo. In questi animali il sangue dei due circoli si mescola parzialmente, a causa della presenza di un ventricolo unico. 
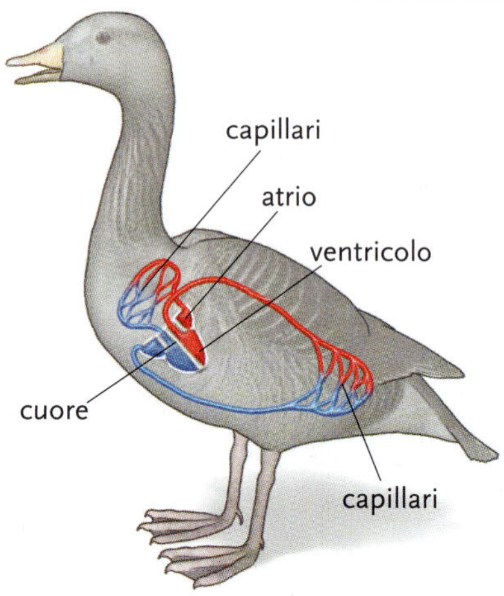	La circolazione più efficiente è presente negli **uccelli** e nei **mammiferi**, che hanno un cuore suddiviso in quattro compartimenti: due atri e due ventricoli. In questi animali la circolazione polmonare è completamente separata da quella sistemica, quindi il sangue ricco di anidride carbonica non si mescola mai al sangue carico di ossigeno. 

DOMANDE CHIAVE

1. Da quali strutture è formato l'apparato circolatorio?
2. Che caratteristiche hanno gli apparati circolatori aperti?
3. Perché la circolazione dei mammiferi è detta «doppia»?

Osserva e RISPONDI

Che tipo di apparato circolatorio è rappresentato nella figura?

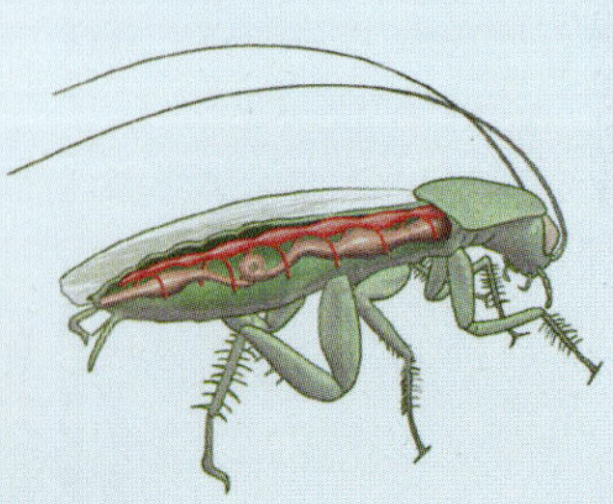

LEZIONE 4

Anatomia dell'apparato circolatorio

1 Arterie, vene e capillari

L'uomo ha un apparato circolatorio chiuso, con circolazione doppia. All'interno dei **vasi sanguigni** circola il **sangue**, che viene trasportato verso tutti i distretti dell'organismo, portando e prelevando dai tessuti sostanze e gas e contribuendo così al perfetto funzionamento delle cellule.
Il sangue circola nei vasi sanguigni grazie a una pompa, il **cuore**.
I vasi formano un complesso sistema di canali di calibro variabile e con pareti di diverso spessore.
Le **arterie** sono i vasi che trasportano il sangue dal cuore ai tessuti, mentre le **vene** dai tessuti riportano il sangue al cuore. Via via che si allontanano dal cuore, le arterie si ramificano e formano vasi sempre più piccoli, le **arteriole**, e infine i sottilissimi **capillari**. A livello dei tessuti, dove i capillari formano una rete molto fitta (il *letto capillare*), avvengono gli scambi di gas e nutrienti tra il sangue e il liquido interstiziale che bagna le cellule. Gli scambi avvengono per diffusione, grazie alla bassa pressione del sangue e alle sottili pareti dei capillari, che sono formate da un singolo strato di cellule epiteliali.
A scambio avvenuto, i capillari si riuniscono in piccoli vasi, le **venule**, che aumentano progressivamente di calibro fino a formare le **vene**, che tornano al cuore.
Il sangue che scorre nelle arterie ha una pressione e una velocità molto elevate, che gli permettono di raggiungere tutti i distretti del corpo, anche quelli più lontani. Le arterie di diametro maggiore sono quelle che ricevono il sangue direttamente dal cuore, quindi con maggiore impulso, ed è in esse che la pressione e la velocità del sangue sono più alte. Pressione e velocità diminuiscono di intensità ogni volta che le arterie si dividono in vasi più piccoli. La pressione è invece molto bassa nelle vene e nei capillari.
Le pareti di arterie e vene sono costituite da tre strati ▶ 1:

- all'esterno la **tonaca avventizia** (o **esterna**), formata da collagene e fibre elastiche, che consente ai vasi di sostenere le alte pressioni;
- in mezzo la **tonaca media**, uno strato di muscolatura liscia che permette ai vasi di dilatarsi o restringersi regolando il flusso di sangue;
- all'interno la **tonaca intima**, uno strato singolo di cellule epiteliali che riveste il lume del vaso.

Le pareti delle arterie sono particolarmente spesse per sostenere la forte pressione del sangue, mentre le vene, che non hanno bisogno di sostenere una forte pressione poiché il sangue vi scorre a una velocità molto inferiore, hanno pareti più sottili.
La maggior parte delle vene ha un diametro di più di 2 mm ed è munita di **valvole** ▶ 2, lembi di tessuto della parete che aprono e chiudono i vasi al passaggio del sangue. La funzione delle valvole è impedire al flusso sanguigno di tornare indietro (cosa che potrebbe avvenire a causa della pressione bassa a livello delle vene), garantendo la circolazione sempre in un solo senso.

BioParole
Capillare
dal latino *capillus*, «capello»
Capillary

2 Le valvole venose

Le valvole presenti nelle vene sono lembi di tessuto che chiudono il vaso dopo che il sangue è passato, per evitare che refluisca.

1 Arterie, vene e capillari

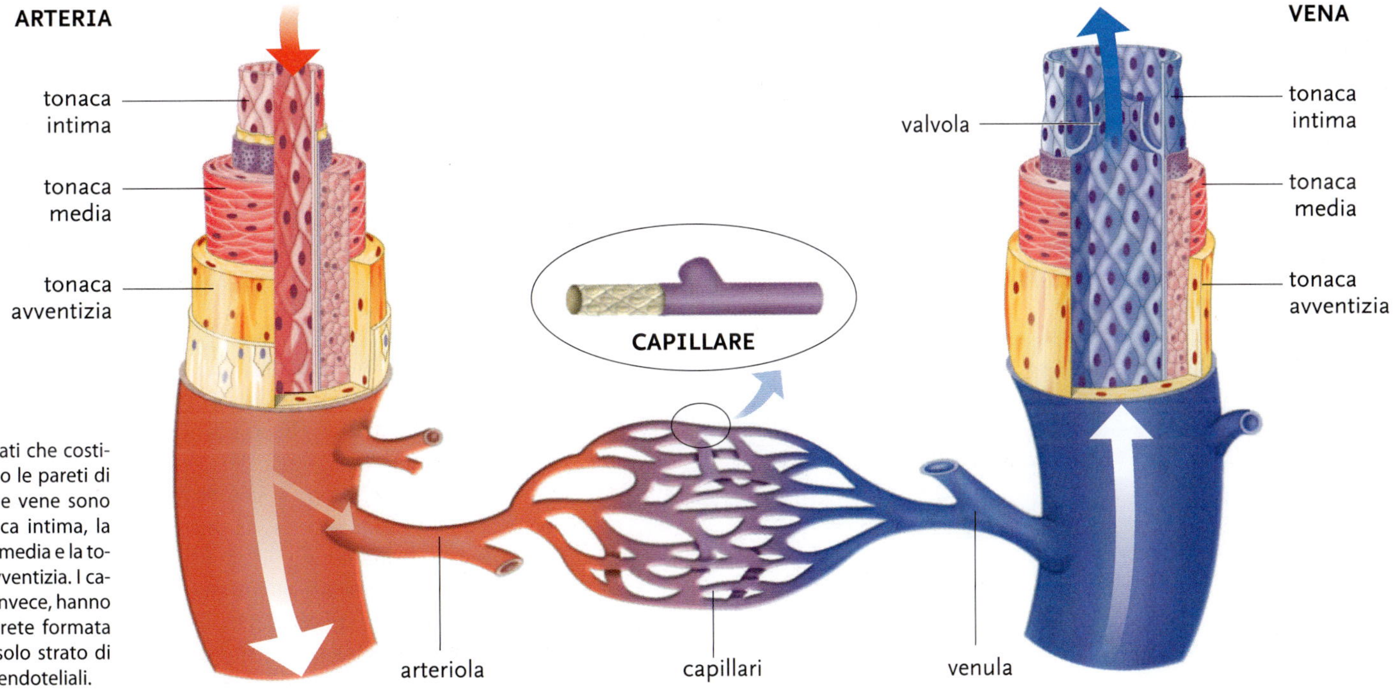

I tre strati che costituiscono le pareti di arterie e vene sono la tonaca intima, la tonaca media e la tonaca avventizia. I capillari, invece, hanno una parete formata da un solo strato di cellule endoteliali.

3 La pressione sanguigna

La pressione sanguigna è massima nelle arterie e diminuisce progressivamente, fino alle vene, dove risulta molto bassa.

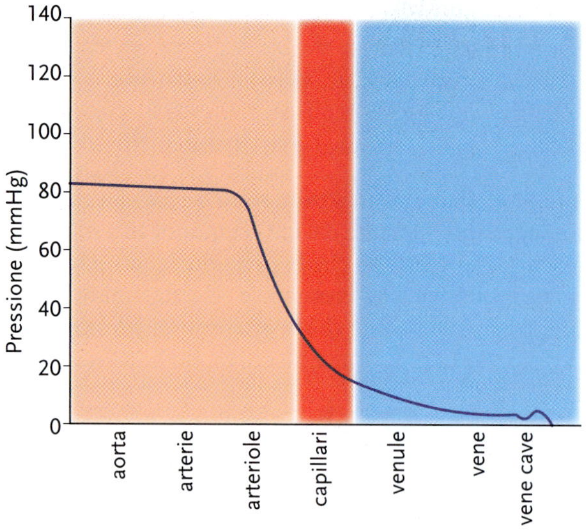

2 La pressione sanguigna

La pressione esercitata dal sangue contro le pareti dei vasi è definita **pressione sanguigna** ed è influenzata da diversi fattori.

Quando il battito del cuore aumenta, si determina un incremento del flusso di sangue, con conseguente incremento della pressione sanguigna. Anche il volume del sangue che scorre nell'apparato circolatorio influenza la pressione sanguigna: se il volume diminuisce a causa, ad esempio, di un'emorragia, anche la pressione scende.

La **resistenza periferica** è la resistenza che il sangue incontra durante il suo percorso; è legata fondamentalmente alla viscosità del sangue e all'attrito causato dalle pareti dei vasi. L'aumento della resistenza provoca un innalzamento della pressione sanguigna. La *viscosità* dipende dalla composizione del sangue e soprattutto da un incremento delle cellule rispetto alla componente fluida del sangue. L'aumento della viscosità si ha generalmente in seguito a condizioni patologiche. L'*attrito*, invece, è legato all'ampiezza del vaso. Il diametro di un vaso non è sempre costante: stimoli nervosi e ormonali possono aumentare il lume (*vasodilatazione*) o restringerlo (*vasocostrizione*), determinando così una modificazione del flusso sanguigno e quindi della pressione. Se il diametro di un vaso diminuisce, aumenta l'attrito e quindi la pressione sanguigna.

4 Pressione sanguigna e pressione osmotica colloidale

TESTO-IMMAGINE

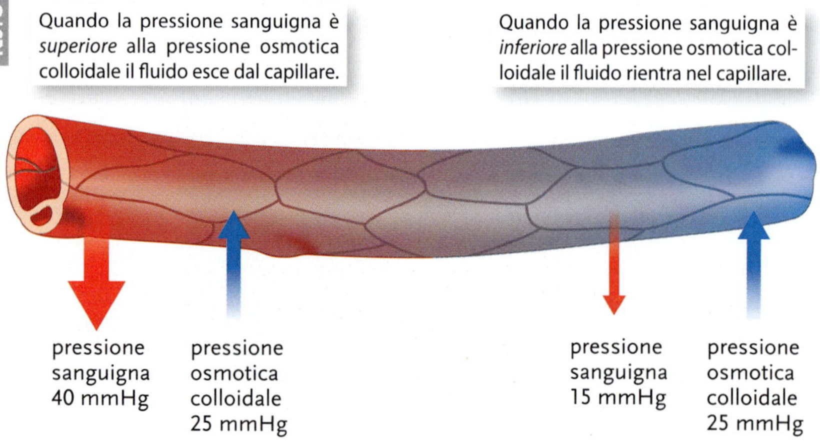

La pressione sanguigna è particolarmente elevata nelle arterie e diminuisce passando alle arteriole, poi ai capillari, e risulta minima a livello delle vene ▶ 3. Quando il sangue entra nelle vene la sua pressione è molto bassa, ma la velocità del flusso può essere mantenuta grazie ai movimenti muscolari che comprimono le vene. Le valvole, inoltre, impediscono il reflusso in quelle vene che conducono il sangue contro la forza di gravità.

Quando ci alziamo o ci distendiamo, la pressione sanguigna subisce alcuni cambiamenti e il nostro organismo attiva complessi meccanismi per cercare di mantenerla entro limiti normali. Quando la pressione del sangue diminuisce (ad esempio quando siamo distesi e ci alziamo improvvisamente), specifici nervi delle pareti vasali, i *nervi simpatici*, stimolano una vasocostrizione, che determina un aumento della pressione sanguigna.

Nelle pareti di alcune arterie e nel cuore sono presenti cellule recettrici, i **barocettori**, che percepiscono i cambiamenti della pressione sanguigna. Quando vengono stimolati da un aumento della pressione, i barocettori inviano impulsi nervosi ai neuroni del centro di controllo cardiovascolare, situato nella prima parte dell'encefalo (vedi Unità C8). La risposta dei neuroni è immediata: rallentano il battito cardiaco e inibiscono i nervi che determinano vasocostrizione. Ne consegue una diminuzione della pressione sanguigna.

3 Lo scambio di gas nei capillari

A livello dei capillari il sangue scorre lentamente e questo consente lo scambio di gas e nutrienti con i tessuti circostanti. Molte sostanze attraversano per diffusione il singolo strato di cellule endoteliali che riveste i capillari, portandosi dalla zona dove sono più concentrate alla zona dove lo sono meno. Alcune molecole e alcuni ioni devono invece essere trasportati tramite vescicole per poter entrare e uscire dai vasi.

In generale O_2, CO_2, piccoli ioni come Na^+ e Cl^- e il glucosio attraversano facilmente tutti i capillari. Nei confronti di altre sostanze, invece, i capillari hanno una differente selettività, a seconda del tipo di tessuto: il cervello, ad esempio, consente il passaggio di molte meno molecole rispetto all'intestino o ai reni, tessuti dove si svolgono intensi scambi di sostanze con il sangue.

La parte fluida del sangue fuoriesce dal capillare e si riversa nel liquido interstiziale grazie alla pressione sanguigna. Questa pressione è esercitata principalmente dalle proteine plasmatiche del sangue, assenti nel liquido interstiziale. Il fluido fuoriuscito rientra invece nel capillare grazie a un'altra pressione, la **pressione osmotica colloidale** del sangue, che lo attira all'interno del vaso ▶ 4.

La pressione sanguigna del capillare è variabile: è alta nell'estremità arteriosa e diminuisce progressivamente verso l'estremità venosa. La pressione osmotica colloidale è invece costante lungo il capillare. Nella prima parte del capillare, la pressione sanguigna risulta superiore alla pressione osmotica colloidale, determinando la fuoriuscita di acqua, gas e sostanze nutrienti, secondo un meccanismo denominato **filtrazione**. A circa metà della lunghezza del

capillare la pressione sanguigna scende, fino a diventare inferiore alla pressione osmotica colloidale: a questo punto fluido e soluti presenti nel liquido interstiziale entrano nel capillare, mediante un processo chiamato **riassorbimento**. Non tutto il fluido fuoriuscito dal vaso viene però riassorbito. Una parte residua (pari a circa il 15%) verrà recuperata dai vasi del sistema linfatico e fatta rientrare nell'apparato circolatorio.
Lo scambio tra sangue e tessuti che si svolge a livello dei capillari richiede un preciso controllo. La quantità di sangue che affluisce nella rete capillare può essere regolata, in base alle esigenze del tessuto in un determinato momento, utilizzando più o meno capillari per il passaggio del sangue. Anche le arteriole regolano il flusso di sangue nel letto capillare: le arteriole, vicino alla diramazione dei capillari, sono dotate di anelli muscolari, gli *sfinteri precapillari*, che possono contrarsi, limitando l'afflusso di sangue ai capillari.

4 La circolazione polmonare e la circolazione sistemica

L'uomo ha una doppia circolazione, che gli consente di mantenere separato il sangue ricco di ossigeno dal sangue povero di ossigeno.
Il cuore umano è diviso in quattro cavità: due atri e due ventricoli. La parte destra del cuore, detta anche *cuore destro*, pompa il sangue nella **circolazione polmonare** (o **piccola circolazione**), che collega il cuore ai polmoni; la parte sinistra, o *cuore sinistro*, pompa il sangue nella **circolazione sistemica** (o **grande circolazione**), che collega il cuore a tutti gli altri tessuti del corpo ▶ 5.
Il cuore destro riceve il sangue povero di ossigeno e ricco di anidride carbonica proveniente dai tessuti e lo pompa nella circolazione polmonare. Dal cuore destro il sangue esce mediante un grosso vaso, il **tronco polmonare**, che si ramifica nell'*arteria polmonare destra* e nell'*arteria polmonare sinistra*, ognuna delle quali si dirige verso un polmone. A livello polmonare i rami si suddividono fino a formare una rete di capillari che circonda gli alveoli polmonari. Il sangue che lascia i polmoni torna infine all'atrio sinistro del cuore mediante le **vene polmonari**.
Arterie e vene del circolo polmonare hanno una peculiarità: le arterie, contrariamente a ciò che accade normalmente nel circolo sanguigno, trasportano sangue povero di ossigeno, ma hanno comunque la struttura tipica delle arterie, perché devono sostenere la forte spinta del sangue che ricevono dal cuore. Le vene polmonari, contrariamente alle altre vene del corpo, trasportano sangue ricco di ossigeno al cuore, ma le loro pareti sono quelle tipiche delle vene, poiché la pressione sanguigna è bassa.
Il sangue ossigenato nei polmoni, una volta passato al cuore sinistro, viene spinto nell'**aorta**, l'arteria più grande del nostro corpo. Le arterie che si diramano dall'aorta portano il sangue verso tutti i distretti del corpo. Le rami-

5 L'apparato circolatorio dell'uomo

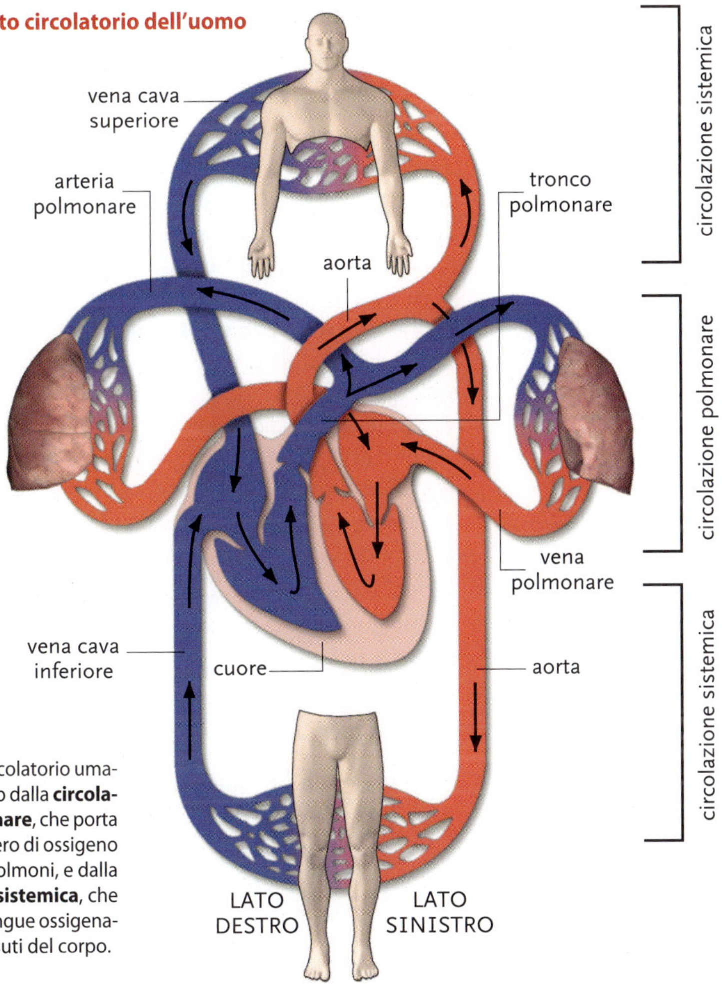

L'apparato circolatorio umano è composto dalla **circolazione polmonare**, che porta il sangue povero di ossigeno dal cuore ai polmoni, e dalla **circolazione sistemica**, che trasporta il sangue ossigenato a tutti i tessuti del corpo.

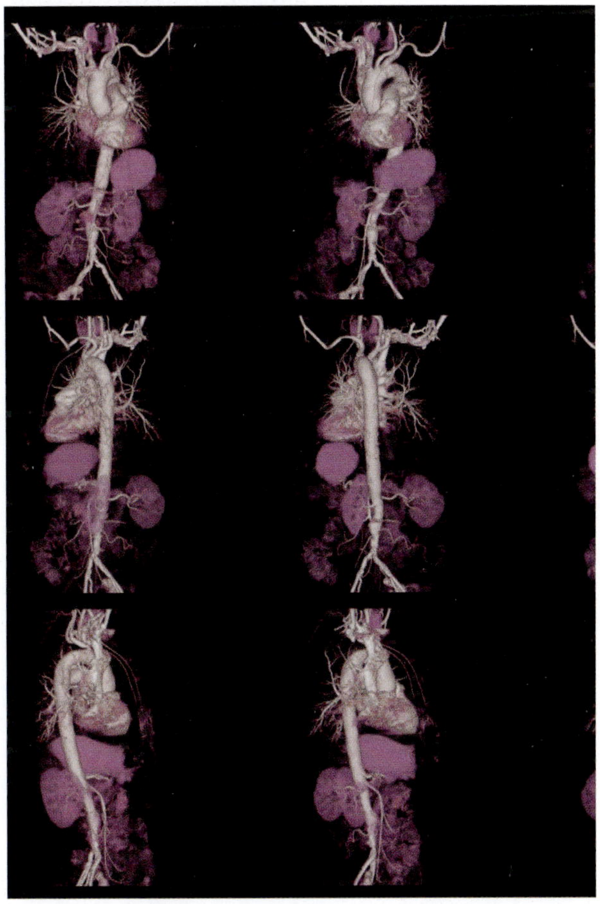

L'angiografia è una tecnica che permette di visualizzare a scopo diagnostico i vasi sanguigni del nostro corpo.

ficazioni principali comprendono le *arterie coronarie*, che portano il sangue alle pareti del cuore, le *arterie carotidi*, che trasportano il sangue al cervello, le *arterie succlavie*, che si dirigono verso le spalle, le *arterie mesenteriche*, che si portano all'intestino, le *arterie iliache*, che vanno alle gambe, e le *arterie renali*, che portano il sangue ai reni.
Le vene che tornano dalla parte superiore del corpo (come le *vene giugulari* che arrivano dalla testa e le *vene succlavie* dalla regione delle spalle) si riuniscono nella **vena cava superiore**, mentre quelle che provengono dalla parte inferiore del corpo (come le *vene renali*, le *vene iliache* dagli arti inferiori, le *vene epatiche* dal fegato) si uniscono nella **vena cava inferiore**. Le due vene cave portano il sangue all'atrio destro; da qui viene spinto nel ventricolo destro, dove riprende la circolazione polmonare ▶ 6.
Il sangue, quando passa dall'intestino, raccoglie i nutrienti provenienti dalla digestione e li distribuisce a tutti i tessuti del corpo. La depurazione del sangue avviene invece nei reni, che hanno la funzione non solo di eliminare i rifiuti, ma anche di regolare la concentrazione sanguigna di fluidi e sali.
La circolazione polmonare e quella sistemica avvengono in sincronia, con un meccanismo perfettamente coordinato. La contrazione del cuore immette contemporaneamente il sangue arterioso nell'aorta e quello venoso nell'arteria polmonare. Il rilasciamento del cuore permette al sangue presente negli atri di passare nei ventricoli, al sangue proveniente dai polmoni di entrare nell'atrio sinistro e a quello proveniente dai tessuti di passare nell'atrio destro.

6 Principali arterie e vene dell'apparato circolatorio umano

In rosso sono raffigurati i vasi che trasportano sangue ricco di ossigeno, in blu quelli che trasportano sangue povero di ossigeno.

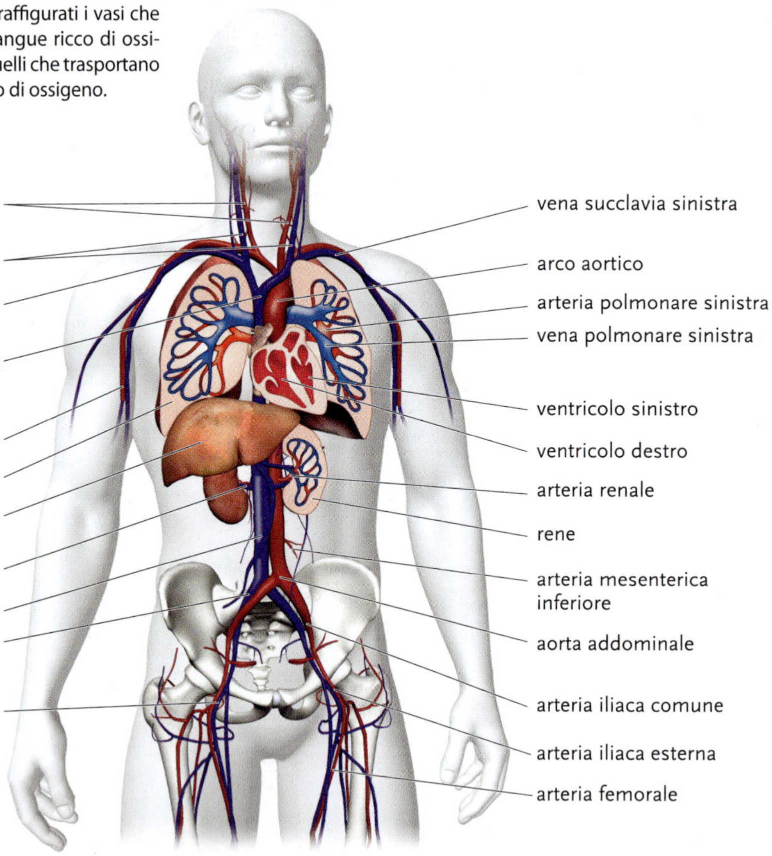

5 La circolazione del cuore, del cervello e del fegato

I VASI DEL CUORE Nella maggior parte dei pesci, degli anfibi e dei rettili, il muscolo cardiaco è spugnoso e riceve ossigeno e nutrienti direttamente dal sangue che attraversa atri e ventricoli. Gli uccelli e i mammiferi, invece, hanno la parete del cuore troppo spessa affinché l'ossigeno possa raggiungere tutte le fibre muscolari, e hanno una circolazione specifica per il cuore.
Nell'uomo le **arterie coronarie** si diramano dall'aorta, subito all'uscita dal cuore, e vanno a formare una rete capillare nelle pareti cardiache. Qui i capillari rilasciano ossigeno e nutrienti e raccolgono gas e sostanze di rifiuto; poi il sangue si allontana con le **vene coronarie**, che a loro volta si riuniscono nel seno coronarico, che si svuota direttamente nell'atrio destro, senza ricongiungersi alle vene cave.

I VASI DELLA TESTA Le **arterie carotidi** sono quattro e portano il sangue alla testa. Alla base del cervello, alcune ramificazioni di queste arterie formano un circuito chiamato *circolo di Willis*. Se una delle arterie carotidi che alimentano l'encefalo si ostruisce, questo circolo utilizza i propri vasi per continuare a portare il sangue al cervello, evitando così che una parte di quest'organo così importante resti senza ossigeno e sostanze nutritive. Il sangue proveniente dalla testa torna alla vena cava superiore attraverso le **vene giugulari**, situate ai lati del collo.

I VASI DEL FEGATO Il sangue generalmente passa dalle arterie ai capillari, dai capillari alle vene e dalle vene al cuore. Il *sistema portale epatico*, che porta il sangue ricco di nutrienti al fegato, rappresenta un'eccezione a questa regola. Il sangue ricco di nutrienti lascia l'intestino mediante la **vena mesenterica** e passa quindi nella **vena porta epatica**. Questa, anziché tornare verso il cuore come le altre vene, si dirige verso il fegato. Qui dà origine a un complesso sistema di capillari, i *sinusoidi*, dai quali le cellule epatiche prelevano i nutrienti da immagazzinare e le sostanze tossiche da smaltire. L'ossigeno, invece, viene fornito alle cellule epatiche dall'**arteria epatica**, poiché il sangue della vena porta ha già ceduto precedentemente l'ossigeno all'intestino. Il sangue esce dal fegato mediante la **vena epatica** che sbocca nella vena cava inferiore.

DOMANDE CHIAVE

1. Quali sono i tre tipi di vasi sanguigni dell'apparato circolatorio dell'uomo?
2. Come viene definita la pressione sanguigna?
3. Come si chiamano le due circolazioni che formano l'apparato circolatorio dell'uomo?

Il cuore e il ciclo cardiaco

1 Anatomia del cuore umano

Il **cuore** è la pompa del nostro apparato circolatorio: in una vita di media durata, batte circa 2,5 miliardi di volte, pompando 300 milioni di litri di sangue!

Il cuore dell'uomo è un organo muscolare cavo, situato nella cavità toracica tra i due polmoni e grande circa come un pugno. Pesa meno di mezzo kilogrammo e ha la forma di un cono rovesciato.

È avvolto da una membrana, il **pericardio**, dotata di un doppio strato: il *pericardio fibroso*, più esterno, è costituito da connettivo resistente e protegge il cuore; il *pericardio sieroso*, più interno, è formato da due sottili strati che delimitano una cavità, la **cavità pericardica**, piena di un liquido che riduce gli attriti a ogni battito cardiaco.

La parete del cuore è costituita da un muscolo involontario, il **miocardio** o **muscolo cardiaco** (vedi l'Unità C2), con la caratteristica di contrarsi e rilasciarsi ritmicamente e attaccato a una rete di fibre di collagene. Il miocardio è ricoperto esternamente dall'**epicardio**, una membrana di mesotelio e tessuto connettivale, e internamente dall'**endocardio**, un sottile strato endoteliale.

Il cuore umano è diviso in quattro compartimenti (o *camere*) ben distinti: i due superiori sono detti **atri** (destro e sinistro) e ricevono il sangue proveniente dal corpo; i due inferiori prendono il nome di **ventricoli** (destro e sinistro) e spingono il sangue fuori dal cuore ▶ 1.

La metà destra del cuore è completamente separata da quella sinistra. Questa divisione fa sì che il sangue arterioso, che attraversa atrio e ventricolo di sinistra, non si mescoli a quello venoso, che scorre nell'atrio e nel ventricolo di destra. La parete che separa i due ventricoli è detta **setto interventricolare**, quella che divide i due atri **setto interatriale**.

Gli atri hanno pareti sottili, poiché ricevono il sangue a bassa pressione proveniente dal corpo e lo spingono solo fino ai ventricoli. I ventricoli, invece, hanno pareti muscolari molto spesse, poiché devono pompare con forza il sangue verso tutto il corpo.

Per prevenire il flusso a ritroso del sangue, il cuore è dotato di quattro valvole: due **valvole atrioventricolari (AV)**, situate tra gli atri e i ventricoli (la *tricuspide* a destra e la *mitrale* o *bicuspide* a sinistra) e due **valvole semilunari**, disposte l'una tra il ventricolo sinistro e l'imbocco dell'aorta (*valvola aortica*), l'altra tra il ventricolo destro e l'imbocco del tronco polmonare (*valvola polmonare*).

2 Il battito cardiaco

Contrariamente a tutti gli altri muscoli del corpo, il cuore si contrae autonomamente, senza bisogno di essere stimolato da impulsi nervosi. Questo avviene grazie a un sistema di conduzione specializzato, costituito da un gruppo di cellule muscolari cardiache capaci di generare impulsi con uno schema ritmico e generare quindi il **battito cardiaco**. Queste cellule formano una massa localizzata nella parete posteriore dell'atrio destro e fanno parte del cosiddetto **nodo seno-atriale** (**nodo SA**) ▶ 2. Esse sono capaci di generare un segnale simile a quello dei neuroni e di propagarlo come un'onda a tutte le cellule cardiache. Il nodo SA funge da stimolatore del cuore e determina la nostra frequenza cardiaca; per questo motivo viene anche definito *pacemaker naturale* ▶ 3.

3 L'arresto cardiaco

Disturbi del sistema elettrico del cuore possono provocare un arresto cardiaco. In questi casi occorre intervenire immediatamente con il massaggio cardiaco e la respirazione artificiale.

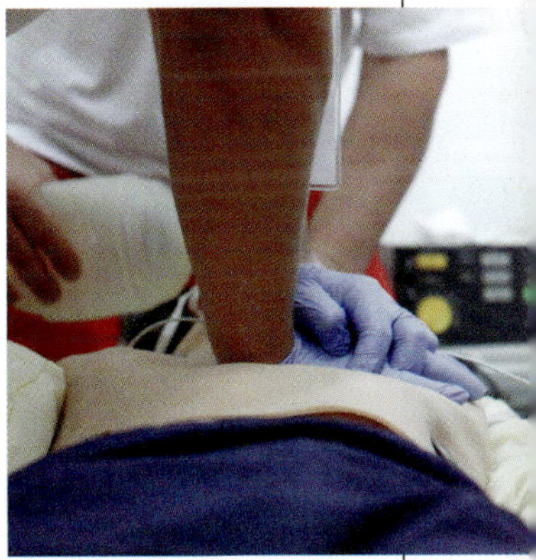

1 Veduta anteriore del cuore umano

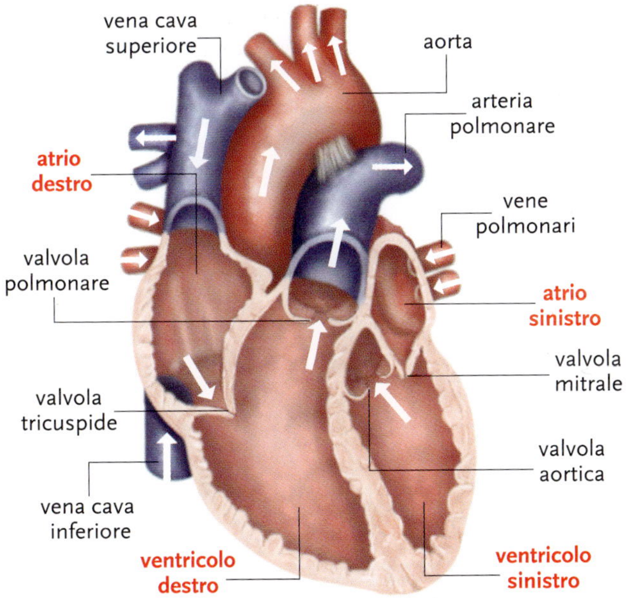

2 Il nodo seno-atriale (SA) e il nodo atrio-ventricolare (AV)

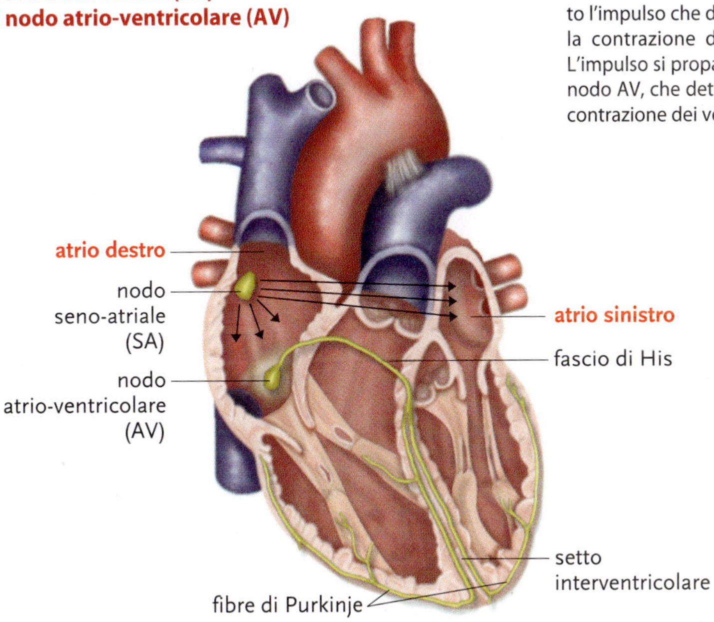

Nel nodo SA viene generato l'impulso che determina la contrazione degli atri. L'impulso si propaga poi al nodo AV, che determina la contrazione dei ventricoli.

Bio Parole

Sistole
dal greco *systolé*, «restringimento, contrazione»
Systole

Diastole
dal greco *diastolé*, «dilatazione»
Diastole

Il segnale generato dal nodo SA parte dall'atrio destro e si propaga all'atrio sinistro, facendo contrarre le cavità atriali; poi viene trasmesso al **nodo atrio-ventricolare** (**nodo AV**), un altro gruppo di cellule localizzato nel setto interatriale. Qui l'impulso rallenta per dare il tempo agli atri di svuotarsi del sangue, che viene spinto nei ventricoli.
Quindi le cellule del nodo AV trasmettono l'impulso a un fascio di fibre sul setto interventricolare (il **fascio interventricolare** o **fascio di His**) e infine alle **fibre di Purkinje**, disposte all'apice dei ventricoli, che conducono l'impulso verso l'alto, alla restante porzione di ventricolo. Ed è a questo punto che avviene la contrazione dei ventricoli, una frazione di secondo dopo che si sono contratti gli atri. La partenza dal basso dell'impulso fa sì che la contrazione dei ventricoli avvenga dopo che gli atri si sono completamente svuotati dal sangue. Anche se non è il sistema nervoso a far battere il cuore, esso può accelerare o rallentare i battiti cardiaci, mediante impulsi provenienti dal sistema nervoso autonomo (vedi Unità C8). Anche stimoli ormonali modificano le contrazioni del cuore, come avviene, ad esempio, quando viviamo un'emozione intensa (vedi Unità C7).

3 Il ciclo cardiaco

Per **ciclo cardiaco** si intende l'insieme delle fasi che determinano il battito cardiaco. Un ciclo dura mediamente 0,8 secondi. A ogni battito atri e ventricoli si contraggono e si rilassano. La fase di contrazione è detta **sistole**, quella di rilassamento **diastole** ▶ 4.

Nella fase di **diastole**, il miocardio è rilassato e il sangue può riempire gli atri e i ventricoli. Durante la diastole le valvole atrio-ventricolari sono aperte, mentre quelle semilunari no; questo permette al cuore di riempirsi di sangue. Alla diastole segue una brevissima **sistole atriale**, che consiste nella contrazione degli atri. Il sangue viene spinto nei ventricoli, che sono ancora rilassati. A questo punto inizia la **sistole ventricolare**, che determina la contrazione dei ventricoli: il sangue viene spinto contro le valvole AV, che sono costrette a chiudersi; intanto la pressione intraventricolare aumenta fino a quando supera la pressione aortica e del tronco polmonare, e provoca l'apertura delle valvole semilunari. Vengono così immessi contemporaneamente il sangue ossigenato nell'aorta e quello da ossigenare nel tronco polmonare. In questa fase gli atri sono rilassati.
Il suono del battito cardiaco è dovuto non tanto alla contrazione ritmica di atri e ventricoli, quanto alla chiusura alternata delle valvole cardiache. Se appoggi una mano sul cuore, ti accorgerai che vi è un doppio battito: il primo, più intenso, deriva dalla chiusura delle valvole AV dopo l'inizio della sistole ventricolare; il secondo, più lieve e più breve, è causato dalla chiusura delle valvole semilunari al termine della sistole ventricolare. Segue una breve pausa.
Si definisce **gittata cardiaca** il volume di sangue immesso ogni minuto dal ventricolo sinistro nell'aorta (e dal ventricolo destro nel tronco polmonare). La **frequenza cardiaca**, invece, indica il numero di battiti al minuto ▶ 5. In un adulto a riposo la gittata cardiaca è di circa 70 ml e la frequenza di 75 battiti al minuto.

4 Sistole e diastole nel ciclo cardiaco

TESTO-IMMAGINE

Nel nodo SA viene generato l'impulso che determina la contrazione degli atri. L'impulso si propaga poi al nodo AV, che determina la contrazione dei ventricoli.

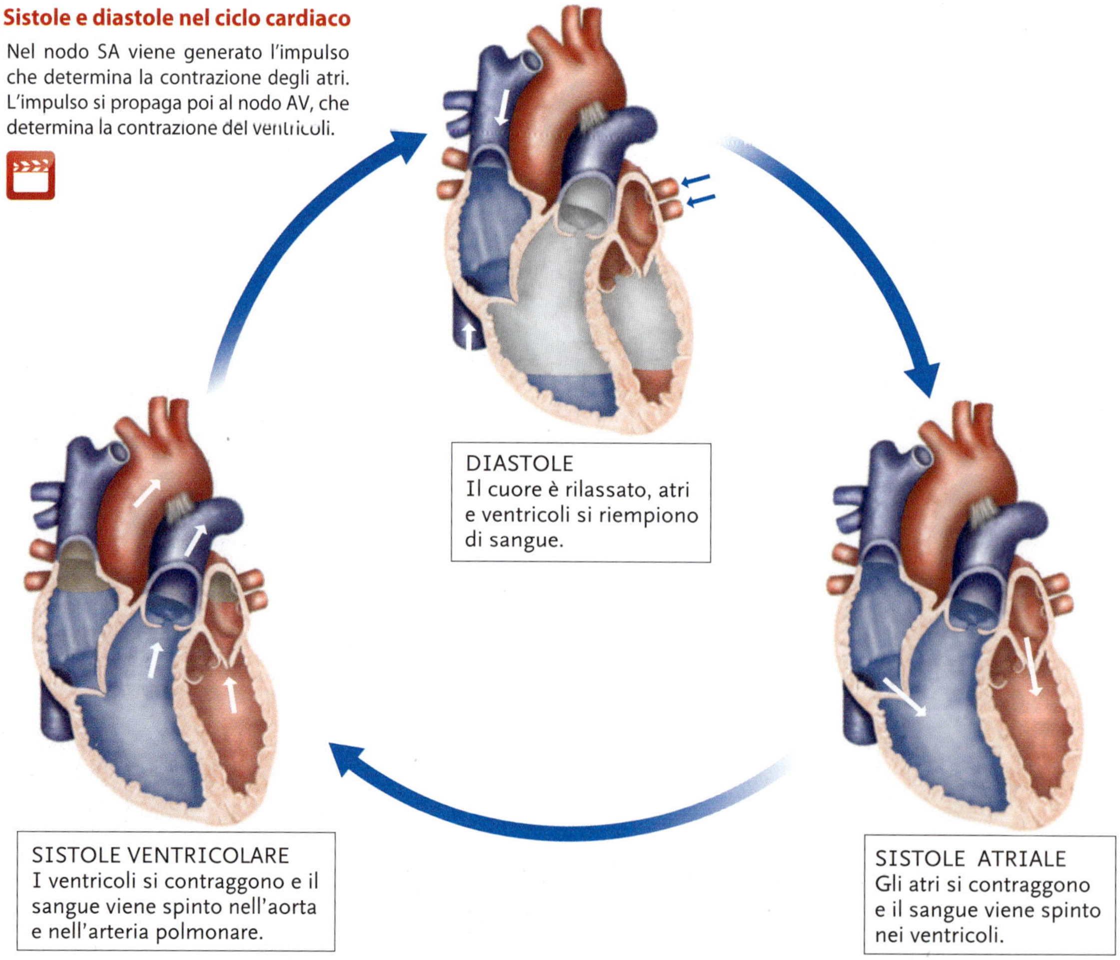

Bio Salute

Le cardiopatie congenite

Le **cardiopatie congenite** sono un gruppo molto ampio di patologie del cuore, causate da alterazioni dello sviluppo del cuore durante la vita embrionale. Vengono definite «congenite» perché sono presenti fin dalla nascita. Tra le malformazioni congenite, le cardiopatie risultano essere le più frequenti: la loro incidenza è di otto casi su mille nati vivi. Dopo le malformazioni scheletriche, le cardiopatie congenite rappresentano la principale causa di morte fra i bambini con malformazioni congenite.

Nell'ambito delle cardiopatie congenite alcune sono decisamente più frequenti di altre ▶ **Tabella A**.

Le malformazioni cardiache responsabili di queste patologie possono essere di vario tipo: alcune anomalie riguardano una singola parte del cuore, per esempio una valvola o un setto, altre, molto più complesse, sono caratterizzate da modifiche importanti alla struttura del cuore, spesso con malformazioni multiple.

Le **cardiopatie congenite semplici** presentano difetti di entità minima e non condizionano in alcun modo la vita del bambino; non richiedono terapie farmacologiche né (generalmente) correzione chirurgica. Le **cardiopatie congenite complesse** sono caratterizzate da anomalie importanti e spesso talmente gravi da richiedere nell'immediatezza della nascita o nei primi mesi di vita uno o più interventi, per consentire al cuore e al circolo sanguigno di funzionare correttamente, garantendo così la sopravvivenza stessa del bambino.

Tabella A Incidenza delle principali cardiopatie congenite

Malformazione cardiaca	Incidenza rispetto alla totalità delle cardiopatie
difetto interventricolare (DIV)	25-30%
difetto interatriale (DIA)	8-10%
pervietà del dotto arterioso (PDA)	6-8%
tetralogia di Fallot (TF)	5-6%
coartazione dell'aorta (CoA)	4-5%
stenosi polmonare	6-7%
difetti dei cuscinetti endocardici	4-6%
stenosi valvolare aortica	3-5%
trasposizione delle grandi arterie (TGA)	3-5%
atresia della tricuspide	1-3%

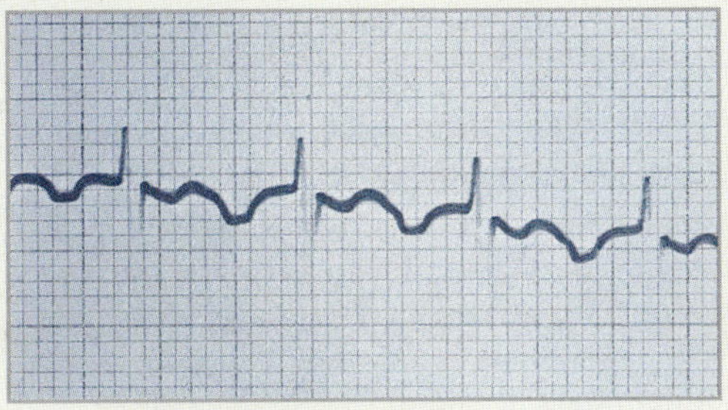

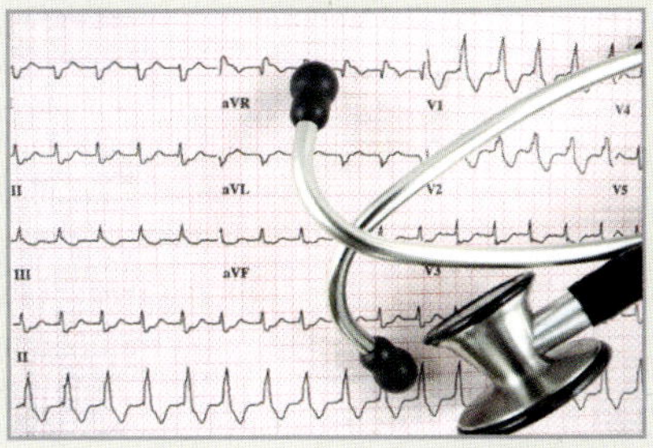

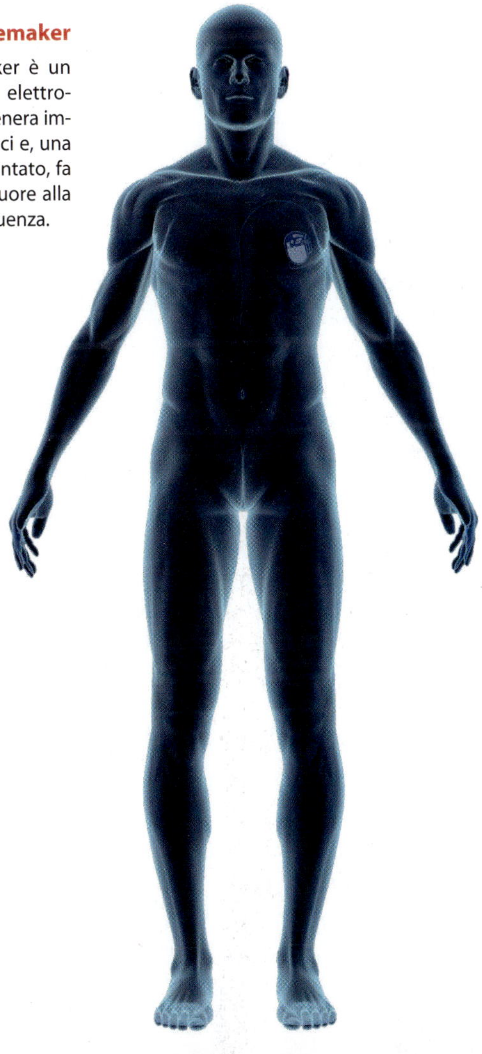

5 Il pacemaker
Il pacemaker è un dispositivo elettronico che genera impulsi elettrici e, una volta impiantato, fa battere il cuore alla giusta frequenza.

DOMANDE CHIAVE

1. Come viene anche chiamato il muscolo cardiaco?
2. Qual è il pacemaker naturale del cuore?
3. Quali sono le due fasi principali del ciclo cardiaco?

Osserva e COMPLETA

Che cosa rappresenta la figura? Inserisci i termini mancanti.

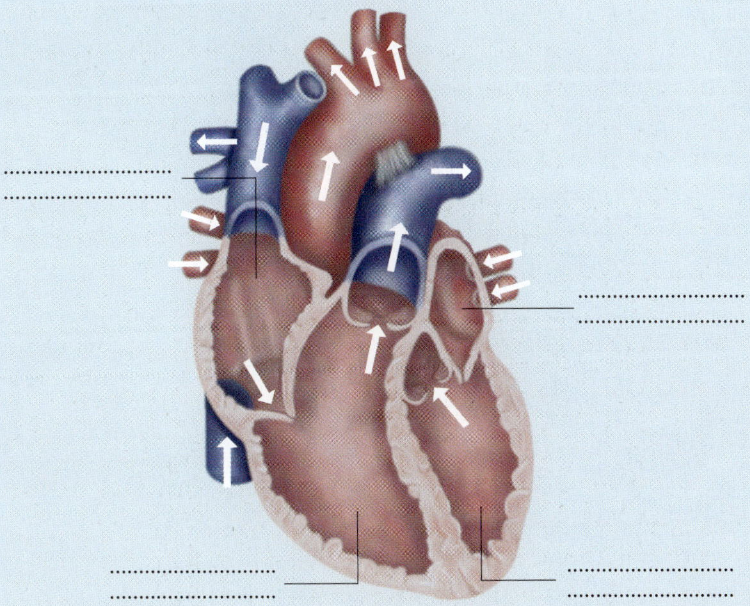

Il sangue

BioParole

Eritrocita
dal greco *erythrós*, «rosso» e *kýtos*, «cellula»
Erythrocyte

Leucocita
dal greco *leukós*, «bianco» e *kýtos*, «cellula»
Leukocyte

1 La composizione del sangue

Il **sangue** è un fluido denso e viscoso che scorre nei vasi sanguigni senza sosta, raggiungendo ogni singola cellula del nostro corpo.
Il sangue svolge diverse e importanti funzioni:

- trasporta l'ossigeno dai polmoni ai tessuti e l'anidride carbonica dai tessuti ai polmoni, ma anche altri gas in soluzione, prodotti di rifiuto, sali minerali, ormoni e nutrienti;
- regola il pH dei fluidi corporei;
- assorbe e rilascia calore per stabilizzare la temperatura corporea;
- consente la rimarginazione dei tessuti che si lacerano.

Il sangue è un tessuto connettivo formato, nell'uomo, per circa il 55% da **plasma**, un liquido composto principalmente da acqua, e per il restante 45% da **elementi figurati**, costituiti da cellule e frammenti di cellule. Gli elementi figurati sono: **globuli rossi** (o **eritrociti**), **globuli bianchi** (o **leucociti**) e **piastrine** ▶ 1.
Nell'uomo il volume totale di sangue circolante è circa l'8% del peso corporeo: un uomo che pesa 70 kg ha 5-6 l di sangue che circolano nel suo organismo.
Quando il sangue viene centrifugato, si divide in due strati: quello superiore è costituito dal plasma, quello inferiore dagli elementi figurati ▶ 2, che sono più pesanti. Il 99% degli elementi figurati presenti nello strato inferiore è costituito da globuli rossi e il restante 1% da globuli bianchi e piastrine. Globuli bianchi e piastrine si depositano tra i globuli rossi e il plasma, formando un piccolo anello chiaro definito *buffy coat*.

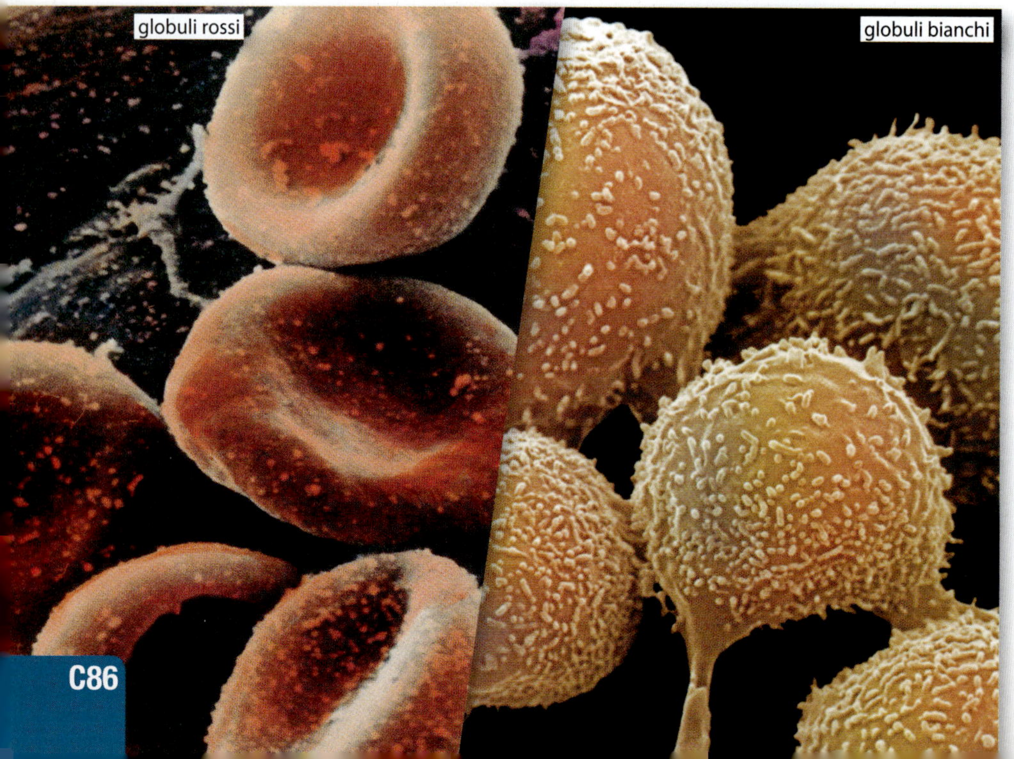

1 Globuli rossi e globuli bianchi

Globuli rossi, globuli bianchi e piastrine formano, insieme al plasma, il sangue.

2 Il plasma

Il **plasma** è un liquido di colore giallo paglierino costituito da acqua, proteine e sali. Nel plasma sono disciolti gas, sostanze nutritive, enzimi, rifiuti e ormoni. Tutte queste sostanze non sono componenti del sangue, lo utilizzano semplicemente per spostarsi da un distretto a un altro dell'organismo.
Le proteine presenti nel plasma, o **proteine plasmatiche**, sono le *albumine*, il *fibrinogeno* e le *globuline* (*alfa*, *beta* e *gamma*). Vengono prodotte tutte a livello epatico e ognuna svolge una funzione specifica.
Le **albumine** sono proteine molto grandi, che non riescono ad attraversare la parete dei capillari e servono a mantenere una giusta pressione osmotica nel sangue, aiutando così a regolare la distribuzione dei liquidi tra plasma e fluido interstiziale.
Le α (**alfa**) e le β (**beta**) **globuline** servono per il trasporto di sostanze nel sangue, mentre le γ (**gamma**) **globuline**, dette anche *immunoglobuline*, sono anticorpi, proteine che difendono il nostro organismo da agenti estranei (vedi Unità C6).
Il **fibrinogeno** è una proteina che svolge un ruolo fondamentale nella coagulazione del sangue, processo che permette di rimarginare le ferite.

3 I globuli rossi

I **globuli rossi** o **eritrociti** sono cellule altamente specializzate per il trasporto di ossigeno (e in misura minore di anidride carbonica) nel circolo sanguigno.

2 Provetta di sangue dopo centrifugazione

Se una provetta di sangue viene centrifugata, gli elementi figurati si depositano nello strato inferiore, mentre il plasma va a formare lo strato superiore. Il *buffy coat* è l'anello di globuli bianchi e piastrine che si localizza al confine tra i due strati.

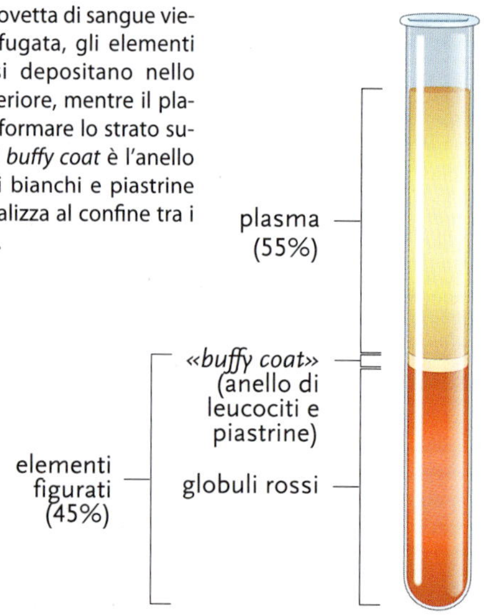

Nella maggior parte dei vertebrati i globuli rossi sono dotati di nucleo; fanno eccezione i mammiferi, che hanno globuli rossi privi di nucleo.
Gli eritrociti umani hanno una tipica forma a disco biconcavo, con la parte centrale appiattita, un diametro di 7-8 μm e uno spessore di 1-2 μm. Sono privi di nucleo e organuli cellulari. La forma è mantenuta da un reticolo elastico che fa sì che l'eritrocita riesca a piegarsi e girarsi facilmente, riuscendo così a passare anche da vasi più piccoli del suo diametro. La forma biconcava permette all'eritrocita di aumentare l'area superficiale rispetto al volume, consentendo così un'efficace diffusione di ossigeno e anidride carbonica.
Gli eritrociti sono prodotti nel midollo osseo rosso di alcune ossa: vertebre, sterno, costole, cranio e ossa lunghe.
Nel sangue dell'uomo i globuli rossi sono circa 5 milioni per mm^3. Hanno una vita piuttosto breve (120 giorni circa), ma vengono rapidamente sostituiti grazie alla continua produzione che avviene nel midollo osseo.
Gli eritrociti maturi, essendo privi di nucleo e organuli cellulari, non sono in grado né di riprodursi né di svolgere intense attività metaboliche. Il loro volume interno è totalmente occupato dall'**emoglobina** (in sigla **Hb**), una proteina in grado di legare ossigeno e anidride carbonica. Ogni globulo rosso contiene circa 300 milioni di molecole di emoglobina. È proprio l'emoglobina il pigmento che conferisce al sangue il tipico colore rosso.
L'ossigeno non si scioglie facilmente nell'acqua e quindi nemmeno nel plasma sanguigno: per questo motivo il 98,5% dell'ossigeno presente nel sangue si trova legato alla molecola di emoglobina, che tramite il circolo può trasportarlo a tutti i tessuti dell'organismo.
La molecola di emoglobina ▶ **3** è costituita da quattro subunità proteiche, unite da legami deboli. Ogni subunità presenta al centro un composto chiamato **gruppo eme**, che contiene un atomo di ferro: è l'atomo di ferro che conferisce alla proteina le sue specifiche proprietà

3 Struttura della molecola di emoglobina

La molecola di emoglobina è costituita da quattro subunità: due α e due β.

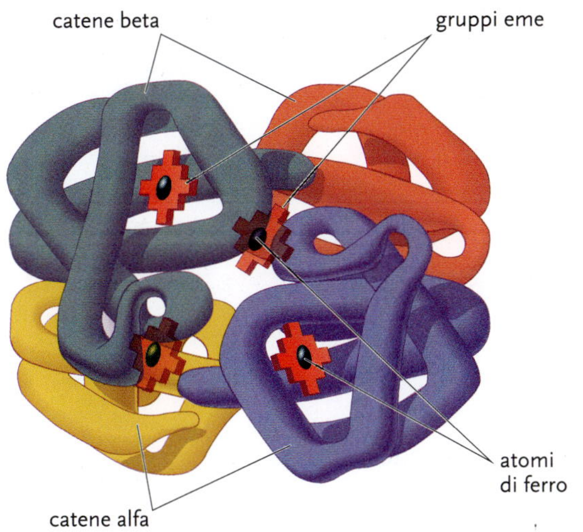

di trasportatore, perché ha la capacità di legare una molecola di ossigeno. Ogni emoglobina ha in totale quattro atomi di ferro in altrettanti gruppi eme ed è quindi in grado di trasportare al massimo quattro molecole di ossigeno.
Nell'emoglobina adulta normale (**HbA**) le subunità sono indicate come α (alfa), contenente 141 amminoacidi, e β (beta), composta da 146 amminoacidi. A livello dei capillari polmonari l'emoglobina degli eritrociti si carica di ossigeno. La reazione tra emoglobina e ossigeno è facilmente reversibile e porta alla formazione di **ossiemoglobina** (HbO_2):

$$\underset{\text{emoglobina}}{Hb} + \underset{\text{ossigeno}}{O_2} \underset{\text{rilascio dell'ossigeno}}{\overset{\text{legame con l'ossigeno}}{\rightleftharpoons}} \underset{\text{ossiemoglobina}}{HbO_2}$$

Quando gli eritrociti giungono ai capillari dei tessuti, l'equilibrio chimico si sposta a sinistra della reazione: l'ossiemoglobina infatti rilascia l'ossigeno e si trasforma in emoglobina ridotta, che può tornare ai polmoni per ricaricarsi di ossigeno. Negli alveoli l'emoglobina si ricarica di ossigeno e l'equilibrio si sposta a destra della reazione, verso l'ossiemoglobina.
L'emoglobina può dunque trasportare quattro molecole di ossigeno, che si uniscono una alla volta alle sue quattro subunità. L'ossigeno si lega con l'emoglobina in modo «cooperativo»: il legame del primo ossigeno con una subunità dell'emoglobina fa aumentare l'affinità della proteina verso il successivo ossigeno; il secondo legame fa aumentare l'affinità per il terzo ossigeno e così via. Questo fa sì che ogni molecola di emoglobina a livello polmonare venga saturata anche quando l'ossigeno scarseggia e possa intraprendere il suo viaggio verso i tessuti carica di ossigeno.
Anche l'anidride carbonica liberata dalle cellule a livello dei tessuti si lega all'emoglobina, ma solo in minima parte: la maggior parte viene infatti trasportata ai polmoni sotto forma di ione HCO_3^- (idrogenocarbonato), disciolto nel plasma.
La vita media di un eritrocita è di 120 giorni. Quando il sangue attraversa fegato e milza, specifiche cellule, i *fagociti*, prelevano i globuli rossi usurati e li disgregano, riciclando alcuni componenti. Il nostro organismo distrugge più di 2 milioni di globuli rossi al secondo e il midollo osseo per sostituirli ne produce altrettanti.
La produzione di globuli rossi è regolata dall'ormone **eritropoietina**, che è rilasciata dai reni in risposta alla diminuzione di ossigeno nel sangue.

4 I globuli bianchi

I **globuli bianchi** o **leucociti** sono prodotti dal midollo osseo rosso e dalla milza e svolgono un ruolo centrale nella risposta immunitaria: sono infatti specializzati nella difesa dell'organismo dagli agenti patogeni. Combattono i microrganismi sia nel circolo sanguigno sia a livello dei tessuti, che possono raggiungere passando tra le cellule delle pareti dei vasi sanguigni.

Bio Parole

Coagulo
dal latino *coagulum*, composto di *cum*, «con» e *agere*, «spingere, riunire»
Coagulum

I leucociti sono cellule nucleate, più grandi dei globuli rossi, ma presenti nel sangue in numero molto inferiore (circa un globulo bianco ogni mille globuli rossi). Nel sangue esistono cinque tipi differenti di leucociti: i *neutrofili*, gli *eosinofili*, i *basofili*, i *monociti* e i *linfociti* ▶ 4.

I neutrofili, gli eosinofili e i basofili hanno grossi nuclei plurilobati e sono definiti complessivamente *leucociti granulari* o *granulociti*, poiché presentano specifici granuli nel loro citoplasma. Monociti e linfociti hanno nuclei arrotondati o leggermente allungati e sono definiti *leucociti non granulari*, poiché il loro citoplasma è privo di granuli.

5 Le piastrine

Le **piastrine** derivano da cellule molto grandi, i *megacariociti*, prodotte dal midollo osseo. Una piastrina, quindi, non è una cellula intera, ma un frammento di citoplasma ricco di vescicole e racchiuso da una membrana.

Le piastrine sono presenti nel sangue umano nell'ordine di circa 300 000 per μl; hanno una forma discoidale, sono di dimensioni piccole (1-2 μm di diametro) e contengono specifici enzimi che intervengono nei processi di **coagulazione** del sangue.

Quando un vaso sanguigno si lacera, la muscolatura liscia delle sue pareti si contrae immediatamente (spasmo vascolare) per limitare la perdita di sangue e per dare tempo ai meccanismi di riparazione di attivarsi. Intanto giungono le piastrine, che si ammassano in gran numero sulla lesione e aderiscono al tratto di superficie danneggiato, cercando di occludere, come un «tappo», l'apertura da cui il sangue fuoriesce. Poi le piastrine cominciano a diminuire di spessore e a espandersi, trasformandosi in lamine sottilissime. Questo processo determina la loro distruzione e la conseguente liberazione di diverse sostanze che concorrono ad avviare la vera e propria coagulazione.

Il processo di coagulazione più propriamente detto consiste nella trasformazione del **fibrinogeno** (una sostanza inattiva presente nel sangue) in **fibrina**. Questa reazione avviene a opera di una proteina chiamata **trombina**. La trombina si forma dal suo precursore, la *protrombina*, una proteina prodotta dal fegato in presenza di specifiche proteine, i *fattori di coagulazione*, di ioni calcio e di altre sostanze liberate dalle piastrine.

Una volta formata, la fibrina polimerizza, producendo lunghi filamenti che aderiscono insieme alle piastrine alla superficie danneggiata del vaso e formano così il **coagulo**. Il coagulo tampona la ferita, bloccando l'emorragia e impedendo l'entrata di microrganismi. Può così iniziare il processo di riparazione permanente del vaso.

Una volta che il danno è stato riparato, il coagulo si dissolve per azione di specifici enzimi.

4 Composizione del sangue umano

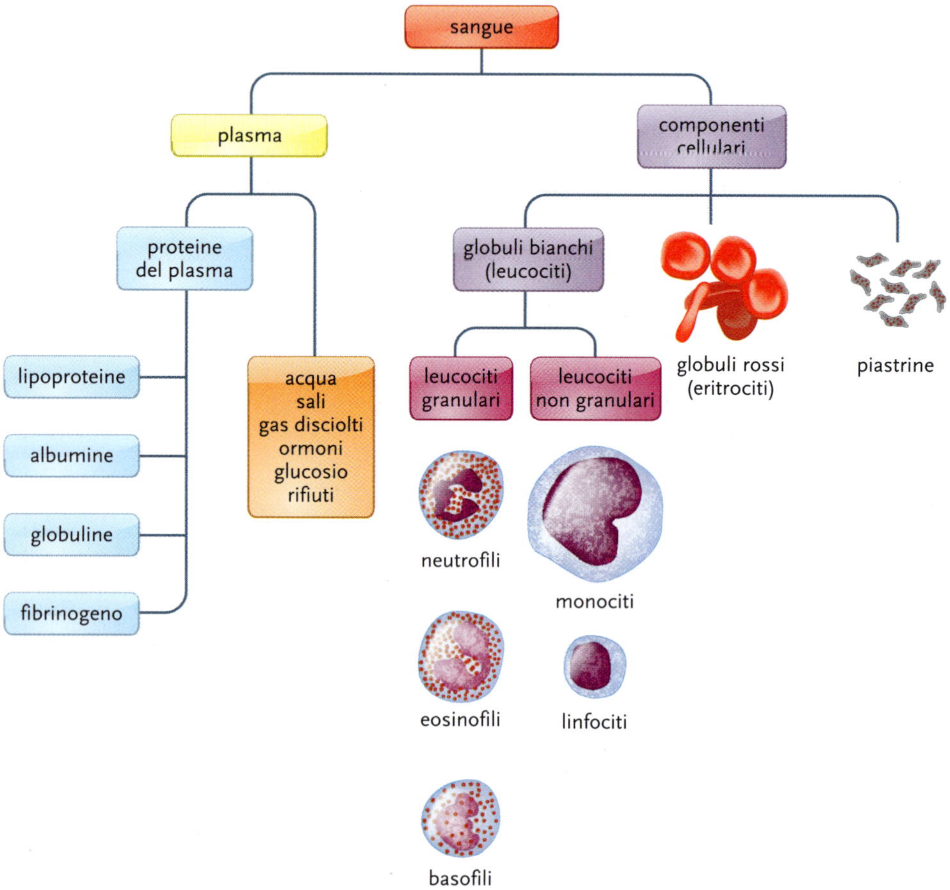

Osserva e COMPLETA

Osserva la figura e rispondi. Di quale molecola si tratta? Da quante catene proteiche è composta? Quale funzione ha il gruppo eme?

DOMANDE CHIAVE

1. Come si chiama la parte fluida del sangue?
2. Qual è la molecola che trasporta l'ossigeno nei globuli rossi?
3. A quale importante processo partecipano le piastrine?

LEZIONE 7

Il sistema linfatico

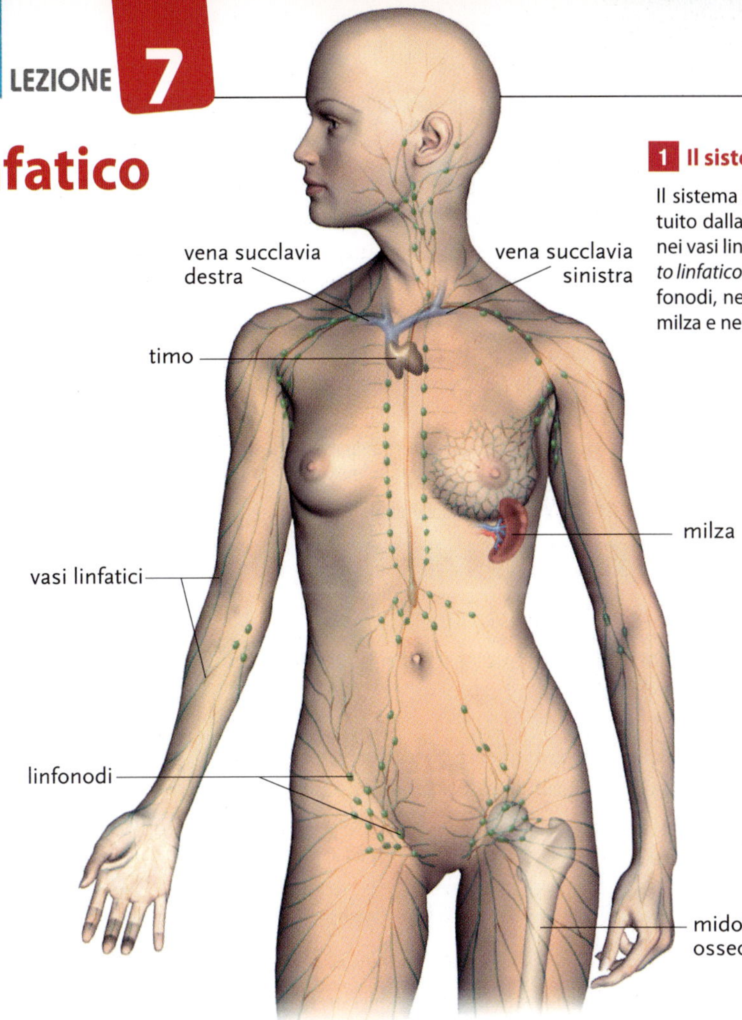

1 Il sistema linfatico

Il sistema linfatico è costituito dalla *linfa*, che scorre nei vasi linfatici, e dal *tessuto linfatico*, presente nei linfonodi, nelle tonsille, nella milza e nel timo.

1 Struttura e funzione del sistema linfatico

I vertebrati superiori, compreso l'uomo, sono dotati, oltre alla circolazione sanguigna, di un apparato circolatorio accessorio, chiamato **sistema linfatico**.

Il sistema linfatico svolge tre importanti funzioni:

- raccoglie il fluido interstiziale residuo dai tessuti e lo convoglia verso il circolo venoso;
- difende il corpo dai microrganismi patogeni;
- assorbe i lipidi e le vitamine introdotti con l'alimentazione dall'apparato digerente e li riversa nel sangue.

2 La circolazione linfatica

Il sistema linfatico è costituito da due componenti: la **linfa**, un fluido acquoso che scorre nei **vasi linfatici**, e un particolare tipo di tessuto connettivo, il **tessuto linfatico**, che contiene un elevato numero di linfociti.

Il tessuto linfatico è organizzato in piccole masse chiamate **linfonodi**, distribuite lungo i vasi linfatici di tutto il corpo, ed è presente anche nelle **tonsille**, nel **timo** e nella **milza**, organi che fanno parte del sistema linfatico ▶ 1.

I *capillari linfatici* si estendono in quasi tutti i tessuti del corpo e si uniscono per formare le *vene linfatiche*, di diametro maggiore.

I capillari linfatici terminano a fondo cieco e assorbono per osmosi il liquido interstiziale, che non viene riassorbito dal circolo sanguigno. Una volta entrato nei capillari linfatici, il liquido (che qui prende il nome di **linfa**) viene trasportato verso le vene linfatiche. A livello dei linfonodi la linfa viene filtrata, allo scopo di eliminare batteri e altri materiali nocivi, per poi proseguire fino a portarsi verso la regione delle spalle. Qui i vasi linfatici provenienti da tutto il corpo confluiscono nel *dotto toracico* e nel *dotto linfatico destro*, che riversano la linfa alla base delle vene succlavie.

3 I principali organi del sistema linfatico

LINFONODI I linfonodi del nostro corpo sono circa 600 e sono distribuiti lungo tutto il sistema linfatico, sia in superficie sia in profondità. Piccoli e di forma allungata, sono rivestiti da una capsula di connettivo e contengono numerosi linfociti e macrofagi.

Quando attraversa i linfonodi, la linfa viene filtrata e il materiale estraneo e gli agenti patogeni restano intrappolati nel linfonodo, dove vengono distrutti dai globuli bianchi.

TIMO Il timo è un organo bilobato che si trova tra i due polmoni, dietro lo sterno. Contiene numerosi linfociti, cellule epiteliali e macrofagi. A livello del timo giungono i *linfociti T* (un tipo particolare di linfociti che devono il loro nome proprio al timo), prodotti dal midollo osseo in forma immatura. Essi terminano nel timo la propria maturazione e vengono selezionati, per poi essere trasportati tramite il sangue ai linfonodi e ad altri tessuti linfatici.

MILZA Situata tra il diaframma e lo stomaco e ricoperta da una capsula di tessuto connettivo, la milza presenta tre tipi di tessuto: la *polpa bianca*, ricca di linfociti, la *polpa rossa*, attraversata da vasi sanguigni, e il *tessuto splenico*, formato da eritrociti, linfociti e leucociti granulari. Le funzioni principali della milza sono: filtrazione del sangue con eliminazione degli agenti patogeni; produzione di eritrociti; rimozione di globuli rossi e piastrine senescenti o danneggiati; immagazzinamento di cellule del sangue.

Osserva e RISPONDI

Come si chiama l'organo rappresentato nella figura? Quale ruolo svolge?

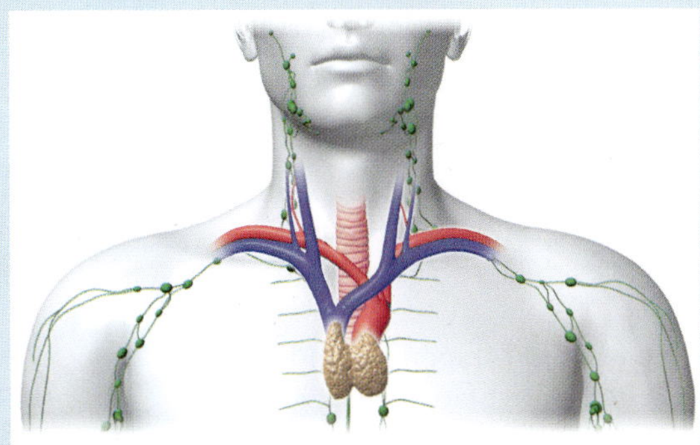

BioParole

Linfa
dal latino *lympha*, «acqua limpida»
Lympha

DOMANDE CHIAVE

1. In quali vasi scorre la linfa?
2. Quali cellule del sangue sono presenti nei linfonodi?
3. Quale organo del sistema linfatico distrugge i globuli rossi e le piastrine senescenti?

LE LEZIONI IN SINTESI

1 La respirazione negli animali

La **respirazione** serve all'animale per assorbire ossigeno per le attività metaboliche e liberare anidride carbonica. Gli animali più semplici respirano mediante la pelle (**respirazione cutanea**), mentre gli artropodi utilizzano un sistema di tubi chiamati **trachee**. Le **branchie** sono usate dai pesci per respirare in acqua, mentre dagli anfibi ai mammiferi si assiste all'evoluzione di **polmoni** sempre più efficienti, per la respirazione in aria.

2 Anatomia dell'apparato respiratorio

L'**apparato respiratorio** dell'uomo è costituito dalle **vie aeree** e dai **polmoni**. Esso assicura gli scambi gassosi, proteggendoci dalle impurità dell'aria e dai microrganismi patogeni, e ci consente di emettere suoni. Gli scambi gassosi avvengono a livello degli *alveoli polmonari*, dove l'ossigeno passa ai sottili *capillari*, mentre l'anidride carbonica diffonde dai capillari agli alveoli per essere espulsa. Le due fasi della respirazione sono l'**inspirazione** e l'**espirazione**.

3 La circolazione negli animali

Gli organismi hanno sviluppato apparati circolatori con la funzione di distribuire gas e nutrienti in tutto il corpo. Gli apparati circolatori possono essere *aperti*, con i vasi che sboccano direttamente nei tessuti, o *chiusi*, e la circolazione può essere *singola*, con un solo circuito, o *doppia*, con una circolazione polmonare e una sistemica. Il cuore dei vertebrati è diviso in più camere, gli **atri** e i **ventricoli**.

4 Anatomia dell'apparato circolatorio

I vasi sanguigni sono le **arterie**, le **arteriole**, i **capillari**, le **venule** e le **vene**. Arterie e vene hanno pareti costituite da tre strati: la *tonaca avventizia*, la *tonaca media* e la *tonaca intima*. La **pressione sanguigna**, cioè la pressione esercitata dal sangue contro le pareti dei vasi, è più elevata nelle arterie rispetto alle vene ed è influenzata da diversi fattori, come la *viscosità* del sangue e l'*attrito* esercitato dalle pareti dei vasi.

5 Il cuore e il ciclo cardiaco

La parete del cuore è costituita da un muscolo involontario, il **miocardio**. Il cuore umano ha due atri e due ventricoli. Il ventricolo destro pompa il sangue nel tronco arterioso e quindi nel circolo polmonare; il ventricolo sinistro nell'aorta e quindi nel circolo sistemico. All'atrio sinistro giunge il sangue ossigenato dai polmoni, all'atrio destro il sangue povero di ossigeno dal corpo. Il **ciclo cardiaco** è composto da una **diastole**, una **sistole atriale** e una **sistole ventricolare**.

6 Il sangue

Il **sangue** è costituito dal **plasma**, la componente fluida, e dagli **elementi figurati**: i *globuli rossi* o *eritrociti*, i *globuli bianchi* o *leucociti* e le *piastrine*. I globuli rossi contengono emoglobina e hanno come funzione principale il trasporto di ossigeno nel sangue. I globuli bianchi difendono il corpo dagli agenti patogeni. Le piastrine sono frammenti di cellule che intervengono nei processi di rimarginazione delle ferite.

7 Il sistema linfatico

Il **sistema linfatico** è composto dai *vasi linfatici* e dagli *organi linfatici*. Il liquido interstiziale che non viene riassorbito dai capillari del sistema circolatorio viene recuperato dai vasi del sistema linfatico, che lo riportano nelle vene succlavie. Gli organi linfatici più importanti sono i **linfonodi**, la **milza**, le **tonsille**, il **timo**.

THE CHAPTER IN REVIEW

- **Breathing** is necessary to absorb the **oxygen** needed for metabolic activities, and to release **carbon dioxide**.
- The human **respiratory system** is made up of **airways** and **lungs**. Gas exchange occurs within the **pulmonary alveoli**. The two phases of breathing are called **inhalation** and **exhalation**.
- The human **circulatory system** is made up of **heart**, **blood vessels** and **blood**. Its task is to carry substances and gases to every part of the body. Blood vessels are **arteries**, **arterioles**, **capillaries**, **venules** and **veins**.
- The human **heart** has two **atria** and two **ventricles**. The right ventricle pumps blood into the pulmonary circulation, while the left ventricle pumps it into the aorta, and then into the systemic circulation. The left atrium receives oxygenated blood from the lungs, while the right one receives oxygen-poor blood from the body.
- **Blood** is made up of **plasma**, its fluid component, and figurative elements: **red blood cells**, **white blood cells** and **platelets**.

Termini chiave *Key Terms*

Apparato respiratorio *Respiratory system*
Arterie *Arteries*
Capillari *Capillaries*
Ciclo cardiaco *Cardiac cycle*
Cuore *Heart*
Diastole *Diastole*
Espirazione *Exhalation*
Globuli bianchi o leucociti *White blood cells (or leukocytes)*
Globuli rossi o eritrociti *Red blood cells (or erythrocytes)*
Inspirazione *Inhalation*
Linfonodi *Lymph nodes*
Milza *Spleen*
Miocardio *Myocardium*
Piastrine *Platelets*
Plasma *Plasma*
Polmoni *Lungs*
Respirazione *Breathing*
Sangue *Blood*
Sistema linfatico *Lymphoid system*
Sistole *Systole*
Vene *Veins*

LE MAPPE DELL'UNITÀ

Competenza disciplinare ➊ Riconoscere e stabilire relazioni tra i concetti

Completa gli schemi

A

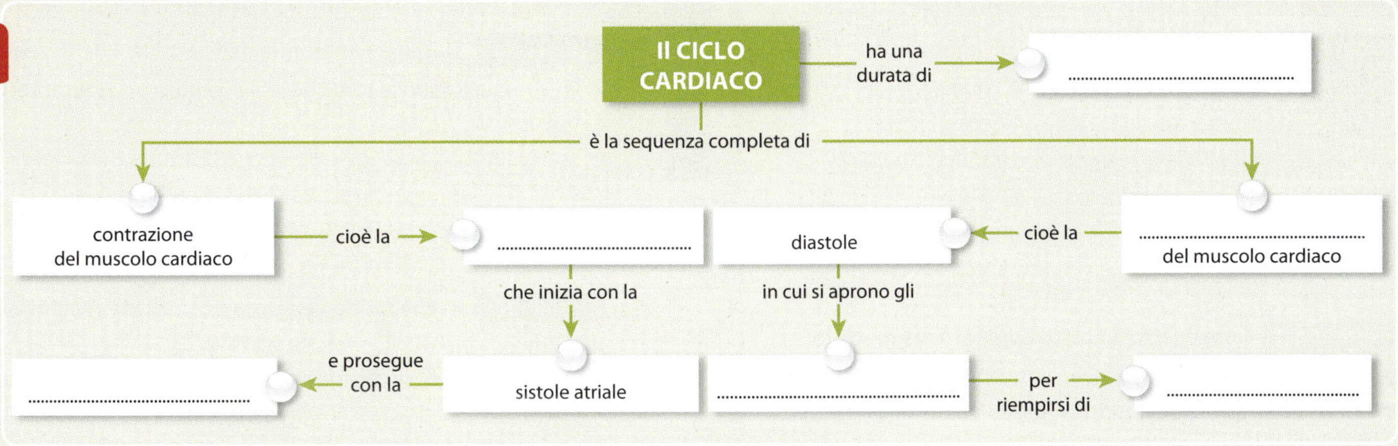

B

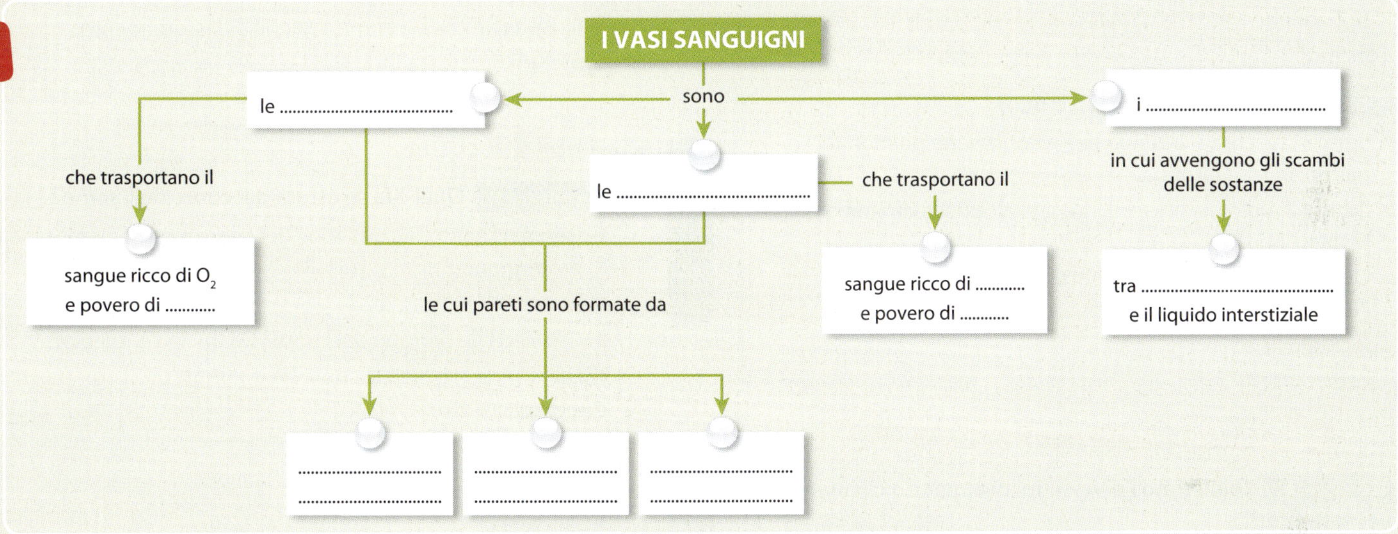

C

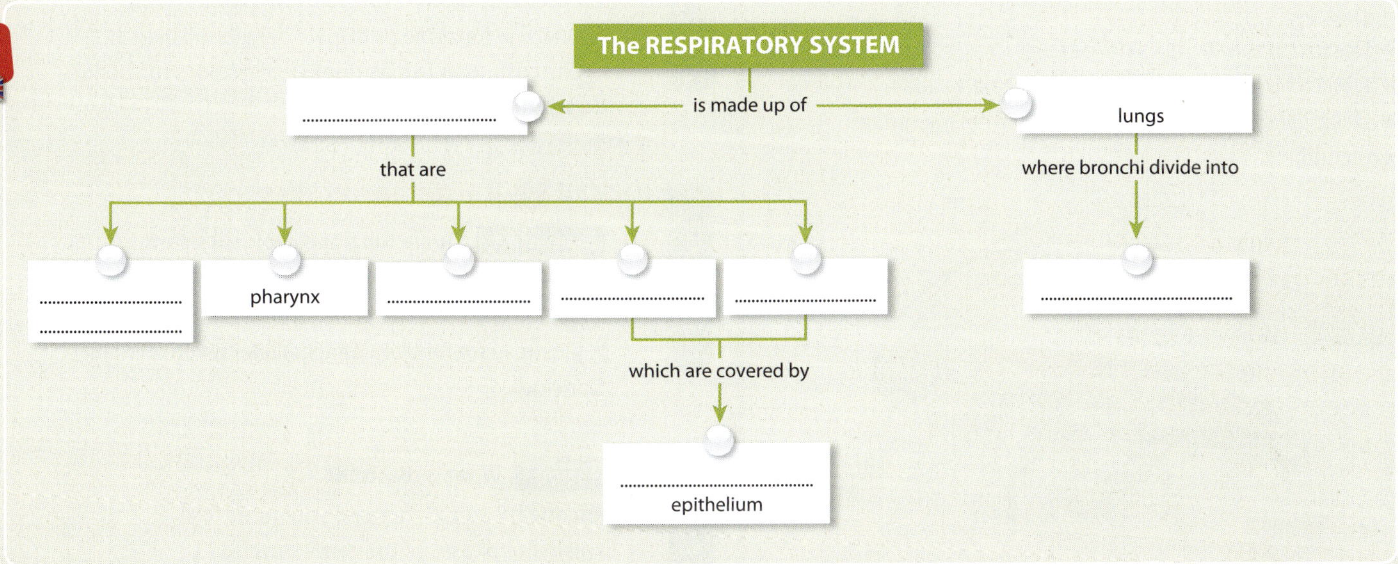

D Progetta e disegna una mappa che abbia come nodo centrale «il sangue».

PROVE D'INTERROGAZIONE

Competenza disciplinare ▶ Effettuare connessioni logiche e comunicare in forma orale

LEZIONE 1 La respirazione negli animali

A. Domanda: In che modo respirano gli anfibi?

- Spiega come avviene la respirazione cutanea.
- Spiega struttura e funzione delle branchie.
- Quali sono i limiti della respirazione tramite la pelle?

Concludi.

LEZIONE 2 Anatomia dell'apparato respiratorio

A. Domanda: Com'è fatto il nostro apparato respiratorio?

- Descrivi la struttura della cavità nasale e la sua funzione.
- Illustra la struttura della laringe, della faringe, della trachea e dei bronchi.
- Illustra la struttura dei polmoni e spiega il ruolo degli alveoli polmonari.

Concludi.

B. Domanda: In che modo respiriamo?

- Spiega che cosa si intende per «ventilazione polmonare» e per «ciclo respiratorio».
- Illustra il ruolo dei muscoli intercostali e del diaframma nella respirazione.
- Quale forza determina l'entrata dell'aria nei polmoni? E l'uscita?

Concludi.

LEZIONE 3 La circolazione negli animali

A. Domanda: Quali sono i diversi tipi di apparato circolatorio nei vertebrati?

- Spiega che cosa si intende per «apparato circolatorio chiuso».
- Descrivi la sua struttura nei pesci.
- Descrivi la sua struttura negli anfibi e nei rettili.
- Descrivi la sua struttura negli uccelli e nei mammiferi.

Concludi.

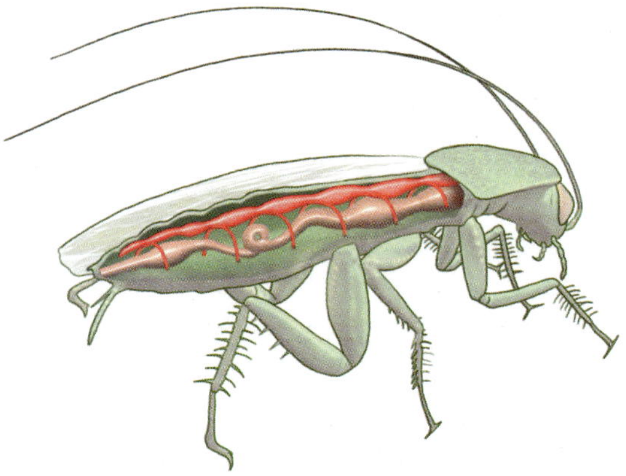

LEZIONE 4 Anatomia dell'apparato circolatorio

A. Domanda: Descrivi l'anatomia delle arterie e delle vene.

- Illustra quali sono le tonache che costituiscono entrambi i tipi di vasi.
- Spiega la differenza tra la parete delle arterie e la parete delle vene.
- Come sono fatti i capillari?

Concludi.

B. Domanda: In che modo vengono trasferite le sostanze tra un capillare e una cellula di un tessuto?

- Spiega che cos'è la pressione sanguigna e come varia lungo il capillare.
- Spiega che cos'è la pressione osmotica colloidale.
- Illustra che cos'è e come avviene la filtrazione.
- Illustra che cos'è e come avviene il riassorbimento.

Concludi.

LEZIONE 5 Il cuore

A. Domanda: Qual è la struttura del cuore dell'uomo?

- Descrivi l'anatomia generale del cuore e quali membrane lo proteggono.
- Che cos'è il miocardio?
- Quali arterie partono dal cuore? Da quale ventricolo?
- Quali vene arrivano al cuore? A quale atrio?

Concludi.

LEZIONE 6 Il sangue

A. Domanda: Qual è la funzione delle cellule del sangue?

- Descrivi struttura e funzione dei globuli rossi.
- Qual è la funzione principale dei globuli bianchi?
- Che cosa sono le piastrine? Qual è la loro funzione?

Concludi.

LEZIONE 7 Il sistema linfatico

A. Domanda: Quale funzione svolge il sistema linfatico?

- Illustra l'anatomia del sistema linfatico.
- Spiega che cos'è la linfa e come si forma.
- Illustra le tre funzioni principali del sistema linfatico.

Concludi.

Question: What is diastole?

- Describe the heart's general structure.
- Explain the phases of the cardiac cycle.
- What happens during the diastole?

Conclude your exposition.

TEST E QUESITI

Competenza disciplinare
Applicare le conoscenze acquisite (es. 1-10)
Applicare il linguaggio scientifico (es. 11)
Spiegare in forma scritta fenomeni e processi (es. 12-17)

Scegli la risposta corretta

1. Il pacemaker naturale del nostro cuore è...
   - A il fascio di His.
   - B il nodo seno-atriale (SA).
   - C le fibre di Purkinje.
   - D il nodo atrio-ventricolare (AV).

2. Quale delle seguenti affermazioni *non* è valida per i globuli rossi?
   - A Vivono 120 giorni.
   - B Hanno la stessa origine dei globuli bianchi.
   - C Vengono distrutti nella milza e nel fegato.
   - D Hanno il nucleo come tutte le cellule.

3. Nell'espirazione il diaframma...
   - A si rilassa e la cavità toracica diminuisce di volume determinando un aumento della pressione dell'aria presente negli alveoli.
   - B si contrae e la cavità toracica aumenta di volume determinando un aumento della pressione dell'aria presente negli alveoli.
   - C si rilassa e la cavità toracica aumenta di volume determinando una diminuzione della pressione dell'aria presente negli alveoli.
   - D si contrae e la cavità toracica diminuisce di volume determinando un aumento della pressione dell'aria presente negli alveoli.

4. L'ossigeno arriva direttamente dall'esterno ai tessuti senza essere trasportato dall'apparato circolatorio in...
   - A un delfino.
   - B una farfalla.
   - C una gallina.
   - D una rana.

5. Il sangue trasportato dalla circolazione sistemica prima di tornare ai polmoni passa necessariamente...
   - A dallo stomaco, dove raccoglie le proteine assunte.
   - B dal fegato e dal pancreas, che ne regolano la quantità di calcio.
   - C dalle ghiandole surrenali, che ne regolano il volume.
   - D dall'intestino, dove raccoglie i nutrienti da trasportare ai tessuti.

6. Il liquido che bagna le cellule si chiama...
   - A liquido interstiziale.
   - B sangue arterioso.
   - C sangue venoso.
   - D linfa.

7. Quale epitelio è presente nei bronchi?
   - A Pavimentoso
   - B Cubico.
   - C Ciliato.
   - D Squamoso stratificato.

8. La diffusione dell'O_2 dagli alveoli al sangue e viceversa per la CO_2 si ha perché la pressione parziale dell'O_2 è più...
   - A bassa negli alveoli e quella della CO_2 è più bassa nel sangue.
   - B alta negli alveoli e quella della CO_2 è più alta nel sangue.
   - C alta nel sangue e quella della CO_2 è più alta negli alveoli.
   - D bassa nel sangue e quella della CO_2 è più bassa negli alveoli.

9. Quale sequenza descrive correttamente il percorso del sangue nella circolazione polmonare a partire dal ventricolo destro?
   - A Tronco polmonare, vena polmonare, polmoni, arterie polmonari, atrio destro.
   - B Vene polmonari, polmoni, tronco polmonare, arteria polmonare, capillari polmonari.
   - C Atrio destro, arterie polmonari, capillari polmonari, vene polmonari, polmoni.
   - D Tronco polmonare, arterie polmonari, capillari polmonari, vene polmonari, atrio sinistro.

10. In quale dei seguenti animali il cuore è costituito da un solo ventricolo?
    - A Negli insetti.
    - B Nei mammiferi.
    - C Negli uccelli.
    - D Negli anfibi.

Metti in relazione

11. Completa la tabella scrivendo la definizione delle strutture indicate.

Struttura	Definizione
alveolo polmonare	....
piastrina	....
arteria coronaria	....
fibrina	....
fascio di His	....
sistole	....
emoglobina	....
nodo seno-atriale	....
liquido interstiziale	....
vena porta	....

Rispondi utilizzando i termini indicati

12. Come avviene l'espirazione?
    rilassamento – diaframma – cavità toracica – pressione atmosferica

13. Che cos'è il ciclo cardiaco?
    contrazione – sistole – diastole – atri – ventricoli

14. Ci sono vantaggi nell'ottenere ossigeno dall'aria anziché dall'acqua? Quali?
    aria – acqua – energia – ossigeno – concentrazione

Rispondi e motiva la tua risposta

15. Descrivi la circolazione polmonare e la circolazione sistemica. Gli emboli che si formano nel circolo venoso vengono portati dalla corrente sanguigna attraverso vasi sempre più grossi fino al cuore, e di qui ai polmoni,

dove i coaguli possono fermarsi causando un'ostruzione e determinando l'insorgenza di un quadro clinico noto come embolia polmonare, che si manifesta con difficoltà respiratoria e dolore al torace. Quale vaso ipotizzi sia ostruito?

16. Descrivi le vie respiratorie che sono provviste di epitelio ciliato e la funzione che questo tessuto riveste. La fibrosi cistica è chiamata anche mucoviscidosi, perché il muco che si forma nei polmoni è molto denso e si deposita negli alveoli. Perché non viene rimosso? Perché, se non viene curata, questa malattia può portare alla morte?

Rispondi alla domanda in base all'estensione richiesta

17. Confronta l'anatomia di vene, arterie e capillari. Spiega in modo chiaro quali ruoli funzionali giustificano le diverse strutture anatomiche. Perché sono arterie e non vene i vasi che portano il sangue povero di ossigeno dal cuore ai polmoni? (**massimo 10 righe**)

In English Competenza trasversale Usare la lingua inglese in un contesto scientifico

Complete the following sentences

1. The wall between the two ventricles is called ...., while the one between the two atria is called ....

2. Inside the ...., bronchi divide into smaller and smaller ramifications called .... Each one of these ends in a group of small sacs with extremely thin walls: the ....

Choose the right answer for the following questions

3. When we inhale, intra-chest pressure…

A becomes lower than external pressure.
B becomes higher than external pressure.
C does not change.
D becomes the same as external pressure.

4. Veins are different from arteries, mainly because they…

A have fewer layers of tunic.
B only carry blood to the heart.
C have thinner tunics.
D only carry oxygen-poor blood.

Answer in a few words

5. What is plasma? What is it made of?

....

....

IL MIO ESAME DI STATO

Esercizi di simulazione della **Terza Prova**

1. Tipologia A della Terza Prova

Descrivi il percorso di una molecola di ossigeno dall'aria al suo arrivo in una cellula, soffermandoti a descrivere in modo approfondito le strutture in cui avvengono gli scambi dei gas. Quale funzione ha l'ossigeno nella cellula? (**massimo 15 righe**)

2. Tipologia B della Terza Prova

Sappiamo che il ciclo cardiaco comprende tutti gli eventi associati a un battito cardiaco e avviene in meno di un secondo. Descrivi e spiega gli eventi che avvengono nei primi 0,4 secondi. Quale fase rappresentano? A tuo nonno è stato impiantato un pacemaker artificiale. Qual è la sua funzione?

3. Tipologia C della Terza Prova

Scegli la risposta corretta.
L'emoglobina si lega all'ossigeno…

A mai.
B a livello dei tessuti.
C a livello dei polmoni.
D solo quando l'ossigeno è scarso.

4. Tipologia C della Terza Prova

Scegli la risposta corretta.
Durante la sistole ventricolare si chiudono…

A le valvole semilunari.
B la valvola mitrale.
C la valvola tricuspide.
D le valvole atrioventricolari.

Proposte per l'incremento dei crediti scolastici (cumulabili nel voto d'esame)

5. Nella Lezione 6 hai potuto studiare la struttura e il funzionamento della molecola di emoglobina dell'adulto. Esiste, nel nostro DNA, una famiglia genica (geni molto simili tra loro ma non identici) chiamata *famiglia delle globine* che codifica per diverse forme di proteine di trasporto dell'ossigeno. Scrivi una tesina su questo tema tenendo conto dei seguenti argomenti:

- approfondisci che cosa significa «famiglia genica» delle globine e le relazioni evolutive di queste molecole;
- cerca notizie sulla mioglobina, una proteina di trasporto dell'ossigeno presente solo nei nostri muscoli. In che modo svolge il suo ruolo?
- cerca notizie sull'emoglobina fetale e confronta la sua fisiologia con quella dell'emoglobina adulta, tenendo presente che il feto deve assumere l'ossigeno dall'emoglobina della madre;
- approfondisci i diversi adattamenti dell'emoglobina negli animali, in relazione alla taglia e all'energia che viene consumata;
- approfondisci i diversi adattamenti dell'emoglobina in base all'ambiente. Ad esempio, in che modo cambia l'affinità per l'ossigeno dell'emoglobina negli animali e negli uomini che vivono ad altissime quote?

OSSERVAZIONE E ANALISI

Competenza disciplinare: Riconoscere e descrivere strutture e fenomeni; Formulare ipotesi in base ai dati forniti

Osserva e analizza

1. La figura rappresenta gli scambi a livello dei tessuti tra capillari e liquido interstiziale. Osserva l'immagine e rispondi.
   a. Che cosa accade nei due diversi punti indicati sul capillare?
   b. Come varia il valore della pressione sanguigna lungo il capillare?
   c. Come varia il valore della pressione osmotica colloidale lungo il capillare?
   d. Perché nella prima parte del capillare il fluido esce e nella seconda parte rientra nel vaso?
   e. Il fluido rientra completamente nel capillare?

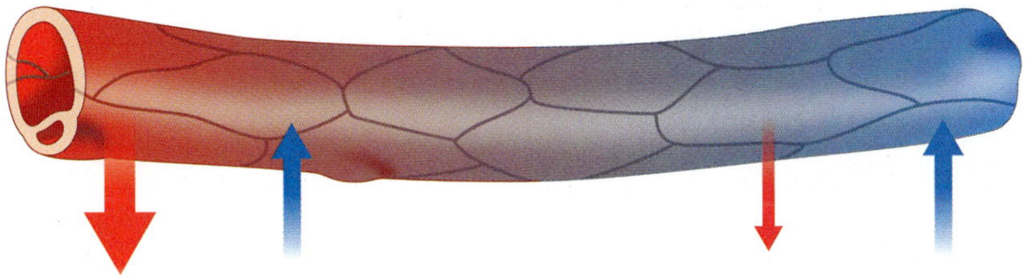

2. Che cosa vedi nella fotografia? Quali cellule del sangue trasportano l'ossigeno? Quale processo fisiologico si svolge a livello dei capillari?

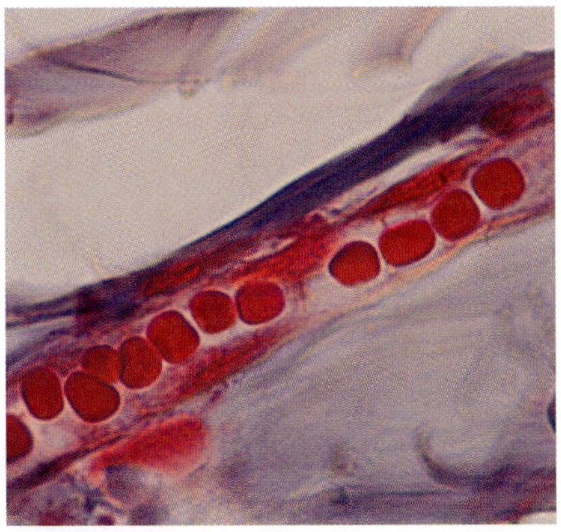

3. Che cosa rappresentano i due disegni? Completali e spiega brevemente che cosa succede alla cassa toracica in **A** e in **B**. In che modo la pressione intratoracica influisce sull'inspirazione e sull'espirazione?

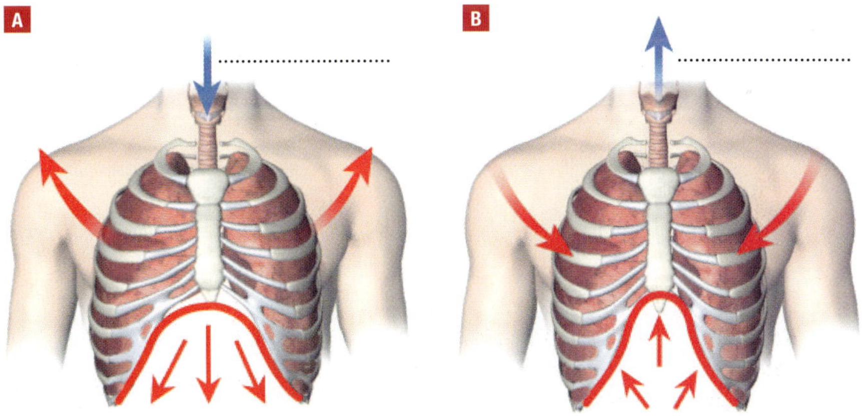

Analizza e interpreta

4. Rispondi.
   a. Che cosa è rappresentato nella figura?
   b. Quale evento rappresenta la figura **1**?
   c. Quale evento rappresenta la figura **2**? Come si chiama questa fase?
   d. Quale evento rappresenta la figura **3**?
   e. Quale evento rappresenta la figura **4**? Come si chiama questa fase?

La tua analisi

a. Il pacemaker naturale che dà origine al battito cardiaco ne regola anche la frequenza?
b. Perché è importante che la contrazione inizi dall'apice dei ventricoli?

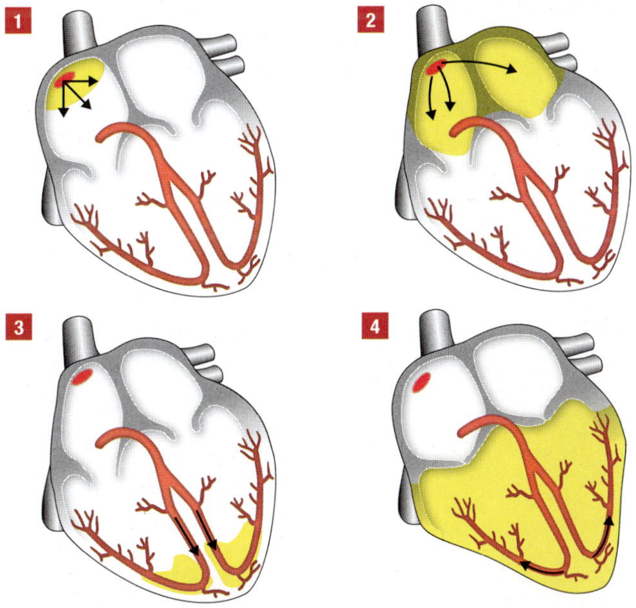

UNITÀ C5

L'apparato escretore e l'apparato tegumentario

Osserva... In condizioni di temperature elevate (sopra i 35 °C) o molto basse (−20 °C), uno sciame di api da miele riesce a sopravvivere in buone condizioni. Le api sono capaci di regolare la propria temperatura con strategie che coinvolgono l'intero alveare di cui fanno parte. Non sono dotate, infatti, di un meccanismo proprio di regolazione della temperatura corporea, ma è l'intero gruppo che agisce a favore della «comunità», comportandosi come un individuo unico.
È stato dimostrato che una massa di api di 40 000 individui può resistere a una temperatura di – 21,8 °C! Quando il freddo è molto intenso, le api si dispongono l'una accanto all'altra «a grappolo», formando una massa sferica che limita al minimo la perdita di calore. Più l'alveare è numeroso, più la regolazione della temperatura risulta efficace.
Le variazioni della temperatura esterna determinano specifiche modificazioni nella geometria della massa di api e lo spostamento delle stesse all'interno dell'alveare. In condizioni di freddo intenso, le api disposte alla periferia della massa, che hanno una temperatura più bassa di quelle che si trovano al centro, producono calore grazie alle microvibrazioni delle loro ali. Questa disposizione non resta sempre costante, poiché regolarmente gli individui stanchi e affamati migrano all'interno della massa e vengono rimpiazzati da altri individui.

L'escrezione negli animali

BioParole
Ureotelico
dal greco *ouron*, «urina» e *télos*, «fine»
Ureotelic

1 Le funzioni dell'apparato escretore

Nella maggior parte degli animali, i principali rifiuti prodotti dal metabolismo cellulare sono l'acqua, l'anidride carbonica e i composti azotati, derivanti principalmente dal catabolismo di proteine e acidi nucleici. L'**apparato escretore**, o **apparato urinario**, ha la funzione di eliminare le sostanze azotate di scarto del metabolismo cellulare, ma si occupa anche del controllo omeostatico dell'equilibrio idrosalino nei liquidi corporei.

Quasi tutte le reazioni chimiche degli esseri viventi si svolgono in acqua. Gli organismi hanno sviluppato numerosi meccanismi che consentono loro di regolare il volume dei fluidi nell'ambiente intracellulare ed extracellulare. L'omeostasi dei fluidi viene mantenuta grazie all'*osmoregolazione*, che si svolge tramite la regolazione della pressione osmotica dei fluidi corporei, per evitare che diventino troppo concentrati o troppo diluiti, e grazie alla maggiore o minore eliminazione di acqua dal corpo mediante l'*escrezione*.

1 L'eliminazione dei prodotti azotati

In base alle modalità di eliminazione dei prodotti azotati gli animali si dividono in ammoniotelici, uricotelici e ureotelici.

NH_3
ammoniaca

animali ammoniotelici

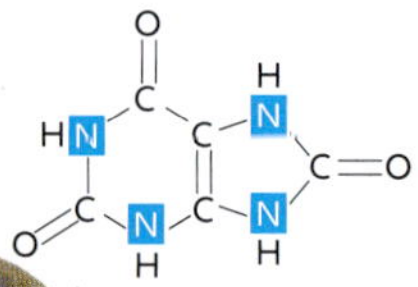

acido urico

animali uricotelici

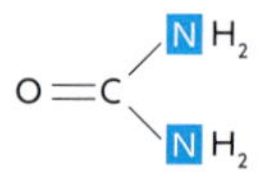

urea

animali ureotelici

2 L'escrezione dei prodotti azotati negli animali

Gli animali eliminano i cataboliti azotati sotto forma di sostanze diverse ▶ 1.

L'ammoniaca (NH_3) è una molecola estremamente tossica, prodotta dai gruppi amminici rimossi dalle proteine e dagli acidi nucleici durante la loro degradazione. Molti animali modificano l'ammoniaca producendo composti meno tossici, ma alcuni, detti **ammoniotelici**, eliminano direttamente l'*ammoniaca* diluendola in grandi volumi di acqua. Sono ammoniotelici gli invertebrati acquatici, le forme larvali (i girini) di molti anfibi, ma non gli adulti, e i pesci ossei di acqua dolce. Questi animali, per diluire l'ammoniaca, sono costretti ad assumere frequentemente acqua dall'ambiente.

Gli animali **uricotelici** eliminano i prodotti azotati sotto forma di *acido urico*, un composto che sintetizzano attraverso complesse reazioni metaboliche, ma che viene eliminato senza bisogno di diluirlo in acqua. Appartengono a questo gruppo gli insetti, i rettili e gli uccelli.

Gli animali che eliminano i composti azotati sotto forma di *urea* sono definiti **ureotelici**. Contrariamente all'ammoniaca, l'urea viene eliminata in forma concentrata, consentendo così un notevole risparmio di acqua. Questo risulta utile soprattutto agli animali che vivono in zone particolarmente aride. Sono ureotelici i pesci cartilaginei, la maggior parte degli anfibi e i mammiferi, compreso l'uomo.

2 L'apparato escretore degli artropodi

Ragni e insetti sono dotati di tubuli malpighiani che trasportano i composti azotati dall'emolinfa nell'intestino, per espellerli poi con le feci.

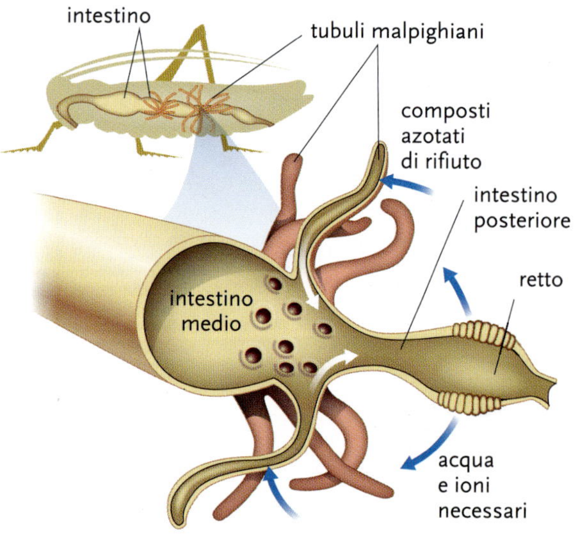

3 L'evoluzione dell'apparato escretore

L'apparato escretore si è modificato nel corso dell'evoluzione diventando sempre più efficiente. Negli *anellidi*, a livello di ogni segmento sono presenti due tubuli, che filtrano i liquidi presenti nella cavità celomatica ed espellono i rifiuti da specifici pori situati sulla superficie del corpo.

L'apparato escretore degli *artropodi* è costituito da centinaia di **tubuli malpighiani** ▶ 2, sottili estensioni della parete intestinale che terminano a fondo cieco nell'emocele, la cavità sanguigna. I tubuli raccolgono dall'emolinfa i rifiuti azotati e li convogliano nell'intestino, in modo tale che vengano eliminati tramite le feci. Nel tragitto attraverso i tubuli vengono riassorbiti l'acqua e le sostanze utili, come ioni e glucosio.

I vertebrati hanno colonizzato con successo una grande varietà di ambienti e, per affrontare le diverse problematiche poste da questi habitat, hanno dovuto sviluppare meccanismi particolarmente complessi per regolare il contenuto di acqua e di sali del loro corpo. Nei vertebrati il più importante organo deputato all'*osmoregolazione* e all'*escrezione* è il **rene**.

Benché i vertebrati abbiano un apparato escretore simile, mammiferi e uccelli si distinguono per una particolarità: sono gli unici che producono un'urina più concentrata del sangue. Questo grazie a un adattamento dei reni che ha come scopo il risparmio di acqua.

DOMANDE CHIAVE

1. Quali sostanze sono eliminate dall'apparato escretore?
2. Quali composti sono eliminati dagli animali uricotelici?
3. Quali animali sono dotati di reni?

LEZIONE 2

Anatomia dell'apparato escretore dell'uomo

1 Funzioni dell'apparato escretore umano

Nell'uomo, come in tutti i mammiferi, i principali organi deputati all'escrezione sono i **reni**, che sono due e svolgono svariate funzioni.

- **Eliminazione dei rifiuti**: i reni eliminano la maggior parte dei rifiuti dell'organismo (in particolare i composti azotati), attraverso la formazione di **urina**. Molte sostanze rappresentano i prodotti di scarto del metabolismo: l'ammoniaca e l'urea si formano in seguito alla degradazione degli amminoacidi, l'acido urico viene prodotto dalla degradazione degli acidi nucleici, mentre la *bilirubina* deriva dalla degradazione dell'emoglobina. Anche sostanze tossiche che prendono origine dai farmaci vengono eliminate tramite l'urina.
- **Regolazione dei fluidi corporei**: i reni hanno un ruolo fondamentale nel mantenimento dell'equilibrio dei fluidi corporei, grazie alla loro capacità di variare il contenuto di sali e di acqua nelle urine, adattandolo alle necessità del corpo. L'equilibrio idrico e la pressione sanguigna sono regolati dalla *renina*, un enzima prodotto dagli stessi reni.
- **Regolazione degli ioni e del pH del sangue**: tra le funzioni dei reni c'è quella di regolare i livelli ematici di alcuni ioni, come lo ione potassio (K^+), lo ione sodio (Na^+), lo ione cloruro (Cl^-) e lo ione calcio (Ca^{2+}). I reni regolano anche il pH sanguigno, eliminando nell'urina gli ioni H^+ in eccesso o tamponandoli con lo ione bicarbonato (HCO_3^-).
- **Sintesi di ormoni**: i reni producono due ormoni, ovvero l'**eritropoietina**, che stimola la formazione di globuli rossi, e il **calcitriolo**, che interviene nella regolazione dell'omeostasi del calcio.

In tutti i vertebrati terrestri, oltre ai reni, anche i polmoni, la pelle e l'apparato digerente svolgono un ruolo importante per l'equilibrio osmotico e lo smaltimento dei rifiuti del corpo ▶ 1. I polmoni smaltiscono la maggior parte dell'anidride carbonica prodotta dalla respirazione cellulare, ma eliminano anche acqua: l'aria espirata, infatti, contiene acqua sotto forma di vapore. Le ghiandole sudoripare della pelle sono coinvolte soprattutto nella regolazione della temperatura corporea, ma si occupano anche di smaltire dal 5 al 10% di tutti i prodotti di scarto del metabolismo. L'intestino elimina tramite le feci parte dei pigmenti biliari che si formano dal catabolismo degli eritrociti, mentre l'urea e l'acido urico, prodotti dal fegato, vengono trasportati dal sangue ai reni, per essere smaltiti.

1 Lo smaltimento dei rifiuti del metabolismo

I rifiuti azotati prodotti dal fegato vengono trasportati ai reni per essere smaltiti tramite l'urina. Dalla demolizione dell'emoglobina si formano i pigmenti biliari, che vengono eliminati soprattutto tramite le feci. Dal metabolismo cellulare si forma invece anidride carbonica, liberata dai polmoni, e acqua, che viene eliminata dai reni nell'urina, dall'apparato digerente mediante le feci, dai polmoni con l'espirazione e dalla pelle, tramite il sudore.

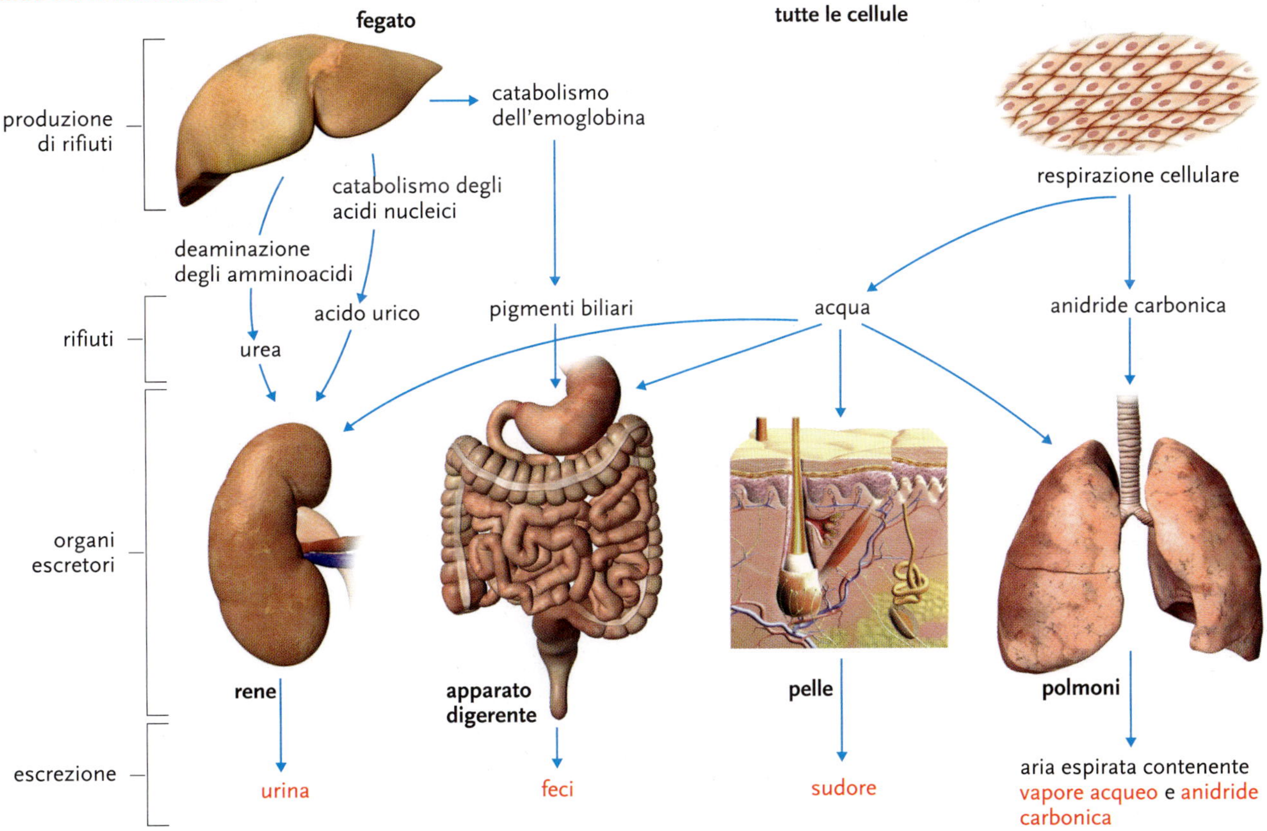

Bio Parole

Minzione
dal latino *mingere*, «urinare»
Eminction

Glomerulo
dal latino *glomus*, «gomitolo»
Glomerulus

2 Struttura dell'apparato escretore

L'apparato escretore è costituito dai **reni**, dagli **ureteri**, dalla **vescica** e dall'**uretra** ▶ 2.

Nell'uomo, i reni sono situati nella regione lombare, sotto lo stomaco e il fegato, in posizione simmetrica rispetto alla colonna vertebrale. Ogni rene ▶ 3 ha una forma a fagiolo, è lungo circa 10-12 cm e rivolge la parte concava verso la colonna vertebrale. Nella parte centrale della concavità si trova l'**ilo**, la zona in cui entrano ed escono dal rene i vasi sanguigni (le *arterie renali* e le *vene renali*). La porzione esterna del rene è chiamata **corticale** (o **cortex**), la parte interna **midollare**. La midollare è composta mediamente da 8-10 strutture a forma di cono, disposte con la base rivolta verso l'esterno, chiamate **piramidi renali**. La zona corticale si dispone tutto intorno alla midollare e si insinua tra le piramidi formando le **colonne renali**. La punta di ogni piramide renale prende il nome di **papilla renale**. Le papille sporgono all'interno di strutture a coppa, i **calici renali**, dove tramite i **dotti collettori** riversano l'urina. I calici a loro volta convogliano l'urina in una larga cavità a forma di imbuto, la **pelvi renale**, che porta l'urina all'interno di un condotto chiamato **uretere**. Gli ureteri sono due tubi lunghi circa 30 cm (uno per ogni rene), che sboccano nella **vescica urinaria**, un organo muscolare cavo dotato di estrema elasticità, con la funzione di raccogliere l'urina. La vescica ha una capacità media di circa 250-300 ml, ma può arrivare a contenere anche 1 l di urina. La quantità di urina prodotta dall'organismo è strettamente correlata allo stato dell'equilibrio idrosalino del sangue e di tutto l'organismo.

La vescica comunica con l'esterno attraverso l'**uretra**, un canale che rappresenta il tratto terminale dell'apparato escretore e che è dotato di due sfinteri: lo *sfintere uretrale interno*, formato da muscolatura liscia, la cui apertura e chiusura sono involontarie, e lo *sfintere uretrale esterno*, che ha invece un controllo volontario.

Nella femmina l'uretra è più corta e ha la sola funzione di trasporto dell'urina; nel maschio è più lunga e attraversa il pene per tutta la sua lunghezza, fungendo anche da canale di trasporto del liquido seminale.

La vescica spinge l'urina nell'uretra tramite un atto denominato **minzione**, che consiste in contrazioni muscolari

3 Struttura del rene

Il rene, circondato da una capsula fibrosa, ha una regione esterna, chiamata *corticale*, e una interna, chiamata *midollare*. L'*arteria renale* porta il sangue al rene, mentre la *vena renale* lo allontana dal rene. L'urina prodotta si raccoglie nella *pelvi renale* e passa nell'*uretere*.

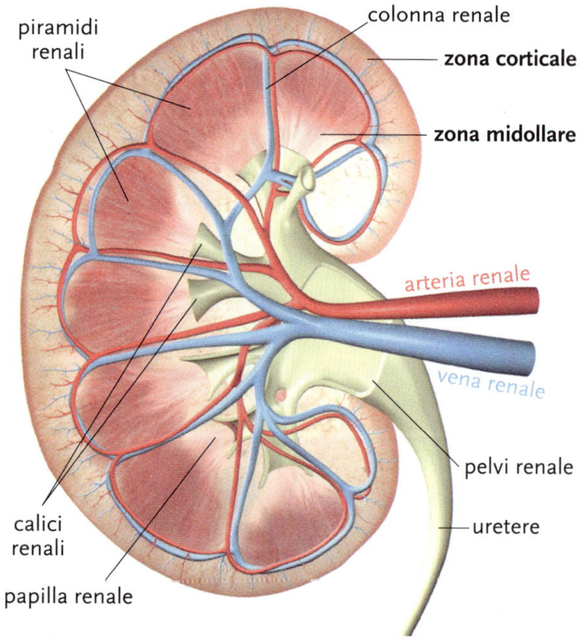

2 L'apparato escretore dell'uomo

I reni producono l'urina, che, tramite gli ureteri, giunge alla vescica. Qui viene accumulata, per poi essere trasferita all'esterno attraverso l'uretra.

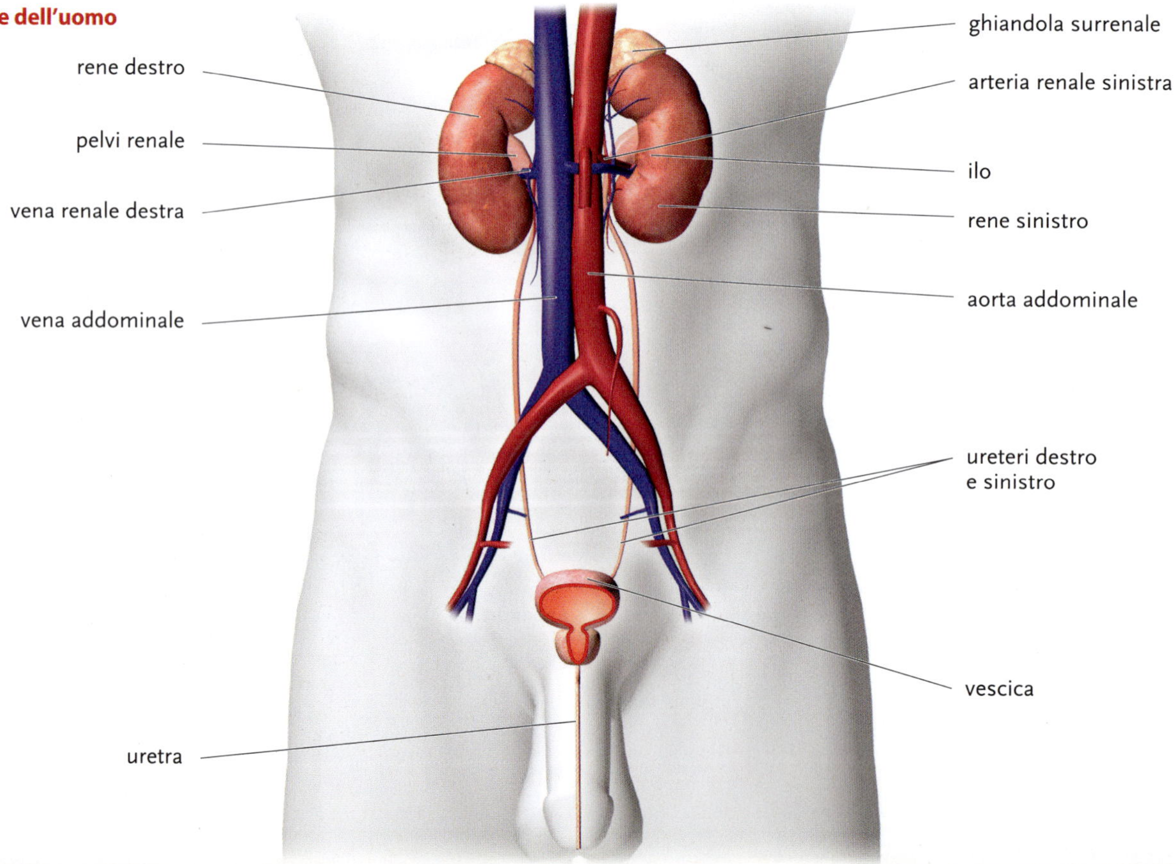

volontarie e involontarie. Quando la vescica accumula urina, l'aumento interno di pressione attiva specifici recettori disposti nella parete, che trasmettono impulsi nervosi alla parte inferiore del midollo spinale, scatenando il *riflesso di minzione*. La conseguente contrazione della parete della vescica e il rilasciamento degli sfinteri determina il rilascio dell'urina.

3 L'unità funzionale del rene: il nefrone

Ogni rene è formato da un numero molto elevato (più di un milione!) di strutture filtranti, i **nefroni**, che rappresentano le unità funzionali del rene.

Il nefrone ▶ 4 è costituito da una struttura a cupola, la **capsula di Bowman**, connessa a un lungo tubulo chiamato **tubulo renale**. All'interno della capsula di Bowman è presente una fitta rete di capillari che forma complessivamente il **glomerulo**. Capsula di Bowman e glomerulo costituiscono nell'insieme il **corpuscolo renale**.

Il tubulo renale risulta diviso in tre regioni principali: il **tubulo contorto prossimale**, che parte dalla capsula di Bowman; l'**ansa di Henle**, una regione allungata, che scende verso la midollare mediante un *tratto discendente*, forma un'ansa e poi ritorna verso la corticale con un *tratto ascendente*; il **tubulo contorto distale**, che assieme ai tubuli di molti altri nefroni si allaccia al **dotto collettore**, che si dirige a sua volta verso l'uretere. Il corpuscolo renale e i tubuli sono situati nella corticale, mentre l'ansa di Henle va in profondità fino alla midollare del rene.

Nel nefrone, il percorso del filtrato può essere schematizzato nel seguente modo:

capsula di Bowman
↓
tubulo contorto prossimale
↓
ansa di Henle
↓
tubulo contorto distale
↓
dotto collettore

Il sangue viene trasportato al rene tramite l'**arteria renale**. Questa si ramifica formando le **arteriole afferenti**, che portano il sangue ai capillari che formano il glomerulo. Il flusso sanguigno, dopo aver attraversato il glomerulo, passa nelle **arteriole efferenti**, che si ramificano nuovamente intorno ai tubuli renali formando i **capillari peritubulari**.

Quando il sangue attraversa i capillari del glomerulo, una parte del plasma viene forzata a entrare nella capsula di Bowman, andando a costituire il *filtrato*, che passa poi attraverso i tubuli del nefrone. Nei capillari peritubulari, invece, vengono recuperate dal tubulo renale sostanze utili.

4 TESTO-IMMAGINE Strutture e irrorazione del nefrone

Il sangue giunge al rene tramite l'arteria renale ed esce mediante la vena renale.

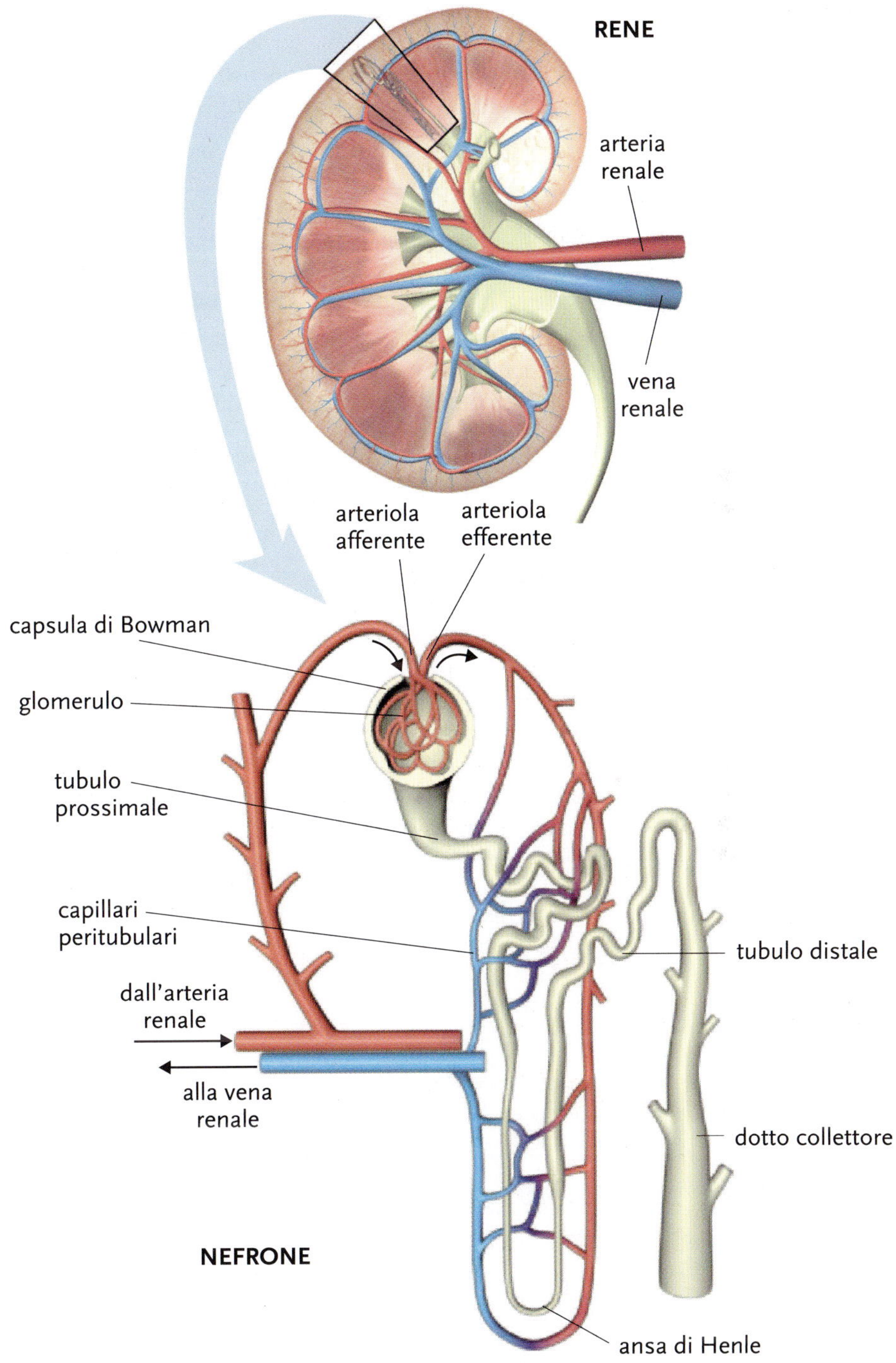

All'interno dell'organo, a livello di ogni nefrone, la circolazione sanguigna è costituita da arteriole afferenti ed efferenti, con due sistemi di capillari per gli scambi a livello del glomerulo e intorno ai tubuli renali.

BioParole

Podocita
dal greco *póus*, «piede» e *kýtos*, «cellula»
Podocyte

5 Il flusso di sangue nei vasi sanguigni che attraversano il rene

arteria renale
↓
arteriole afferenti
↓
capillari del glomerulo
↓
arteriole efferenti
↓
capillari peritubulari
↓
vene interlobulari
↓
vene arcuate
↓
vene interlobari
↓
vena renale

I capillari peritubulari si riuniscono a formare una serie di vene (le *vene interlobulari*, poi le *vene arcuate*, infine le *vene interlobari*), che portano il sangue nella **vena renale**, che lascia il rene. La figura ▶ 5 mostra il percorso del sangue attraverso il rene.

4 La formazione dell'urina

I processi che portano alla formazione dell'urina sono tre: la **filtrazione**, il **riassorbimento** e la **secrezione** ▶ 6.

FILTRAZIONE Nei capillari del glomerulo il sangue è spinto da una forte pressione creata dalla vasocostrizione dell'arteriola afferente, che costringe circa il 10% del plasma a uscire dai vasi e a portarsi nella capsula di Bowman e quindi nel tubulo contorto. Questo meccanismo, chiamato **filtrazione**, è simile a quello che si svolge a livello dei sistemi capillari delle altre parti del corpo, ma, essendo la pressione sanguigna più elevata, la quantità di plasma filtrata a livello dei nefroni è molto superiore. La capsula di Bowman, nelle zone di contatto con i capillari, ha una parete formata da cellule epiteliali chiamate **podociti**. Queste cellule sono dotate di numerose estensioni citoplasmatiche che avvolgono i capillari del glomerulo e formano insieme a essi un'efficiente membrana di filtrazione, che impedisce il passaggio delle cellule del sangue, delle piastrine e di quasi tutte le proteine plasmatiche. Fuoriescono invece dai capillari l'acqua e i piccoli soluti, come il glucosio, gli amminoacidi, il sodio, il potassio, il cloro, il bicarbonato e l'urea, diventando parte del filtrato.

RIASSORBIMENTO Il ritmo di filtrazione del sangue a livello dei glomeruli renali è di circa 180 l ogni 24 ore. Per evitare il problema della disidratazione, il rene provvede a recuperare circa il 99% di acqua dal filtrato. Questo processo, chiamato **riassorbimento**, consiste nel passaggio di acqua e altre sostanze utili dal tubulo renale al sangue e permette di ridurre il volume di urina da eliminare a circa 1,5 l nelle 24 ore. Il riassorbimento consente al corpo di mantenere l'omeostasi dei fluidi: le sostanze di rifiuto e i sali in eccesso rimangono nel filtrato e vengono escreti con le urine, mentre le sostanze utili come il glucosio e gli amminoacidi vengono reintrodotte nel sangue. Le cellule epiteliali che formano le pareti dei tubuli renali sono dotate di microvilli, che aumentano la superficie utile per l'assorbimento dei materiali dal filtrato. Queste cellule sono anche dotate di numerosi mitocondri, che forniscono l'energia necessaria alle pompe per trasportare attivamente le molecole.
La maggior parte del filtrato (65%) è riassorbita mentre passa dal tubulo contorto prossimale. Tra queste, l'acqua, il glucosio, gli amminoacidi e le vitamine e in parte anche ioni, come il sodio, il cloro, il potassio e il bicarbonato.
Il riassorbimento delle sostanze prosegue lungo l'ansa di Henle e il tubulo contorto distale. Un'ulteriore concentrazione del filtrato, grazie al riassorbimento di acqua, si ha durante il passaggio attraverso il dotto collettore, che si dirige alla pelvi renale.

SECREZIONE Nel corso della **secrezione tubulare** si assiste al passaggio di sostanze in direzione opposta rispetto al riassorbimento, quindi dal sangue verso il tubulo renale. Durante il passaggio nei tubuli, in particolare nel tubulo contorto distale, i reni recuperano dal sangue, sia per trasporto attivo sia per diffusione, alcune sostanze (in particolare gli ioni K^+ in eccesso, gli ioni idrogeno, gli ioni ammonio, urea e alcuni ioni organici come la creatinina) e le riversano nel tubulo. Anche alcuni farmaci, le droghe e molte sostanze velenose sono eliminati dal sangue grazie al processo di secrezione renale.
La secrezione di potassio è un meccanismo omeostatico molto importante: elevate concentrazioni di potassio nell'organismo rendono meno efficienti gli impulsi nervosi e la contrazione muscolare. Per questo motivo, quando gli ioni potassio sono troppo concentrati, vengono secreti dal sangue nei tubuli renali ed eliminati con l'urina.
Quando raggiunge la pelvi, il filtrato ha ormai la sua composizione definitiva e prende il nome di **urina**. L'urina è formata da circa il 96% da acqua, il 2,5% di rifiuti azotati (in particolar modo urea) e dall'1,5% di sali e altre sostanze in tracce, come i pigmenti biliari.

6 La filtrazione, il riassorbimento e la secrezione nel nefrone

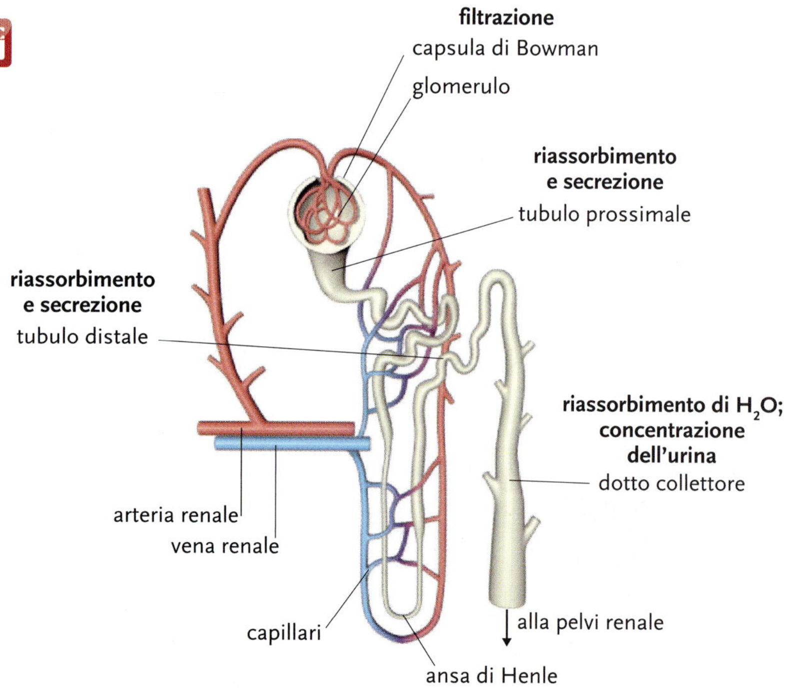

5 La concentrazione dell'urina

L'urina ha una concentrazione circa quattro volte superiore a quella del sangue. Quando il filtrato passa attraverso le diverse regioni del tubulo renale, il sale (NaCl) viene riassorbito e si crea così un *gradiente di concentrazione* che viene sfruttato per concentrare l'urina. È da tenere presente che gli ioni Na^+ riassorbiti determinano un riassorbimento anche degli ioni Cl^-; nei tratti in cui la parete è permeabile all'acqua, anche questa viene riassorbita, poiché segue gli ioni per osmosi.
Si definisce **osmolarità** la concentrazione complessiva delle particelle che determinano la *pressione osmotica* di una soluzione; l'osmolarità si esprime in **Osm/l** (osmo-

li per litro). I liquidi del corpo hanno generalmente un'osmolarità di 300 mOsm/l (300 milliosmoli per litro) e sono definiti *isotonici*. Se un liquido presenta un eccesso di acqua è detto *ipotonico* e la sua osmolarità risulta inferiore a 300 mOsm/l, mentre se contiene poca acqua è detto *ipertonico* e la sua osmolarità aumenta, superando il valore di 300 mOsm/l.
Quando il filtrato passa dalla capsula di Bowman al tubulo distale, la sua osmolarità è uguale a quella del sangue (300 mOsm/l). A livello dell'ansa di Henle, invece, è presente un gradiente di concentrazione nella regione midollare che serve per mantenere un filtrato ipertonico e produrre così un'urina molto concentrata.
Il tubulo discendente dell'ansa di Henle è dotato di pareti permeabili all'acqua ma relativamente impermeabili al sodio. L'elevata concentrazione di sodio nel fluido interstiziale richiama per osmosi acqua all'esterno e il filtrato si concentra ▶ 7. Nella curva e nella prima parte (sottile) del tratto ascendente dell'ansa di Henle, le pareti diventano più permeabili al sodio e meno all'acqua: i sali diffondono così nel liquido interstiziale. Nella regione più alta del tratto ascendente, il sale continua a essere espulso dal tubulo nel liquido interstiziale, questa volta attivamente. Più NaCl esce dal tratto ascendente, più ipertonico risulta il fluido interstiziale e più acqua viene riassorbita nel tratto discendente. Anche il tubulo distale espelle il Na^+ e rende il filtrato isotonico o addirittura ipotonico rispetto al sangue.
I dotti collettori attraversano un fluido interstiziale molto concentrato. Nella parte inferiore i dotti hanno pareti permeabili all'acqua, che, quindi, esce abbondantemente per osmosi e di conseguenza l'urina viene molto concentrata. Anche l'urea esce dai dotti collettori, ma viene in parte recuperata dall'ansa ascendente di Henle, aumentando ulteriormente il gradiente di concentrazione nella midollare.

Il flusso del filtrato attraverso i due tratti dell'ansa di Henle è definito *controcorrente*, poiché il filtrato nell'ansa discendente scorre in direzione opposta rispetto al filtrato dell'ansa ascendente. Questo meccanismo controcorrente consente di mantenere un'alta concentrazione di NaCl nel liquido interstiziale della regione midollare, che attira l'acqua per osmosi dal filtrato dei dotti collettori.
L'acqua che esce dai dotti collettori viene raccolta dai **vasa recta**, estensioni delle arteriole efferenti che si estendono nella regione midollare, formano una curva e tornano verso la corticale. Anche nei vasa recta, che sono permeabili ad acqua e sali, è presente un flusso opposto che consente uno scambio controcorrente; questo flusso permette di mantenere un gradiente osmotico, che risulta importante affinché non venga annullato il gradiente creato dai due tratti dell'ansa di Henle.

DOMANDE CHIAVE

1. Che cos'è il nefrone?
2. Quali sono le due regioni principali del rene?
3. Quali sono i tre processi che avvengono durante il passaggio del filtrato dal nefrone?
4. Che direzione ha il flusso del filtrato nei due tratti dell'ansa di Henle?

Osserva e COMPLETA

Che cosa è rappresentato nella figura? Inserisci il nome delle singole fasi del processo.

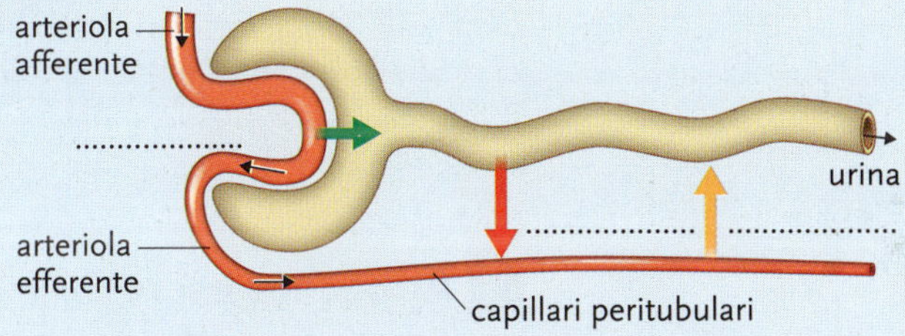

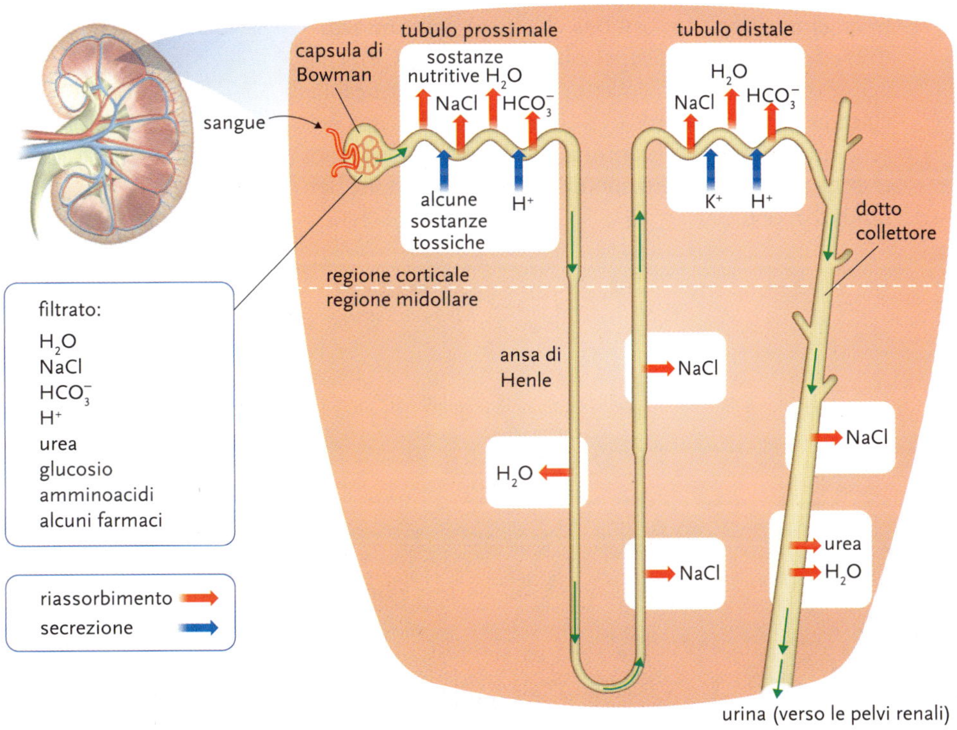

7 **Scambio di acqua e soluti tra filtrato e liquido interstiziale**

L'equilibrio idrosalino

1 I fluidi corporei

Il 60% della massa corporea di un uomo adulto è costituito da fluidi.
Nel nostro corpo i liquidi possono essere distinti in **liquidi intracellulari**, che si trovano all'interno delle cellule, e **liquidi extracellulari**, localizzati all'esterno delle cellule, che sono i *liquidi interstiziali* e il *plasma sanguigno* ▶ 1.
I liquidi interstiziali comprendono non solo i fluidi che si trovano tra le cellule, ma anche la linfa, il liquido sinoviale delle articolazioni, il liquido cerebrospinale del sistema nervoso, i liquidi pleurici, l'umor acqueo dell'occhio, i liquidi presenti nell'orecchio interno.
Il nostro organismo ha l'esigenza di mantenere costanti le quantità di acqua e di soluti e di mantenerli sempre distribuiti in modo equilibrato nei diversi distretti del corpo. I principali meccanismi che, spostando acqua e soluti, consentono di mantenere questo equilibrio sono la filtrazione, il riassorbimento e la secrezione, che si svolgono a livello dei nefroni.
L'acqua entra ed esce dalle cellule per osmosi e quindi è la differenza di concentrazione dei soluti – in particolare degli ioni (che si formano quando i composti inorganici si sciolgono in acqua) – tra il liquido intracellulare e il liquido interstiziale che determina la direzione dello spostamento di acqua.

2 Apparato escretore e osmoregolazione dei liquidi

La maggiore o minore concentrazione dell'urina dipende in larga misura da un ormone chiamato **ormone antidiuretico** (**ADH**) o **vasopressina** (vedi Unità C9), che agisce rendendo i dotti collettori più o meno permeabili all'acqua. La regolazione del riassorbimento di acqua nel rene è il principale meccanismo che il nostro organismo utilizza per il mantenimento di un volume costante dei fluidi corporei.

Nei casi di disidratazione o emorragia (quando il corpo ha la necessità di conservare acqua), si hanno una riduzione del volume ematico e un incremento della pressione osmotica ▶ 2; in questi casi si attivano gli *osmocettori* (recettori che percepiscono le variazioni di pressione osmotica) dell'ipotalamo e stimolano il lobo posteriore dell'ipofisi a rilasciare l'ormone antidiuretico. Questo ormone a sua volta rende i dotti collettori più permeabili all'acqua, facendo così aumentare il riassorbimento di acqua, che passa dai dotti ai vasi sanguigni. Si hanno così una maggiore concentrazione dell'urina, che ha come scopo il risparmio di acqua, e il ripristino del giusto volume di sangue. Viceversa, quando ad esempio beviamo eccessivamente, il volume sanguigno aumenta, la pressione osmotica diminuisce e viene prodotto meno ormone ADH; ne consegue che i dotti diventano meno permeabili, il riassorbimento di acqua diminuisce e l'urina risulta più diluita e abbondante.
Anche la concentrazione di cloruro di sodio (NaCl) influenza il volume dei fluidi corporei, poiché nel meccanismo di osmosi uno spostamento di soluti determina uno spostamento di acqua.

1 I liquidi del nostro corpo

I liquidi del nostro corpo comprendono i liquidi intracellulari e i liquidi extracellulari.

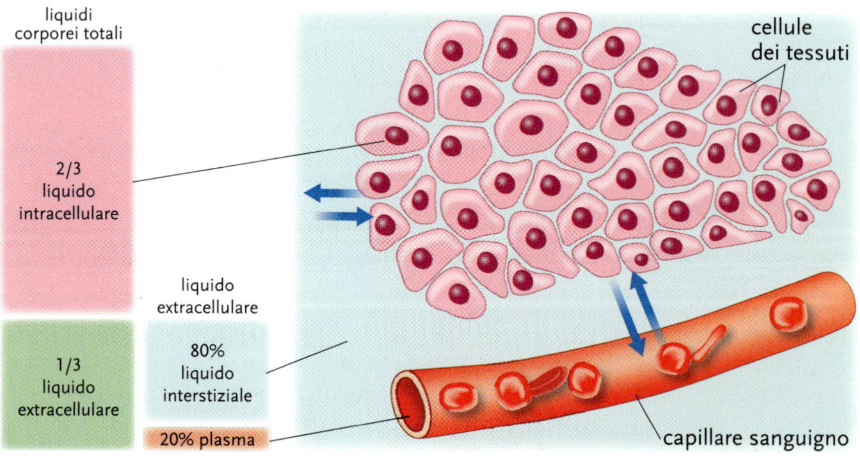

2 Disidratazione e produzione di ormone ADH

Nei casi di riduzione di acqua nel sangue, aumenta la produzione di ADH, che rende i dotti collettori più permeabili all'acqua, in modo che aumenti il suo riassorbimento.

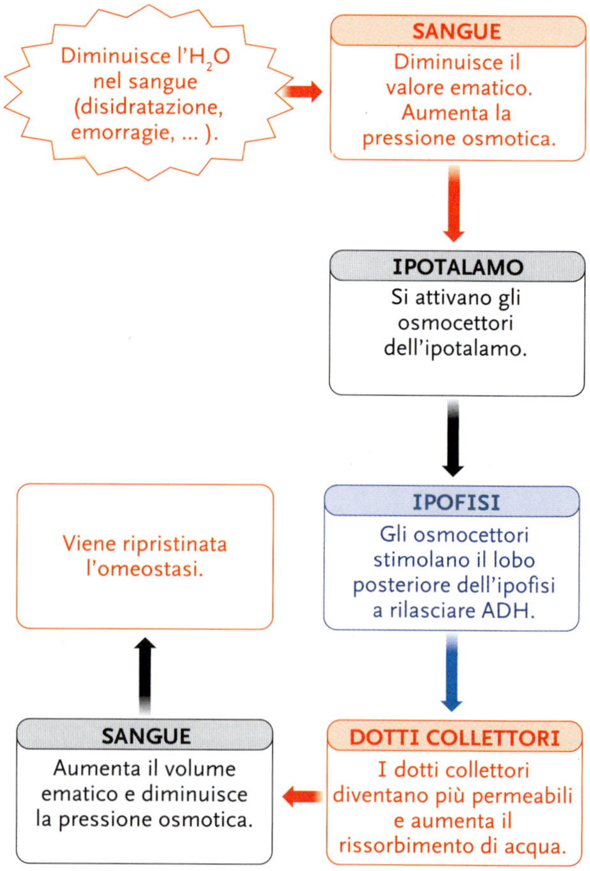

Gli alimenti che assumiamo con il cibo contengono quantità variabili di NaCl e di conseguenza il nostro organismo deve modificare momento per momento l'escrezione di ioni Na^+ e Cl^-, in modo da mantenere l'omeostasi dei fluidi.

Gli ormoni che regolano la concentrazione degli ioni Na^+ e Cl^- nell'urina attraverso il loro maggiore o minore assorbimento a livello dei tubuli renali sono l'*aldosterone*, l'*angiostensina II* e il *peptide natriuretico atriale.*

Un pasto ricco di sale determina un aumento di volume del sangue, poiché l'aumento della concentrazione di NaCl richiama acqua nei vasi sanguigni. L'aumento di volume del sangue determina una distensione degli atri cardiaci che causa il rilascio del **peptide natriuretico atriale**; questo ormone fa aumentare l'eliminazione di ioni Na^+ e Cl^- (e quindi anche di acqua) nell'urina, con conseguente diminuzione del volume di sangue.

Un aumento del volume sanguigno agisce anche sul cosiddetto **sistema renina-angiotensina-aldosterone** ▶ **Tabella 1**: l'aumento di volume del sangue inibisce il rilascio dell'enzima *renina* da parte dei reni. Poiché l'azione della renina è di convertire l'*angiotensinogeno* in *angiotensina I* e questa nell'ormone attivo *angiotensina II*, la mancanza di renina determina una diminuzione dell'angiotensina II. Le conseguenze sono due: si ha un minore riassorbimento di ioni Na^+ e Cl^- e di acqua dai tubuli renali e si abbassano i livelli di aldosterone, un ormone che riduce ulteriormente il riassorbimento di ioni e acqua. Quindi viene escreto con l'urina un filtrato particolarmente ricco di ioni Na^+ e Cl^- e di acqua, che determina una diminuzione del volume di sangue.

Quando invece il corpo è disidratato, aumentano i livelli di angiotensina II e di aldosterone, e viene stimolato il riassorbimento di ioni Na^+ e Cl^-. L'acqua filtrata rientra così dai tubuli nel circolo sanguigno e il volume sanguigno aumenta. L'angiotensina II, come vedremo meglio nel prossimo paragrafo, va anche a stimolare nell'ipotalamo il *centro della sete.*

3 Il centro della sete

La sete è uno stimolo fisiologico molto importante, che ha lo scopo di mantenere in equilibrio la quantità di acqua presente nell'organismo.

L'impulso che ci spinge a bere è regolato da un'area ipotalamica chiamata **centro della sete** ▶ **3**. Il centro della sete è stimolato dalla diminuzione del volume e della pressione sanguigna, causate dalla *disidratazione*, che avviene quando la perdita di acqua da parte del corpo supera l'assunzione.

In una situazione di questo tipo il rene viene stimolato a rilasciare renina, che favorisce la formazione dell'angiotensina II nel sangue. Questa, insieme ad altri impulsi nervosi provenienti da recettori orali che percepiscono il senso di secchezza nella bocca, stimola il centro ipotalamico della sete. Aumenta così la sensazione di sete, che cresce fino a quando non assumiamo liquidi a sufficienza, affinché ripristinino il volume ematico ai livelli normali.

4 L'equilibrio acido-base

Un'importante funzione dei reni è evitare che l'ambiente extracellulare diventi troppo acido o troppo basico. Allo scopo di mantenere l'**equilibrio acido-base**, i reni concorrono a regolare la concentrazione di ioni idrogeno (H^+). La regolazione degli ioni H^+ è svolta dai cosiddetti *sistemi tampone*, tramite l'escrezione e la respirazione polmonare.

Il pH del sangue (che deve essere mantenuto intorno a 7,35-7,45) viene continuamente modificato da sostanze acide o basiche che ingeriamo con il cibo o che provengono dalle reazioni metaboliche. Per mantenere un pH costante, il corpo deve eliminare o neutralizzare queste sostanze.

I **sistemi tampone** delle cellule sono in grado di neutralizzare gli ioni H^+ che si formano nel corso delle reazioni metaboliche. Per tamponare gli ioni idroge-

3 Lo stimolo a bere è regolato dal centro della sete

Tabella 1 Gli ormoni che controllano le funzioni renali

Ormone	Punto di rilascio	Bersaglio	Azione	Fattori che stimolano il rilascio
ormone antidiuretico (ADH)	lobo posteriore dell'ipofisi (stimolato dagli osmocettori dell'ipotalamo)	dotti collettori	aumenta la permeabilità dei dotti	minor apporto di acqua, diminuzione del volume sanguigno, aumento della pressione osmotica
aldosterone	corteccia del surrene	tubuli distali, dotti collettori	aumenta il riassorbimento di sodio	angiotensina II, quando si ha una diminuzione della pressione sanguigna
angiotensina II	prodotta dall'angiotensina I	vasi sanguigni, surreni	vasocostrizione con aumento della pressione sanguigna; stimola la secrezione di aldosterone	la diminuzione della pressione sanguigna stimola la secrezione di renina; questa porta alla conversione di angiotensinogeno in angiotensina I, convertita poi in angiotensina II
peptide natriuretico atriale	atrio del cuore	arteriole afferenti, dotti collettori	dilata le arteriole afferenti, inibisce il riassorbimento di sodio nei dotti collettori, inibisce la produzione di aldosterone	dilatazione atriale causata dall'aumento di volume del sangue

no, gli ioni bicarbonato (HCO_3^-) si legano agli ioni H^+ formando acido carbonico (H_2CO_3); questo si scinde quindi in H_2O e CO_2, secondo la reazione reversibile:

$$HCO_3^- + H^+ \rightleftarrows H_2CO_3 \rightleftarrows CO_2 + H_2O$$

L'anidride carbonica viene quindi eliminata tramite i polmoni.
Lo ione H^+ può anche combinarsi con gli ioni fosfato o con l'ammoniaca ed essere espulso dal corpo con l'urina.
I sistemi tampone possono agire sugli ioni idrogeno solo temporaneamente, ma non sono in grado di eliminare dal corpo quelli in eccesso, cosa che può invece fare l'apparato escretore. Quando si abbassa il pH del sangue, infatti, si hanno un aumento della secrezione di ioni H^+ nel tubulo renale e la loro escrezione. La presenza di ioni H^+ rende l'urina generalmente acida.

DOMANDE CHIAVE

1. Da che cosa è composto il liquido extracellulare?
2. Quale ormone regola il riassorbimento di acqua nel tubulo contorto?
3. Quale enzima viene prodotto dal rene in caso di disidratazione?
4. Dove è localizzato il centro della sete?

Osserva e RAGIONA

Se in una giornata estiva una persona corre per più di 5-10 km senza bere un sorso d'acqua, in che modo il suo corpo reagisce nell'immediato alla perdita di liquidi?

BioSalute

Le malattie del rene e la dialisi

Sono numerose le problematiche che possono compromettere la funzionalità renale: infezioni, diabete, calcoli, esposizione a sostanze come piombo o mercurio, tumori.
Le **glomerulonefriti** costituiscono un insieme di malattie, piuttosto rare, caratterizzate da un'infiammazione a livello dei glomeruli causata non da un'infezione, ma dai propri anticorpi, che riconoscono come estraneo il rene e lo attaccano (*risposta autoimmunitaria*).
Il **rene policistico** è una malattia ereditaria, in cui i tubuli renali vengono circondati da un numero molto elevato di cisti, che porta progressivamente al deterioramento delle cellule della parete e alla perdita di funzionalità dei nefroni, fino all'insufficienza renale.
Quando i nefroni subiscono danni tali da non funzionare più, si assiste alla diminuzione o alla totale cessazione del processo di filtrazione glomerulare e si parla di **insufficienza renale**. L'insufficienza renale può essere *acuta*, se improvvisamente i reni non funzionano più, o *cronica*, se è presente un progressivo ma irreversibile deterioramento della funzionalità dei reni. Per i pazienti che arrivano ad avere il 90% dei nefroni non funzionanti diventa necessaria la **dialisi**, procedimento svolto da una macchina che viene utilizzata per ristabilire, anche se solo temporaneamente, un appropriato bilancio di sali nel sangue nel paziente ▶ **A**. Spesso questi pazienti hanno come unica possibilità di sopravvivenza un trapianto di rene.

A La macchina utilizzata per la dialisi

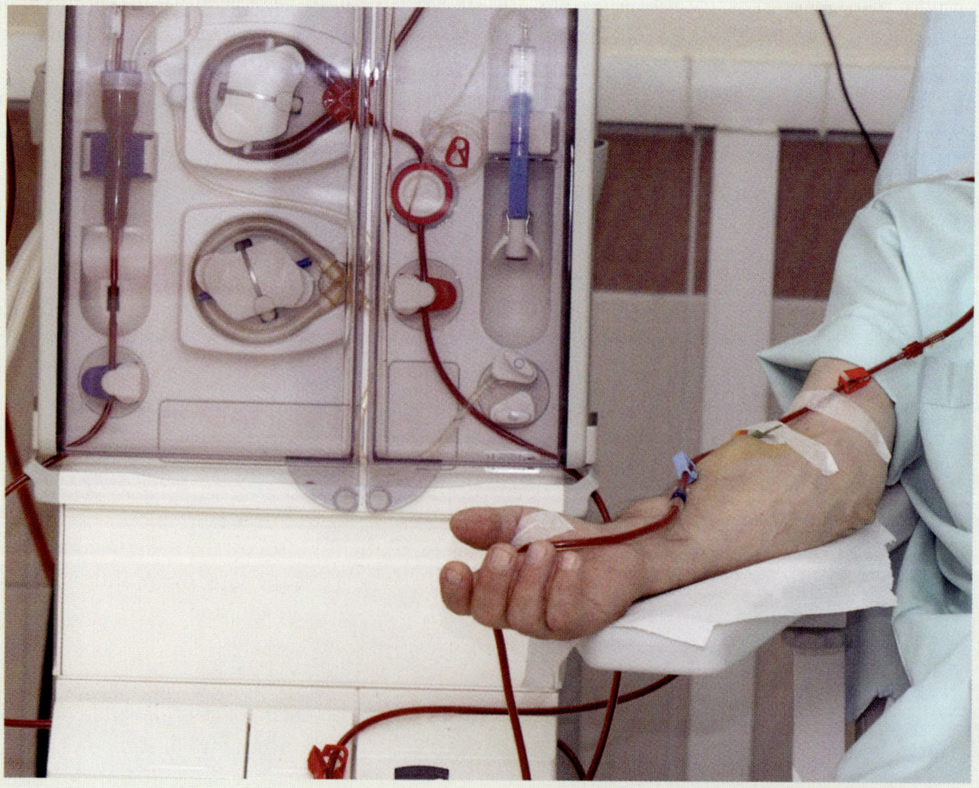

L'apparato tegumentario

1 Il rivestimento degli animali

L'**apparato tegumentario** (o **cutaneo**) comprende tutte quelle strutture che rivestono gli organismi e li proteggono dall'azione di fattori fisici, chimici e biologici presenti nell'ambiente.

Il tessuto fondamentale che costituisce il rivestimento del corpo è il **tessuto epiteliale** ed è formato da cellule a stretto contatto tra loro e disposte su più strati.

Negli invertebrati, l'epitelio esterno protegge il corpo e talvolta si specializza nella secrezione, nell'assorbimento o negli scambi gassosi. Le ghiandole per la seta tipiche dei lepidotteri (come farfalle e falene), così come le ghiandole filatrici utilizzate dai ragni per costruire la loro tela, sono di origine epiteliale. Gli invertebrati che, come i lombrichi, utilizzano la respirazione cutanea secernono un muco che ricopre l'epitelio esterno per facilitare lo scambio di gas.

Negli invertebrati, alcune cellule possono essere modificate in cellule sensoriali sensibili alla luce o agli stimoli chimici o meccanici (come pressione o contatto).

L'apparato tegumentario dei vertebrati comprende il rivestimento che ricopre interamente la superficie dell'animale, chiamato **pelle** o **cute**, e gli **annessi cutanei**, strutture di origine epiteliale che sono localizzate nello spessore della pelle ▶ 1. Gli annessi possono derivare dagli strati più superficiali della pelle, come i *peli* dei mammiferi, le *penne* degli uccelli, le *squame cornee* dei rettili, o dalle zone più profonde, come le *scaglie* dei pesci e il *carapace* delle tartarughe.

Nei mammiferi, le strutture annesse alla pelle sono numerose: i *peli*, che come le piume degli uccelli permettono un buon isolamento termico, le *unghie* degli arti, le *ghiandole sudoripare*, le *ghiandole sebacee*, numerosi *recettori sensoriali* e, nelle femmine, le *ghiandole mammarie*, che secernono il latte.

2 L'apparato tegumentario dell'uomo

La pelle è una membrana che non presenta soluzioni di continuità. Svolge numerose e importanti funzioni:

- ci difende dall'attacco di microrganismi patogeni, dalle radiazioni e dalle sostanze tossiche;
- ha un ruolo nell'escrezione di acqua e di rifiuti dal corpo;
- ci consente di percepire sensazioni, quali il caldo e il freddo, il tatto e il dolore;
- esposta alle radiazioni solari, sintetizza *vitamina D*, che favorisce l'assorbimento di calcio e fosforo nel tubo digerente e permette una corretta mineralizzazione dell'osso;
- contribuisce a mantenere costante la temperatura corporea (*termoregolazione*).

Nell'uomo, la pelle è costituita da due strati sovrapposti: l'*epidermide* e il *derma* ▶ 2.

L'**epidermide**, lo strato più esterno della pelle, protegge le delicate strutture interne dalle aggressioni ambientali. È impermeabile, priva di vasi sanguigni ed è costituita da un epitelio pluristratificato.

Nella maggior parte del corpo, la pelle è costituita da quattro strati: lo **strato basale**, più profondo, lo **strato spinoso**, lo **strato granuloso** e lo **strato corneo**, il più

1 Gli annessi cutanei

Le **scaglie** dei pesci, le **squame** dei rettili, le **penne** degli uccelli e i **peli** dei mammiferi sono annessi cutanei che derivano dall'epitelio di rivestimento del corpo.

2 La pelle

La pelle è costituita da due strati: l'epidermide e il derma.

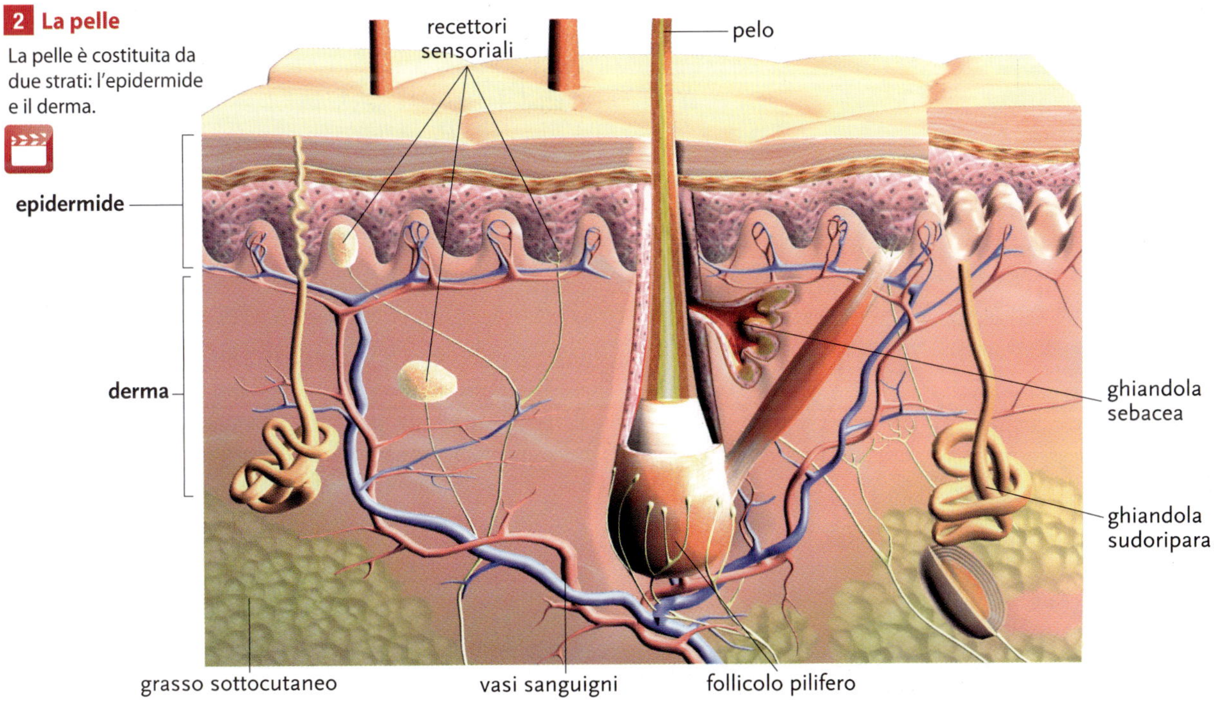

superficiale. Nelle zone particolarmente soggette a sfregamento, come la pianta dei piedi, il palmo delle mani e i polpastrelli, tra strato granuloso e strato corneo è presente un quinto strato, detto **lucido**.

La maggior parte delle cellule della pelle è rappresentata dai **cheratinociti**, cellule disposte in strati che producono *cheratina*. La cheratina è una proteina fibrosa che fornisce resistenza meccanica e flessibilità alla pelle. I cheratinociti rilasciano anche una secrezione ricca di lipidi; questa impermeabilizza la pelle, creando una barriera che impedisce la libera diffusione di sostanze attraverso la superficie del corpo. Nella parte più profonda dell'epidermide, come anche nel derma sottostante, sono presenti i **melanociti**, cellule che producono la *melanina*, un pigmento che protegge la pelle dalle radiazioni ultraviolette ▶ 3. Una prolungata esposizione alla luce solare rende la pelle più scura perché stimola la produzione di melanina.

Nello strato basale le cellule sono in rapida proliferazione e vengono spinte verso gli strati più superficiali dalle nuove cellule che si formano. Poiché l'epidermide è priva di vasi sanguigni, via via che maturano le cellule ricevono sempre meno nutrimento e riducono progressivamente la loro attività metabolica. A livello dello strato granuloso, i cheratinociti subiscono *apoptosi*, un processo geneticamente programmato di morte cellulare, e quando giungono nello strato corneo vanno incontro a sfaldamento. L'epidermide si rinnova completamente in circa 40 giorni.

Sotto l'epidermide si trova il **derma**, la parte più profonda della pelle. È costituito da un tessuto connettivo fibroso, denso, particolarmente ricco di fibre collagene ed elastiche, che forniscono supporto, forza e flessibilità alla pelle. Il derma aumenta la propria superficie grazie alle **papille dermiche**, protuberanze ricche di vasi sanguigni e terminazioni nervose che si insinuano nell'epidermide. Nel derma sono presenti numerose terminazioni nervose e recettori sensoriali che permettono di percepire il caldo e il freddo, il contatto con gli oggetti, il dolore. Ci sono inoltre vasi sanguigni, che nutrono la pelle e contribuiscono a mantenere stabile la temperatura.

Sotto il derma è presente uno strato di grasso sottocutaneo che, oltre a essere un'importante riserva energetica, funge da cuscinetto per gli urti, isola il corpo dal freddo e dal caldo e connette la pelle a ossa e muscoli.

3 La melanina

La melanina, un pigmento prodotto dai melanociti, determina il colore della pelle. Gli esseri umani possiedono un numero costante di melanociti. Ciò che varia da un'etnia a un'altra è la loro attività e quindi la quantità di melanina prodotta: maggiore è la concentrazione di melanina nella pelle, maggiore è la pigmentazione.

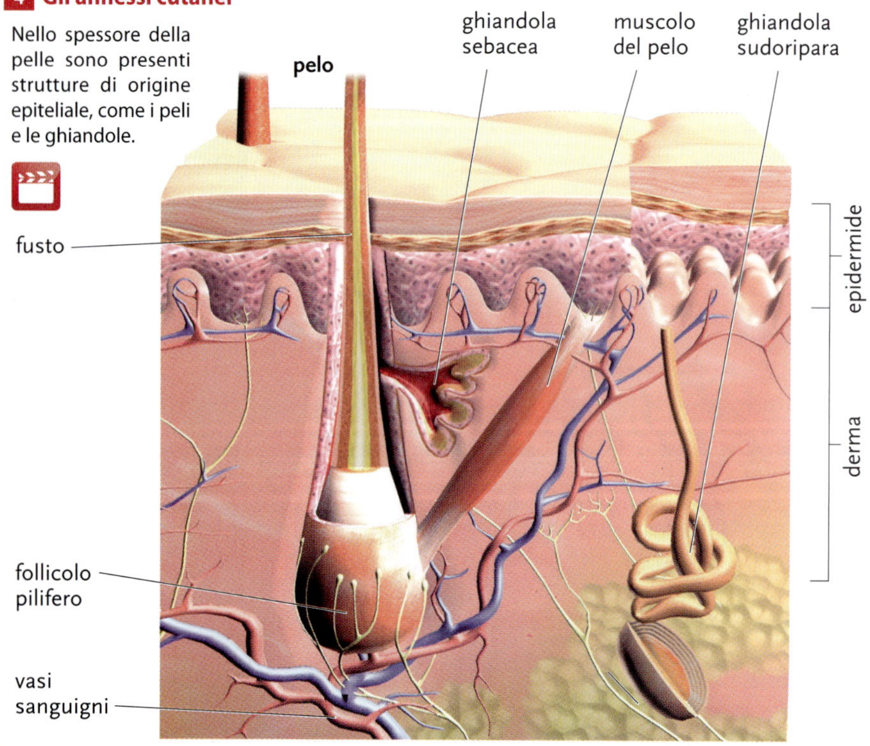

4 Gli annessi cutanei

Nello spessore della pelle sono presenti strutture di origine epiteliale, come i peli e le ghiandole.

3 Gli annessi cutanei

I **peli** ▶ 4, presenti in tutto il corpo eccetto le piante dei piedi e i palmi delle mani, sono organi cavi e flessibili, costituiti da filamenti di *cheratina*. La **radice** si trova nel derma, dove risulta circondata da un doppio strato di cellule epiteliali che formano il **follicolo pilifero**. Dalla radice parte il **fusto**, che fuoriesce dalla pelle; nell'uomo i peli sono particolarmente abbondanti nel cuoio capelluto, dove prendono il nome di **capelli**.

Le **unghie** sono annessi cutanei, formati da robuste lamine di cheratina, che proteggono le estremità delle dita.

Nello spessore del derma ▶ 4 sono presenti tre tipi di ghiandole esocrine: le *ghiandole sebacee*, le *ghiandole sudoripare* e le *ghiandole ceruminose*.

Le **ghiandole sebacee** sboccano nei follicoli piliferi o in superficie e producono il *sebo*, una sostanza oleosa che svolge svariate funzioni: mantiene i peli umidi, rende la pelle impermeabile e morbida, impedisce l'attecchimento di batteri e altri patogeni.

Nello spessore della nostra pelle sono presenti da tre a quattro milioni di **ghiandole sudoripare**, che producono il *sudore*, una soluzione di acqua e sali minerali che viene rilasciata in superficie sotto forma di piccole gocce, per eliminare acqua dal corpo e per abbassare la temperatura quando fa molto caldo.

Le **ghiandole ceruminose** sono localizzate nel condotto uditivo esterno. La secrezione di queste ghiandole, insieme a quella delle ghiandole sebacee, forma il *cerume*, che protegge l'orecchio dall'entrata di agenti estranei. Grazie alle sue proprietà adesive, infatti, riesce a intrappolare le particelle e i microrganismi provenienti dall'ambiente esterno.

4 La termoregolazione

Molti animali hanno sviluppato meccanismi omeostatici per regolare la temperatura corporea. Alcuni di questi meccanismi sono strategie comportamentali, altri sono processi fisiologici. La capacità che molti animali e l'uomo hanno di mantenere la temperatura corporea costante entro determinati limiti, indipendentemente dalla temperatura ambientale, prende il nome di **termoregolazione**.
Gli animali che hanno una temperatura corporea determinata dalla temperatura dell'ambiente sono definiti **ectotermi**. Sono ectotermi i pesci, gli anfibi e i rettili. Il calore necessario al metabolismo proviene direttamente dal sole e il tasso metabolico cambia in stretta relazione con le condizioni atmosferiche. Negli ectotermi la spesa energetica è più bassa rispetto agli endotermi, ma le loro attività possono essere limitate, in particolare quando la temperatura ambientale è bassa. Le strategie comportamentali per adattare la temperatura corporea sono svariate: ad esempio, una lucertola durante il giorno si espone a lungo al sole e di notte si rintana sotto terra per non disperdere calore.
Gli uccelli e i mammiferi, ma anche alcune specie di pesci e di insetti, mantengono una determinata temperatura corporea indipendentemente dalla temperatura ambientale e sono definiti **endotermi**.
Negli ectotermi la spesa energetica è più bassa rispetto agli endotermi, ma le loro attività metaboliche dipendono dalla temperatura ambientale. Gli endotermi, invece, hanno un alto tasso di attività enzimatica, che rimane tale anche alle basse temperature invernali.
Gli endotermi sono dotati di strutture che li isolano dall'ambiente e che consentono loro di non disperdere calore. Le piume degli uccelli, i peli dei mammiferi, il grasso corporeo consentono la termoregolazione. Ma anche comportamenti come il proteggersi con la coda dai raggi solari troppo intensi, come fanno alcuni scoiattoli, o spruzzarsi di acqua quando fa troppo caldo, come fanno gli elefanti, sono strategie mirate al mantenimento della temperatura corporea.
Nei mammiferi, specifici recettori localizzati nel derma mandano segnali ai centri che regolano la temperatura corporea nell'ipotalamo. Quando la temperatura corporea tende a scendere, l'attività metabolica viene incrementata, ma anche la contrazione muscolare, mediante i brividi o il movimento volontario, permette di aumentare la produzione di calore. Quando invece fa molto caldo, l'ansimare e il sudare di molti animali sono meccanismi che forniscono liquidi per l'evaporazione. La conversione di un liquido in vapore acqueo determina la dispersione di energia termica e dunque di calore, raffreddando così il corpo dell'animale ▶ 5.
Anche nell'uomo le informazioni che riguardano la temperatura corporea vengono inviate a uno specifico centro localizzato nell'ipotalamo. Quando la temperatura esterna sale, l'ipotalamo manda impulsi nervosi alle ghiandole sudoripare, facendo aumentare la secrezione di sudore. Contemporaneamente invia segnali ai vasi sanguigni, facendo sì che si dilatino e aumentino il flusso sanguigno in superficie, disperdendo calore nell'ambiente.
Quando fa freddo, invece, l'ipotalamo stimola la costrizione dei vasi sanguigni, in modo che una minore quantità di sangue raggiunga la superficie del corpo; inoltre si sollevano i peli, che intrappolano l'aria e limitano la perdita di calore. L'ipotalamo determina anche un incremento della produzione di ormoni tiroidei, che aumentano la produzione di calore da parte dei tessuti del corpo e specifici segnali nervosi fanno contrarre i muscoli, affinché il corpo rabbrividisca.

BioParole

Ectotermo
dal greco *ektós*, «fuori, esterno» e *thermós*, «calore, temperatura»
Ectothermic

Endotermo
dal greco *éndon*, «dentro» e *thermós*, «calore, temperatura»
Endothermic

DOMANDE CHIAVE

1. Quali strutture comprende l'apparato tegumentario?
2. Quali sono i tre tipi di ghiandole della pelle?
3. Com'è definita la capacità che molti animali hanno di mantenere la temperatura corporea costante?

5 TESTO-IMMAGINE
La regolazione a feedback negativo della temperatura corporea

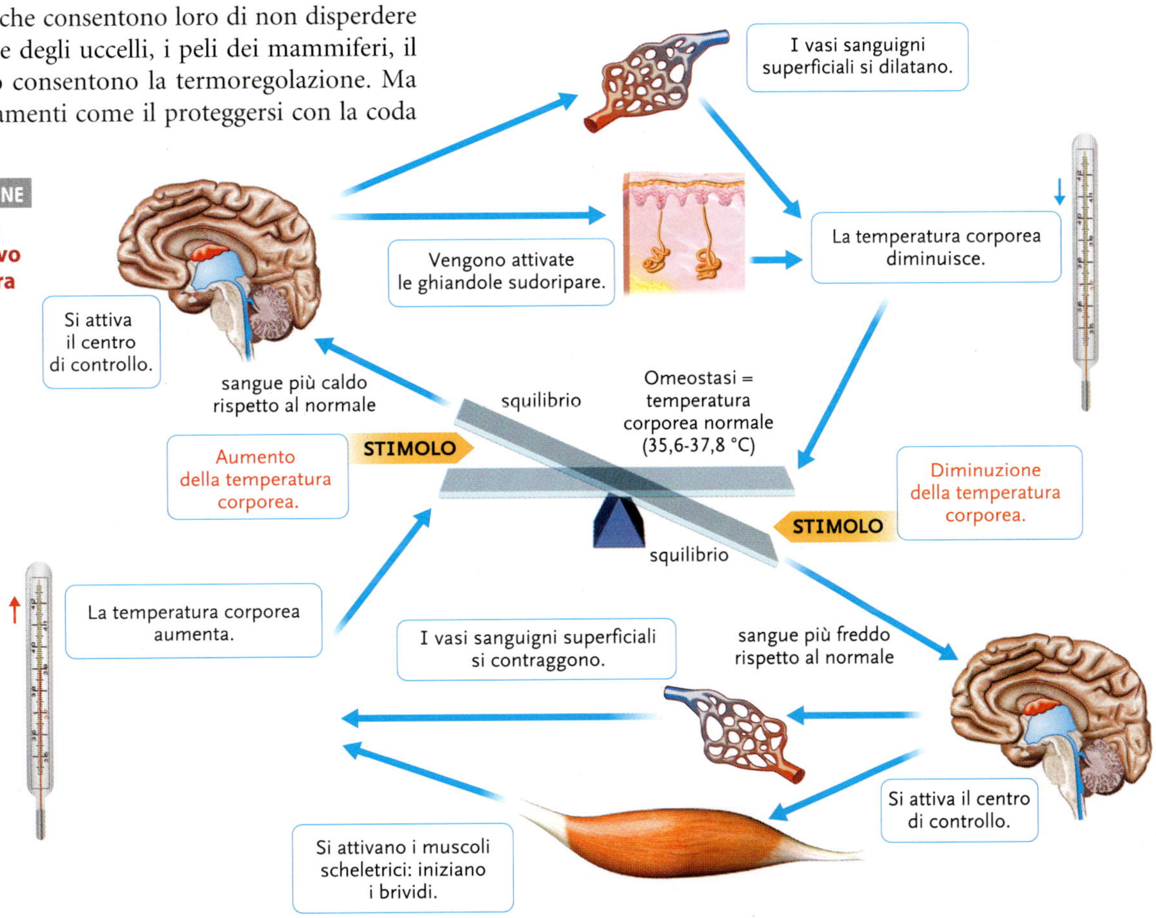

LE LEZIONI IN SINTESI

1 L'escrezione negli animali

L'**apparato escretore** ha la funzione di eliminare le sostanze azotate di scarto del metabolismo cellulare e provvedere al controllo omeostatico dell'equilibrio idrosalino nei liquidi corporei. Gli animali che eliminano i prodotti azotati sotto forma di ammoniaca sono detti **ammoniotelici**, quelli che li eliminano sotto forma di acido urico sono chiamati **uricotelici** e quelli che li eliminano come urea **ureotelici**.

2 Anatomia dell'apparato escretore dell'uomo

L'apparato escretore dell'uomo è costituito da **reni**, **ureteri**, **vescica** e **uretra**. Gli ureteri portano l'*urina* dai reni alla vescica, dove questa viene accumulata. La vescica si svuota con la *minzione*, rilasciando l'urina nell'uretra, che la porta verso l'esterno. L'unità funzionale del rene è il **nefrone**, costituito da *glomerulo*, *capsula di Bowman*, *tubulo contorto prossimale*, *ansa di Henle*, *tubulo contorto distale* e *dotto collettore*, che sbocca nell'uretere. I nefroni sono circondati da una fitta rete di arteriole e capillari per gli scambi di sostanze e acqua. L'urina viene concentrata nel nefrone attraverso tre processi: la *filtrazione*, il *riassorbimento* e la *secrezione*.

3 L'equilibrio idrosalino

Il rene contribuisce a mantenere costanti le quantità di acqua e di soluti nei diversi distretti del corpo, variando a seconda delle esigenze la quantità di acqua e soluti da eliminare con l'urina. Gli ormoni che controllano l'equilibrio idrosalino sono l'**ormone antidiuretico**, l'**angiotensina II**, l'**aldosterone** e il **peptide natriuretico atriale**. Il rene contribuisce anche a mantenere costante il pH del sangue (**equilibrio acido-base**), regolando la concentrazione di ioni idrogeno (H^+).

4 L'apparato tegumentario

La funzione principale dell'**apparato tegumentario** è proteggere il corpo dall'azione di fattori fisici, chimici e biologici presenti nell'ambiente. L'apparato tegumentario dell'uomo comprende la **pelle**, costituita da due strati fondamentali (*epidermide* e *derma*), e gli **annessi cutanei**, come *peli*, *ghiandole sebacee* e *sudoripare*, *unghie*. Gli animali che hanno una temperatura corporea determinata dalla temperatura dell'ambiente sono definiti **ectotermi**. Gli animali che viceversa mantengono una temperatura corporea costante indipendentemente dalla temperatura ambientale sono definiti **endotermi**. L'apparato tegumentario contribuisce alla **termoregolazione** del corpo.

THE CHAPTER IN REVIEW

- The **excretory system**'s role is to eliminate nitrogen wastes produced through metabolism, and to control the salt-water balance in body fluids.
- The human excretory system is made up of **kidneys**, **ureters**, **bladder** and **urethra**.
- The kidney's functional unit is called **nephron**, and is made up of *glomerulus*, *Bowman's capsule*, *proximal convoluted tubule*, *loop of Henle*, *distal convoluted tubule* and *collecting duct*, which ends in the ureter.
- **Urine** is concentrated in the nephron through three processes: **filtration**, **re-absorption** and **secretion**.
- The hormones that regulate the salt-water balance in our body are the **antidiuretic hormone**, **angiotensin II**, **aldosterone** and **atrial natriuretic peptide**.
- The **integumentary system**'s main role is to protect the body from physical, chemical and biological factors in the environment.
- The human integumentary system is made up of **skin**, comprising *epidermis* and *dermis*, and **skin annexes**, such as *hair*, *sebaceous and sweat glands*, and *nails*.
- The integumentary system contributes to the body's **thermoregulation**.

Termini chiave *Key Terms*

Annessi cutanei *Skin appendages*
Apparato escretore *Excretory system*
Apparato tegumentario *Integumentary system*
Ectotermi *Ectotherms*
Endotermi *Endotherms*
Equilibrio idrosalino *Salt-water balance*
Nefrone *Nephron*
Pelle *Skin*
Reni *Kidneys*
Termoregolazione *Thermoregulation*
Ureteri *Ureters*
Uretra *Urethra*
Vescica *Bladder*

LE MAPPE DELL'UNITÀ

Competenza disciplinare ▶ Riconoscere e stabilire relazioni tra i concetti

Completa gli schemi

A

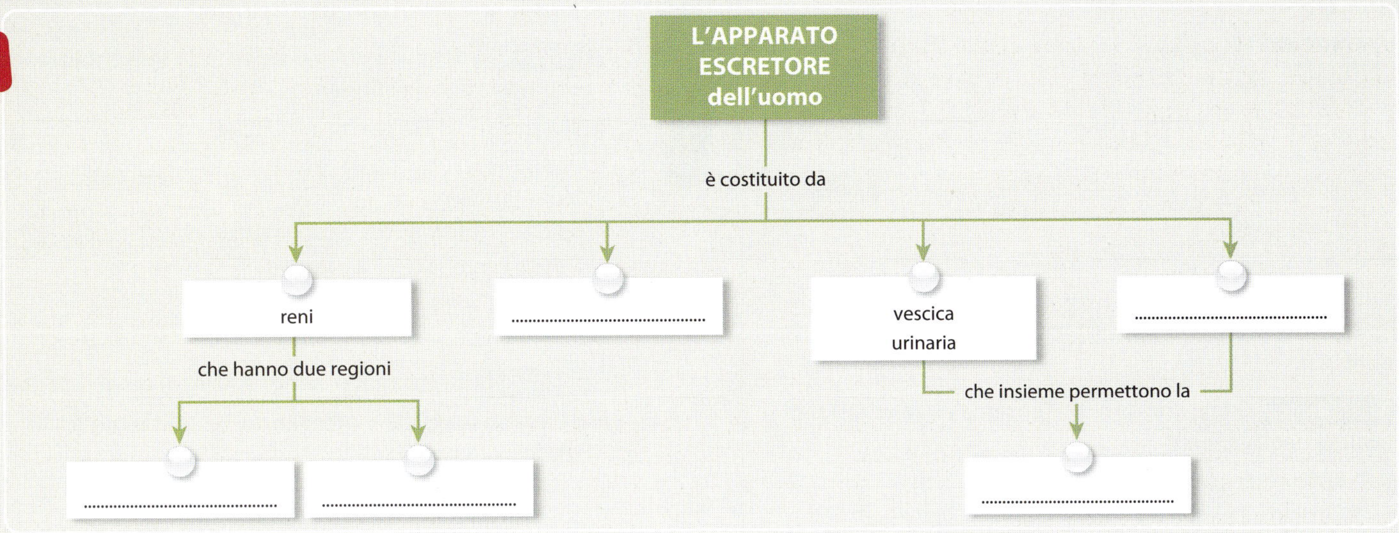

B

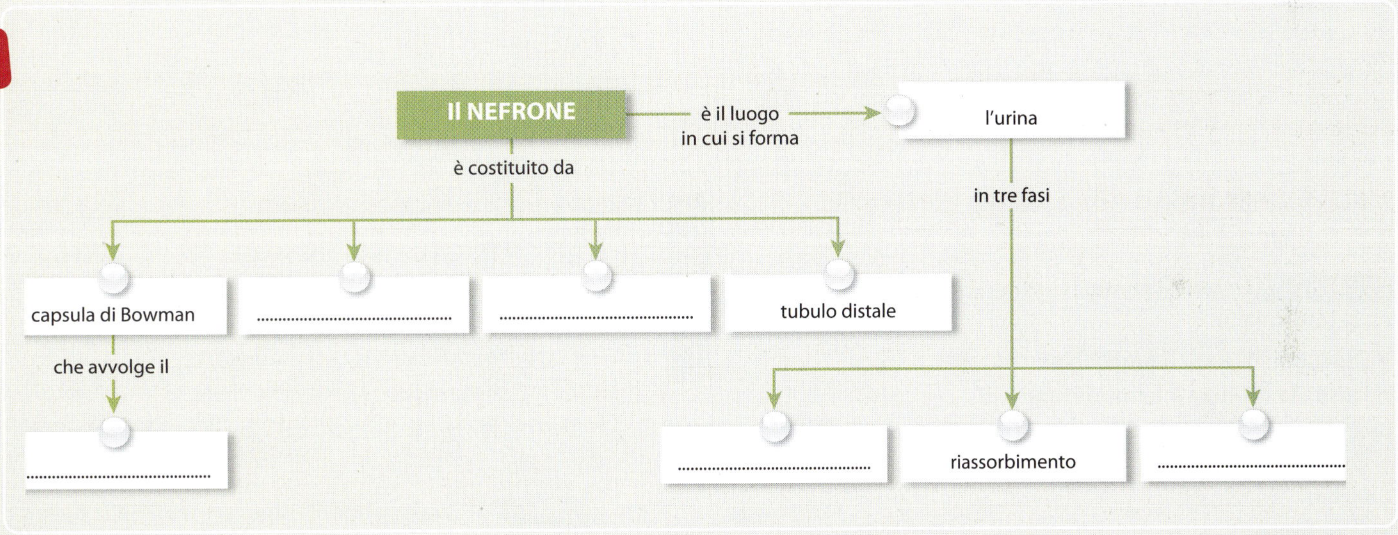

C

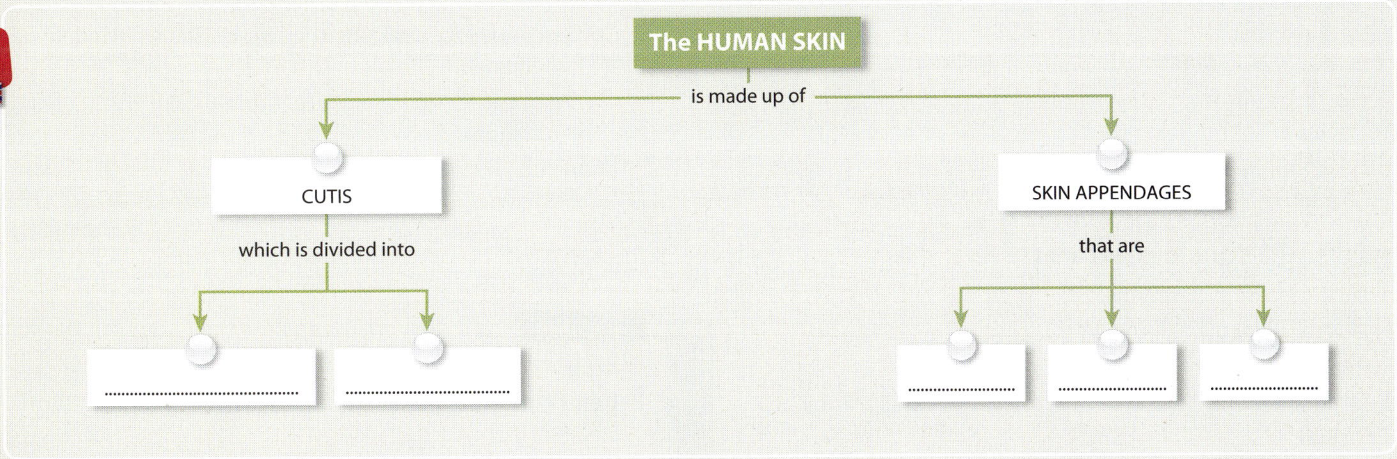

D Progetta e disegna una mappa che abbia come nodo centrale «la termoregolazione».

PROVE D'INTERROGAZIONE

Competenza disciplinare ▶ Effettuare connessioni logiche e comunicare in forma orale

LEZIONE 1 L'escrezione negli animali

A. Domanda: In che modo possono essere eliminati i cataboliti azotati?

- ▶ Spiega come si produce l'ammoniaca e perché deve essere eliminata.
- ▶ Quali animali sono ammoniotelici? In che modo eliminano l'ammoniaca?
- ▶ Quali animali sono uricotelici? In che modo eliminano l'acido urico?
- ▶ Quali animali sono ureotelici? In che modo eliminano l'urea?

Concludi.

B. Domanda: Quali strutture con funzione escretoria si sono evolute negli animali?

- ▶ Descrivi l'escrezione negli anellidi.
- ▶ Quali animali hanno sviluppato i tubuli malpighiani?
- ▶ In quali animali si è evoluto il rene?

Concludi.

LEZIONE 2 Anatomia dell'apparato escretore dell'uomo

A. Domanda: Descrivi l'anatomia generale dell'apparato escretore umano.

- ▶ Quanti sono i reni? Dove sono posizionati?
- ▶ Illustra la struttura interna del rene.
- ▶ Descrivi che cosa sono gli ureteri, la vescica urinaria e l'uretra.

Concludi.

B. Domanda: Quali ruoli svolge il rene?

- ▶ Spiega in che modo il rene regola gli ioni e il pH del sangue.
- ▶ Illustra in che modo il rene regola i fluidi corporei.
- ▶ Descrivi in che modo il rene elimina le sostanze di rifiuto dal sangue.
- ▶ Quali ormoni sono prodotti dal rene?

Concludi.

C. Domanda: Come si forma l'urina?

- ▶ Illustra la fase di filtrazione.
- ▶ Illustra la fase di riassorbimento.
- ▶ Illustra la fase di escrezione.
- ▶ Quando si forma l'urina? In che cosa differisce dal plasma?

Concludi.

LEZIONE 3 L'equilibrio idrosalino

A. Domanda: Da quali ormoni dipende la concentrazione e la composizione dell'urina?

- ▶ Illustra il ruolo svolto dall'ormone ADH.
- ▶ Illustra il ruolo svolto dal sistema renina-angiotensina-aldosterone.
- ▶ Spiega la funzione del peptide natriuretico atriale.
- ▶ Descrivi come agisce il centro della sete situato nell'ipotalamo.

Concludi.

B. Domanda: In che modo viene regolato il pH del sangue?

- ▶ Illustra qual è il valore ottimale del pH nel sangue e i fattori che lo influenzano.
- ▶ Spiega che cosa si intende per «sistemi tampone».
- ▶ Qual è il principale sistema tampone del sangue?
- ▶ Esistono altri fattori, oltre ai sistemi tampone, che regolano il pH del sangue?

Concludi.

LEZIONE 4 L'apparato tegumentario

A. Domanda: Qual è la struttura della pelle e quali funzioni svolge?

- ▶ Illustra l'anatomia della pelle soffermandoti a descrivere i diversi tipi cellulari che la costituiscono.
- ▶ Illustra in che modo la pelle si rigenera.
- ▶ Descrivi le diverse funzioni della pelle.

Concludi.

B. Domanda: Quali ghiandole sono presenti nella pelle?

- ▶ Descrivi la localizzazione e le funzioni delle ghiandole sebacee.
- ▶ Descrivi la localizzazione e le funzioni delle ghiandole sudoripare.
- ▶ Descrivi la localizzazione e le funzioni delle ghiandole ceruminose.

Concludi.

Question: How do animals regulate their body temperature?

- ▶ Explain what «thermoregulation» means.
- ▶ How do ectothermic animals keep their body temperature steady?
- ▶ How do endothermic animals keep their body temperature steady?

Conclude your exposition.

TEST E QUESITI

Competenza disciplinare
Applicare le conoscenze acquisite (es. 1-9)
Applicare il linguaggio scientifico (es. 10)
Spiegare in forma scritta fenomeni e processi (es. 11-16)

Scegli la risposta corretta

1. In condizioni normali il filtrato raccolto nella capsula di Bowman differisce dall'urina perché ha una…
   - A maggiore concentrazione di acqua.
   - B minore concentrazione dei soluti.
   - C minore concentrazione di proteine.
   - D minore concentrazione di acqua.

2. In un soggetto sano quale di queste sostanze che ritroviamo nel filtrato non è presente nelle urine?
   - A Urea.
   - B Glucosio.
   - C Acqua.
   - D Farmaci.

3. Le ghiandole ceruminose…
   - A si trovano nel condotto uditivo esterno.
   - B producono un secreto coinvolto nell'abbassamento della temperatura corporea.
   - C sono associate a un bulbo pilifero.
   - D producono un liquido contenente acqua e sali minerali.

4. Per una determinata etnia umana il colore della pelle più scuro è da attribuire a…
   - A una maggior esposizione alla luce solare.
   - B una maggior assunzione di carotene nella dieta.
   - C una maggiore quantità di melanina prodotta dai melanociti.
   - D un maggior numero di melanociti.

5. Il flusso controcorrente del filtrato nell'ansa di Henle mantiene un'alta concentrazione di NaCl nel liquido interstiziale della regione midollare e questo permette di…
   - A eliminare acqua dal filtrato dei vasa recta.
   - B recuperare NaCl dal filtrato dei dotti collettori.
   - C recuperare glucosio dal filtrato dei dotti collettori.
   - D recuperare acqua dal filtrato dei dotti collettori.

6. Quale tra le seguenti azioni contribuisce a innalzare la temperatura corporea?
   - A La vasodilatazione dei capillari sanguigni.
   - B La sudorazione.
   - C Il rilascio degli ormoni tiroidei.
   - D Il rilascio di ADH.

7. Quale delle seguenti strutture del nefrone si trova nella midollare renale?
   - A Il glomerulo.
   - B L'ansa di Henle.
   - C La capsula di Bowman.
   - D Il corpuscolo renale.

8. I fluidi del nostro corpo sono costituiti maggiormente da…
   - A ioni bicarbonato.
   - B liquido intracellulare.
   - C liquido extracellulare.
   - D plasma.

9. Quale tra le funzioni elencate *non* è propria del rene?
   - A Regola la concentrazione degli ioni e il pH del sangue.
   - B Regola il bilancio idrico interno.
   - C Regola la temperatura corporea.
   - D Produce ormoni.

Metti in relazione

10. Completa la tabella scrivendo la definizione delle strutture indicate.

Struttura	Definizione
....	fluidi corporei che si trovano all'esterno delle cellule
melanociti	....
....	ormone attivato dalla renina coinvolto nella regolazione della pressione sanguigna
arteriola afferente	....
....	sacco in cui si accumula l'urina prodotta, prima di essere escreta
ansa di Henle	....
....	concentrazione delle particelle che determinano la pressione osmotica di una soluzione
endotermi	....
....	animali che eliminano i cataboliti azotati sotto forma di acido urico
capillari peritubulari	....
....	ormone mineralcorticoide che regola l'escrezione degli ioni nelle urine
cheratinociti	....
....	nodo di capillari circondato dalla capsula di Bowman
follicolo pilifero	....
....	struttura di collegamento tra il rene e la vescica

Rispondi utilizzando i termini indicati

11. Che cos'è il letargo? Quale funzione riveste?
sonno – rallentare – endotermi – sopravvivere – funzioni vitali

12. Perché il rene può anche essere considerato una ghiandola endocrina?
ormoni – eritropoietina – globuli rossi – calcitriolo

13. Da che cosa è composta l'urina? Quale ruolo svolge nel nostro organismo?

scorie – regolazione – cataboliti azotati – acqua – sostanze nocive – eliminazione – ioni

Rispondi e motiva la tua risposta

14. Carlo è andato a una festa in cui l'unica bevanda a disposizione era la birra. Partendo dal presupposto che l'alcol inibisce la secrezione dell'ormone ADH, come spieghi il fatto che Carlo durante la notte si è alzato spesso per urinare e la mattina dopo si è svegliato con molta sete?

15. Un bambino di 4 anni cadendo si procura una sbucciatura estesa e profonda. Piange perché pensa che la sua pelle rimarrà per sempre così. La mamma gli spiega che presto crescerà una nuova pelle: ha ragione? Motiva la tua risposta.

Rispondi alla domanda in base all'estensione richiesta

16. Confronta la composizione del plasma sanguigno, del filtrato e dell'urina. Spiega inoltre le principali differenze tra plasma sanguigno e urina. (**massimo 10 righe**)

In English Competenza trasversale Usare la lingua inglese in un contesto scientifico

Complete the following sentences

1. The ability of many animals, including humans, to keep body temperature .... regardless of the environment's temperature is called ....

2. The .... balance is maintained by so-called .... systems that regulate the concentration of H^+ ions, thanks to excretion and ....

Choose the right answer for the following questions

3. Urine moves through…

A collecting duct, bladder, renal pelvis, ureter.
B collecting duct, bladder, ureter, renal pelvis.
C collecting duct, renal pelvis, ureter, bladder.
D renal pelvis, collecting duct, bladder, ureter.

4. The body's temperature control centre is in the…

A pituitary gland.
B hypothalamus.
C medulla oblongata.
D thyroid.

Answer in a few words

5. What is emiction? How does it work?

....

....

IL MIO ESAME DI STATO

Esercizi di simulazione della **Terza Prova**

1. Tipologia A della Terza Prova

Paragona il rene a un impianto di smaltimento e separazione differenziata dei rifiuti, spiegando in modo chiaro le fasi di raccolta generale dei rifiuti (filtrazione), del recupero del materiale riutilizzabile (riassorbimento), dell'immissione di materiale grossolano non riciclabile (secrezione) e del trasporto dei rifiuti in discarica (escrezione). (**massimo 15 righe**)

2. Tipologia B della Terza Prova

In che modo avviene la regolazione della concentrazione dell'urina? Alcuni farmaci diuretici agiscono sul dotto collettore rendendolo più permeabile. L'azione è antagonista all'azione di quale ormone? Perché vengono usati anche nei casi non gravi di alta pressione sanguigna?

3. Tipologia C della Terza Prova

Scegli la risposta corretta.
In riferimento all'equilibrio acido-base del sangue, quale delle seguenti affermazioni *non* è vera?

A Un incremento della respirazione aumenta la concentrazione di H^+.
B Il valore normale del pH è 7,3-7,4.
C I sistemi tampone non sono i soli coinvolti nel controllo di questo equilibrio.
D Il sistema tampone principale è quello rappresentato dallo ione bicarbonato.

4. Tipologia C della Terza Prova

Scegli la risposta corretta.
Ti sei punto con una spina. È sicuramente leso lo strato…

A lucido.
B corneo.
C basale.
D spinoso.

Proposte per l'incremento dei crediti scolastici (cumulabili nel voto d'esame)

5. Il colore della pelle di un individuo può fornire molte informazioni, non solo riguardo l'etnia di appartenenza. Fai una ricerca utilizzando varie fonti e scrivi una tesina su questo tema tenendo conto dei seguenti argomenti:

- approfondisci quali sono i pigmenti che insieme alla melanina sono responsabili del colore della pelle;
- approfondisci in che modo le loro concentrazioni determinano l'ampia gamma di colori che la pelle umana può avere;
- spiega che cosa sono le lentiggini, i nei e le macchie senili;
- cerca notizie sul tema dell'albinismo;
- approfondisci in che modo la pelle può fornire indizi diagnostici, ad esempio nel caso dell'itterizia;
- quando e perché la pelle diventa cianotica, pallida (pallore) o arrossata (eritema).

OSSERVAZIONE E ANALISI

Competenza disciplinare ▶ Riconoscere e descrivere strutture e fenomeni
Formulare ipotesi in base ai dati forniti

Osserva e analizza

1. Il disegno rappresenta il sistema escretore di un insetto: *Psycodha alternata*. Come si chiamano le strutture rappresentate? Possiamo considerarle organi di escrezione come i reni? Perché?

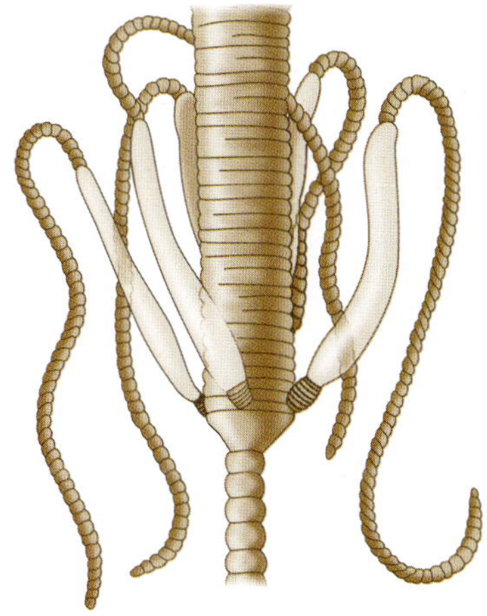

2. Nella sezione al microscopio ottico della cute, individua gli strati e scrivi il loro nome negli spazi corrispondenti. Quale strato è costituito da cellule morte? Qual è invece lo strato dove proliferano i nuovi cheratinociti?

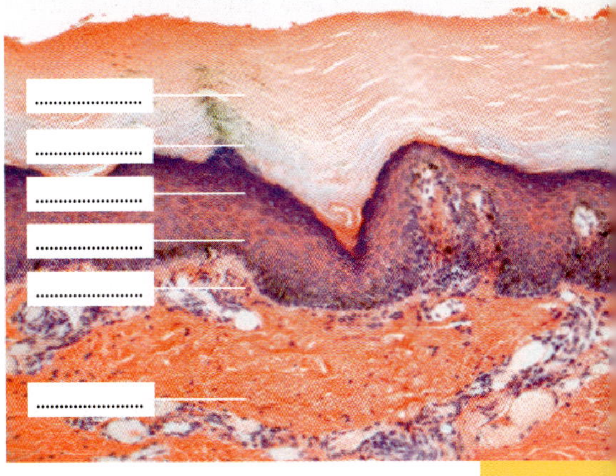

3. Che cosa è rappresentato nella figura **A**? Inserisci i termini mancanti che descrivono le regioni del rene. Che cosa è rappresentato nello zoom nella figura **B**? In quale regione del rene si trova il glomerulo del nefrone? In quale ragione si trova invece l'ansa di Henle?

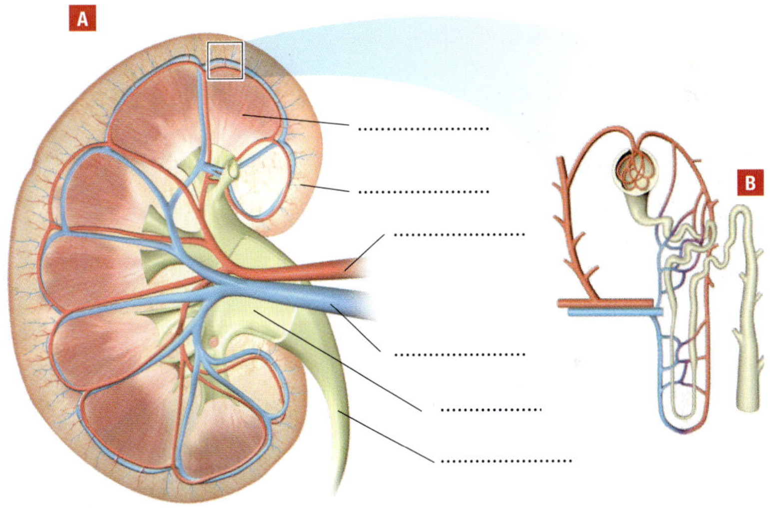

Analizza e interpreta

4. Rispondi.

a. Che cosa rappresenta questa figura?

b. Che cosa succede al sangue che passa attraverso il glomerulo? Che cosa si raccoglie nella capsula di Bowman?

c. Quando il filtrato può essere chiamato urina?

La tua analisi

a. Inserisci nel riquadro 1 il processo che avviene in questa regione del nefrone. Spiega in che cosa consiste il processo.

b. Inserisci nel riquadro 2 i processi che avvengono in questa regione del nefrone. Specifica brevemente la direzione del filtrato (rispetto al sangue) e le sostanze coinvolte nei due processi.

c. Inserisci nel riquadro 3 i processi che avvengono in questa regione del nefrone. Quali sostanze sono coinvolte in questi processi? Lo scambio di sostanze avviene tra filtrato e sangue?

d. Inserisci nel riquadro 4 il processo che avviene in questa regione del nefrone. Qual è il principale ormone che regola questa fase?

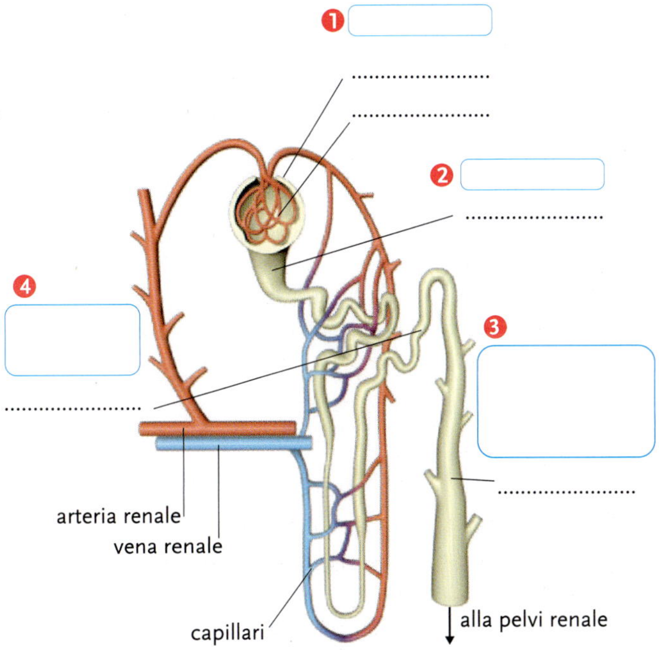

UNITÀ C6

Il sistema immunitario

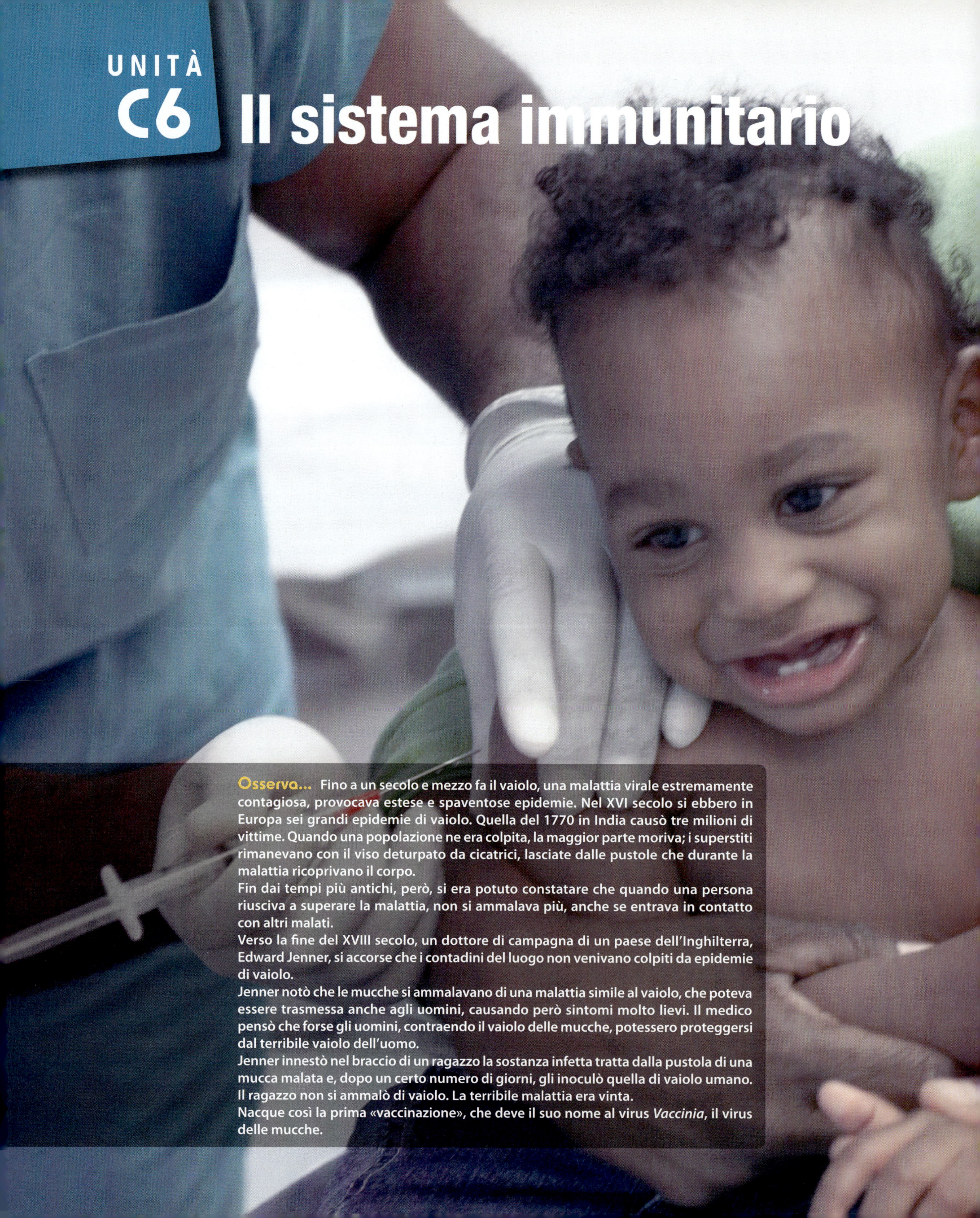

Osserva... Fino a un secolo e mezzo fa il vaiolo, una malattia virale estremamente contagiosa, provocava estese e spaventose epidemie. Nel XVI secolo si ebbero in Europa sei grandi epidemie di vaiolo. Quella del 1770 in India causò tre milioni di vittime. Quando una popolazione ne era colpita, la maggior parte moriva; i superstiti rimanevano con il viso deturpato da cicatrici, lasciate dalle pustole che durante la malattia ricoprivano il corpo.

Fin dai tempi più antichi, però, si era potuto constatare che quando una persona riusciva a superare la malattia, non si ammalava più, anche se entrava in contatto con altri malati.

Verso la fine del XVIII secolo, un dottore di campagna di un paese dell'Inghilterra, Edward Jenner, si accorse che i contadini del luogo non venivano colpiti da epidemie di vaiolo.

Jenner notò che le mucche si ammalavano di una malattia simile al vaiolo, che poteva essere trasmessa anche agli uomini, causando però sintomi molto lievi. Il medico pensò che forse gli uomini, contraendo il vaiolo delle mucche, potessero proteggersi dal terribile vaiolo dell'uomo.

Jenner innestò nel braccio di un ragazzo la sostanza infetta tratta dalla pustola di una mucca malata e, dopo un certo numero di giorni, gli inoculò quella di vaiolo umano. Il ragazzo non si ammalò di vaiolo. La terribile malattia era vinta.

Nacque così la prima «vaccinazione», che deve il suo nome al virus *Vaccinia*, il virus delle mucche.

1 Le difese dai microrganismi patogeni

2 Le difese aspecifiche

3 Le difese specifiche

4 La risposta umorale e la risposta cellulo-mediata

5 La memoria immunologica

Edward Jenner

L'esercito francese viene vaccinato contro il vaiolo (1895). Dipinto di Alfred Touchemolin.

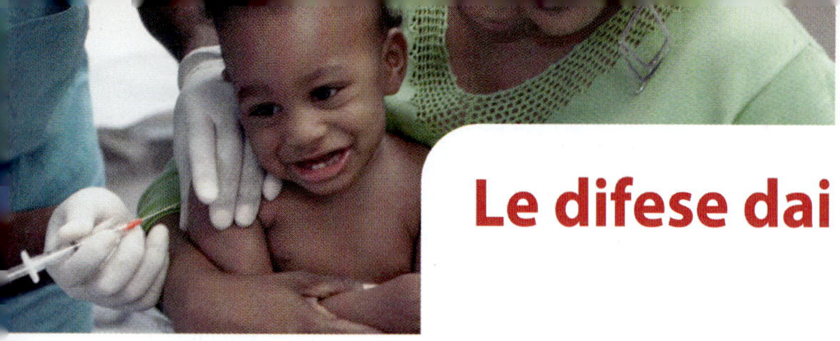

Le difese dai microrganismi patogeni

Bio Parole

Immunità
dal latino *immunitas*, «esenzione»
Immunity

1 Come si difendono gli animali

Tutti gli animali, perfino quelli più semplici, sono in grado di difendersi dagli attacchi dei microrganismi patogeni e lo fanno mediante l'utilizzo di sostanze antimicrobiche e di cellule specializzate nella fagocitosi di organismi estranei: i *fagociti*.
Più gli animali aumentano di complessità, più sofisticati diventano i sistemi di difesa ▶ 1. Nei vertebrati terrestri, dove la circolazione e il sistema linfatico sono particolarmente efficienti, si assiste alla massima evoluzione dei meccanismi di difesa. Questo grazie al fatto che, mediante il sangue e la linfa, le sostanze chimiche e i globuli bianchi specializzati nel combattere gli agenti patogeni possono raggiungere con estrema rapidità il luogo dell'infezione, fermando prontamente gli attacchi.

2 Le difese dell'uomo

L'uomo, come tutti gli animali, viene continuamente attaccato da un'incredibile varietà di patogeni: virus, batteri, funghi, vermi parassiti e altri ancora.
Per proteggere il corpo da questi attacchi, il nostro organismo è dotato di due importanti linee di difesa: le *difese aspecifiche* e le *difese specifiche*.
Le **difese aspecifiche** (o **immunità innata**) comprendono sia barriere fisiche, come la pelle e le mucose, che bloccano la maggior parte dei patogeni prima ancora che riescano a oltrepassare la superficie del corpo, sia cellule (come i fagociti e le cellule *natural killer*), proteine antimicrobiche e processi come l'infiammazione e la febbre, che vengono «attivati» ogni volta che un agente estraneo ci invade, qualsiasi sia la sua origine. Le **difese specifiche** (o **immunità acquisita**) sono invece messe in atto da globuli bianchi e da sostanze chimiche che agiscono in maniera mirata contro uno specifico patogeno-bersaglio. I meccanismi di difesa specifici scatenano la cosiddetta **risposta immunitaria**.
Le cellule del sangue specializzate nella difesa dell'organismo dagli agenti patogeni sono i *globuli bianchi*.

3 I globuli bianchi

I **globuli bianchi**, o **leucociti**, derivano da cellule staminali del midollo osseo rosso delle ossa lunghe. La loro azione di difesa si svolge sia nel circolo sanguigno sia a livello dei tessuti, dove possono portarsi attraversando le pareti dei vasi sanguigni.
Nel sangue sono presenti cinque tipi differenti di leucociti: i *neutrofili*, gli *eosinofili*, i *basofili*, i *linfociti* e i *monociti* ▶ 2.
I neutrofili, gli eosinofili e i basofili, dotati di grossi nuclei plurilobati, sono detti complessivamente **leucociti granulari** o **granulociti**, poiché presentano specifici granuli nel loro citoplasma.
I **neutrofili** sono i primi globuli bianchi che si attivano per difendere l'organismo quando viene colpito da un'infezione. Sono le principali cellule fagocitarie del

1 Lampreda marina
La lampreda marina, un pesce primitivo parassita di altri animali marini, ha un sistema immunitario piuttosto evoluto con cellule specializzate nella difesa dai patogeni del tutto simili a quelle presenti nell'uomo.

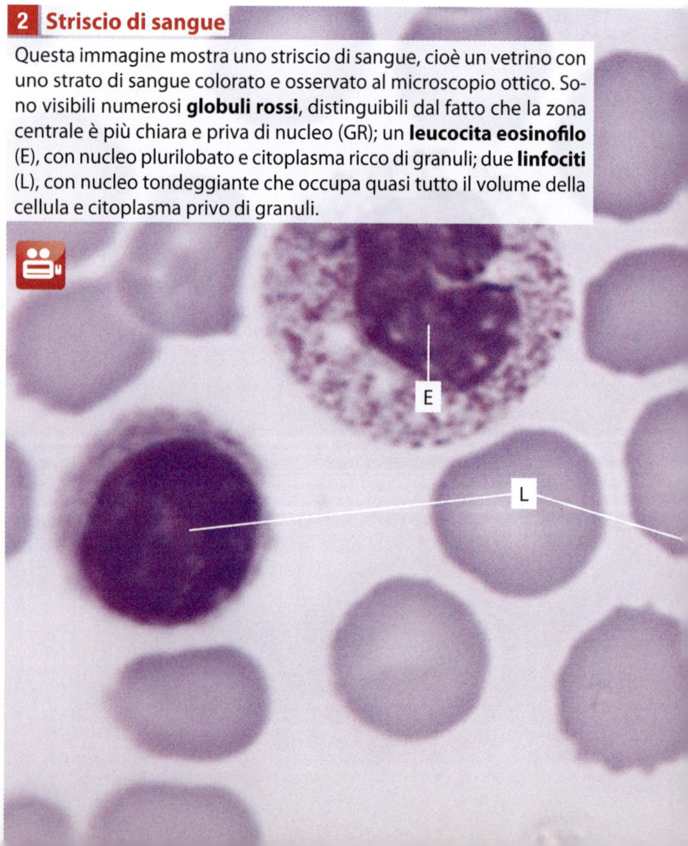

2 Striscio di sangue
Questa immagine mostra uno striscio di sangue, cioè un vetrino con uno strato di sangue colorato e osservato al microscopio ottico. Sono visibili numerosi **globuli rossi**, distinguibili dal fatto che la zona centrale è più chiara e priva di nucleo (GR); un **leucocita eosinofilo** (E), con nucleo plurilobato e citoplasma ricco di granuli; due **linfociti** (L), con nucleo tondeggiante che occupa quasi tutto il volume della cellula e citoplasma privo di granuli.

sangue e sono specializzate nella ricerca e nell'ingestione di batteri, ma fagocitano anche cellule morte e detriti cellulari. I neutrofili hanno enzimi capaci di degradare le sostanze ingerite.
Gli **eosinofili** sono così chiamati poiché presentano grossi granuli che si colorano di rosso con l'eosina, un colorante acido. Hanno specifici enzimi che uccidono i parassiti. Contribuiscono al danno tissutale durante le reazioni allergiche.
I **basofili** contengono granuli che si colorano di blu scuro, se colorati con coloranti basici. Liberano nei tessuti eparina, serotonina e istamina, sostanze che scatenano l'infiammazione nel corso delle reazioni allergiche. Nelle mucose e nel connettivo sono presenti cellule del sistema immunitario simili ai basofili, chiamate **mastociti** o **mastcellule**.
Monociti e linfociti vengono definiti **leucociti non granulari**, perché sono privi di granuli citoplasmatici. Hanno nuclei tondeggianti o allungati.
Alcuni **linfociti** sono specializzati nella produzione di anticorpi (linfociti B), altri attaccano direttamente i patogeni invasori, come virus, funghi e batteri e cellule cancerose (linfociti T, linfociti *natural killer*). Esistono due tipi di linfociti: i linfociti B e i linfociti T.
I **monociti** sono, tra i leucociti, le cellule più grandi (fino a 20 μm di diametro). Il monocita, quando si forma, circola nel sangue per alcune ore, poi esce dal circolo e si porta nei tessuti, dove termina il suo sviluppo e si trasforma in **macrofago**, una vera e propria cellula spazzino. I macrofagi si portano nel tessuto infetto con maggiore lentezza, rispetto ai neutrofili, ma arrivano in numero molto maggiore e sono in grado di fagocitare molti più microrganismi.
La *formula leucocitaria* indica la percentuale dei vari tipi di leucociti presenti nel sangue ▶ Tabella 1.

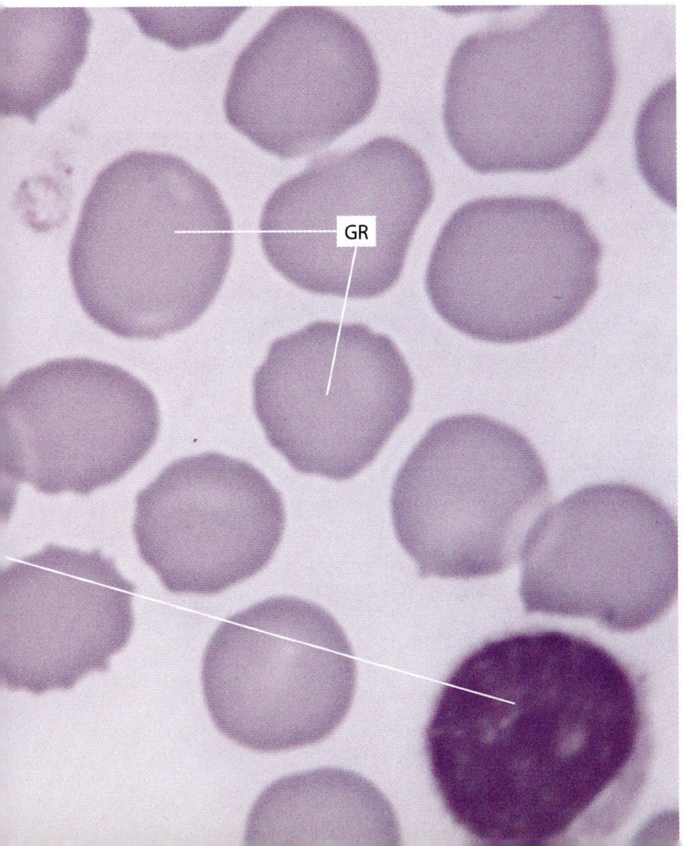

Tabella 1 I globuli bianchi e la formula leucocitaria

Leucociti	Morfologia		Funzione
granulociti (50-70% ca.)	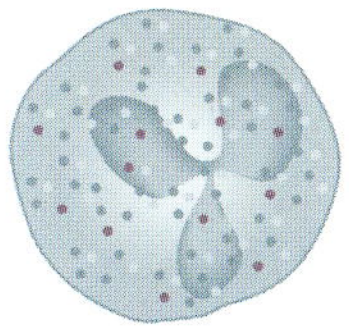	*neutrofili* (50-70%)	Sono cellule fagocitarie e rappresentano i primi globuli bianchi che si attivano al momento di un'infezione.
	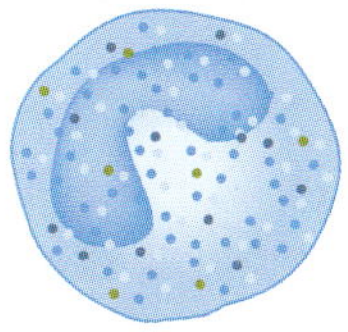	*basofili* (0,1-1%)	Liberano sostanze tra cui l'istamina, che scatena l'infiammazione.
	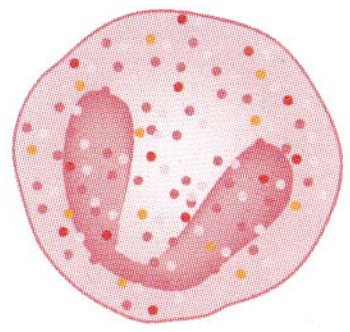	*eosinofili* (1-4%)	Rilasciano enzimi che combattono i parassiti.
linfociti (20-30% ca.)	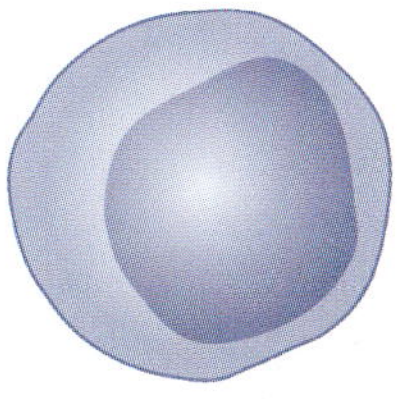	*linfociti B*	Sono coinvolti nella risposta umorale (liberano anticorpi specifici) e nella formazione di cellule memoria.
		linfociti T	Sono coinvolti nella risposta cellulo-mediata e nella regolazione della risposta immunitaria.
monociti (6-8% ca.)	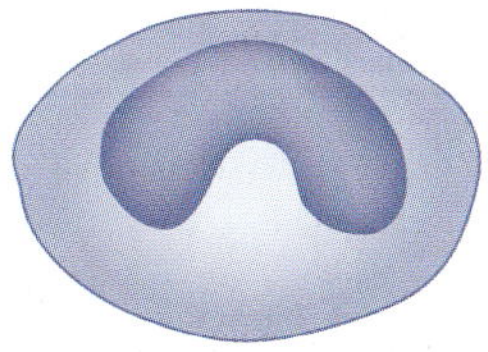		Durante un'infezione, si portano dal sangue ai tessuti e si convertono in *macrofagi*.

DOMANDE CHIAVE

1. In quale tipo di immunità rientrano la pelle e le mucose?
2. Quali cellule difendono il nostro corpo dagli agenti patogeni?
3. Da quali cellule prendono origine i macrofagi?

Osserva e RISPONDI

Nello striscio di sangue rappresentato, indica con una freccia i leucociti presenti.

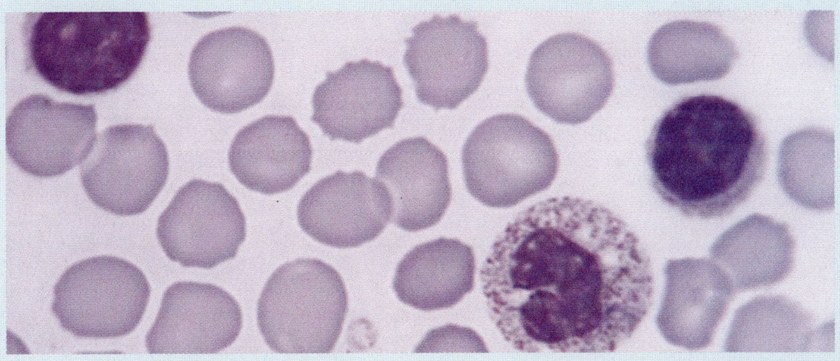

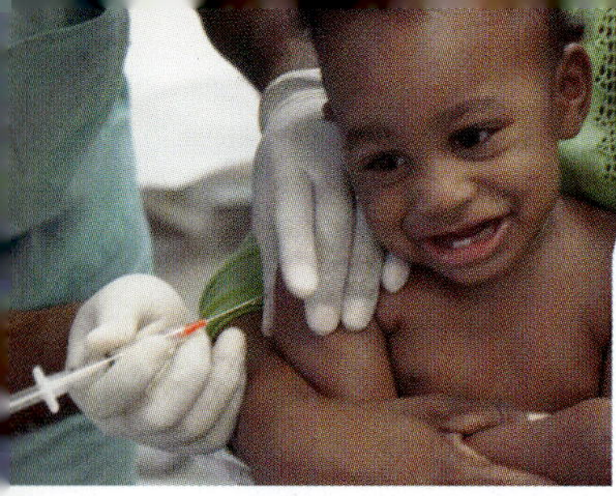

LEZIONE 2

Le difese aspecifiche

Bio Parole

Lisozima
dall'inglese *lysol*, «lisolo» (dal greco *lýsis*, «scioglimento») e *(en)zym*, «enzima»
Lysozyme

1 Le barriere fisiche

La *pelle* è la prima barriera che un agente patogeno incontra quando cerca di penetrare nel nostro corpo. La superficie corporea è caratterizzata da un pH acido, un basso tasso di umidità e spessi strati di cellule morte, tutte caratteristiche che ostacolano l'entrata di patogeni.
Virus, batteri e funghi difficilmente riescono a penetrare all'interno della pelle, se questa è integra, ma quando vi è qualche danno a livello cutaneo c'è la possibilità che un microrganismo patogeno riesca ad attraversarla e dia il via a un'infezione ▶ 1.
Sulla superficie del nostro corpo vivono abitualmente batteri e funghi innocui, che competono con i microrganismi patogeni per le risorse disponibili, rappresentando quindi per noi una forma di difesa aspecifica.
Anche le *mucose*, che rivestono le cavità del corpo in comunicazione con l'esterno, attuano un'importante difesa di tipo aspecifico. Le mucose producono le **difensine**, peptidi che risultano tossici per molti microrganismi.
Le vie respiratorie, mediante il muco del naso e delle vie aeree più profonde, intrappolano gli agenti estranei e li spingono indietro grazie alle ciglia dell'epitelio respiratorio.
Il muco nasale, la saliva e le lacrime contengono un enzima, il **lisozima**, in grado di attaccare e distruggere le pareti di numerosi batteri.
L'apparato escretore risulta protetto grazie al basso pH dell'urina, che impedisce ai microrganismi di infettare le vie urinarie, dato che la maggior parte dei batteri e dei funghi non tollera un ambiente acido. Anche la mucosa vaginale è protetta da un pH acido (in questo caso mantenuto dai batteri *Lactobacillus*, che svolgono la fermentazione lattica), che crea un ambiente inospitale per funghi e batteri.
L'apparato digerente presenta più linee di difesa contro gli agenti patogeni che cercano di penetrarvi. Nello stomaco il succo gastrico, ricco di muco, proteasi e acido cloridrico, risulta letale per molti microrganismi. Nell'intestino tenue i sali biliari sono in grado di distruggere alcuni batteri. Generalmente i batteri che costituiscono la flora batterica intestinale non sono patogeni, ma infezioni del tratto intestinale sono sempre possibili. In questi casi il corpo si difende con strategie, come il vomito e la defecazione, che hanno lo scopo di eliminare rapidamente e definitivamente gli «ospiti» estranei ▶ Tabella 1.
Che cosa accade quando un microrganismo riesce a superare le barriere fisiche e penetra nei tessuti del nostro corpo? In questi casi si attiva la seconda linea di difese aspecifiche, un insieme di meccanismi più complessi che comprendono la secrezione di proteine antimicrobiche, l'attivazione di cellule ad azione fagocitaria, la risposta infiammatoria e la febbre.

1 La prima barriera contro i microrganismi

La pelle integra difficilmente può essere superata dagli agenti patogeni. Un microrganismo riesce ad attraversarla solo se è presente una lesione, come una ferita o un'ustione.

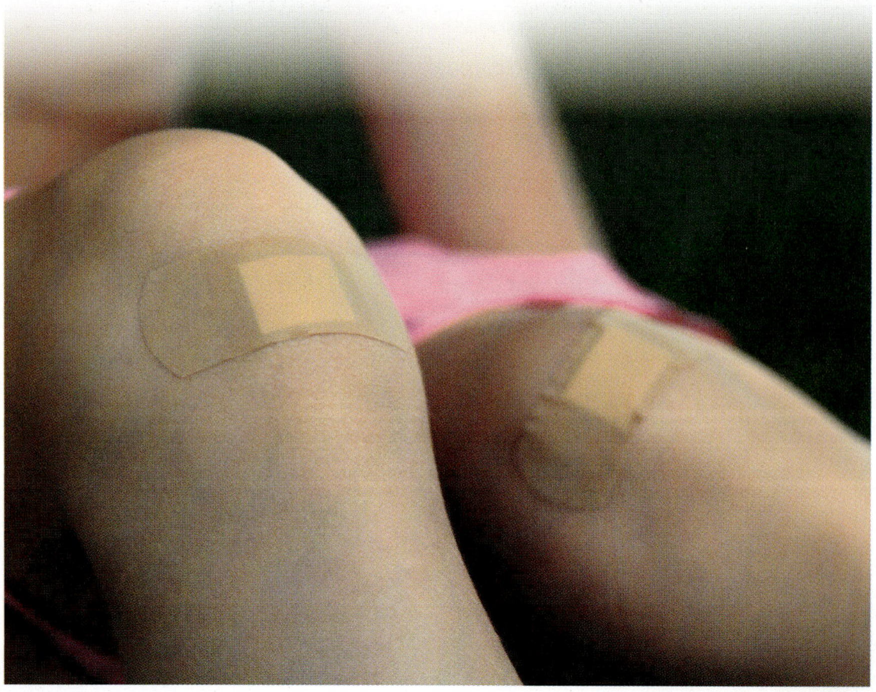

Tabella 1 Le barriere fisiche del corpo

Barriera	Funzione
pelle	Impedisce a patogeni e sostanze estranee di entrare nel corpo.
muco	Intrappola i patogeni nel tratto digerente e nell'apparato respiratorio; produce difensine.
lacrime, muco del naso e saliva	Producono lisozima, che distrugge i batteri.
ciglia	Spingono verso l'esterno le sostanze intrappolate nel muco.
peli	Nel naso fungono da filtro per i microrganismi.
urina	Ha un pH acido che tiene lontani gli agenti patogeni dalle vie urinarie.
succo gastrico	Proteasi e acido cloridrico presenti nel succo gastrico sono letali per molti microrganismi.
sali biliari	Distruggono alcuni batteri.
mucosa vaginale	Ha un pH acido che crea un ambiente inospitale per funghi e batteri.

2 Le proteine antimicrobiche e i fagociti

Nel nostro organismo sono presenti proteine specializzate nella difesa, che vengono secrete quando è in atto un'infezione e che hanno la capacità di inibire la crescita di virus, protisti e batteri.
Il **sistema del complemento** è costituito da un gruppo di proteine (circa 30) che circolano normalmente nel sangue in forma inattiva. L'attivazione anche solo di una di queste proteine, in seguito a un'infezione, innesca una reazione a cascata che attiva in maniera amplificata tutte le altre proteine del complemento. Per combattere l'aggressore le proteine del sistema del complemento agiscono su diversi fronti: alcune si legano alla superficie del microrganismo, perforando la sua membrana plasmatica e determinandone la lisi ▶ 2; altre proteine rivestono l'agente patogeno favorendo l'adesione dei fagociti; altre ancora stabiliscono nel tessuto infetto un gradiente di concentrazione, che ha lo scopo di richiamare un elevato numero di globuli bianchi, in modo da aumentare la fagocitosi e il processo infiammatorio.
Le **transferrine** sono proteine presenti nel sangue, nella saliva, nelle lacrime e nel latte materno, utili nella difesa dell'organismo poiché sono in grado di limitare la disponibilità di ferro, elemento indispensabile per il metabolismo dei batteri.
I fagociti e le cellule epiteliali delle mucose secernono piccole proteine, i **peptidi antimicrobici**, che provocano la citolisi dei microrganismi.
Un'importante linea di difesa aspecifica contro i virus è rappresentata da glicoproteine, chiamate **interferoni**. Le infezioni virali favoriscono il rilascio da parte delle cellule colpite di interferoni; questi penetrano nelle cellule circostanti ancora non infettate, attivando nel loro DNA un gene in grado di sintetizzare proteine che inibiscono la replicazione dei virus.
Se il microrganismo supera anche lo sbarramento creato dalle proteine antimicrobiche, entrano in gioco i *fagociti* e i *linfociti natural killer*, le prime cellule che intervengono nell'immunità innata.

I **fagociti**, che comprendono i *granulociti neutrofili* e i *macrofagi*, devono il loro nome al fatto che sono in grado di svolgere la fagocitosi, ingerendo interi microrganismi, particelle estranee o frammenti cellulari ▶ 3. Appena ha inizio un'infezione, neutrofili e monociti, che normalmente circolano nel sangue e nel sistema linfatico, escono dai vasi e si portano nel tessuto colpito: i neutrofili ingeriscono ed eliminano i patogeni rilasciando molecole che stimolano la risposta infiammatoria; i monociti aumentano di volume e si convertono in macrofagi, cellule fagocitarie attive.
Un tipo specifico di cellule linfocitarie, i **linfociti natural killer**, interviene precocemente attaccando cellule tumorali e cellule infettate da virus. Questi grossi linfociti lisano le cellule rilasciando citochine e specifiche proteine, le *perforine*, che distruggono la membrana plasmatica della cellula bersaglio.

3 I fagociti

I fagociti sono globuli bianchi che hanno la funzione di fagocitare gli agenti estranei. In questa immagine al microscopio elettronico a scansione un fagocita (in giallo) sta inglobando alcuni bacilli di Antrace (in arancio).

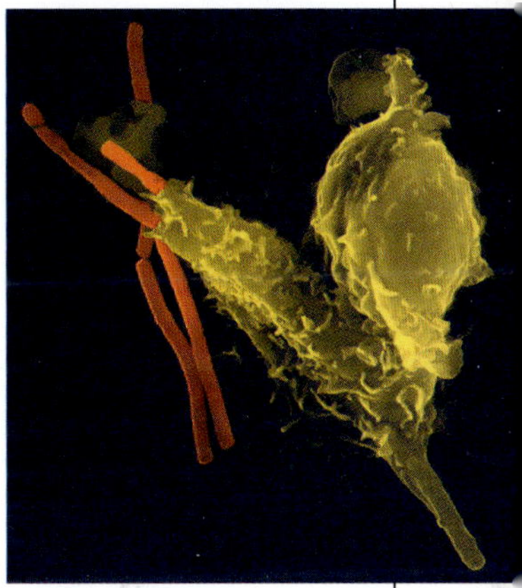

3 La risposta infiammatoria

L'**infiammazione** è un tipo di risposta aspecifica innescata quando elementi esterni al corpo (agenti infettivi, punture di insetti, ustioni, spine) provocano un danno alle cellule dei tessuti. La risposta infiammatoria comprende una serie di eventi mirati a distruggere l'agente patogeno o a eliminare tossine o materiale estraneo e a ripristinare le normali condizioni nei tessuti colpiti.
I sintomi dell'infiammazione sono quattro: l'arrossamento (*rubor*), il dolore (*dolor*), il calore (*calor*) e il gonfiore (*tumor*) ▶ **Tabella 2**.

BioParole

Infiammazione
dal latino *inflammare*, «infiammare»
Inflammation

Tabella 2 I sintomi dell'infiammazione

Sintomo	Causa
arrossamento (*rubor*)	Le arteriole si dilatano e aumenta il flusso ematico nel sito della lesione.
dolore (*dolor*)	Vengono stimolati i nocicettori (recettori del dolore) in seguito a stimoli chimici.
calore (*calor*)	Il maggior afflusso di sangue determina un aumento del calore a livello del tessuto danneggiato.
gonfiore (*tumor*)	L'aumento della permeabilità dei capillari causa la fuoriuscita delle proteine plasmatiche ed edema localizzato.

2 Il sistema del complemento Le proteine del complemento sono in grado di lisare la cellula infetta perforandone la membrana.

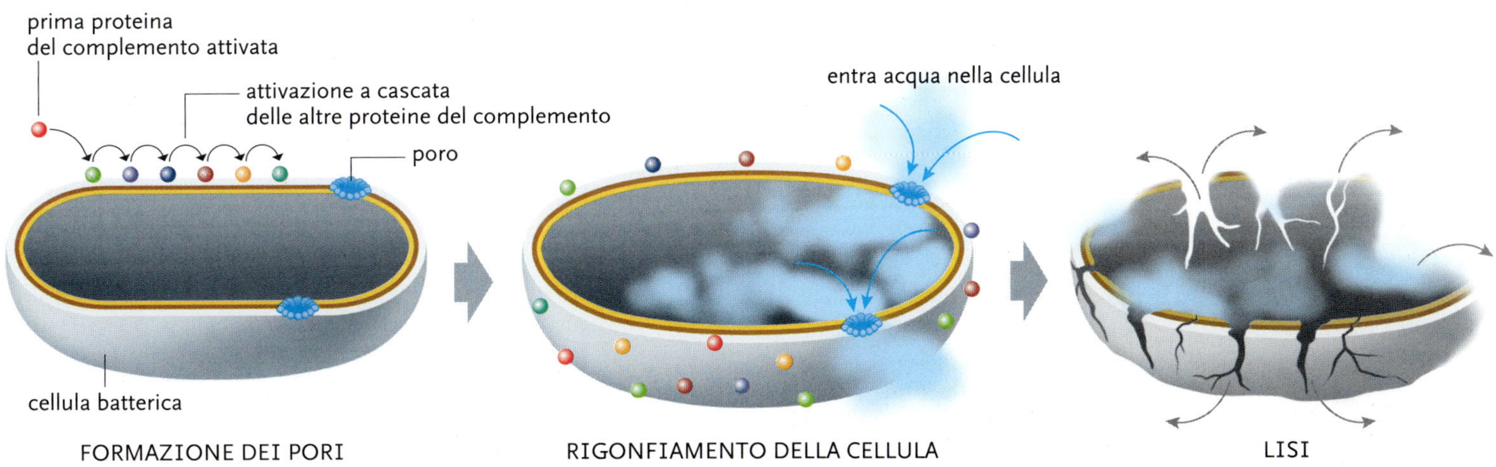

BioParole

Pus
dal latino *pus*, « pus»
Pus

Nella regione dove è avvenuta la lesione, i **mastociti** (cellule immunitarie presenti nel tessuto connettivo dette anche *mastcellule*), i basofili e le piastrine rilasciano **istamina**, un importante mediatore dell'infiammazione, responsabile dell'instaurarsi dei sintomi infiammatori.
L'istamina determina il rilassamento delle pareti dei vasi, con conseguente dilatazione delle arteriole localizzate nel tessuto danneggiato. Questa vasodilatazione, che aumenta il flusso sanguigno nell'area interessata, è responsabile dell'arrossamento e dell'aumento di calore causati dall'infiammazione.
L'istamina aumenta anche la permeabilità a livello capillare, con fuoriuscita dai vasi di sostanze normalmente presenti nel sangue. Questo fa sì che fagociti, anticorpi, proteine del complemento e sostanze coagulanti possano raggiungere la regione danneggiata. In tali condizioni si assiste a un aumento della pressione osmotica del liquido interstiziale che, associato all'aumento dell'afflusso di sangue, causa un'ultrafiltrazione attraverso i vasi dei capillari, che provoca un edema localizzato. Ne conseguono il gonfiore del tessuto causato dai liquidi in eccesso e il dolore, dovuto alla stimolazione pressoria dei nocicettori. Il dolore serve a far sì che l'individuo mantenga la zona in qualche modo protetta da ulteriori danni, per favorire il processo di riparazione nell'area colpita.
La fuoriuscita dai vasi dei fattori della coagulazione stimola la conversione del fibrinogeno in fibrina, dando inizio nell'area infiammata al processo di coagulazione. Questo permette di delimitare la regione danneggiata e impedisce o rallenta la diffusione degli agenti patogeni e delle tossine nei tessuti circostanti.
Il richiamo di cellule nella zona dell'infiammazione, o **chemiotassi**, è svolta sia da agenti esogeni, come alcuni peptidi batterici, sia da agenti endogeni, come le *chemiotassine*, sostanze che attirano i macrofagi, alcune frazioni del sistema del complemento, le *citochine* e altre sostanze specifiche (*leucotrieni*). Questi agenti di richiamo sono detti **fattori chemiotattici** ▶ 4.

I neutrofili sono i primi ad arrivare: attraversano i capillari e si portano nel tessuto colpito, dove entrano subito in azione. Pur essendo i primi fagociti a intervenire, i neutrofili hanno vita breve e muoiono rapidamente. Successivamente giungono anche i macrofagi, che hanno un'azione più prolungata nel tempo e inglobano gli agenti patogeni, i neutrofili morti e porzioni di tessuto danneggiato. Mentre svolgono quest'azione di pulizia, i macrofagi rilasciano una *interleuchina*, che stimola la proliferazione di linfociti B e T impegnati successivamente nella risposta specifica, la *lattoferrina*, letale per i batteri, e il *pirogeno endogeno*, una sostanza che causa un innalzamento della temperatura corporea e determina la febbre.
Benché l'infiammazione sia spesso un fenomeno locale, può arrivare a coinvolgere anche l'intero organismo (*infiammazione sistemica*). La **febbre** è un sintomo clinico caratteristico quando la risposta infiammatoria si estende. I macrofagi rilasciano molecole come l'interleuchina I, che regola il termostato del corpo a livello ipotalamico, con il risultato che la temperatura del corpo si alza di alcuni gradi. Questo aumento di temperatura ha due effetti: inibisce la proliferazione di alcuni microrganismi patogeni e stimola le difese dell'organismo, promuovendo l'attività di alcuni linfociti T e la produzione di anticorpi e stimolando la fagocitosi.
Dopo qualche giorno dall'inizio dell'infiammazione, anche i macrofagi muoiono. Nell'area colpita si forma una massa di cellule morte, detriti di tessuto e liquidi che costituiscono il **pus**; questo viene in seguito degradato e riassorbito.

DOMANDE CHIAVE

1. Qual è la prima barriera incontrata da un microrganismo che tenta di entrare nel corpo?
2. Che cos'è il lisozima?
3. In quali tipi di infezioni vengono rilasciati interferoni dalle cellule colpite?
4. Quale effetto ha l'istamina sui vasi sanguigni?

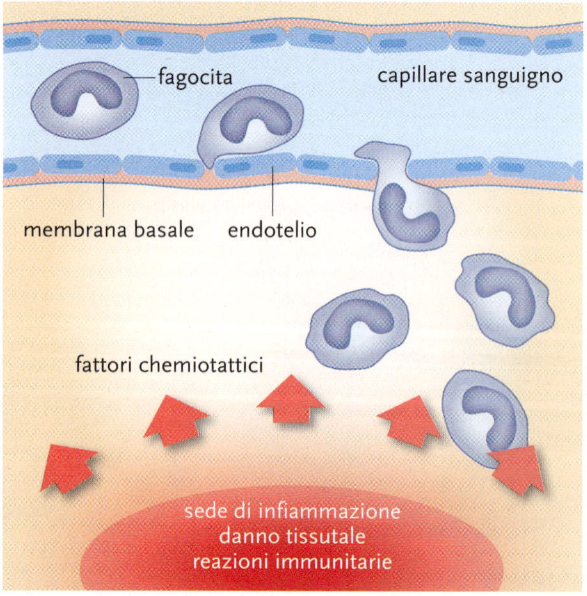

4 La chemiotassi
Durante l'infiammazione specifici fattori chemiotattici richiamano i fagociti nella sede dell'infiammazione.

Osserva e RIFLETTI

Quali sono i sintomi dell'infiammazione visibili nella fotografia? Ce ne sono altri che non si vedono?

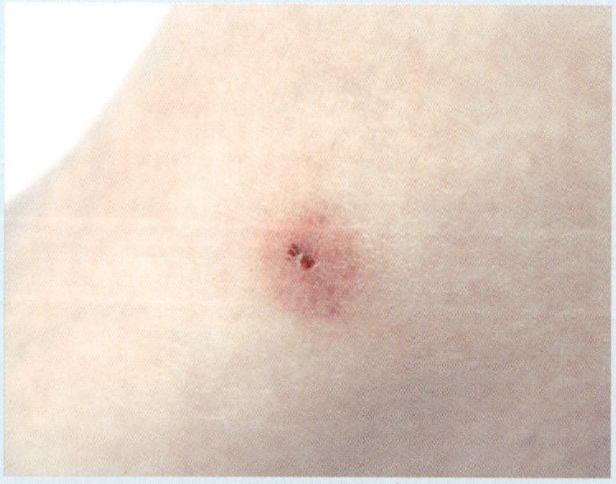

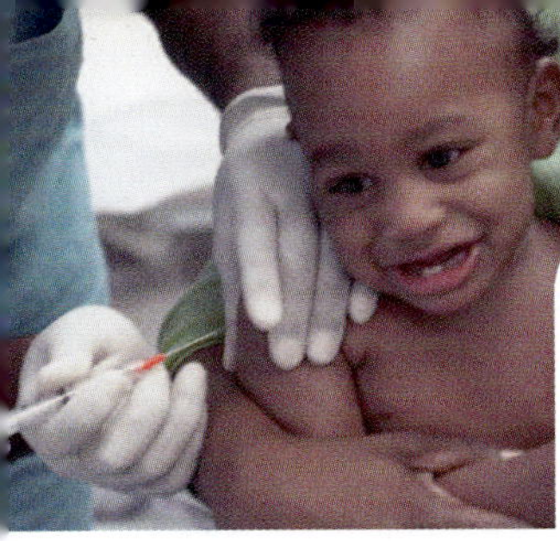

Le difese specifiche

1 Le cellule del sistema immunitario

Le difese aspecifiche non sempre riescono a eliminare un agente patogeno che invade il nostro corpo. È questo il momento in cui entrano in gioco le difese specifiche, che hanno un'azione decisamente più mirata sull'aggressore rispetto all'immunità innata.
Questa terza linea di difesa è svolta esclusivamente dal **sistema immunitario** e ha due importanti caratteristiche: un'azione specifica sul microrganismo (*specificità immunologica*) e la capacità di «memorizzare» l'agente patogeno, in modo da reagire molto più rapidamente e in maniera più efficace nel caso di una seconda infezione (**immunità** o **memoria immunologica**).
Le cellule che veicolano la risposta immunitaria agli agenti patogeni sono i **linfociti B** e i **linfociti T** ▶ **1**, globuli bianchi che lavorano coordinandosi tra loro e supportati da altre cellule e sostanze del corpo.
Gli altri tipi cellulari che partecipano al meccanismo di difesa specifici sono i fagociti (neutrofili e basofili), gli eosinofili e le cellule dendritiche. Le **cellule dendritiche** sono così chiamate perché presentano lunghe estensioni citoplasmatiche chiamate *dendriti* ▶ **2**, che nulla hanno a che fare con i dendriti dei neuroni. Sono localizzate in punti strategici del nostro corpo, come la pelle, le pareti degli apparati digerente, respiratorio ed escretore. Le cellule dendritiche sono specializzate nel riconoscimento, nell'ingestione (per fagocitosi o endocitosi mediata da recettori) e distruzione di agenti estranei.
Sia i linfociti B sia i linfociti T si sviluppano dalle cellule staminali del midollo osseo rosso. Ma, mentre i linfociti B completano il loro processo di maturazione nel midollo rosso, i linfociti T lasciano il midollo e si portano nel timo, dove terminano la loro maturazione.

1 Un linfocita T

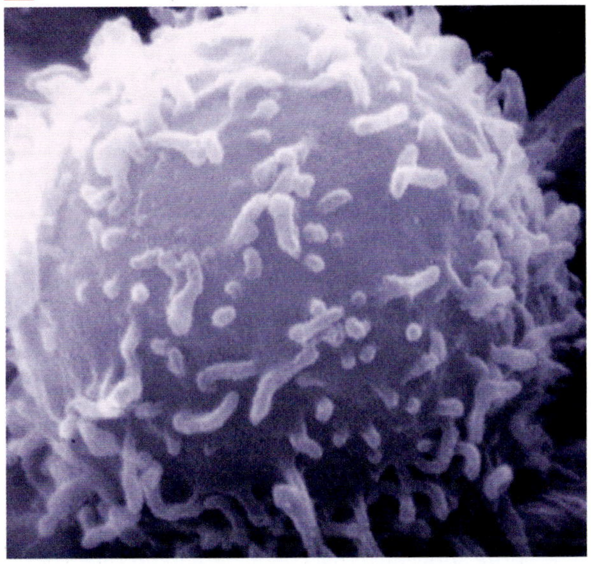

Bio Salute

La sindrome da immunodeficienza acquisita (AIDS)

L'assenza o il mancato funzionamento di alcune componenti del sistema immunitario determina una condizione chiamata *immunodeficienza*, che provoca un'aumentata suscettibilità alle infezioni.
L'**AIDS** o **sindrome da immunodeficienza acquisita** è una patologia del sistema immunitario causata da un retrovirus, l'**HIV** (*virus dell'immunodeficienza umana*), isolato per la prima volta negli Stati Uniti nel 1983 ▶ **A**. Essendo un retrovirus, l'HIV ha come materiale genetico l'RNA, ma è in grado di convertirlo in DNA grazie all'enzima trascrittasi inversa.
Tra i diversi ceppi di HIV attualmente noti, l'HIV-1 è la forma più virulenta per l'uomo.
Una volta penetrato nell'organismo, il virus si aggancia, mediante alcune glicoproteine presenti nel suo involucro, a proteine di superficie delle cellule del sistema immunitario e inietta nel loro citoplasma il suo materiale genetico. Il bersaglio principale del virus HIV sono i linfociti T helper.
Quando l'HIV infetta l'organismo, può essere innescata una risposta immunitaria. Benché la maggior parte degli individui resti asintomatica, un 15% può presentare sintomi equiparabili a quelli di una semplice influenza, come febbre e dolori muscolari. Spesso questa risposta del sistema immunitario non riesce però a eliminare tutte le cellule infettate.
All'interno della cellula, il virus converte il suo RNA in DNA e lo integra nel genoma dell'ospite. Il virus in queste condizioni è quiescente e può rimanere tale per molti anni. In questo stato, che non provoca danni all'organismo, un individuo è definito *sieropositivo*.
Dopo un certo periodo di tempo si ha una progressione della sintomatologia, legata alla moltiplicazione del virus, che infetta e distrugge sempre più cellule del sistema immunitario. L'avanzare della malattia sembra legata a fattori sia ambientali sia genetici. In circa un terzo dei pazienti il virus colpisce il sistema nervoso, causando una disfunzione progressiva delle capacità cognitive, del comportamento, dei movimenti. In seguito all'immunosoppressione molti pazienti sviluppano gravi infezioni, le cosiddette *infezioni opportunistiche*, che non riescono a combattere e che spesso li portano alla morte.
Attualmente l'AIDS è la quarta causa di morte nel mondo.
Le difficoltà che i ricercatori stanno incontrando nel mettere a punto un vaccino che protegga dal contagio dipendono dal fatto che l'HIV è in grado di modificare le proprie proteine di superficie, eludendo così il sistema immunitario. Attualmente la miglior difesa dall'AIDS è la prevenzione. Il virus è presente soprattutto nel sangue e nel liquido seminale e la trasmissione può avvenire esclusivamente tramite contatto con sangue infetto (trasfusione, scambi di siringhe) e tramite rapporti sessuali non protetti. L'HIV, rispetto ad altri virus conosciuti, non è particolarmente contagioso, poiché ha una sopravvivenza estremamente breve all'esterno dell'organismo ospite.

A Il virus HIV

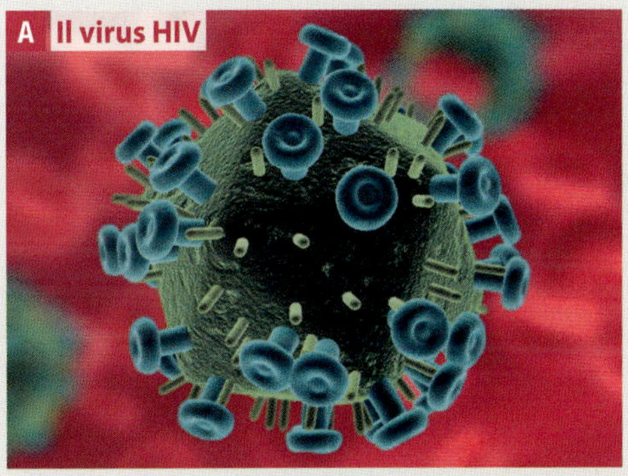

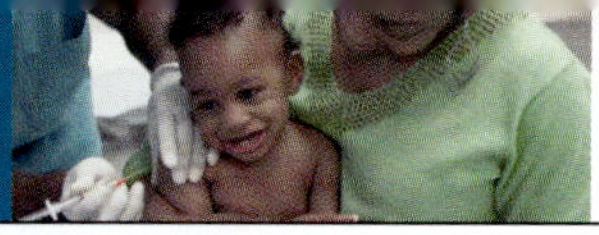

BioParole

Antigene
dal greco *antí*, «contro»
e *ghénein*, «generare»
Antigen

2 Una cellula dendritica

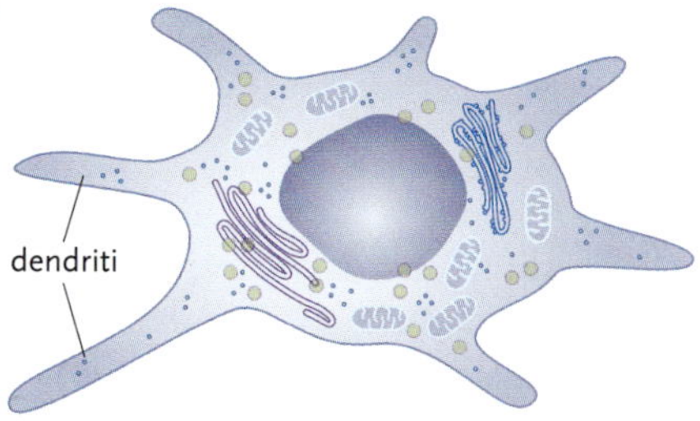

2 Antigeni e recettori antigenici

Ogni molecola che il nostro organismo riconosce come estranea e che è in grado di stimolare una risposta immunitaria è detta **antigene**. Possono agire da antigeni interi microrganismi o solo parti di essi, tossine batteriche, glicoproteine presenti nelle membrane, proteine virali. Quando i linfociti entrano in contatto con un antigene, ha inizio la risposta immunitaria.

Il sistema immunitario ha un'importantissima caratteristica: è in grado di distinguere ciò che fa parte dell'organismo (*self*) da ciò che è estraneo (*non-self*). Questo grazie alla presenza, su ogni cellula, microrganismo o sostanza, di molecole, dette *marcatori*, che i linfociti sono in grado di riconoscere come propri o come estranei.

Il riconoscimento degli antigeni avviene grazie a recettori, i **recettori antigenici**, presenti sulla superficie dei linfociti. Ogni linfocita presenta sulla sua membrana un numero estremamente elevato di recettori tutti uguali tra loro, ma diversi da quelli presenti sugli altri linfociti dell'organismo.

Il recettore antigenico lega l'antigene con un'interazione del tipo «chiave-serratura», in maniera simile a come un enzima interagisce con il proprio substrato.

Un antigene presenta uno o più siti chiamati **determinanti antigenici** o **epitopi** ▶ 3, che possono essere riconosciuti dai recettori dei linfociti; un antigene particolarmente grande può avere svariati determinanti antigenici.

Nel nostro corpo circolano milioni di linfociti diversi e ognuno di loro ha recettori in grado di riconoscere un solo, specifico determinante antigenico.

L'enorme varietà di recettori presenti nell'organismo è dovuta a due fenomeni: la capacità dei geni per i recettori antigenici linfocitari di riarrangiarsi mediante splicing alternativo, in una serie di combinazioni pressoché illimitata; le frequenti mutazioni a cui sono soggetti i geni che codificano i recettori, che portano a prodotti proteici sempre diversi.

Al termine della maturazione ogni linfocita produce un solo tipo di recettore, diverso dai recettori di tutti gli altri linfociti. Durante lo sviluppo embrionale, inoltre, l'organismo elimina tutti i linfociti potenzialmente in grado di attaccare molecole proprie, in modo che il sistema immunitario non possa scatenarsi contro l'organismo stesso.

3 Linfociti in azione

Il riconoscimento dell'antigene da parte del linfocita e il conseguente legame tra il recettore linfocitario e un determinante antigenico portano il linfocita B o T coinvolto a proliferare, formando un clone di cellule identiche tra loro.

Da questa divisione prendono origine due principali popolazioni: una costituita da **cellule effettrici**, ossia linfociti che hanno il compito di attaccare direttamente il microrganismo; un'altra formata da **cellule memoria**, linfociti dotati dei recettori specifici, che saranno in grado di riconoscere quel determinato microrganismo anche in caso di future reinfezioni.

Le cellule effettrici svolgono la cosiddetta *risposta primaria* e, dopo aver eliminato i microrganismi, muoiono. Le cellule memoria, invece, sono responsabili della *risposta secondaria*, che ha luogo nel caso di una seconda infezione da parte dello stesso agente patogeno.

Le difese specifiche agiscono mediante due tipi fondamentali di risposta: la *risposta umorale* (o *anticorpo-mediata*) e la *risposta cellulo-mediata*, che generalmente lavorano in maniera concertata per combattere l'aggressore.

La **risposta umorale** viene scatenata principalmente contro virus e batteri ed è guidata dai linfociti B; i linfociti B attivati si convertono in *plasmacellule*, cellule in grado di secernere molecole chiamate **anticorpi**. Gli anticorpi vengono liberati nel sangue, nella linfa e nei fluidi interstiziali, dove vanno a legarsi ai determinanti antigenici dei microrganismi. Si formano in questo modo complessi antigene-anticorpo, che possono essere riconosciuti ed eliminati dai fagociti.

Nella **risposta cellulo-mediata**, i linfociti T svolgono un'azione sia diretta, contro cellule infettate da patogeni o contro cellule tumorali, sia indiretta, stimolando la fagocitosi e la produzione di anticorpi specifici da parte delle plasmacellule.

3 I determinanti antigenici

Spesso un microrganismo presenta più siti (i determinanti antigenici) che possono essere riconosciuti dai recettori dei linfociti. Ogni linfocita ha recettori tutti uguali, in grado di riconoscere un solo determinante antigenico.

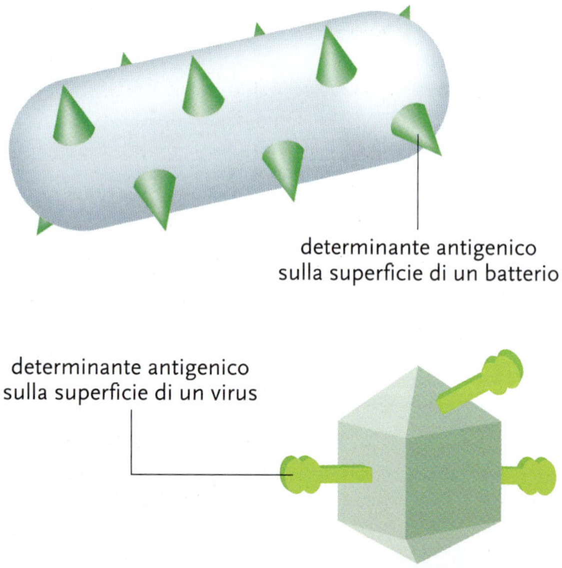

DOMANDE CHIAVE

1. Quali sono i due principali tipi cellulari responsabili delle difese aspecifiche?
2. Che cos'è un antigene?
3. Quali sono i due tipi di risposta scatenati dai linfociti?

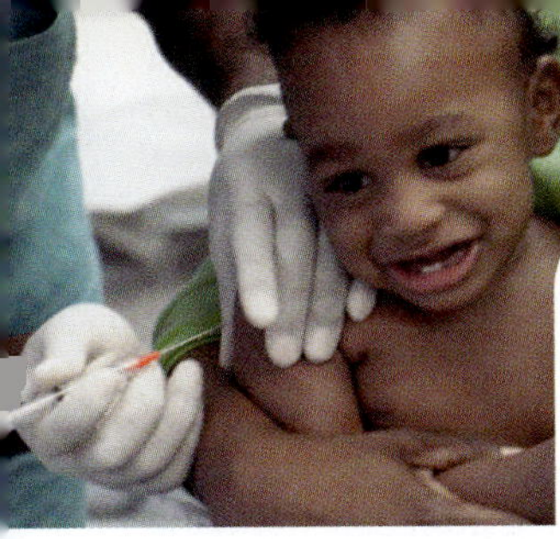

LEZIONE 4

La risposta umorale e la risposta cellulo-mediata

1 I linfociti B e la risposta umorale

Dopo che hanno terminato la maturazione nel midollo osseo, i linfociti B, già dotati dei propri recettori antigenici, vanno a localizzarsi nei linfonodi e negli altri organi linfatici. Quando un agente patogeno viene portato dalla linfa ai linfonodi, prende il via la risposta umorale. Vengono attivati i linfociti B dotati dei recettori antigenici complementari ai determinanti antigenici del microrganismo. Ogni linfocita B che si lega all'antigene inizia a proliferare formando le *plasmacellule* e le *cellule memoria* ▶ 1. Le **plasmacellule** iniziano a produrre moltissimi anticorpi, con struttura identica al tipo di recettore del linfocita B e quindi specifici contro un determinante antigenico. Gli anticorpi rilasciati dai linfociti B si riversano nel circolo sanguigno e nella linfa e cominciano ad agire contro gli aggressori.

Nel frattempo si formano le **cellule memoria**, che rimarranno in circolo a lungo, anche per anni, e potranno reagire immediatamente nel caso di una seconda infezione da parte dello stesso organismo.

Gli anticorpi appartengono a un gruppo di proteine plasmatiche chiamate **immunoglobuline (Ig)**. Esistono cinque classi di immunoglobuline, diverse per struttura chimica e funzione: le *immunoglobuline G* (*IgG*), le *immunoglobuline A* (*IgA*), le *immunoglobuline M* (*IgM*), le *immunoglobuline D* (*IgD*) e le *immunoglobuline E* (*IgE*) ▶ Tabella 1.

Gli anticorpi hanno la forma di una Y e sono costituiti da quattro catene di polipeptidi (due catene leggere e due catene pesanti) unite tra loro da ponti disolfuro ▶ 2. Ogni catena polipeptidica di un anticorpo presenta due estremità: una *regione costante* e una *regione variabile*. Le sequenze amminoacidiche delle regioni costanti identificano la classe dell'anticorpo, mentre le regioni variabili sono specifiche per ogni anticorpo e contengono la se-

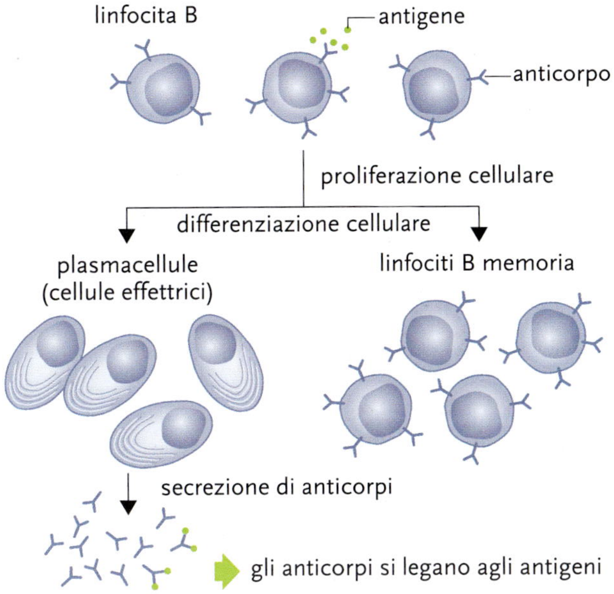

1 La risposta umorale

In seguito al contatto con l'antigene, i linfociti B proliferano e si differenziano in plasmacellule (le cellule effettrici) e linfociti B memoria (responsabili della risposta secondaria). Le plasmacellule secernono anticorpi che vanno a legarsi agli antigeni.

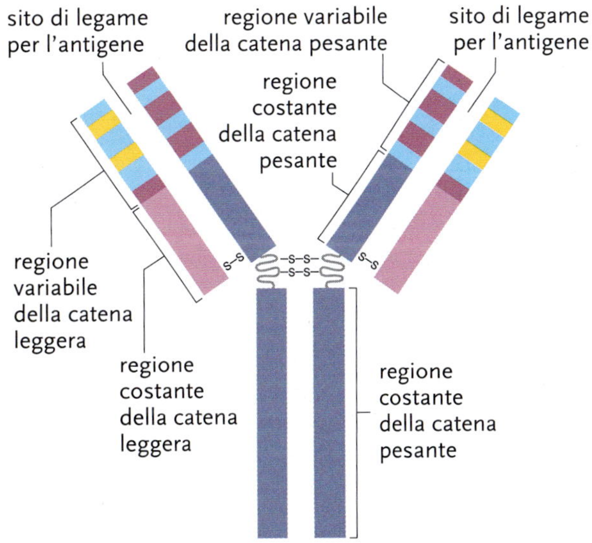

2 Struttura di un anticorpo

Ogni anticorpo ha due catene leggere e due catene pesanti. Le estremità variabili sono specifiche di ogni singolo anticorpo e rappresentano il sito di legame per il determinante antigenico.

Tabella 1 Le cinque classi delle immunoglobuline

Nome	Caratteristiche
immunoglobuline G (IgG) (80% di tutti gli anticorpi)	Sono presenti nel sangue, ma anche nella linfa e nell'intestino. Difendono il corpo da batteri e virus attraverso l'attivazione della fagocitosi e del sistema del complemento e sono molto attive nella risposta secondaria. Sono le uniche immunoglobuline in grado di attraversare la placenta, proteggendo così il feto.
immunoglobuline A (IgA) (10-15% di tutti gli anticorpi)	Si trovano nel sudore, nella saliva, nelle lacrime, nel muco, nelle secrezioni del tratto digerente, nel latte materno. Proteggono da virus e batteri a livello delle mucose.
immunoglobuline M (IgM) (5-10% di tutti gli anticorpi)	Sono presenti nel sangue e nella linfa. Sono le prime immunoglobuline secrete dai linfociti B dopo l'esposizione a un antigene. Determinano l'agglutinazione e la lisi dei microrganismi e attivano il sistema del complemento.
immunoglobuline D (IgD) (0,2% di tutti gli anticorpi)	Sono presenti nel sangue e nella linfa. Sono localizzati sulla superficie dei linfociti B come recettori per gli antigeni. Sono in grado di attivare altri linfociti B.
immunoglobuline E (IgE) (meno dello 0,1% di tutti gli anticorpi)	Sono presenti sui mastociti e sui basofili. Sono in grado di scatenare il rilascio di istamina. Proteggono dai vermi parassiti. Sono responsabili delle reazioni allergiche

quenza di legame con il determinante antigenico. Ogni anticorpo è in grado di legare due determinanti antigenici, nelle sue due estremità variabili.
Come avviene l'azione dell'anticorpo contro l'agente patogeno? L'anticorpo agisce in diversi modi, per difendere l'organismo. Già semplicemente il legame dell'anticorpo all'antigene impedisce a quest'ultimo di penetrare le cellule. Inoltre, gli anticorpi che si legano agli antigeni formano complesse strutture facilmente riconoscibili dai fagociti, che possono inglobarle ed eliminarle. Gli anticorpi attivano anche le proteine del complemento, favorendo la loro azione contro il microrganismo.
Alcune delle cellule B attivate dall'infezione non si differenziano in plasmacellule, ma si convertono in cellule B memoria. In questi linfociti viene attivato un gene che permette loro di prevenire l'apoptosi, ossia la morte cellulare programmata a cui vanno incontro le plasmacellule. Le cellule memoria continuano a vivere e a produrre piccole quantità di anticorpi specifici, anche dopo che l'infezione è stata debellata. Nell'eventualità di un'altra invasione da parte dello stesso microrganismo, gli anticorpi presenti in circolo lo riconoscono immediatamente e attivano le difese specifiche.
La ricerca di anticorpi (nello specifico le IgG) nel circolo sanguigno è un esame che viene utilizzato per valutare se si è stati esposti in precedenza a un determinato agente patogeno.

2 I linfociti T e le proteine MHC

La risposta cellulo-mediata è diretta dai *linfociti T*. Esistono quattro categorie di linfociti T:

- i **linfociti T citotossici** (detti anche *cellule T CD8*, per la presenza sulla membrana di una proteina chiamata CD8) riconoscono, attaccano e distruggono le cellule del nostro corpo infettate da un virus oppure portatrici di mutazione, come le cellule tumorali; i linfociti citotossici uccidono le cellule bersaglio liberando citochine ed enzimi lisanti;
- i **linfociti T helper** (o *cellule T CD4,* perché hanno una proteina di superficie denominata CD4) attivano o amplificano sia la risposta umorale sia quella cellulo-mediata, tramite il rilascio di specifiche citochine;
- i **linfociti T soppressori** svolgono un'azione inibitoria sull'attività dei linfociti B e T, in modo da tenere sotto controllo la risposta immunitaria ed evitare che diventi eccessiva e quindi dannosa per l'organismo stesso;
- i **linfociti T memoria** dopo l'infezione restano in circolo, in modo da poter reagire immediatamente nel caso di una futura infezione da parte dello stesso microrganismo.

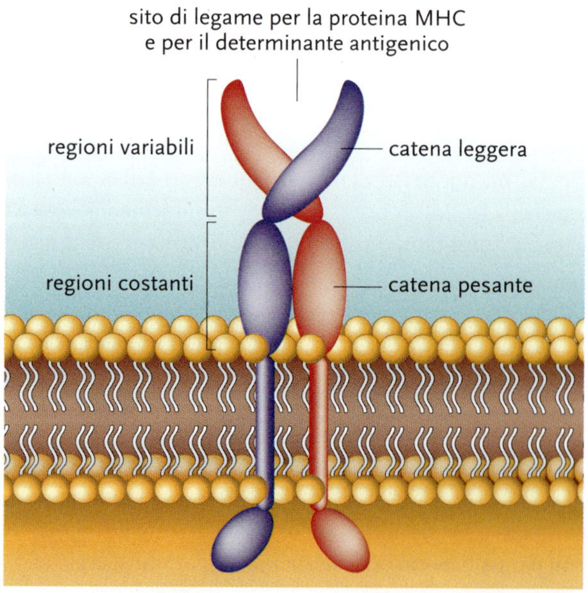

3 Il recettore dei linfociti T
Il recettore dei linfociti T è costituito da due catene polipeptidiche (una leggera e una pesante), dotate di una regione costante e una regione variabile; quest'ultima rappresenta il sito di legame con il determinante antigenico e con le proteine MHC.

I recettori antigenici presenti sulla superficie dei linfociti T sono glicoproteine costituite da due catene polipeptidiche (anziché le quattro che formano gli anticorpi), ognuna dotata di una regione costante e di una regione variabile ▶ 3. La regione variabile è quella che lega in maniera specifica il determinante antigenico.
La capacità del sistema immunitario dei vertebrati di distinguere il self dal non-self dipende da un gruppo di proteine di membrana, le **proteine MHC** o **antigeni MHC**. Queste proteine sono codificate da un insieme di geni correlati tra loro: il **complesso maggiore di istocompatibilità** o **MHC** (dall'inglese, *Major Histocompatibility Complex*). Le proteine MHC dell'uomo prendono anche il nome di **antigeni HLA** (*Human Leukocyte Antigen*, cioè «antigeni leucocitari umani»).
Nella popolazione umana, i geni MHC sono *polimorfi*, cioè hanno per ogni locus molti possibili alleli diversi. Questo fa sì che la combinazione di alleli per ogni gene del complesso MHC di un individuo sia diversa da qualsiasi altro individuo. In pratica, ogni persona ha il suo specifico «assortimento» di proteine MHC (con propria sequenza amminoacidica e struttura) sulla superficie delle cellule: fatta eccezione per i gemelli monozigoti, non esistono due individui con proteine MHC identiche. Maggiore è il grado di parentela tra due individui, maggiore è il numero di geni MHC che hanno in comune. Le proteine MHC permettono al sistema immunitario di distinguere le cellule del corpo dagli agenti estranei. Sono anche responsabili dei rigetti dei tessuti trapiantati: l'organismo della persona ricevente, infatti, non riconosce come propri gli antigeni MHC dell'organo trapiantato e lo attacca.

3 La risposta cellulo-mediata

Affinché si scateni una risposta immunitaria, è necessario che i linfociti T e B riconoscano la presenza nell'organismo di un agente estraneo. I linfociti B sono in grado di individuare gli antigeni presenti nel sangue, nella linfa o nel liquido interstiziale. I recettori dei linfociti T, invece, sono in grado di riconoscere frammenti di antigeni *solo* se sono legati a una proteina MHC, processo questo denominato *presentazione dell'antigene*.
Esistono due classi diverse di proteine MHC: le *proteine MHC di classe I* e le *proteine MHC di classe II*.
Le **proteine MHC di classe I** sono presenti su tutte le cellule del nostro corpo, eccetto i globuli rossi, e sono

4 **La risposta cellulo-mediata**

Il linfocita T riconosce l'antigene solo se viene prima frammentato e associato a una proteina MHC.

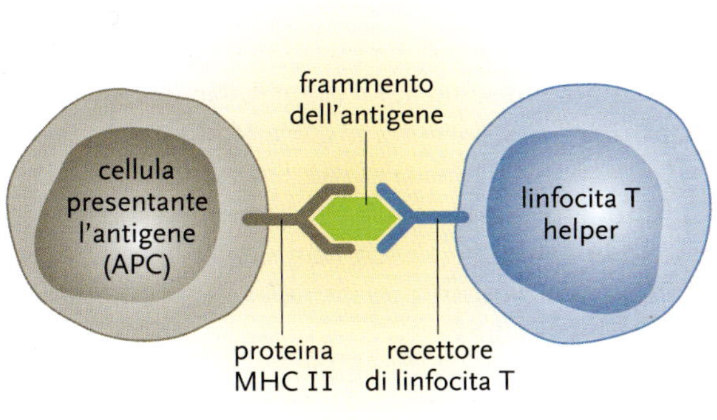

importanti per la distinzione del self dal non-self. Una cellula del corpo infettata da un agente estraneo lo frammenta, e i frammenti vanno a legarsi in superficie a proteine MHC di classe I: questo complesso antigene-MHC I viene riconosciuto dai linfociti T citotossici dotati dello specifico recettore. Questi si legano agli antigeni esposti sulla cellula bersaglio e cominciano a secernere granuli, che contengono enzimi in grado di distruggere in pochi secondi la cellula. Dopo aver rilasciato i granuli, i linfociti T si staccano e vanno ad attaccare altre cellule che espongono l'antigene.

Le **proteine MHC di classe II** si trovano sulle cellule del sistema immunitario e in particolar modo sulla superficie dei macrofagi, dei linfociti B, delle cellule dendritiche e di alcune cellule T.

Quando una cellula del sistema immunitario, come un macrofago, ingerisce un antigene, questo viene degradato dagli enzimi lisosomiali. I frammenti che ne derivano si associano alle proteine MHC di classe II e vengono esposti sulla superficie della cellula. Le cellule della difesa che espongono l'antigene associato alla proteina MHC II vengono chiamate **cellule presentanti l'antigene** (in sigla **APC**, dall'inglese *Antigen-Presenting Cell*).

La combinazione antigene-proteina MHC II viene riconosciuta da linfociti T helper ▶ 4. Le cellule T attivate aumentano di volume e cominciano a proliferare. Nell'area colpita dall'infezione, macrofagi e linfociti T helper secernono sostanze, come le interleuchine, che regolano l'attività immunitaria: alcune interleuchine stimolano la proliferazione linfocitaria, altre amplificano la risposta infiammatoria, richiamando così i macrofagi nella zona colpita.

Nella figura ▶ 5 è riportato uno schema riassuntivo della risposta cellulo-mediata.

DOMANDE CHIAVE

1. In quali cellule si differenzia un linfocita B, quando viene attivato dal contatto con un antigene?
2. Quali sono le regioni di un anticorpo che legano i determinanti antigenici?
3. A quali proteine deve essere legato il determinante antigenico per essere riconosciuto dai linfociti T?

5 TESTO-IMMAGINE **I linfociti B e la risposta cellulo-mediata**

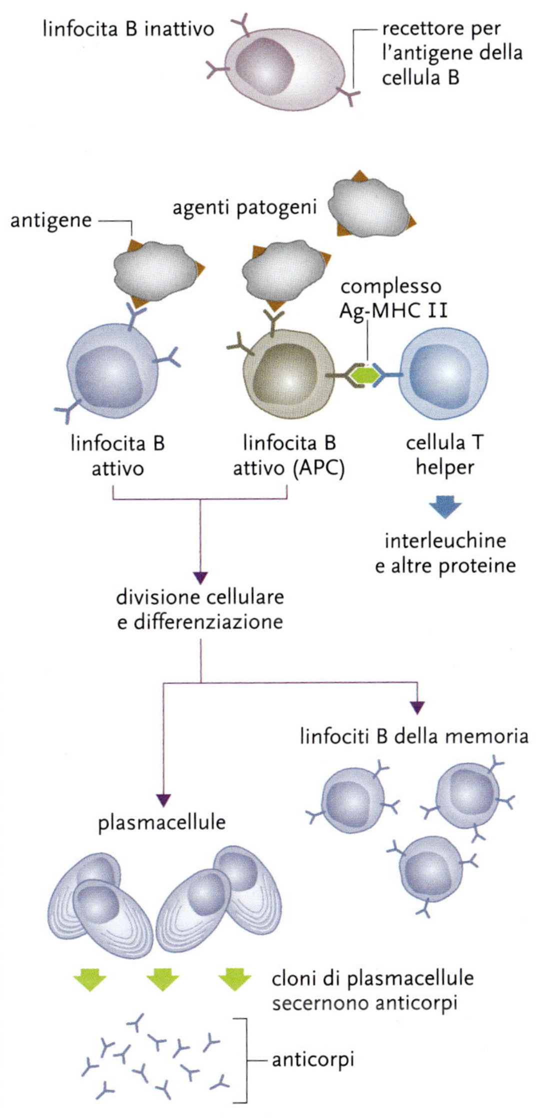

I linfociti B legano, mediante i propri recettori specifici, un antigene (Ag). Le cellule presentanti l'antigene (APC) espongono l'antigene associato a proteine MHC II (complesso Ag-MHC II). Questo complesso viene riconosciuto dai linfociti T helper.

I linfociti T helper, insieme ai macrofagi, rilasciano interleuchine e altre sostanze che amplificano la risposta infiammatoria e la proliferazione dei linfociti.

I linfociti B attivi si dividono e si differenziano in plasmacellule, che secernono anticorpi e linfociti B della memoria, che restano in circolo per consentire all'organismo una risposta immediata nel caso di una futura infezione.

Osserva e RISPONDI

Che cos'è rappresentato nella figura? Quale regione determina la classe di immunoglobuline a cui appartiene l'anticorpo?

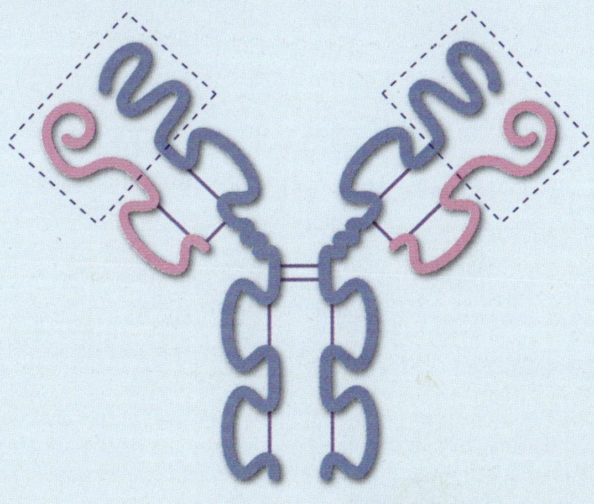

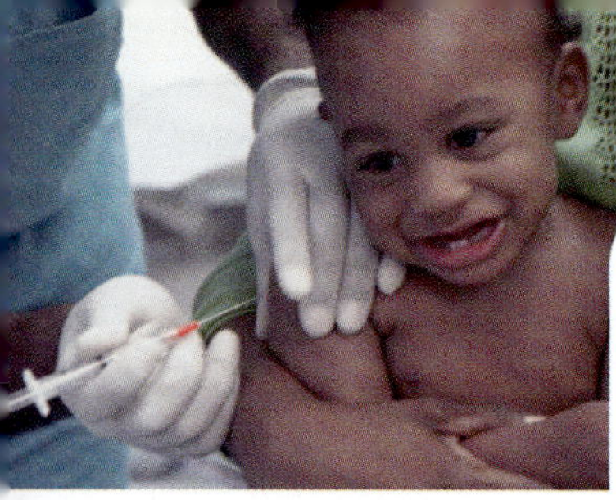

La memoria immunologica

1 La risposta primaria e la risposta secondaria

La prima esposizione a un antigene stimola la **risposta primaria** del sistema immunitario. In un tempo variabile dai tre ai quattordici giorni l'organismo produce anticorpi specifici contro l'agente patogeno. Subito dopo l'infezione c'è un breve periodo di latenza, durante il quale sono in azione le difese aspecifiche; in questo periodo i linfociti riconoscono l'antigene e proliferano. Segue una fase di rapido aumento degli anticorpi, soprattutto IgM, che dura alcuni giorni fino a raggiungere un picco ▶ 1. Infine c'è una fase di declino, in cui la quantità di anticorpi diminuisce progressivamente fino a livelli molto bassi.

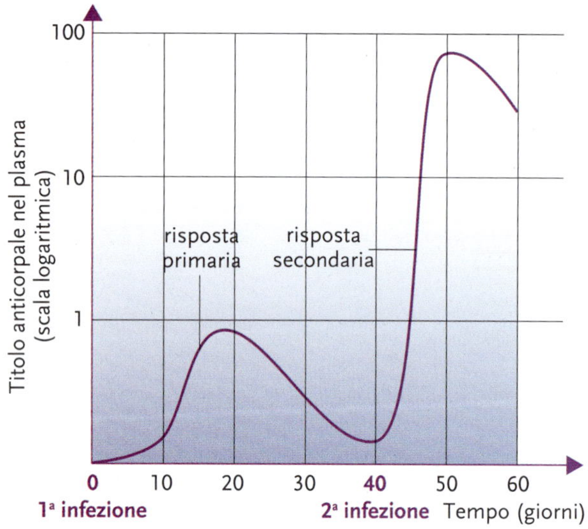

1 Risposta primaria e risposta secondaria

Come si può osservare dal grafico, la produzione di anticorpi è molto più immediata e consistente al secondo contatto con l'agente patogeno.

2 Schema riassuntivo delle difese del nostro organismo

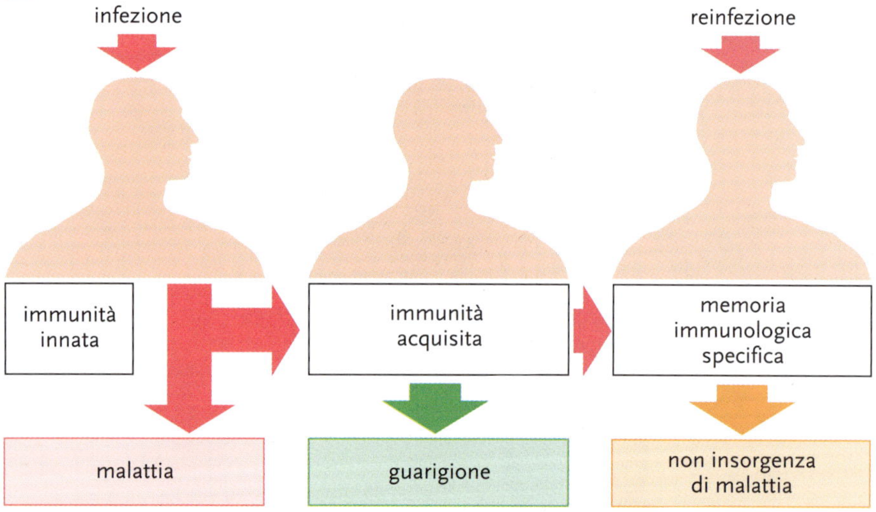

Le prime difese che intervengono dopo l'infezione di un agente patogeno sono quelle aspecifiche (immunità innata). Se queste non riescono a eliminare il patogeno, si ha la malattia che viene combattuta e debellata dalle difese specifiche (immunità acquisita). Si instaura così una memoria immunologica, che impedisce, nel caso di una seconda infezione, che si sviluppi la malattia.

Una seconda infezione da parte dello stesso agente patogeno, anche se avviene a distanza di anni dalla prima infezione, produce una **risposta secondaria**.
I linfociti B memoria e i linfociti T memoria specifici per un determinato antigene con cui siamo entrati in contatto restano nel nostro organismo anche per molti anni, talvolta per decenni.
La risposta secondaria è molto più rapida della primaria e richiede una minore quantità di antigene rispetto alla risposta primaria per essere scatenata. Inoltre, il periodo di latenza è più breve, ma la quantità di anticorpi prodotta è molto superiore, con anticorpi più affini all'antigene. Le immunoglobuline predominanti nella risposta secondaria sono le IgG.
La capacità dell'organismo di dare una risposta rapida ed efficace a un secondo contatto con il patogeno spiega perché non contraiamo più volte alcune malattie infettive. Generalmente, di morbillo o di rosolia ci si ammala una volta sola nella vita. Alla seconda esposizione, infatti, la risposta del sistema immunitario è talmente rapida e potente che distrugge l'agente patogeno prima che possa moltiplicarsi e dar luogo ai sintomi della malattia ▶ 2.

2 Immunità attiva e immunità passiva

Il contatto con un patogeno crea un'**immunità attiva** che protegge in caso di un secondo contagio. In questo caso l'immunità si crea in naturalmente, ma esiste un modo per crearla in maniera artificiale, mediante la *vaccinazione* ▶ 3. L'inoculazione di un vaccino efficace nell'organismo stimola il sistema immunitario a produrre cloni di linfociti, anticorpi e cellule memoria. In base al tipo di vaccino le cellule memoria hanno longevità diversa; è questo il motivo per cui si fanno i cosiddetti «richiami» a intervalli di qualche anno: perché si stimola in questo modo la formazione di nuovi cloni e, soprattutto, di nuove cellule della memoria.
La maggior parte dei vaccini è preparata utilizzando l'agente patogeno ucciso (vaccino per la pertosse) o attenuato, ossia reso meno virulento, come il vaccino per la poliomelite o il morbillo. Vengono anche utilizzate tossine secrete dal corrispettivo microrganismo patogeno (vaccino per il tetano). In generale, ciò che deve contenere un vaccino efficace è il determinante antigenico, qualunque sia la sua origine. Attualmente sono molti i vaccini preparati con le biotecnologie che contengono solo il determinante antigenico in grande quantità.
Per **immunità passiva** si intende l'immunità creata da anticorpi prodotti da un altro organismo, generalmente un uomo o un animale. Questo tipo di immunità non ha effetti duraturi e quindi protegge il corpo in maniera temporanea, ma può essere utile quando è necessario

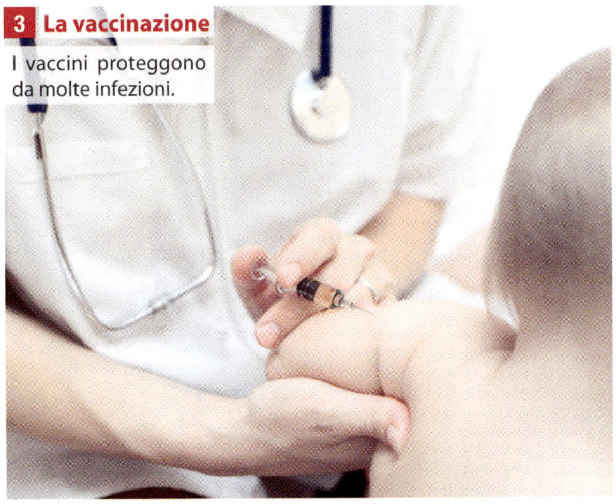
3 La vaccinazione
I vaccini proteggono da molte infezioni.

rinforzare l'organismo per un certo periodo contro una determinata malattia.
Una forma di epatite virale A è trasmissibile tramite il cibo e l'acqua contaminati. Trattando le persone a rischio di infezione con anticorpi specifici contro il virus, si può creare un'immunità che protegge per alcune settimane (fino a quando non vengono eliminati gli anticorpi inoculati). La protezione non è duratura, poiché non si è scatenata una risposta immunitaria e non si sono formate cellule memoria specifiche contro il patogeno; l'individuo non viene quindi immunizzato.

Osserva e RAGIONA

Le figure rappresentano la quantità di anticorpi dopo l'esposizione all'antigene. Che risposte sono rappresentate?

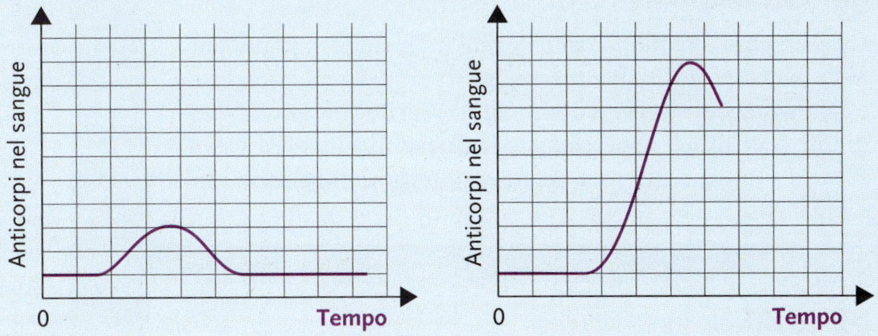

DOMANDE CHIAVE

1. Quale risposta del sistema immunitario è provocata da un primo contatto con un antigene?
2. Quali sono gli anticorpi più numerosi durante la risposta secondaria?
3. Che tipo di immunità può essere sviluppata mediante la vaccinazione?

BioSalute

Le allergie

Nelle *reazioni allergiche* l'individuo produce anticorpi contro una sostanza innocua, detta **allergene**, come la polvere, il polline di alcune piante ▶ A, cosmetici, veleni di insetti, alimenti. Queste sostanze, che normalmente non provocano una risposta immunitaria, sono riconosciute da alcuni individui come antigeni, causando una massiva produzione di un tipo di anticorpi: le **immunoglobuline E**. Le IgE sono localizzate su fagociti chiamati **mastociti**: in un individuo allergico, già entrato in contatto una prima volta con un allergene, il legame di questo con le IgE determina la liberazione di istamina da parte dei mastociti e una risposta infiammatoria locale. L'istamina stimola anche le ghiandole esocrine a secernere muco, come avviene nell'asma e nel raffreddore da fieno, allergie caratterizzate da raffreddore, occhi arrossati, difficoltà respiratorie.

A Pollini che possono indurre allergie

La fotografia al microscopio elettronico a scansione mostra alcuni granuli pollinici spesso responsabili di reazioni allergiche. In giallo il polline dell'*Ambrosia*, in marrone chiaro quello dell'*Artemisia*, in verde chiaro il polline della coda di topo (*Phleum pratense*), in porpora la ginestra, in verde scuro l'ontano e in arancio il pioppo

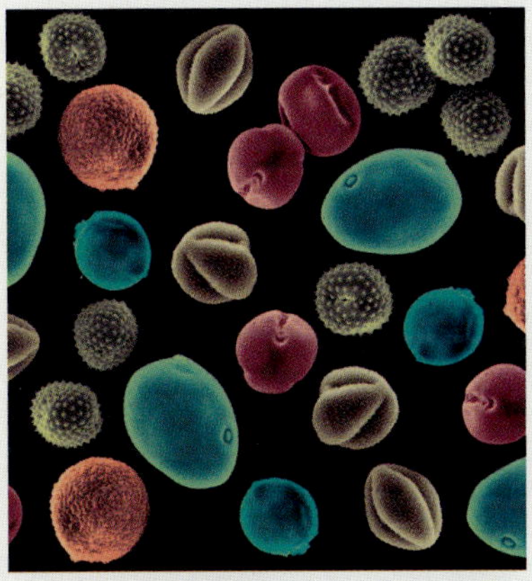

LE LEZIONI IN SINTESI

1 Le difese dai microrganismi patogeni

Gli animali si difendono dai patogeni utilizzando sostanze antimicrobiche e fagociti. Per proteggere il corpo dai microrganismi e dalle sostanze estranee, l'uomo è dotato di due importanti linee di difesa: le **difese aspecifiche** e le **difese specifiche**. I *globuli bianchi* sono le cellule del nostro corpo che combattono i microrganismi.

2 Le difese aspecifiche

Le prime barriere che un agente estraneo che cerca di entrare nel corpo incontra sono le barriere fisiche: la pelle, il muco, le secrezioni gastriche, il pH della vagina. Molte sostanze hanno proprietà antibatteriche, come il **lisozima**, enzima presente nelle lacrime, nella saliva e nel muco del naso. Le difese aspecifiche comprendono anche il **sistema del complemento**, una serie di proteine in grado di richiamare i fagociti e di provocare la lisi dei patogeni. Le prime cellule che si portano nell'area infettata sono i granulociti neutrofili e i macrofagi, globuli bianchi con funzione fagocitaria. L'infiammazione viene innescata quando elementi esterni provocano un danno ai tessuti del corpo.

3 Le difese specifiche

Le cellule che veicolano la risposta immunitaria agli agenti patogeni sono i **linfociti B** e **T**, i **neutrofili**, i **basofili**, gli **eosinofili** e le **cellule dendritiche**. Ogni molecola estranea al nostro organismo e che è in grado di stimolare una risposta immunitaria è detta **antigene**. Il riconoscimento degli antigeni avviene grazie a **recettori antigenici**, presenti sulla membrana dei linfociti. Il riconoscimento dell'antigene da parte del linfocita porta il linfocita B o T coinvolto a proliferare, formando due popolazioni di cellule: le **cellule effettrici** e le **cellule memoria**.

4 La risposta umorale e la risposta cellulo-mediata

I linfociti attivati dal contatto con l'antigene proliferano e si differenziano in plasmacellule e cellule B memoria. Le plasmacellule rilasciano **anticorpi**, le cellule memoria difendono l'organismo nel caso di una seconda infezione da parte dello stesso patogeno. I linfociti T riconoscono il determinante antigenico solo se associato a una proteina **MHC di classe I** o **di classe II**. Esistono quattro tipi di linfociti T.

5 La memoria immunologica

La prima esposizione a un antigene stimola la **risposta primaria**. Una seconda infezione, a distanza di tempo, da parte dello stesso antigene determina una **risposta secondaria**, scatenata grazie alla presenza in circolo delle cellule memoria. Il contatto con un microrganismo patogeno crea un'**immunità attiva**, che protegge in caso di un secondo contagio. L'**immunità passiva** è invece l'immunità creata dall'inoculazione di anticorpi prodotti da un altro organismo.

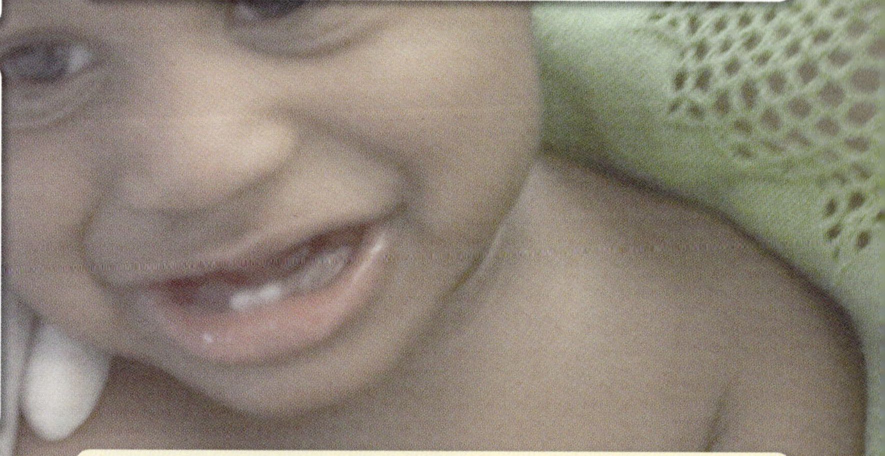

THE CHAPTER IN REVIEW

- Humans have two important lines of defence: **non-specific** and **specific defences**. **White blood cells** are cells that fight the microorganisms inside our body.
- Non-specific defences include *physical barriers*, the *complement system* and *inflammation*.
- Different cells take part in the specific response to pathogens: B and T cells, neutrophils, basophils, eosinophils and dendritic cells. Any microorganism or foreign molecule that can trigger an immune response from our body is called **antigen**. The antigenic receptors in lymphocytes are able to recognise antigens. **B cells** are responsible for **humoral immunity**, while **T cells** are responsible for **cell-mediated immunity**.

Termini chiave *Key Terms*

Anticorpo *Antibody*
Antigene *Antigen*
Basofili *Basophils*
Cellule dendritiche *Dendritic cells*
Cellule effettrici *Effector cells*
Cellule memoria *Memory cells*
Difese aspecifiche *Non-specific defences*
Difese specifiche *Specific defences*
Eosinofili *Eosinophils*
Immunità attiva *Active immunity*
Immunità passiva *Passive immunity*
Linfociti *Lymphocytes*
Lisozima *Lysozyme*
Memoria immunologica *Immunological memory*
Neutrofili *Neutrophils*
Recettori antigenici *Antigenic receptors*
Risposta primaria *Primary response*
Risposta secondaria *Secondary response*
Sistema del complemento *Complement system*

LE MAPPE DELL'UNITÀ

Competenza disciplinare ▶ Riconoscere e stabilire relazioni tra i concetti

Completa gli schemi

A

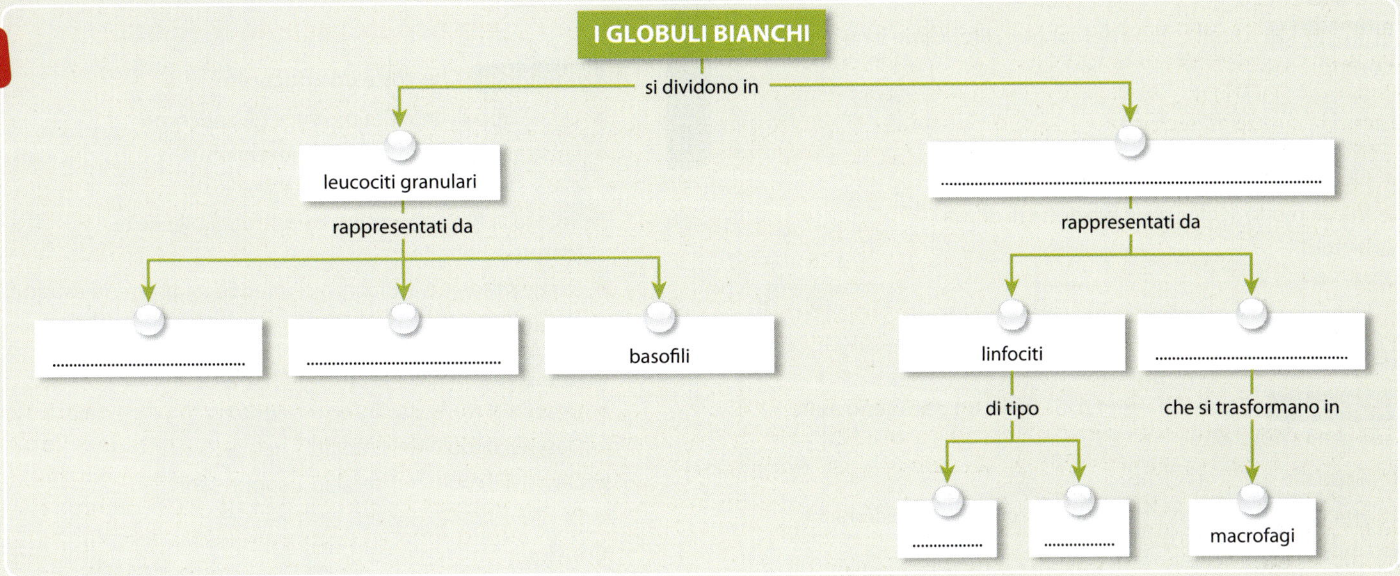

B

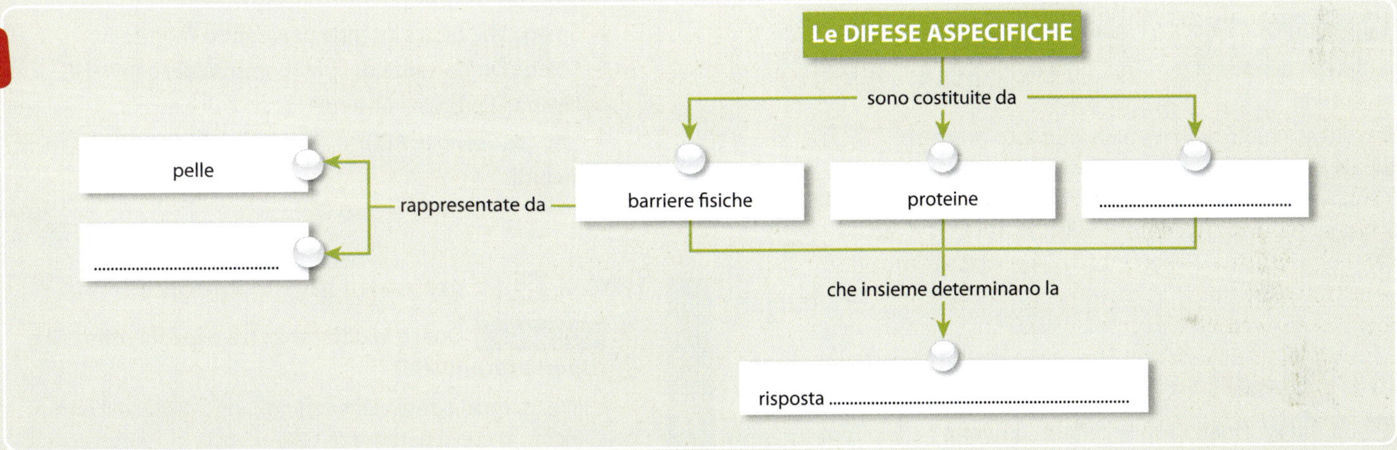

C

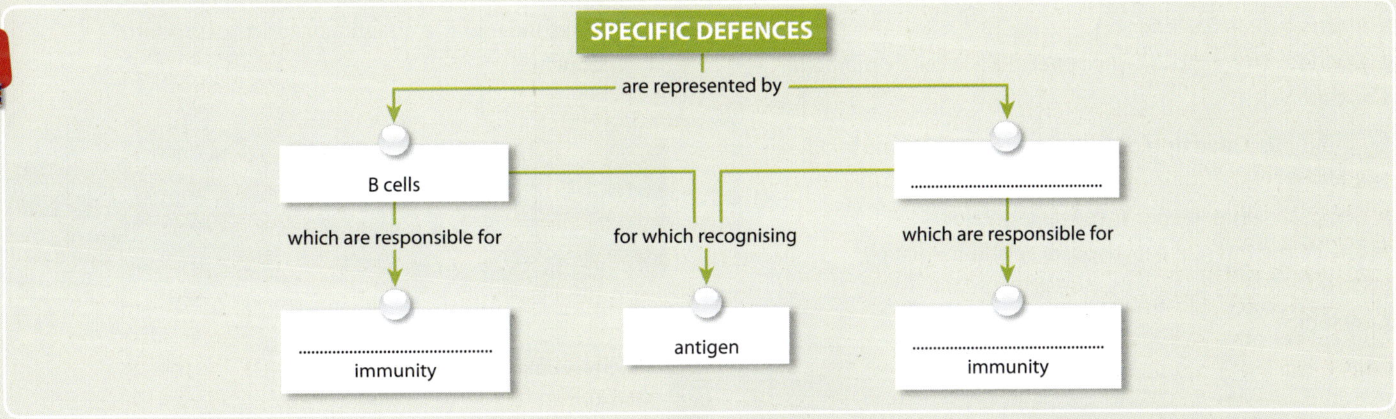

D Progetta e disegna una mappa che abbia come nodo centrale «gli anticorpi».

PROVE D'INTERROGAZIONE

Competenza disciplinare ▶ Effettuare connessioni logiche e comunicare in forma orale

LEZIONE 1 Le difese dai microrganismi patogeni

A. Domanda: Quali cellule del sangue difendono il nostro corpo?

- Illustra che cosa sono i globuli bianchi.
- Quali sono i leucociti granulari?
- Quali sono i leucociti non granulari?
- In che modo svolgono la funzione di difesa?

Concludi.

LEZIONE 2 Le difese aspecifiche

A. Domanda: Quali «sbarramenti» trova un patogeno nella sua prima infezione?

- Illustra le barriere fisiche.
- Spiega come agiscono le diverse proteine antimicrobiche.
- Che cosa sono i fagociti?
- A che cosa serve l'infiammazione?

Concludi.

B. Domanda: Che cos'è l'infiammazione?

- Spiega quando si presenta l'infiammazione e illustrane i sintomi.
- Spiega il ruolo dell'istamina in questo processo.
- Descrivi in che modo agiscono le sostanze liberate dai macrofagi.
- Che cos'è il pus?

Concludi.

LEZIONE 3 Le difese specifiche

A. Domanda: Quali sono le cellule coinvolte nelle difese specifiche?

- Illustra il ruolo dei linfociti B.
- Illustra il ruolo dei linfociti T.
- Quando si formano le cellule effettrici e le cellule memoria?

Concludi.

B. Domanda: Quali tipologie di risposte producono le difese specifiche?

- Che cosa si intende per «risposta umorale»?
- Che cosa si intende per «risposta cellulo-mediata»?
- Quali cellule ne sono responsabili?

Concludi.

LEZIONE 4 La risposta umorale e la risposta cellulo-mediata

A. Domanda: Che cos'è un anticorpo?

- Quale tipo di linfocita produce gli anticorpi?
- Illustra la struttura delle immunoglobuline e le principali classi di anticorpi.
- Spiega la funzione della regione variabile delle immunoglobuline.
- In che modo un anticorpo ci difende dagli agenti estranei?

Concludi.

B. Domanda: Quali tipi di linfociti T esistono?

- Descrivi il ruolo dei linfociti T citotossici.
- Descrivi il ruolo dei linfociti T helper.
- Descrivi il ruolo dei linfociti T soppressori.
- Descrivi il ruolo dei linfociti T memoria.

Concludi.

C. Domanda: Che cos'è il complesso maggiore di istocompatibilità?

- Spiega che cosa s'intende per «self» e «non-self».
- Spiega l'importanza del polimorfismo dei geni MHC.
- Illustra le proteine MHC di classe I e di classe II.
- Che cosa sono le APC?

Concludi.

LEZIONE 5 La memoria immunologica

A. Domanda: Qual è la differenza tra risposta primaria e risposta secondaria?

- Illustra quali difese si attivano quando avviene il primo incontro con il patogeno.
- Descrivi i tempi di attivazione di tali difese.
- I tempi di attivazione sono gli stessi nella risposta secondaria? E la quantità di anticorpi prodotti?

Concludi.

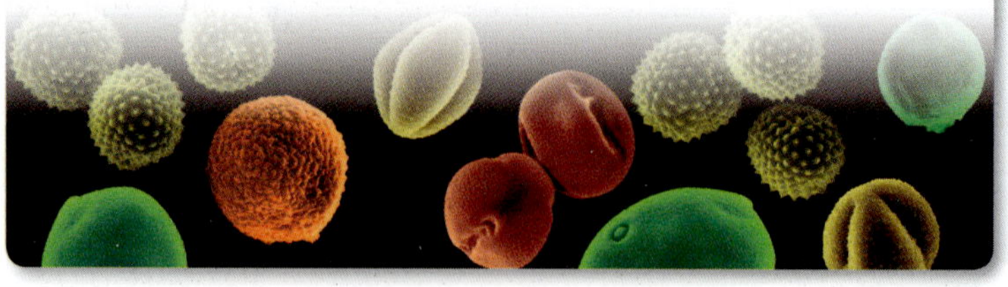

Question: What are plasma cells?

- Explain the role of B cells.
- What happens when a B cell meets a certain antigenic determinant?
- Could plasma cells be considered effector cells?

Conclude your exposition.

TEST E QUESITI

Competenza disciplinare
Applicare le conoscenze acquisite (es. 1-9)
Applicare il linguaggio scientifico (es. 10)
Spiegare in forma scritta fenomeni e processi (es. 11-16)

Scegli la risposta corretta

1. Il sistema del complemento è costituito da…
- A immunoglobuline.
- B 30 proteine diverse.
- C proteine MHC.
- D istamina.

2. L'immunità umorale…
- A è determinata dall'attività dei linfociti B.
- B è legata alla selezione nel timo dei linfociti T.
- C dipende dalla classe delle proteine MHC.
- D varia con le condizioni dell'organismo.

3. Quale tra quelle elencate è una funzione propria degli anticorpi?
- A Legarsi alle proteine MHC di classe II.
- B Stimolare la produzione di enzimi nelle cellule sane.
- C Formare complessi che possano essere riconosciuti dai fagociti.
- D Fagocitare l'agente estraneo.

4. Una zona infiammata è…
- A meno dolorosa a causa dell'istamina.
- B più ricca di muco a causa delle cellule fagocitarie.
- C più chiara a causa della vasocostrizione.
- D più gonfia a causa dell'aumentata permeabilità capillare.

5. Nella risposta primaria intervengono…
- A solo le difese aspecifiche.
- B prima le difese aspecifiche e successivamente quelle specifiche.
- C solo le difese specifiche.
- D prima le difese specifiche e successivamente quelle aspecifiche.

6. Una persona è immune a una determinata malattia se…
- A nel suo sangue circolano linfociti B memoria specifici.
- B i macrofagi hanno acquisito la capacità di alterare il metabolismo del patogeno.
- C il patogeno non ha più possibilità di penetrare le barriere fisiche.
- D il patogeno è prontamente fagocitato dai linfociti B.

7. Nella risposta secondaria intervengono…
- A solo le difese aspecifiche.
- B prima le difese aspecifiche e successivamente quelle specifiche.
- C solo le difese specifiche.
- D prima le difese specifiche e successivamente quelle aspecifiche.

8. Le molecole capaci di scatenare una reazione immunitaria si chiamano…
- A recettori antigenici.
- B proteine MHC.
- C anticorpi.
- D antigeni.

9. I linfociti T citotossici intervengono quando prendono contatto con…
- A un complesso antigene-anticorpo.
- B una plasmacellula.
- C un linfocita B memoria.
- D una cellula infetta che espone un antigene legato a una proteina MHC.

Metti in relazione

10. Completa la tabella scrivendo la struttura o la definizione mancanti.

Struttura	Definizione
....	Cellule in grado di uccidere agenti infettanti mediante il rilascio di perforine.
Pus	....
....	Proteine di membrana che fungono da marcatori dell'identità cellulare.
Istamina	....
....	Reazione localizzata di un tessuto al danno ricevuto.
Immunoglobuline	....
....	Cellula del tessuto connettivo che rilascia istamina.
Epitopo	....
....	Cellule effettrici derivate dalla proliferazione dei linfociti B.
Immunità innata	....
....	Immunità mediata dagli anticorpi prodotti dalle plasmacellule.
Immunità passiva	....

Rispondi utilizzando i termini indicati

11. Quali sono i primi leucociti che si attivano durante un'infezione?
neutrofili – difese aspecifiche – leucociti – fagocitosi

12. Per quale ragione possiamo dire che l'istamina è un mediatore dell'infiammazione?
nocicettori – permeabilità – sintomi – vasodilatazione – infiammazione

13. Mediante quali meccanismi gli anticorpi difendono l'organismo?

antigene – fagociti – riconoscimento – attivazione – sistema del complemento

Rispondi e motiva la tua risposta

14. Il tuo amico Luca è stato appena vaccinato contro il tetano. Se si procura una ferita e il tetano vi penetra, potrebbe ammalarsi? Perché? Perché dovrà fare il richiamo ogni 10 anni circa?

15. Rileggi attentamente la tabella 1 della Lezione 4, in cui sono descritte le cinque classi di immunoglobuline. In che modo un feto può essere protetto dalle infezioni? Perché si ritiene che per l'immunità del bambino sia importante l'allattamento al seno? Il feto e il bambino sono dunque protetti da qualsiasi malattia?

Rispondi alla domanda in base all'estensione richiesta

16. Quali sono le «linee di difesa» che costituiscono l'immunità innata? Descrivile. (**massimo 10 righe**)

In English Competenza trasversale Usare la lingua inglese in un contesto scientifico

Complete the following sentences

1. A certain antigenic determinant triggers .... to proliferate in plasma cells which produce the specific ....

2. .... is produced only by cells infected by a .... in order to stimulate the healthy cells' defence system.

Choose the right answer for the following questions

3. During secondary response, antibodies are…
   - A produced in larger quantities than during primary response.
   - B produced to be more specific than during primary response.
   - C produced in smaller quantities than during primary response.
   - D not produced.

4. T helper cells…
   - A engulf infected cells through phagocytosis.
   - B trigger other cells' immune response.
   - C differentiate into plasma cells.
   - D are involved in innate immunity.

Answer in a few words

5. What does «active immunity» mean? Can it be recreated artificially?

....

....

IL MIO ESAME DI STATO

Esercizi di simulazione della **Terza Prova**

1. **Tipologia A della Terza Prova**

Confronta la risposta primaria e la risposta secondaria. Spiega in modo chiaro che cosa succede al primo incontro con l'agente patogeno: quali difese si attivano durante l'insorgenza della malattia e in che modo si arriva alla guarigione. Illustra infine quali difese si attivano al successivo incontro con lo stesso patogeno e perché la malattia non insorge. (**massimo 15 righe**)

2. **Tipologia B della Terza Prova**

Spiega che cosa consente al nostro sistema immunitario di distinguere le cellule del corpo da quelle estranee. Perché questa caratteristica del nostro corpo può essere paragonata alle nostre impronte digitali?

3. **Tipologia C della Terza Prova**

Scegli la risposta corretta.
Le cellule memoria sono più longeve perché in questi linfociti viene attivato un gene che…
   - A permette loro di prevenire la fagocitosi.
   - B permette loro di evitare l'apoptosi.
   - C permette loro di produrre anticorpi più resistenti.
   - D determina il loro invecchiamento precoce.

4. **Tipologia C della Terza Prova**

Scegli la risposta corretta.
Ti sei punto con una spina. Quale sequenza di eventi avverrà nella zona lesa?
   - A Rilascio di istamina – aumento della permeabilità e vasodilatazione – arrivo delle cellule della difesa – formazione di pus.
   - B Rilascio di istamina – aumento della fagocitosi – presenza degli anticorpi – formazione di pus.
   - C Rilascio di anticorpi – produzione di plasmacellule – formazione di pus.
   - D Attivazione dei linfociti T helper – produzione di interleuchine – formazione di coagulo.

Proposte per l'incremento dei crediti scolastici (cumulabili nel voto d'esame)

5. Il sistema immunitario è governato nel suo funzionamento dal principio della discriminazione tra self e non self. Fai una ricerca utilizzando varie fonti e scrivi una tesina su questo tema tenendo conto dei seguenti argomenti:
   - approfondisci che cosa si intende per «autoantigeni» ;
   - cerca quali sono i motivi che possono scatenare una mancata tolleranza e dunque una «autoreattività» verso i componenti propri;
   - cerca notizie sui meccanismi che determinano l'insorgere delle malattie autoimmuni, come la sclerosi multipla;
   - indaga sulle principali malattie autoimmuni.

OSSERVAZIONE E ANALISI

Competenza disciplinare: Riconoscere e descrivere strutture e fenomeni; Formulare ipotesi in base ai dati forniti

Osserva e rispondi

1. Che cosa rappresenta il disegno? Come si chiamano le molecole numerate? Quali cellule producono gli anticorpi?

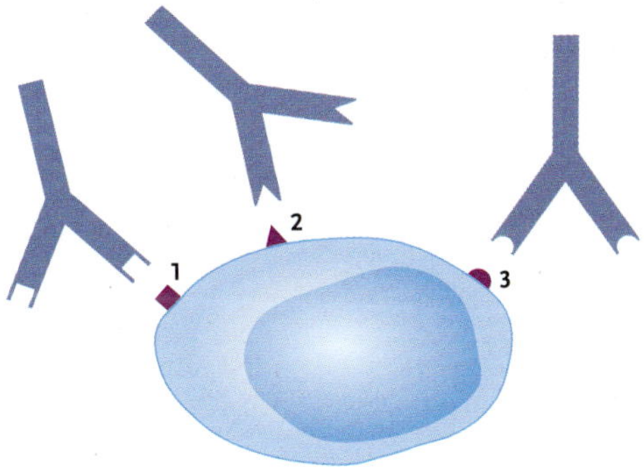

2. Osserva la figura, che rappresenta un anticorpo. Che cosa indica il punto interrogativo? Quali regioni sono indicate con la lettera C? E con la lettera V? Qual è la differente funzione dei due tipi di regioni presenti su un anticorpo?

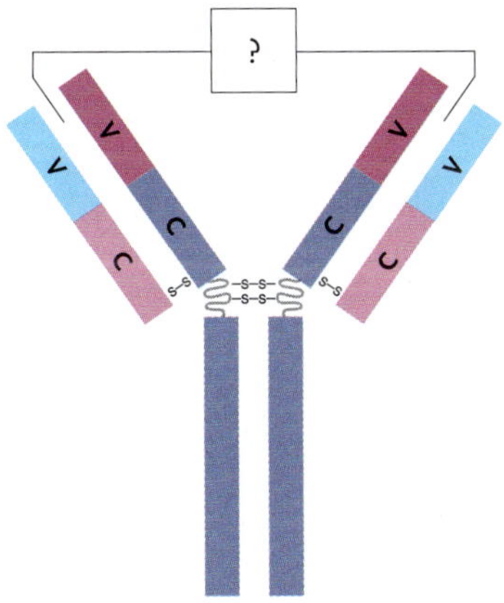

3. Il grafico rappresenta la diversa produzione di anticorpi nel tempo. Che cosa rappresentano i due picchi anticorpali successivi? Perché il secondo picco è più alto del primo? Che cosa implica?

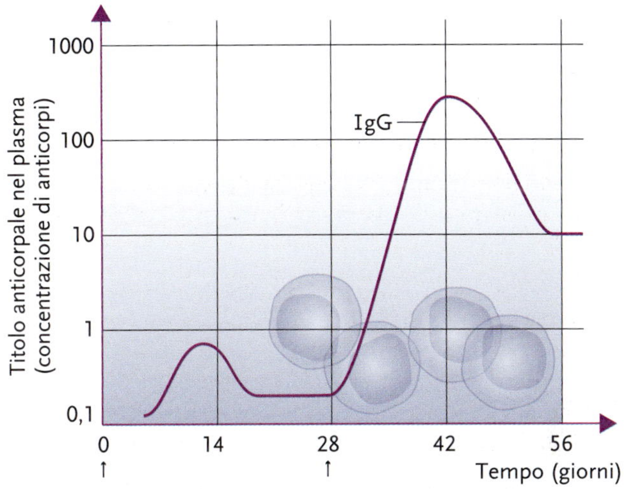

Analizza e interpreta

4. Osserva la figura, che rappresenta gli stadi di una risposta immunitaria di tipo specifico, e rispondi alle domande.
   - **a.** Che cosa avviene quando i linfociti T helper si legano con l'antigene?
   - **b.** Che cosa avviene quando i linfociti B si legano con l'antigene? Inserisci nei riquadri vuoti del disegno il nome specifico dei linfociti B differenziati.
   - **c.** Che cosa avviene quando i linfociti T citotossici si legano con l'antigene? Inserisci nei riquadri vuoti del disegno il nome specifico dei linfociti T differenziati.

La tua analisi

Osserva la figura e rispondi.

- **a.** In che modo le plasmacellule attaccano l'agente specifico? Come si chiama questo tipo di immunità?
- **b.** In che modo i linfociti T citotossici attaccano l'agente specifico? Come si chiama questo tipo di immunità?
- **c.** A quale tipo di risposta è riconducibile ciò che abbiamo descritto finora?
- **d.** Quale ruolo svolgono le cellule delle memoria? A quale tipo di risposta è riconducibile l'azione di queste cellule?

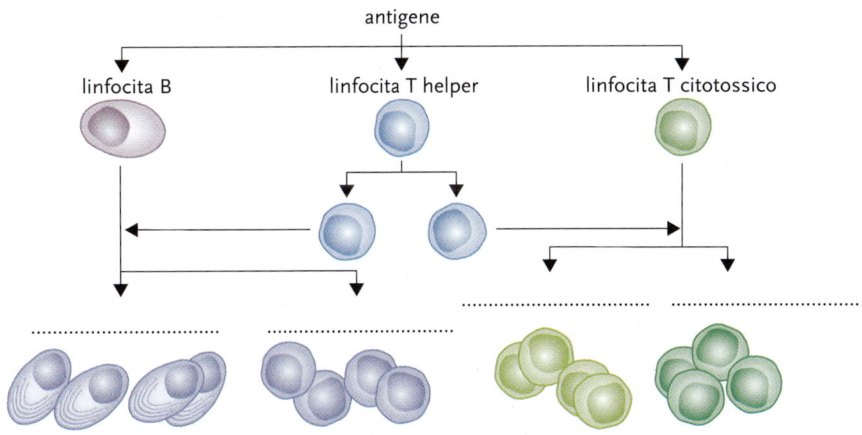

UNITÀ C7

Il sistema endocrino

Osserva... Nel luglio 1997 una donna, Ila Borders, cimentandosi nelle fila di una squadra di baseball maschile, ha segnato lo strike che ha decretato la vittoria nella finale di un'importante competizione. Mentre lo stadio esplodeva nei festeggiamenti, la ragazza si è tolta il casco protettivo, lasciando di stucco gli spettatori. Questo evento è stato considerato così eccezionale che la prestigiosa rivista statunitense «Sports Illustrated» ha definito Ila Borders «una delle 100 atlete più importanti della storia». Altre donne hanno partecipato a competizioni professionali maschili, raggiungendo risultati comparabili a quelli dei loro colleghi uomini in sport come il golf e l'automobilismo. Potrebbero dunque le donne «insidiare» in futuro il successo maschile anche in altre categorie sportive?

In realtà, tra gli uomini e le donne esistono importanti differenze anatomiche e fisiologiche, determinate dalla produzione di differenti ormoni sessuali. Come conseguenza di questa diversa attività ormonale, le donne hanno in media una maggiore massa grassa, mentre gli uomini hanno mediamente un cuore più grande, un maggiore volume ematico e più elementi figurati nel sangue.

Lorena Ochoa, uno dei maggiori talenti del golf maschile e femminile, si è ritirata dallo sport professionistico a soli 29 anni dichiarando di aver raggiunto tutti i traguardi che si era prefissata.

Danica Patrick è la prima pilota nella storia dell’automobilismo a vincere una gara di Formula Indianapolis.

LEZIONE 1

Gli ormoni degli animali

Bio Parole

Metamorfosi
dal greco *metá*, che indica trasformazione e *morphé*, «forma»
Metamorphosis

1 L'evoluzione del sistema endocrino

Tutti gli organismi viventi, dal più semplice al più complesso, hanno la necessità di rilevare le modificazioni che possono originarsi tanto nell'ambiente esterno quanto nell'ambiente interno. In generale, ogni cambiamento dell'ambiente percepibile da un animale può essere definito **stimolo**. La capacità di percepire gli stimoli è detta **sensibilità** e varia enormemente da organismo a organismo. Nella maggior parte degli animali gli stimoli sono percepiti per mezzo di specifici *organi di senso*, mentre la risposta è messa in atto dagli **organi effettori**, rappresentati dai *muscoli* e dalle *ghiandole*. La reazione a uno stimolo è spesso un'azione complessa che necessita il coordinamento delle varie parti del corpo. Il controllo e il coordinamento della risposta sono affidati a due sistemi, il *sistema endocrino*, che agisce per mezzo di messaggeri chimici chiamati **ormoni**, e il *sistema nervoso*, che opera attraverso la trasmissione di segnali elettrici (vedi Unità C8).
Gli animali dotati di un sistema nervoso e circolatorio sviluppato sono in genere provvisti anche di un sistema endocrino. Negli animali più semplici la distinzione tra i due sistemi coinvolti nel coordinamento non è netta e la secrezione ormonale è di tipo **neurosecretorio**; è cioè il sistema nervoso a produrre gli ormoni, detti per questo **neurormoni**. Le «vere» ghiandole endocrine, intese come strutture distinte dal sistema nervoso, compaiono relativamente tardi nella storia del regno animale, in parte proprio per migrazione e diversificazione di cellule nervose in varie parti del corpo. Negli invertebrati, ghiandole endocrine autonome dal sistema nervoso si osservano solo negli artropodi (dove i neurormoni sono tuttavia ancora i principali messaggeri). Negli insetti, in particolare, l'apparato ghiandolare è ben distinto in un **sistema esocrino**, composto da ghiandole a secrezione esterna, e in un **sistema endocrino**, formato da ghiandole a secrezione interna. Questi due sistemi si ritrovano in tutti i vertebrati: è in tale gruppo che il sistema endocrino si diversifica maggiormente e gli ormoni diventano i regolatori delle più importanti funzioni vitali.

1 Una lumaca di mare

2 Ormoni e ciclo riproduttivo

Gli ormoni sono coinvolti nella regolazione dei cicli riproduttivi della maggior parte degli animali. Le femmine, infatti, non rispondono sempre alla stessa maniera al corteggiamento dei maschi e le interazioni fra sistema ormonale e sistema nervoso sono fondamentali nella regolazione della recettività sessuale femminile. Nelle lumache di mare ▶ 1, ad esempio, un'attività primaria tanto per i maschi che per le femmine è rappresentata dalla ricerca del cibo, che consiste nell'individuazione e nella cattura di piccole seppie. Tuttavia, nel periodo riproduttivo la lumaca femmina non solo non si dedica a tale ricerca, ma può addirittura rifiutare un'offerta di cibo, ignorando completamente lo stimolo alimentare. Al momento della deposizione delle uova viene prodotto, e comincia a circolare nel flusso sanguigno, un ormone che sopprime l'attività delle cellule nervose connesse alla nutrizione. Con il tempo la concentrazione dell'ormone diminuisce e, al momento in cui la femmina abbandona la covata, si riattiva l'attitudine alla ricerca del cibo. In molte specie la soppressione del comportamento alimentare al momento della riproduzione ha anche un altro scopo: evitare episodi di cannibalismo nei confronti della progenie.
Molti animali manifestano un ciclo riproduttivo collegato all'avvicendarsi delle stagioni. Ad esempio le lucertole anolidi, come molte altre specie, hanno una stagione di riproduzione collocata in primavera-estate, seguita da un periodo autunnale non riproduttivo e da un periodo invernale di letargo. I cambiamenti fisiologici e comportamentali dei maschi e delle femmine, che includono il corteggiamento e la ricettività sessuale, sono determinati dagli **ormoni sessuali** prodotti dagli *ovari* e dai *testicoli* ▶ 2. Tali cambiamenti sono influenzati da molte variabili, legate ai cambiamenti dell'ambiente fisico (ad esempio la temperatura) e dell'ambiente sociale (ad esempio il comportamento del partner). Alla fine, le informazioni provenienti dall'ambiente esterno (percepite dal sistema nervoso) vengono integrate con le informazioni che arrivano dell'ambiente interno (determinate dalla produzione ormonale), cosicché l'animale possa manifestare una sequenza coerente di comportamenti, adatta alla stagione, alla situazione sociale e al livello di maturazione dei suoi organi sessuali.

2 TESTO-IMMAGINE L'effetto degli ormoni sul ciclo riproduttivo degli anolidi

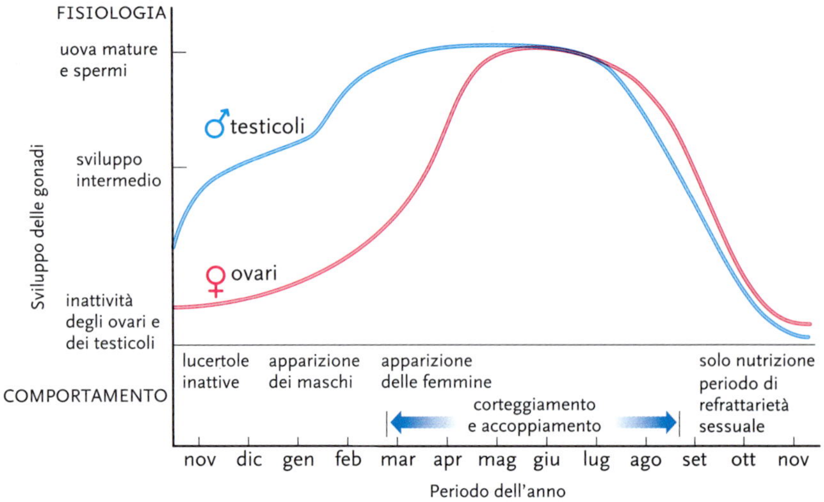

Nel periodo di sviluppo degli ovari e dei testicoli, quando la produzione degli ormoni sessuali è massima, si osservano tutte le modificazioni fisiologiche e comportamentali che portano all'accoppiamento.

3 Ormoni e metamorfosi

In alcuni insetti e negli anfibi si assiste, nel corso del ciclo vitale, a una trasformazione radicale dell'organismo: il cambiamento è tale che la forma larvale non somiglia, se non in minima misura, alla forma adulta. Tale trasformazione è nota come **metamorfosi**. Negli anfibi, in particolare, la forma larvale (*girino*) è un organismo acquatico dotato di branchie, che si muove nuotando, mentre l'adulto è un vertebrato tetrapode, dotato di polmoni, che cammina sulla terraferma ▶ 3. La metamorfosi è un processo di importanza fondamentale, in quanto ripercorre il fenomeno evolutivo avvenuto milioni di anni fa nel passaggio dalla vita acquatica a quella terrestre. L'intero processo viene innescato e regolato da un complessa interazione ormonale. Due principali classi di ormoni intervengono nel controllo: la *tiroxina* o *ormone tiroideo* (prodotto dalla tiroide) e la *prolattina* (secreta dalla ghiandola pituitaria). Un incremento dell'ormone tiroideo innesca il processo di trasformazione della larva, stimolando il riassorbimento degli organi larvali e il differenziamento delle strutture tipiche dell'adulto. La prolattina svolge fondamentalmente un ruolo di regolazione sull'azione dell'ormone tiroideo. Esperimenti condotti sugli anfibi manipolando i tassi ormonali hanno dimostrato la strettissima dipendenza della metamorfosi dalla regolazione endocrina. Se, ad esempio, viene rimossa la tiroide, la larva non è in grado di trasformarsi nella forma adulta. Se, viceversa, viene iniettata tiroxina in una larva molto giovane, questa può essere prematuramente indotta alla trasformazione nell'adulto.

DOMANDE CHIAVE

1. Che cosa sono i neurormoni?
2. In quale gruppo di invertebrati sono osservabili vere ghiandole endocrine?
3. Quali ormoni sono coinvolti nel controllo della metamorfosi degli anfibi?

3 Il ciclo vitale di una rana

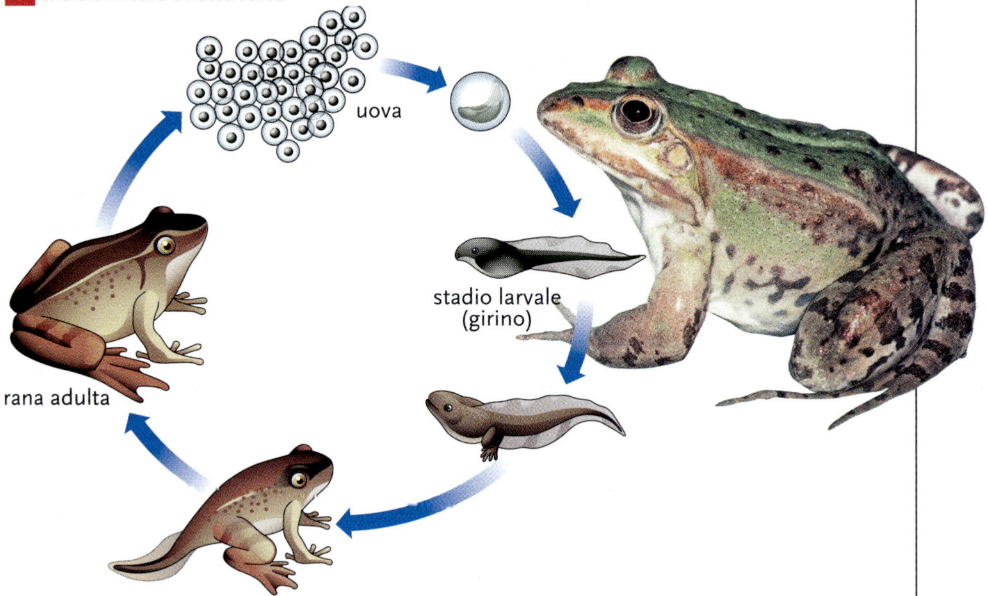

Osserva e RISPONDI

Osserva la figura e rispondi.

a. Nei maschi di lucertola anolide il comportamento riproduttivo è legato alla concentrazione di ormoni? Perché?

b. E nei maschi del serpente giarrettiera?

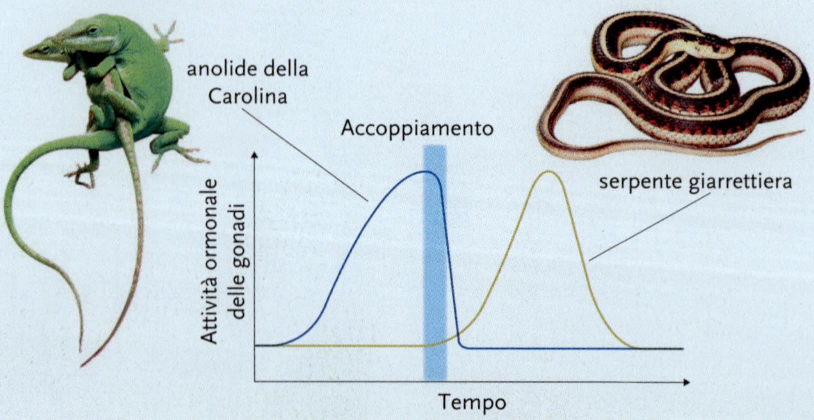

Anatomia del sistema endocrino e meccanismo d'azione degli ormoni

Bio Parole

Ormone
dal greco *hormé*, «impulso»
Hormone

1 Una panoramica sul sistema endocrino

Il sistema endocrino regola il passaggio di informazioni tra le varie parti del corpo con un meccanismo in genere *lento e a lungo termine*, che utilizza messaggeri di tipo chimico: gli **ormoni**. Gli ormoni vengono rilasciati nel liquido interstiziale che circonda le cellule e da qui diffondono nei capillari sanguigni. Una volta entrati nel circolo sanguigno, gli ormoni raggiungono tutte le parti del corpo, ma solo le cellule capaci di riconoscere un determinato ormone vengono attivate e rispondono al suo segnale. L'effetto dell'ormone dura fintanto che questo non viene eliminato dal sangue.
L'attività del sistema endocrino, se confrontata con l'attività del sistema nervoso, risulta per lo più impercettibile; ci rendiamo conto della sua azione solo quando subentrano problemi nel suo delicato funzionamento. Il sistema endocrino e il sistema nervoso interagiscono strettamente fra loro, e spesso il sistema nervoso inibisce o stimola determinate ghiandole. La regolazione del giusto livello di un ormone avviene anche grazie a specifiche ghiandole che percepiscono l'aumento o la diminuzione dell'ormone nel sangue e producono una risposta in grado di stimolarne o inibirne la produzione. La produzione della maggior parte degli ormoni è regolata da sistemi di controllo a retroazione negativa (*feedback negativo*), ma in rari casi si possono osservare sistemi a retroazione positiva (*feedback positivo*) (vedi Unità C1). Come vedremo più avanti, molte coppie di ormoni agiscono infine come *antagonisti*, ossia hanno effetti opposti sullo stesso organo bersaglio.
Nel nostro corpo distinguiamo le seguenti **ghiandole endocrine** ▶ 1:

- l'**epifisi** (o **ghiandola pineale**);
- l'**ipofisi** (o **ghiandola pituitaria**);
- la **tiroide**;
- le **paratiroidi**;
- le **surrenali**.

Svolgono inoltre un'importante attività endocrina i seguenti organi e tessuti, non classificati esclusivamente come ghiandole, ma contenenti cellule capaci di secernere ormoni:

- l'**ipotalamo**;
- il **pancreas**;
- le **ovaie**;
- i **testicoli**.

Occorre ricordare ancora una volta che le *ghiandole esocrine* non fanno parte del sistema endocrino: si tratta infatti di ghiandole che, attraverso specifici *dotti escretori*, riversano i loro prodotti all'esterno dell'organismo e non nel circolo sanguigno (sono esempi di ghiandole esocrine le ghiandole sudoripare e le ghiandole salivari).

1 La distribuzione delle ghiandole endocrine

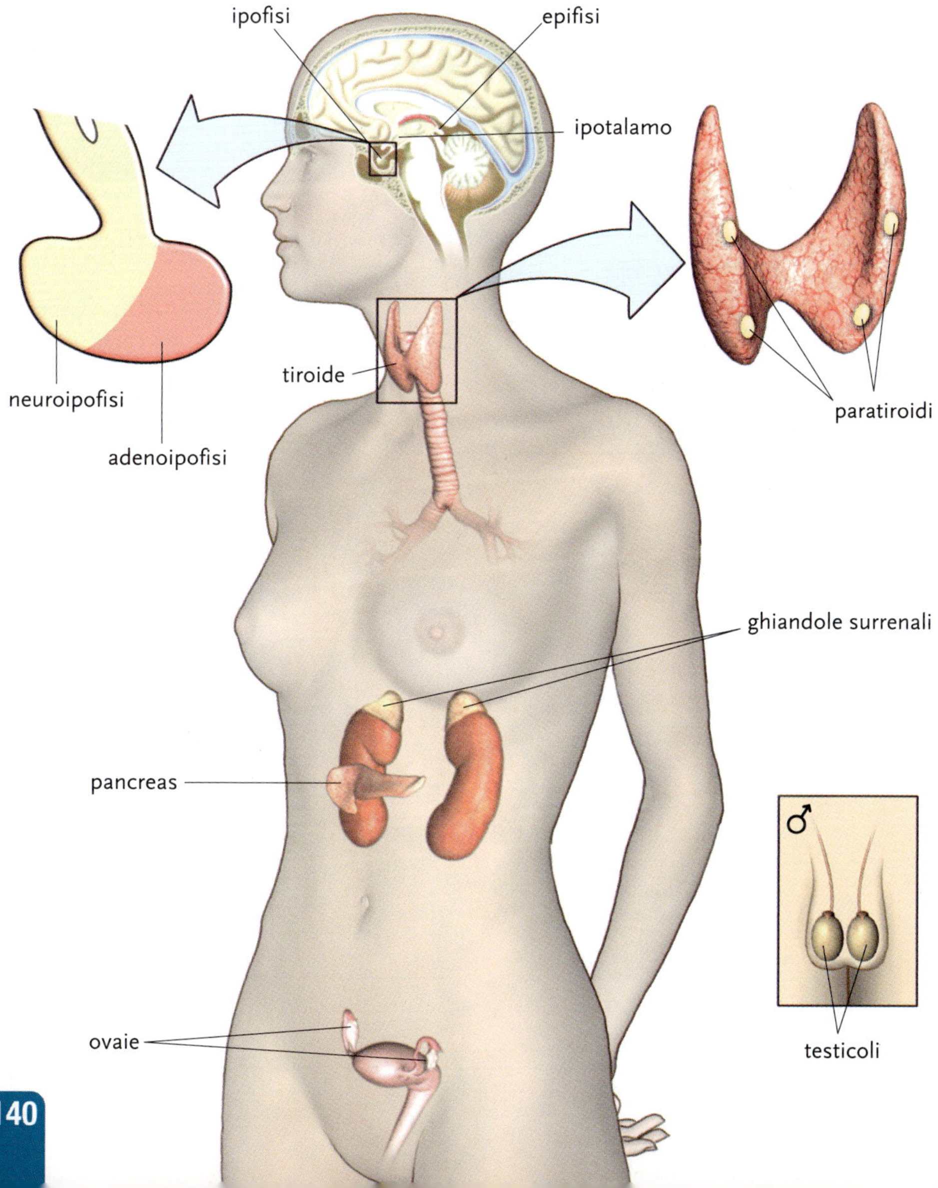

2 Meccanismo di azione e funzione degli ormoni

Per comprendere bene il meccanismo d'azione degli ormoni, occorre tenere presenti alcune caratteristiche generali di questi messaggeri chimici:

- sono secreti dai tessuti ghiandolari endocrini;
- sono riversati nel circolo sanguigno;
- sono prodotti in piccole quantità;
- svolgono il loro effetto a distanza dal luogo di produzione;
- agiscono su determinate **cellule bersaglio**, che presentano *recettori proteici* specifici per un certo ormone.

Gli ormoni influenzano l'attività delle cellule bersaglio legandosi chimicamente ai recettori. Mediamente una cellula bersaglio presenta dai 2000 ai 100 000 recettori per un determinato ormone. Uno stesso ormone può legarsi inoltre a recettori diversi posti su differenti cellule bersaglio determinando effetti diversi. Le cellule che non presentano recettori per un certo ormone, invece, sono insensibili alla sua azione.
Il meccanismo d'azione degli ormoni prevede tre tappe standard:

- *ricezione del segnale*;
- *trasduzione* (ovvero trasferimento dell'informazione contenuta nel segnale);
- *risposta*.

La sequenza specifica degli eventi differisce in base alla natura chimica dell'ormone coinvolto; esistono infatti due principali categorie di ormoni:

- gli **ormoni liposolubili**, ovvero solubili nei grassi ma non in acqua (quindi idrofobi), come gli *ormoni steroidei* e *tiroidei*;
- gli **ormoni idrosolubili**, cioè solubili in acqua, tra i quali l'*adrenalina*, l'*insulina*, l'*ossitocina*.

Analizziamo ora il loro differente meccanismo d'azione.

MECCANISMO D'AZIONE DEGLI ORMONI LIPOSOLUBILI ▶ **2A** I recettori per gli ormoni liposolubili sono collocati *all'interno* delle cellule bersaglio. Grazie alla loro natura liposolubile, infatti, questi ormoni sono in grado di diffondere attraverso la membrana plasmatica e raggiungere facilmente il citoplasma. Quando si trovano nel sangue, il loro spostamento è mediato da *proteine di trasporto*, che vengono abbandonate al momento di entrare nella cellula bersaglio. Una volta all'interno della cellula, gli ormoni si legano al recettore formando il **complesso ormone-recettore**. Questo complesso a sua volta si lega al DNA modificandone l'espressione genica, attraverso l'attivazione o l'inibizione di determinati geni. Le proteine prodotte in seguito a questa modificata attività genica alterano il normale metabolismo cellulare, determinando così la risposta scatenata dall'ormone.

MECCANISMO D'AZIONE DEGLI ORMONI IDROSOLUBILI ▶ **2B** I recettori per gli ormoni idrosolubili sono collocati *all'esterno* delle cellule bersaglio e sono parte integrante della loro membrana plasmatica. Gli ormoni idrosolubili non sono difatti in grado di diffondere attraverso il doppio strato fosfolipidico e si fermano al suo esterno. Nel momento in cui si lega al recettore di membrana, l'ormone agisce da **primo messaggero**, che, dalla superficie, trasmette l'informazione a un **secondo messaggero**, situato all'interno della cellula. Il secondo messaggero è rappresentato in genere dall'*AMP ciclico* (*cAMP*), una molecola sintetizzata a partire dall'ATP. L'AMP ciclico è in grado di attivare diverse proteine enzimatiche, che a loro volta modificano l'attività cellulare in modo da scatenare l'effetto dell'ormone.

Attraverso la loro diversa azione, gli ormoni svolgono molte importanti funzioni fisiologiche:

- determinano l'accrescimento e lo sviluppo;
- mantengono il metabolismo e il bilancio energetico;
- regolano le funzioni legate alla riproduzione;
- controllano la contrazione delle fibre muscolari involontarie.

DOMANDE CHIAVE

1. Come si chiamano le cellule sulle quali agiscono gli ormoni?
2. Nel meccanismo d'azione di quali ormoni si forma il complesso ormone-recettore?
3. Dov'è collocato il recettore per gli ormoni idrosolubili?

2 TESTO-IMMAGINE **Il meccanismo d'azione degli ormoni**

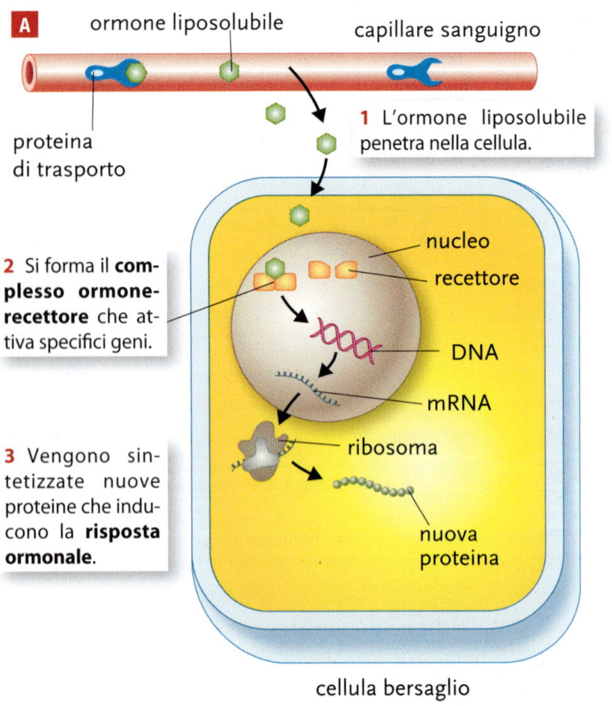

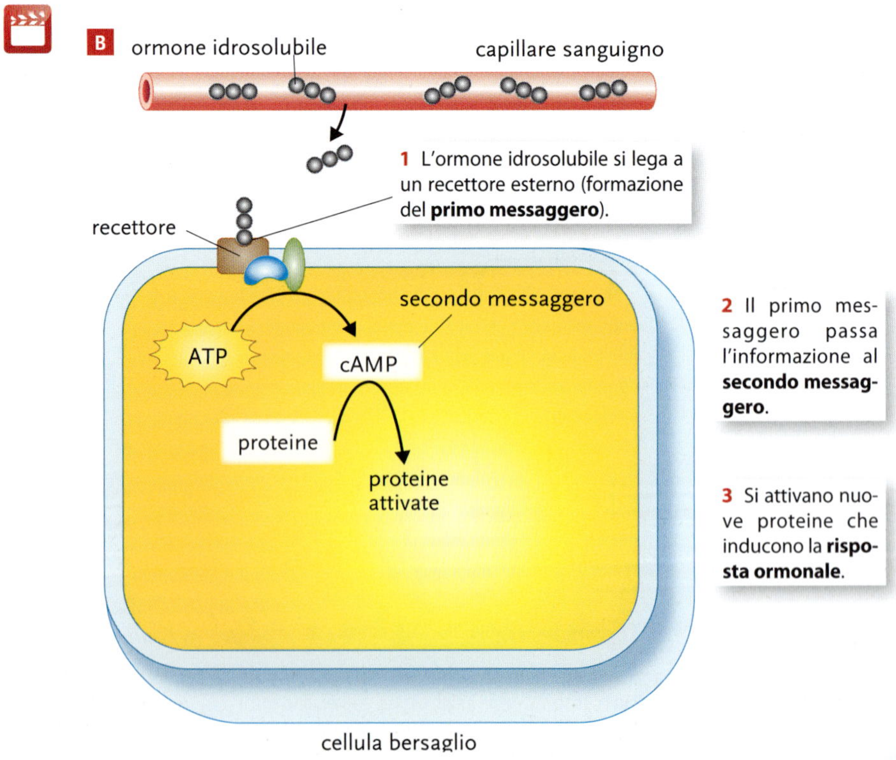

Ipotalamo, ipofisi ed epifisi

BioParole

Ipotalamo
dal greco *hypó*, «sotto» e *thálamos*, «centro della casa»
Hypothalamus

Ipofisi
dal greco *hypophýein*, «crescere sotto»
Hypophysis o Pituitary gland

1 L'ipotalamo

L'**ipotalamo** è un importantissimo centro di controllo dell'organismo: questa piccola struttura collocata fra i due emisferi cerebrali rappresenta infatti la principale connessione tra il sistema endocrino e il sistema nervoso. L'ipotalamo riceve informazioni sulle condizioni interne ed esterne del corpo e risponde attraverso l'invio di ormoni e impulsi nervosi (vedi Unità C8). I neuroni ipotalamici sono definiti **neuroni secretori**, in quanto sono in grado di secernere ormoni.

L'ipotalamo è costituito da diversi *nuclei*. Due di questi nuclei collegano direttamente l'ipotalamo all'ipofisi, tramite neuroni che terminano nella *neuroipofisi* (*lobo posteriore dell'ipofisi*), formando con i loro assoni il cosiddetto *asse ipotalamo-ipofisario* ▶ 1A. I neuroni presenti in questi nuclei producono due ormoni, l'**ossitocina**, che stimola la contrazione della muscolatura liscia (soprattutto durante il parto e l'allattamento), e la **vasopressina**, o **ormone antidiuretico** (ADH), che regola l'equilibrio idrico. Questi due ormoni, attraverso gli stessi assoni dei neuroni secretori, vengono trasportati alla neuroipofisi e lì accumulati fino a quando non si presenta lo stimolo adeguato per il rilascio.

Altri nove nuclei ipotalamici producono ormoni che vengono riversati nei capillari alla base dell'ipotalamo. Questi ormoni esercitano un controllo sull'*adenoipofisi* (*lobo anteriore dell'ipofisi*). Si tratta dei cosiddetti **fattori di rilascio** (**RH**) e **fattori di inibizione** (**IH**), che regolano la produzione dei corrispondenti ormoni ipofisari, i quali a loro volta controllano l'attività secretoria di molti organi bersaglio ▶ 1B. Il rilascio dei fattori RH è controllato da un sistema di regolazione a feedback negativo: una diminuzione della concentrazione ematica degli ormoni secreti dagli organi bersaglio fa aumentare il rilascio dei fattori RH; al contrario, un loro aumento provoca una diminuzione del rilascio degli stessi fattori. In maniera analoga avviene la regolazione dei fattori IH.

2 L'ipofisi anteriore o adenoipofisi

I messaggi provenienti dall'ipotalamo agiscono direttamente sulla sottostante **ghiandola pituitaria** o **ipofisi**, che si trova alla base del cranio. Benché piccolissima,

1 I rapporti fra gli ormoni ipotalamici e ipofisari

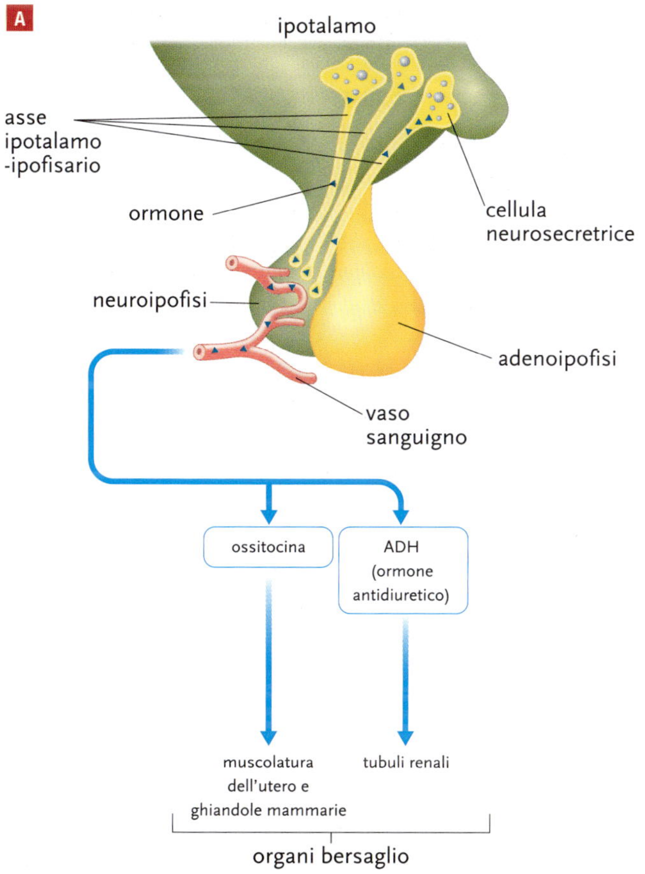

Neuroipofisi La neuroipofisi è raggiunta direttamente dagli assoni dei neuroni ipotalamici che producono l'ossitocina e la vasopressina, e riversano qui il loro secreto; sarà la neuroipofisi a rilasciarli nel sangue al momento opportuno.

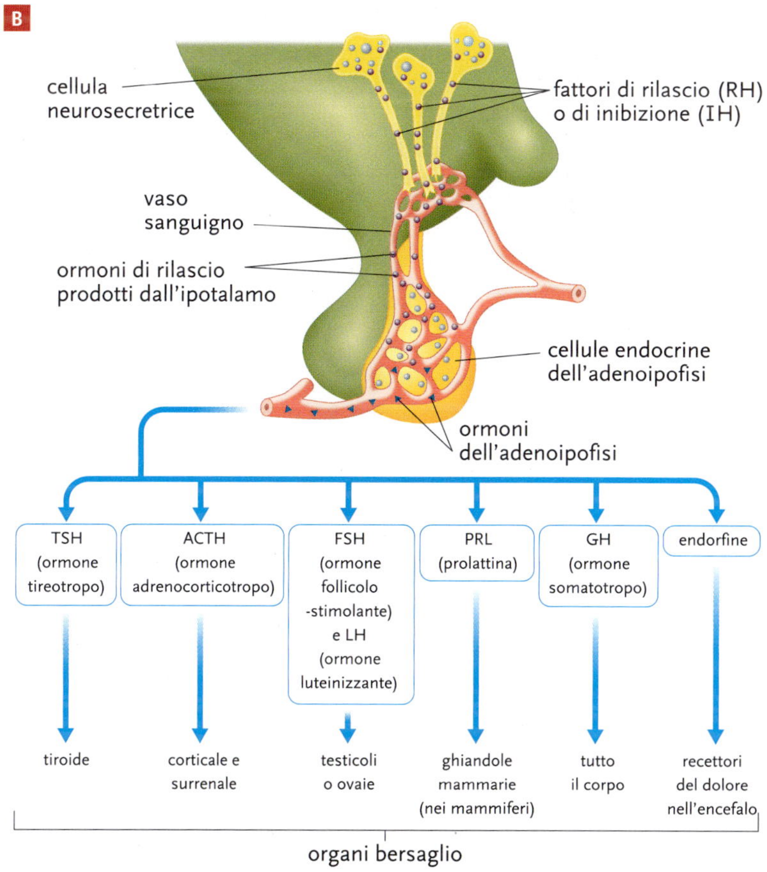

Adenoipofisi I fattori di rilascio e di inibizione ipotalamici regolano la produzione degli ormoni dell'adenoiposifi, che a loro volta controllano la secrezione di molti ormoni da parte di vari organi bersaglio.

è considerata la più importante ghiandola del sistema endocrino e rilascia ormoni che agiscono su numerosi tessuti e controllano molte altre ghiandole. La produzione di ormoni ipofisari può essere influenzata da fattori come le nostre emozioni o i cambiamenti stagionali. L'ipofisi è suddivisa in due parti: l'*adenoipofisi* e la *neuroipofisi* ▶ **Tabella 1**. L'adenoipofisi ▶ **1B** forma il lobo anteriore dell'ipofisi e produce diversi tipi di ormoni. Alcuni agiscono influenzando direttamente l'attività di organi bersaglio, altri regolano la secrezione di differenti ghiandole. Per la loro azione regolativa, gli ormoni di questo secondo tipo sono detti **ormoni trofici** o **tropine**. L'adenoipofisi è a sua volta controllata dall'ipotalamo attraverso i fattori di rilascio e di inibizione.
Gli ormoni dell'adenoipofisi che esplicano un'azione diretta agendo su organi bersaglio sono principalmente tre: l'**ormone della crescita**, la **prolattina** e le **endorfine**.

L'ORMONE DELLA CRESCITA O ORMONE SOMATOTROPO (GH) Stimola la crescita delle ossa, favorendo la formazione del tessuto osseo e di quello cartilagineo; negli individui giovani determina lo sviluppo di tutte le parti del corpo ▶ **2A**, mentre nell'adulto, dove la produzione generalmente cala, è coinvolto nella cicatrizzazione delle ferite e nella riparazione dei tessuti. L'effetto di quest'ormone si esprime attraverso diverse azioni dirette e indirette, quali l'incremento della sintesi proteica e della produzione di ATP, che si verifica grazie alla degradazione dei trigliceridi e del glicogeno nel fegato. Il GH è controllato a sua volta da due ormoni ipotalamici: il *fattore di rilascio del GH* (**GH-RH**), che ne promuove la secrezione, e il *fattore di inibizione del GH* (**GH-IH**) o **somatostatina**, che la inibisce. Entrambi questi ormoni sono regolati principalmente dal livello di glucosio nel sangue.

LA PROLATTINA (PRL) Attiva la produzione del latte materno da parte delle ghiandole mammarie durante tutto il periodo dell'allattamento ▶ **2B**. Nel maschio sembrerebbe svolgere una funzione regolatrice sull'attività secretoria dei testicoli. Nella donna la produzione da parte dell'ipotalamo dell'*ormone inibitore della prolattina* (**PIH**) ne sopprime il rilascio per la maggior parte del ciclo vitale; dopo il parto, invece, l'aumento degli estrogeni stimola la secrezione, sempre da parte dell'ipotalamo, dell'*ormone rilasciante la prolattina* (**PRH**), che determina la produzione del latte nella mammella. Per

Tabella 1 **Ormoni ipofisari e loro azioni sugli organi bersaglio**

ORMONI ADENOIPOFISARI (LOBO ANTERIORE)	
Ormone	**Azione sull'organo bersaglio**
GH (ormone della crescita o ormone somatotropo)	Stimola il fegato, i muscoli, la cartilagine, le ossa e altri tessuti a secernere particolari fattori di crescita, che promuovono lo sviluppo cellulare, la sintesi proteica, la riparazione dei tessuti, la degradazione dei trigliceridi e l'innalzamento del livello ematico di glucosio.
TSH (ormone tireotropo)	Stimola la sintesi e la secrezione degli ormoni tiroidei da parte della tiroide.
FSH (ormone follicolo-stimolante)	Nelle femmine avvia lo sviluppo degli ovociti e induce la secrezione di estrogeni da parte delle ovaie. Nei maschi stimola i testicoli a produrre spermatozoi.
LH (ormone luteinizzante)	Nelle femmine stimola la secrezione di estrogeni e progesterone, l'ovulazione e la formazione del corpo luteo. Nei maschi stimola i testicoli a produrre testosterone.
PRL (prolattina)	Nelle femmine stimola la produzione di latte dalle ghiandole mammarie.
ACTH (ormone adrenocorticotropo)	Stimola la secrezione di glicocorticoidi da parte della corticale surrenale.

ORMONI NEUROIPOFISARI (LOBO POSTERIORE)	
Ormone	**Azioni**
ossitocina	Stimola la contrazione delle cellule della muscolatura liscia dell'utero durante il parto. Stimola la produzione e l'emissione di latte dalle ghiandole mammarie.
ADH (ormone antidiuretico o vasopressina)	Trattiene l'acqua nell'organismo diminuendo l'emissione di urina. Diminuisce la perdita di acqua attraverso il sudore. Aumenta la pressione del sangue restringendo le arteriole.

2 **Esempi di ormoni adenoipofisari**

A L'ormone della crescita è coinvolto nello sviluppo e nella riparazione dei tessuti.

B La prolattina viene secreta durante l'allattamento.

tutto il periodo dell'allattamento, lo stimolo della suzione al capezzolo da parte del bambino inibisce l'ipotalamo a produrre il PIH e lo stimola nella produzione del PRH. È per questo motivo che la produzione di latte cala se il bambino non è attaccato al seno, mentre aumenta, ad esempio, se una donna deve allattare due gemelli.

LE ENDORFINE Sono sostanze che si legano a specifici recettori presenti nell'encefalo, riducendo le sensazioni del dolore. Il loro effetto è simile a quello della morfina e per questa loro azione caratteristica sono considerate «antidolorifici naturali». Le endorfine sono prodotte in gran quantità durante le attività fisiche particolarmente intense o in situazioni che provocano forti emozioni.

LE TROPINE Gli ormoni adenoipofisari che svolgono la loro funzione regolativa sull'attività di altre ghiandole sono quattro:

- l'**ormone tireotropo** (**TSH**), che stimola la ghiandola tiroide a produrre i suoi ormoni;
- l'**ormone adrenocorticotropo** (**ACTH**), che stimola le ghiandole surrenali a secernere specifici ormoni;
- l'**ormone follicolo-stimolante** (**FSH**) e l'**ormone luteinizzante** (**LH**), che agiscono sulle gonadi e nel corso dell'età fertile hanno un ruolo importante nel processo di ovulazione delle donne, nella maturazione degli spermatozoi e nella produzione di testosterone negli uomini. Essendo il ciclo di produzione di questi ormoni strettamente collegato al fenomeno della riproduzione, entrambi saranno oggetto di maggior approfondimento nell'Unità C9.

La regolazione della secrezione delle tropine avviene attraverso un doppio meccanismo a feedback che coinvolge sia l'organo bersaglio sia l'ipotalamo. Il meccanismo base può essere così schematizzato: l'ipotalamo produce un fattore di rilascio che stimola l'adenoipofisi a secernere una certa tropina. La tropina agisce sull'organo bersaglio che secerne il suo ormone. Quando i livelli ematici di questo ormone aumentano, vengono inibite sia la secrezione della tropina a livello dell'adenoipofisi sia la secrezione del fattore di rilascio a livello dell'ipotalamo ▶ 3. Questo schema di regolazione è complicato dal fatto che l'ipotalamo è condizionato da numerosi parametri ambientali, che affinano ulteriormente il meccanismo di controllo in base alle condizioni esterne.

3 L'ipofisi posteriore o neuroipofisi

La neuroipofisi, che forma il lobo posteriore dell'ipofisi, è costituita da tessuto nervoso ed è di fatto un prolungamento dell'ipotalamo. Questa ghiandola accumula e rilascia, nelle situazioni opportune, due ormoni ipotalamici: l'**ormone antidiuretico** e l'**ossitocina**.

L'ORMONE ANTIDIURETICO (ADH) O VASOPRESSINA Regola il volume di urina inducendo i reni a trattenere più acqua. Agisce inoltre sulle ghiandole sudoripare riducendo la perdita di acqua attraverso la sudorazione ▶ 4. Infine, come indicato dal suo altro nome (vasopressina), provoca la costrizione delle arteriole, aumentando la pressione sanguigna. La pressione osmotica e il volume di sangue influenzano la quantità di vasopressina rilasciata dalla neuroipofisi. In condizioni di disidratazione, ad esempio, aumenta la secrezione di vasopressina affinché l'organismo trattenga più liquidi, producendo meno urina e meno sudore. Molti fattori possono condizionare la secrezione di ADH: il dolore, lo stress, l'ansia, la nicotina, alcune droghe ne stimolano la produzione; l'alcol, al contrario, la inibisce, aumentando il volume di urina prodotto e la sensazione di sete.

3 TESTO-IMMAGINE

Schema generale del meccanismo di regolazione a feedback negativo delle tropine

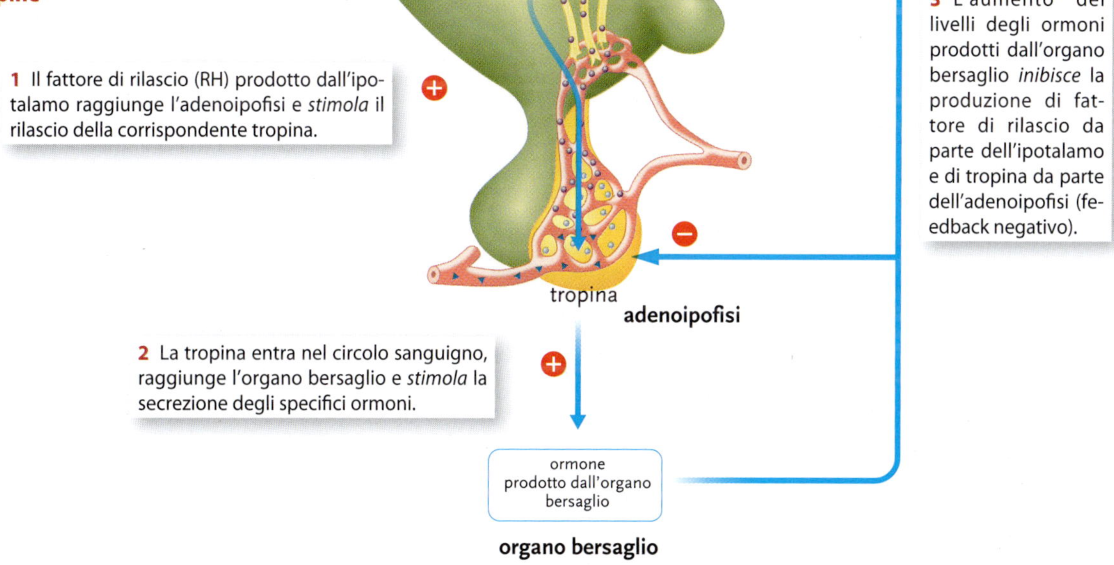

L'OSSITOCINA Svolge diverse azioni nelle donne, principalmente durante il parto e nel successivo periodo di allattamento. I suoi organi bersaglio sono la parete uterina e la mammella. Stimola la contrazione della muscolatura liscia dell'utero nel corso del parto e favorisce la spremitura della ghiandola mammaria durante l'allattamento. Come la produzione, anche l'emissione del latte è stimolata attivamente dal bambino con il comportamento di suzione. Insieme, prolattina e ossitocina regolano dunque un unico processo, noto come *lattazione*: la prolattina stimola la produzione del latte, l'ossitocina ne induce la spremitura. Nelle donne non in allattamento e nei maschi, si pensa che l'ossitocina possa favorire l'attitudine alle cure parentali nei confronti della prole.

4 L'epifisi

L'**epifisi**, o **ghiandola pineale**, si trova all'interno dell'encefalo ed è stimolata dai nervi dell'occhio. Di notte secerne l'ormone **melatonina**, detto per questo motivo «ormone del buio». La melatonina induce il sonno ▶ 5 e, in un determinato periodo della vita, influenza la funzione riproduttiva, in quanto inibisce l'attività delle gonadi nella fase che precede l'adolescenza. La melatonina ha inoltre la capacità di stimolare il sistema immunitario.

Poiché il rilascio di melatonina dipende dalla quantità di luce a cui l'organismo è esposto, si dice che la sua produzione segue un *ritmo circadiano*, ossia un ciclo di circa 24 ore. I problemi stagionali dell'organismo sono spesso dovuti a troppa produzione di melatonina in inverno, quando le giornate sono più brevi: ciò causa sonnolenza e depressione, stanchezza e aumento di peso (una vera e propria sindrome, definita «disturbo affettivo stagionale»). L'esposizione alla luce intensa (terapia della luce) elimina questi disturbi, poiché viene inibita la secrezione di melatonina.

Osserva e RISPONDI

Che cosa rappresenta la figura? Perché l'ipofisi viene considerata una ghiandola con duplice natura?

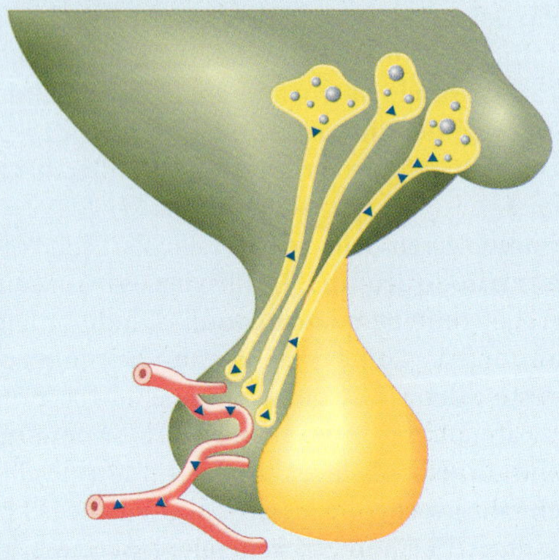

DOMANDE CHIAVE

1. Su quale ghiandola agiscono i fattori di rilascio e di inibizione ipotalamici?
2. Quale ormone è coinvolto nel controllo dell'equilibrio idrico?
3. Quale ormone è secreto dall'epifisi?

BioParole

Epifisi
dal greco *epiphýein*, «crescere sopra»
Epiphysis o Pineal gland

Melatonina
dal greco *mélas*, «nero» e *tónos*, «tensione»
Melatonin

4 L'ormone antidiuretico

L'ormone antidiuretico, coinvolto nel mantenimento dell'equilibrio idrico, è uno dei due ormoni rilasciati dalla neuroipofisi.

5 La melatonina

La melatonina svolge un ruolo fondamentale nel meccanismo di regolazione del sonno.

Tiroide e paratiroidi

BioParole

Tiroide
dal greco *thyreoeidés*, «a forma di scudo»
Thyroid

1 La tiroide

La ghiandola **tiroide** si trova nella parte anteriore del collo e presenta una tipica forma a farfalla. È composta da due lobi, collocati a destra e a sinistra della trachea. A livello dei tessuti si possono osservare piccoli sacchi, detti **follicoli tiroidei**, delimitati dalle *cellule follicolari*; tra i vari sacchi si trovano anche altre cellule meno numerose definite *cellule parafollicolari*. Le cellule follicolari e parafollicolari producono differenti tipi di ormoni ▶ 1.

Gli ormoni secreti dalle cellule follicolari sono la **tiroxina** e la **triiodotironina**. La tiroxina è chiamata anche $\mathbf{T_4}$, perché contiene quattro atomi di iodio, mentre la triiodotironina – come dice il nome – ne contiene tre, e per questo è detta $\mathbf{T_3}$. Complessivamente T_3 e T_4 vengono indicati come **ormoni tiroidei**. Gli ormoni tiroidei regolano il metabolismo: più alto è il loro livello, più velocemente avvengono le reazioni chimiche nel nostro corpo. Questi ormoni, in generale, tendono a far aumentare il consumo di ossigeno e agiscono sulla pressione sanguigna, sul battito cardiaco, sulla temperatura corporea e influenzano il peso. Il loro vasto raggio d'azione è reso possibile dal fatto che la maggior parte delle cellule del nostro corpo presenta recettori per T_3 e T_4. Oltre al ruolo primario nella regolazione del metabolismo «basale» (ovvero da svegli, a riposo e a digiuno), gli ormoni tiroidei concorrono, insieme all'ormone della crescita e all'insulina, a stimolare la crescita e lo sviluppo del corpo.

La secrezione degli ormoni tiroidei è regolata da un ormone ipotalamico, il *fattore di rilascio della tireotropina* (**TRH**), e da un ormone adenoipofisario, l'**ormone tireotropo** (**TSH**), secondo il meccanismo di regolazione a feedback negativo tipico di questi ormoni ▶ 2. Ovvero, l'ipotalamo secerne il fattore di rilascio della tireotropina che stimola l'adenoipofisi a rilasciare l'ormone tireotropo. Questo agisce sulla tiroide stimolando la secrezione di tiroxina e triiodotironina. L'aumento della concentrazione dei due ormoni tiroidei inibisce l'ipotalamo, che quindi non produce più il fattore di rilascio che stimolerebbe l'ipofisi a secernere l'ormone tireotropo, ristabilendo il normale livello degli ormoni tiroidei.

Le cellule parafollicolari producono invece la **calcitonina** (**CT**), che rallenta il rilascio di calcio (Ca^{2+}) dalle ossa e fa abbassare la sua concentrazione nel sangue. Insieme all'ormone prodotto dalla paratiroide è responsabile dell'omeostasi del calcio.

1 Collocazione e struttura della ghiandola tiroide e delle ghiandole paratiroidi

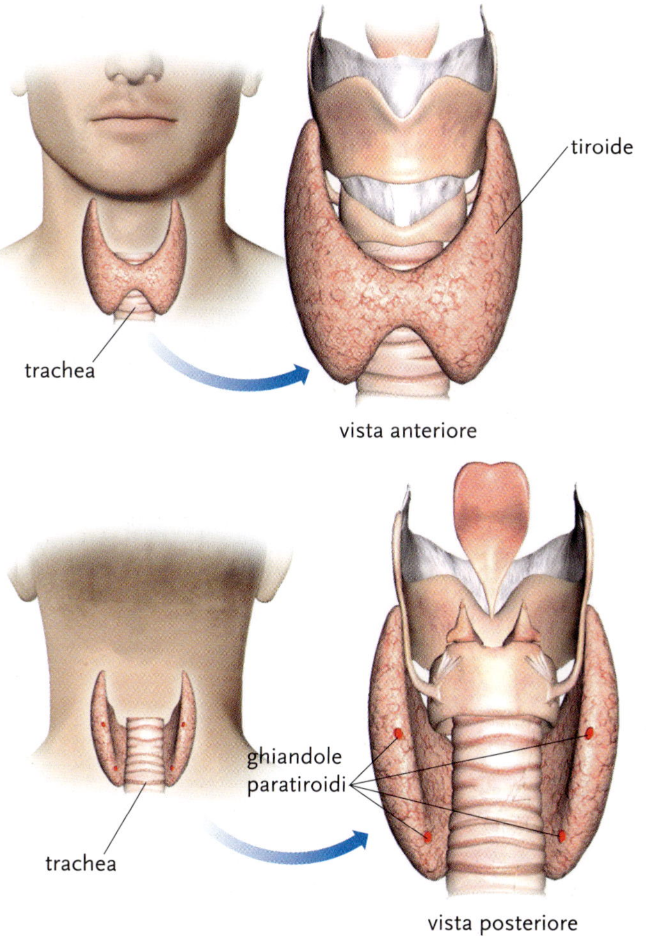

2 Meccanismo di regolazione a feedback negativo degli ormoni tiroidei

TESTO-IMMAGINE

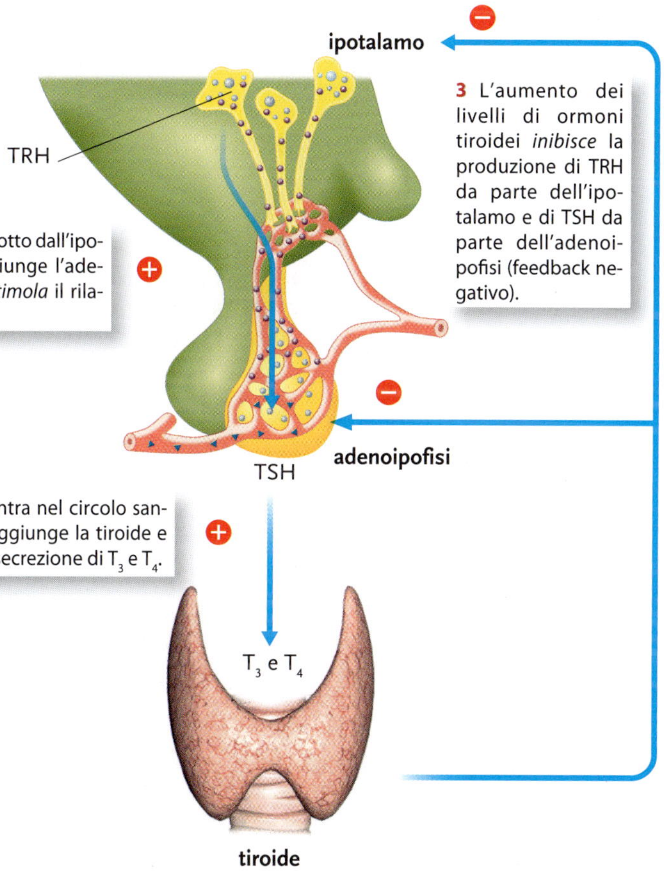

1 Il TRH prodotto dall'ipotalamo raggiunge l'adenoipofisi e *stimola* il rilascio di TSH.

2 Il TSH entra nel circolo sanguigno, raggiunge la tiroide e *stimola* la secrezione di T_3 e T_4.

3 L'aumento dei livelli di ormoni tiroidei *inibisce* la produzione di TRH da parte dell'ipotalamo e di TSH da parte dell'adenoipofisi (feedback negativo).

2 Le paratiroidi

Vicino alla tiroide sono presenti quattro piccole ghiandole, le **paratiroidi**. Si tratta di quattro piccole masse tondeggianti addossate alla superficie posteriore della tiroide ▶ 1. Le cellule paratiroidee rilasciano l'**ormone paratiroideo** o **paratormone** (**PTH**), che aiuta la calcitonina a controllare la concentrazione del calcio nel sangue (**calcemia**). È lo stesso livello ematico del calcio a regolare con un meccanismo a feedback negativo la secrezione di calcitonina e dell'ormone paratiroideo. I due ormoni hanno un effetto opposto sui livelli del calcio, agiscono cioè come *antagonisti*: la calcitonina ha un'azione di tipo *ipocalcemizzante*, cioè abbassa la concentrazione ematica del calcio, mentre l'ormone paratiroideo è *ipercalcemizzante*, dunque la aumenta. Entrambi gli ormoni svolgono la loro funzione intervenendo principalmente sull'attività di alcune cellule ossee: gli osteoclasti e gli osteoblasti (vedi Unità C2). In particolare, la calcitonina inibisce l'azione degli osteoclasti, le cellule che degradano l'osso, mentre stimola l'attività degli osteoblasti, le cellule che lo costruiscono utilizzando il calcio prelevato dal sangue: come conseguenza, sotto l'azione di questo ormone cala la concentrazione ematica del calcio. Al contrario, il paratormone stimola l'attività degli osteoclasti e inibisce quella degli osteoblasti, inducendo l'effetto opposto: l'aumento della calcemia ▶ 3. Questi due ormoni esplicano inoltre la loro azione anche sull'attività di riassorbimento del calcio a livello del tubulo renale, modificando la quantità di calcio eliminata dai reni (vedi Unità C5). In particolare, la calcitonina ottiene il suo effetto ipocalcemizzante aumentando la perdita di calcio attraverso l'urina, mentre il paratormone agisce da ipercalcemizzante stimolando il rene a riassorbire il calcio. Grazie all'azione integrata di calcitonina e paratormone, il livello del calcio nel sangue si mantiene intorno al valore omeostatico di 10 mg / 100 ml.

Un ruolo importante nella regolazione della calcemia è svolto infine dalla **vitamina D**. Questa vitamina, una volta trasformata nella sua forma attiva, il **calcitriolo**, agisce come un vero e proprio ormone, agendo sinergicamente all'ormone paratiroideo. La vitamina D viene sintetizzata nella pelle quando c'è una sufficiente esposizione alla luce solare; una volta passata in circolo può raggiungere tutte le cellule e agire da ormone.

La tiroide ha bisogno di **iodio** per produrre i suoi ormoni. Gli organismi marini, che tendono ad accumulare lo iodio presente nell'acqua, rappresentano il cibo ideale per rifornirci di iodio. La mancanza di questa sostanza nella dieta provoca l'ingrossamento della ghiandola (gozzo) che inutilmente è stimolata a produrre l'ormone.

DOMANDE CHIAVE

1. Quali ormoni vengono indicati con le sigle T_3 e T_4?
2. Dove sono collocate le ghiandole paratiroidi?
3. Da quali ormoni è controllato il livello ematico del calcio?

Osserva e COMPLETA

Scrivi i termini mancanti al posto dei puntini e inserisci nei cerchi vuoti un segno + o un segno – per indicare rispettivamente lo stimolo o l'inibizione. Come si chiama questo tipo di regolazione?

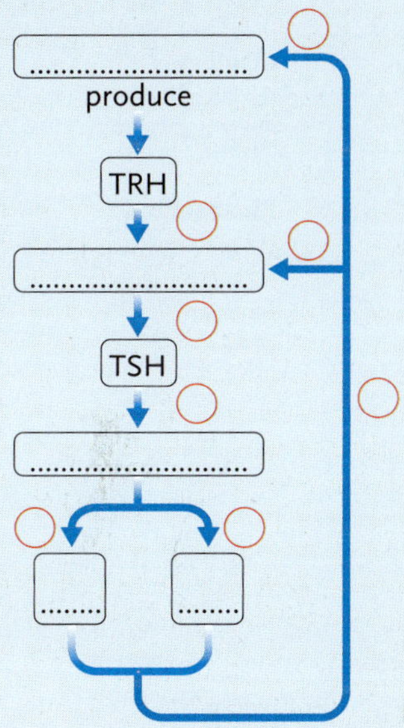

3 TESTO-IMMAGINE Meccanismo di controllo della calcemia

Per semplicità, nello schema è stato inserito solo l'effetto della calcitonina e dell'ormone paratiroideo sull'attività delle cellule ossee, sebbene entrambi regolino il livello della calcemia anche attraverso la loro azione sui reni.

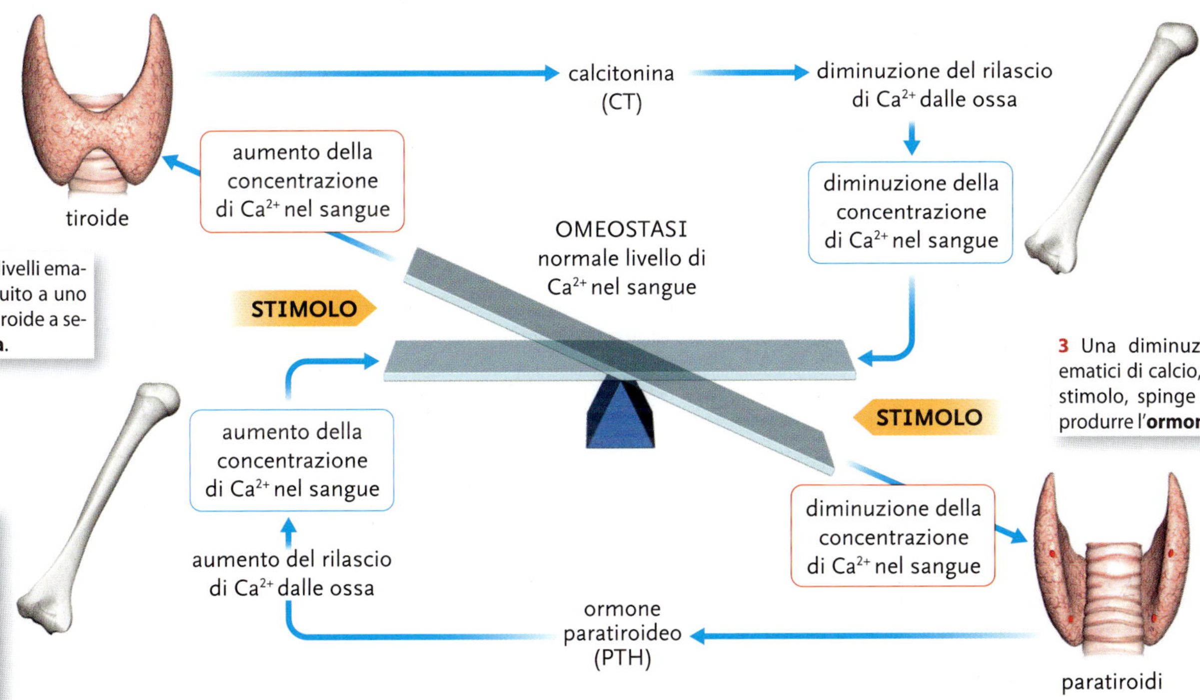

1 Un aumento dei livelli ematici di calcio, in seguito a uno stimolo, induce la tiroide a secernere **calcitonina**.

2 La calcitonina rallenta il rilascio di Ca^{2+} dalle ossa e, come conseguenza, la concentrazione di Ca^{2+} nel sangue diminuisce, riportando la calcemia al suo livello omeostatico.

3 Una diminuzione dei livelli ematici di calcio, causata da uno stimolo, spinge le paratiroidi a produrre l'**ormone paratiroideo**.

4 L'ormone paratiroideo accelera il rilascio di Ca^{2+} dalle ossa e, pertanto, il suo livello ematico aumenta, ristabilendo i normali valori di calcemia.

Pancreas, surrenali e gonadi

BioParole

Pancreas
dal greco *pan*, «tutto», e *kréas*, «carne»
Pancreas

Insulina
dal latino *insula*, «isola»
Insulin

Glucagone
dal greco *glykús*, «dolce» e dal latino *agere*, «spingere»
Glucagon

1 Pancreas

Il **pancreas** è un organo di forma allungata situato in un'ansa dell'intestino tenue. Oltre a essere un organo del sistema digestivo, dove svolge una funzione esocrina (vedi Unità C3), agisce anche da ghiandola endocrina. Alcuni gruppi di cellule pancreatiche, raggruppate a formare le cosiddette **isole di Langerhans**, secernono l'**insulina** e il **glucagone**, due ormoni molto importanti per mantenere un giusto equilibrio di glucosio nel sangue (**glicemia**). Come gli ormoni coinvolti nel controllo della calcemia, anche questi due ormoni funzionano da *antagonisti*. Il glucagone ha un effetto *iperglicemizzante*, aumenta cioè il livello di zucchero nel sangue, inducendo il fegato a degradare il glicogeno e a rilasciarlo sotto forma di glucosio. L'insulina, al contrario, svolge una funzione *ipoglicemizzante*, stimolando il fegato ad accumulare glicogeno per eliminare l'eccesso di glucosio dal circolo sanguigno. Anche in questo caso la regolazione omeostatica si basa sui tipici meccanismi di feedback negativo ▶ 1. Grazie all'azione integrata di insulina e glucagone, il livello ematico di glucosio si mantiene intorno al valore omeostatico di 90 mg / 100 ml.
La dieta può avere un notevole effetto sulla glicemia: un pasto ricco la aumenta, il digiuno e l'attività fisica la diminuiscono. Sulla regolazione della secrezione dell'insulina e del glucagone agisce infine, in maniera diretta, il sistema nervoso autonomo; in particolare, il sistema parasimpatico stimola la produzione di insulina (ad esempio durante la digestione), mentre il sistema simpatico favorisce il rilascio di glucagone (come avviene nel corso un'intensa attività fisica).
Quando il pancreas non riesce a produrre insulina a sufficienza, si ha il **diabete di tipo I**, una malattia autoimmune. Il sistema immunitario distrugge le cellule del pancreas deputate alla produzione di insulina, determinando l'insorgenza del diabete. Per controllare il livello degli zuccheri nel sangue, le persone affette da diabete di tipo I devono sottoporsi a frequenti iniezioni di insulina. Nel **diabete di tipo II**, invece, il corpo non risponde correttamente all'insulina presente nel sangue. Le persone affette da questa patologia tendono a essere sovrappeso. Nel caso del diabete di tipo II il livello di zucchero nel sangue si può controllare con cambiamenti nella dieta, esercizio fisico e farmaci specifici.

2 Le ghiandole surrenali

Le **ghiandole surrenali** sono situate sulla parte superiore dei reni. In esse si distinguono due regioni: una più interna, definita *midollare*, e una più esterna, definita *corticale*.

GLI ORMONI DELLA REGIONE MIDOLLARE La midollare surrenale è formata da cellule del sistema nervoso autonomo in grado di secernere ormoni definiti *catecolammine*, come l'**adrenalina** (o *epinefrina*) e la **noradrenalina** (o *norepinefrina*). Questi ormoni sono responsabili delle risposte rapide, in situazioni di stress, che provocano ad esempio paura o rabbia ▶ 2. Le catecolammine determinano un aumento della pressione sanguigna e del battito

1 Meccanismo di controllo della glicemia

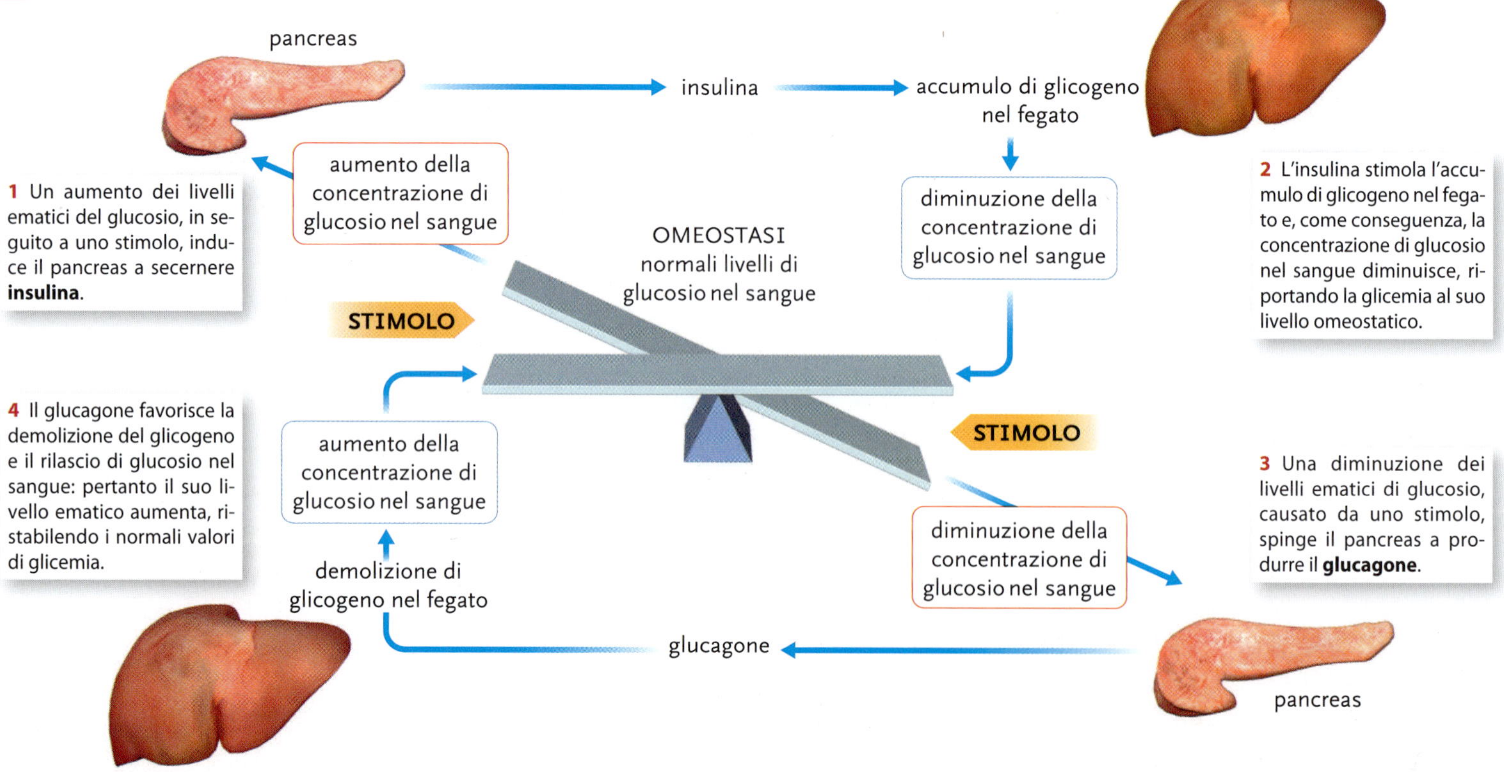

cardiaco, accelerano il ritmo respiratorio e innalzano il livello di glucosio nel sangue: tutte condizioni che preparano il corpo all'azione. L'adrenalina inoltre aumenta l'afflusso di sangue all'encefalo, determinando un maggior stato di attenzione e una migliore capacità nell'elaborazione della risposta. L'azione di questi ormoni affianca e sostiene l'attività del sistema nervoso simpatico (vedi Unità C8) ed è regolata da impulsi provenienti dall'ipotalamo.

GLI ORMONI DELLA REGIONE CORTICALE La corticale surrenale produce tre tipi di ormoni.

- I *mineralcorticoidi*, come l'**aldosterone**, che influenzano l'omeostasi dei sali minerali. In particolare, l'aldosterone regola la concentrazione di due ioni fondamentali, il sodio (Na^+) e il potassio (K^+), stimolando il riassorbimento del primo e l'eliminazione del secondo a livello dei reni.
- I *glicocorticoidi*, come il **cortisolo**, coinvolti nel metabolismo di proteine, zuccheri e grassi, nonché nella risposta immunitaria (il *cortisone*, infatti, è un farmaco con azione simile al cortisolo utilizzato nel trattamento di infiammazioni e allergie). La secrezione del cortisolo e di altri glicocorticoidi è regolata, tramite il classico meccanismo a feedback negativo, da un fattore ipotalamico, l'*ormone rilasciante la corticotropina* (**CRH**), e dall'**ormone adrenocorticotropo** (**ACTH**), secreto dalla neuroipofisi. Il cortisolo viene spesso definito «ormone dello stress», perché la sua produzione aumenta in condizioni di stress psicofisico severo. Con la sua azione, quest'ormone tende a inibire le funzioni corporee non indispensabili nel breve periodo, garantendo il massimo sostegno agli organi vitali.
- Gli *androgeni*, che svolgono un'azione mascolinizzante. Fino alla pubertà questi ormoni sono secreti, in piccola quantità, sia nei maschi sia nelle femmine, contribuendo all'accelerazione della crescita tipica dell'adolescenza e alla comparsa dei peli sotto le ascelle e sul pube. Nei maschi adulti la produzione di androgeni aumenta, a causa della secrezione di questi ormoni anche da parte dei testicoli. Nelle donne invece, una volta in circolo, gli androgeni vengono convertiti in *estrogeni*, i principali ormoni sessuali femminili.

3 Le gonadi

Le **gonadi** sono le ghiandole responsabili della produzione degli *ormoni sessuali*.
Nella donna prendono il nome di **ovaie** e secernono gli ormoni femminili: **estrogeno** e **progesterone**. L'estrogeno entra in gioco nel periodo di pubertà della donna ed è responsabile in generale dello sviluppo delle caratteristiche femminili, come la crescita del seno o l'accumulo di adipe sui fianchi. Assieme al progesterone, influisce sul ciclo mestruale e sulla gravidanza (vedi Unità C9).
Le gonadi maschili sono i **testicoli** e sono responsabili della produzione di **testosterone**. Questo ormone regola i cambiamenti del corpo di un ragazzo durante la pubertà, con lo sviluppo degli organi sessuali, l'abbassamento di tono della voce e la crescita dei peli.

Osserva e INDAGA

La donna con baffi e barba folta (cioè una evidente *mascolinizzazione*) ritratta in questa vecchia fotografia ha un tumore (una proliferazione eccessiva di cellule) alla ghiandola surrenale. In che modo la malattia e l'aspetto di questa donna sono collegati fra loro?

2 Le ghiandole surrenali

Nelle risposte dell'organismo a situazioni di stress entrano in gioco sia le catecolammine sia il cortisolo.

DOMANDE CHIAVE

1. Qual è l'ormone antagonista dell'insulina?
2. Da quale ghiandola è prodotta l'adrenalina?
3. Quali sono gli ormoni sessuali secreti dalle ovaie?

BioSalute

Disfunzioni del sistema endocrino

L'eccessiva produzione di un ormone (**ipersecrezione**) o una produzione insufficiente (**iposecrezione**) può portare a disfunzioni del sistema endocrino. Un tipico esempio di *disfunzione dell'ipofisi* è rappresentato da un'iposecrezione dell'ormone della crescita. Questa disfunzione porta a una patologia nota come **nanismo ipofisario**, caratterizzata da un rallentamento dell'accrescimento osseo durante gli anni dello sviluppo. La crescita dell'individuo si arresta prima del raggiungimento della normale altezza e il corpo mantiene proporzioni infantili. Al contrario, l'ipersecrezione dell'ormone della crescita durante lo sviluppo determina il fenomeno del **gigantismo** ► **A**, una malattia contraddistinta da un anomalo allungamento delle ossa. Gli individui colpiti da gigantismo risultano molto più alti della media, anche se le proporzioni del corpo si mantengono pressoché normali.
Le *disfunzioni della tiroide* sono tra le patologie endocrine più comuni. L'**ipotiroidismo congenito**, ad esempio, è una malattia molto grave, che si manifesta fin dalla nascita. I soggetti colpiti presentano un forte ritardo mentale, che può essere in parte curato con la somministrazione di ormoni tiroidei per tutta la vita. L'**ipertiroidismo**, noto anche come *morbo di Graves*, si manifesta invece intorno ai 40 anni ed è più comune nelle donne che negli uomini. Si tratta di una malattia autoimmune, caratterizzata dalla produzione di anticorpi che stimolano la tiroide a crescere, causando la formazione del gozzo. Come abbiamo già visto, la formazione del gozzo compare anche in caso di mancanza di iodio, elemento necessario alla formazione degli ormoni tiroidei.

A

LE LEZIONI IN SINTESI

1 Gli ormoni degli animali

La stretta relazione tra sistema endocrino e sistema nervoso è evidente nella storia evolutiva degli animali: i primi ormoni sono infatti **neurormoni** (ormoni secreti dal sistema nervoso). Sebbene negli artropodi siano osservabili ghiandole endocrine indipendenti dal sistema nervoso, è solo nei vertebrati che si assiste a uno sviluppo massiccio del **sistema endocrino**. Gli ormoni sono coinvolti in molti aspetti del ciclo vitale dei vertebrati, come lo sviluppo e il ciclo riproduttivo.

2 Anatomia del sistema endocrino e meccanismo d'azione degli ormoni

Gli **ormoni** sono messaggeri chimici prodotti dalle ghiandole endocrine e riversati nel circolo sanguigno. Essi agiscono in piccole quantità e anche a distanza dal luogo di produzione. Il loro effetto si esplica solo su determinate **cellule bersaglio**, che presentano specifici **recettori proteici**. Il loro meccanismo d'azione prevede tre tappe: *ricezione del segnale*; *trasduzione*; *risposta*. Gli **ormoni liposolubili**, come gli ormoni steroidei, penetrano nella cellula e formano il *complesso ormone-recettore*, in grado di modificare direttamente l'attività genica. Gli **ormoni idrosolubili**, come l'insulina, non possono attraversare la membrana plasmatica e si legano a recettori esterni. Questo legame (*primo messaggero*) scatena l'azione dell'AMP ciclico (*secondo messaggero*) in grado di modificare il metabolismo cellulare.

3 Ipotalamo, ipofisi ed epifisi

L'**ipotalamo** è un importante centro di controllo che regola l'ipofisi attraverso i *fattori di rilascio* (RH) e *di inibizione* (IH), che agiscono sull'**adenoipofisi**, e gli ormoni **ossitocina** e **vasopressina** (ADH), che si accumulano e vengono rilasciati dalla neuroipofisi. L'adenoipofisi regola l'attività di molte altre ghiandole attraverso la secrezione di numerosi ormoni: l'**ormone della crescita** o **somatotropina** (GH); la **prolattina** (PRL); l'**ormone tireotropo** (TSH); l'**ormone adrenocorticotropo** (ACTH); le **endorfine**; l'**ormone follicolo-stimolante** (FSH) e l'**ormone luteinizzante** (LH). L'**epifisi** è una piccola ghiandola che produce un solo ormone, la **melatonina**.

4 Tiroide e paratiroidi

La **tiroide** produce gli *ormoni tiroidei*, **tiroxina** e **triiodotironina**, coinvolti nella regolazione del metabolismo «basale», nonché nella crescita e nello sviluppo del corpo, e la **calcitonina**, che, insieme all'ormone paratiroideo prodotto dalle **paratiroidi**, regola il livello del calcio nel sangue (*calcemia*).

5 Pancreas, surrenali e gonadi

La porzione endocrina del **pancreas** produce due ormoni, l'**insulina** e il **glucagone**, responsabili del mantenimento della concentrazione del glucosio nel sangue entro i normali livelli. Le **ghiandole surrenali** producono due gruppi di ormoni: le *catecolammine*, come l'**adrenalina** e la **noradrenalina**, e i *corticosteroidi*, come il **cortisolo** e l'**aldosterone**, ormoni coinvolti nella risposta dell'organismo alle situazioni di stress. Le **gonadi** producono gli *ormoni sessuali*: **estrogeno** e **progesterone** nelle femmine, **testosterone** nei maschi.

THE CHAPTER IN REVIEW

- **Hormones** are involved in many aspects of the animal life cycle, such as development and reproduction.
- Hormones, produced by **endocrine glands**, act on **target cells**, which have specific **protein receptors**.
- The **hypothalamus** is an important control centre that regulates the hypophysis (or pituitary gland) through *releasing* and *inhibitory factors* that affect the **adenohypophysis**, and through the hormones **oxytocin** and **vasopressin** (ADH), which accumulate and are released by the **neurohypophysis** (or posterior pituitary).
- The **adenohypophysis** regulates the activity of many glands, by secreting various hormones, such as **ACTH** and **FSH**.
- The **thyroid** produces **thyroidal hormones** and **calcitonin**, which combined with the hormone produced by the **parathyroid gland** regulates *calcaemia*.
- The **pancreas** produces two hormones, **insulin** and **glucagon**, which are responsible for the regulation of blood sugar (*glycaemia*).
- **Adrenal glands** produce various hormones, such as **adrenalin** and **cortisol**.
- **Gonads** produce **sexual hormones**.

Termini chiave *Key Terms*

Adenoipofisi *Adenohypophysis*
Adrenalina *Adrenalin*
Aldosterone *Aldosterone*
Calcitonina *Calcitonin*
Cellule bersaglio *Target cells*
Cortisolo *Cortisol*
Endorfine *Endorphins*
Epifisi *Pineal gland*
Estrogeno *Estrogen*
Ghiandole surrenali *Adrenal glands*
Glucagone *Glucagon*
Gonadi *Gonads*
Insulina *Insulin*
Ipotalamo *Hypothalamus*
Melatonina *Melatonin*
Neurormoni *Neurohormones*
Noradrenalina *Noradrenaline*
Ormone tireotropo *Thyroid-stimulating hormone*
Ormoni *Hormones*
Ossitocina *Oxytocin*
Paratiroidi *Parathyroid glands*
Progesterone *Progesterone*
Prolattina *Prolactin*
Recettori proteici *Protein receptors*
Sistema endocrino *Endocrine system*
Testosterone *Testosterone*
Tiroide *Thyroid*
Tiroxina *Thyroxine*

LE MAPPE DELL'UNITÀ

Competenza disciplinare Riconoscere e stabilire relazioni tra i concetti

Completa gli schemi

A

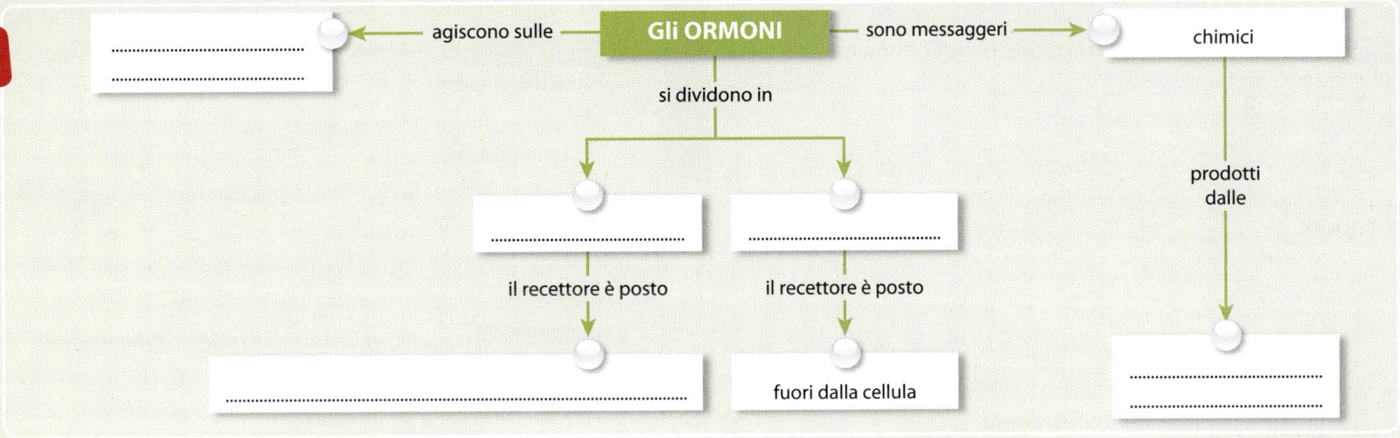

B

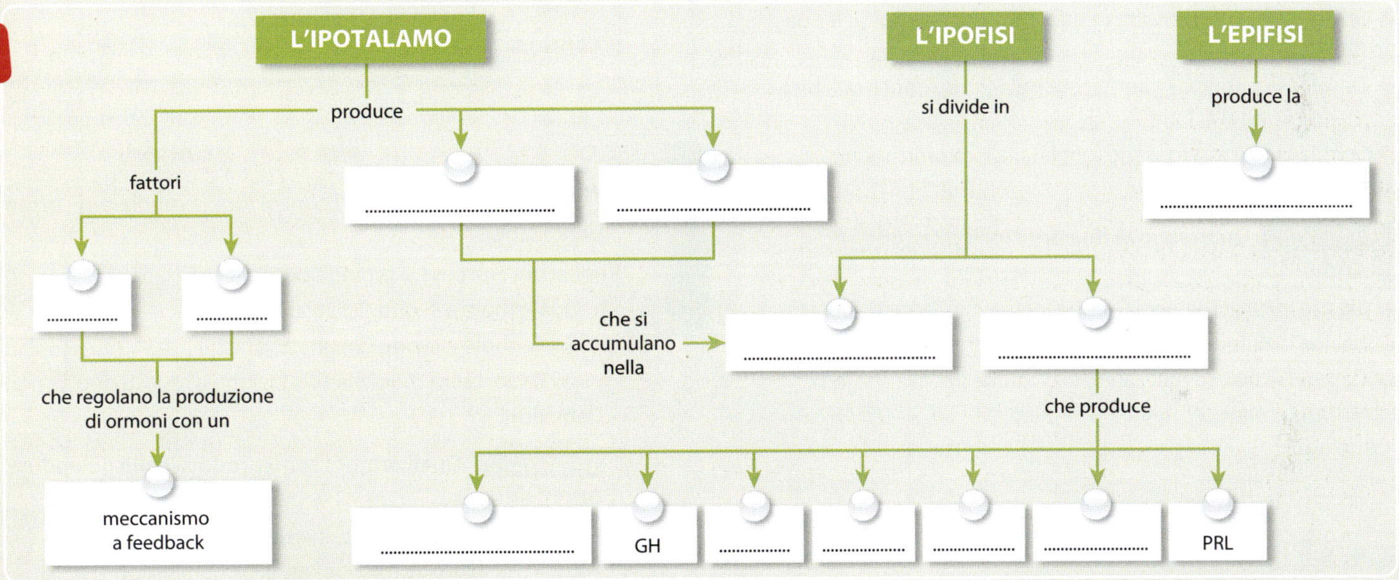

C

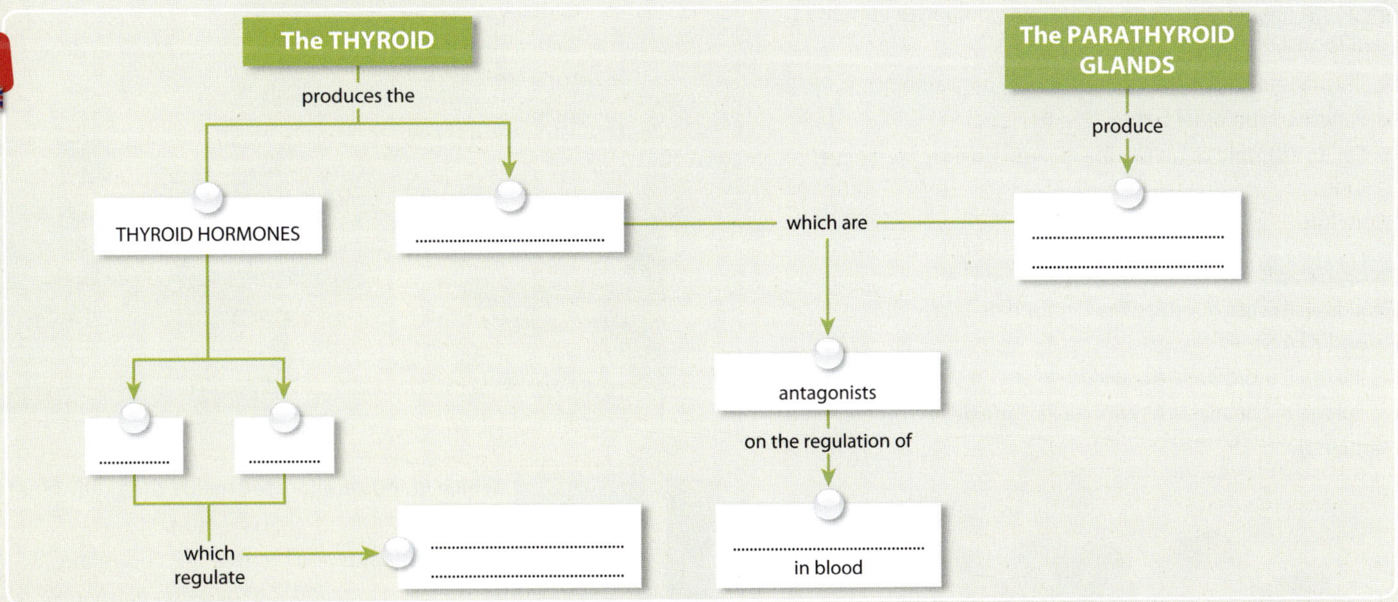

D Progetta e disegna una mappa che abbia come nodo centrale «il pancreas endocrino e le ghiandole surrenali».

PROVE D'INTERROGAZIONE

Competenza disciplinare ▶ Effettuare connessioni logiche e comunicare in forma orale

LEZIONE 1 Gli ormoni degli animali

A. Domanda: In che modo gli ormoni intervengono nel processo di metamorfosi?

- Illustra la metamorfosi degli anfibi.
- Descrivi il ruolo della tiroxina.
- Descrivi il ruolo della prolattina.

Concludi.

LEZIONE 2 Anatomia del sistema endocrino e meccanismo d'azione degli ormoni

A. Domanda: Che cosa sono gli ormoni?

- Spiega che cos'è il sistema endocrino e come svolge la sua funzione.
- Descrivi le principali caratteristiche degli ormoni e del loro meccanismo d'azione.
- Spiega in che modo viene regolata la loro produzione.

Concludi.

B. Domanda: Quali sono le due principali categorie di ormoni?

- Illustra la funzione degli ormoni come messaggeri chimici.
- Spiega la differenza tra ormoni idrosolubili e liposolubili.
- Descrivi il diverso meccanismo d'azione in base alla loro natura chimica.

Concludi.

LEZIONE 3 Ipotalamo, ipofisi ed epifisi

A. Domanda: In che modo l'ipotalamo influenza l'attività dell'ipofisi?

- Illustra che cosa si intende per «asse ipotalamo-ipofisario».
- Descrivi il ruolo dei fattori RH e IH.
- Fai un esempio di un feedback regolato da ipotalamo e ipofisi.

Concludi.

B. Domanda: Quali ormoni produce l'ipofisi?

- Illustra il ruolo di prolattina, ormone della crescita ed endorfine.
- Illustra il ruolo delle tropine.
- Spiega in che modo è regolata l'azione delle tropine.

Concludi.

LEZIONE 4 Tiroide e paratiroidi

A. Domanda: In che modo viene regolato il contenuto ematico di calcio?

- Illustra come e dove agisce la calcitonina, indicando da chi viene prodotta.
- Illustra come e dove agisce il paratormone, indicando da chi viene prodotto.
- Quale sostanza regola la produzione di questi due ormoni?

Concludi.

B. Domanda: Quali ormoni sono prodotti dalla tiroide?

- Descrivi il ruolo degli ormoni tiroxina (T_4) e triiodotironina (T_3).
- Quali sono gli organi bersaglio?
- Descrivi il ruolo della calcitonina.

Concludi.

LEZIONE 5 Pancreas, surrenali e gonadi

A. Domanda: Quali fattori concorrono a regolare gli ormoni pancreatici?

- Illustra che cosa si intende per «glicemia».
- Quale ruolo è svolto dall'insulina?
- Quale ruolo è svolto dal glucagone?
- Quale sostanza regola la produzione di questi due ormoni?

Concludi.

B. Domanda: Quali ormoni sono prodotti dalla ghiandola surrenale?

- Illustra la struttura della ghiandola surrenale.
- Elenca e spiega le funzioni degli ormoni prodotti dalla midollare.
- Elenca e spiega le funzioni degli ormoni prodotti dalla corticale.

Concludi.

Question: Which glands are located inside the skull? What is their role?

- Describe the hypothalamus and the role of its hormones.
- Describe the pituitary gland and the role of its hormones.
- Describe the pineal gland and the role of its hormones.

Conclude your exposition.

TEST E QUESITI

Competenza disciplinare: Applicare le conoscenze acquisite (es. 1-9)
Applicare il linguaggio scientifico (es. 10)
Spiegare in forma scritta fenomeni e processi (es. 11-16)

Scegli la risposta corretta

1. Quale tra le seguenti ghiandole è considerata la principale connessione tra il sistema nervoso e il sistema endocrino?

A L'ipofisi.
B La tiroide.
C L'ipotalamo.
D L'epifisi.

2. Sei caduto a terra e ti sei procurato una brutta contusione, ma la gamba inizia a farti male solo dopo alcune ore. Questo è dovuto all'azione…

A dell'adrenalina.
B dell'ipotalamo.
C delle endorfine.
D del cortisolo.

3. Quale tra i seguenti ormoni ha un numero maggiore di cellule bersaglio?

A Calcitonina.
B Ormone della crescita.
C Tiroxina.
D Endorfine.

4. Il pancreas è una ghiandola…

A né esocrina né endocrina.
B endocrina.
C esocrina.
D esocrina ed endocrina.

5. Gli ormoni prodotti dalla tiroide sono…

A calcitonina, T_3 e T_4.
B calcitonina e paratormone.
C T_3, T_4 e paratormone.
D calcitonina e glucagone.

6. Quali tra le seguenti coppie di ormoni hanno attività antagonista?

A Prolattina e ossitocina.
B TRH e TSH.
C Adrenalina e noradrenalina.
D Calcitonina e paratormone.

7. In caso di disidratazione l'ipotalamo produce l'ormone…

A ADH, che rende le urine meno concentrate.
B vasopressina, che favorisce la sudorazione.
C ADH, che rende le urine più concentrate.
D ACTH, che rende le urine ricche di calcio.

8. Una diminuzione di glucosio nel sangue influisce sulla produzione dell'ormone…

A insulina.
B calcitonina.
C cortisolo.
D glucagone.

9. Quale tra le seguenti ghiandole, se compromessa, potrebbe provocare un'alterazione dei caratteri sessuali secondari?

A Pancreas.
B Surrene.
C Tiroide.
D Paratiroidi.

Metti in relazione

10. Completa la tabella scrivendo i termini mancanti.

Ormone	Organo che lo produce	Effetto	Principali organi bersaglio
adrenalina	....	....	cuore, vasi sanguigni, polmoni, tessuto adiposo, fegato
tiroxina	tiroide	....	....
glucagone	....	iperglicemizzante	....
ormone della crescita	....	....	muscoli e ossa
ossitocina	....	....	....
....	paratiroidi	....	ossa e reni
prolattina	....	....	....
calcitonina	....	....	....
TSH	....	....	....
adrenocorticotropo	....	....	....
....	ovaie	caratteri sessuali femminili	....
vasopressina	....	aumento pressione attraverso una minore diuresi	....
cortisolo	....	....	muscoli, tessuti vari e sistema immunitario

Rispondi utilizzando i termini indicati

11. Nell'ipofisi sono presenti ormoni sintetizzati altrove? Quali?

ipotalamo – neuroipofisi – fattori RH – ADH – ossitocina – fattori IH

12. Che struttura ha la tiroide? A quali altre ghiandole è legata strutturalmente?

collo – farfalla – trachea – paratiroidi

13. Quali ghiandole e organi rilasciano ormoni sessuali? Quali sono gli ormoni prodotti?

progesterone – testicoli – surrene – ovaie – testosterone – estrogeni – corticale – androgeni

Rispondi e motiva la tua risposta

14. Il *jet lag*, spesso indicato anche come «mal di fuso», è un disturbo che si verifica quando si attraversano velocemente vari fusi orari, come avviene nel caso di un lungo viaggio in aereo. In questi casi, giunti a destinazione si è assonnati, stanchi o confusi. Il fenomeno si verifica a causa dell'alterazione dei normali ritmi circadiani. Perché, per ovviare a tale disturbo, si assumono integratori a base di melatonina? Perché dopo l'assunzione di melatonina è preferibile stare al buio?

15. Domani mattina alle ore 8 avrai l'Esame di Stato. Quali ormoni ti prepareranno ad affrontare questa prova? In che modo? Con la collaborazione di quale altro sistema?

Rispondi alla domanda in base all'estensione richiesta

16. Descrivi dettagliatamente le funzioni della prolattina e dell'ossitocina, indicando da quali ghiandole sono secrete e spiegando come funziona il sistema che regola la loro produzione. (**massimo 10 righe**)

In English Competenza trasversale Usare la lingua inglese in un contesto scientifico

Complete the following sentences

1. The hypothalamus produces a releasing factor that .... the adenohypophysis to secrete a certain tropin.

2. The adrenal medullar can secrete hormones called ...., such as .... and ....

Choose the right answer for the following questions

3. All hormones are…

- A controlled by the hypothalamus.
- B produced in specific conditions.
- C steroid in nature.
- D chemical messages between cells.

4. The adrenal gland's cortex produces…

- A insulin.
- B adrenaline.
- C estrogens.
- D cortisol.

Answer in a few words

5. What are the neurons in the hypothalamus called? What is the origin of their name?

....

....

....

IL MIO ESAME DI STATO

Esercizi di simulazione della **Terza Prova**

1. Tipologia A della Terza Prova

Descrivi dettagliatamente il meccanismo di azione degli ormoni sulle cellule bersaglio in relazione alla loro natura chimica. Quali cellule sono sensibili all'azione dell'ormone? In generale qual è il sito sul quale agiscono gli ormoni e in che modo? (**massimo 15 righe**)

2. Tipologia B della Terza Prova

Da quali ormoni e in che modo viene regolato il contenuto di glucosio nel sangue? Perché Marco, a cui è stato diagnosticato il diabete da piccolo, deve fare iniezioni di insulina, mentre sua nonna, a cui è stato diagnosticato in età avanzata, deve solo seguire una dieta e assumere medicine orali?

3. Tipologia C della Terza Prova

Scegli la risposta corretta.
Se una donna subisce da piccola un danno all'ipofisi, sicuramente il danno *non* avrà effetti su…

- A il mantenimento della glicemia.
- B la produzione di latte.
- C la produzione di tiroxina.
- D il ciclo mestruale.

4. Tipologia C della Terza Prova

Scegli la risposta corretta.
Tra le ghiandole qui elencate, quella che regola l'azione di altre ghiandole è…

- A l'epifisi.
- B l'ipofisi.
- C la tiroide.
- D il pancreas.

Proposte per l'incremento dei crediti scolastici (cumulabili nel voto d'esame)

5. L'ossitocina e la prolattina sono ormoni che hanno un'azione importante nella vita delle donne durante le varie fasi della vita. Puoi fare una ricerca utilizzando varie fonti e scrivere una tesina su questo tema tenendo conto dei seguenti argomenti:

- illustra il ruolo della prolattina negli altri mammiferi;
- illustra il ruolo della prolattina nelle altre classi animali, ad esempio nella costruzione del nido degli uccelli o nel cambio di regolazione idrosalina nei pesci salmonidi prima dell'accoppiamento;
- descrivi il ruolo dell'ossitocina durante l'allattamento, in termini di cura della prole;
- spiega il ruolo dell'ossitocina durante l'innamoramento e dopo la menopausa.

OSSERVAZIONE E ANALISI

Competenza disciplinare: Riconoscere e descrivere strutture e fenomeni. Formulare ipotesi in base ai dati forniti

Osserva e analizza

1. Quale struttura è rappresenta nella figura? Scrivi i termini mancanti e le brevi spiegazioni.

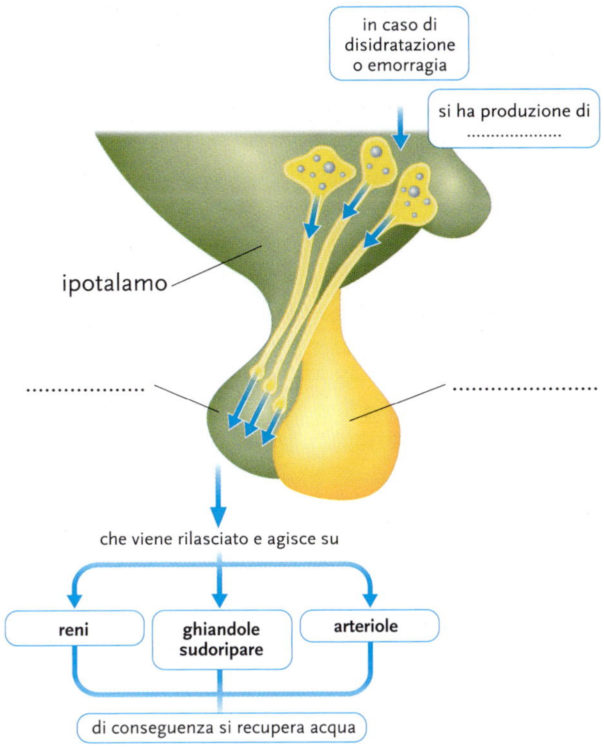

2. Nella figura è rappresentato il meccanismo di azione cellulare degli ormoni. Di quale tipo in particolare? Dove avviene il legame ormone-recettore? A che cosa corrisponde la risposta della cellula?

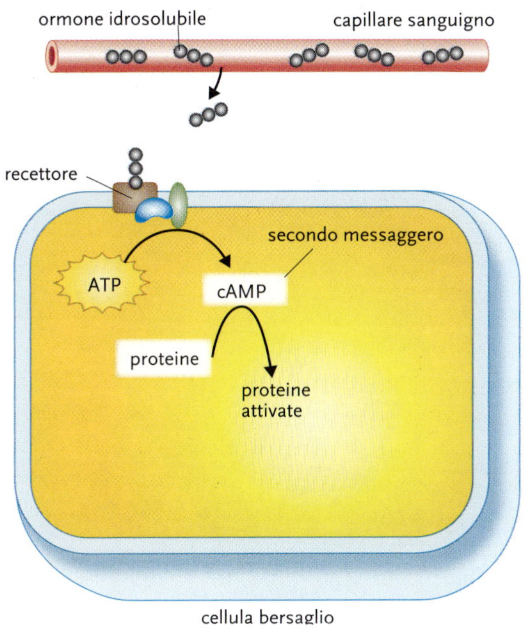

Analizza e interpreta

3. Inserisci nel disegno, raffigurante il sistema endocrino, i nomi delle singole ghiandole e specifica sinteticamente gli ormoni prodotti e la loro funzione seguendo l'esempio dell'ipotalamo.

a. Quali sono le ghiandole costituite da tessuto nervoso?

b. Quale più delle altre ha il ruolo di «controllore»? In che modo?

c. Quale mezzo usano le ghiandole per raggiungere gli organi bersaglio?

d. Ci sono organi che svolgono anche un altro ruolo? Quali?

La tua analisi

a. Quale ghiandola svolge un ruolo importante nel funzionamento dei sistemi a feedback? Esistono feedback positivi? Fai un esempio.

b. In che modo un ormone stimola solo le proprie cellule bersaglio?

c. Quali ghiandole sono coinvolte nella regolazione della calcemia? Chi regola la produzione dei loro ormoni?

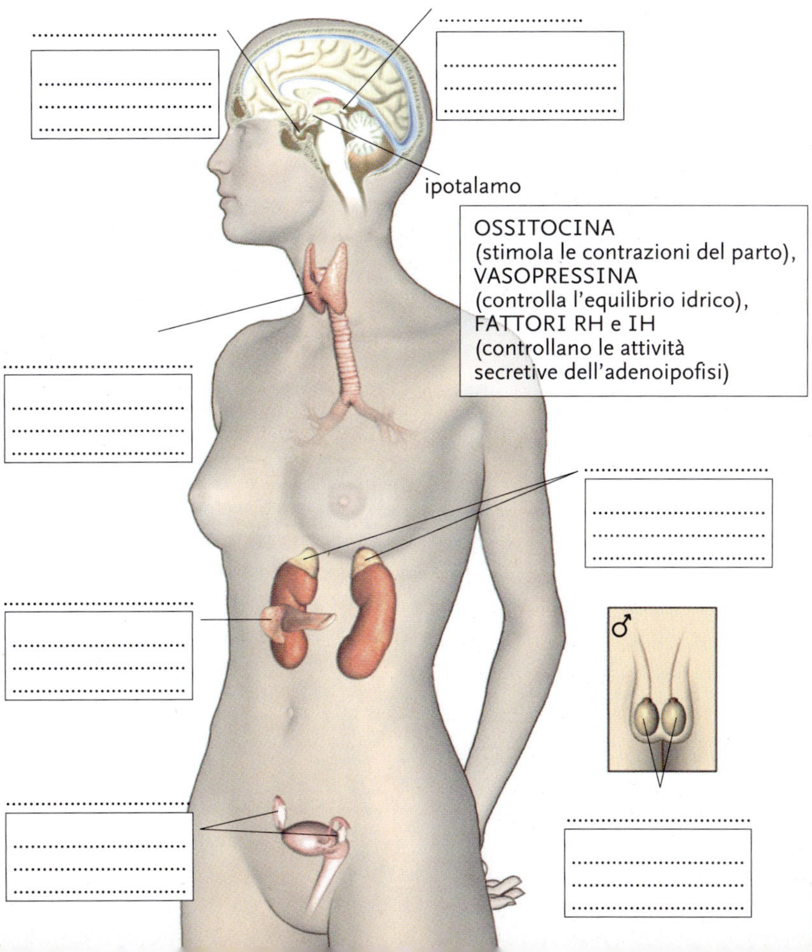

UNITÀ C8

Il sistema nervoso e gli organi di senso

Osserva... Il pesce palla produce un veleno 100 volte più tossico del cianuro: la *tetradotossina*. Un milligrammo di tetradotossina può uccidere un uomo. L'avvelenamento in seguito al consumo di carne di pesce palla è estremamente grave. Il primo sintomo d'intossicazione è costituito da un leggero intorpidimento della lingua e delle labbra, che si manifesta da venti minuti a tre ore dopo l'ingestione del pesce avvelenato. Seguono paralisi, vomito, diarrea, convulsioni e blocco cardiorespiratorio. Il primo caso registrato di avvelenamento da tetrodotossina è registrato addirittura nel diario di bordo del capitano James Cook.

La tetradotossina impedisce la generazione dell'impulso nervoso agendo su particolari strutture della membrana cellulare dei neuroni. Come vedremo in questa unità, è proprio a livello di questa membrana che si gioca il meccanismo di conduzione di tutta l'informazione nervosa.

In Giappone viene ancora servito il *fugu* (proibito in Italia dal 1992), ovvero pesce palla trattato da cuochi diplomati che sanno come estrarre il veleno dalle carni. Il segreto è lasciare nel pesce un po' di quella tossina sufficiente a dare una leggera euforia e un po' di formicolio alle labbra e alla lingua!

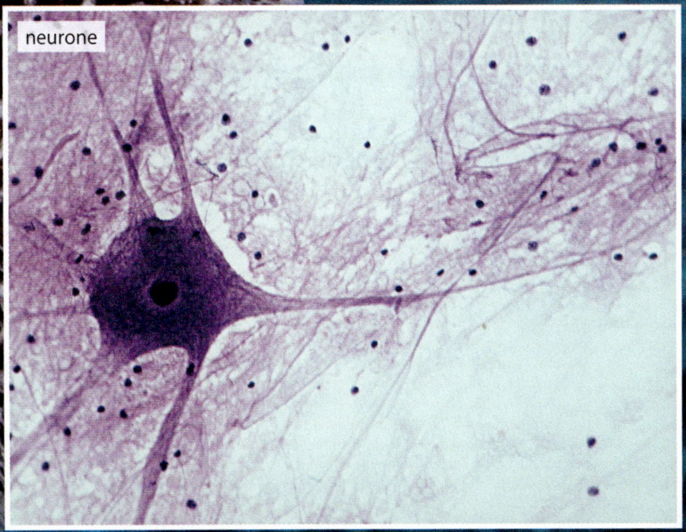
neurone

fugu

Coordinamento e risposta negli animali

1 L'evoluzione del sistema nervoso

Gli organi deputati alla percezione di stimoli, alla loro elaborazione e alla formulazione di adeguate risposte costituiscono nel loro insieme il **sistema nervoso**. Le cellule che formano il sistema nervoso prendono il nome di **neuroni**. Tutto ciò che vediamo, sentiamo o avvertiamo sulla nostra pelle richiede che miliardi di cellule nervose mandino, attraverso percorsi complessi, messaggi al sistema nervoso centrale, che ha l'importantissima funzione di integrare le informazioni che riceve e dare alla fine una risposta. Il lavoro svolto dal sistema nervoso può essere suddiviso in alcune tappe fondamentali:

- la **ricezione sensoriale**, in cui i recettori raccolgono stimoli dall'ambiente;
- l'**elaborazione** e l'**integrazione**, in cui il sistema nervoso centrale riceve i messaggi dai recettori, li elabora, li integra tra loro e programma specifiche risposte. Inoltre li acquisisce nella memoria: come un computer ha infatti la capacità di immagazzinare e catalogare una grandissima quantità di dati;
- la **risposta motoria**, in cui uno specifico comando viene inviato ai muscoli, che reagiscono contraendosi, o alle ghiandole, che rispondono secernendo i loro prodotti.

Questa capacità di percezione e risposta è presente a tutti i livelli del regno animale, seppure con diversi gradi di complessità. È addirittura riconoscibile in organismi più semplici degli animali, come i protozoi: l'ameba, ad esempio, è in grado di percepire uno stimolo luminoso intenso e allontanarsi nella direzione opposta, così com'è capace di riconoscere la presenza di cibo e dirigersi verso la fonte alimentare. Si tratta tuttavia di un organismo unicellulare in grado di reagire a un numero limitato di stimoli, reagendo con risposte semplici. Negli animali invece la presenza di un insieme integrato di cellule nervose consente di percepire una grande varietà di stimoli e reagire in maniera coordinata. Questo coordinamento è tanto maggiore quanto più complesso è l'animale, ed è strettamente legato alla sua capacità di movimento ▶ 1. Dagli animali più semplici a quelli più complessi, si assiste alla progressiva specializzazione del sistema nervoso attraverso alcune importanti tappe:

- i nervi si uniscono a formare fasci paralleli, i **cordoni**, o strutture reticolari, le **reti nervose**;
- i **neuroni** vanno incontro a una progressiva specializzazione che ne aumenta e perfeziona l'efficienza;
- i corpi cellulari dei neuroni si aggregano a formare i **gangli nervosi**.

1 Coordinazione del movimento e sviluppo del sistema nervoso sono strettamente collegati

2 Il sistema nervoso di alcuni invertebrati a confronto

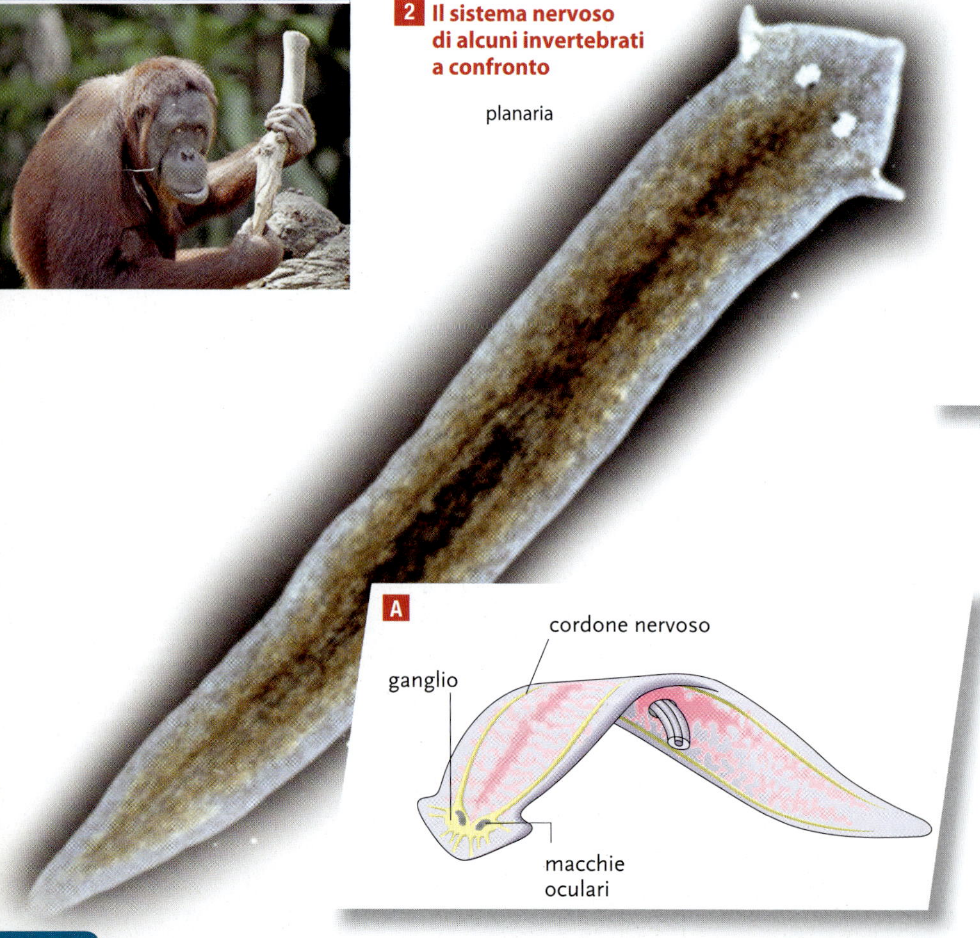

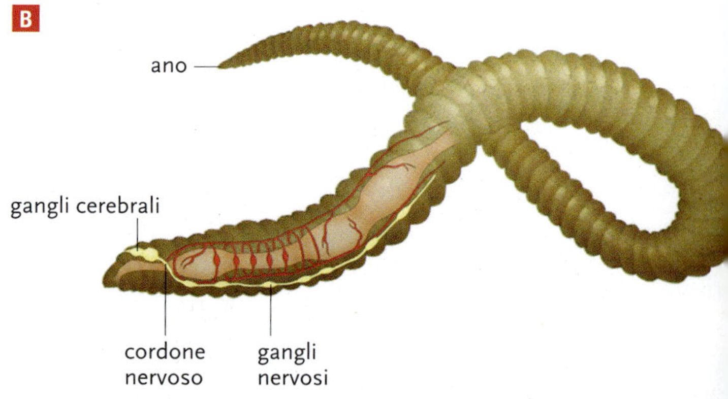

Il più semplice modello organizzativo di sistema nervoso lo troviamo negli cnidari, come l'*Hydra*, in cui i neuroni formano una rete diffusa e ricevono informazioni da recettori sensoriali sparsi tra le cellule epiteliali.
Nei vermi piatti, come la planaria, parte della rete nervosa è raggruppata in due cordoni, che terminano con altrettanti gangli all'estremità anteriore del corpo ▶ 2A. Questa migliore organizzazione rende più efficiente il coordinamento, permettendo una maggiore mobilità.
Negli anellidi (vermi segmentati) i due cordoni si uniscono in un doppio cordone nervoso che corre lungo la superficie ventrale del corpo: a livello di ogni segmento è presente un ganglio nervoso. Il cordone nervoso si biforca proprio sotto la faringe e i due rami si riuniscono di nuovo nel capo, terminando in due grossi gangli dorsali ▶ 2B.
Nei molluschi è particolarmente evidente la stretta relazione tra complessità del sistema nervoso e capacità di movimento: un organismo fisso sul fondale marino, infatti, necessita di un sistema nervoso molto meno complesso di un predatore. Così i molluschi che vivono attaccati alle rocce o sui fondali, come i bivalvi, hanno uno scarso sviluppo del sistema nervoso, mentre i cefalopodi (come polpi e seppie), che hanno elaborate strategie di predazione, possiedono un sistema nervoso ben sviluppato ▶ 2C.
Gli artropodi, come i crostacei, i ragni e gli insetti, oltre ad avere un doppio cordone nervoso ventrale, presentano, nella regione del capo, gangli abbastanza grossi da costituire una prima forma di *encefalo* ▶ 2D. In questi animali, grazie alla complessità raggiunta dalla rete nervosa, molte attività anche assai elaborate, come i movimenti fini delle appendici articolate, sono coordinate in maniera efficiente.

2 Il processo di cefalizzazione nei vertebrati

Nei primi vertebrati marini cominciò a evolversi un cordone nervoso tubolare, che dalla posizione ventrale (tipica degli invertebrati) passò a quella dorsale (caratteristica di tutti i vertebrati). Questo cordone tubolare darà origine nel corso dell'evoluzione alle zone operative centrali del sistema nervoso, il **midollo spinale** e l'**encefalo**, che per la loro importanza verranno racchiuse e protette dalle ossa della colonna vertebrale e del cranio. Nei vertebrati attuali il cordone nervoso persiste a livello embrionale come **tubo neurale**, per espandersi nel corso dello sviluppo a formare appunto il midollo spinale e l'encefalo. Si tratta di un classico esempio di come l'*ontogenesi* (lo sviluppo di un organismo) ripercorra la *filogenesi* (l'evoluzione delle specie).
Nei vertebrati primitivi prevalevano le risposte semplici, i cosiddetti *archi riflessi*. Successivamente si verificò un aumento della complessità del sistema nervoso accompagnato dallo sviluppo e dalla diversificazione degli organi di senso, che permise ai vertebrati di conquistare nuovi habitat e di ottenere così un maggiore successo evolutivo.

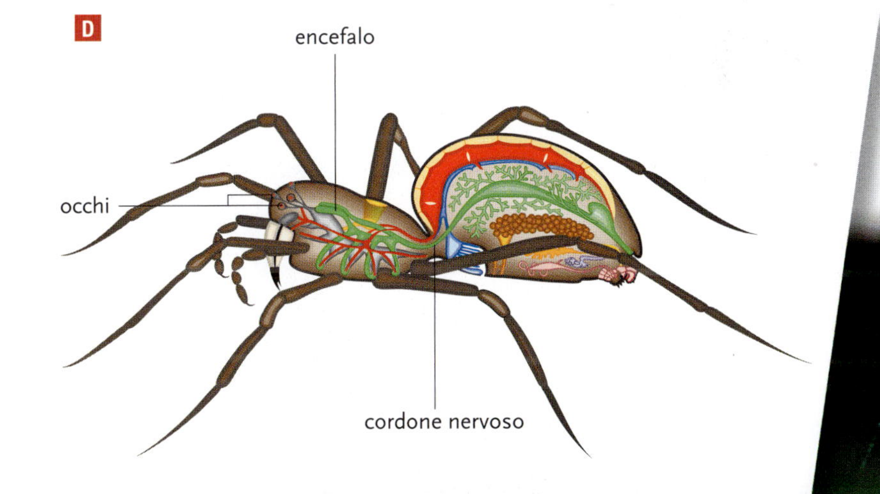

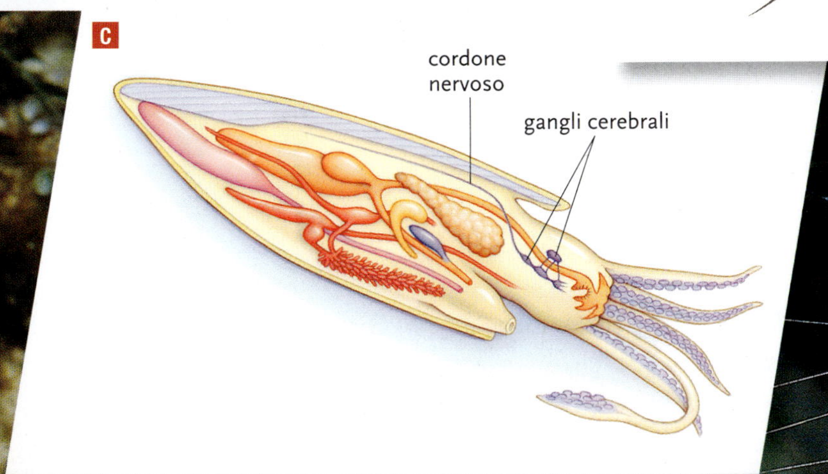

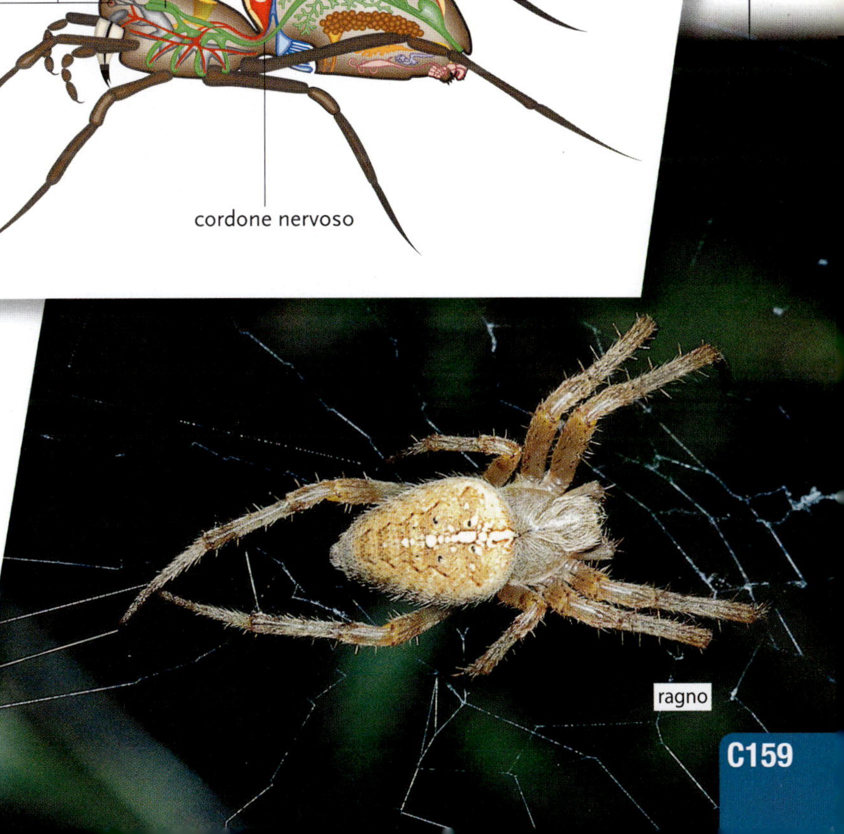

Nell'evoluzione dei vertebrati è evidente una forte tendenza verso una progressiva *centralizzazione della funzione di controllo*. Nel corso della storia evolutiva di questi animali si afferma sempre più una distinzione netta tra *regione cefalica* e *regione caudale*: gli ammassi gangliari si addensano verso il capo, raggiungono dimensioni notevoli e vengono chiamati definitivamente *encefali*. Questo processo evolutivo del sistema nervoso è noto come **cefalizzazione** ▶ 3. L'esatta integrazione che accompagna questo tipo di centralizzazione rende possibile il manifestarsi della vasta gamma di comportamenti complessi tipici dei vertebrati. Ancora oggi è possibile distinguere nell'encefalo dei vertebrati le regioni più antiche, caratterizzate da circuiti riflessi deputati al controllo delle funzioni vitali come la respirazione, e le regioni più recenti, che permettono all'animale di memorizzare e confrontare informazioni relative alle esperienze passate e rielaborarle per formulare nuove risposte.

3 Gli encefali di alcuni vertebrati a confronto

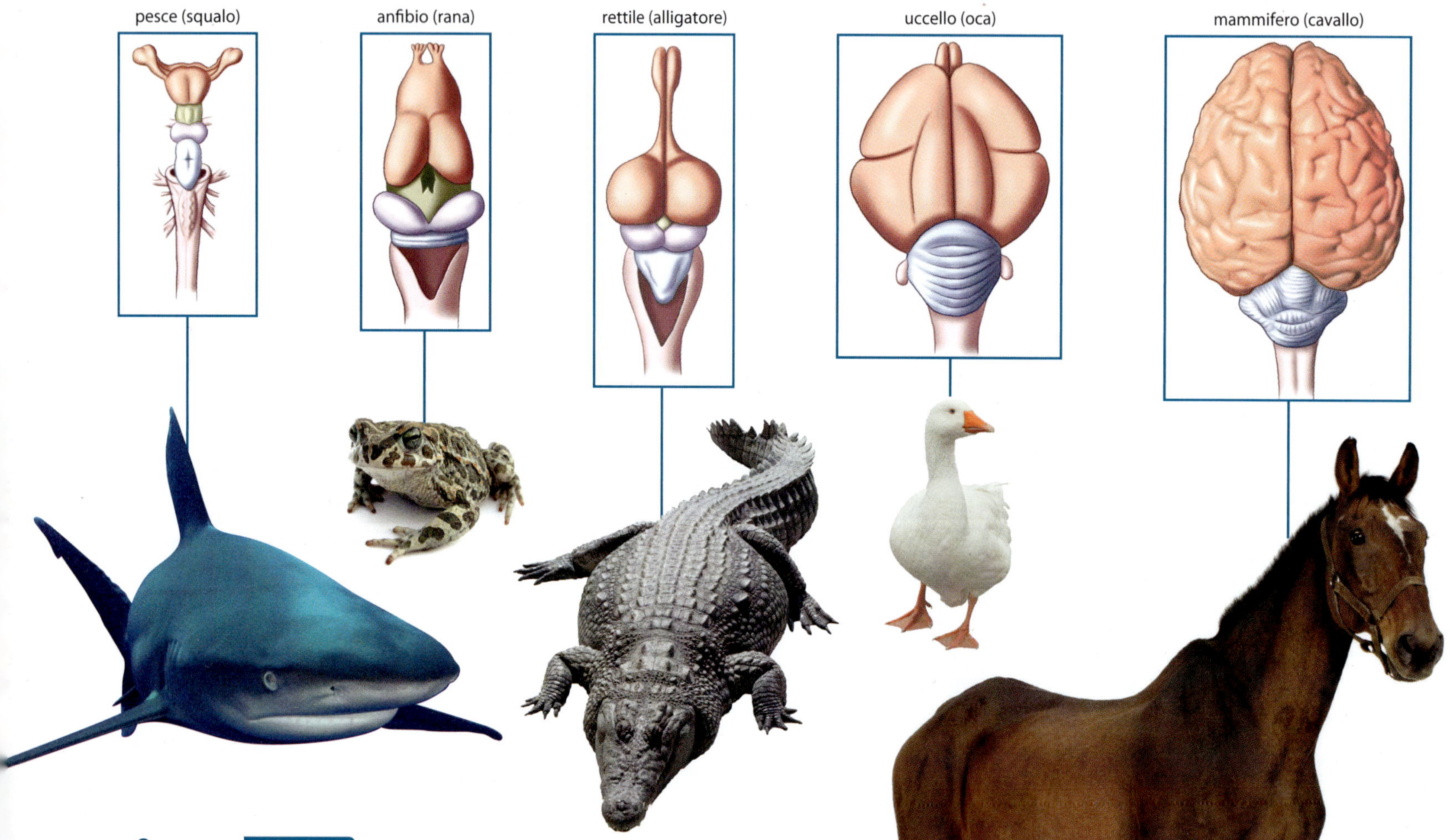

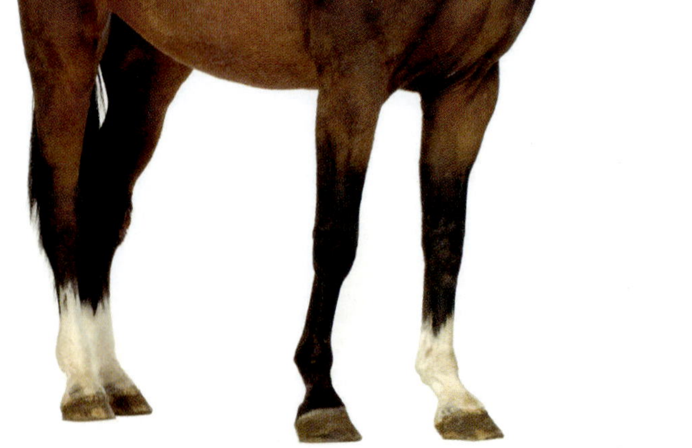

Osserva e RISPONDI

Il sistema nervoso di quali animali è rappresentato nella figura? Qual è la maggiore differenza tra i due sistemi?

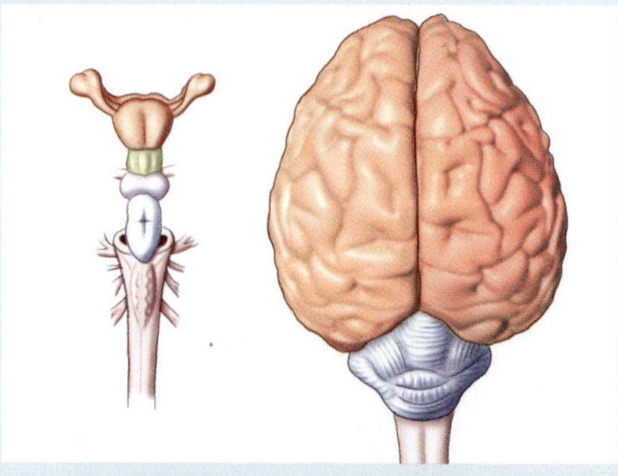

DOMANDE CHIAVE

1. Da che cosa è formato un ganglio nervoso?
2. In quali invertebrati è possibile riconoscere una prima forma di encefalo?
3. Che cosa si intende per «processo di cefalizzazione» nei vertebrati?

Anatomia del sistema nervoso e trasmissione del segnale

1 Una panoramica sul sistema nervoso

Come in tutti gli animali, il sistema nervoso umano ha il compito di ricevere i messaggi sensoriali che provengono dall'ambiente esterno e da quello interno, di interpretarli e di inviare comandi a tutte le parti del corpo. Le componenti del nostro organismo deputate alla trasmissione dell'informazione nervosa sono due ▶ **1**:

- il **sistema nervoso centrale** (**SNC**), che riceve informazioni da tutti i recettori sensoriali, le elabora e coordina le risposte. Il SNC comprende il **midollo spinale**, alloggiato all'interno della colonna vertebrale, e l'**encefalo**, costituito da varie parti (tra cui il *cervello* propriamente detto) e protetto dal cranio;
- il **sistema nervoso periferico** (**SNP**), costituito dai **nervi**, le vie che mettono in comunicazione il sistema nervoso centrale con il resto del corpo. Il SNP è distinto a sua volta in *sistema nervoso somatico* (*SNS*), che controlla le risposte motorie volontarie, e *sistema nervoso autonomo* (*SNA*), che opera senza controllo consapevole.

1 Le due componenti del sistema nervoso umano: il sistema nervoso centrale e il sistema nervoso periferico

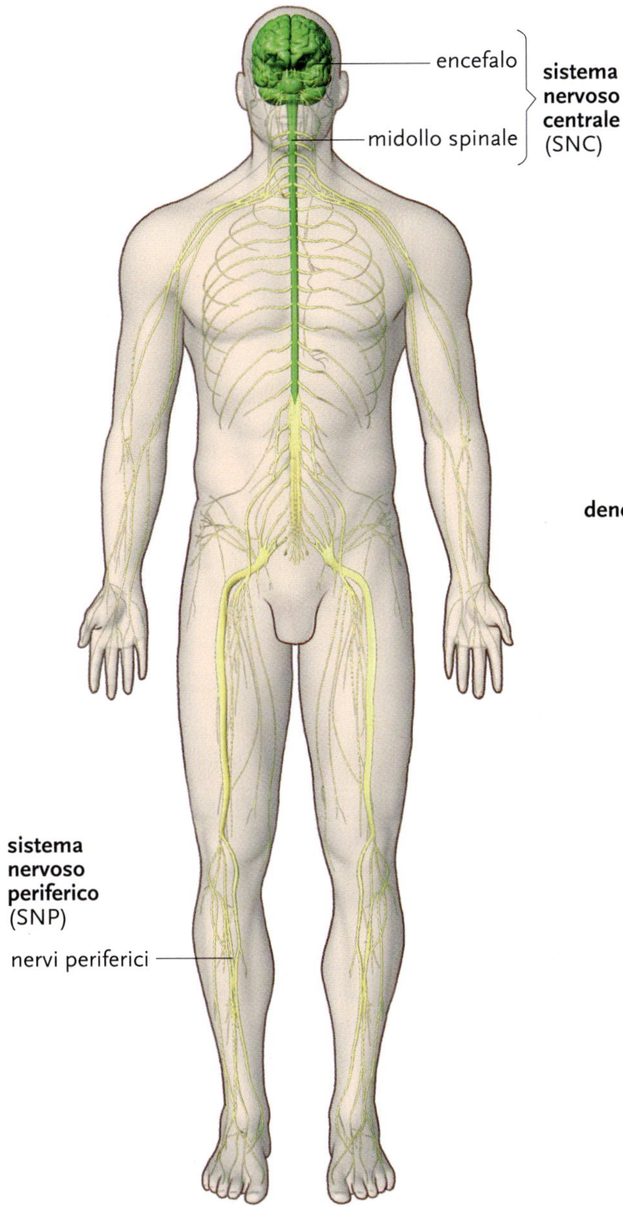

Prima di esaminare la struttura e le funzioni delle varie componenti del sistema nervoso, occorre però capire il funzionamento di trasmissione dell'informazione nervosa a livello cellulare.

2 Il neurone, unità funzionale della trasmissione nervosa

Le unità fondamentali del sistema nervoso sono i **neuroni**, cellule specializzate nel trasporto degli impulsi nervosi ▶ **2**. Il neurone è formato da un corpo cellulare

2 Struttura di un neurone

Il disegno mostra gli elementi della cellula nervosa. Come si può notare, l'intera struttura è finalizzata alla trasmissione dell'impulso nervoso (frecce rosse).

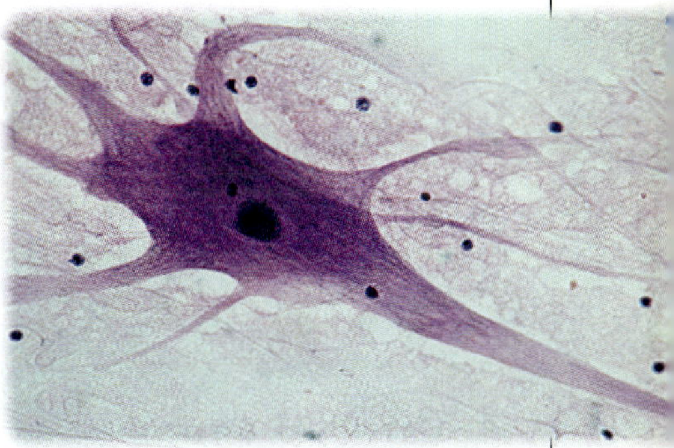

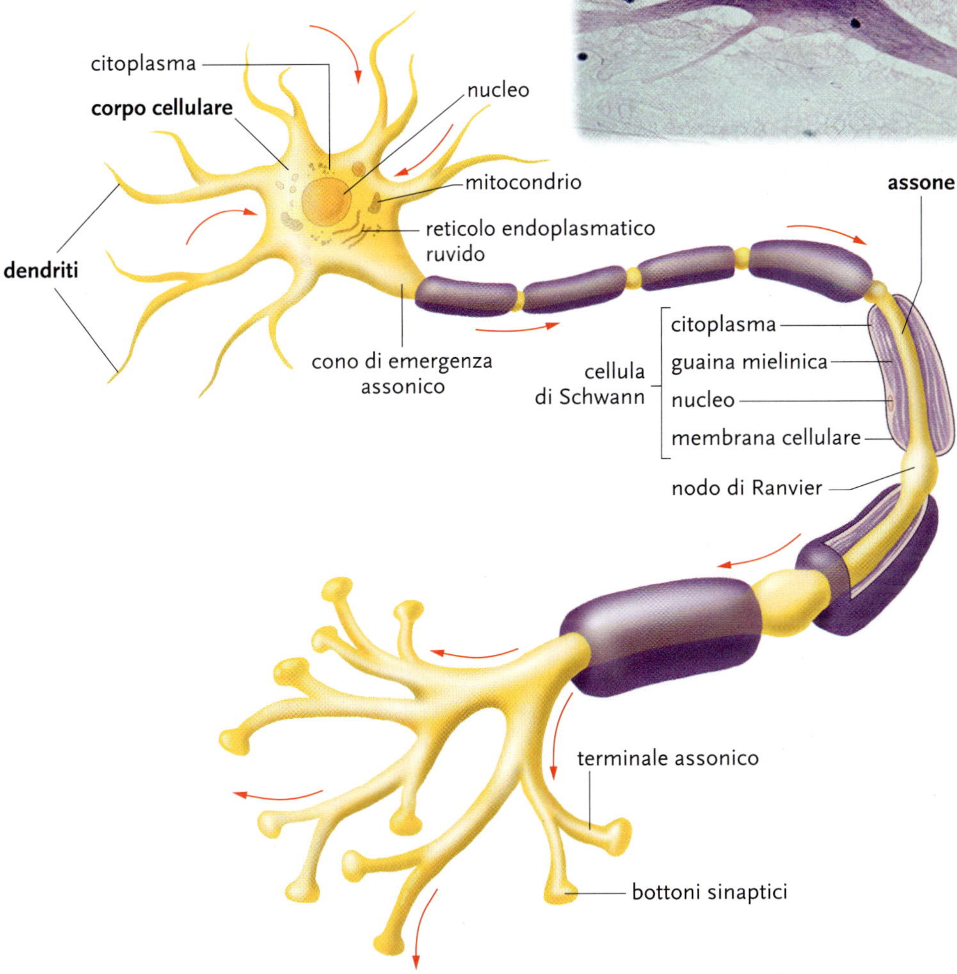

Bio Parole

Dendrite
dal greco *déndron*, «albero»
Dendrite

Assone
dal greco *áxon*, «asse»
Axon

circondato dalla membrana plasmatica. Nel citoplasma sono immersi il nucleo e gli organuli cellulari. Dal corpo cellulare si dipartono due tipi di estensioni: i **dendriti**, ramificazioni numerose e brevi che ricevono le informazioni *in entrata* al corpo cellulare, e un unico **assone** lungo e ramificato all'estremità, che trasporta il segnale *in uscita* verso altre cellule. Il punto di passaggio tra l'assone e il corpo cellulare è detto **cono di emergenza assonico** ed è qui che insorge in genere l'impulso nervoso. L'estremità distale è nota invece come **terminale assonico** ed è caratterizzata dalla presenza dei cosiddetti **bottoni sinaptici**, coinvolti nella trasmissione del segnale da un neurone all'altro. I nervi sono dunque fasci di assoni che trasportano nella stessa direzione, anche simultaneamente, informazioni di origine diversa; essi trasmettono i segnali dai recettori all'encefalo o al midollo spinale e da qui a tutto il resto del corpo.
I neuroni sono sostenuti, nutriti e protetti da un secondo tipo di cellule nervose, le **cellule della nevroglia** o **cellule gliali**. Un particolare tipo di cellula gliale è rappresentato dalle **cellule di Schwann**, che nei neuroni a trasmissione rapida si dispongono come perle allungate ad avvolgere tutto l'assone. Nel loro complesso queste cellule formano una guaina isolante, la **guaina mielinica**; solo tra una cellula di Schwann e l'altra l'assone non è isolato: questi punti sono noti come **nodi di Ranvier**. In base alla presenza della guaina, si distinguono *fibre mieliniche* e *fibre amieliniche*. Nelle fibre mieliniche, è a livello dei nodi di Ranvier che si rigenera l'impulso nervoso e si propaga «saltando» da un nodo a un altro.
Nell'uomo si riconoscono tre tipi di neuroni:

- i **neuroni sensoriali**, *afferenti*, che trasmettono al sistema nervoso centrale i messaggi provenienti dagli organi di senso;
- i **neuroni motori** (o **motoneuroni**), *efferenti*, che trasmettono informazioni dal SNC ai muscoli, per il movimento, o alle ghiandole, per la secrezione;
- i **neuroni associativi** (o **interneuroni**), che collegano tra loro neuroni motori e neuroni sensoriali.

Quando i recettori ricevono uno stimolo, lo convertono in un impulso di tipo elettrochimico e lo trasmettono ad altri neuroni. Questo processo, detto **trasduzione del segnale**, consente di trasformare ogni tipo di stimolo in un solo linguaggio, l'unico in grado di essere compreso dal sistema nervoso.

3 Il meccanismo di trasduzione del segnale

Per capire appieno come avviene la trasmissione del segnale è importante studiare il neurone quando non produce segnali, ovvero quando è a riposo. Le cellule nervose sono avvolte da una membrana semipermeabile che consente il passaggio di alcuni ioni e non di altri. La differenza tra la concentrazione di determinati ioni fuori e dentro il neurone fa sì che vi sia un'*energia potenziale* a livello della membrana: la membrana infatti, separando le cariche di segno opposto (che tenderebbero ad attrarsi), immagazzina energia, proprio come accade in una pila. Questa energia, che si genera attraverso la membrana di un neurone a riposo e che può essere espressa in termini di *differenza di potenziale*, è detta **potenziale di riposo** ▶ 3. Mentre nella pila la corrente elettrica è dovuta a un flusso di elettroni, nella cellula la corrente elettrica è generata da un flusso di ioni.
Gli ioni coinvolti nel meccanismo di trasmissione del segnale elettrico nel sistema nervoso sono gli **ioni sodio** (**Na^+**) e gli **ioni potassio** (**K^+**). Quando un neurone è a riposo, le cariche elettriche ai due lati della membrana plasmatica sono distribuite in modo diseguale: gli ioni sodio sono in numero molto maggiore all'esterno, mentre gli ioni potassio sono di più all'interno. Questo crea un potenziale di riposo di –70 mV (millivolt), dove il segno meno indica che l'interno della cellula è carico negativamente. Vediamo perché ▶ 3.
Il passaggio di ioni attraverso la membrana è regolato dai cosiddetti **canali ionici**, che possono essere *a flusso continuo*, cioè normalmente aperti, o *voltaggio-dipendenti*, se si aprono solo in risposta a un cambiamento di potenziale. Nella membrana sono presenti molti canali per il potassio a flusso continuo e il K^+, che è più abbondante nel citosol rispetto all'esterno, tende quindi a uscire dalla cellula. Vi sono invece pochi canali a flusso continuo per il sodio, e così il Na^+, che è più abbondante fuori dalla cellula, tende a rimanere all'esterno.
Questo doppio gradiente (con il sodio più concentrato fuori e il potassio più concentrato dentro) viene mantenuto grazie anche a un altro elemento. Nella membrana del neurone è presente infatti una proteina, la **pompa sodio-potassio** (o **pompa Na^+-K^+**), che sposta attivamente gli ioni sodio all'esterno della cellula e gli ioni potassio all'interno. Questo causa una differenza di

3 Il potenziale di riposo

Nel neurone a riposo il K^+, seguendo il suo gradiente di concentrazione, tende a uscire attraverso i canali per il potassio (aperti a riposo), mentre il Na^+, che tenderebbe a entrare, non riesce a farlo poiché i canali per il sodio sono chiusi a riposo. La pompa sodio-potassio, che sposta attivamente gli ioni Na^+ all'esterno e gli ioni K^+ all'interno della cellula, contribuisce a mantenere questo doppio gradiente.

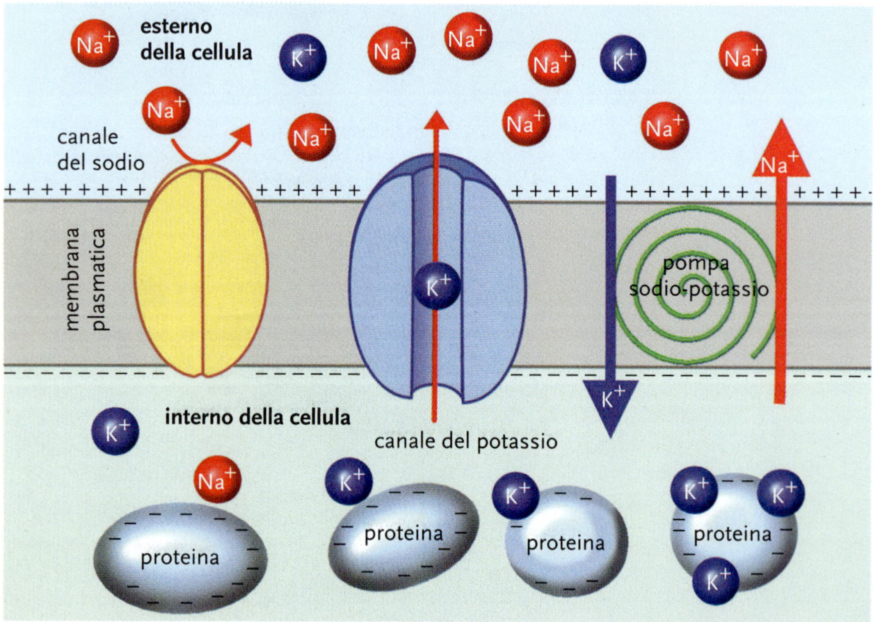

carica elettrica fra l'*esterno positivo* e l'*interno negativo*, che determina il potenziale di riposo.

Quando al neurone arriva uno stimolo adeguato, la permeabilità della membrana plasmatica viene alterata: si aprono i canali per il sodio voltaggio-dipendenti, mentre la pompa sodio-potassio si arresta. Questo improvviso ingresso di ioni sodio nella cellula determina una brusca *inversione di polarità* della membrana fino a un valore di +35 mV, detto **potenziale d'azione** ▶ 4.

Questa serie di eventi, che fa sì che l'interno della cellula diventi positivo rispetto all'esterno, prende il nome di **depolarizzazione** della membrana. Attraverso la depolarizzazione, l'energia potenziale della membrana viene liberata e utilizzata per la trasduzione del segnale. In questo modo lo stimolo, che può essere un suono, una luce, una pressione fisica o un segnale chimico, viene trasformato in impulso elettrico.

Con l'innesco del potenziale d'azione inizia dunque la trasmissione dell'impulso nervoso. Il potenziale d'azione, a partire da questo punto, si propaga via via per tutta la lunghezza del neurone. Rapidamente, a monte dell'impulso, i canali per il sodio si richiudono, mentre si riattiva la pompa sodio-potassio, portando nuovamente il potenziale di membrana al valore di –70 mV; si ha, in altre parole, una **ripolarizzazione** del neurone, che torna così a riposo. In questa fase, i canali del sodio hanno un periodo «refrattario» che impedisce che si riaprano subito; ciò fa sì che l'impulso non torni indietro.

4 La propagazione dell'impulso nervoso

Nel neurone l'impulso nervoso si origina tipicamente a livello del cono di emergenza dell'assone. Da qui l'informazione trasportata dal segnale nervoso deve trasmettersi attraverso tutto l'assone fino alla sua terminazione. Questa fase di trasmissione dell'impulso è nota come **propagazione** ▶ 5.

La propagazione dell'impulso nervoso inizia dopo che si è generato un potenziale d'azione. L'apertura dei canali del sodio genera infatti un afflusso di ioni che depolarizza la membrana immediatamente adiacente, con conseguente apertura di altri canali voltaggio-dipendenti in un punto di poco a valle rispetto a dove si è generato il primo potenziale d'azione (e non a monte per il concetto già esposto del periodo refrattario). Con questo meccanismo a feedback positivo si ha un incremento dell'eccitazione che fa sì che l'impulso si autopropaghi lungo tutto l'assone in direzione di allontanamento rispetto al corpo cellulare del neurone.

In sintesi, possiamo dire che gli impulsi nervosi:

- hanno sempre la stessa intensità: ciò che varia non è l'ampiezza del potenziale d'azione ma il numero di impulsi (l'intensità non diminuisce neppure con la distanza dal punto in cui si è generato l'impulso);
- seguono sempre un'unica direzione: dal corpo cellulare ai bottoni sinaptici.

4 Il potenziale d'azione

Quando uno stimolo raggiunge il neurone, i canali per il sodio si aprono e gli ioni Na^+ entrano rapidamente, causando la depolarizzazione di membrana e facendo diventare positivo l'interno della cellula.

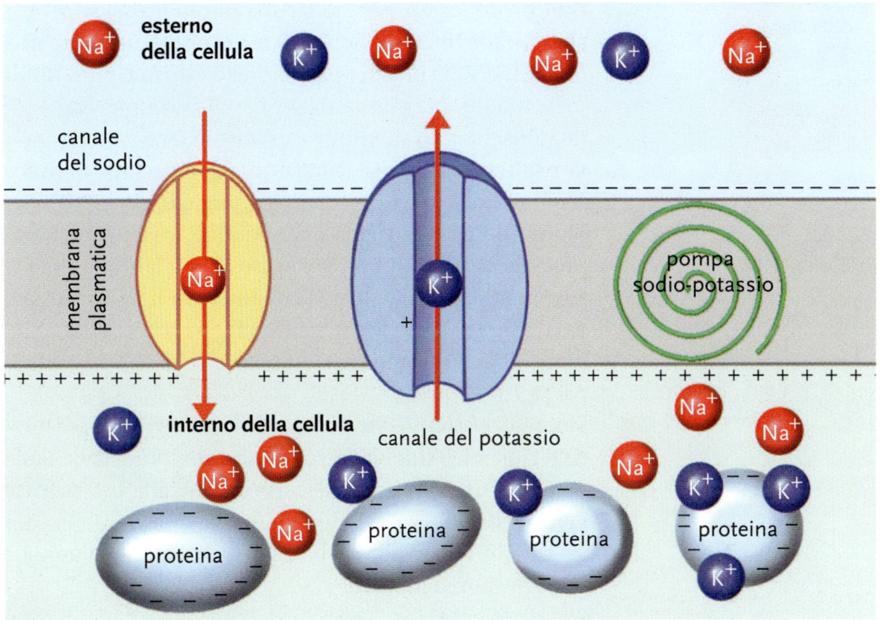

5 La propagazione del potenziale d'azione lungo l'assone

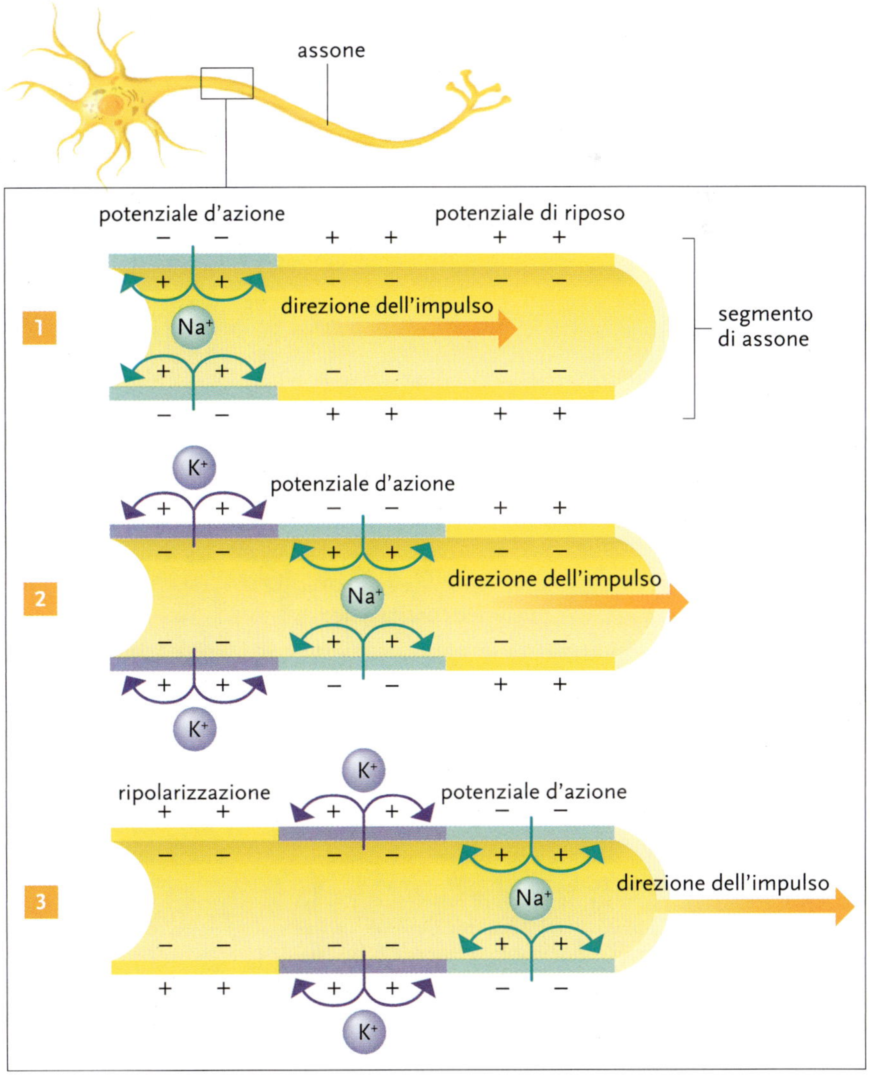

BioParole

Sinapsi
dal greco *sýnapsis*, «contatto»
Synapse

In generale sono due i fattori intrinseci che determinano la **velocità di propagazione**: il diametro dell'assone e la presenza della guaina mielinica. Le due cose sono tra loro collegate, perché gli assoni più grossi sono anche più mielinizzati. Se l'assone non presenta la guaina mielinica, si ha una **propagazione continua**: ogni tratto della membrana plasmatica si depolarizza in successione, consentendo all'impulso di trasmettersi a una velocità relativamente lenta (circa 5 m/s). Se l'assone è invece mielinizzato, si osserva una **propagazione saltatoria**: l'impulso, che si origina nei nodi di Ranvier dove sono più abbondanti i canali voltaggio-dipendenti, «salta» la parte rivestita dalla guaina e depolarizza il nodo successivo. In questo modo l'impulso viaggia più velocemente lungo l'assone, raggiungendo una velocità che può essere pari a 150 m/s.

Un fattore esterno che può aumentare la velocità di propagazione dell'impulso è rappresentato infine dalla temperatura: una temperatura corporea più alta incrementa l'efficacia della trasmissione nervosa (questo è uno dei motivi che spiega l'importanza della fase di riscaldamento negli sport agonistici).

5 La trasmissione sinaptica

Una volta che è stato trasportato attraverso tutta la lunghezza dell'assone e ha raggiunto i bottoni sinaptici, il messaggio deve essere trasmesso al neurone successivo o all'organo effettore (un muscolo o una ghiandola). La maggior parte dei neuroni non è direttamente connessa all'effettore e l'impulso deve così passare attraverso diversi neuroni prima di raggiungere il bersaglio. Il passaggio dell'informazione da un neurone a un altro avviene attraverso strutture specializzate chiamate **sinapsi** ▶ 6. Esistono due tipi di sinapsi: le **sinapsi chimiche** e le **sinapsi elettriche**.

SINAPSI CHIMICHE Sono presenti nella maggior parte del corpo e collegano non solo i neuroni tra loro, ma anche i neuroni alla cellula muscolare o ghiandolare che rappresenta il bersaglio dell'impulso. Una sinapsi chimica è un complesso formato da tre elementi: il bottone del **neurone presinaptico** (il neurone dal quale l'impulso arriva), la **fessura sinaptica** (ovvero lo spazio tra i due neuroni adiacenti) e la membrana cellulare del **neurone postsinaptico** (il neurone al quale l'impulso

TESTO-IMMAGINE

6 Il passaggio del segnale attraverso la sinapsi

A L'impulso nervoso raggiunge il bottone di un neurone presinaptico, determinando il rilascio del neurotrasmettitore nello spazio sinaptico. Qui il neurotrasmettitore si lega ai recettori di membrana del neurone postsinaptico, provocandone la depolarizzazione. In questo modo viene evocato un potenziale d'azione e l'impulso risulta così trasmesso al neurone postsinaptico.

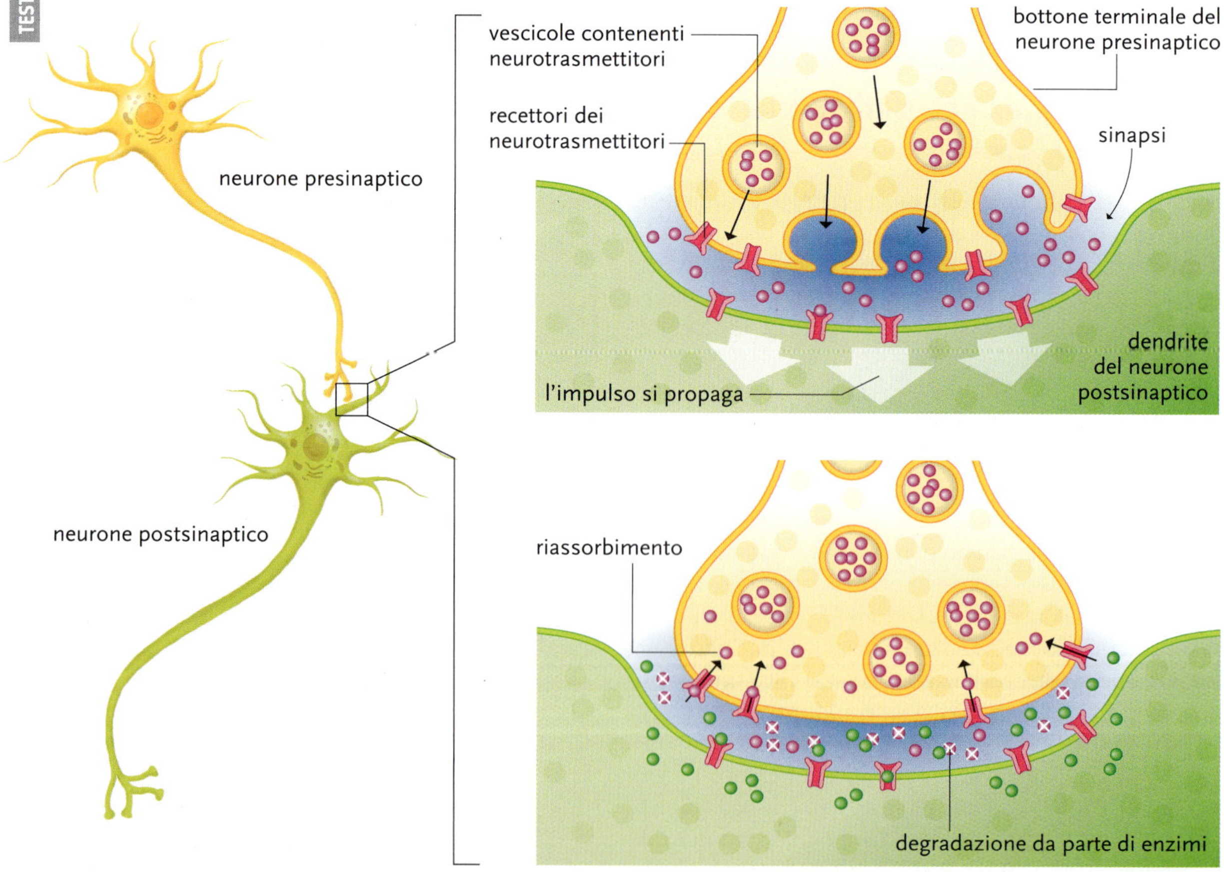

B Dopo che il neurotrasmettitore ha evocato la risposta, è rimosso dallo spazio sinaptico attraverso un processo di degradazione enzimatica o per mezzo della ricattura da parte del neurone presinaptico, che in questo modo lo «ricicla».

è trasferito). Nel bottone presinaptico sono presenti *vescicole* contenenti particolari sostanze dette **neurotrasmettitori**. L'arrivo dell'impulso innesca il rilascio del neurotrasmettitore da parte delle vescicole, attraverso un classico meccanismo di esocitosi. Le molecole del neurotrasmettitore invadono così la fessura sinaptica e raggiungono la membrana postsinaptica, dove sono presenti specifici recettori. Il legame tra neurotrasmettitore e recettore provoca un rapido cambiamento nella permeabilità di membrana del neurone postsinaptico, con l'apertura dei canali per il sodio. L'ingresso del sodio determina a sua volta la depolarizzazione e l'innesco di un potenziale d'azione nel neurone postsinaptico. In questo modo l'impulso nervoso è stato trasmesso al neurone successivo e può proseguire il suo percorso ▶ **6A**. Il neurotrasmettitore viene poi degradato nella fessura sinaptica da specifici enzimi o riassorbito dal neurone presinaptico ▶ **6B**.
In particolare, la sinapsi chimica che collega un neurone motorio a una fibra muscolare prende nome di **giunzione neuromuscolare** ▶ **7**. La parte della cellula muscolare interessata dal terminale assonico è detta **placca motrice**. L'arrivo del potenziale d'azione al bottone sinaptico del motoneurone provoca il rilascio del neurotrasmettitore, che nelle giunzioni neuromuscolari è rappresentato sempre dall'**acetilcolina**. La trasmissione dell'impulso dal motoneurone alla placca motrice determina la contrazione della fibra muscolare (vedi Unità C2).
Esistono decine di neurotrasmettitori, tra cui *adrenalina*, *noradrenalina*, *dopamina*, *serotonina* e *glutammato*.
Non tutti i neurotrasmettitori hanno però un effetto eccitatore (determinano cioè la depolarizzazione della membrana postsinaptica); alcuni hanno, al contrario, un effetto inibitore: ad esempio, l'acetilcolina ha effetto eccitatore sulle fibre muscolari, mentre funziona da inibitore nel sistema nervoso periferico.

SINAPSI ELETTRICHE Sono presenti in un numero limitato di distretti dell'organismo. Nella sinapsi elettrica, le cellule coinvolte sono connesse direttamente tra loro mediante una **giunzione comunicante** (o ***gap junction***), che permette il passaggio di correnti ioniche da un citoplasma all'altro. In genere le sinapsi elettriche, al contrario di quelle chimiche, consentono la conduzione in entrambe le direzioni.
Le sinapsi elettriche sono particolarmente adatte quando sia richiesta una risposta sincronica da parte di un numero elevato di neuroni. Si trovano nel cuore e nell'apparato digerente, dove gli organi devono contrarsi in maniera ritmica e costante.

7 La giunzione neuromuscolare

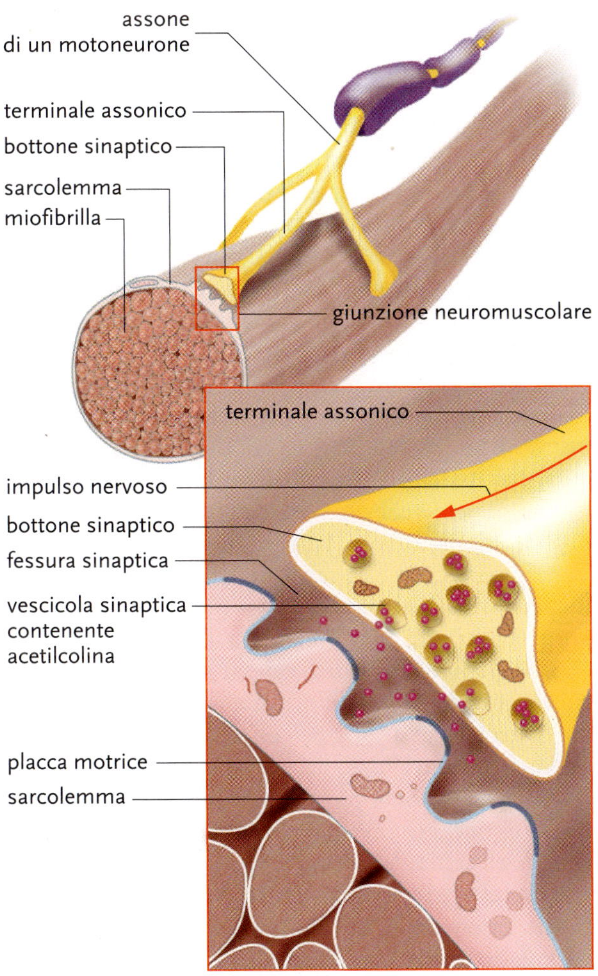

Osserva e RISPONDI

Che cosa rappresenta la figura **A**? E la figura **B**?

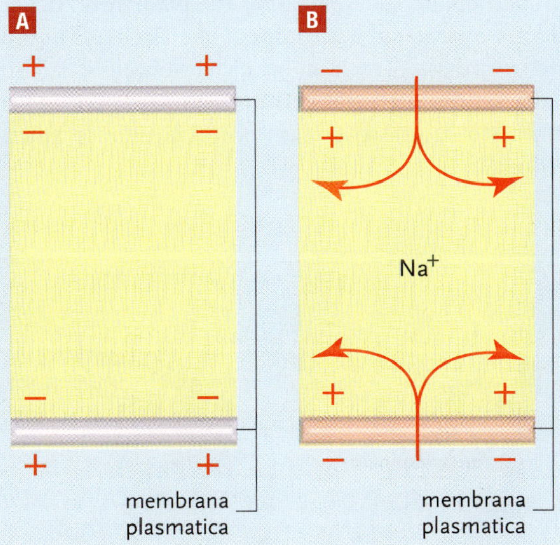

DOMANDE CHIAVE

1. Come si chiamano i due tipi di estensioni presenti nei neuroni?
2. Com'è definita la brusca inversione di polarità di membrana che determina l'insorgere di un impulso nervoso?
3. Come si chiamano le sostanze utilizzate per trasmettere l'impulso a livello delle sinapsi chimiche?

LEZIONE 3

Il sistema nervoso centrale (SNC)

BioParole

Aracnoide
dal greco *arachnoeidés*, «simile a ragnatela»
Arachnoid mater

Analizziamo le due componenti del sistema nervoso centrale: il **midollo spinale** e l'**encefalo**.

1 Anatomia del midollo spinale

Il midollo spinale è situato all'interno della cavità vertebrale, dove è protetto dai seguenti elementi ▶ 1A:

- le **vertebre**, gli elementi ossei della colonna vertebrale, che offrono una notevole resistenza meccanica agli urti (vedi Unità C2);
- il **liquido cerebrospinale**, che bagna tutto il sistema nervoso centrale, agendo come ammortizzatore e rifornendolo di ossigeno e sostanze nutritive;
- le **meningi**, involucri di tessuto, che circondano anche l'encefalo e fungono da cuscinetto protettivo. Nelle meningi possiamo riconoscere tre strati di tessuto connettivo:
  - la **dura madre**, lo strato più esterno, denso e irregolare;
  - l'**aracnoide**, lo strato intermedio, che a causa della disposizione delle fibre collagene assume un aspetto a ragnatela;
  - la **pia madre**, lo strato più interno, trasparente, elastico e ricco di vasi sanguigni.

È in particolare tra l'aracnoide e la pia madre, nel cosiddetto **spazio subaracnoideo**, che circola il liquido cerebrospinale. Tra la colonna vertebrale e la dura madre è presente invece uno spazio occupato da un cuscinetto di grasso e tessuto connettivo: lo **spazio epidurale**.

1 Il midollo spinale

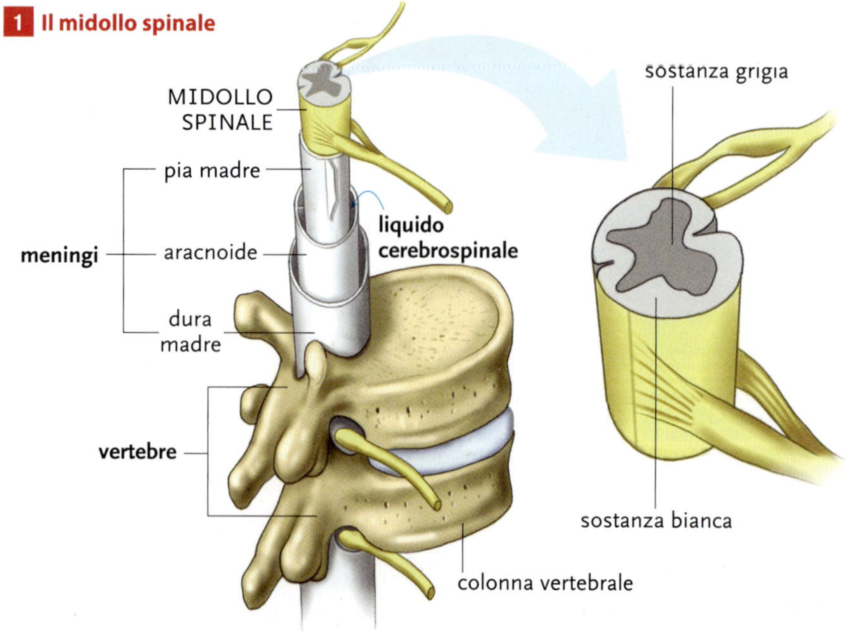

A Gli elementi protettivi: vertebre, liquido cerebrospinale e meningi.

B La disposizione della sostanza grigia e della sostanza bianca.

Il midollo spinale si estende dalla parte inferiore dell'encefalo alla seconda vertebra lombare, per una lunghezza media nell'adulto di 42-48 cm. È costituito da uno spesso fascio di nervi con il compito di trasmettere informazioni da e verso l'encefalo. In sezione, mostra due regioni ben delimitate ▶ 1B. Al centro una zona a forma di farfalla, la **sostanza grigia**, contiene principalmente i corpi cellulari, i dendriti, i terminali sinaptici dei neuroni e le cellule della nevroglia. È qui che avviene l'integrazione delle informazioni in entrata e in uscita. Attorno alla sostanza grigia è presente la **sostanza bianca**, formata soprattutto dagli assoni di cellule nervose che collegano il midollo all'encefalo e regioni diverse del midollo tra loro. Il colore chiaro della sostanza bianca è dovuto alla guaina mielinica dell'assone, ricca di fosfolipidi. La sostanza bianca si dispone intorno alla sostanza grigia a formare cordoni colonnari ascendenti e discendenti. Nei cordoni possono essere distinti *fasci sensoriali* (ascendenti), che portano gli impulsi nervosi all'encefalo, e *fasci motori* (discendenti), che trasportano gli impulsi diretti verso i muscoli o gli altri organi effettori. Un danno al midollo spinale può causare l'interruzione delle comunicazioni con l'encefalo, e alcune parti del corpo possono smettere di funzionare.

2 L'arco riflesso

Al midollo spinale giungono le fibre nervose che raccolgono le sensazioni di tatto, pressione, temperatura, vibrazione e dolore provenienti dalla superficie del nostro corpo e anche stimoli dagli organi interni e dai muscoli. All'arrivo degli stimoli, il midollo può produrre due tipi di risposta: può mandare segnali all'encefalo affinché questo li elabori e invii un comando al corpo; oppure, quando è necessaria una risposta immediata, può spedire l'impulso ai neuroni motori senza passare dall'encefalo, inducendo una risposta. Se, ad esempio, tocchiamo inavvertitamente una pentola bollente, il messaggio che giunge al midollo non può essere spedito all'encefalo, perché «si perderebbe troppo tempo»; in una situazione di pericolo come questa, la mano deve essere ritratta con la massima velocità e quindi il midollo attiva direttamente i neuroni motori e fa allontanare la mano. Questi comportamenti rapidi e involontari messi in atto in risposta a specifici stimoli sono detti **riflessi** e il meccanismo con cui vengono effettuati dal sistema nervoso prende il nome di **arco riflesso** ▶ 2. Se l'effettore, ovvero l'organo che mette in atto la risposta, è un muscolo scheletrico, il riflesso è detto *somatico*, se è un muscolo liscio, si parla invece di riflesso *autonomo*.

Le fasi dell'arco riflesso possono essere così riassunte:

- un recettore rileva uno stimolo; ad esempio un recettore termico della mano percepisce un forte calore al contatto con una pentola bollente;

- l'impulso nervoso, che si genera in conseguenza allo stimolo, si propaga lungo l'assone di un neurone sensoriale (afferente) dalla mano fino ai bottoni sinaptici localizzati all'interno della sostanza grigia del midollo spinale;
- la sostanza grigia funge da centro di integrazione: nei riflessi più semplici è presente una singola sinapsi che collega il neurone sensoriale al motoneurone; in altri casi l'impulso deve passare attraverso uno o più neuroni associativi prima di raggiungere il neurone motorio;
- l'impulso prosegue quindi il suo percorso lungo l'assone del motoneurone (efferente), fino all'organo effettore;
- l'organo effettore mette in atto il riflesso; nel nostro esempio, la ritrazione della mano.

Tutto ciò si verifica in un tempo rapidissimo e ciò che noi osserviamo è l'immediata ritrazione della mano al contatto con il corpo bollente. Si noti che la sensazione di dolore si avverte qualche istante dopo l'azione motoria: le sensazioni coscienti si creano infatti quando l'encefalo elabora l'informazione sensoriale, mentre la risposta motoria di ritrazione della mano, essendo un arco riflesso, si esaurisce a livello del midollo spinale. Alcuni archi riflessi, come quello analizzato, sono innati (vedi Unità C10), altri invece vengono appresi con l'esperienza: è quello che succede ad esempio quando, guidando, freniamo di colpo al verificarsi di un'improvvisa situazione pericolo.

3 L'encefalo

L'**encefalo** è situato all'interno del cranio, dove è costantemente bagnato dal liquido cerebrospinale, che lo nutre e lo protegge da danni chimici e fisici. Contiene 100 o 200 miliardi di cellule nervose e una quantità addirittura 10 volte superiore di cellule della nevroglia. L'encefalo è un organo della dimensione di un piccolo cavolfiore, pesa in media circa 1,3-1,4 kg e ha una consistenza molle. La sua funzione è quella di «centro di comando» del nostro organismo: a esso arrivano, infatti, tutti i segnali provenienti dagli organi di senso e da esso partono i comandi verso tutto il corpo. L'encefalo supervisiona e regola i processi inconsci del nostro organismo, come il battito cardiaco o il respiro, ma anche tutti i movimenti volontari, come camminare o compiere un'attività di precisione con le mani. Infine, è anche la sede del nostro pensiero, dell'apprendimento, delle emozioni e dell'immaginazione. Strutturalmente, nell'encefalo si riconoscono quattro regioni con funzioni diverse ▶ 3: il **tronco encefalico**, il **diencefalo**, il **cervelletto** e il **cervello** propriamente detto (o **telencefalo**).

TRONCO ENCEFALICO Mette in connessione l'encefalo con il midollo spinale. Controlla le informazioni dirette verso le regioni superiori dell'encefalo e quelle che, da queste, si dirigono verso il resto del corpo. Regola molti meccanismi vitali come il battito cardiaco, il respiro, la pressione sanguigna, la digestione e il ritmo sonno-veglia. Consta di tre parti:

2 TESTO-IMMAGINE Il meccanismo dell'arco riflesso

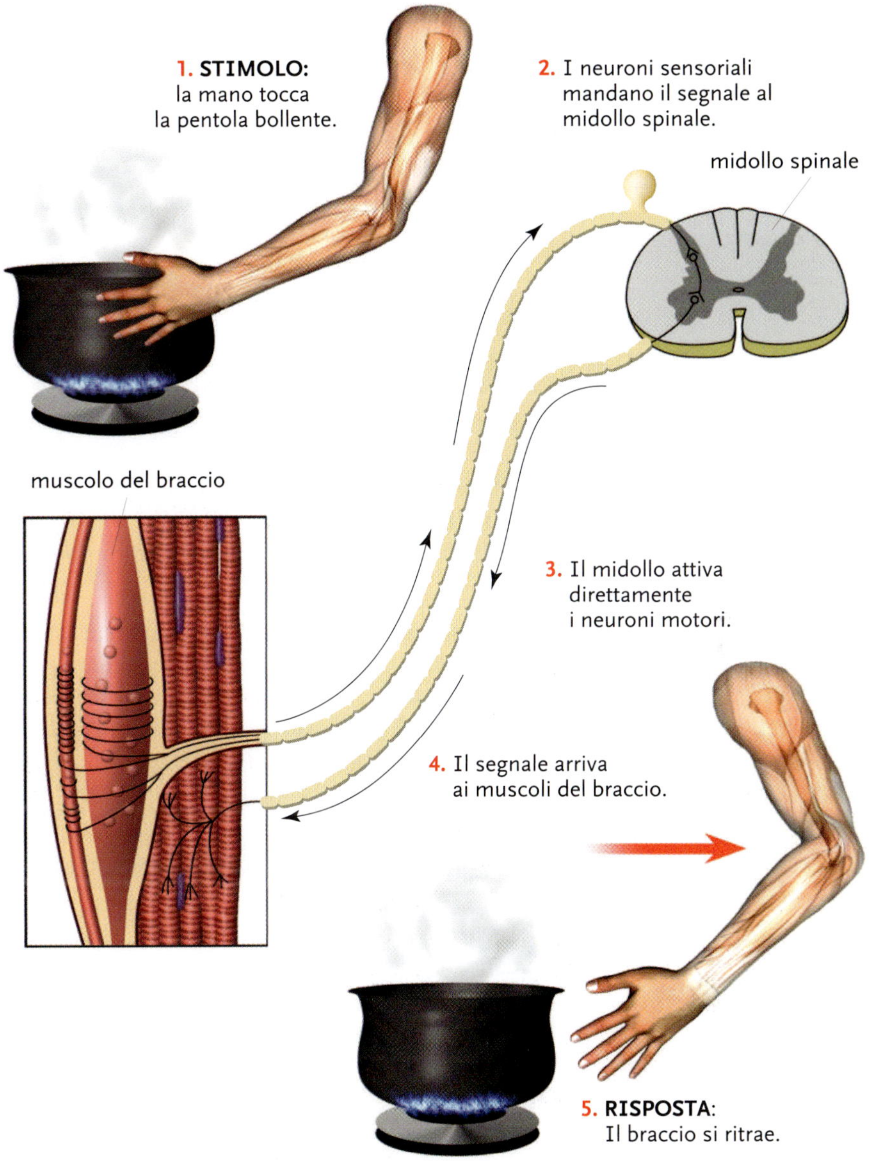

3 Le quattro regioni dell'encefalo

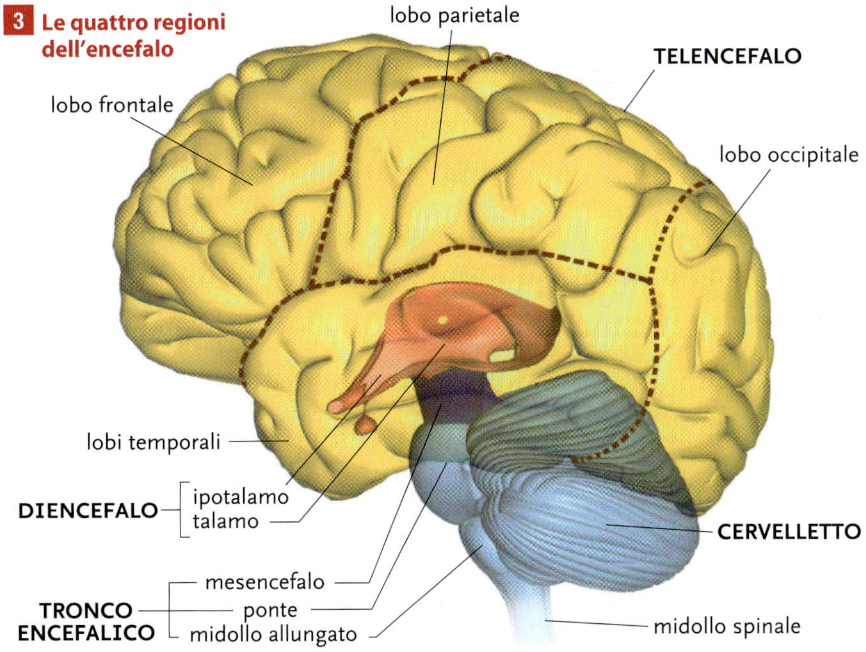

BioParole

Talamo
dal greco *thálamos*, «letto nuziale»
Thalamus

- il **midollo allungato**, che è di fatto la continuazione del midollo spinale e raccoglie tutte le vie sensoriali (ascendenti) e motorie (discendenti) che collegano le due parti del sistema nervoso centrale; è qui che sono alloggiati il *centro cardiovascolare*, che regola il battito cardiaco, e il *centro respiratorio*, un nucleo di sostanza grigia che regola il respiro (è per questo motivo che un forte colpo alla nuca può provocare rapidamente la morte) (vedi Unità C3);
- il **ponte**, che, come dice il nome, svolge una funzione di collegamento tra il tronco encefalico e varie parti dell'encefalo; contiene in particolare diversi nuclei coinvolti nella trasmissione dei segnali nervosi dal telencefalo al cervelletto;
- il **mesencefalo**, che collega il tronco encefalico al diencefalo e ospita i nuclei coinvolti in numerosi archi riflessi, come quello dell'immediato movimento degli occhi al passaggio di un'immagine o quello del «trasalimento» quando si è colpiti da un rumore improvviso.

Nel tronco encefalico è presente anche una rete di neuroni che prende il nome di **sostanza reticolare**; tale regione funziona come filtro per gli stimoli sensoriali, selezionando quelli da inviare alle aree superiori dell'encefalo (e che percepiremo quindi coscientemente); ha un ruolo fondamentale nello stato di attenzione e di veglia: se si disattiva, si ha il *sonno*.

DIENCEFALO È collocato in profondità sotto gli emisferi cerebrali e si compone delle due strutture seguenti.

- Il **talamo**, che è il «centro di selezione e smistamento» dei dati sensoriali diretti al cervello. È formato da due grossi ammassi di sostanza grigia, composti da numerosi nuclei coinvolti nella trasmissione degli impulsi nervosi in arrivo dagli organi di senso e diretti alle diverse regioni telencefaliche. Contribuisce inoltre a regolare molte attività autonome (involontarie).
- L'**ipotalamo**, che, nonostante le piccole dimensioni, controlla molte funzioni del corpo, come temperatura corporea, fame, sete, pressione sanguigna, stato di veglia, ritmo circadiano. È inoltre responsabile di reazioni emotive, quali gioia, rabbia, dolore. Per esercitare la sua funzione di controllo, l'ipotalamo agisce in due modi: integra le funzioni del sistema nervoso autonomo e regola la produzione degli ormoni ipofisari. Svolge inoltre anch'esso una funzione endocrina, per mezzo di neuroni neurosecretori (vedi Unità C7).

Nel diencefalo è alloggiata infine l'*epifisi* o *ghiandola pineale*.

4 Gli emisferi cerebrali

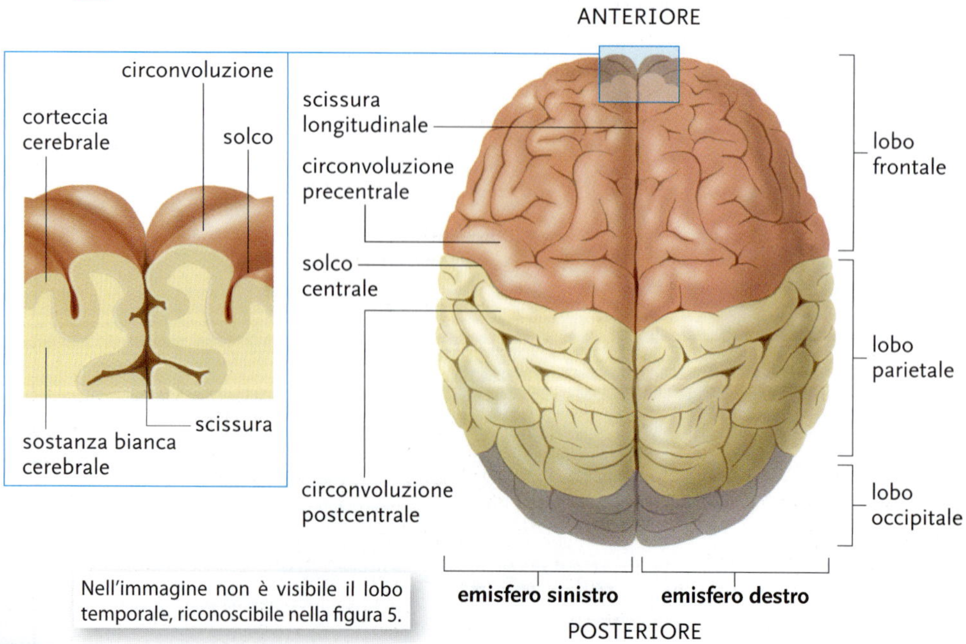

Nell'immagine non è visibile il lobo temporale, riconoscibile nella figura 5.

CERVELLETTO Collocato posteriormente al di sotto del telencefalo, è formato da due piccoli emisferi collegati da fasci di nervi, che ricordano un cervello in miniatura (da cui il nome). Il cervelletto coordina i movimenti complessi del corpo, l'equilibrio e la postura. Quando, ad esempio, andiamo in bicicletta, il cervelletto riceve informazioni dal sistema visivo e valuta la posizione del corpo; poi elabora e coordina questi dati e li invia al telencefalo, che a sua volta manda i messaggi necessari per mettere in atto la giusta sequenza di contrazioni muscolari che rendono possibile la pedalata. È fondamentale per la «fluidità» del movimento, cosicché un danno a questa parte dell'encefalo provoca rigidità e rallentamento delle azioni volontarie, in particolare di quelle specializzate. Questo tipo di disturbo prende nome di *atassia*, e si manifesta in forma lieve anche dopo un'eccessiva assunzione di alcolici; l'alcol inibisce infatti l'attività del cervelletto: da qui l'andatura barcollante dell'ubriaco e la difficoltà a svolgere azioni anche comuni, ma precise, come inserire la chiave nella serratura. Il cervelletto ha infine un ruolo importante nell'apprendimento e nella memoria delle funzioni motorie.

CERVELLO (O TELENCEFALO) È la parte più grande dell'encefalo ed è diviso in due metà, gli **emisferi cerebrali** ▶ **4**, che comunicano l'una con l'altra attraverso un consistente fascio di fibre nervose, il **corpo calloso**. L'*emisfero destro* controlla il lato sinistro del corpo, l'*emisfero sinistro* controlla invece il lato destro. La parte più superficiale del telencefalo, ripiegata più volte su se stessa, è formata da un sottile strato di sostanza grigia, la **corteccia cerebrale**, costituita dai corpi cellulari dei neuroni. Al di sotto di questa si trova una regione fatta prevalentemente di sostanza bianca, con nuclei di sostanza grigia sparsi al suo interno. La maggiore superficie della corteccia è dovuta al fatto che, nel corso dello sviluppo embrionale, la sostanza grigia si accresce più rapidamente della sostanza bianca. Le varie pieghe sono dette **circonvoluzioni**; le leggere scanalature tra le pieghe prendono invece nome di **solchi**, mentre si parla di **scissure** per le fessure più profonde.
Ogni emisfero è suddiviso in quattro **lobi**, ognuno dei quali svolge funzioni di controllo su specifiche attività dell'organismo ▶ **5**:

- il **lobo frontale** svolge un ruolo primario nell'apprendimento e nell'uso del linguaggio, nei movimenti più complessi e nella pianificazione delle azioni future;

- il **lobo parietale** è responsabile della percezione e dell'interpretazione di sensazioni tattili, del gusto, del dolore e della temperatura;
- il **lobo occipitale** è incaricato della percezione e dell'interpretazione degli stimoli visivi;
- i **lobo temporale** è coinvolto nella percezione degli stimoli olfattivi e uditivi e nei meccanismi collegati alla memoria e alle emozioni.

La parte più profonda del cervello, che avvolge come un anello il sottostante diencefalo, è la parte più antica del telencefalo e prende nome di **sistema limbico**. Regola molti aspetti involontari del comportamento collegati alla sopravvivenza e svolge, insieme all'ipotalamo, un ruolo fondamentale nel controllo delle emozioni (dolore, piacere, collera, tenerezza ecc.). Le sue due componenti, l'**amigdala** e l'**ippocampo**, cooperano inoltre al meccanismo della memoria.

4 Le aree funzionali della corteccia cerebrale

La corteccia cerebrale, che è costituita dai corpi cellulari dei neuroni, è la sede della rielaborazione, dell'integrazione e della supervisione di tutti i segnali in arrivo. È grazie a questa attività che possiamo leggere, scrivere, fare calcoli, parlare, progettare, comporre musica, programmare la nostra vita, ricordare il passato, riflettere e immaginare. Nei quattro lobi cerebrali possiamo individuare varie aree della corteccia ben delimitate e deputate a specifiche funzioni. In generale si distinguono tre tipologie di aree: **sensoriali**, **motorie** e **associative** ▶ 5.

AREE SENSORIALI Raccolgono l'informazione proveniente dagli organi di senso e sono responsabili della nostra capacità di percezione. Sono posizionate prevalentemente nella parte posteriore di ogni emisfero. Possiamo riconoscere cinque importanti aree sensoriali:

- l'**area somatosensoriale primaria (o carteccia somatosensoriale)**, collocata dietro il solco centrale e coinvolta nella percezione del tatto, della pressione, del dolore, del calore, del prurito, della *propriocezione* (ovvero della percezione della propria posizione);
- l'**area visiva primaria**, posizionata nel lobo occipitale e responsabile della percezione visiva;
- l'**area uditiva primaria**, posta nel lobo temporale e deputata alla percezione degli stimoli sonori;
- l'**area gustativa primaria**, collocata nel lobo parietale e coinvolta nella percezione del gusto;
- l'**area olfattiva primaria**, situata nel lobo temporale e responsabile della percezione degli stimoli olfattivi.

AREE MOTORIE Raccolgono il segnale motorio in uscita dalla corteccia cerebrale e diretto verso gli organi effettori. Sono posizionate per lo più nella parte anteriore degli emisferi cerebrali. Le aree motorie più importanti sono due:

- l'**area motoria primaria (o carteccia motoria)**, situata nel lobo frontale e responsabile della contrazione dei muscoli volontari presenti sul lato opposto del corpo;
- l'**area del linguaggio di Broca**, posta anch'essa nel lobo frontale, ma in posizione più laterale, e coinvolta nell'uso del linguaggio.

5 Mappa delle aree funzionali della corteccia cerebrale

Nella figura sono riportate in blu le aree sensoriali e in rosso le aree motorie; sono lasciate in nero le aree associative.

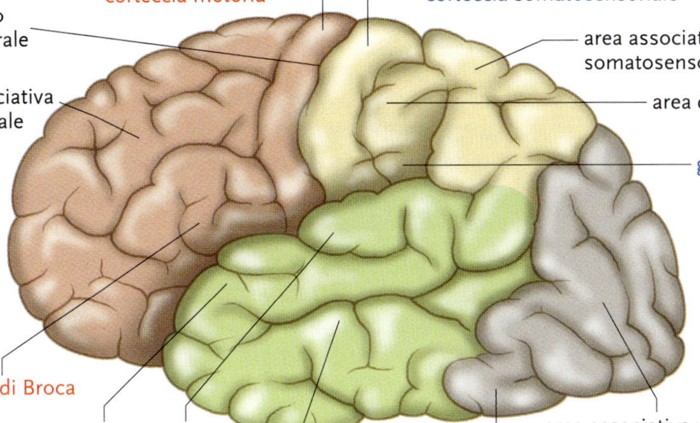

AREE ASSOCIATIVE Associano l'informazione sensoriale ad altre informazioni conservate nella memoria. Sono situate prevalentemente sulla superficie laterale dei due emisferi cerebrali. Si possono individuare molte di queste aree, che nel loro complesso formano la cosiddetta **corteccia associativa**. Tra le aree associative possiamo ricordare ad esempio l'**area associativa somatosensoriale**, che interpreta impulsi provenienti da varie aree sensoriali ed è coinvolta nella formazione dei ricordi, e l'**area di Wernike**, deputata alla produzione e alla decodificazione del linguaggio. Insieme, l'area di Broca e l'area di Wernike permettono la formulazione del pensiero e l'associazione del contenuto emotivo alle parole.

Bio Parole

Amigdala
dal greco *amygdále*, «mandorla»
Amygdala

Ippocampo
dal greco *hyppókampos*, composto di *híppos* «cavallo» e *kámpos*, «mostro marino»
Hippocampus

DOMANDE CHIAVE

1. Quali sono le quattro grandi regioni dell'encefalo?
2. In quale parte del sistema nervoso centrale si verificano gli archi riflessi?
3. Come si chiama il liquido che bagna tutto il sistema nervoso centrale?

Osserva e COMPLETA

Che cosa rappresenta la figura? Individua le quattro regioni dell'encefalo e le strutture principali.

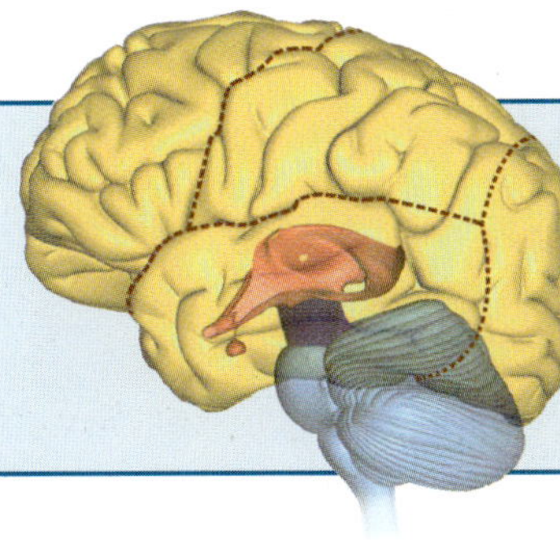

LEZIONE 4

Il sistema nervoso periferico (SNP)

BioParole

Ganglio
dal greco *ganglíon*, «ghiandola, tumore»
Ganglion

1 Organizzazione generale del sistema nervoso periferico

Il **sistema nervoso periferico** è formato da due principali gruppi di nervi: i **nervi cranici** (12 paia) ▶ **1**, che si originano dall'encefalo per terminare nella testa o nella parte superiore del corpo, e i **nervi spinali** (31 paia), che dal midollo spinale si dirigono al resto del corpo. La maggior parte dei nervi è «mista», contiene cioè sia fibre sensoriali (afferenti, che portano cioè i messaggi dalla periferia verso il SNC) sia fibre motrici (efferenti, che trasmettono cioè gli impulsi nervosi dal SNC verso gli organi effettori). Sono infine considerati elementi costitutivi del sistema nervoso periferico i cosiddetti **gangli**, masse di tessuto nervoso poste all'esterno del sistema nervoso centrale e in stretto collegamento con i nervi.
Dal punto di vista funzionale, nel sistema nervoso periferico possiamo individuare due grandi componenti: il **sistema nervoso somatico** (**SNS**), che controlla i muscoli scheletrici (volontari), e il **sistema nervoso autonomo** (**SNA**), che controlla la muscolatura liscia e cardiaca (involontaria), nonché le ghiandole. Nello stesso nervo possono essere presenti motoneuroni somatici e autonomi diretti alla medesima regione del corpo. Il sistema nervoso autonomo è a sua volta distinto in due componenti: il *sistema simpatico* e il *sistema parasimpatico*, formati da neuroni motori che svolgono un'azione antagonista sulla maggior parte degli organi ▶ **2**.

1 I nervi cranici

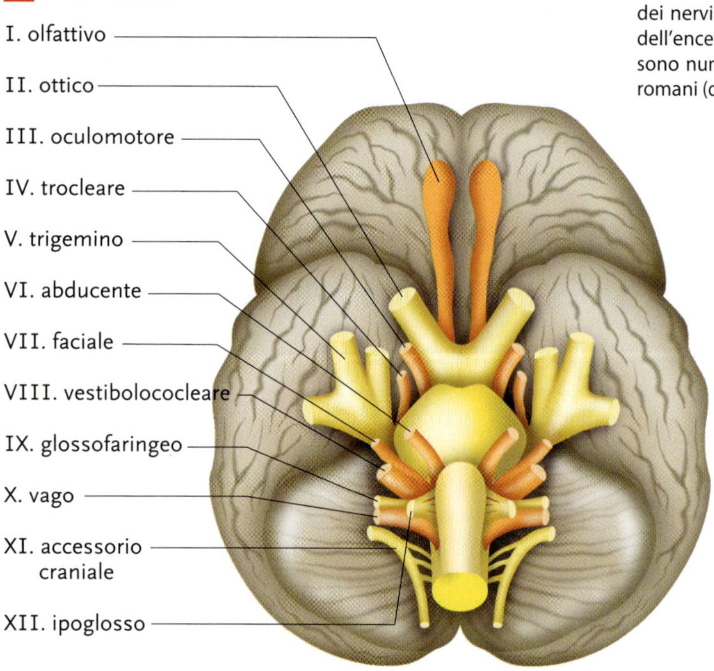

La figura mostra l'origine dei nervi cranici dalla base dell'encefalo. I nervi cranici sono numerati con numeri romani (da I a XII).

2 Le componenti del sistema nervoso periferico

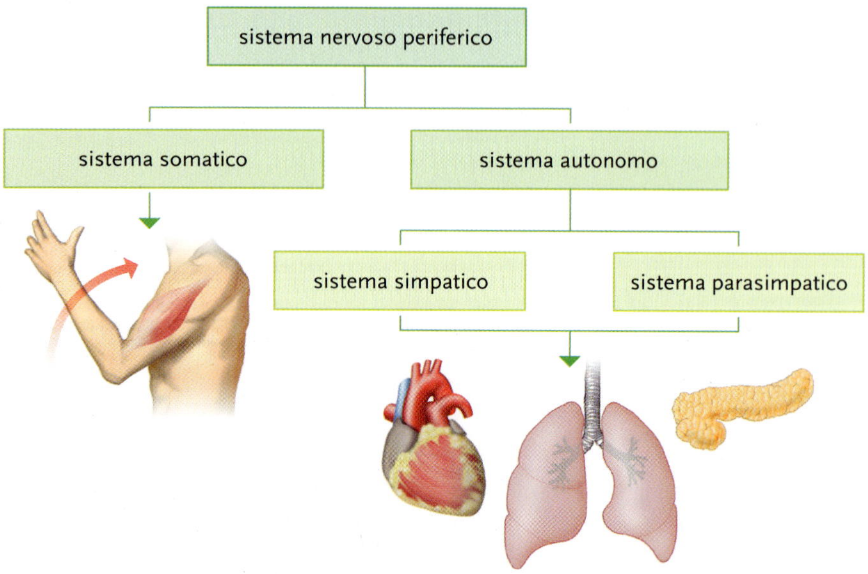

2 Il sistema nervoso somatico (SNS)

Il **sistema nervoso somatico** (**SNS**) raccoglie l'informazione sensoriale, attraverso i **neuroni sensitivi somatici**, e la trasporta al SNC. Le sensazioni trasportate dalle fibre del SNS giungono dagli organi di senso, nonché dai recettori corporei per la percezione del dolore, della temperatura e del tatto, e sono percepite dall'organismo in maniera cosciente.
L'informazione motoria mediata dal SNS è diretta *esclusivamente* ai muscoli scheletrici, attraverso i **neuroni motori somatici**, e le risposte muscolari impartite sono prevalentemente sotto il controllo della volontà. Sebbene la respirazione non sembri generalmente un'azione consapevole, anche i muscoli che regolano i movimenti respiratori sono muscoli scheletrici e sono pertanto controllati da motoneuroni somatici.
I neuroni motori somatici si estendono direttamente dal SNC fino alla fibra muscolare scheletrica, dove formano giunzioni neuromuscolari. Come abbiamo visto, a livello di questo tipo di sinapsi il neurotrasmettitore è l'*acetilcolina*, che sul muscolo scheletrico ha sempre effetto eccitatore: quando un motoneurone somatico stimola un muscolo scheletrico, ne determina quindi *sempre* la contrazione ▶ **3**.

3 Il sistema nervoso autonomo (SNA)

Il **sistema nervoso autonomo** (**SNA**) raccoglie l'informazione sensoriale, tramite i **neuroni sensoriali autonomi**, da recettori che controllano condizioni interne (come il livello di CO_2 nel sangue) e innerva, tramite i **neuroni motori autonomi**, la muscolatura liscia, il cuore e le ghiandole. Svolge complessivamente un'azione di controllo sulle funzioni involontarie dell'organismo, come la digestione del cibo, il battito cardiaco o la secrezione di ormoni.

Il SNA è formato a sua volta da due sistemi che agiscono sugli stessi organi in maniera opposta: il **sistema simpatico** e il **sistema parasimpatico** (si noti che tale distinzione riguarda solo la componente efferente del SNA, formata dai motoneuroni).

A differenza di ciò che accade nel sistema nervoso somatico, nel sistema nervoso autonomo il neurone motorio che si diparte dal SNC forma una sinapsi con un altro neurone motorio, collocato in un ganglio, prima di raggiungere la ghiandola o il muscolo da stimolare. Si distinguono quindi un **motoneurone pregangliare** e un **motoneurone postgangliare**. Nel sistema simpatico il ganglio è collocato vicino al midollo spinale ▶ **4A**; nel sistema parasimpatico il ganglio è posto invece in prossimità dell'effettore ▶ **4B**.

Come si può osservare nella figura ▶ **5**, nel sistema simpatico i motoneuroni si dipartono dai segmenti toracici e dai primi segmenti lombari del midollo spinale, mentre nel sistema parasimpatico si originano dal tronco encefalico e dai segmenti sacrali del midollo spinale.

Dal momento che le due componenti del SNA hanno spesso azione antagonista su uno stesso organo, i motoneuroni autonomi possono avere effetto sia eccitatore sia inibitore. Tale azione è mediata da due neurotrasmettitori: l'*acetilcolina* (nei *neuroni colinergici*) e la *noradrenalina* (nei *neuroni noradrenergici*).

In generale, il sistema simpatico tende a preparare il corpo ad attività intense: accelera il battito cardiaco, la respirazione e la pressione sanguigna, permettendoci ad esempio di reagire con la fuga in una situazione di pericolo. Il sistema parasimpatico, al contrario, serve a conservare le condizioni dell'organismo con il minimo dispendio energetico: tende quindi a mantenere a valori bassi la pressione sanguigna, il respiro e il battito cardiaco; dopo una situazione di stress, entra in azione successivamente al simpatico, nella fase di «recupero», per riportare il nostro corpo a valori standard.

3 Il percorso dei motoneuroni somatici

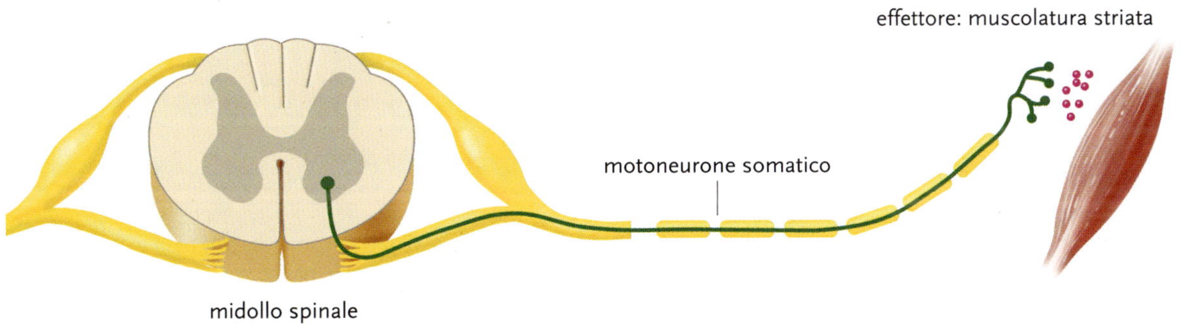

4 Il percorso dei motoneuroni autonomi

A motoneuroni autonomi simpatici

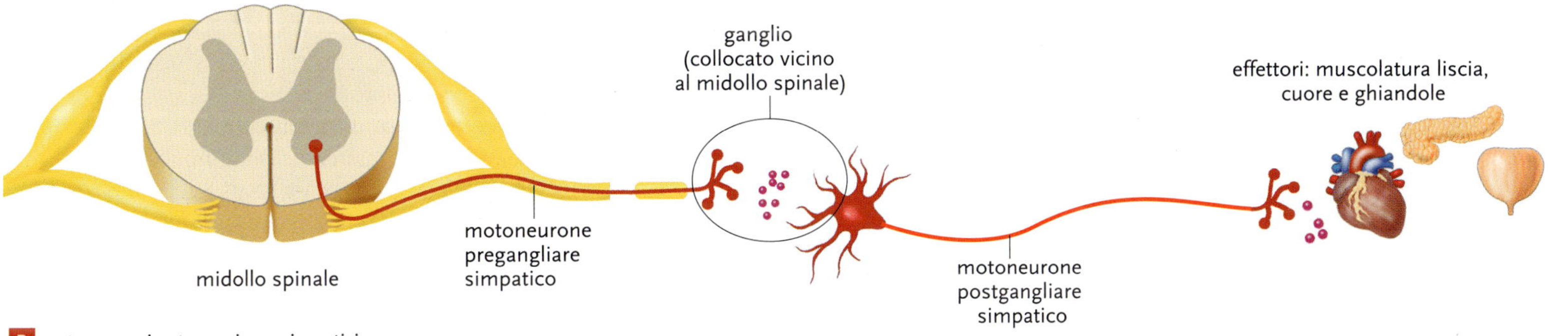

B motoneuroni autonomi parasimpatici

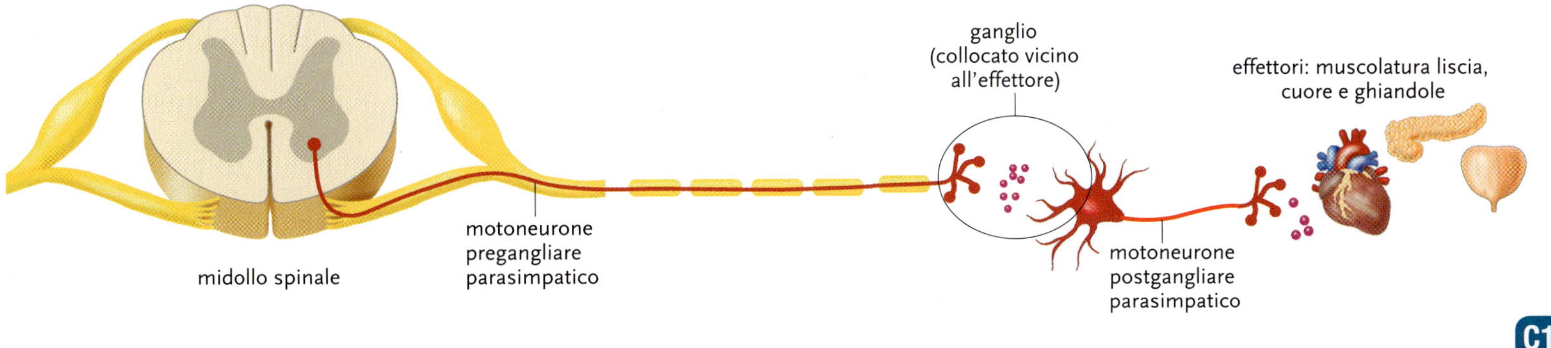

5 TESTO-IMMAGINE La distribuzione dell'innervazione simpatica e parasimpatica

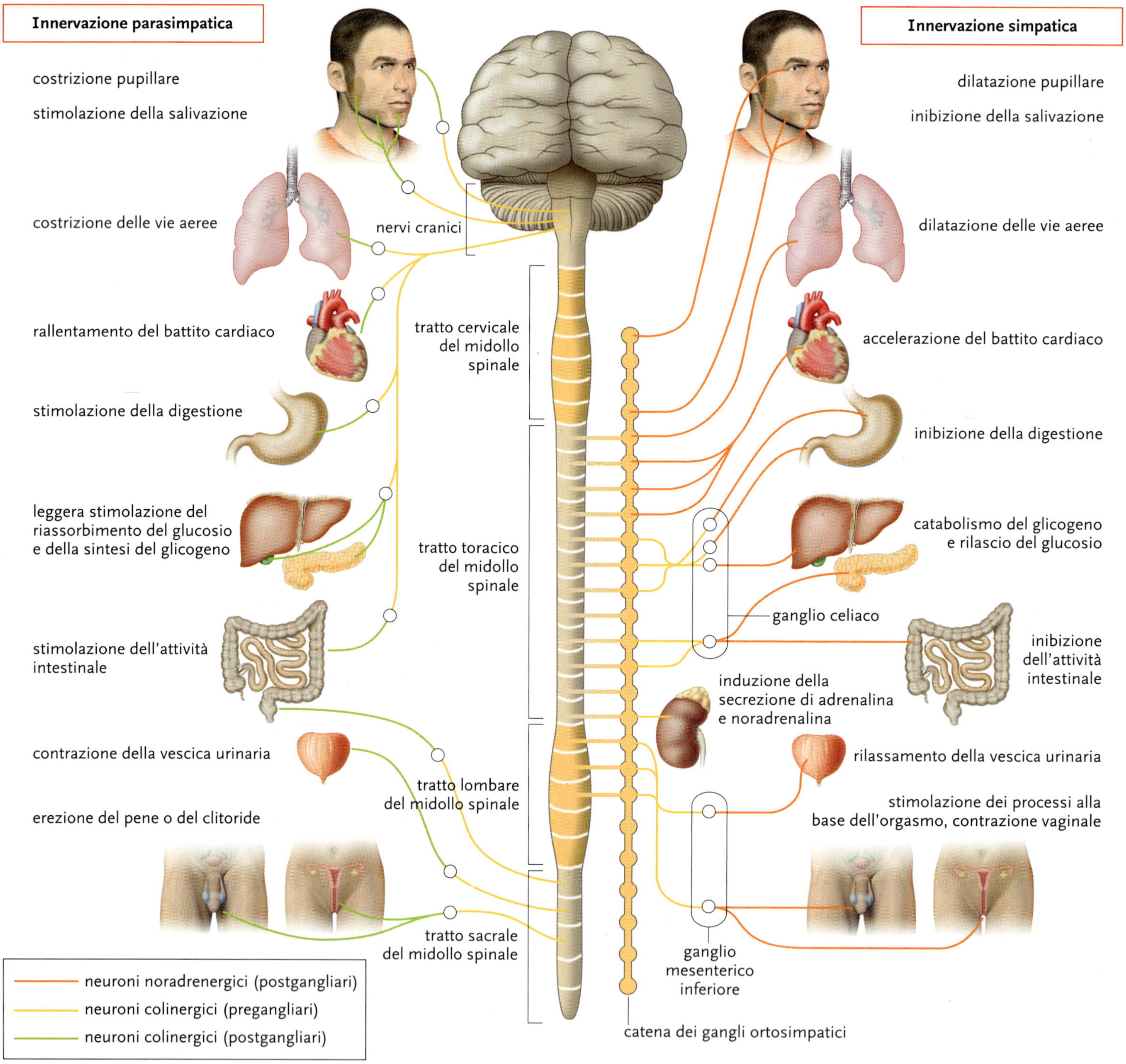

DOMANDE CHIAVE

1. Su quali muscoli agisce il sistema nervoso somatico?
2. Come si chiamano le due componenti del sistema autonomo?
3. Dov'è collocata la sinapsi che separa i motoneuroni pregangliari da quelli postgangliari?

Osserva e COMPLETA

Il percorso di quali motoneuroni è mostrato nella figura? Completa inserendo i termini mancanti.

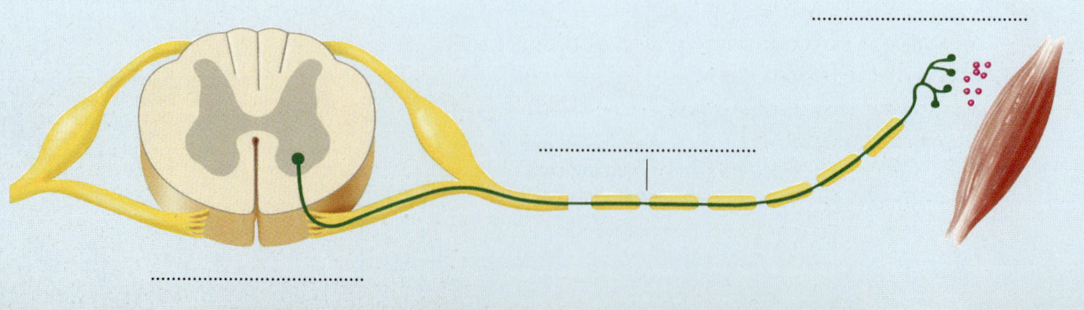

LEZIONE 5

La percezione negli animali

1 Stimoli e recettori

Abbiamo visto che ogni risposta nervosa è innescata da uno stimolo in grado di scatenare un potenziale d'azione. Gli organismi viventi ricevono dall'ambiente esterno stimoli di natura molto diversa: suoni, odori, sapori, immagini, variazioni di temperatura ecc. Gli stimoli vengono percepiti grazie a cellule specializzate nel captare i messaggi e nel trasmettere l'informazione al cervello: i **recettori sensoriali**.

Passando dagli organismi più semplici a quelli più complessi, si assiste a un aumento del numero e della complessità dei recettori. Nel mondo animale possiamo riconoscere cinque categorie principali di recettori sensoriali:

- i **chemiocettori**, che percepiscono stimoli chimici, come la variazione di concentrazione di determinate sostanze, riconosciute come odori o sapori;
- gli **elettrocettori** o **recettori elettromagnetici**, sensibili a onde elettromagnetiche di lunghezza e frequenza diverse, come i campi magnetici, la luce, le correnti elettriche;
- i **meccanocettori**, che registrano variazioni di pressione, come avviene nella percezione tattile, ma anche nella ricezione dei suoni;
- i **termocettori**, che registrano variazioni della temperatura;
- i **nocicettori** o **recettori del dolore**, che segnalano un danno ai tessuti di natura sia chimica sia fisica (ad esempio una scottatura).

I recettori sensoriali possono essere distinti anche in base alla loro *localizzazione*. Quelli che raccolgono stimoli provenienti dall'ambiente esterno si trovano sulla superficie della pelle e sono detti **esterocettori**. Gli organismi sono in grado di raccogliere anche segnali provenienti dai visceri del corpo o stimoli relativi alla postura e all'equilibrio: questi recettori, localizzati in profondità, sono detti **enterocettori** e hanno il ruolo di monitorare gli stimoli meccanici, chimici, termici e dolorifici che possono sollecitare gli organi interni.

Quando siamo esposti a uno stimolo continuato, come il ticchettio di un orologio o un rumore di fondo, dopo un po' di tempo non lo percepiamo più. Questo fenomeno è detto **adattamento sensoriale** ed è dovuto alla tendenza che hanno i recettori, se stimolati ripetutamente, a diventare via via meno sensibili. Si tratta di un meccanismo di difesa del nostro sistema nervoso, per evitare che venga sovraccaricato di informazioni inutili.

Gruppi di recettori che svolgono assieme una funzione specifica costituiscono un **organo di senso**.

Gli organi di senso sono le strutture responsabili della nostra elevata capacità di **percezione** dell'ambiente esterno e interno; sono strutture estremamente raffinate, in grado di competere con i più sofisticati strumenti di misura.

2 L'evoluzione dei recettori negli animali

La sopravvivenza di un animale dipende in primo luogo dalla sua capacità di captare e interpretare in modo corretto le informazioni provenienti dall'ambiente esterno. Non stupisce dunque che l'evoluzione abbia favorito l'affermarsi di organi di senso sempre più sensibili e diversificati, tanto che alcuni di essi sono fra le strutture anatomiche più sofisticate del mondo animale.

I CHEMIOCETTORI I **chemiocettori** sono stati i primi a comparire: sono presenti in tutti gli animali e consentono di captare e identificare le molecole chimiche presenti nell'ambiente ▶ 1. Permettono quindi di individuare la presenza di cibo, di una preda o di un possibile partner sessuale. I sensi del **gusto** e dell'**olfatto** si basano su gruppi di chemiocettori: nel primo caso vengono riconosciute molecole diluite in un liquido (*sapori*), nel secondo caso molecole presenti nell'aria (*odori*). Nell'ambito degli invertebrati, i chemiocettori sono particolarmente sviluppati negli insetti, dove sono localizzati intorno alla bocca, all'estremità delle zampe e sulle antenne. Anche tutta la complessa comunicazione degli insetti sociali si basa sullo scambio di molecole chimiche contenenti le informazioni necessarie per il coordinamento della vita nella colonia. Tali molecole vengono trasferite di bocca in bocca attraverso il passaggio di gocce di cibo (comportamento noto come *trofallassi*). Nei vertebrati i recettori dell'olfatto e del gusto sono tipicamente localizzati a livello del capo, sebbene nei pesci vi siano chemiocettori distribuiti su tutto il corpo. L'olfatto è molto sviluppato nei vertebrati notturni e in quelli che vivono sottoterra (poiché utilizzano poco il senso della vista), ed è in generale il senso più utilizzato dai mammiferi. Tra i mammiferi si distinguono in particolare animali con olfatto molto acuto, detti **macrosmatici** (come i cani), e altri con olfatto meno fine, o **microsmatici** (come l'uomo).

Bio Parole

Olfatto
dal latino *olfactu*, connesso con *olefacere*, «odorare, annusare»
Olfaction

1 Chemiocettori
I chemiocettori sono responsabili dei sensi del gusto e dell'olfatto.

L'occhio composto di un insetto.

2 Elettrocettori

I più comuni elettrocettori sono i **fotorecettori**, coinvolti nel senso della vista.

BioParole

Tatto
dal latino *tactu*, derivato di *tangere*, «toccare»
Touch

3 Meccanocettori

I meccanocettori più semplici coinvolgono la percezione tattile, quelli più complessi, i recettori acustici, sono responsabili del senso dell'udito.

I RECETTORI ELETTROMAGNETICI Molto comuni nel regno animale sono anche i **recettori elettromagnetici**, o **elettrocettori**, che permettono di percepire onde elettromagnetiche di diversa lunghezza ▶ 2. I più comuni recettori elettromagnetici sono i **fotorecettori**, in grado di captare le variazioni d'intensità della luce e associati quindi al senso della **vista**. Sono in genere organizzati in organi fotosensibili di complessità variabile. Gli *occhi composti*, presenti in molti invertebrati, in particolare negli insetti, sono costituiti da un gran numero di minuscoli rilevatori di luce, gli **ommatidi**. Ogni ommatidio contiene numerosi fotorecettori ed è in grado di captare la luce di una piccola porzione del campo visivo. L'encefalo integra le informazioni provenienti dai diversi ommatidi e le compone in un'unica immagine, come in un mosaico. Gli insetti sono in grado di percepire anche lunghezze d'onda non rilevate dall'occhio umano, come gli *ultravioletti*. I serpenti a sonagli hanno sotto gli occhi due fotorecettori per gli *infrarossi*: questi permettono loro di captare la presenza di una preda anche al buio. Negli squali e nelle razze esistono elettrocettori in grado di percepire deboli campi elettrici. Questo senso è utilizzato per localizzare le prede: tutti gli animali producono infatti campi elettrici, la cui intensità varia da specie a specie.

Nei pesci i meccanocettori sono distribuiti lungo la linea laterale.

I MECCANOCETTORI Con la conquista dalla terraferma da parte dei primi vertebrati tetrapodi (ovvero a quattro zampe), si assiste a una notevole evoluzione di un altro gruppo di recettori: i **meccanocettori**, recettori sensibili alle variazioni di pressione e associati quindi prima di tutto al senso del **tatto** ▶ 3. Nei pesci questi recettori sono distribuiti lateralmente sulla superficie del corpo, a formare la cosiddetta **linea laterale**. Tali recettori rilevano le differenti pressioni dell'acqua circostante e permettono all'animale di individuare la direzione di provenienza di un'onda e l'eventuale presenza di ostacoli. Con il passaggio alla vita terrestre questi organi diventano inefficaci e negli anfibi (sebbene nel girino sia ancora presente la linea laterale) si assiste alla trasformazione di tali meccanocettori in **recettori acustici**, specializzati nella percezione dei suoni e associati quindi al senso dell'**udito**. I recettori acustici sono presenti anche in tutti quegli insetti che comunicano attraverso i suoni, come cavallette, grilli, cicale, pur raggiungendo il massimo grado di complessità nell'orecchio dei vertebrati. I pipistrelli e i mammiferi marini, come i delfini, sono in grado di emettere e di percepire *ultrasuoni*, vibrazioni sonore di frequenza elevatissima non udibili dagli esseri umani. Essi utilizzano questa capacità per localizzare prede ed evitare ostacoli: emettono ultrasuoni e interpretano l'eco che le onde sonore creano quando incontrano un animale o un oggetto.
Vedremo nelle prossime lezioni gli organi preposti nell'uomo ai *cinque sensi* introdotti in questo paragrafo: olfatto, gusto, vista, tatto, udito.

I pipistrelli e i cetacei possiedono meccanocettori in grado di percepire gli ultrasuoni.

DOMANDE CHIAVE

1. Come si chiamano i recettori coinvolti nella percezione di odori e sapori?
2. A quale più ampio gruppo di recettori appartengono i fotorecettori?
3. Quali stimoli sono percepiti dagli enterocettori?

Osserva e RISPONDI

A quale categoria appartengono i recettori usati dal pipistrello per catturare la sua preda?

Il gusto e l'olfatto

1 I recettori del gusto

Affidandoci al gusto evitiamo cibi pericolosi e mangiamo ciò che è utile al nostro organismo per vivere. Se ingerissimo cibi velenosi (spesso disgustosi o marcescenti), il loro gusto repellente ce li farebbe sputare immediatamente, così da impedirci di deglutirli.
Il senso del gusto dipende da migliaia di recettori specializzati, detti **recettori gustativi**, appartenenti alla categoria dei chemiocettori. I recettori gustativi sono presenti sulla lingua, riuniti in piccoli gruppi a formare i **calici gustativi**, a loro volta organizzati all'interno di strutture chiamate **papille gustative** ▶ 1. Ciascuna papilla contiene circa 50-100 recettori gustativi. Gli assoni dei neuroni che raccolgono l'informazione dai calici gustativi e la portano all'encefalo sono contenuti all'interno di tre coppie di nervi cranici. Questi assoni formano la **via gustativa**, che porta l'informazione al midollo allungato e da qui al sistema limbico, all'ipotalamo e al talamo; dal talamo i segnali sono inviati all'area gustativa primaria della corteccia cerebrale, dove si forma la *percezione cosciente del gusto*.
I recettori gustativi sono in grado di catturare le molecole di cibo solo quando queste sono disciolte nella saliva. La lingua contiene la maggior parte delle papille, circa 3000; alcune però sono presenti sul fondo della gola e sul palato. I recettori gustativi sono in grado di distinguere i cinque **gusti primari**. Quattro sono quelli a noi più familiari: *dolce*, *salato*, *aspro* e *amaro*. Il quinto gusto di base è l'*umami*, che in giapponese significa «delizioso», e permette di apprezzare nei cibi la presenza di alcuni sali e di certi acidi, come il glutammato di sodio (contenuto ad esempio nelle patatine confezionate, non a caso ritenute estremamente appetitose da molte persone!). Questo sale è presente nella carne, in alcuni formaggi e nei funghi, ma viene aggiunto dalle industrie alimentari a molti cibi per esaltarne la sapidità. Tutti gli altri sapori, anche quelli apparentemente più strani come il peperoncino o il cioccolato, sono combinazioni dei cinque gusti primari, che possono essere presenti contemporaneamente in un solo cibo.
Ciascun tipo di recettore specializzato nella percezione di un gusto primario è concentrato maggiormente in una certa area della lingua:

- i **recettori per il dolce** si trovano principalmente sulla punta e sono stimolati dagli zuccheri;
- i **recettori per l'acido** sono localizzati lungo i lati e vengono stimolati da vari tipi di acido;
- i **recettori per il salato** si trovano nella porzione anteriore della lingua e sono attivati da diversi sali;
- i **recettori per l'amaro** sono posti sul retro della lingua e sono stimolati da alcune sostanze chimiche, come la caffeina.

1 I recettori gustativi e la percezione dei sapori

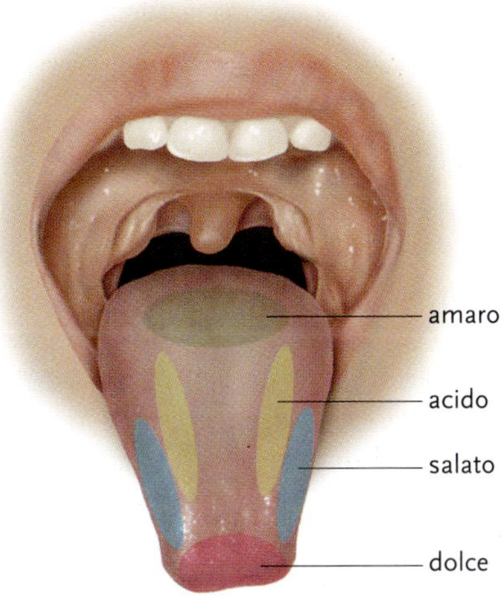

La localizzazione delle papille gustative per i sapori primari.

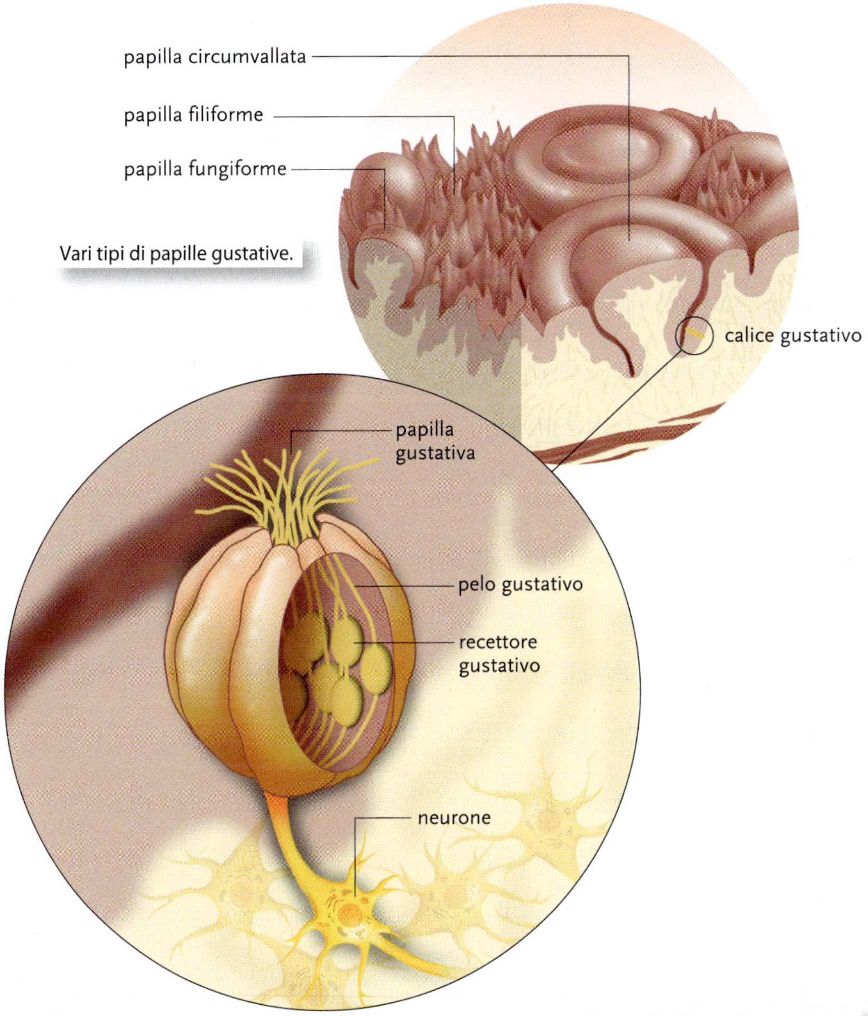

Vari tipi di papille gustative.

Dettaglio di un calice gustativo.

Non ci sono invece molti dati per quanto riguarda la localizzazione dei recettori per l'umami. L'umami non è un gusto immediatamente percepibile, ma lo diventa dopo qualche tempo, e viene spesso descritto come un retrogusto.
La valutazione che diamo di un cibo non è collegata in realtà unicamente all'informazione che riceviamo attraverso i recettori del gusto. Quando avviciniamo una pietanza alla bocca, l'odore che emana da essa raggiunge immediatamente i recettori olfattivi, stimolandoli. Viene così realizzata subito dal nostro cervello un'integrazione tra le informazioni che ci arrivano dai recettori gustativi e olfattivi. Tanto il senso del gusto quanto quello dell'olfatto hanno connessioni con parti dell'encefalo che controllano le emozioni, regolano il senso della fame e della sete e formano alcuni tipi di ricordi collegati al cibo. Infine, anche l'aspetto e la consistenza di una pietanza condizionano il nostro giudizio: nel «responso finale» sono coinvolti dunque anche vista e tatto. In conclusione, utilizziamo quattro sensi su cinque ogni volta che decidiamo se ciò che stiamo per portare alla bocca vale la pena o meno di essere ingerito.
Il senso del gusto, come anche quello dell'olfatto, può variare da individuo a individuo e può mutare nello stesso individuo con l'età. Circa ogni 10 giorni i recettori per il gusto muoiono e vengono rinnovati, mentre quelli olfattivi vengono sostituiti ogni 60 giorni. Da bambini siamo più sensibili al gusto perché siamo dotati di numerose papille gustative. Crescendo, molte papille vengono perdute: è per questo motivo che spesso gli adulti apprezzano sapori forti che per i bambini risultano eccessivamente intensi.

2 L'epitelio olfattivo

2 I recettori dell'olfatto

La percezione degli odori si deve al senso dell'olfatto. L'uomo è in grado di individuare migliaia di molecole chimiche differenti presenti nell'aria grazie a chemiocettori estremamente sensibili, i **recettori olfattivi**. Nel naso sono presenti da 10 a 100 milioni di recettori olfattivi concentrati nel cosiddetto **epitelio olfattivo**, che occupa la porzione superiore della nostra cavità nasale ▶ **2**. Nell'epitelio olfattivo sono presenti anche le **ghiandole olfattive**, che producono il *muco*, una sostanza che serve a umidificare la superficie epiteliale e a funzionare da solvente per le molecole inalate. I recettori olfattivi presentano numerose *ciglia*, che rispondono alla presenza di sostanze odorose, intrappolandole. Questo legame eccita i recettori olfattivi (specifici ognuno per un determinato tipo di odore) che a loro volta trasmettono il segnale nervoso all'encefalo.
L'informazione raccolta dai neuroni che innervano l'epitelio olfattivo raggiunge il sistema nervoso centrale attraverso una specifica coppia di nervi cranici, i cosiddetti **nervi olfattivi**, che terminano nei **bulbi olfattivi** localizzati nei lobi frontali del cervello. La **via olfattiva** raggiunge infine l'area olfattiva primaria della corteccia cerebrale, dove inizia la *consapevolezza dell'odore*. Alcuni assoni della via olfattiva si spingono anche verso con il sistema limbico, la parte dell'encefalo che è coinvolta nelle emozioni e nella memoria. È per questo che un odore ci piace o non ci piace, ma quasi mai ci lascia indifferenti. Per la stessa ragione, gli odori sono anche strettamente legati alla memoria e ci lasciano impressioni durature. Il fenomeno dell'adattamento sensoriale è particolarmente rapido per i recettori olfattivi: la loro capacità di percezione cala di circa il 50% nel primo secondo successivo alla stimolazione e continua a diminuire più lentamente nei momenti successivi. È per questo motivo che se entriamo in un ambiente con un cattivo odore all'inizio ci sembra insopportabile, ma rapidamente ci abituiamo fino a non sentirlo più.
Come il senso del gusto, anche il senso dell'olfatto si indebolisce con l'età. Un deterioramento della percezione olfattiva può avvenire anche in conseguenza di alcuni traumi (lesioni alla testa) o di determinate malattie (come la malattia di Alzheimer o il morbo di Parkinson). Infine il fumo di tabacco e l'assunzione di certi farmaci possono causare un forte calo nella capacità di percepire gli odori.

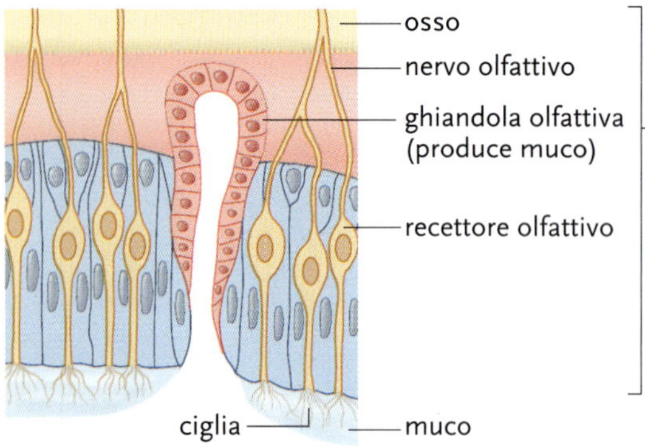

Dettaglio dei recettori olfattivi.

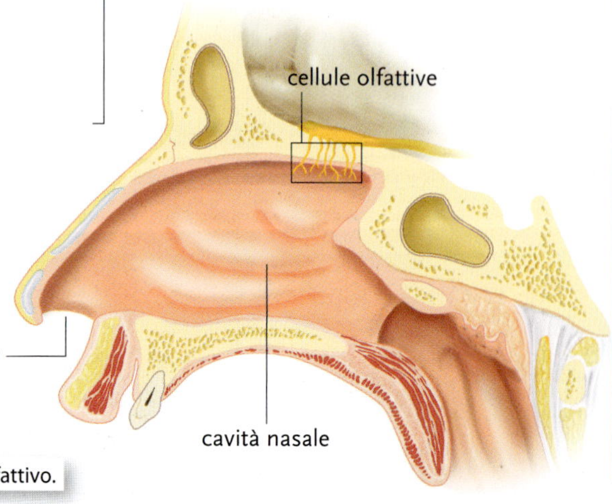

La localizzazione dell'epitelio olfattivo.

DOMANDE CHIAVE

1. Quali sono i cinque gusti primari?
2. Come si chiama la via nervosa che trasmette le informazioni relative a un sapore fino alla corteccia cerebrale?
3. Qual è il nome del secreto prodotto dalle ghiandole olfattive?

Osserva e INDAGA

A partire dalla papilla gustativa presente sulla punta della lingua, quale strada percorre lo stimolo del gusto prima di arrivare alla coscienza?

La vista

1 Anatomia dell'occhio

Gli **occhi** sono gli organi di senso della vista. L'occhio umano è formato da un globo cavo all'interno, detto **bulbo oculare**. Nell'adulto il diametro del bulbo oculare è di circa 2,5 cm. Nella sua struttura riconosciamo tre strati: la **sclera**, la **coroide** e la **retina** ▶ 1.

LA SCLERA È lo strato più esterno, costituito da una membrana biancastra molto resistente, con una parte centrale chiamata **cornea**. La **sclera**, che rappresenta il cosiddetto «bianco dell'occhio», è formata da tessuto connettivo ed è responsabile della forma del bulbo oculare. È ricoperta da uno strato epiteliale detto **congiuntiva**, che lascia scoperta solo la cornea (l'infiammazione della congiuntiva, che può essere causata da infezioni o da corpi estranei, provoca la *congiuntivite*). La cornea, curva e trasparente (e non ricoperta dalla congiuntiva), permette il passaggio della luce e contribuisce alla messa a fuoco.

LA COROIDE È lo strato intermedio, sottile e ricco di capillari che irrorano il bulbo oculare. La coroide presenta al centro una membrana che determina il colore degli occhi: l'**iride**. Quest'ultima è collocata esattamente sotto la cornea ed è costituita da muscoli che, come il diaframma di una macchina fotografica, regolano il diametro di un foro centrale, la **pupilla**. È attraverso la pupilla che avviene l'ingresso della luce nel bulbo. In condizioni di scarsa illuminazione, la pupilla si dilata per far entrare più luce possibile, grazie alla contrazione di alcuni muscoli dell'iride controllati dal sistema nervoso simpatico. In presenza di luce intensa, la pupilla si contrae, per l'azione antagonista del sistema nervoso parasimpatico su differenti muscoli dell'iride. La pupilla convoglia a sua volta la luce sul **cristallino**, una lente che può variare la sua curvatura, permettendo così di mettere a fuoco oggetti a distanze diverse. La forma del cristallino viene modificata dal *muscolo ciliare*, un muscolo liscio collocato nella parte anteriore della coroide. La cavità compresa tra la superficie anteriore del cristallino e la cornea è detta *camera anteriore* ed è bagnata da un liquido, l'**umor acqueo**, che contribuisce al nutrimento dell'occhio ed esercita una pressione, nota come *pressione intraoculare*, che serve a mantenerne la forma.

LA RETINA Si trova più all'interno, sul fondo dell'occhio e costituisce uno schermo sensibile alla luce. È formata da uno strato di tessuto nervoso nel quale sono presenti milioni di fotorecettori estremamente specializzati, i *coni* e i *bastoncelli*. Più della metà dei recettori sensoriali del corpo umano è concentrata nell'occhio. Nella retina è presente anche un epitelio pigmentato ricco di melanina la cui funzione è assorbire la luce deviata, in modo che l'immagine rimanga netta e chiara. Lo spazio compreso tra la superficie posteriore del cristallino e la retina è noto come *camera vitrea* ed è occupato da una massa gelatinosa trasparente e incolore, detta **corpo vitreo** o **umor vitreo**, che riempie i 4/5 posteriori del bulbo oculare.

Nella figura ▶ 1 è evidenziato il percorso della luce attraverso i tre strati del bulbo oculare prima di arrivare «a

BioParole

Cornea
dal latino *corneu*, derivato di *cornu*, «corno»
Cornea

Sclera
dal greco *sklerós*, «duro»
Sclera

Iride
dal greco *íris*, «arcobaleno»
Iris

Cristallino
dal greco *krystállinos*, «cristallino»
Lens

1 Struttura del bulbo oculare e percorso della luce

TESTO-IMMAGINE

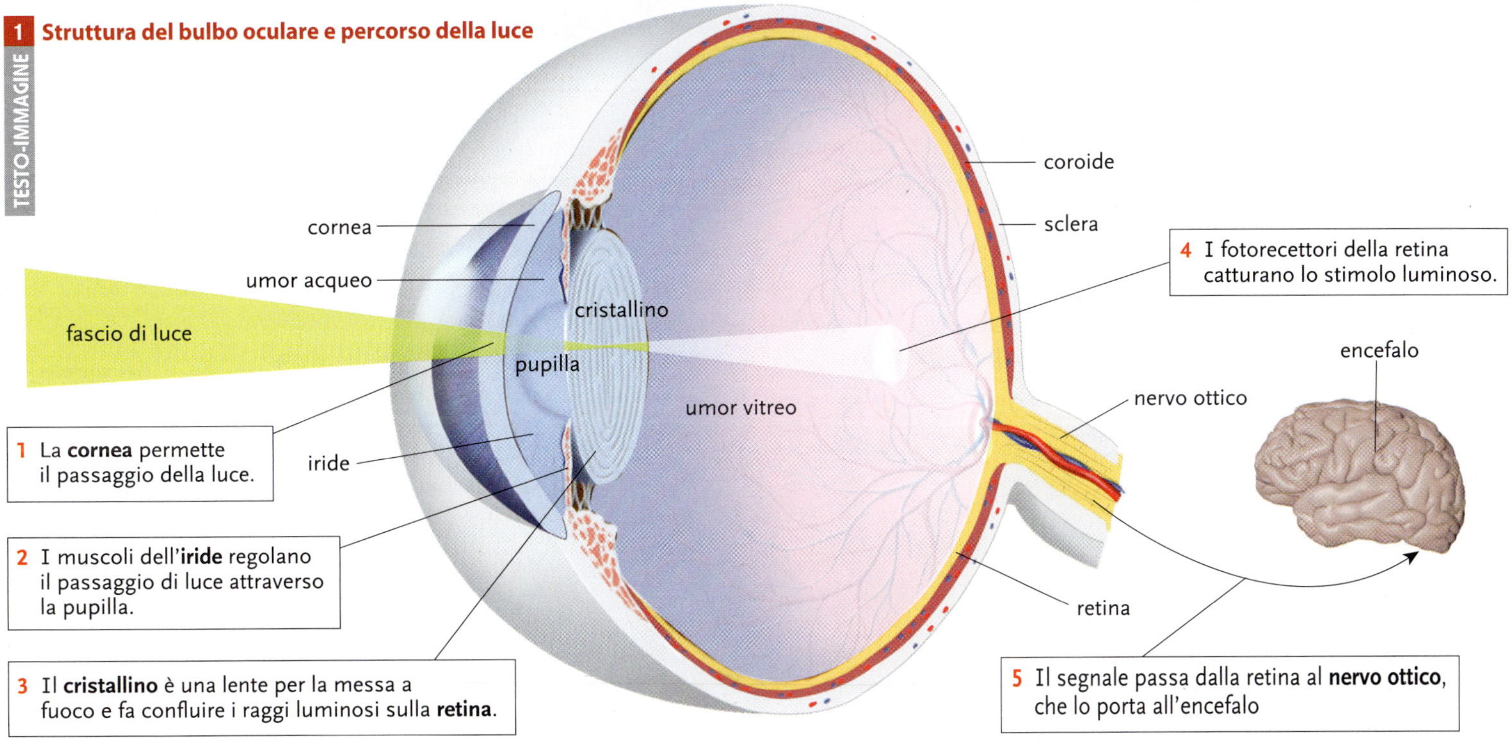

destinazione» (ovvero ai fotorecettori). La luce attraversa prima la cornea, quindi i muscoli dell'iride la fanno confluire verso la pupilla; una volta che i raggi luminosi sono entrati nel bulbo, vengono convogliati dal cristallino sulla retina, dove i fotorecettori sono eccitati dallo stimolo luminoso e lo trasformano in impulso nervoso destinato all'encefalo.

Sebbene la struttura direttamente coinvolta nel meccanismo della visione sia il bulbo oculare, l'occhio presenta una serie di **strutture accessorie** molto importanti per il corretto funzionamento e mantenimento di questo organo di senso: le *sopracciglia* e le *ciglia* proteggono l'occhio dai raggi diretti e dai corpi estranei; le *palpebre* lo difendono dalla luce eccessiva e favoriscono il sonno; *sei muscoli* esterni al bulbo collaborano a muovere gli occhi in tutte le direzioni; le *ghiandole lacrimali* producono il *liquido lacrimale*, che pulisce, lubrifica e mantiene umido l'occhio.

2 I fotorecettori della retina

I **coni** e i **bastoncelli** sono i fotorecettori deputati alla trasformazione dello stimolo luminoso: è dunque dalla retina che parte la via nervosa che porterà alla formazione delle immagini nel nostro cervello. Vediamo adesso meglio come sono fatti e a che cosa servono questi due tipi di fotorecettori ▶ 2.

I BASTONCELLI Sono presenti prevalentemente nella regione periferica della retina e ci permettono di cogliere la forma e il movimento di ciò che ci circonda. Un occhio umano ne contiene circa 120 milioni. Non hanno bisogno di molta luce per lavorare e vengono perciò utilizzati principalmente in condizioni di bassa illuminazione. Di solito non sono funzionanti di giorno. Non ci permettono di distinguere i colori, ma ci forniscono le immagini in sfumature di grigio anche in presenza di una luce debole. Il pigmento fotosensibile (in grado cioè di assorbire la luce) contenuto nei bastoncelli prende nome di **rodopsina**. Questi recettori sono presenti in grande quantità negli animali notturni come i gatti e i rapaci notturni.

I CONI Sono circa 6-7 milioni e si trovano principalmente al centro della retina. Necessitano di luce intensa per funzionare e sono i fotorecettori che ci permettono di apprezzare i colori. In base al tipo di luce a cui sono sensibili, possiamo distinguere tre generi di coni: *coni blu*, *coni verdi* e *coni rossi*. Dalla combinazione della stimolazione dei diversi coni scaturisce la visione a colori. Nei coni sono presenti più tipi di pigmenti fotosensibili. Le persone prive di alcuni tipi di coni non sono in grado distinguere determinati colori, una condizione nota come **daltonismo**. Nella retina dei predatori diurni, come l'aquila, sono presenti enormi quantità di coni, che conferiscono all'occhio di questi animali un potere di risoluzione altissimo anche per oggetti posti a grandi distanze.

La regione centrale della retina, che rappresenta la zona di massima acutezza visiva, è detta **fovea**. La fovea è un avvallamento di forma circolare, del diametro di circa 1,5 mm, vicina al punto di uscita del nervo ottico. Nella fovea è presente la massima concentrazione di coni, mentre sono del tutto assenti i bastoncelli. Nella retina è presente anche un *punto cieco*, ovvero una piccola area che non contiene fotorecettori: è qui che i fasci nervosi provenienti dalle varie zone della retina si riuniscono a formare il nervo ottico.

3 La formazione delle immagini

Per capire come funziona il nostro occhio, possiamo prendere come esempio una macchina fotografica. Quando osserviamo un oggetto con una macchina fotografica (non compatta), per metterlo a fuoco dobbiamo regolare l'obiettivo, ovvero avvicinare e allontanare la lente posta alla sua estremità, fino a che l'immagine non appare nitida. Si tratta cioè di trovare la giusta distanza tra la lente e la pellicola (la parte fotosensibile della macchina fotografica). La stessa cosa succede nell'occhio di alcuni animali, come i calamari e i pesci, dotati di un cristallino rigido, che viene spostato avanti e indietro fino a che l'oggetto osservato non risulta a fuoco. Nell'occhio umano, invece, il cristallino non si sposta ma si modifica: la messa

2 Collocazione e struttura dei fotorecettori umani

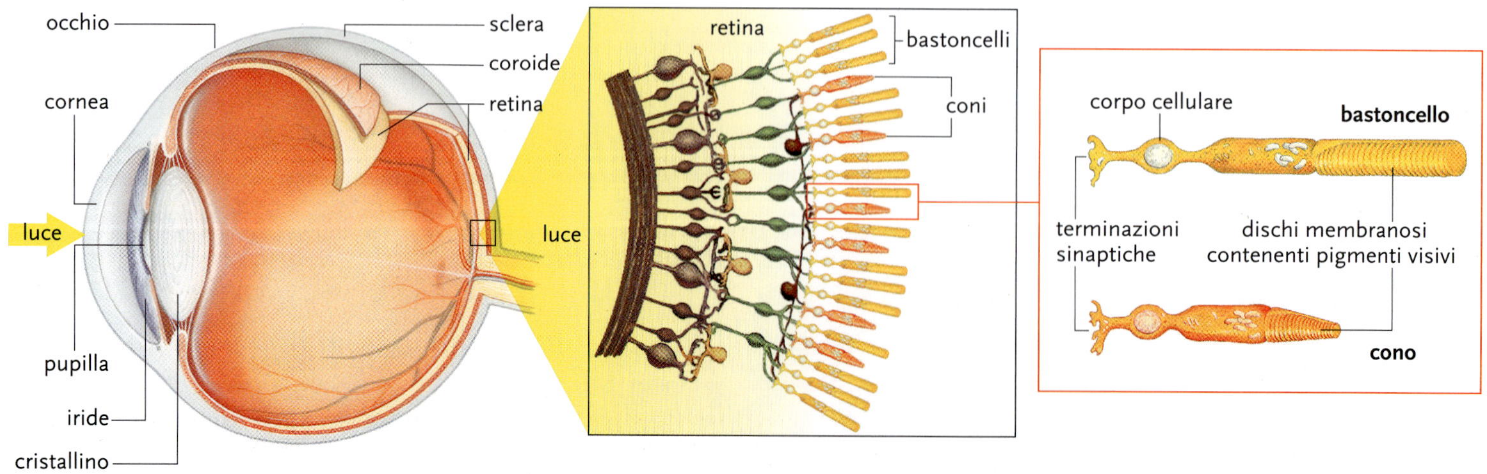

a fuoco avviene infatti tramite cambiamenti della sua curvatura. Tali cambiamenti sono dovuti ai muscoli ciliari della coroide che tengono sospeso il cristallino. Quando l'occhio mette a fuoco un oggetto lontano (posto a una distanza maggiore di 6 m) ▶ 3A, i raggi luminosi riflessi dall'oggetto arrivano all'occhio quasi paralleli. In queste condizioni la normale curvatura del cristallino permette ai raggi di essere focalizzati sulla retina. Quando l'oggetto osservato dista meno di 6 m ▶ 3B, i raggi luminosi sono divergenti e devono essere deviati ulteriormente per arrivare a fuoco sulla retina. In questo caso i muscoli ciliari si contraggono, incurvando maggiormente il cristallino (la cui forma diventa più simile a una sfera). Questo meccanismo, utilizzato per mettere a fuoco gli oggetti vicini, è noto come **accomodazione**.

È da notare che le immagini arrivano sulla retina capovolte alto-basso e invertite destra-sinistra. È il cervello che le interpreta e ce le fa percepire correttamente orientate nello spazio. Prima di arrivare al cervello gli impulsi generati a livello dei fotorecettori vengono convogliati in un particolare nervo cranico, il **nervo ottico**, da cui parte la **via ottica**, che raggiunge il sistema nervoso centrale. Qui, a livello di una struttura collocata sotto l'ipotalamo, chiamata **chiasma ottico**, circa metà degli assoni di ogni nervo passa sul lato opposto ▶ 4. Superato il chiasma, gli assoni arrivano al talamo, da cui raggiungeranno l'area visiva primaria della corteccia cerebrale. Grazie al chiasma ottico ogni emisfero riceve informazioni visive provenienti da entrambi gli occhi.

Osserva e COMPLETA

Inserisci i termini mancanti. Quale struttura determina il colore dei nostri occhi?

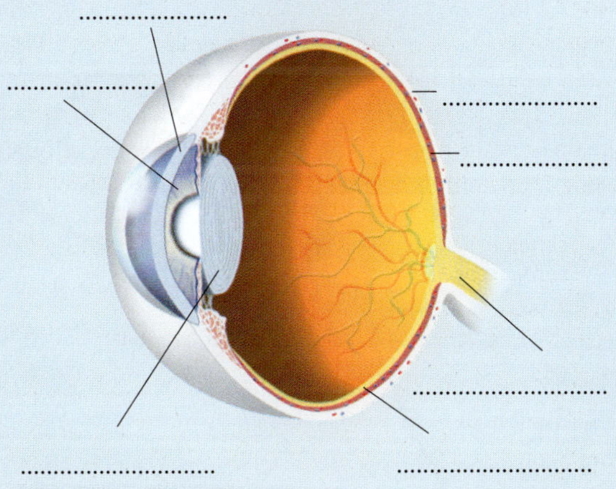

DOMANDE CHIAVE

1. Come si chiamano i tre strati che formano il bulbo oculare?
2. Quale tipo di fotorecettori permette la visione a colori?
3. Come si chiama il meccanismo usato dall'occhio per mettere a fuoco gli oggetti vicini?

3 Messa a fuoco e meccanismo di accomodazione

A Visione di un oggetto lontano.

B Visione di un oggetto vicino.

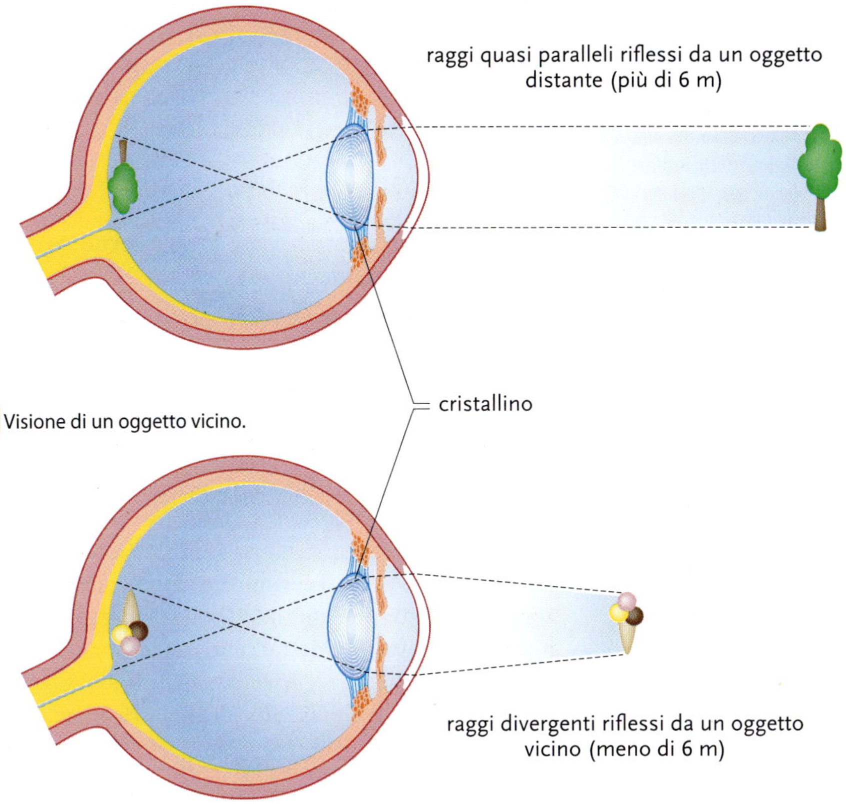

4 La via ottica e la funzione del chiasma

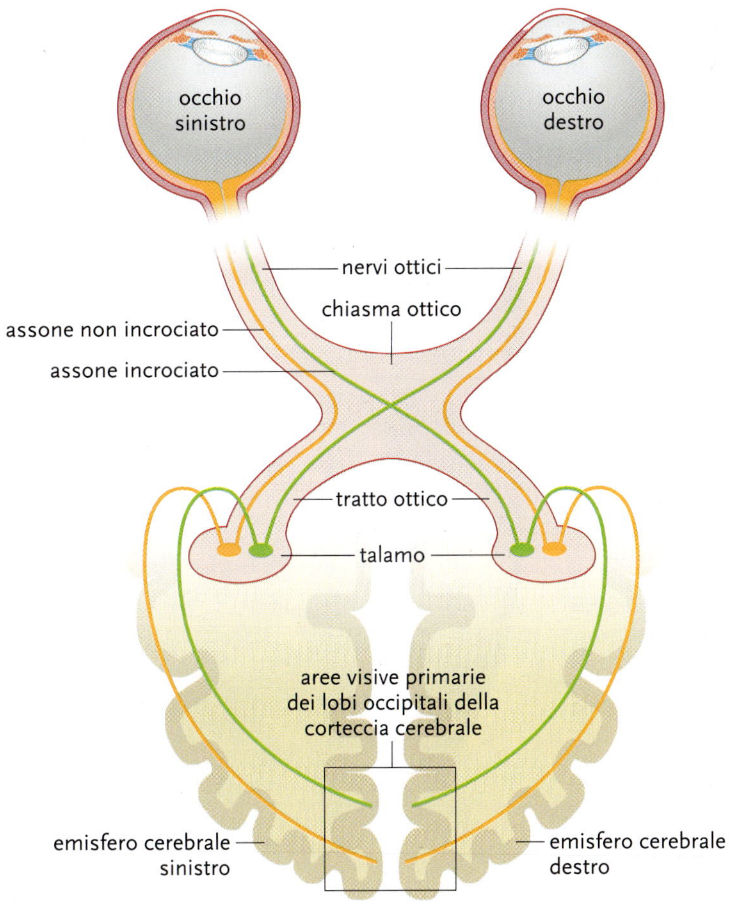

L'udito, l'equilibrio e il tatto

BioParole

Padiglione auricolare
dal latino *papilio*, «farfalla» (per la forma) e *auricula*, diminutivo di *auris*, «orecchio»
Auricula

Timpano
dal greco *týmpanon*, «tamburo»
Tympanic membrane o Eardrum

1 Anatomia dell'orecchio

Nell'uomo l'**orecchio** è l'organo responsabile sia del senso dell'udito sia del senso dell'equilibrio. L'orecchio umano si divide in tre parti: **orecchio esterno**, **orecchio medio** e **orecchio interno** ▶ 1.

L'ORECCHIO ESTERNO È costituito dal **padiglione auricolare** e dal **condotto uditivo**, che termina nel **timpano**, la membrana che separa l'orecchio esterno dall'orecchio medio. Il padiglione, che è l'unica parte dell'orecchio visibile dall'esterno, è una struttura elastica, costituita da tessuto cartilagineo ricoperto di pelle. Il condotto uditivo, oltre a far confluire il suono verso il timpano, ha la funzione di impedire l'ingresso di sostanze estranee nell'orecchio. I **peli** e il **cerume** prodotto dalle *ghiandole ceruminose* intrappolano infatti tutto ciò che potrebbe nuocere al timpano. Quest'ultimo è una sottile membrana che vibra quando viene colpita dalle onde sonore (se si lacera, si ha la cosiddetta *perforazione del timpano*).

L'ORECCHIO MEDIO Attraverso il timpano si passa all'orecchio medio. Questa parte dell'orecchio è formata da una cavità dove si trovano tre piccole ossa, i cosiddetti *ossicini*: il **martello**, l'**incudine** e la **staffa** (i cui nomi derivano dalla rispettiva forma). Gli ossicini sono collegati tra loro e tenuti in posizione da specifici muscoli e legamenti. La staffa è in contatto con un'altra membrana, detta **finestra ovale**, che separa l'orecchio medio dall'orecchio interno. Quando il timpano vibra, tramite gli ossicini la vibrazione è trasmessa alla finestra ovale. Nell'orecchio medio si trova anche la **tromba di Eustachio**, un condotto che si apre nella faringe: questo consente di variare rapidamente la pressione ai due lati del timpano facendo entrare aria dalla bocca (un meccanismo utile per fronteggiare i rapidi cambi di altitudine, ad esempio durante un decollo o un'immersione).

L'ORECCHIO INTERNO Attraverso la finestra ovale si passa all'orecchio interno, dove sono alloggiate le vere e proprie strutture sensoriali: la **coclea**, dove si trovano i recettori per l'udito, e il **vestibolo** e i **canali semicircolari**, che contengono i recettori per l'equilibrio. La coclea è un lungo tubo a spirale a forma di chiocciola, che ospita i *recettori acustici*, una particolare categoria di meccanocettori. Questi sono rappresentati da migliaia di cellule sensoriali ciliate, riunite in una struttura nota come **organo del Corti**. Quando le vibrazioni sonore provenienti dalla finestra ovale giungono alla coclea, il liquido contenuto al suo interno muove i *peli acustici* presenti sui recettori. Questo stimolo tattile induce le cellule dell'organo del Corti a rilasciare neurotrasmettitori. Il rilascio del neurotrasmettitore fa sì che l'impulso si propaghi ai neuroni sensoriali diretti all'encefalo. Il vestibolo e i canali semicircolari hanno un ruolo fondamentale nel controllo dell'equilibrio.
La figura ▶ 1 mostra il percorso del suono attraverso le tre parti dell'orecchio prima di arrivare ai recettori acustici. Il padiglione auricolare convoglia le onde

1 TESTO-IMMAGINE Struttura dell'orecchio e percorso del suono

1. Il **padiglione auricolare** convoglia onde sonore nel condotto uditivo.
2. Le onde giungono al **timpano** e lo fanno vibrare.
3. **Martello**, **incudine** e **staffa** cominciano a muoversi e amplificano la vibrazione, fino a far vibrare la finestra ovale.
4. Le vibrazioni della finestra ovale producono movimenti ondultori del liquido presente all'interno della **coclea**.
5. Il liquido cocleare muove le ciglia delle cellule dell'**organo del Corti**.
6. Il movimento delle cellule ciliate viene poi tradotto in impulso nervoso che, viaggiando attraverso il **nervo acustico**, raggiunge l'encefalo.

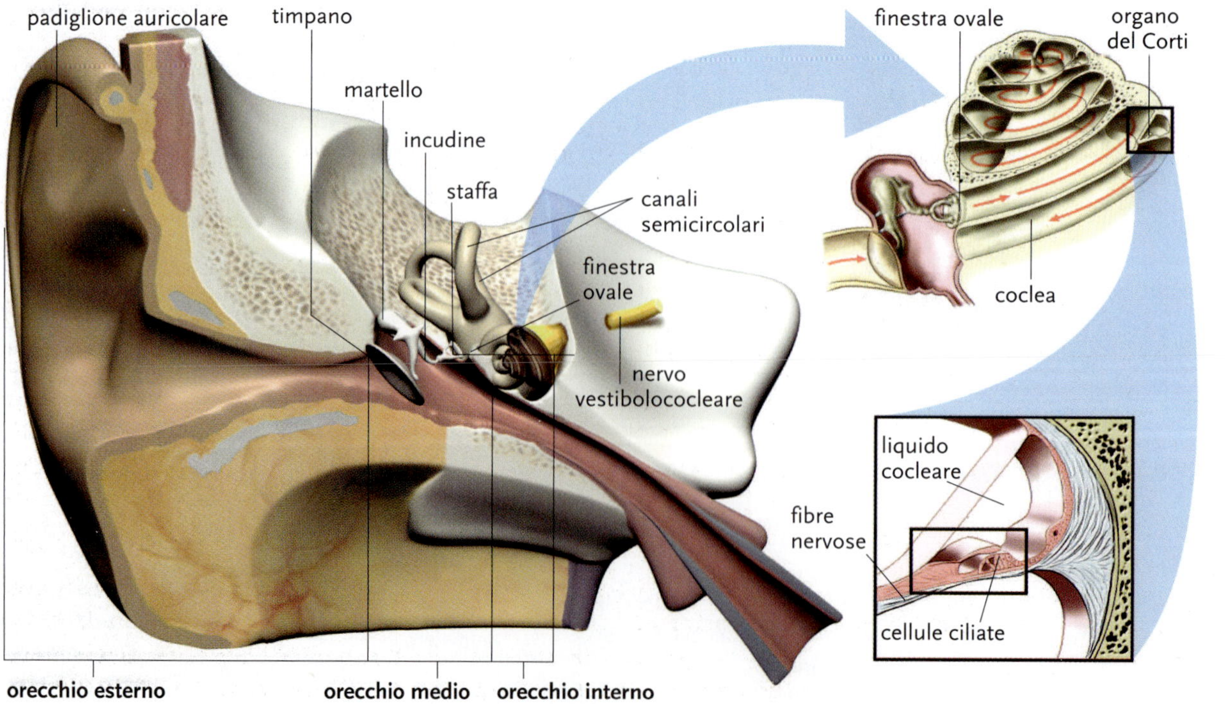

sonore attraverso il condotto uditivo, fino al timpano. La vibrazione del timpano viene amplificata dai movimenti di martello, incudine e staffa, fino a trasmettere l'onda sonora alla finestra ovale. Come conseguenza di questa vibrazione, si generano movimenti ondulatori nel liquido cocleare che stimolano i recettori acustici dell'organo del Corti. Lo stimolo genera un potenziale d'azione che dà inizio alla **via acustica**. L'impulso nervoso, viaggiando attraverso un particolare nervo cranico, il **nervo vestibolococleare**, raggiunge l'encefalo, a livello del midollo allungato. Da qui, dopo aver fatto tappa al mesencefalo e al talamo, i segnali nervosi vengono proiettati all'area uditiva primaria della corteccia cerebrale.

2 Il senso dell'equilibrio

Come abbiamo accennato, nell'orecchio interno sono presenti anche i recettori per l'equilibrio, ospitati all'interno di due differenti strutture: il vestibolo e i canali semicircolari, responsabili rispettivamente dell'*equilibrio statico* e dell'*equilibrio dinamico*. Nel loro complesso queste strutture formano il cosiddetto **apparato vestibolare**.

IL VESTIBOLO E L'EQUILIBRIO STATICO ▶ 2A Il vestibolo è formato da due vescicole: l'**utricolo** e il **sacculo**. Queste sacche hanno la funzione di rilevare la posizione della testa in rapporto alla forza di gravità, anche quando siamo fermi (il cosiddetto **equilibrio statico**). Entrambe le sacche contengono parti ispessite dette **macule**. È qui che sono raccolti i recettori per l'equilibrio, rappresentati anche in questo caso da cellule ciliate. Le ciglia di queste cellule affondano in una sostanza gelatinosa ricca di piccoli cristalli di carbonato di calcio, noti come **otoliti**. Quando muoviamo la testa, lo stimolo tattile provocato dal contatto fra ciglia e otoliti dà inizio al segnale nervoso che sarà convogliato anch'esso nel nervo vestibolococleare.

I CANALI SEMICIRCOLARI E L'EQUILIBRIO DINAMICO ▶ 2B I canali semicircolari sono tre strutture ossee ad anello, disposte ad angolo retto l'una rispetto all'altra.

BioParole

Vestibolare
dal latino *vestibulum*, «atrio»
Vestibule

Otolite
dal greco *ous, otós*, «orecchio» e *líthos*, «pietra»
Otolith

2 TESTO-IMMAGINE I recettori per l'equilibrio

A Struttura di una macula.

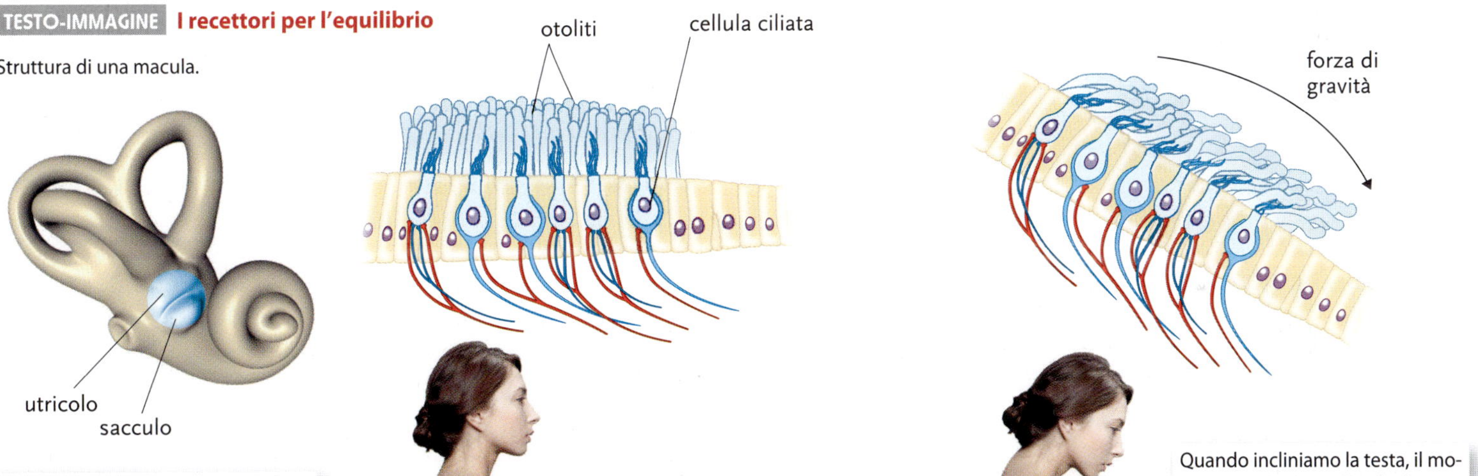

Nell'utricolo e nel sacculo sono collocate le **macule**, che contengono i recettori per l'*equilibrio statico*.

Quando inclinamo la testa, il movimento degli **otoliti** fa flettere le ciglia, scatenando il segnale nervoso.

B Struttura di un'ampolla.

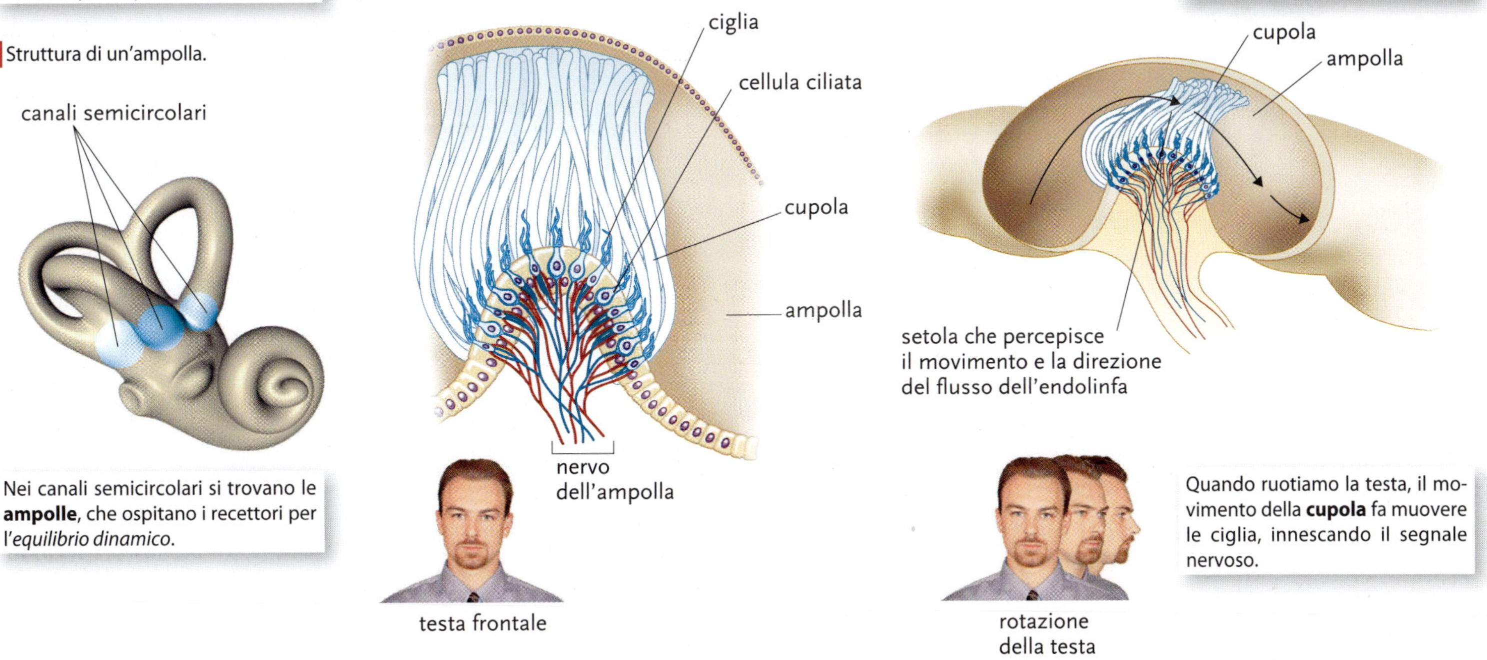

Nei canali semicircolari si trovano le **ampolle**, che ospitano i recettori per l'*equilibrio dinamico*.

Quando ruotiamo la testa, il movimento della **cupola** fa muovere le ciglia, innescando il segnale nervoso.

Servono per rilevare la posizione della testa nelle tre direzioni dello spazio; ci consentono quindi di rimanere in equilibrio mentre ci muoviamo (**equilibrio dinamico**). Sono pieni di un liquido (l'*endolinfa*) e contengono cellule ciliate organizzate in strutture note come **ampolle**. Anche nelle ampolle sono presenti particolari cellule ciliate, ricoperte da un cappuccio gelatinoso, detto **cupola**. Quando ruotiamo la testa in una direzione, il fluido contenuto nei canali semicircolari fa muovere, tramite la cupola, le cellule ciliate, che, così stimolate, inviano impulsi nervosi al nervo vestibolococleare.

Anche la **via dell'equilibrio** si avvale del nervo vestibococleare, che presenta vari rami per i diversi tipi di informazione sensoriale trasmessi al sistema nervoso centrale. L'apparato vestibolare, in particolare, è in stretto contatto con il cervelletto, al quale invia continue informazioni sull'equilibrio. Il cervelletto a sua volta risponde mandando segnali alla corteccia motoria in modo da controllare, attraverso gli opportuni muscoli scheletrici, il movimento e la postura.

3 I recettori per il tatto

Il senso del tatto ci fornisce informazioni su ciò che tocchiamo. A differenza degli altri recettori, che sono localizzati in specifiche aree del corpo, i recettori del tatto sono distribuiti su tutta la superficie della pelle. L'uomo ha circa una ventina di recettori tattili diversi appartenenti alla categoria dei termocettori, dei meccanocettori e dei nocicettori; il senso del tatto, infatti, risulta da una combinazione di sensazioni tattili, di pressione, temperatura e dolore. Ogni centimetro quadrato di pelle contiene in media 200 recettori per il dolore, ma solo 15 recettori per la pressione, 6 per il freddo e 1 per il caldo. Un particolare tipo di recettore per il tatto è il **corpuscolo di Meissner** ▸ 3A, localizzato sulla pelle molto in superficie e quindi sensibile anche a un tocco molto leggero. Tali recettori sono localizzati soprattutto sul palmo delle mani e dei piedi, sulle labbra, sulle palpebre e nei genitali esterni, aree molto sensibili del nostro corpo. Altri recettori, come i **corpuscoli di Pacini** ▸ 3B, si trovano più in profondità e sono sensibili a variazioni di pressione sulla nostra pelle.

3 Due esempi i recettori tattili

A Il corpuscolo di Meissner.

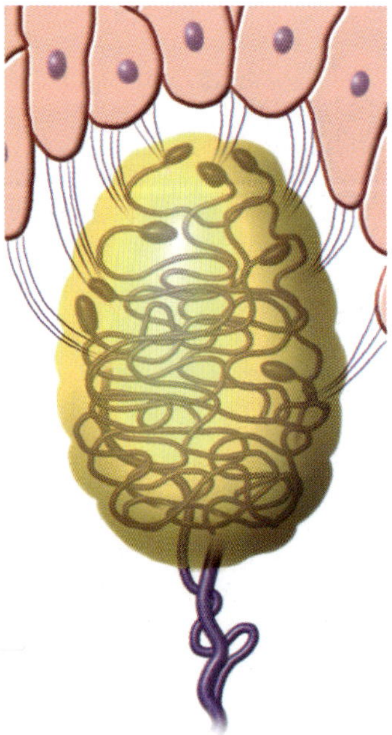

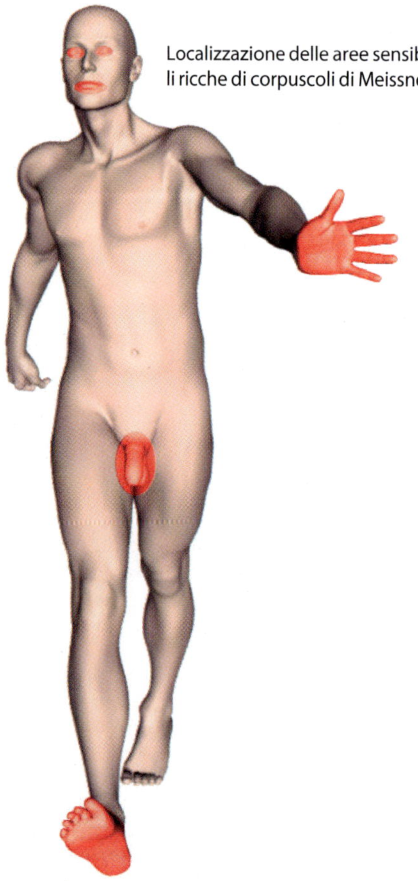

Localizzazione delle aree sensibili ricche di corpuscoli di Meissner.

B Il corpuscolo di Pacini.

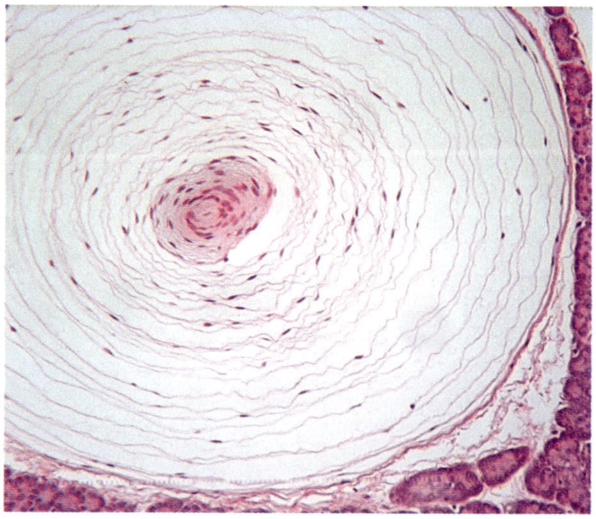

DOMANDE CHIAVE

1. Come si chiama la membrana che separa l'orecchio esterno dall'orecchio medio?
2. Quali parti dell'orecchio interno formano l'apparato vestibolare?
3. Come si chiamano i recettori tattili localizzati in superficie sulla pelle?

Osserva e RISPONDI

Che cosa rappresenta la figura? Quali sono i nomi delle strutture colorate rispettivamente in blu e in rosso?

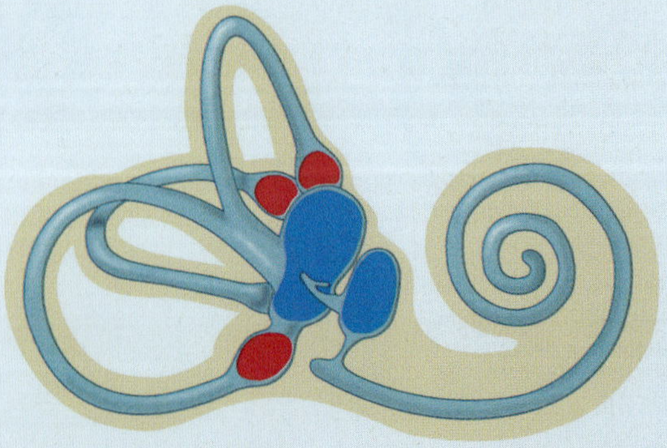

BioSalute

Problemi della vista e malattie dell'occhio

Alcuni tra i più comuni problemi alla vista sono dovuti a un *difetto nella forma del bulbo oculare*. La conseguenza è sempre una difficoltà nella messa a fuoco, a causa di una deviazione non corretta dei raggi luminosi sulla retina. L'occhio normale è detto **emmetrope** ▸ **A** e le dimensioni del bulbo sono tali che i raggi riflessi da un oggetto formino sulla retina un'immagine nitida. Quando il bulbo oculare è troppo lungo, il cristallino non è curvo abbastanza perché le immagini siano correttamente messe a fuoco sulla retina. In questa condizione, nota come **miopia**, vengono visti bene gli oggetti vicini, ma non quelli lontani ▸ **B**. La condizione opposta si ha quando il bulbo oculare è troppo corto, un difetto noto come **ipermetropia**. Al contrario dei miopi, gli ipermetropi vedono bene gli oggetti lontani, ma non quelli vicini ▸ **C**.

Altri problemi della vista possono essere legati ad *alterazioni della cornea o del cristallino*. Quando queste strutture presentano una curvatura irregolare si parla di **astigmatismo**. Quando invece, con il procedere dell'età, cala la capacità di accomodazione, a causa della diminuzione di elasticità del cristallino, si ha la condizione di **presbiopia** (che comincia in genere intorno ai 40 anni).

Infine, tra le malattie dell'occhio, possiamo ricordare la **cataratta**, dovuta a una perdita di trasparenza del cristallino (che si verifica generalmente in età avanzata), e il **glaucoma**, causata da un aumento della pressione intraoculare. Entrambe queste patologie, se non curate, possono portare alla cecità.

A **Occhio emmetrope**

L'immagine cade sulla retina.

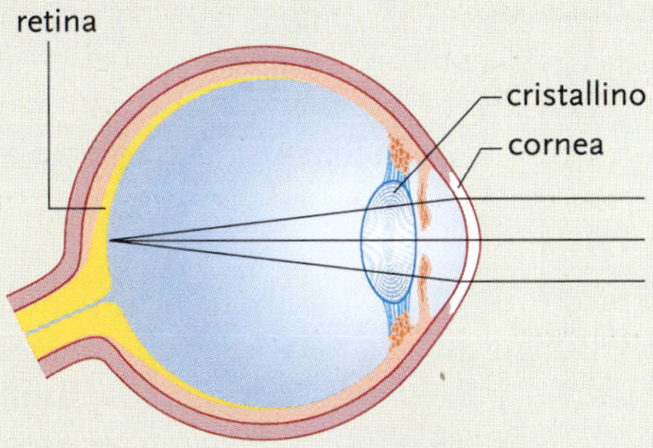

B **Occhio miope**

L'immagine viene messa a fuoco davanti alla retina.

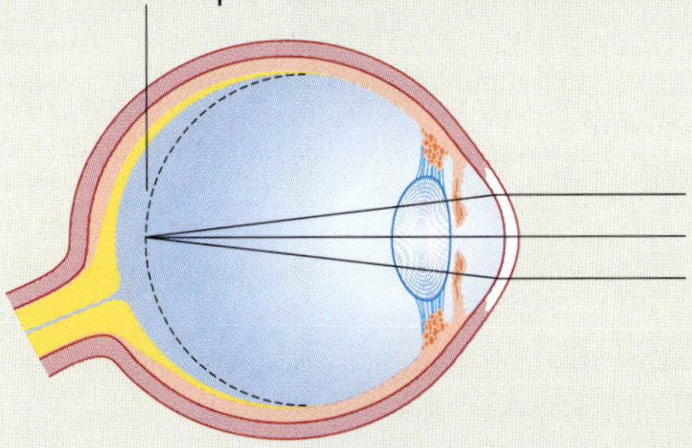

C **Occhio ipermetrope**

L'immagine viene messa a fuoco dietro la retina.

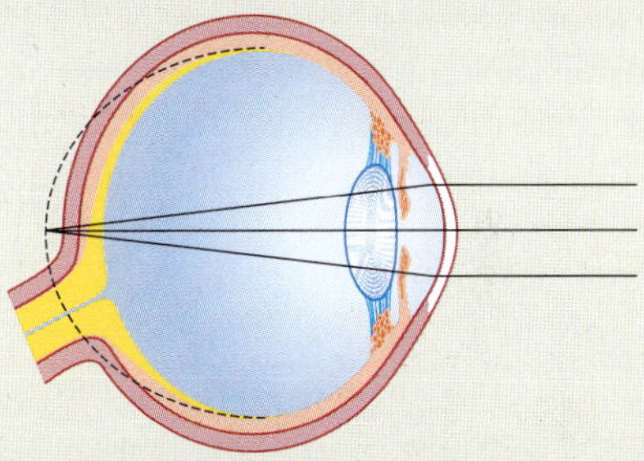

Test per la misurazione della vista.

Problemi dell'udito e malattie dell'orecchio

Varie cause possono determinare la perdita parziale o totale dell'udito, una condizione nota come **sordità** ▸ **D**. Tra le cause strettamente legate alle strutture nervose, possiamo ricordare il deterioramento delle cellule sensoriali dell'organo del Corti o danni al ramo del nervo vestibolococleare che trasmette l'informazione acustica. I fattori esterni che possono provocare questo tipo di danni nervosi vanno dall'esposizione a forti rumori all'effetto di determinati medicinali. La sordità può sopraggiungere però anche per problemi di «conduzione» del suono attraverso le varie parti dell'orecchio (prima cioè che si generi la stimolazione o la risposta nervosa), ad esempio per deposizione di un eccesso di tessuto osseo intorno alla finestra ovale, per l'eccessiva produzione di cerume o per lesioni alla membrana timpanica. Alcuni tipi di sordità hanno una base genetica, sono presenti fin dalla nascita e possono essere trasmessi ai figli.

Tra le malattie dell'orecchio, possiamo inoltre ricordare la **sindrome di Ménière**, una forma di labirintite dovuta all'eccessiva produzione di endolinfa (che negli anni può portare anch'essa alla perdita dell'udito), e l'**otite media**, un'infezione acuta associata in genere a infezioni batteriche del naso e della gola (comune nei bambini). Se non curata con antibiotici, l'otite media può portare alla perforazione del timpano.

D **Sordità**

La sordità colpisce il 4% della popolazione tra i 13 e i 45 anni, il 10% tra i 46 e i 60 anni, il 25% tra i 61 e gli 80 anni, per arrivare al 50% per gli over 80. L'incidenza in Italia è in aumento, e le maggiori cause sono l'invecchiamento della popolazione e l'incremento dell'inquinamento acustico.

LE LEZIONI IN SINTESI

1 Coordinamento e risposta negli animali

Nell'evoluzione del sistema nervoso i nervi si uniscono a formare **cordoni** o **reti nervose**, i **neuroni** vanno incontro a una progressiva specializzazione e i corpi cellulari dei neuroni si aggregano in **gangli nervosi**. Tra gli invertebrati, è negli artropodi e nei molluschi cefalopodi che si possono osservare i sistemi nervosi più complessi. Nei vertebrati diventa evidente il fenomeno della *cefalizzazione*.

2 Anatomia del sistema nervoso e trasmissione del segnale

Il **sistema nervoso** si compone di due parti: il **sistema nervoso centrale** (**SNC**) e il **sistema nervoso periferico** (**SNP**). L'unità funzionale di questi sistemi è il **neurone**. Il segnale nervoso si genera nel neurone per un meccanismo noto come **depolarizzazione**, che determina l'insorgenza di un **potenziale d'azione**. Il potenziale d'azione si propaga lungo l'*assone nervoso* fino alla sua estremità. Qui, attraverso una struttura chiamata **sinapsi**, l'impulso è passato a un altro neurone o a un organo effettore.

3 Il sistema nervoso centrale (SNC)

Il **sistema nervoso centrale** è formato da *midollo spinale* ed *encefalo*. Il **midollo spinale**, collocato nella colonna vertebrale, può inviare messaggi sensoriali all'encefalo o comandare risposte «immediate» (**archi riflessi**). L'**encefalo** è formato da **tronco encefalico** (che controlla molti meccanismi vitali «di base»), **diencefalo** (centro di smistamento e regolazione), **cervelletto** (coinvolto nei movimenti complessi) e **telencefalo**, occupato in buona parte dalla **corteccia cerebrale**, sede dell'integrazione nervosa.

4 Il sistema nervoso periferico (SNP)

Il **sistema nervoso periferico** è formato dai **nervi**, che raccolgono gli assoni dei neuroni sensitivi e motori. È costituito da **sistema nervoso somatico** (**SNS**) e **sistema nervoso autonomo** (**SNA**). Il SNS controlla i muscoli scheletrici (volontari), mentre il SNA controlla la muscolatura liscia e cardiaca (involontaria) e le ghiandole. Nella parte motoria del SNA si distinguono a sua volta due rami: il **sistema simpatico** e il **sistema parasimpatico**, che agiscono sugli stessi organi con *effetto antagonista*.

5 La percezione negli animali

Negli animali si individuano diversi tipi di **recettori** in base al tipo di stimolo: **chemiocettori**, **elettrocettori**, **meccanocettori**, **termocettori** e **nocicettori**. Nell'evoluzione i recettori si organizzano a formare **organi di senso**.

6 Il gusto e l'olfatto

Il **gusto** è mediato dai **recettori gustativi**, collocati nelle **papille gustative** della lingua. Distinguiamo cinque gusti primari: *dolce*, *salato*, *aspro*, *amaro* e *umami*, per ognuno dei quali possediamo recettori specifici. La percezione dell'**olfatto** è dovuta ai **recettori olfattivi**, collocati nell'**epitelio olfattivo** della cavità nasale.

7 La vista

Gli organi della **vista** sono gli *occhi*. Nel **bulbo oculare** distinguiamo tre strati: la **sclera**, che contiene la *cornea*, la **coroide**, dove si trovano l'*iride* e il *cristallino*, e la **retina**, che contiene due tipi di fotorecettori: i *bastoncelli* e i *coni*. La messa a fuoco avviene attraverso il fenomeno dell'**accomodazione**.

8 L'udito, l'equilibrio e il tatto

L'*orecchio* è l'organo preposto a due sensi: l'**udito** e l'**equilibrio**. L'orecchio si compone di tre parti: l'**orecchio esterno**, formato dal *padiglione*, l'**orecchio medio**, che ospita gli *ossicini*, e l'**orecchio interno**, dove sono contenuti i recettori acustici (**organo del Corti**) e i recettori per l'equilibrio statico (**sacculo** e **utricolo**) e per l'equilibrio dinamico (**canali semicircolari**).

THE CHAPTER IN REVIEW

- During animal evolution, nerves joined into **networks** and **neurons** specialised and aggregated into **ganglia**.
- Nervous signals are generated within neurons through a *depolarisation* mechanism, which determines an **action potential**.
- The human nervous system is composed of two parts: the **central nervous system** (CNS), which is made up of **spinal cord** and **brain**, and the **peripheral nervous system** (PNS), made up of **nerves** and also composed of the **somatic nervous system** (SNS) and the **autonomic nervous system** (ANS).
- Animals present different kinds of **receptors**: *chemoreceptors*, *electroreceptors*, *mechanoreceptors*, *thermoreceptors* and *nociceptors*.
- In humans, receptors allow the senses to perceive **taste**, through **gustatory receptors** on the tongue; **smell**, through **olfactory receptors** inside the nasal cavity; **sight**, through **photoreceptors** (*cones* and *rods*) in the retina; and **hearing**, through **auditory receptors** (*Organ of Corti*) inside the ear.

Termini chiave *Key Terms*

Accomodazione *Accommodation*
Cervelletto *Cerebellum*
Corteccia cerebrale *Cerebral cortex*
Encefalo *Brain*
Equilibrio *Balance*
Gusto *Taste*
Midollo spinale *Spinal cord*
Nervi *Nerves*
Olfatto *Smell*
Organi di senso *Sensory organs*
Recettori *Receptors*
Sinapsi *Synapsis*
Udito *Hearing*
Vista *Sight*

LE MAPPE DELL'UNITÀ

Competenza disciplinare ▶ Riconoscere e stabilire relazioni tra i concetti

Completa gli schemi

A

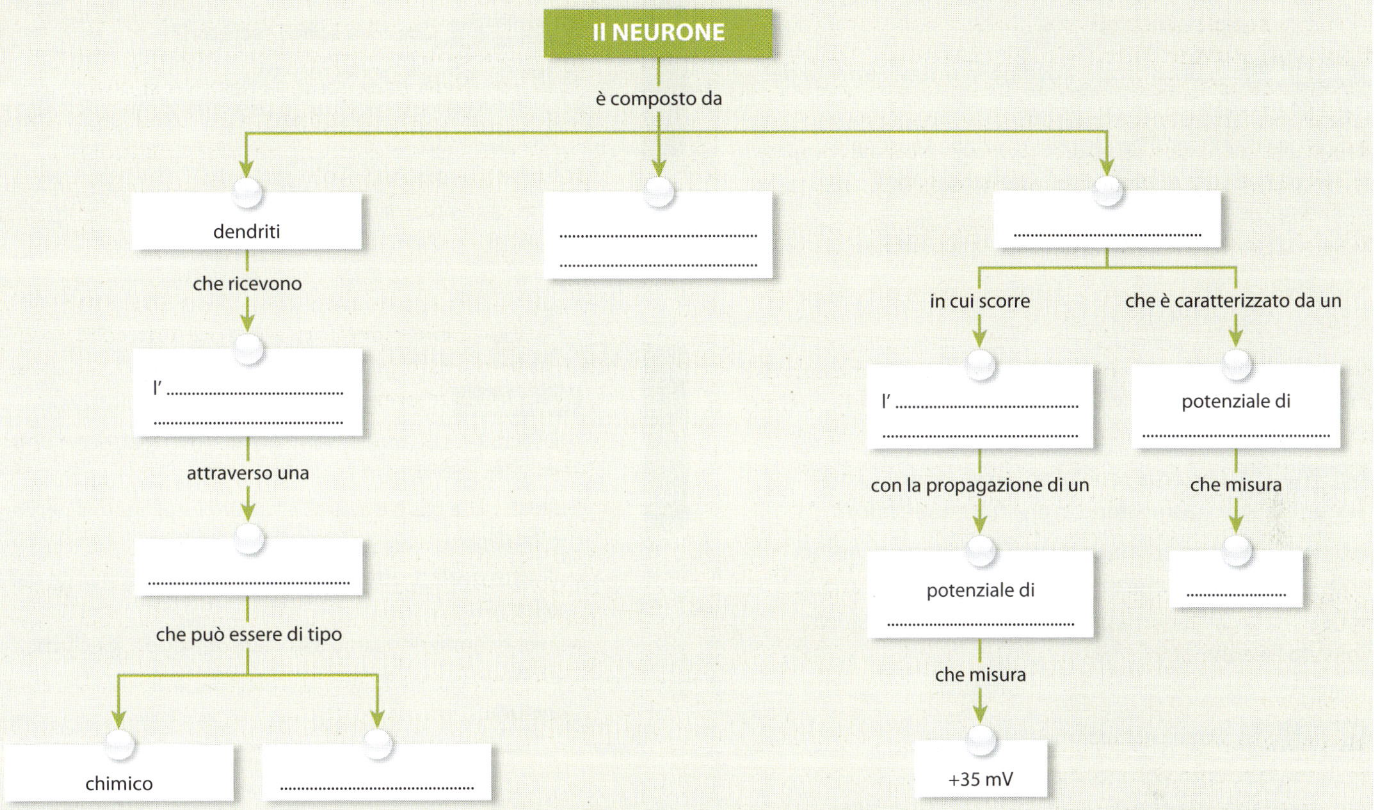

B

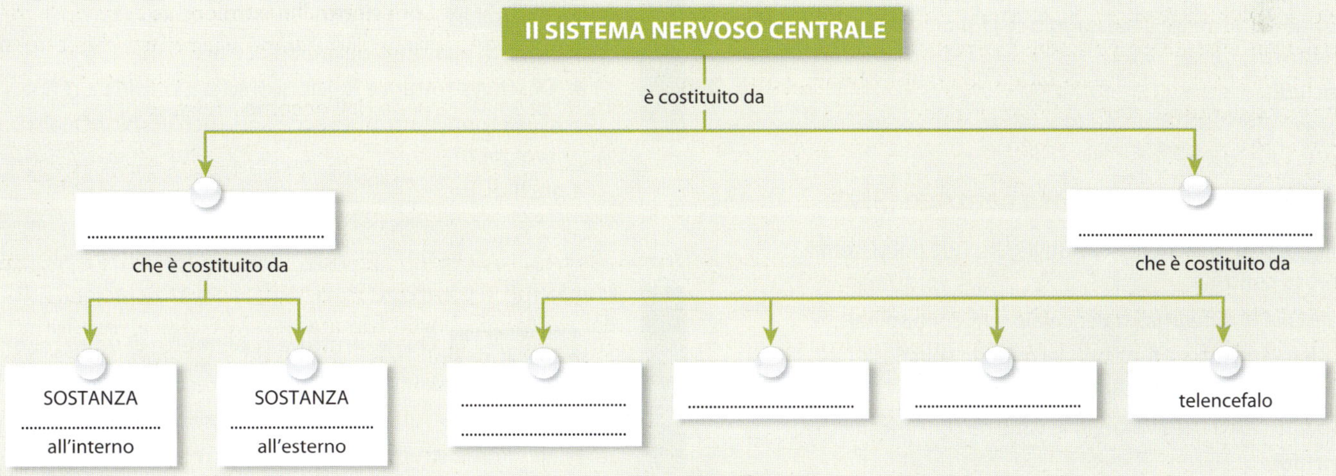

C

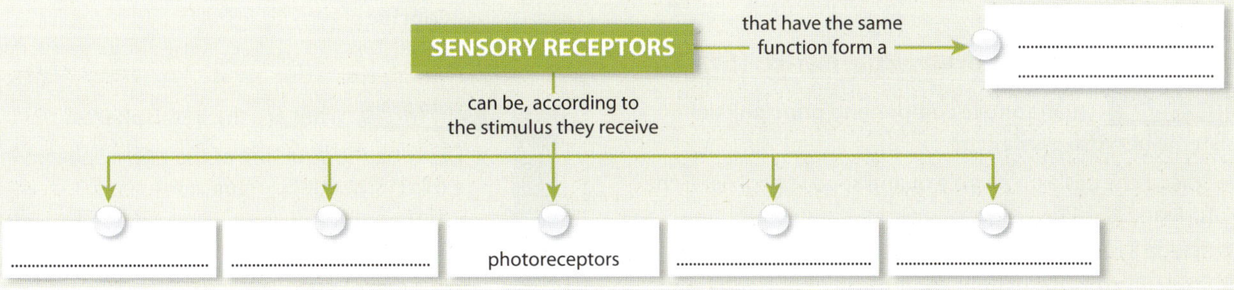

D Progetta e disegna una mappa che abbia come nodo centrale «il sistema nervoso periferico».

PROVE D'INTERROGAZIONE

Competenza disciplinare ▶ Effettuare connessioni logiche e comunicare in forma orale

LEZIONE 1 Coordinamento e risposta negli animali

A. Domanda: In quali tappe si svolge in sintesi l'attività del sistema nervoso?

- Spiega che cosa si intende per «ricezione sensoriale».
- Spiega che cosa si intende per «elaborazione» e «integrazione».
- Spiega che cosa si intende per «risposta motoria».

Concludi.

LEZIONE 2 Anatomia del sistema nervoso e trasmissione del segnale

A. Domanda: Che cosa sono gli impulsi nervosi e come avviene la loro trasmissione in una fibra amielinica?

- Spiega che cos'è e come si forma il potenziale di riposo.
- Descrivi gli eventi che determinano la depolarizzazione.
- Descrivi in che modo il potenziale d'azione si trasmette lungo l'assone.

Concludi.

B. Domanda: Qual è la funzione della sinapsi?

- Illustra la struttura di una sinapsi chimica.
- Come si trasmette il messaggio se la sinapsi è di tipo chimico?
- Come si trasmette il messaggio se la sinapsi è di tipo elettrico?

Concludi.

LEZIONE 3 Il sistema nervoso centrale (SNC)

A. Domanda: Descrivi l'anatomia generale del sistema nervoso centrale.

- Descrivi la differenza tra encefalo e midollo spinale.
- Spiega struttura e funzioni del midollo spinale.
- In quali regioni si distingue l'encefalo?
- Spiega i ruoli che svolgono le varie regioni encefaliche.

Concludi.

LEZIONE 4 Il sistema nervoso periferico (SNP)

A. Domanda: Quali sono le componenti principali del sistema nervoso periferico?

- Spiega che cos'è un nervo e quanti sono i tipi di nervi che formano il SNP.
- Spiega il ruolo dei neuroni motori e sensoriali somatici.
- Spiega il ruolo dei neuroni motori e sensoriali autonomi.

Concludi.

LEZIONE 5 La percezione negli animali

A. Domanda: Che cosa sono i recettori?

- Spiega la funzione dei recettori.
- Descrivi i diversi recettori in base allo stimolo ricevuto e alla localizzazione.
- Come si evolvono nei diversi animali?
- Che cos'è un organo di senso?

Concludi.

LEZIONE 6 Il gusto e l'olfatto

A. Domanda: Che cosa si intende per «via olfattiva»?

- Descrivi in che modo l'epitelio olfattivo reagisce a uno stimolo odoroso.
- Illustra che cos'è e a quali strutture è collegato il nervo olfattivo.
- Illustra quali strutture dell'encefalo sono raggiunte dalla via olfattiva.
- In che modo possiamo associare agli odori specifiche emozioni o ricordi?

Concludi.

LEZIONE 7 La vista

A. Domanda: Com'è fatto il nostro occhio?

- Illustra l'anatomia del bulbo oculare.
- Descrivi struttura e funzioni di sclera, coroide e retina.
- Quali sono le strutture accessorie dell'occhio? Quali ruoli svolgono?

Concludi.

LEZIONE 8 L'udito, l'equilibrio e il tatto

A. Domanda: Quale struttura ci permette di udire i suoni?

- Illustra in quante parti si divide l'orecchio umano.
- Descrivi le strutture presenti nell'orecchio esterno.
- Descrivi le strutture presenti nell'orecchio medio.
- Descrivi le strutture presenti nell'orecchio interno.

Concludi.

Question: What are the hemispheres?

- Describe the structure of the telencephalon in general, and explain what the cerebral cortex is.
- Which parts of the body do the two hemispheres control?
- Describe the functions connected to each functional area in the cerebral cortex.

Conclude your exposition.

TEST E QUESITI

Competenza disciplinare: Applicare le conoscenze acquisite (es. 1-10)
Applicare il linguaggio scientifico (es. 11)
Spiegare in forma scritta fenomeni e processi (es. 12-17)

Scegli la risposta corretta

1. I barocettori presenti nelle pareti dei vasi sanguigni studiati nell'Unità C4 sono…

A chemiocettori.
B meccanocettori.
C fotorecettori.
D nocicettori.

2. Quale delle seguenti affermazioni *non* è valida per il sistema nervoso parasimpatico?

A È coinvolto nel recupero delle condizioni di minimo dispendio energetico.
B La sua azione è antagonista al simpatico.
C Il ganglio è collocato in prossimità del midollo spinale.
D Il ganglio è collocato in prossimità dell'organo effettore.

3. Un paziente che ha subito un ictus ha difficoltà a muovere l'arto superiore destro e a parlare. L'area danneggiata è localizzata sicuramente…

A nell'emisfero sinistro.
B nel cervelletto.
C nell'emisfero destro.
D nel midollo allungato.

4. La conduzione saltatoria avviene…

A nella guaina mielinica.
B nei nodi di Ranvier.
C nelle sinapsi chimiche.
D nelle fibre amieliniche.

5. Il sistema nervoso autonomo…

A controlla i movimenti volontari dei muscoli scheletrici.
B controlla le funzioni involontarie dell'organismo.
C controlla l'attività volontaria del muscolo cardiaco.
D produce gli archi riflessi.

6. Dopo un incidente d'auto il paziente accusa vertigini, perde l'equilibrio e cammina con difficoltà. L'area danneggiata è sicuramente…

A il ponte.
B l'area di Broca.
C l'ipotalamo.
D il cervelletto.

7. Il potenziale di riposo di –70 mV è determinato dalla concentrazione di…

A potassio minore all'esterno della membrana.
B potassio maggiore all'esterno della membrana.
C sodio minore all'esterno della membrana.
D sodio maggiore all'esterno della membrana.

8. Per passare dal timpano alla finestra ovale, le onde sonore vengono trasmesse…

A dalla catena degli ossicini.
B dalla coclea.
C dagli otoliti.
D dalle cellule ciliate.

9. Quali dei seguenti neuroni inviano impulsi nervosi a cellule che non sono neuroni?

A Interneuroni.
B Neuroni motori.
C Neuroni associativi.
D Neuroni sensitivi.

10. Quale beneficio otteniamo mangiando cibi contenenti molta vitamina A, precursore della rodopsina?

A Aumenta il numero di connessioni neuronali, dunque la capacità di fare calcoli.
B Aumentano le molecole di neurotrasmettitore, dunque gli scambi tra aree associative.
C Migliora la capacità della coroide di ossigenare e nutrire l'occhio.
D Aumenta il pigmento sensibile alla luce, dunque migliora la vista.

Metti in relazione

11. Completa la tabella scrivendo i termini o le definizioni mancanti.

Termine	Definizione
sinapsi	....
....	membrana interna dell'occhio in cui sono presenti i fotorecettori
....	variazione del potenziale di membrana al passaggio di un impulso
calici gustatici	....
....	molecola rilasciata nello spazio sinaptico che modifica il potenziale di membrana del neurone postsinaptico
....	area di sostanza grigia che ricopre gli emisferi cerebrali
....	zona di interruzione della guaina mielinica lungo l'assone del neurone
organo del Corti	....
cono d'emergenza	....
....	parte più antica del telencefalo che con l'ipotalamo regola emozioni e azioni legate alla sopravvivenza
ripolarizzazione	....
....	neurone posto a monte del ganglio nel sistema nervoso autonomo
....	involucro di tessuti che circondano e proteggono l'encefalo

Rispondi utilizzando i termini indicati

12. Che cos'è un arco riflesso? Quali sono le strutture coinvolte?
effettore – motoneurone – stimolo – involontario – recettore – rapido – centro – integrazione

13. In che modo un neurone comunica con quello successivo?
sinapsi – postsinaptica – recettore – depolarizzazione – chimica – neurotrasmettirore – elettrica

14. Da quali recettori è mediato il senso del tatto? Come svolgono il loro ruolo?
distribuzione – Pacini – sensibilità – pressione – Meissner

Rispondi e motiva la tua risposta

15. Alcuni ritengono che con particolari forme di meditazione si possa arrestare volontariamente il battito cardiaco. Quale parte del sistema nervoso sarebbe necessario controllare?
16. È corretto dire che i potenziali d'azione sono mediati da cambiamenti nella permeabilità di membrana per gli ioni sodio e potassio?

Rispondi alla domanda in base all'estensione richiesta

17. Descrivi i principali tipi di recettori e i diversi stimoli che ognuno di essi riceve. In che cosa si traduce in tutti i casi lo stimolo percepito? (**massimo 10 righe**)

In English Competenza trasversale Usare la lingua inglese in un contesto scientifico

Complete the following sentences

1. The CNS comprises the ...., which is made up of different parts and protected by the skull, and the spinal cord, located inside the ....
2. The most common .... are photoreceptors, which are able to perceive the variations in the intensity of light, and thus are connected to the sense of ....

Choose the right answer for the following questions.

3. Which of these receptors are not present in humans?
   - A Mechanoreceptors.
   - B Electroreceptors.
   - C Chemoreceptors.
   - D Exteroceptors.
4. Having a great fright activates the…
   - A central nervous system.
   - B limbic system.
   - C sympathetic nervous system.
   - D parasympathetic nervous system.

Answer in a few words.

5. How do we become aware of a certain smell, starting from the olfactory epithelium?
....

IL MIO ESAME DI STATO
Esercizi di simulazione della **Terza Prova**

1. **Tipologia A della Terza Prova**
Descrivi l'anatomia generale del sistema nervoso centrale specificando in sintesi i ruoli svolti dalle strutture nominate. (**massimo 15 righe**)

2. **Tipologia B della Terza Prova**
Che cosa sono le sinapsi? Descrivi come funzionano. Che cosa può succedere se i neurotrasmettitori non vengono rimossi?

3. **Tipologia C della Terza Prova**
Scegli la risposta corretta.
La depolarizzazione della membrana è determinata da un flusso di ioni…
   - A potassio verso l'interno.
   - B sodio verso l'esterno.
   - C sodio verso l'interno.
   - D potassio verso l'esterno.

4. **Tipologia C della Terza Prova**
Scegli la risposta corretta.
Se guardi davanti a te, ad esempio la lavagna, ti accorgi che intorno all'immagine che stai puntando le figure non sono chiare né precise. Questo perché…
   - A il colore della lavagna non favorisce l'attività dei fotorecettori.
   - B solo la lavagna è l'immagine che viene ricevuta dalla fovea.
   - C ognuno di noi ha punti ciechi dell'occhio che sfumano le immagini di contorno.
   - D l'accomodazione avviene in un tempo molto lungo.

Proposte per l'incremento dei crediti scolastici (cumulabili nel voto d'esame)

5. Da poco tempo sono stati scoperti neuroni molto particolari, chiamati «neuroni specchio», la cui attività sembra essere implicata nelle relazioni sociali umane. Scrivi una tesina su questo tema tenendo conto dei seguenti suggerimenti:
   - cerca notizie sulla capacità che i neuroni specchio hanno di attivarsi «riflettendo» le azioni e i comportamenti altrui; ipotizza un ruolo per questa capacità, soffermandoti a pensare quante volte hai imparato qualcosa semplicemente imitando un'azione;
   - approfondisci il significato del termine «empatia», pensando a quale ruolo può avere nelle relazioni tra le persone;
   - cerca notizie sul ruolo dei neuroni specchio nella capacità di «metterci nei panni» altrui, vivendo intensamente le emozioni che vivono gli altri come fossero nostre;
   - approfondisci le attività dei neuroni specchio nell'ambito della comunicazione e del linguaggio;
   - approfondisci il legame tra disfunzioni del sistema dei neuroni specchio e autismo.

OSSERVAZIONE E ANALISI

Competenza disciplinare
Riconoscere e descrivere strutture e fenomeni
Formulare ipotesi in base ai dati forniti

Osserva e analizza

1. Che cosa è rappresentato nella figura a destra? Quali sono le strutture dell'orecchio che permettono di catturare il suono? E quelle che permettono la trasmissione delle onde sonore? Elencale. Quale struttura trasforma lo stimolo in un impulso nervoso?
2. Inserisci i termini mancanti nella figura qui sotto, che rappresenta una sinapsi. Di che tipo di sinapsi si tratta? In quale direzione procede l'impulso nervoso? In che modo si determina un potenziale d'azione nel neurone successivo?

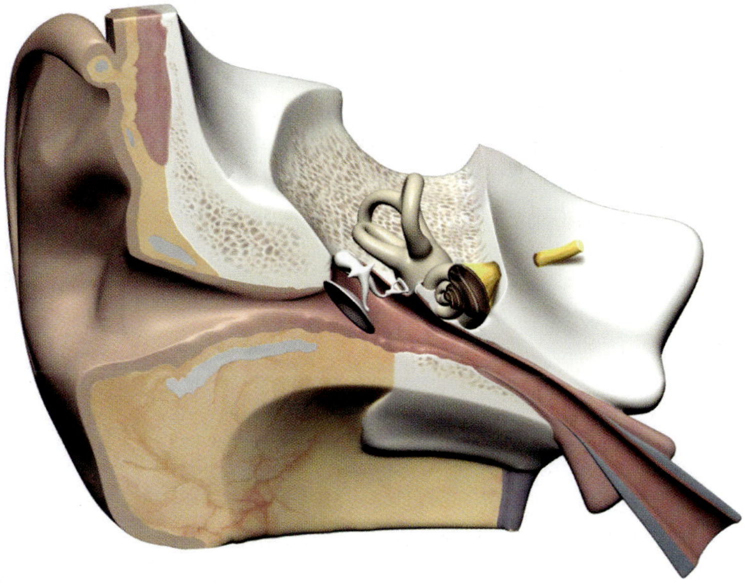

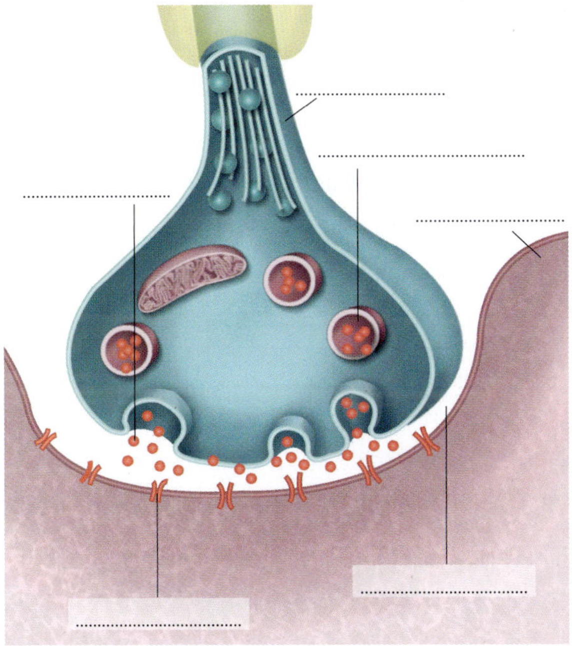

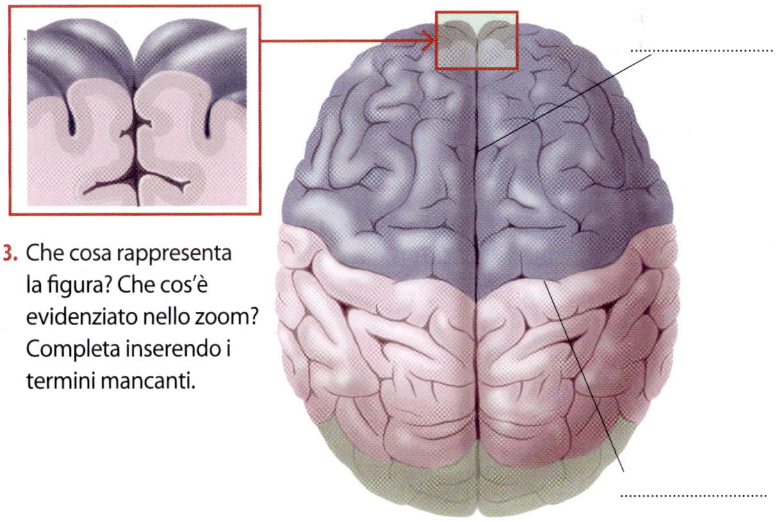

3. Che cosa rappresenta la figura? Che cos'è evidenziato nello zoom? Completa inserendo i termini mancanti.

Analizza e interpreta

4. Il grafico rappresenta la variazione del potenziale di membrana in un assone che produce un potenziale d'azione. Inserisci i termini mancanti al posto dei puntini. poi rispondi alle domande.
   - **a.** Qual è il valore del potenziale di riposo e a che cosa è dovuto?
   - **b.** Come viene definita la membrana in queste condizioni?
   - **c.** Qual è il valore del potenziale d'azione?
   - **d.** Come viene definita la membrana in queste condizioni?

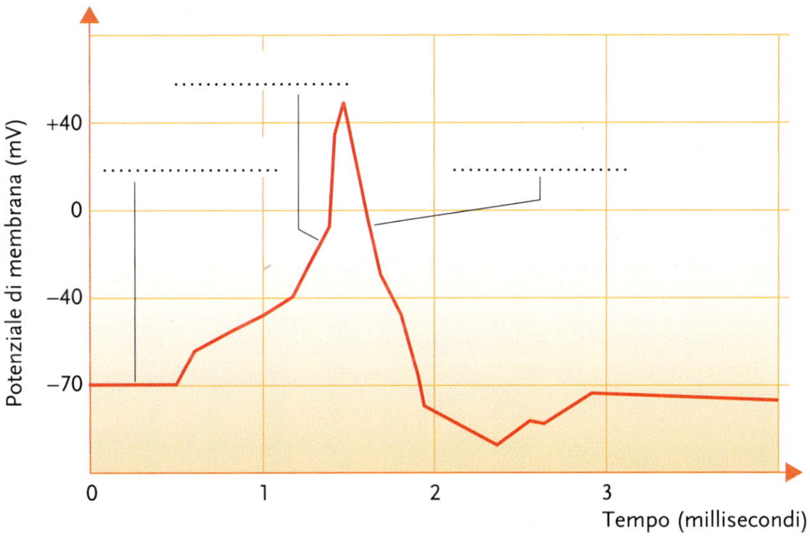

La tua analisi

Rispondi.

- **a.** A che cosa è dovuto il potenziale d'azione in termini ionici?
- **b.** In che modo si ripristina il potenziale di riposo?
- **c.** Come si chiama questa fase? Perché?
- **d.** L'impulso nervoso può cambiare la direzione?
- **e.** L'impulso nervoso può variare la sua intensità?

UNITÀ C9

L'apparato riproduttore

Osserva... L'ippocampo (o cavalluccio marino) è una specie con una caratteristica molto peculiare: le uova fecondate sono allevate dal maschio e non dalla femmina. Quando si avvicina la stagione riproduttiva, il maschio sviluppa ventralmente una sorta di tasca, il *sacco incubatore*. Mediante danze rituali, il maschio corteggia la femmina, affinché deponga le uova nella sua tasca. Quando la femmina trasferisce le proprie uova nel sacco, il maschio le feconda e inizia il periodo dell'incubazione. All'interno del sacco circolano ossigeno e nutrimento, grazie a una rete capillare che alimenta le uova e rimuove i rifiuti. Durante tutto il periodo di incubazione delle uova, la femmina visita quotidianamente il maschio, compiendo con lui danze rituali. Dopo circa un mese, il cavalluccio marino espelle dalla tasca i piccoli, di pochi millimetri di lunghezza, che iniziano subito una vita autonoma. Il padre li rilascia durante l'alta marea, in modo tale che si disperdano rapidamente e siano meno vulnerabili.

Cavallucci marini durante il corteggiamento.

LEZIONE 1

La riproduzione negli animali

BioParole

Oviparo
dal latino *ovum*, «uovo» e *parere*, «partorire, generare»
Oviparous

Viviparo
dal latino *vivus*, «vivo» e *parere*, «partorire, generare»
Viviparous

1 Riproduzione asessuata e riproduzione sessuata

La **riproduzione** è il processo biologico che consente agli organismi di dare origine a nuovi individui. La capacità di riprodursi è una prerogativa degli esseri viventi e consente di trasmettere di generazione in generazione le caratteristiche della specie.
Molti invertebrati utilizzano la **riproduzione asessuata**: un solo individuo dà origine a uno o più organismi tramite divisione delle cellule per mitosi. Ogni nuovo individuo risulta identico al genitore. Questa modalità di riproduzione è rapida ed efficace, ma mancano i meccanismi che introducono variabilità nella popolazione: la nuova generazione avrà, infatti, un patrimonio genetico identico alla precedente.
Gli organismi più complessi utilizzano la **riproduzione sessuata**, che implica la fusione di due cellule specializzate, i gameti, prodotti in individui di sesso diverso dalla meiosi. Il gamete maschile, lo *spermatozoo*, si unisce al gamete femminile, l'*ovulo* o *cellula uovo*, mediante la **fecondazione**. La cellula che ne deriva è detta *zigote*.
Negli animali a riproduzione sessuata, la fecondazione richiede la presenza di due individui di sesso diverso e questo comporta un dispendio energetico aggiuntivo.
La cellula uovo di norma è grande e immobile e contiene il **tuorlo**. La quantità di tuorlo è variabile a seconda delle specie ed è ricca di materiali nutritivi destinati allo sviluppo dell'embrione.
Lo spermatozoo è generalmente piccolo e mobile, grazie alla presenza di un flagello.
La fecondazione fa sì che le informazioni genetiche di due cellule distinte si combinino, determinando un «rimescolamento» dei geni. La variabilità introdotta dalla riproduzione sessuata permette un maggiore adattamento ai cambiamenti ambientali.

1 La fecondazione esterna nei pesci
Nella fecondazione esterna vengono rilasciati milioni di gameti maschili e femminili nell'acqua ed è qui, fuori dal corpo dell'animale, che gli ovuli e gli spermatozoi si incontrano e si fondono.

2 La fecondazione

La fecondazione può essere *esterna* o *interna*, a seconda di come avviene l'incontro tra i gameti.
Molluschi, pesci e anfibi utilizzano la **fecondazione esterna**, così chiamata perché avviene fuori dal corpo degli animali ▶ 1: i gameti maschili e femminili vengono rilasciati nell'acqua, che li mantiene idratati e vitali fino alla fecondazione. Perché vi siano possibilità che i gameti di sesso diverso si incontrino nell'ambiente aperto, questo tipo di fecondazione necessita di una massiccia produzione di ovuli e di spermatozoi, processo che richiede un certo investimento di energia.
In questo tipo di fecondazione, le possibilità che le uova fecondate hanno di svilupparsi sono molto basse, perché sono spesso preda di altri animali o vengono distrutte dalla corrente o dalle maree. È il numero elevato di uova fecondate a garantire la sopravvivenza di almeno una parte di esse.
Sulla terraferma la fecondazione esterna è rara, perché l'uovo e lo spermatozoo esposti all'aria non potrebbero sopravvivere a lungo.
La **fecondazione interna** è tipica di tutti gli animali terrestri. L'incontro tra gli spermatozoi e le cellule uovo avviene all'interno del corpo femminile e richiede generalmente l'*accoppiamento* tra due individui di sesso diverso.
In molti insetti e aracnidi, la fecondazione interna si svolge con una modalità particolare che non richiede l'accoppiamento: i maschi secernono speciali involucri, le *spermatofore*, che contengono gli spermatozoi; le spermatofore vengono raccolte dalle femmine tramite aperture genitali, dove ha luogo la fecondazione.

3 Ovipari, vivipari e ovovivipari

In base a come avviene lo sviluppo dell'uovo fecondato, gli animali a fecondazione interna possono essere classificati in *ovipari*, *vivipari* o *ovovivipari*.
Gli **ovipari** depongono o liberano l'uovo nell'ambiente e lo sviluppo dell'embrione avviene all'interno dell'uovo ma fuori dal corpo materno ▶ 2A. L'uovo contiene nel tuorlo tutte le sostanze nutritive necessarie per la crescita. Le specie ovipare includono la maggior parte dei vertebrati, eccetto i mammiferi. Gli uccelli hanno la particolarità di accudire la prole, mentre gli altri animali ovipari non aiutano i piccoli a sopravvivere e come conseguenza una buona parte di essi muore. Per questo motivo depongono spesso un elevato numero di uova.
Nei **vivipari**, come la maggior parte dei mammiferi, le uova sono pressoché prive di tuorlo e l'embrione si sviluppa all'interno del corpo materno, nutrito e protetto dall'utero fino alla nascita ▶ 2B. Nei mammiferi il periodo di

sviluppo della cellula uovo all'interno del corpo della madre, dal momento in cui viene fecondata alla nascita, è detto **gestazione** e la sua durata varia da specie a specie. Alla nascita i figli non sono più protetti dall'uovo e hanno bisogno della madre per nutrirsi.

Negli animali **ovovivipari**, come molti rettili, l'uovo fecondato, da cui si svilupperà il nuovo essere, viene trattenuto all'interno del corpo materno e la deposizione dell'uovo avviene solo quando il piccolo è completamente formato e pronto per nascere ▶ 2C. Negli ovovivipari il processo di sviluppo del nuovo organismo è a metà tra quello di un oviparo e quello di un viviparo.

4 Corteggiamento e sincronizzazione riproduttiva

Maschi e femmine della stessa specie, per riprodursi, devono essere in grado di incontrarsi e riconoscersi e a tale scopo hanno sviluppato un'ampia varietà di comportamenti. Molti animali, ad esempio, rilasciano specifici ormoni, i *feromoni*, che hanno la capacità di attirare i partner; altri animali emettono segnali sonori o luminosi, oppure cambiano colore per richiamare l'attenzione. Altri ancora hanno sviluppato elaborati comportamenti di **corteggiamento** ▶ 3 (vedi Unità C10).

Un problema importante per le specie a riproduzione sessuata è la **sincronizzazione riproduttiva**: affinché la riproduzione avvenga, è necessario che, quando le cellule uovo sono mature, siano contemporaneamente disponibili, in un individuo della stessa specie, spermatozoi che possano fecondarle. Questa sincronizzazione richiede specifiche strutture sensoriali e una complessa regolazione ormonale in entrambi gli individui, in modo tale che possano produrre gameti in risposta agli stessi stimoli, ad esempio l'allungamento delle giornate, che indica l'inizio della stagione migliore per la riproduzione.

3 Il corteggiamento nei gabbiani

Osserva e RISPONDI

Nella fotografia puoi osservare una rana maschio e una rana femmina che depongono le uova e gli spermatozoi nell'acqua. Di quale tipo di fecondazione si tratta?

Bio Parole

Ovovivipari
dal latino *ovum*, «uovo», *vivus*, «vivo» e *parere*, «partorire, generare»
Ovoviviparous

DOMANDE CHIAVE

1. Qual è la funzione della riproduzione?
2. Quali sono i due tipi di fecondazione negli animali?
3. Che funzione ha il corteggiamento?

2 La fecondazione interna e lo sviluppo dell'embrione
Gli animali a fecondazione interna si dividono in ovipari, vivipari e ovovivipari, in base alle modalità di sviluppo dell'uovo fecondato.

A ovipari

B vivipari

C ovovivipari

L'apparato riproduttore maschile

BioParole

Scroto
dal latino *scrotum*, «borsa»
Scrotum

Sperma
dal greco *spérma*, «seme»
Semen

1 Anatomia dell'apparato riproduttore maschile: i testicoli

Nella specie umana, l'apparato riproduttore è costituito dalle *gonadi*, dalle vie che permettono il passaggio dei gameti e dai genitali esterni.
Le **gonadi** sono gli organi deputati alla produzione di spermatozoi nell'uomo e di cellule uovo nella donna. Come in tutti gli altri mammiferi, anche nella specie umana la fecondazione è interna.
L'apparato riproduttore maschile, oltre ad avere la funzione di produrre spermatozoi, è progettato anche per consentire loro di raggiungere le cellule uovo all'interno dell'apparato femminile. Le principali strutture che lo compongono sono il *pene* e lo *scroto*, che contiene i *testicoli*, i *dotti deferenti*, l'*uretra*, la *prostata* e le *vescichette seminali* ▶ 1.
Nell'uomo, come in tutti i vertebrati, la *spermatogenesi*, il processo di formazione e di maturazione degli spermatozoi, avviene in due organi di forma ovale: i **testicoli**. I testicoli sono le gonadi maschili e sono contenuti nello **scroto**, una sottile sacca della cute che sporge dalla superficie del corpo. Lo scroto ospita i testicoli fuori dalla cavità addominale, a una temperatura (circa 35 °C) di due gradi inferiore alla temperatura corporea, che non risulta idonea alla maturazione degli spermatozoi.
All'interno dei testicoli è presente una complessa rete di strutture tubulari, i **tubuli seminiferi**, le cui cellule producono gli spermatozoi e secernono ormoni maschili, in particolare il *testosterone*. I tubuli seminiferi sono costituiti da cellule spermatogeniche in via di maturazione: via via che maturano, queste cellule si portano dalla zona più esterna del tubulo a quella più interna, in modo tale che gli spermatozoi, al termine del processo, vengano riversati nel lume.
Nello spessore dei tubuli seminiferi ci sono altri due tipi cellulari: le **cellule del Sertoli**, che hanno la funzione di sostenere, proteggere e nutrire le cellule spermatogeniche e che secernono ormoni e altre molecole segnale; le **cellule di Leydig**, che producono l'ormone maschile più importante, il *testosterone*.

2 I dotti e le ghiandole

Gli spermatozoi, ancora non completamente maturi, da ciascuno dei due testicoli passano in un sottile canale lungo e spiralizzato, chiamato **epididimo**; qui portano a termine la loro maturazione, aiutati da specifiche secrezioni rilasciate dalla parete dell'epididimo. Gli spermatozoi vengono accumulati nell'ultimo tratto dell'epididimo, fino alla loro espulsione dal corpo (o *eiaculazione*).
Durante l'eiaculazione, gli spermatozoi passano dall'epididimo a un piccolo canale dalle pareti spesse, il **dotto deferente**. Dal dotto deferente passano nel **dotto eiaculatore**, che attraversa una ghiandola chiamata **prostata** e sbocca nell'**uretra**, un canale impari che attraversa il pene fino all'esterno del corpo.
Nei dotti deferenti sboccano i dotti provenienti da due ghiandole, le **vescichette seminali**.
Durante il tragitto attraverso i dotti deferenti, gli spermatozoi si mescolano alle secrezioni ghiandolari di vescichette seminali e prostata, formando così lo **sperma** (o **seme** o **liquido seminale**).
Le due vescichette seminali riversano nei dotti deferenti un fluido ricco di fruttosio, che fornisce energia agli spermatozoi per muoversi nelle vie genitali femminili, e

1 L'apparato riproduttore maschile
La figura mostra in sezione la regione pelvica dell'uomo.

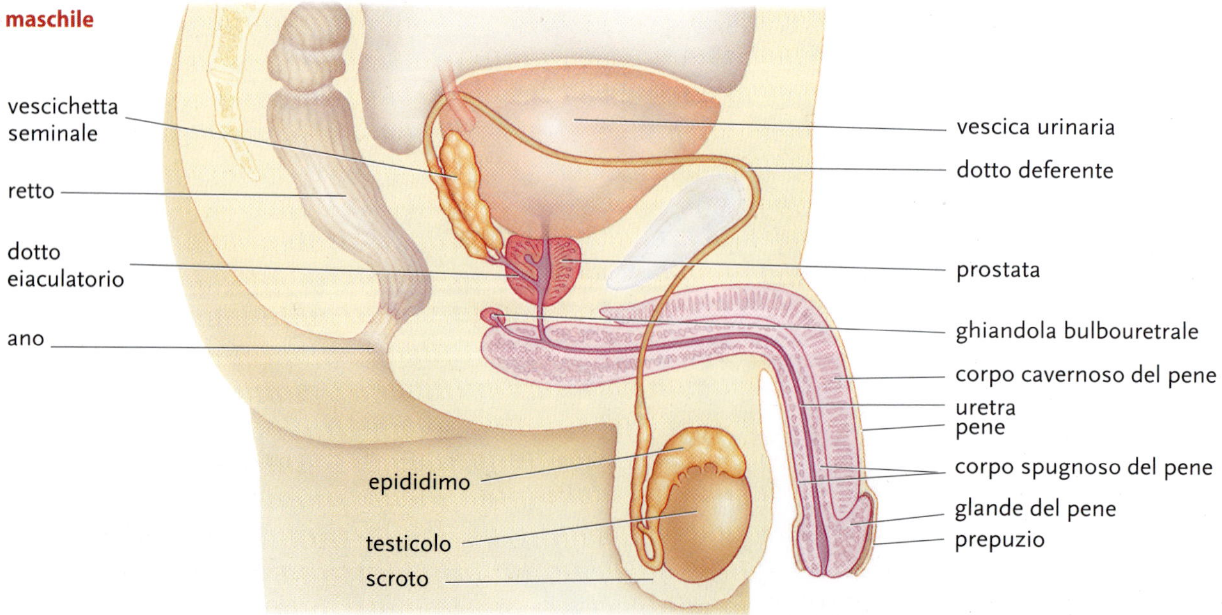

di particolari sostanze dette *prostaglandine*, che stimolano dopo l'eiaculazione la contrazione dell'utero, per facilitare la risalita degli spermatozoi. La prostata è una ghiandola impari che riversa nell'uretra una secrezione alcalina che, neutralizzando l'ambiente acido della vagina, protegge gli spermatozoi quando vengono riversati all'interno del corpo femminile.
Durante il rapporto sessuale altre due ghiandole, le **ghiandole bulbouretrali**, situate ai lati dell'uretra, liberano nell'uretra una secrezione mucosa che protegge gli spermatozoi dagli acidi presenti nell'urina.

3 Il pene

Il **pene** è un organo erettile, che consente l'accoppiamento con la donna e il trasferimento degli spermatozoi nell'apparato riproduttore femminile. È costituito da una porzione assile che termina all'apice con una regione espansa denominata **glande**. L'epidermide che riveste il pene si prolunga a ricoprire la parte distale con una piega che protegge il glande e che viene chiamata **prepuzio**.
Sotto l'epidermide, il pene presenta tre strutture colonnari parallele costituite da un tessuto spugnoso, chiamato *tessuto erettile*: due, più esterne, vengono definite *corpi cavernosi*, una, disposta centralmente, *corpo spugnoso*.
Il pene è attraversato dall'*uretra*, un dotto che, a seconda delle circostanze, può trasportare urina o sperma.
Il pene si inturgidisce (**erezione**) per effetto di un accumulo di sangue nel tessuto erettile, che avviene in seguito a stimoli nervosi indotti dall'eccitazione sessuale, e si ha un aumento della frequenza cardiaca e respiratoria.
Lo sperma viene riversato all'esterno mediante una potente emissione chiamata **eiaculazione**, un riflesso del sistema nervoso simpatico che determina la contrazione della muscolatura intorno all'uretra. Le contrazioni muscolari ritmiche che accompagnano l'eiaculazione provocano un piacere intenso, detto **orgasmo**.
A ogni eiaculazione vengono espulsi circa 3 ml di sperma e 150 milioni di spermatozoi.

4 La spermatogenesi

Nell'uomo la spermatogenesi, ossia la produzione di spermatozoi e la loro maturazione, avviene nei tubuli seminiferi dei testicoli: ha inizio durante la pubertà (in un ragazzo giovane ne vengono prodotti ogni giorno centinaia di milioni) e prosegue per tutta la vita.
Le cellule indifferenziate che maturando danno origine agli spermatozoi sono chiamate **spermatogoni**. Sono diploidi (46 cromosomi) e sono localizzati alla periferia della parete dei tubuli seminiferi ▶ 2.
La spermatogenesi ha inizio con la divisione per mitosi dello spermatogonio. Delle due cellule, l'una rimane in loco, l'altra aumenta di volume e si differenzia in **spermatocita primario**, che ha un corredo cromosomico diploide. Lo spermatocita primario va incontro a meiosi, originando al termine della prima divisione meiotica due **spermatociti secondari** e dopo la seconda divisione meiotica quattro **spermatidi**. In totale, quindi, da ogni spermatocita primario diploide si formano quattro spermatidi aploidi, che vanno incontro a una serie di modifiche morfologiche fino a trasformarsi in *spermatozoi*.
Durante la spermatogenesi i gameti in via di sviluppo procedono dalla periferia fino al lume del tubulo, dove vengono riversati. Dal tubulo seminifero gli spermatozoi si portano nell'epididimo, dove completano la loro maturazione, acquistando mobilità.
Gli spermatozoi sono cellule molto piccole, con una **testa**, occupata quasi completamente dal nucleo, e una lunga coda chiamata **flagello**. La testa ha una lunghezza di circa 5-10 μm, il flagello di circa 50-60 μm. Anteriormente al nucleo è presente l'**acrosoma**, una vescicola contenente enzimi che favoriscono la penetrazione dello spermatozoo nella cellula uovo.
Il flagello, costituito da microtubuli, consente agli spermatozoi di muoversi nelle vie genitali femminili per raggiungere l'ovulo. L'energia per il movimento è fornita dai mitocondri, localizzati nella *porzione intermedia* del flagello.

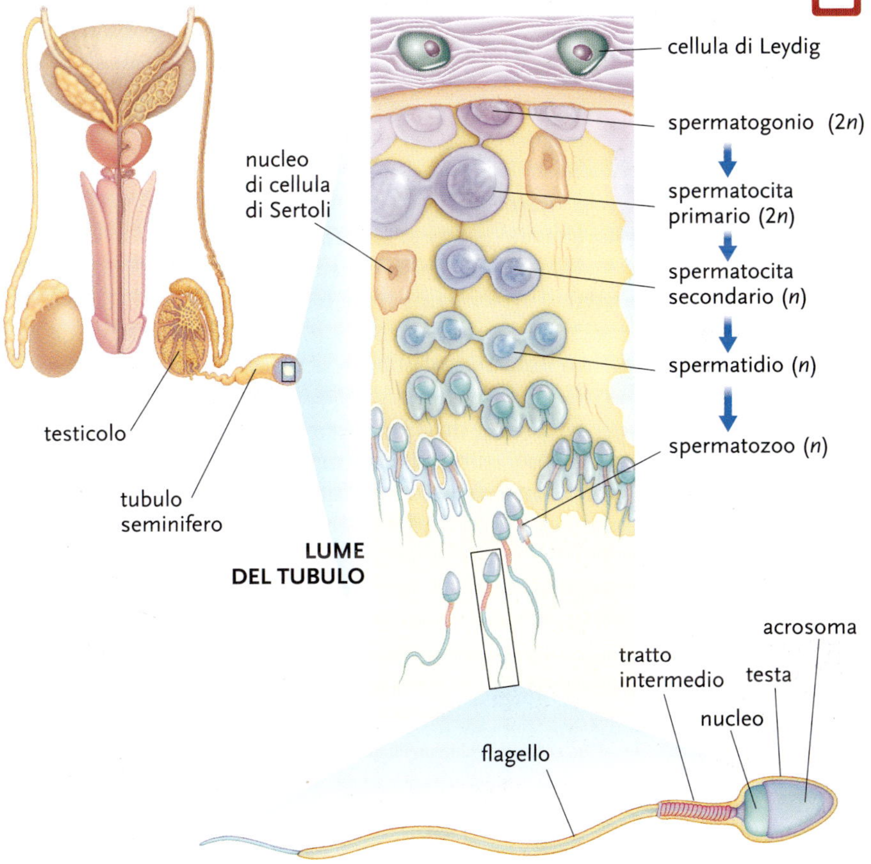

2 Sezione della parete di un tubulo seminifero
Nello spessore della parete del tubulo avviene la spermatogenesi. Gli spermatogoni, alla periferia, vanno incontro a mitosi. Alcuni si differenziano in spermatociti primari, i quali, per meiosi, formano prima due spermatociti secondari e poi quattro spermatidi aploidi; questi subiscono alcune trasformazioni fino a diventare spermatozoi.

DOMANDE CHIAVE
1. Che cosa sono le gonadi?
2. Dove si formano gli spermatozoi?
3. Che cos'è l'uretra?
4. Come si chiamano le cellule indifferenziate che danno origine dopo maturazione agli spermatozoi?

L'apparato riproduttore femminile

1 Anatomia dell'apparato riproduttore femminile

L'apparato riproduttore della donna ha la funzione di produrre le cellule uovo, di ricevere gli spermatozoi affinché abbia luogo la fecondazione e di accogliere e nutrire l'embrione fino al suo completo sviluppo. Gli organi che lo compongono sono situati nella cavità addominale e comprendono le *ovaie*, gli *ovidotti* o *tube di Falloppio*, l'*utero*, la *vagina* e i genitali esterni ▶ 1.

Le gonadi femminili sono rappresentate dalle **ovaie**, due organi di circa 3 cm di diametro situati nel bacino. Le ovaie sono deputate alla produzione di ormoni e ovociti, cellule che maturando formano gli ovuli.

Le ovaie sono collegate all'utero mediante due sottili canali, le **tube di Falloppio** (o **tube uterine** o **ovidotti**), che servono per il passaggio degli ovociti. È nelle tube di Falloppio che avviene l'incontro tra spermatozoi e cellule uovo, ed è dunque qui che può avere luogo la fecondazione. Le pareti interne delle tube sono rivestite da un particolare epitelio ciliato, con la funzione di spingere l'ovulo verso l'utero.

L'**utero** è l'organo dove avviene l'impianto dell'ovulo fecondato e dove si svilupperà l'embrione durante la gravidanza. L'utero è una struttura cava posta nelle anche tra la vescica urinaria e il retto. Ha forma e dimensioni di una pera rovesciata e le sue pareti, costituite da una robusta muscolatura liscia, delimitano la **cavità uterina**. La mucosa che riveste la cavità uterina è ricca di vasi sanguigni ed è denominata **endometrio**. Ogni mese l'endometrio, stimolato da ormoni endocrini, subisce modificazioni che preparano l'utero ad accogliere l'embrione in caso di fecondazione.

Il **collo dell'utero**, o **cervice**, collega la parte inferiore dell'utero con la **vagina**, un condotto elastico che accoglie il pene durante il rapporto sessuale e dove viene riversato lo sperma. Attraverso la vagina, inoltre, passa il bambino al momento del parto. Nelle donne che non hanno mai avuto un rapporto sessuale l'apertura della vagina è parzialmente occlusa da una sottile membrana: l'**imene**.

I genitali esterni femminili comprendono una serie di strutture che nel complesso formano la **vulva** ▶ 2, una concavità nella quale sfociano anche le vie urinarie. Fanno parte della vulva due paia di pieghe cutanee: le **piccole labbra**, più interne, che delimitano la vagina e l'apertura uretrale, e le **grandi labbra**, più esterne e più spesse. Nella loro porzione anteriore, le piccole labbra si uniscono e formano il «cappuccio» del **clitoride**, un piccolo organo costituito da tessuto erettile, estremamente sensibile perché ricco di terminazioni nervose.

Subito sopra il clitoride è presente il **pube**, o **monte di Venere**, una protuberanza di tessuto adiposo, che durante la pubertà si ricopre di peluria

2 I genitali esterni della donna

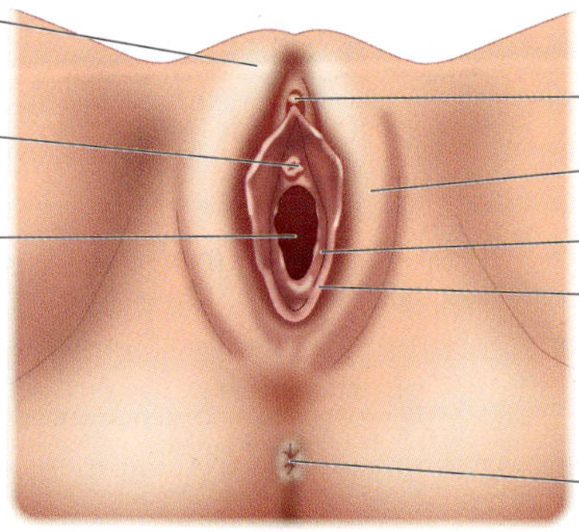

1 L'apparato riproduttore femminile

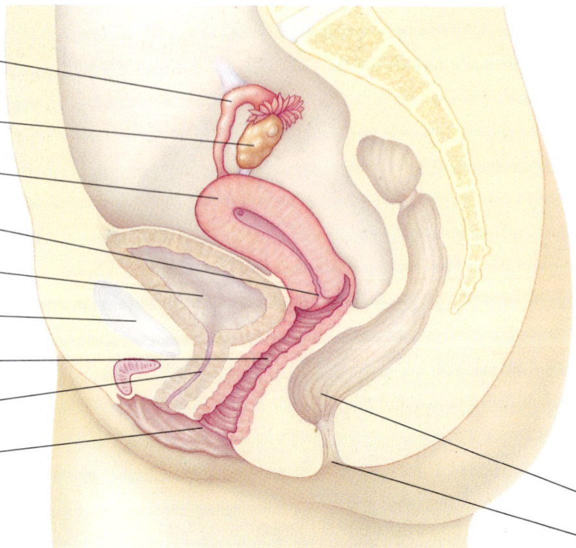

Sezione sagittale delle strutture che compongono l'apparato riproduttore della donna.

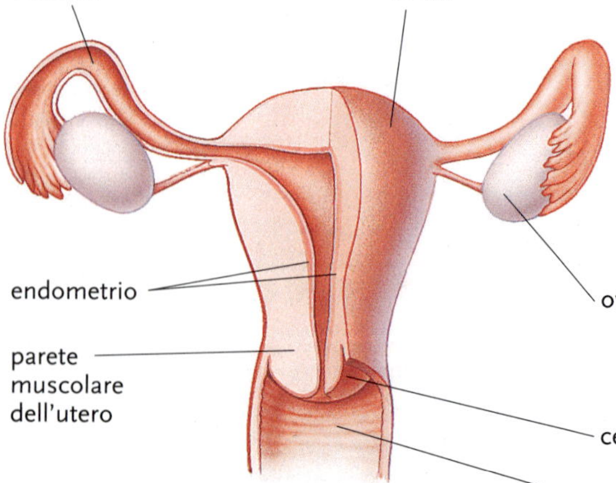

Visione frontale.

2 Le ghiandole mammarie

Le ghiandole mammarie sono poste sul torace e, anche se nel maschio sono rudimentali, sono presenti sia nell'uomo sia nella donna. Sono contenute in due rilievi, le **mammelle**, che nella donna a completo sviluppo sono più o meno voluminose. Ogni mammella è formata da una sporgenza pigmentata, il **capezzolo**, dove si aprono i dotti ghiandolari, circondata da una zona circolare, l'**areola**.

Le ghiandole mammarie sono ghiandole sudoripare modificate e la loro funzione è produrre latte (**lattazione**). Si sviluppano a partire dalla pubertà, ma diventano funzionanti solo al termine della gravidanza, mantenendosi tali per tutto il periodo dell'allattamento del bambino. La produzione di latte è stimolata soprattutto dall'ormone *prolattina*, prodotto dal lobo anteriore dell'ipofisi, con il contributo di estrogeni e progesterone. In risposta alla suzione del capezzolo materno da parte del bambino durante l'allattamento, oltre alla produzione di prolattina viene anche rilasciato dal lobo posteriore dell'ipofisi l'ormone *ossitocina* (prodotto dall'ipotalamo), che stimola anch'esso la lattazione (vedi Unità C7).

Ogni ghiandola mammaria è composta da 15-20 *lobi* disposti a raggiera attorno al capezzolo ▶ 3, sostenuti da una robusta trama connettivale e separati da tessuto adiposo.

Ogni lobo è suddiviso in *lobuli*, in cui sono presenti ghiandole, gli **alveoli**, che secernono latte. I **dotti galattòfori** trasportano il latte prodotto dagli alveoli verso il capezzolo. Prima di aprirsi all'esterno, i dotti si dilatano nei **seni galattofori**, dove il latte si raccoglie prima di essere emesso all'esterno. Nelle femmine le ghiandole mammarie, sotto l'influenza di estrogeni e progesterone, si sviluppano a cominciare dalla pubertà: il sistema dei dotti matura, il capezzolo e l'areola si scuriscono e viene depositato il grasso che determina l'aumento di volume delle mammelle.

3 Le ovaie e i follicoli ovarici

L'ovaio è costituito superficialmente da un epitelio semplice, chiamato *epitelio germinativo*, e più in profondità da tessuto connettivo denso, chiamato *corticale*. Nella corticale si trovano i **follicoli** ovarici in varie fasi di sviluppo. In ciascun follicolo prende origine e matura un ovocita, protetto e nutrito da alcuni strati di cellule follicolari ▶ 4. Alla nascita, i *follicoli primordiali* sono circa 400 000; solo una piccola parte (400-500), però, arriva a completa maturazione dopo la pubertà.

Inizialmente l'ovocita è circondato da un singolo strato di cellule follicolari. In seguito queste si moltiplicano, il follicolo cresce e la sua cavità si riempie di un liquido, il *liquor follicoli*. Mentre sviluppa, il follicolo si sposta verso la superficie dell'ovaio. Una volta che il follicolo

BioParole

Follicolo
dal latino *follis*, «borsa, sacco»
Follicle

3 Sezione della ghiandola mammaria

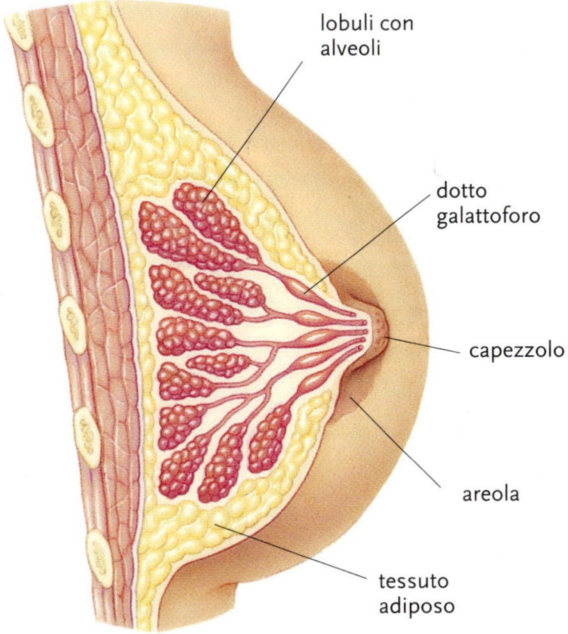

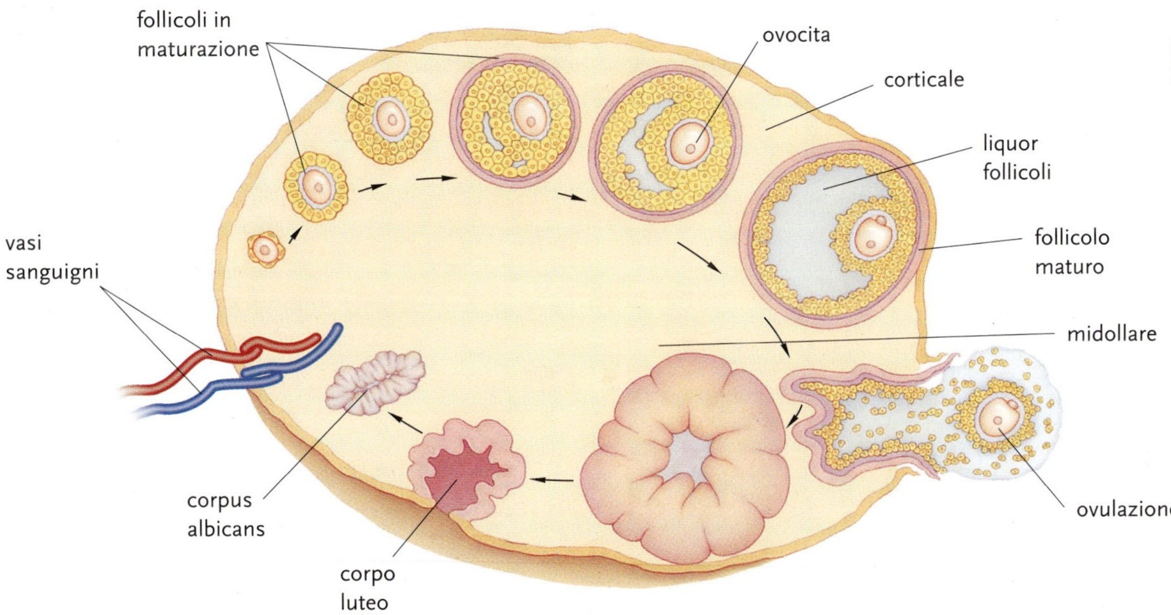

4 Le ovaie

I follicoli contengono gli ovociti in via di maturazione. Ogni follicolo si sviluppa, aumentando di volume e portandosi sempre più in superficie. Il follicolo maturo si rompe e libera l'ovulo (**ovulazione**), convertendosi in corpo luteo.

Bio Parole

Ovulazione
dal latino *ovulum*, «piccolo uovo» e *agere*, «fare»
Ovulation

ha raggiunto la completa maturazione (**follicolo maturo** o **follicolo di Graaf**), la pressione del liquor causa la rottura della sua membrana e l'ovocita viene espulso fuori dall'ovaio, nella cavità peritoneale. Questo processo prende il nome di **ovulazione**.
I resti del follicolo maturo si convertono in un ammasso di cellule chiamato **corpo luteo**, che produce per un certo periodo *estrogeni*, *progesterone*, *relaxina* e *inibina*. Se non avviene la fecondazione, il corpo luteo regredisce in pochi giorni, riducendosi a una masserella bianca di tessuto cicatriziale: il *corpus albicans*.

4 L'ovogenesi

L'**ovogenesi** o **oogenesi** è il processo che porta alla formazione dei gameti femminili nelle ovaie. Nella femmina ha inizio prima della nascita, ma i gameti cominciano a maturare solo dalla pubertà. Contrariamente ai maschi, che a partire dalla pubertà hanno una produzione ininterrotta di spermatozoi, nella femmina gli ovociti presenti alla nascita sono quelli che la donna avrà a disposizione nella sua vita per riprodursi, poiché non ne vengono prodotti altri.
In generale, l'ovogenesi consiste in un processo di lunga durata che, partendo da cellule immature, gli **oogoni**, porta alla formazione di ovuli maturi.
L'ovogenesi ha inizio durante lo sviluppo del feto, quando nelle ovaie alcune cellule si differenziano in oogoni. Molti di questi vanno incontro a degenerazione ancor prima della nascita; solo alcuni aumentano di volume e si convertono in **ovociti primari**, cellule che durante la vita fetale iniziano la prima divisione meiotica. Alla nascita la meiosi I degli ovociti non è ancora completata e viene interrotta fino alla pubertà. Una ragazza arriva alla pubertà con circa 40 000 ovociti: di questi solo 400 andranno incontro a maturazione (e quindi concluderanno l'ovogenesi nel corso del periodo fertile della donna). A partire dalla pubertà (11-14 anni, mediamente), ogni mese specifici ormoni stimolano alcuni ovociti primari a riattivare l'ovogenesi e a completare la meiosi I, ma generalmente uno solo ogni mese arriva a completa maturazione e può essere fecondato.
L'ovocita primario, diploide, al termine della meiosi I dà origine a due cellule aploidi di dimensioni diverse ▶ 5: il **primo globulo polare** e l'**ovocita secondario**. Il primo globulo polare è più piccolo e contiene esclusivamente materiale nucleare; l'ovocita secondario (più voluminoso poiché riceve tutto il citoplasma dell'ovocita primario, che servirà come fonte energetica all'embrione durante le prime fasi di sviluppo), prosegue l'ovogenesi: inizia la seconda divisione meiotica, ma la interrompe quasi subito. Nel frattempo, il follicolo, giunto a maturazione, si rompe e libera l'ovocita secondario; questo processo è detto **ovulazione**. Talvolta, il primo globulo polare può ulteriormente dividersi formando due globuli polari.
L'ovocita, rilasciato nella cavità pelvica, si porta nella tuba di Falloppio. Qui, se sono presenti spermatozoi e uno penetra l'ovocita, avviene la fecondazione, che attiva la seconda divisione meiotica dell'ovocita. Al termine della meiosi II si formano due cellule aploidi: la cellula più grande rappresenta l'ovocita maturo e prende il nome di **ovulo**; la cellula più piccola è invece chiamata **secondo globulo polare** e viene espulsa.
A questo punto avviene la fusione del nucleo dell'ovulo con il nucleo dello spermatozoo penetrato e si forma lo zigote diploide. Con l'ovogenesi, in definitiva, a partire da un ovocita primario diploide si ottengono un ovulo aploide e due o tre globuli polari aploidi.

5 TESTO-IMMAGINE L'ovogenesi

Alla nascita l'ovocita primario è fermo alla profase della meiosi I.

L'ovogenesi ha inizio prima della nascita, a partire da un oogonio.

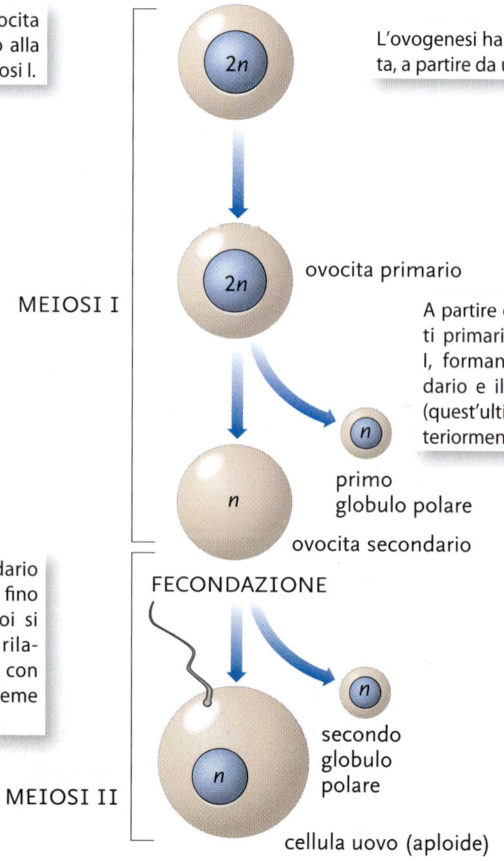

A partire dalla pubertà, gli ovociti primari completano le meiosi I, formando un ovocita secondario e il primo globulo polare (quest'ultimo talvolta si divide ulteriormente in due globuli polari).

L'ovocita secondario inizia la meiosi II fino alla metafase, poi si blocca; viene rilasciato dall'ovaio con l'ovulazione, insieme al globulo polare.

Quando, alla fecondazione, il nucleo dello spermatozoo penetra nell'ovocita secondario, la meiosi II riprende e l'ovocita forma la cellula uovo e il secondo globulo polare. A questo punto i due nuclei (dello spermatozoo e dell'ovocita) si fondono e formano lo zigote diploide.

Osserva e COMPLETA

Inserisci i termini mancanti alle strutture dei genitali esterni femminili

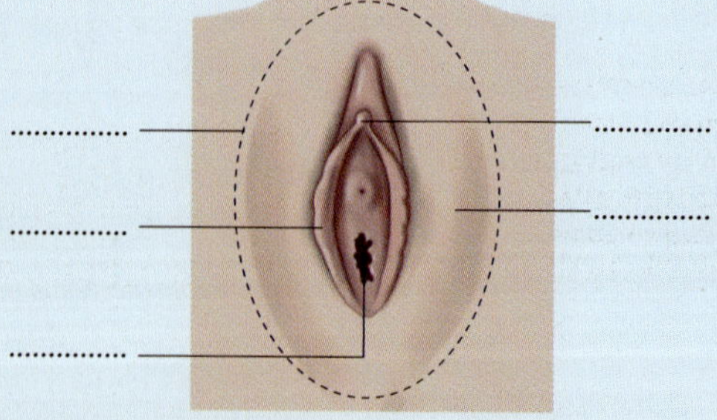

DOMANDE CHIAVE

1. Quali strutture collegano le ovaie all'utero?
2. Come si chiama la mucosa che riveste l'utero?
3. Che cos'è l'ovogenesi?

Il controllo ormonale della riproduzione

1 Uno sguardo sugli ormoni della riproduzione

L'ipotalamo e l'ipofisi controllano la produzione di ormoni sessuali da parte delle gonadi (vedi Unità C7). Gli ormoni sessuali a loro volta regolano il mantenimento dei caratteri sessuali, la spermatogenesi nel maschio, l'ovogenesi e la gravidanza nella femmina.

Gli ormoni sessuali che regolano la riproduzione sono gli *androgeni*, e in particolare il **testosterone**, nel maschio; il **progesterone** e gli **estrogeni** nella femmina.

Due gonadotropine, l'**ormone luteinizzante** (**LH**) e l'**ormone follicolo-stimolante** (**FSH**), rilasciate dal lobo anteriore dell'ipofisi, hanno il controllo sugli ormoni sessuali sia maschili sia femminili. Gli ormoni LH e FSH sono a loro volta sottoposti al controllo di un ormone ipotalamico, il **fattore di rilascio delle gonadotropine** (**GnRH**, dall'inglese *Gonadotropin Releasing Hormone*).

La sintesi del GnRH aumenta durante la pubertà, stimolando la produzione di ormoni LH e FSH da parte dell'ipofisi anteriore. In risposta a questi ormoni, le ovaie nelle femmine e i testicoli nei maschi cominciano a produrre ormoni sessuali, che portano allo sviluppo degli organi genitali, alla comparsa dei caratteri sessuali secondari e all'inizio della gametogenesi.

2 La regolazione ormonale nel maschio

La produzione ipofisaria di LH e FSH, stimolata dall'ipotalamo, ha un'azione diretta sulla spermatogenesi.

L'aumento della concentrazione di LH agisce a livello testicolare: stimola le cellule di Leydig a produrre ormoni androgeni e soprattutto testosterone. Il **testosterone** ▶ 1 insieme all'FSH, stimola a sua volta la spermatogenesi.

Il testosterone e l'FSH agiscono entrambi con un meccanismo a feedback negativo sul lobo anteriore dell'ipofisi e sull'ipotalamo: elevate quantità di testosterone nel sangue, infatti, inibiscono la produzione di GnRH da parte dell'ipotalamo e di LH da parte dell'ipofisi anteriore; un'eccessiva quantità di FSH stimola le cellule di Sertoli a secernere un ormone, l'**inibina**, che inibisce la produzione di FSH ▶ 2.

In alcuni tessuti, il testosterone viene convertito da uno specifico enzima in **diidrotestosterone** (**DHT**), un androgeno che ha effetti biochimici simili a quelli del testosterone.

Il testosterone e il diidrotestosterone si legano agli stessi recettori per gli androgeni, producendo diversi effetti nel maschio:

- il testosterone stimola nel feto lo sviluppo dei dotti e la discesa dei testicoli, mentre il diidrotestosterone è responsabile dello sviluppo dei genitali esterni;

1 La molecola del testosterone

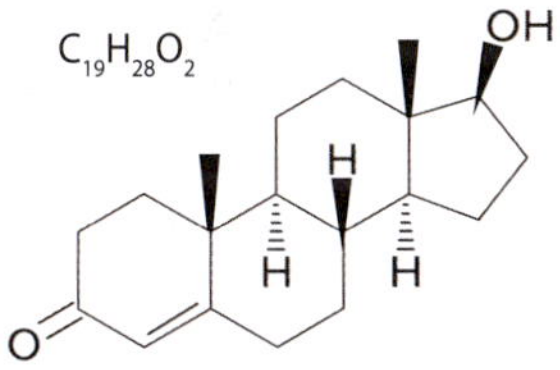

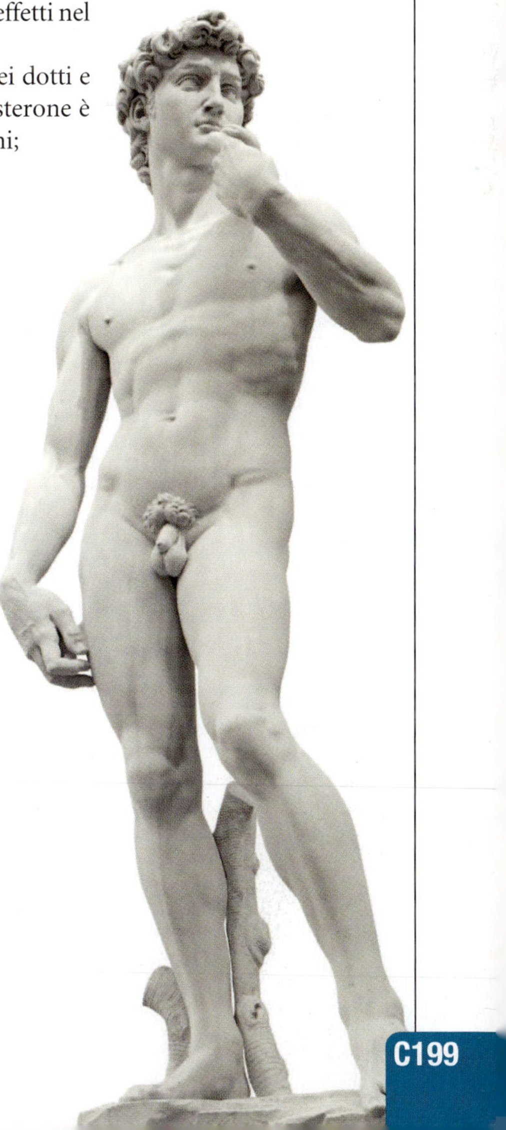

2 Il controllo ormonale nel maschio

TESTO-IMMAGINE

Gli ormoni sessuali sono regolati dall'ipotalamo e dall'ipofisi anteriore.

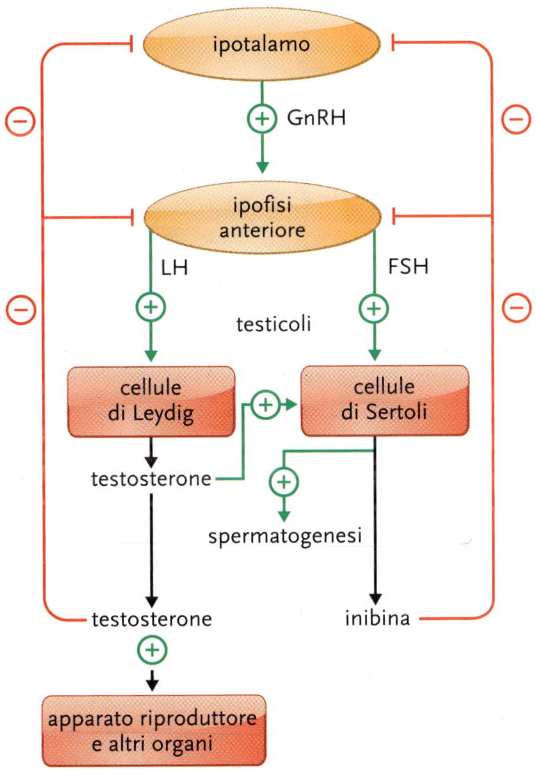

Elevate concentrazioni di testosterone inibiscono il rilascio di GnRH dall'ipotalamo e di LH dal lobo anteriore dell'ipofisi (feedback negativo).

L'inibina prodotta dalle cellule del Sertoli inibisce la secrezione di GnRH e FSH (feedback negativo).

- il testosterone, durante la pubertà, determina lo sviluppo degli organi sessuali maschili e la comparsa dei caratteri sessuali secondari (crescita di barba e di peli, aumento della massa muscolare e dello scheletro, aumento delle secrezioni delle ghiandole sebacee, allungamento e ispessimento delle corde vocali, con conseguente abbassamento della voce);
- come anche gli altri androgeni, il testosterone ha un'azione sia sulla spermatogenesi sia sul comportamento sessuale maschile, oltre a essere responsabile del desiderio sessuale (o *libido*); anche nella femmina sono gli androgeni, prodotti dalla corticale surrenale, a determinare la libido.

Nell'uomo adulto la concentrazione di testosterone si mantiene piuttosto costante, garantendo la produzione a livello testicolare di milioni di spermatozoi ogni giorno.

3 La regolazione ormonale nella femmina

L'apparato riproduttore femminile subisce cambiamenti ciclici che coinvolgono le ovaie e l'utero e che sono controllati da ormoni prodotti dall'ipotalamo, dal lobo anteriore dell'ipofisi e dalle ovaie. Gli ormoni sessuali hanno la funzione di regolare e sincronizzare due cicli, che fanno parte del **ciclo riproduttivo femminile**:

- il *ciclo ovarico*, che coinvolge le ovaie e comprende le fasi di maturazione dell'ovocita nel follicolo e la successiva ovulazione;
- il *ciclo uterino* o *mestruale*, che riguarda i cambiamenti che avvengono nell'endometrio dell'utero e che lo rendono adatto ad accogliere l'ovulo fecondato.

4 La molecola del progesterone

$C_{21}H_{30}O_2$

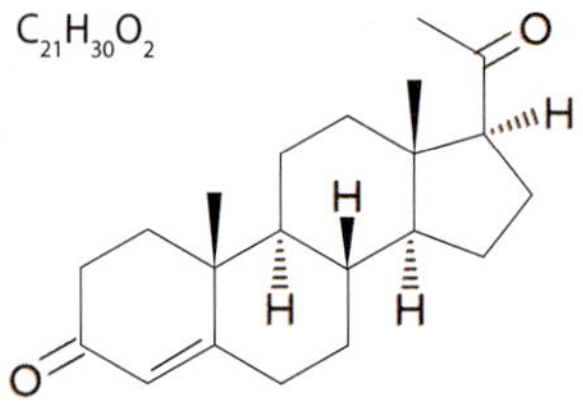

I due cicli sono controllati da diversi ormoni:

- l'ipotalamo produce il fattore di rilascio delle gonadotropine (GnRH), che stimola la produzione di LH e FSH da parte del lobo anteriore dell'ipofisi ▶ 3;
- LH e FSH prodotti dall'ipofisi anteriore agiscono sulle ovaie, stimolando la maturazione del follicolo e la produzione follicolare di estrogeni;
- il corpo luteo produce estrogeni, progesterone e altri ormoni.

Prima della pubertà la produzione di FSH e LH nella femmina è scarsa. Alla pubertà l'ipotalamo aumenta la produzione di GnRH, stimolando l'ipofisi anteriore a produrre FSH e LH, che a loro volta determinano la proliferazione delle ovaie. Le quali iniziano quindi a secernere estrogeni.
Gli **estrogeni** stimolano la comparsa dei caratteri sessuali secondari (aumento del tessuto adiposo nelle mammelle, nell'addome, nelle gambe, allargamento del bacino, comparsa di peli sotto le ascelle e sul pube) e lo sviluppo e il mantenimento degli organi riproduttivi femminili.
Verso la metà del ciclo ovarico, l'ormone LH stimola l'ovulazione e la formazione del corpo luteo. Lo stesso corpo luteo sotto l'azione dell'LH produce *estrogeni*, *progesterone*, *relaxina* e *inibina*.
Il **progesterone** ▶ 4 è un ormone che, in maniera sinergica con gli estrogeni, causa la rigenerazione dell'endometrio uterino, affinché sia pronto ad accogliere l'ovulo fecondato, e prepara le ghiandole mammarie alla produzione di latte.
Oltre a estrogeni e progesterone, il corpo luteo produce **relaxina**, che ha la funzione di rilassare la muscolatura dell'utero per favorire l'eventuale impianto dell'ovulo fecondato.

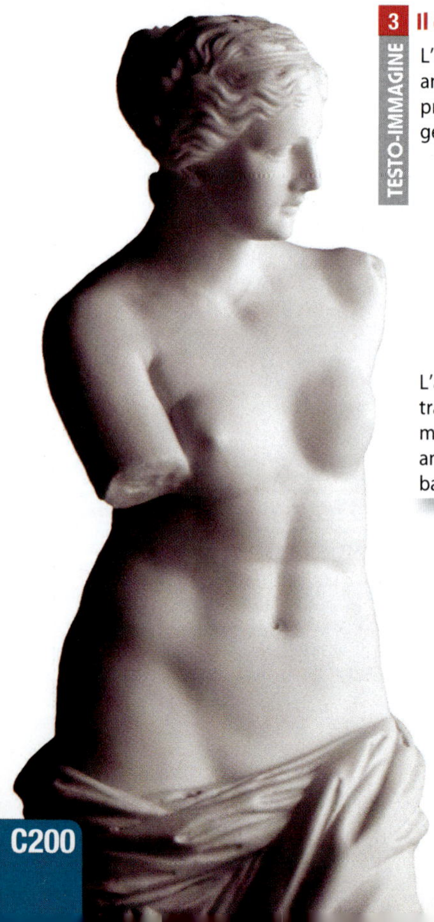

3 Il controllo ormonale nella femmina

TESTO-IMMAGINE

L'ipotalamo e l'ipofisi anteriore stimolano la produzione di estrogeni e progesterone.

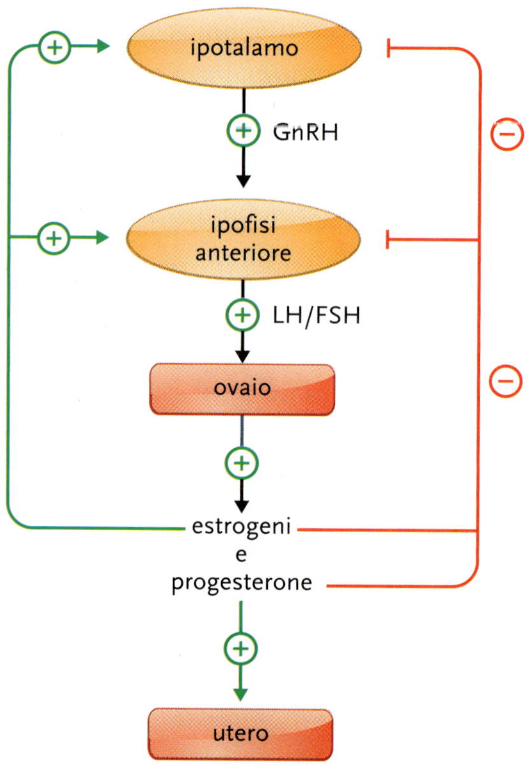

L'aumento della concentrazione di estrogeni stimola l'ipotalamo e il lobo anteriore dell'ipofisi (feedback positivo).

L'aumento combinato di estrogeni e progesterone inibisce l'ipotalamo e il lobo anteriore dell'ipofisi (feedback negativo).

5 TESTO-IMMAGINE Il ciclo riproduttivo femminile

FSH e LH

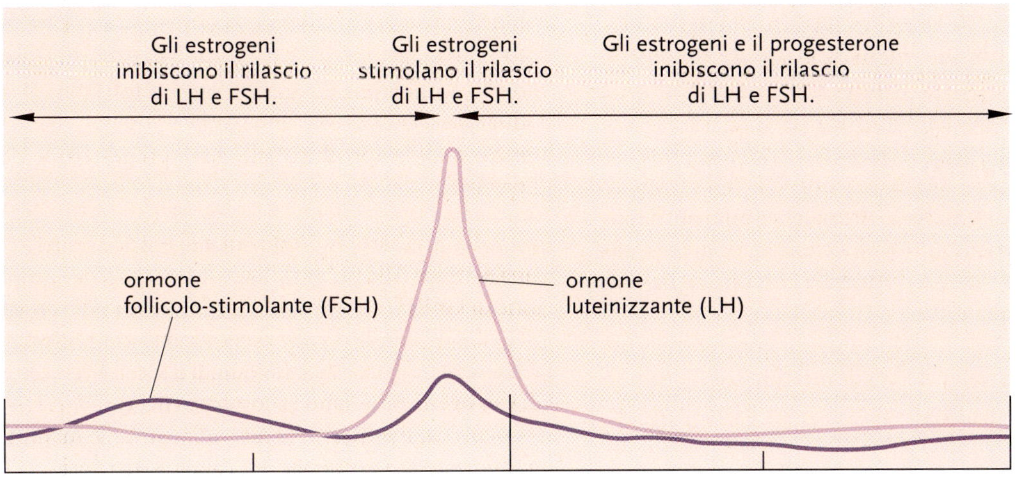

GnRH e ormoni ovarici controllano la produzione da parte del lobo anteriore dell'ipofisi di FSH e LH. A metà del ciclo si assiste a un picco di FSH e LH.

ciclo ovarico

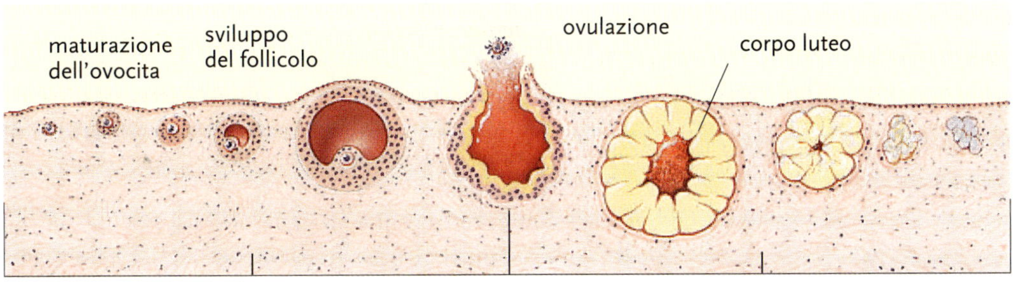

L'ormone FSH stimola lo sviluppo dei follicoli, l'LH è responsabile dell'ovulazione (che si ha a metà ciclo) e della successiva formazione del corpo luteo.

ormoni ovarici

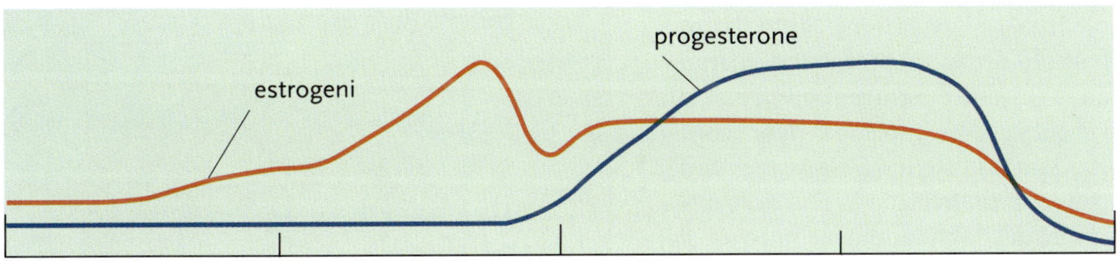

Dopo l'ovulazione, estrogeni e progesterone stimolano l'endometrio a ispessirsi, in modo da prepararsi a un'eventuale gravidanza.

ciclo uterino (modifiche dell'endometrio)

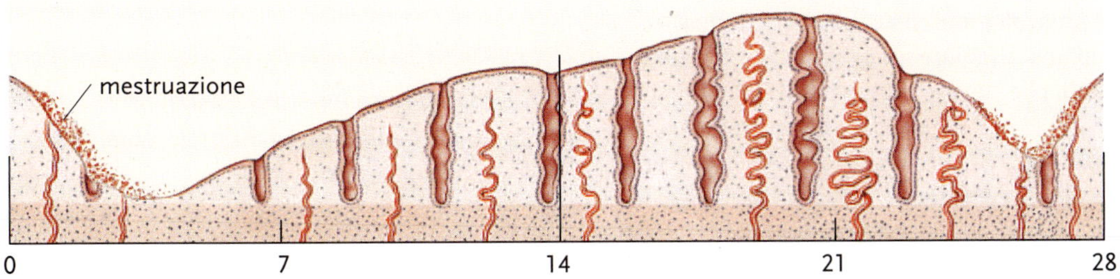

Nella fase mestruale l'endometrio uterino si sfalda e si ha la mestruazione, che ha una durata di circa cinque giorni. Il primo giorno di mestruazioni è considerato il primo giorno del ciclo riproduttivo femminile.

Bio Parole

Mestruazione
dal latino *menstruus*, «mensile» e *agere* «fare»
Menstruation

La relaxina viene secreta anche dalla placenta durante tutta la gravidanza, per mantenere rilassata la muscolatura dell'utero. L'**inibina**, infine, prodotta oltre che dal corpo luteo anche dai follicoli ovarici in via di maturazione, inibisce il rilascio di FSH e, in misura minore, di LH da parte dell'ipofisi anteriore.

4 Il ciclo ovarico e il ciclo uterino

Il *ciclo riproduttivo femminile* dura circa 28 giorni. Comprende il **ciclo ovarico**, con gli eventi che portano alla maturazione dell'ovocita, attraverso lo sviluppo del follicolo ovarico, l'ovulazione e la formazione e regressione del corpo luteo, e il **ciclo uterino**, con una serie di modificazioni a livello dell'endometrio, che hanno lo scopo di preparare l'utero ad accogliere l'embrione nel caso avvenga la fecondazione. I due cicli, che avvengono contemporaneamente e sono controllati dagli ormoni sessuali, ipotalamici e ipofisari, si possono suddividere in quattro fasi principali: la **fase mestruale**, la **fase preovulatoria**, l'**ovulazione** e la **fase postovulatoria**.

FASE MESTRUALE La **fase mestruale** segna l'inizio del ciclo: il primo giorno della fase mestruale viene considerato per convenzione il primo giorno del ciclo ▶ 5. Questa fase è caratterizzata dallo sfaldamento dell'endometrio, che viene rilasciato insieme al sangue attraverso la vagina, producendo il cosiddetto **flusso mestruale** o **mestruazione**, che dura circa cinque giorni. Questo sfaldamento è causato da una diminuzione dei livelli di estrogeni e progesterone, che determina una costrizione delle arterie uterine e la conseguente morte delle cellule endometriali, che risultano private di ossigeno.

FASE PREOVULATORIA La **fase preovulatoria** (che insieme alla fase mestruale forma la *fase follicolare*) va dal 6° al 13° giorno e comprende il periodo che intercorre tra la fine della fase mestruale e l'ovulazione. Sotto l'azione dell'FSH, alcuni follicoli iniziano il processo di maturazione e cominciano a produrre estrogeni e inibina. Gli estrogeni rilasciati in questa fase stimolano la riparazione e l'ispessimento dell'endometrio uterino (*fase proliferativa*). Dopo circa una settimana, un follicolo in una delle ovaie risulta più grande e sarà quello che andrà incontro alla fase di ovulazione, mentre gli altri regrediranno. Le cellule follicolari producono una quantità di estrogeni sufficiente a inibire la produzione di FSH e LH da parte dell'ipofisi.

FASE OVULATORIA La **fase ovulatoria** consiste nella rottura del follicolo e nell'espulsione dell'ovocita secondario nella tuba di Falloppio. Questo evento avviene generalmente il 14° giorno del ciclo ed è stimolato dagli estrogeni prodotti nella fase preovulatoria: con un effetto a feedback positivo, stimolano una maggiore secrezione di GnRH da parte dell'ipotalamo, che determina un picco nella produzione ipofisaria di LH e di FSH. Il picco di ormone LH causa lo scoppio del follicolo con liberazione dell'ovocita secondario nelle tube (**ovulazione**). Questo sopravvive nella tuba per circa 72 ore; se in questo periodo di tempo non viene fecondato va incontro a degenerazione.

FASE POSTOVULATORIA La **fase postovulatoria** dura circa 14 giorni e va dall'ovulazione al primo giorno di mestruazione del ciclo successivo. Sotto lo stimolo dell'ormone LH, il follicolo scoppiato va a formare il corpo luteo, che inizia la secrezione di ormoni (*fase luteinica*). Estrogeni e progesterone prodotti dal corpo luteo da un lato inibiscono la produzione ipotalamica di GnRH (e quindi la secrezione ipofisaria di LH e FSH), bloccando così la maturazione di altri follicoli, dall'altro stimolano l'ispessimento e la vascolarizzazione dell'endometrio e lo sviluppo di ghiandole endometriali che secernono glicogeno (*fase secretiva*). Queste modificazioni servono a creare le condizioni ottimali per accogliere l'embrione nel caso avvenga la fecondazione.
Se l'ovocita non viene fecondato, il corpo luteo continua la secrezione di ormoni per due settimane, dopo di che degenera nel cosiddetto *corpus albicans*. La diminuzione dell'attività secretoria del corpo luteo verso la fine del ciclo e quindi l'abbassamento dei livelli di estrogeni, progesterone e inibina determinano un aumento degli ormoni GnRH, FSH e LH. Riprende così la crescita dei follicoli a livello ovarico e può iniziare un nuovo ciclo.
Se invece l'ovocita viene fecondato, dopo otto giorni l'embrione comincia a produrre la **gonadotropina corionica umana** (**hCG**), un ormone che ha la capacità di mantenere l'attività secretoria del corpo luteo per circa tre mesi. La presenza di hCG nell'urina o nel sangue della madre è utilizzata come test precoce di gravidanza.
Nella donna, i cicli si susseguono mensilmente dalla pubertà alla menopausa, che si verifica generalmente intorno ai 50 anni, quando termina l'attività ovarica e finisce il periodo fertile.

Osserva e COMPLETA

Che cosa è rappresentato nella figura? Inserisci il nome corretto della struttura indicata.

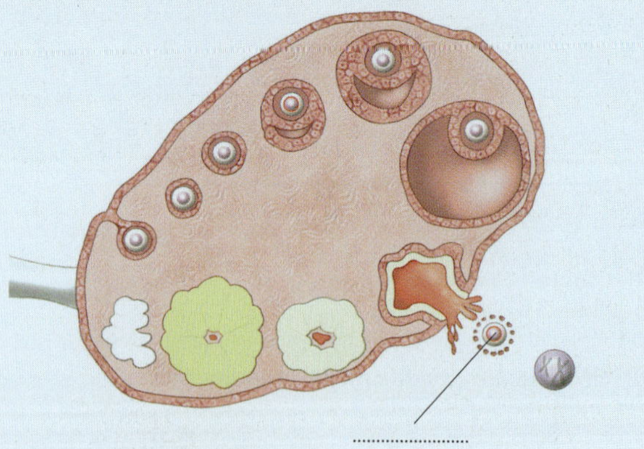

DOMANDE CHIAVE

1. Quali sono gli ormoni sessuali femminili?
2. Quale importante ormone maschile è prodotto dalle cellule di Leydig?
3. Quale struttura si forma dal follicolo scoppiato, dopo l'ovulazione?

LEZIONE 5

Dalla fecondazione alla nascita

1 La fecondazione

Per **concepimento** si intende la fecondazione (la fusione di un ovulo con uno spermatozoo) e il conseguente instaurarsi di una gravidanza. Nella donna, dopo l'ovulazione, l'ovulo maturo impiega circa tre giorni per transitare negli ovidotti. Se durante questo percorso incontra gli spermatozoi rilasciati durante un rapporto sessuale, c'è la possibilità che l'ovulo maturo venga fecondato ▶ 1. Dopo l'eiaculazione nelle vie genitali femminili, gli spermatozoi sopravvivono per alcuni giorni, mantenendo per questo periodo la capacità di fecondare la cellula uovo.

Quando le condizioni delle vie genitali femminili sono favorevoli, entro pochi minuti dall'eiaculazione alcune centinaia dei 300-400 milioni di spermatozoi liberati in vagina durante l'eiaculazione, riescono a percorrere il lungo e tortuoso tragitto di circa 18 cm per arrivare alle tube.

Gli spermatozoi che raggiungono l'ovulo liberano una piccola quantità di enzimi, che disgregano le cellule follicolari intorno all'uovo. Quando uno spermatozoo riesce ad aprirsi un varco sull'involucro della cellula uovo, inietta il proprio nucleo all'interno del citoplasma. Il legame dello spermatozoo a specifici recettori presenti sulla cellula uovo induce trasformazioni chimiche nella membrana ovocitaria, che impediscono l'ingresso di altri spermatozoi. Dopo che lo spermatozoo è penetrato nell'ovulo, quest'ultimo completa la seconda divisione meiotica (formando il secondo globulo polare). I nuclei dei due gameti si fondono dando origine allo **zigote**, la prima cellula (diploide) del nuovo individuo.

1 La fecondazione

Nell'immagine, uno spermatozoo che cerca di penetrare nella cellula uovo.

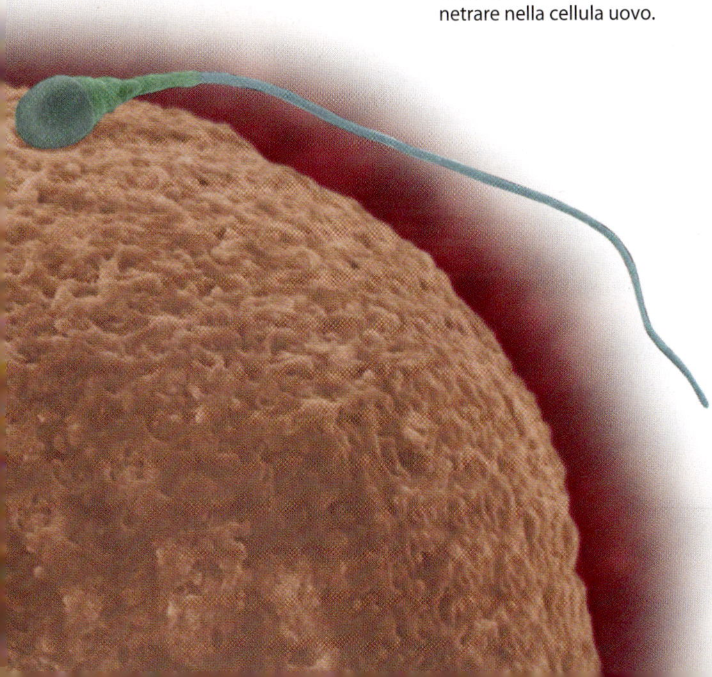

2 Le fasi precoci dello sviluppo embrionale

La **gestazione** (o **gravidanza**) è il periodo che va dalla fecondazione alla nascita del bambino e nella specie umana ha una durata di circa 38 settimane.

Durante i primi due mesi del suo sviluppo, il nuovo organismo prende il nome di **embrione**.

Fin dal suo impianto, l'embrione produce l'ormone **gonadotropina corionica umana** (**HCG**), che stimola il corpo luteo a continuare la produzione di estrogeni e progesterone, ormoni che sostengono la gravidanza e bloccano le mestruazioni. A circa nove settimane dalla fecondazione, il compito di produrre estrogeni e progesterone passa alla placenta.

Dopo circa dodici ore dalla fecondazione, lo zigote comincia a dividersi per mitosi, in un processo chiamato **segmentazione**: si passa da una cellula a due, poi a quattro e in un paio di giorni a otto. Le prime divisioni cellulari formano una massa di cellule indifferenziate (i *blastomeri*) chiamata **morula** ▶ 2.

Mentre continua a dividersi, l'embrione procede lentamente verso l'utero, per azione delle ciglia che rivestono la cavità degli ovidotti. Dopo 4-5 giorni dalla fecondazione, per azione del corpo luteo, aumenta la concentrazione di progesterone, che determina il rilassamento della muscolatura liscia, consentendo all'embrione di entrare nell'utero.

Al termine della segmentazione, si forma un ammasso cellulare che prende il nome di **blastocisti**. Nella blastocisti si individuano due strati di cellule: quello più interno, il **nodo embrionale**, darà origine al nuovo individuo; quello più esterno, il **trofoblasto**, rilascia sostanze utili per l'ancoraggio della blastocisti nell'endometrio. Internamente è presente una cavità piena di liquido chiamata **blastocele**.

Quando la blastocisti giunge nell'utero, a circa sei giorni dalla fecondazione, le cellule del trofoblasto penetrano nell'endometrio e formano estroflessioni, i **villi coriali**, che facilitano l'ancoraggio alla parete uterina. Questa fase è detta **impianto**: d'ora in poi il nuovo essere trarrà nutrimento dall'utero.

Alla terza settimana inizia il processo di **gastrulazione**. Le cellule embrionali si organizzano intorno a una cavità, l'*archenteron*, in tre strati, i *foglietti embrionali*:

- l'**ectoderma**, lo strato più esterno, formerà la pelle, i suoi annessi (ghiandole, peli, unghie) e il sistema nervoso centrale, compresi gli organi di senso;
- l'**endoderma**, lo strato più interno, darà origine all'apparato respiratorio, all'apparato digerente, al fegato e al pancreas;
- il **mesoderma**, lo strato intermedio, formerà lo scheletro, i muscoli, l'apparato riproduttore, l'apparato cardiovascolare e l'apparato escretore.

Bio Parole

Gestazione
dal latino *gestare*, da *gerere*, «portare, compiere»
Pregnancy

Morula
dal latino *morum*, «mora (frutto del gelso)»
Morula

2 Dalla fecondazione allo stadio di blastocisti

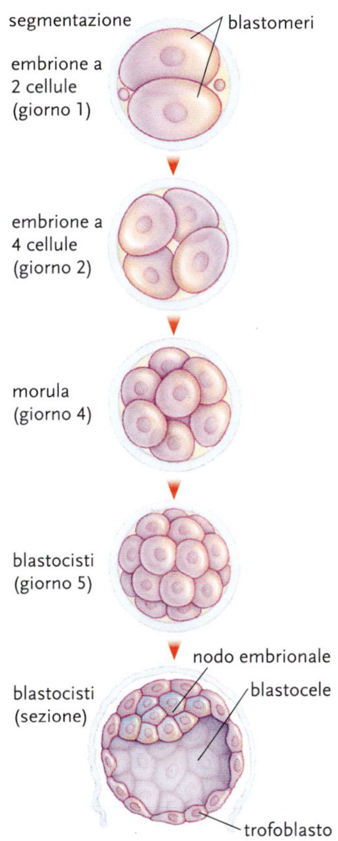

3 La placenta

Nella placenta i vasi sanguigni materni ed embrionali sono a stretto contatto in modo da facilitare lo scambio di gas e sostanze tra i due apparati circolatori.

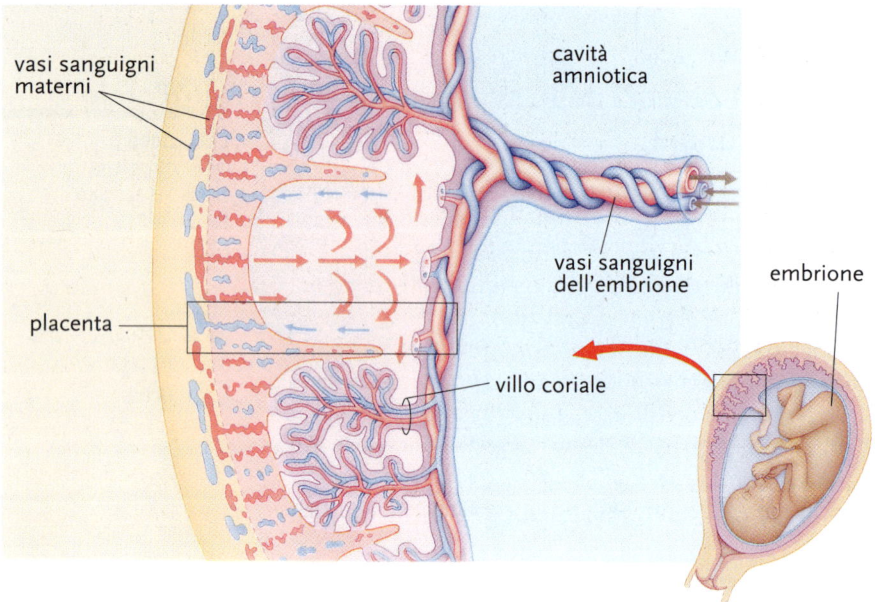

La **placenta** ▶ 3 è un organo formato da tessuto spugnoso e vasi sanguigni, composto da endometrio e dalle membrane extraembrionali, in particolare il corion. Mediante la placenta l'embrione riceve sostanze nutritive e ossigeno dalla madre e invia le sostanze di rifiuto, in modo che la madre possa smaltirle tramite i reni e i polmoni.
Nel tessuto placentare i vasi sanguigni della madre e quelli dell'embrione sono a stretto contatto, ma separati. La placenta è collegata all'embrione attraverso il **cordone ombelicale**, un canale attraversato da una *vena ombelicale* che trasporta sangue ossigenato al bambino e due *arterie ombelicali* che portano sangue povero di ossigeno e ricco di anidride carbonica alla placenta.
La placenta permette il passaggio di anticorpi dalla madre al bambino ed è permeabile ai virus e ad altre sostanze tossiche (alcol, alcuni farmaci o sostanze presenti nel tabacco), che possono danneggiare l'embrione.
Dal terzo mese di gravidanza, il corpo luteo regredisce e la placenta comincia a secernere estrogeni e progesterone, per mantenere la funzionalità dell'utero e impedire che avvengano la mestruazione e l'ovulazione.

3 Le membrane extraembrionali e la placenta

Dopo l'impianto, intorno all'embrione cominciano a formarsi dal trofoblasto e dai tessuti uterini quattro **membrane extraembrionali**, che lo proteggono e provvedono al nutrimento, alla respirazione e all'escrezione: l'*amnios*, il *sacco vitellino*, il *corion* e l'*allantoide*. L'**amnios**, la membrana più interna, è un sacco pieno di un liquido, il *liquido amniotico*, dove si trova immerso l'embrione, che risulta così protetto dagli urti e dalla disidratazione. Il **sacco vitellino** è di dimensioni ridotte e produce le cellule del sangue e i gameti. Da un'invaginazione del sacco vitellino si forma l'**allantoide**, che contribuisce alla formazione del cordone ombelicale. Il **corion**, il foglietto più esterno, forma i villi coriali, strutture ricche di vasi sanguigni che andranno a formare la componente embrionale della placenta.

4 La crescita dell'embrione durante la gravidanza

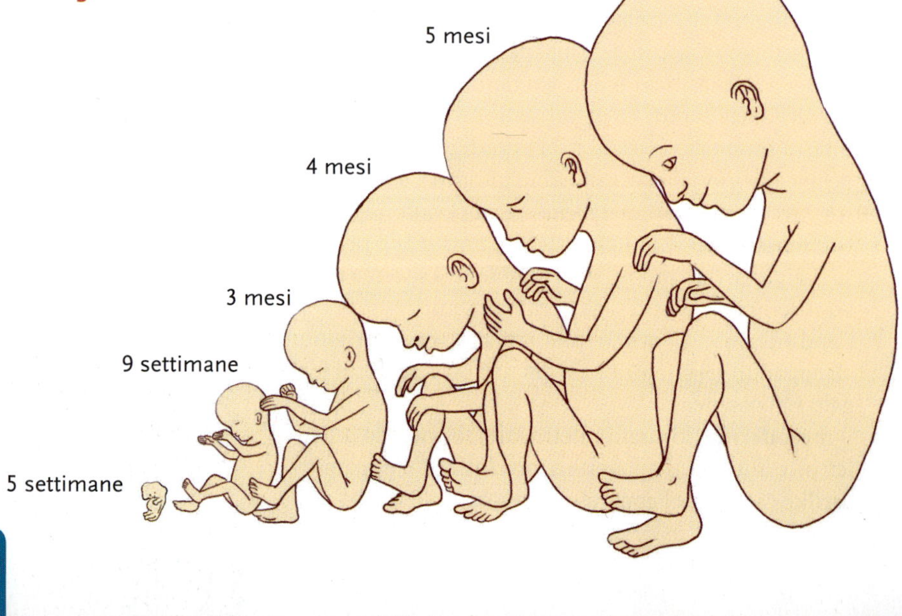

4 I tre trimestri di gravidanza

La gravidanza, che nella specie umana ha una durata di nove mesi, viene suddivisa per convenzione in tre trimestri. Vediamo come cresce e si modifica l'embrione in questi tre periodi della gestazione ▶ 4.

PRIMO TRIMESTRE La rapida proliferazione cellulare della prima cellula, che si origina con la fecondazione, porta l'embrione di cinque settimane ad avere una lunghezza di circa 7 mm e un aspetto simile agli embrioni degli altri vertebrati allo stesso stadio di sviluppo.
Iniziano a prendere forma l'encefalo e il midollo spinale e sono presenti quattro abbozzi che daranno origine agli arti. Dalla nona settimana di gestazione fino alla nascita l'embrione è definito **feto**. In questa fase, in cui ha raggiunto una lunghezza di 5,5 cm, comincia ad avere un aspetto umano. Gli organi si sono formati, la testa si è definita ed è proporzionalmente grande rispetto al corpo, gli abbozzi degli arti si sono trasformati in braccia e gambe, già con mani e piedi forniti di dita ben definite. In quest'epoca il feto comincia a compiere i primi movimenti, il sesso è evidente e può essere registrato il battito cardiaco.

SECONDO TRIMESTRE Il secondo trimestre, come anche il terzo, è caratterizzato dalla progressiva crescita del feto e dallo sviluppo di organi e apparati. In questo trimestre la madre comincia a percepire i movimenti del feto.
Alla ventesima settimana il feto ha raggiunto una lunghezza di circa 25 cm e un peso di 500 g. Ha il viso ben formato, presenta già le ciglia e le sopracciglia, ha le unghie e una fine peluria sul corpo. Verso la fine del secondo trimestre si formano i denti e il feto comincia ad aprire gli occhi.
Con le tecniche oggi a disposizione, è possibile che un bambino nato prematuramente intorno al sesto mese di gravidanza possa sopravvivere, sempre che venga sottoposto a cure specifiche.

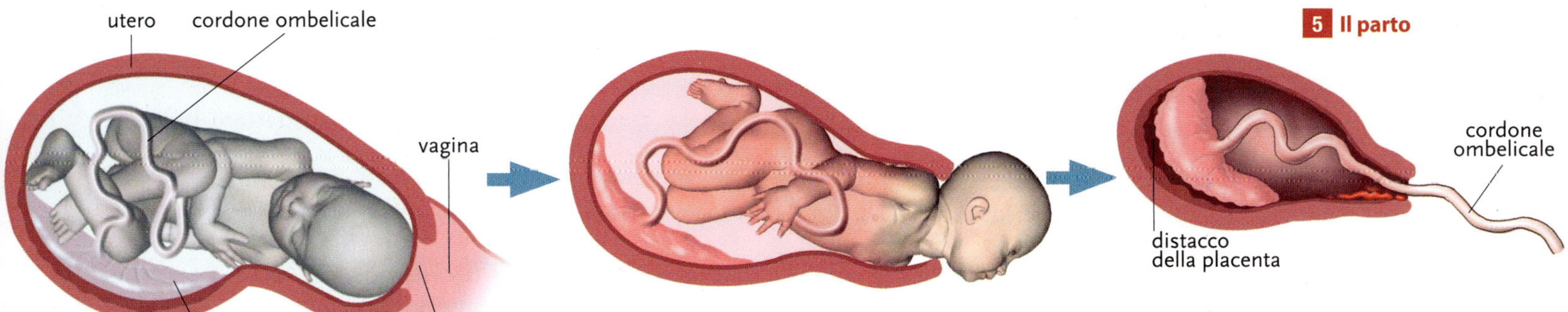

5 Il parto

Sotto stimolo ormonale, l'utero subisce contrazioni di intensità crescente, che portano alla dilatazione del canale cervicale e alla nascita del bambino. Ulteriori contrazioni permettono l'espulsione della placenta.

TERZO TRIMESTRE Gli ultimi tre mesi di gravidanza sono caratterizzati da una rapida crescita fetale. In questo periodo il bambino si prepara ad affrontare la sua vita autonoma fuori del corpo materno. L'apparato cardiocircolatorio e quello respiratorio subiscono importanti modifiche per consentire al feto il passaggio alla respirazione aerea. Il feto acquisisce la capacità di regolare la temperatura corporea e irrobustisce muscoli e scheletro.
A nove mesi il bambino ha in media una lunghezza di 50 cm e un peso di 3-4 kg. È completamente sviluppato e pronto per nascere.

5 Il parto

Il **parto**, che normalmente avviene a 38 settimane di gravidanza, è l'evento che porta alla nascita del bambino ed è coordinato da un complesso sistema ormonale.
Il parto è preceduto dal **travaglio**, un susseguirsi di contrazioni dell'utero di intensità crescente, che determina, dopo un periodo di tempo variabile dalle 2 alle 18 ore circa, l'espulsione del bambino ▶ 5. Le contrazioni dell'utero stimolano il rilascio di *ossitocina* e *prostaglandine* che, con un meccanismo di controllo a feedback positivo, fanno aumentare le contrazioni. Il travaglio porta alla progressiva dilatazione del canale cervicale fino alla massima dilatazione, che generalmente è accompagnata dalla rottura del sacco amniotico, con fuoriuscita di liquido amniotico.
A questo punto il bambino viene spinto nel canale vaginale, generalmente con la testa rivolta verso il basso, fino a uscire dal corpo materno. Altre contrazioni consentono l'espulsione del liquido amniotico residuo, di sangue e della placenta.
Appena nato, il piccolo è ancora collegato alla placenta e occorre tagliare il cordone ombelicale. Fino al momento della nascita, i polmoni del bambino non sono ancora in grado di funzionare. Il taglio del cordone ombelicale crea nel neonato un momento di asfissia, poiché si interrompe la respirazione ombelicale. L'anidride carbonica presente nel sangue del bambino aumenta di livello e ciò serve da segnale al cervello per indurre la respirazione polmonare. Il primo vagito al momento della nascita indica proprio il primo atto respiratorio del neonato.
Durante la gravidanza, estrogeni e progesterone stimolano lo sviluppo delle ghiandole mammarie e dei dotti galattofori. I primi giorni dopo il parto, le ghiandole secernono il *colostro*, un liquido ricco di proteine e lattosio. Successivamente l'ipofisi produce prolattina e ossitocina, due ormoni che stimolano nella madre la secrezione di latte, consentendo così l'allattamento al seno.

DOMANDE CHIAVE

1. Che cos'è la gestazione?
2. Quale struttura collega la placenta all'embrione?
3. Che cosa si intende con il termine «travaglio»?

BioSalute

Le malattie a trasmissione sessuale

Molti agenti infettivi utilizzano i contatti intimi, come i rapporti sessuali, per passare da un individuo a un altro. Le infezioni trasmesse attraverso i rapporti sessuali prendono il nome di **malattie a trasmissione sessuale** (o **malattie veneree**) e sono piuttosto diffuse tra la popolazione, in particolare tra adolescenti e giovani sotto i 25 anni.
La causa di queste malattie può essere un virus, un batterio o un altro parassita. Attualmente se ne conoscono circa una ventina; le più diffuse sono la clamidia, la gonorrea, l'herpes genitale, l'AIDS, l'infezione da papilloma virus, la sifilide, la tricomoniasi, la candidosi.
La maggior parte di queste infezioni può essere contratta sia da uomini sia da donne, ma in molti casi i loro effetti sulla salute sono più gravi nelle donne. Se la donna è incinta, inoltre, l'agente infettivo può causare danni anche molto seri al bambino.
Le malattie trasmesse da batteri e parassiti possono essere curate da antibiotici o altre medicine. Per quelle trasmesse da virus non esiste una cura mirata, anche se alcune medicine possono evitare l'aggravamento dell'infezione.
Queste malattie rappresentano oggigiorno uno dei principali problemi sociali legati alla vita sessuale, particolarmente dei giovani. I rapporti sessuali occasionali non protetti sono una via di rapida diffusione per queste malattie. L'uso corretto del preservativo ▶ A rappresenta la miglior protezione da questo tipo di infezioni, riducendo drasticamente il rischio di essere contagiati.

A L'uso del preservativo protegge dalle malattie a trasmissione sessuale

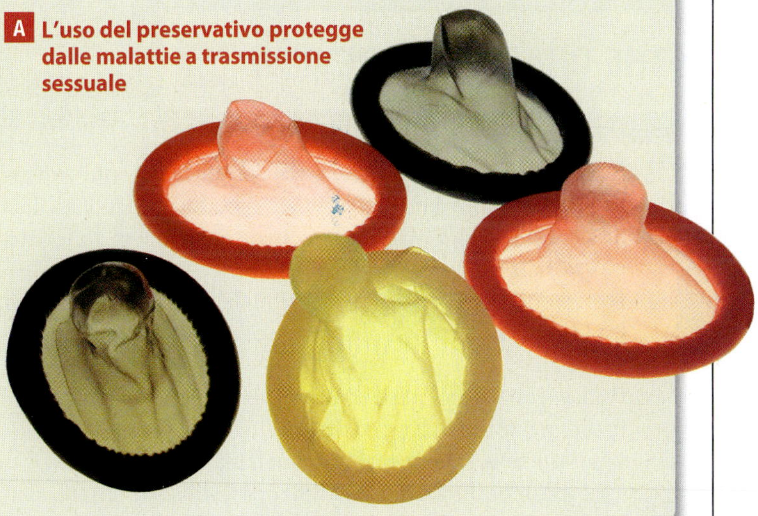

LE LEZIONI IN SINTESI

1 La riproduzione negli animali

La **riproduzione** è il processo biologico che consente agli organismi di dare origine a nuovi individui. La riproduzione può essere **asessuata**, se un organismo dà origine a organismi figli identici a lui, o **sessuata**, se è necessaria l'unione di un **gamete** maschile con uno femminile per formare nuovi individui. La *fecondazione* può essere *esterna*, con liberazione dei gameti nell'ambiente, o *interna*, se avviene nel corpo della madre. A seconda delle modalità di sviluppo dell'embrione nell'uovo gli animali si dividono in **ovipari**, **vivipari** e **ovovivipari**.

2 L'apparato riproduttore maschile

Le **gonadi maschili** sono i **testicoli** e si trovano nello **scroto**. Nei testicoli si formano e maturano gli **spermatozoi**, che formano lo **sperma**, insieme alle secrezioni della **prostata** e delle **vescichette seminali**. Gli spermatozoi dai testicoli passano nell'**epididimo** e da qui nei **vasi deferenti** e nell'**uretra**, da cui vengono espulsi mediante l'**eiaculazione**. Il **pene** è costituto da tessuto erettile ed è l'organo dell'accoppiamento. La *spermatogenesi* è il processo che porta alla formazione di spermatozoi aploidi a partire da spermatogoni diploidi.

3 L'apparato riproduttore femminile

Le **gonadi femminili** sono le **ovaie**. Nelle ovaie maturano gli ovociti all'interno di **follicoli**. Oltre alle ovaie, l'apparato riproduttore femminile è composto da **tube di Falloppio**, **utero**, **cervice**, **vagina** e **vulva**, che comprende i genitali esterni. L'*ovogenesi*, che porta alla formazione della cellula uovo a partire da ovogoni, è un processo che ha inizio durante la vita embrionale. Durante la pubertà gli ovociti primari si convertono in ovociti secondari, con rilascio del primo **globulo polare**. Alla *fecondazione*, gli ovociti secondari terminano la meiosi liberando il secondo globulo polare.

4 Il controllo ormonale della riproduzione

Il controllo della riproduzione è affidato, sia nel maschio sia nella femmina, a un ormone ipotalamico chiamato **fattore di rilascio della gonadotropina corionica**, che regola a sua volta la produzione dell'**ormone luteinizzante** (LH) e dell'**ormone follicolo-stimolante** (FSH) da parte del lobo anteriore dell'ipofisi. Gli ormoni sessuali che regolano la *gametogenesi* e la riproduzione sono gli *androgeni*, e in particolare il **testosterone**, nel maschio, il **progesterone** e gli **estrogeni** nella femmina. Il *ciclo riproduttivo femminile* dura 28 giorni ed è costituito dal **ciclo ovarico**, che comprende le modificazioni che avvengono nelle ovaie, e dal **ciclo uterino**, che invece comprende i cambiamenti a livello dell'**endometrio**.

5 Dalla fecondazione alla nascita

La *fecondazione* avviene a livello delle tube, quando uno spermatozoo penetra nella cellula uovo. La fusione dei due nuclei forma lo **zigote**, che va incontro a rapida proliferazione, formando prima la **morula** poi la **blastocisti**, che va a impiantarsi nell'endometrio. Nel processo di *gastrulazione* si assiste alla formazione di tre strati (**endoderma**, **esoderma**, **ectoderma**), da cui prenderanno origine organi diversi. Si sviluppano anche quattro foglietti extraembrionali: l'**amnios**, il **sacco vitellino**, l'**allantoide** e il **corion**. La **placenta** è un organo formato da tessuto spugnoso e vasi sanguigni, che fornisce ossigeno e nutrimento all'embrione e riceve dall'embrione sostanze di rifiuto. Il **parto** è preceduto dal **travaglio**, una serie di contrazioni uterine di intensità crescente che dilatano il canale cervicale fino a consentire la nascita del bambino.

Termini chiave *Key Terms*

- **Apparato riproduttore** *Reproductive system*
- **Ciclo ovarico** *Ovarian cycle*
- **Ciclo uterino** *Uterine cycle*
- **Endometrio** *Endometrium*
- **Fecondazione** *Fertilisation*
- **Gamete** *Gamete*
- **Ovaie** *Ovaries*
- **Parto** *Childbirth*
- **Pene** *Penis*
- **Placenta** *Placenta*
- **Sperma** *Semen*
- **Spermatozoi** *Spermatozoa*
- **Testicoli** *Testes*
- **Travaglio** *Labour*
- **Tube di falloppio** *Fallopian tubes*
- **Utero** *Uterus*
- **Vagina** *Vagina*
- **Zigote** *Zygote*

THE CHAPTER IN REVIEW

- **Reproduction** allows organisms to produce new individuals, and can be **asexual**, when an organisms produces identical offspring, or **sexual**, when a male and a female gamete join to form a new individual.
- *Spermatogenesis* occurs inside the male gonads, called **testes**, and leads to the maturation of **spermatozoa**. The mating organ is called **penis**.
- Female gonads are called **ovaries**; it is inside them, inside **follicles**, that **ova** mature during *oogenesis*.
- Reproduction, both in males and in females, is controlled by the release factor of **chorionic gonadotropin**, which in turn regulates the production of **luteinising hormone** (LH) and **follicle-stimulating hormone** (FSH). The sex hormones in males are called *androgens*, and include **testosterone** in particular; in females there are **progesterone** and **estrogens**.
- **Fertilisation** occurs inside the tubes, and leads to the formation of a **zygote**, which proliferates and forms a **blastocyst**, which implants itself in the endometrium. **Childbirth** is preceded by **labour**, which consists in a series of uterine contractions of increasing intensity, which dilate the cervical canal in order to allow the baby's birth.

LE MAPPE DELL'UNITÀ

Competenza disciplinare ▶ Riconoscere e stabilire relazioni tra i concetti

Completa gli schemi

A

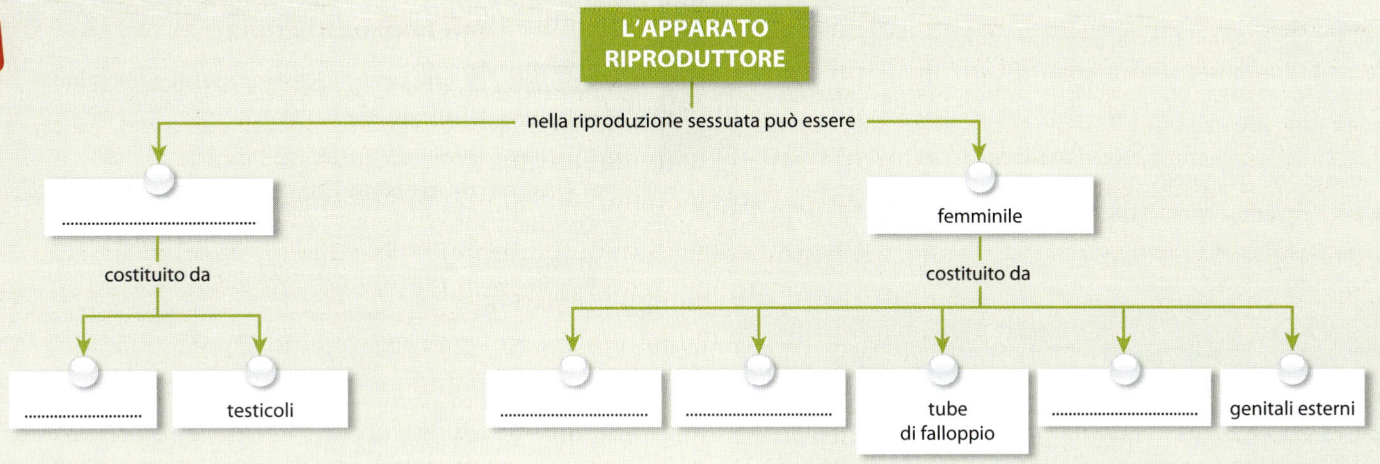

B

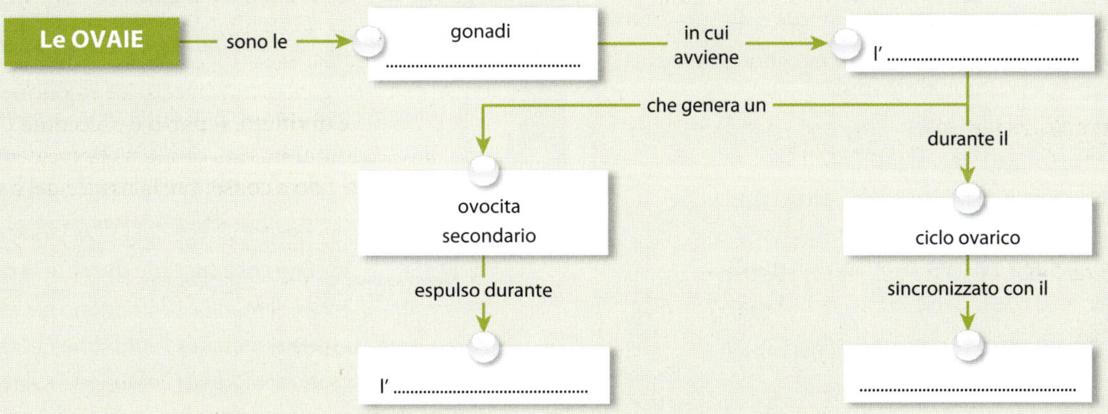

C

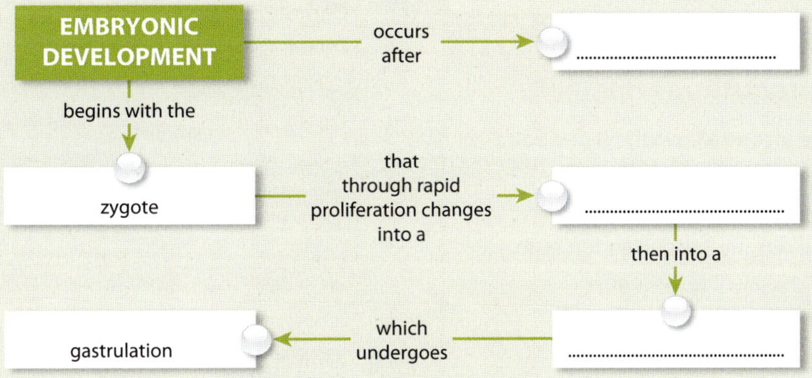

D Progetta e disegna una mappa che abbia come nodo centrale «la spermatogenesi».

PROVE D'INTERROGAZIONE

Competenza disciplinare ▶ Effettuare connessioni logiche e comunicare in forma orale

LEZIONE 1 La riproduzione negli animali

A. Domanda: Quali sono le principali differenze tra fecondazione interna ed esterna?

- In che modo avviene la fecondazione esterna?
- Qual è l'investimento di energia? Quali sono le probabilità d'incontro dei gameti?
- In che modo avviene la fecondazione interna?
- In quali animali è presente?

Concludi.

LEZIONE 2 L'apparato riproduttore maschile

A. Domanda: Spiega la spermatogenesi.

- Illustra l'anatomia dei testicoli.
- Spiega che cosa sono gli spermatogoni.
- Descrivi come avviene la meiosi nelle cellule gametiche maschili.
- In che modo i gameti maschili diventano maturi?

Concludi.

B. Domanda: Quali cellule sono presenti nei tubuli seminiferi?

- Illustra il ruolo delle cellule spermatiche.
- Illustra la funzione delle cellule del Sertoli.
- Spiega che cosa sono le cellule di Leydig.

Concludi.

LEZIONE 3 L'apparato riproduttore femminile

A. Domanda: Quali strutture incontra l'ovocita II una volta uscito dall'ovaio?

- Illustra struttura e funzione delle tube di Falloppio.
- Spiega struttura e funzione dell'utero e dell'endometrio.
- Dove finisce il viaggio dell'ovocita II se avviene la fecondazione? E se non avviene?

Concludi.

B. Domanda: Che cos'è l'ovulazione?

- Che cos'è l'ovogenesi?
- Illustra il ciclo ovarico.
- Quale cellula fuoriesce dall'ovaio nel 14° giorno del ciclo?

Concludi.

LEZIONE 4 Il controllo ormonale della riproduzione

A. Domanda: Che cos'è il ciclo riproduttivo femminile?

- Descrivi il ciclo ovarico.
- Descrivi il ciclo mestruale.
- Quali ormoni regolano la sincronizzazione dei due cicli?

Concludi.

B. Domanda: Quali ormoni regolano l'attività sessuale nell'uomo?

- Descrivi il ruolo degli androgeni, in particolare del testosterone e del diidrotestosterone.
- Descrivi il ruolo dell'FSH e dell'LH.
- Descrivi il ruolo dell'inibina.

Concludi.

LEZIONE 5 Dalla fecondazione alla nascita

A. Domanda: Quale differenza c'è tra segmentazione e gastrulazione?

- Illustra che cosa succede durante la segmentazione.
- Illustra che cosa accade durante la gastrulazione.
- È diverso il destino delle cellule ottenute dai due processi?

Concludi.

B. Domanda: Che cosa succede durante la gravidanza?

- Come cresce e si modifica l'embrione nel primo trimestre?
- Come cresce e si modifica l'embrione nel secondo trimestre?
- Come cresce e si modifica l'embrione nel terzo trimestre?

Concludi.

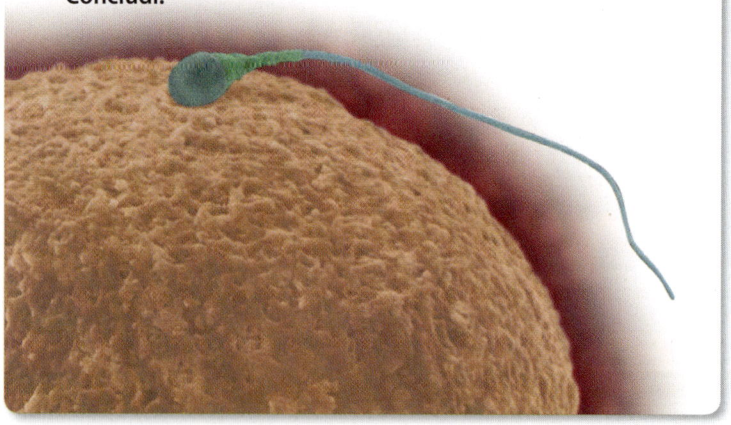

Question: What is childbirth?

- Briefly describe pregnancy.
- Explain the role of contractions during labour.
- Explain the role of contractions during the expulsion stage.
- What happens when a newborn baby cries for the first time?

Conclude your exposition.

TEST E QUESITI

Competenza disciplinare ▶ Applicare le conoscenze acquisite (es. 1-9)
Applicare il linguaggio scientifico (es. 10)
Spiegare in forma scritta fenomeni e processi (es. 11-16)

Scegli la risposta corretta

1. La blastocisti si forma dopo la…
- A segmentazione.
- B fecondazione.
- C ovulazione.
- D gastrulazione.

2. L'ormone rilevato dai test di gravidanza dopo la prima settimana si chiama…
- A follicolostimolante (FSH).
- B diidrotestosterone (DHT).
- C gonadotropina corionica (hCG).
- D luteinizzante (LH).

3. Gli organismi terrestri utilizzano generalmente…
- A sia la fecondazione interna sia quella esterna.
- B la fecondazione esterna.
- C la fecondazione interna.
- D nessuna delle due.

4. La mestruazione è indotta da…
- A una diminuzione dell'ormone LH.
- B un aumento rapido degli ormoni progesterone ed estrogeni.
- C una diminuzione degli ormoni progesterone ed estrogeni.
- D un aumento rapido degli ormoni FSH ed estrogeni.

5. Il foglietto più esterno dell'embrione si chiama…
- A amnios.
- B allantoide.
- C sacco vitellino.
- D corion.

6. La fecondazione di solito avviene…
- A nell'utero.
- B nelle tube di Falloppio.
- C nelle ovaie.
- D nella vagina.

7. Nella donna la fase preovulatoria dura generalmente…
- A fino al 28° giorno.
- B i primi 5-6 giorni.
- C fino al 14° giorno.
- D 28 giorni.

8. Per formare il liquido seminale gli spermatozoi devono unirsi al prodotto…
- A della vescicola seminale e della prostata.
- B dell'epididimo.
- C delle cellule del Sertoli e di Leydig.
- D dei dotti deferenti.

9. Quale struttura produce il progesterone?
- A Il follicolo maturo.
- B Il corpo luteo.
- C L'ovocita II.
- D L'utero.

Metti in relazione

10. Completa la tabella scrivendo la struttura o la definizione/funzione mancanti.

Struttura	Definizione / Funzione
....	ovocita che ha subito la prima divisione meiotica ed è fuoriuscito dall'ovaio con l'ovulazione
follicolo	....
....	canale impari che attraversa il pene fino all'esterno del corpo
corion	....
....	cellule presenti nei tubuli seminiferi, sostengono le cellule spermatogeniche e secernono ormoni
placenta	....
....	stadio dello sviluppo embrionale in cui l'embrione è costituito da un aggregato di blastomeri
cellule di Leydig	....
....	sottile canale lungo e spiralizzato dove gli spermatozoi portano a termine la loro maturazione
vescicola seminale	....
....	produce una secrezione alcalina che, neutralizzando l'ambiente acido della vagina, protegge gli spermatozoi
corpo luteo	....

Rispondi utilizzando i termini indicati

11. In che modo si sviluppa un follicolo?

FSH – ovogenesi – LH – ovulazione – ovocita primario – ovocita secondario – corpo luteo

12. Quali ormoni controllano il ciclo riproduttivo femminile? Chi ne controlla la produzione?

progesterone – ipotalamo – estrogeni – inibina – relaxina – ipofisi

13. Che cosa sono le ghiandole mammarie?

capezzolo – lobi – mammelle – alveoli – lattazione – areola – dotti galattofori

Rispondi e motiva la tua risposta

14. Di quanti ovuli dispone una bambina alla nascita? Di quanti ne disporrà alla pubertà? Quanti di loro nella fase fertile andranno incontro a maturazione? Con quale ritmo? Possiamo dire che questi ultimi hanno completato la meiosi?

15. È corretto dire che nell'uomo e nella donna la riproduzione è controllata dall'ipotalamo? È corretto dire che nell'uomo e nella donna agiscono in parte gli stessi ormoni? In che modo?

Rispondi alla domanda in base all'estensione richiesta

16. Descrivi che cosa avviene nei primi 14 giorni del ciclo riproduttivo femminile per quanto riguarda: ormoni presenti e loro concentrazione; cambiamenti dell'endometrio; strutture ovariche. Che cosa avviene il 14° giorno? (**massimo 10 righe**)

In English Competenza trasversale Usare la lingua inglese in un contesto scientifico

Complete the following sentences

1. The .... is the organ where the fertilised .... implants itself: this is where the embryo will develop during pregnancy.

2. The placenta is an organ made up of .... and blood vessels, and is composed of endometrium and .... membranes. Through the placenta, the embryo is able to receive nutrients and oxygen from the mother and to transfer waste substances, so that the mother can eliminate them through her kidneys and lungs.

Choose the right answer for the following questions

3. Secondary spermatocytes…

A must undergo a maturation process.
B must undergo the second meiotic division.
C are still in the prometaphase of meiosis I.
D are the result of mitosis.

4. The corpus luteum…

A is one of the endometrium's structures.
B forms during menstruation.
C is the structure that remains in the follicle after ovulation.
D is the structure that stimulates the production of LH.

Answer in a few words

5. How do spermatozoa go from the seminiferous tubules to seminal fluid?

....
....
....
....

IL MIO ESAME DI STATO

Esercizi di simulazione della **Terza Prova**

1. Tipologia A della Terza Prova

Confronta la spermatogenesi e l'ovogenesi, soffermandoti a chiarire le differenze dal punto di vista anatomico, temporale e quantitativo. Illustra infine quando gli spermatozoi e quando la cellula uovo possono definirsi maturi. (**massimo 15 righe**)

2. Tipologia B della Terza Prova

In che modo l'organismo impedisce che si instauri un'altra gravidanza quando un donna è già incinta. Spiega in quali strutture svolgono questo compito?

3. Tipologia C della Terza Prova

Scegli la risposta corretta.
La vasectomia è un'operazione chirurgica in cui viene rimossa una porzione dei dotti deferenti. Questo intervento avrà come sicure conseguenze…

A una sintesi normale degli spermatozoi, che però non potranno fuoriuscire all'esterno; non c'è alterazione della libido, in quanto non viene alterata la produzione di testosterone.
B la sterilità, che è dovuta a una mancata sintesi degli spermatozoi, in quanto viene alterata la produzione di testosterone.
C una ridotta produzione di FSH e LH in risposta all'intervento, determinando dunque una mancata spermatogenesi.
D una ridotta produzione di spermatozoi in conseguenza alla resezione del collegamento del pene ai testicoli.

Proposte per l'incremento dei crediti scolastici (cumulabili nel voto d'esame)

4. Abbiamo studiato l'apparato riproduttore maschile e femminile. Per un efficace e sicuro controllo delle nascite, solo l'astinenza garantisce di prevenire la gravidanza al 100%. Fai una ricerca sulla contraccezione utilizzando varie fonti e scrivi una tesina tenendo conto dei seguenti argomenti:

- cerca notizie sui metodi di sterilizzazione chirurgica maschile e femminile (vasectomia e legatura delle tube) considerando rischi e benefici di tali pratiche;
- cerca notizie sui metodi ormonali, sia pillole anticoncezionali classiche sia nuovi metodi presenti sul mercato come cerotti cutanei o anelli vaginali;
- approfondisci che cosa sono i dispositivi intrauterini e su quali donne sono indicati;
- esamina le barriere meccaniche (preservativo o diaframma) sia dal punto di vista della prevenzione delle nascite sia per la prevenzione delle malattie a trasmissione sessuale;
- che cosa sono i metodi naturali come Ogino-Knaus o il metodo della temperatura basale?
- confronta tra loro le percentuali di fallimento di ciascun metodo.

OSSERVAZIONE E ANALISI

Competenza disciplinare: Riconoscere e descrivere strutture e fenomeni. Formulare ipotesi in base ai dati forniti

Osserva e rispondi

1. Che cosa è rappresentato nella figura? Quale relazione c'è con il concepimento? A quali conseguenze porta la penetrazione di uno spermatozoo?

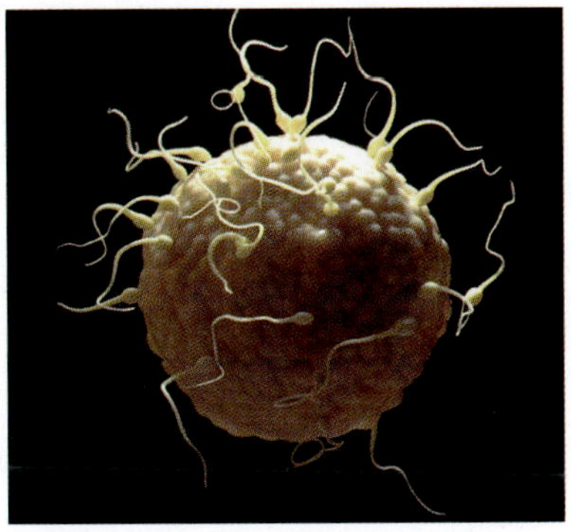

2. Osserva la figura, che rappresenta lo sviluppo dell'embrione nel corpo materno. Come si chiama questo periodo? Osservando la figura puoi ipotizzare approssimativamente a quale trimestre corrisponde? Perché? Come si chiama la struttura che unisce la madre con il figlio? Descrivine le funzioni.

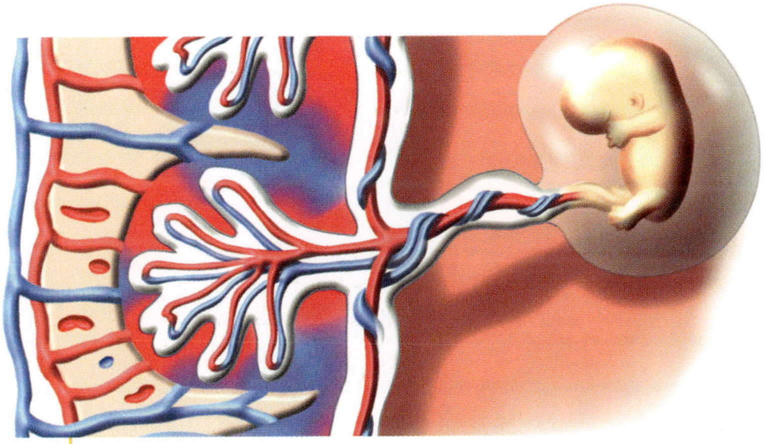

3. Che cosa rappresenta la figura? Completala scrivendo i termini corretti. Nell'uomo quali ruoli svolge l'uretra? Dove sono contenuti i testicoli? A quale scopo?

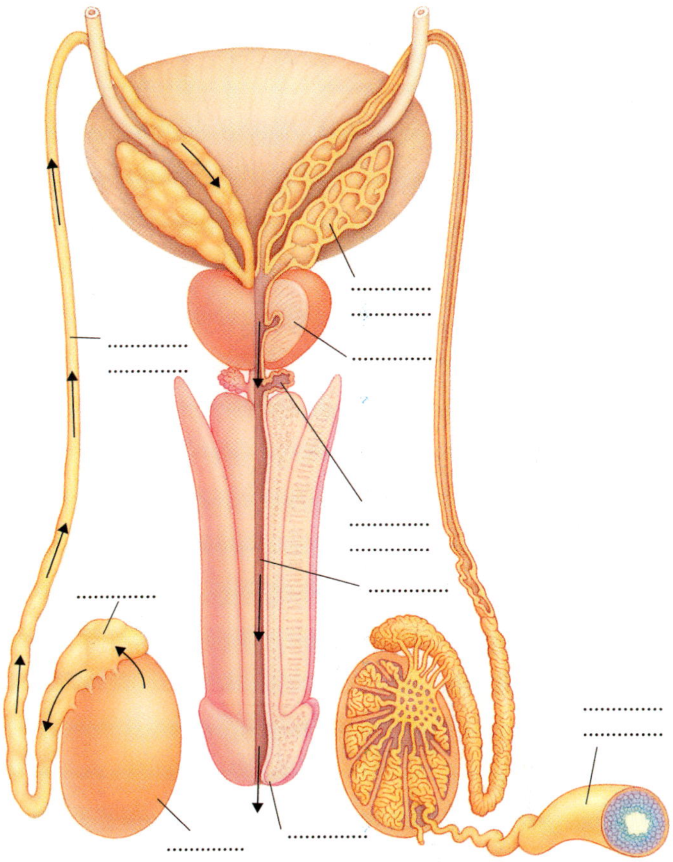

Analizza e interpreta

4. La figura rappresenta il ciclo riproduttivo femminile.
   a. Quale ciclo è riportato nel disegno indicato da A? Quale struttura è rappresentata?
   b. Che cosa mostra l'immagine indicata da B? Quale struttura è rappresentata?
   c. Che cosa rappresenta il grafico indicato da C ?
   d. Che cosa rappresenta il grafico indicato da D?

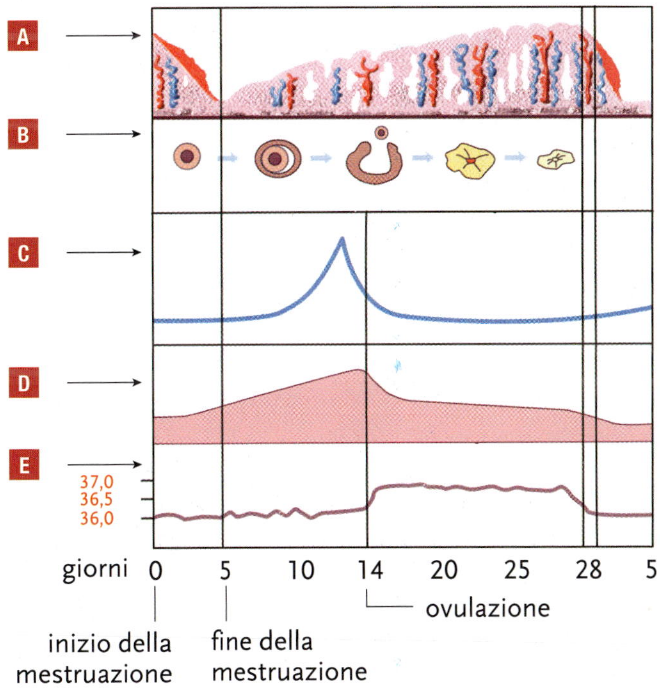

La tua analisi

Osserva la figura e rispondi.

a. Dal 1° al 5° giorno del ciclo riproduttivo in quale fase siamo? Quali cambiamenti avvengono nell'endometrio?
b. Dal 5° al 14° giorno in quale fase siamo? Avvengono dei cambiamenti? Grazie a quali ormoni?
c. Al 14° giorno in quale fase siamo? Avvengono dei cambiamenti? Grazie a quali ormoni?
d. Dal 14° al 28° giorno in quale fase siamo? Quali ormoni agiscono in questa fase e a quale scopo?
e. Al 28° giorno in quale fase siamo? Avvengono dei cambiamenti? Grazie a quali ormoni?

UNITÀ C10

Il comportamento animale

Osserva... Quando devono scegliere il partner, le femmine di molte specie di rane e di rospi operano una selezione su base acustica. I maschi di queste specie utilizzano infatti segnali sonori durante il corteggiamento. Studi condotti su rospi della specie *Bufo woodhousei* hanno dimostrato che le femmine prediligono maschi che emettono un elevato numero di richiami al minuto. Questi maschi si riuniscono negli stagni per formare veri e propri cori ed esibirsi. Le femmine, da parte loro, ascoltano in silenzio fino a che non scelgono un maschio, verso il quale si dirigono. Le caratteristiche fisiche, inclusa la mole corporea, non hanno alcun effetto sulla preferenza della femmina, tant'è che queste si orientano con la stessa determinazione verso altoparlanti che emettano quel tipo di suono.
Questo esempio dimostra come le femmine abbiano preferenze ben precise che influenzano il loro comportamento e di conseguenza quello dei maschi. Ogni azione messa in atto da un animale risponde a complesse pressioni ambientali e condiziona il comportamento di altri individui della propria e di altre specie.

Comportamento: un approccio evolutivo

BioParole

Etologia
dal greco *ethos*, «carattere» e *loghía*, «studio»
Ethology

1 L'etologia oggi: tra ecologia ed evoluzione

L'**etologia** è una disciplina relativamente moderna, che si delinea come scienza sperimentale e sistematica intorno agli anni Trenta del Novecento grazie agli studi di **Konrad Lorenz** (1903-1989), **Karl von Frisch** (1886-1982) e **Nikolaas Tinbergen** (1907-1988) ▶ **1**. I tre scienziati ottennero insieme il premio Nobel per la medicina e la fisiologia nel 1973. Oggetto di studio dell'etologia è l'insieme delle azioni che nel loro complesso determinano il comportamento degli animali.
Ogni comportamento ha molte implicazioni e di conseguenza ogni studio etologico può essere affrontato a più livelli. Per capire questi differenti livelli, ogni volta che analizziamo un comportamento possiamo porci le seguenti domande, note come *le quattro domande dell'etologia*.

- *Qual è la sua causa?* Ovvero: quali sono i processi fisiologici alla base di quel comportamento? Ogni azione infatti è scatenata da una serie di cause interne (ad esempio ormoni) ed esterne (modificazioni dell'ambiente).
- *Come si sviluppa?* Ovvero: quel comportamento era già presente alla nascita o è stato appreso? Nel primo caso il comportamento è detto **innato**, in contrapposizione al comportamento **appreso**, che richiede un certo «esercizio».
- *Qual è la sua funzione adattativa?* Ovvero: in quale modo questo comportamento aumenta le speranze di sopravvivenza e di riproduzione dell'animale? Il comportamento deve sottostare alla selezione e dunque deve essere utile per chi lo manifesta.
- *Come si è evoluto?* Ovvero: perché e in quale direzione quel comportamento si è modificato nel tempo? Il comportamento si evolve, infatti, alla stregua di un carattere somatico.

1 TESTO-IMMAGINE

Konrad Lorenz, Karl von Frisch e Nikolaas Tinbergen, considerati i fondatori dell'etologia, hanno gettato le basi per un moderno metodo di studio del comportamento.

Konrad Lorenz studiò lo sviluppo del comportamento e scoprì il fenomeno dell'**imprinting**, una forma di apprendimento precoce e irreversibile. Ben noti sono i suoi esperimenti sulle oche.

Karl von Frisch stupì il mondo descrivendo la sofisticata *danza delle api*, un'elaborata forma di comunicazione che utilizza una complessa codificazione delle informazioni.

Nikolaas Tinbergen fu il primo a intuire il ruolo fondamentale dell'ambiente sul comportamento e ad applicare la logica darwiniana allo studio del corteggiamento nei gabbiani.

In sintesi potremmo dire che le prime due domande indagano le cosiddette **cause prossime** del comportamento, e le risposte descrivono principalmente «come» questo si manifesta. La terza e la quarta domanda affrontano invece le cosiddette **cause remote**, spingendo a esplorare più a fondo i «perché» di ogni azione.
L'ordine in cui sono elencate le quattro domande dell'etologia ripercorre in un certo modo le tappe fondamentali dell'etologia stessa, una scienza che nel corso di alcuni decenni ha cambiato gradualmente approccio. Inizialmente, l'attenzione degli etologi era posta prevalentemente alla descrizione delle **basi fisiologiche** dei comportamenti (*prima domanda dell'etologia*). Contemporaneamente molti studi affrontavano il problema dello **sviluppo** dei comportamenti durante la vita di un individuo, per cercare di capire quali si presentassero già definiti e completi alla nascita e quali richiedessero invece una maturazione o una qualche forma di allenamento (*seconda domanda dell'etologia*). Con il tempo, l'interesse degli etologi si è spostato maggiormente sulla valutazione dell'ambiente in cui le azioni si verificano al fine di comprendere la funzione adattativa di ogni comportamento (*terza domanda dell'etologia*). Questo approccio implica necessariamente la comprensione della modificazione del comportamento nel tempo (*quarta domanda dell'etologia*) di pari passo alle modificazioni delle condizioni ambientali.
Oggi lo studio del comportamento ha un approccio prettamente **evolutivo**: il comportamento serve infatti ai fini della sopravvivenza e sono proprio le pressioni ambientali a determinare se la selezione favorirà o penalizzerà una data azione. La disciplina che aggiunge all'approccio etologico classico lo studio della possibilità dei comportamenti di evolversi nel tempo per adattarsi meglio all'ambiente è detta **ecologia del comportamento**. Per l'ecologo comportamentale, ogni azione

compiuta da un animale non può essere analizzata singolarmente e in un dato istante, ma va studiata tenendo conto dell'ambiente ecologico e sociale circostante e della sua modificazione nel tempo.
Lo studio del corteggiamento delle mosche empididi del genere *Hilara* è un esempio stupefacente di come l'analisi comparata del comportamento di specie simili possa fornire indicazioni estremamente precise sul sottile intreccio fra evoluzione e adattamento. Lo studio aveva inizialmente per oggetto i maschi della specie *Hilara sartor*, che durante il corteggiamento offrono alla femmina doni nuziali rappresentati da palloncini di seta vuoti ▶ 2. Se la femmina accetta, la coppia vola via e avviene l'accoppiamento. A lungo gli etologi si sono chiesti il perché di questo comportamento. Qual è il vantaggio per la femmina? Come ha potuto affermarsi nel tempo un rituale di questo tipo? Confrontando specie simili, si è visto che in quelle più primitive, che sono carnivore, il maschio regala alla femmina un pezzettino di insetto come offerta alimentare. Nelle specie via via più evolute il dono è avvolto in maniera gradualmente più elaborata, perché non venga perso in volo e perché la femmina impieghi più tempo a consumarlo. Le specie più evolute sono vegetariane e il dono mantiene solamente la funzione di intrattenere la femmina.

2 L'equazione costi-benefici

Abbiamo chiarito che ogni comportamento si manifesta e si modifica nel tempo in risposta all'**ambiente**. Questa parola racchiude in realtà una quantità di componenti molto diverse tra loro. Per capire meglio le differenti componenti ambientali, possiamo fare una prima distinzione tra *ambiente ecologico* e *ambiente sociale*.
L'*habitat*, le *condizioni climatiche*, la *disponibilità di cibo e di rifugi*, la *presenza di predatori* costituiscono l'**ambiente ecologico** di un animale e ne influenzano il comportamento spesso agendo simultaneamente.
L'**ambiente sociale** è rappresentato invece dalle *attività svolte dagli individui della propria specie*. Ogni volta che un individuo si trova di fronte a un *conspecifico*, non solo deve valutare la situazione, ma deve anche «prevedere» che cosa farà l'altro. Se ad esempio un maschio incontra una femmina dovrà valutarne lo stato riproduttivo e, in base alla sua recettività, decidere se avviare un comportamento di corteggiamento o meno. Se si tratta di un altro maschio, dovrà invece valutarne la forza e le intenzioni. Nella maggior parte dei casi, per ridurre i costi collegati a interazioni aggressive, le specie hanno evoluto complesse **esibizioni**. In queste occasioni gli animali ripetono in maniera frequente e stereotipata alcuni movimenti, al

2 TESTO-IMMAGINE Il corteggiamento negli empididi: ricostruzione della sequenza evolutiva.

1	**Specie carnivore «scortesi»**	I maschi hanno un corteggiamento poco elaborato, privo di doni nuziali.
2	**Specie carnivore «premurose»**	I maschi offrono un insetto alla femmina, che lo mangia durante l'accoppiamento.
3	**Specie carnivore «premurose e previdenti»**	La preda da donare viene legata con un sottile filo di seta per evitare che sia persa.
4	**Specie carnivore «premurose, previdenti e maniacali»**	Il frammento di insetto viene completamente avvolto in un bozzolo di seta.
5	**Specie vegetariane «premurose, previdenti, maniacali»**	I maschi costruiscono un grande palloncino di seta intorno a un frammento secco, che la femmina non consuma perché vegetariana.
6	**Specie vegetariane «premurose ed eleganti»**	I maschi non cercano più frammenti d'insetti, ma costruiscono complessi palloncini di seta da presentare come doni nuziali.

Le fasi del rituale di corteggiamento delle specie indicate come tipo 4 nella tabella.

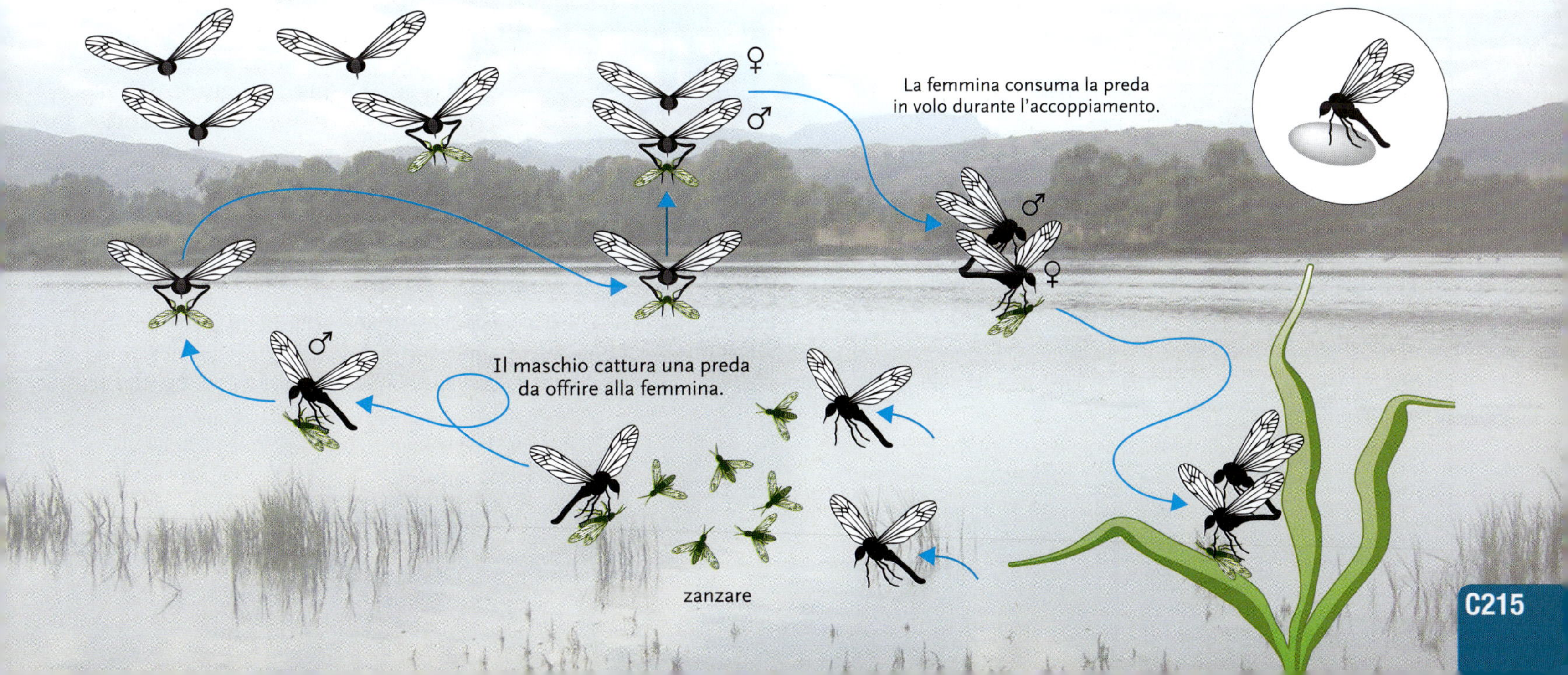

BioParole

Biometria
dal greco *bíos*, «vita» e *métron*, «misura, misurazione»
Biostatistics (detta anche *Biometry* o *Biometrics*)

fine di dimostrare la propria forza e le proprie intenzioni e contemporaneamente valutare quelle dell'altro.
Talvolta le componenti ecologiche e sociali dell'ambiente portano l'individuo a una *situazione conflittuale*.
Ad esempio, molti uccelli canori devono risolvere al contempo due problemi: farsi sentire dalle femmine della propria specie, ma non farsi individuare dai predatori. Un vocalizzo di corteggiamento che non giungesse a destinazione sarebbe inutile; d'altra parte, un suono troppo forte o prolungato aumenterebbe i rischi d'essere predati. Il canto migliore sarà dunque un compromesso tra le due esigenze. In pratica, in natura, ogni comportamento è il risultato di simili equilibri ▶ 3.
La **selezione naturale** agisce quindi su una sorta di **equazione costi-benefici**. Nell'equazione costi-benefici il valore relativo dei benefici e dei costi si modifica in base alle variabili ecologiche e sociali. In questo modo anche il comportamento, come la maggior parte delle variabili biologiche, si mantiene in un **equilibrio dinamico**. Sempre nell'esempio del canto, se i predatori diminuissero, l'equilibrio si sposterebbe rapidamente a favore di un canto più forte o prolungato. Il comportamento infatti resta stabile solo finché le condizioni restano invariate; non appena i costi o i benefici cambiano, il comportamento si modifica di conseguenza. Per sottolineare l'aspetto dinamico del comportamento, si utilizza spesso il termine di **strategia comportamentale**, espressione che mette in evidenza la possibilità da parte dell'individuo di modulare «in maniera strategica» le sue risposte. Le strategie comportamentali che hanno passato il vaglio della selezione naturale e sono adottate dalla maggior parte della popolazione sono dette **strategie evolutivamente stabili** (o ESS, dall'inglese *Evolutionary Stable Strategies*).

3 Un uccello canoro

Un maschio della specie *Fringilla coelebs* intento a emettere vocalizzi.

3 Il concetto di «fitness» nello studio del comportamento

Ogni volta che si analizza un singolo comportamento, non bisogna dimenticare che i vantaggi e gli svantaggi vanno rapportati più in generale alla logica darwiniana del **successo riproduttivo**. Secondo la teoria dell'evoluzione per selezione naturale, infatti, le differenze interindividuali nella morfologia, nella fisiologia e nel comportamento determinano una differenza nella capacità di sopravvivenza e nel numero di figli vivi e in grado di riprodursi prodotti dagli individui della stessa specie ▶ 4. Si affermeranno quindi quei comportamenti che promuovono il successo, misurato in termini di quantità di propri geni trasmessi alle generazioni successive. Questo valore rappresenta un **indice di adattamento individuale** ed è indicato con il termine di **fitness** dell'individuo.
In sintesi possiamo dire che l'evoluzione concorre a selezionare tutte quelle caratteristiche che *aumentano la fitness* di un individuo. Analizzare il comportamento separatamente dalle altre caratteristiche non è possibile, dal momento che esiste un'ampia e complessa rete di relazioni che comprende le sue basi genetiche, i modelli di sviluppo e i meccanismi fisiologici che lo rendono possibile, le diverse modalità in cui quel comportamento si può manifestare in relazione alle condizioni ambientali, nonché la sua storia evolutiva. Ogni studio etologico che abbia un approccio evolutivo dovrà quindi tenere conto di molte informazioni e conoscenze provenienti da differenti ambiti della biologia, quali la **fisiologia**, la **genetica**, la **biometria** e l'**ecologia**.

Osserva e INDAGA

Le falene hanno evoluto organi acustici che permettono loro di percepire gli ultrasuoni emessi da un pipistrello quando entrano nel suo raggio d'azione. Se il predatore si trova a distanza ravvicinata, le farfalle sono capaci di lasciarsi cadere a terra, fingendosi morte, oppure di deviare il proprio volo in modo tanto repentino da confondere il pipistrello.

a. Quali sono le cause prossime, ovvero le basi fisiologiche, di questo comportamento?

b. Quali sono le cause remote, ovvero qual è il valore adattativo, di questo comportamento?

4 Coccinelle del genere *Harmonia*

In questi coleotteri è particolarmente evidente la variabilità interindividuale.

DOMANDE CHIAVE

1. Stai osservando un animale che mette in atto un comportamento particolare. Se tu fossi un etologo, a quali domande cercheresti di trovare una risposta?
2. Che cosa si intende per «ambiente sociale» di un animale? In che modo questo ambiente influenza il comportamento?
3. Come vengono definiti i comportamenti che si mantengono nel tempo?

LEZIONE 2

Lo sviluppo del comportamento

1 Istinti e comportamenti appresi

Prima che l'etologia assumesse il taglio ecologico che ha oggi, gli studiosi del comportamento si erano a lungo concentrati sulla seconda domanda dell'etologia, ovvero: *come si sviluppa un determinato comportamento?* Per rispondere a tale domanda, gli scienziati classificavano tutti i comportamenti in due grandi categorie: **istinti**, o **comportamenti innati**, determinati geneticamente, e **comportamenti appresi**, influenzati in maniera predominante dall'esperienza. La principale differenza tra queste due categorie di comportamenti consisteva proprio nel loro sviluppo: mentre gli istinti si manifestavano come tali fin dalla nascita, i comportamenti appresi richiedevano necessariamente un certo «esercizio». In realtà oggi sappiamo che *tutti i comportamenti scaturiscono dalla complessa interazione tra fattori genetici e fattori ambientali*. Sebbene sia vero che alcuni comportamenti hanno una forte componente istintiva, tuttavia anche questi possono essere, almeno in parte, influenzati dall'esperienza. Analogamente, anche comportamenti che richiedono un lungo allenamento per manifestarsi nella loro forma completa, partono da una predisposizione genetica a compiere una serie di azioni.

Uno dei padri dell'etologia, **Nikolaas Tinbergen**, studiò un comportamento tipico dei pulcini di gabbiano. Questi pulcini, immediatamente dopo la schiusa, mettono in atto un particolare comportamento per richiedere cibo ai genitori: colpiscono una piccola macchia rossa sul becco degli adulti, i quali rispondono rigurgitando una parte del cibo semidigerito nel becco dei piccoli. Questo comportamento risponde abbastanza bene alla definizione di «istinto», in quanto appare nella sua forma completa fin dalla prima volta che si manifesta. Tipicamente gli istinti sono innescati da uno stimolo semplice, in questo caso la vista della macchia rossa. Che sia questo lo stimolo e non l'aspetto complessivo del genitore è dimostrato dal fatto che, per questi pulcini, è più efficace come stimolo una semplice matita con un elemento rosso di una sagoma che riproduca realisticamente il genitore. Anche macchie di colori diversi hanno un'efficienza minore della macchia rossa ▶ 1.

I comportamenti messi in atto in maniera completa in risposta a un semplice segnale sensoriale sono definiti **schemi di azione rigidi** o **FAP** (*Fixed Action Patterns*), e il segnale che li scatena è detto **segnale stimolo** o **evocatore**. Il comportamento di richiesta di cibo del pulcino di gabbiano è un FAP e la macchia rossa è il suo segnale stimolo.

In alcuni casi il segnale stimolo che evoca un FAP può essere trasmesso da un individuo all'altro. Nell'uomo, ad esempio, lo sbadiglio è un evocatore di sbadigli negli altri essere umani ▶ 2. Lo sbadiglio è anche un FAP perché si manifesta fin dalla nascita nella sua forma completa e non si modifica nel tempo (ha tipicamente una durata di 4-8 secondi e difficilmente può essere interrotto).

2 Lo sbadiglio

Questo comportamento nell'uomo è sia un FAP sia un segnale stimolo «contagioso».

1 Il comportamento di richiesta alimentare nei pulcini di gabbiano

Un gabbiano che nutre il suo piccolo.

Esperimenti con le sagome: la sagoma con la macchia rossa innesca la risposta del pulcino nel 100% dei casi; le altre sagome inducono un minor numero di risposte.

	Colore della macchia	Percentuale di efficacia
	rosso	100%
	nero	86%
	blu	85%
	bianco	71%
	senza macchia	30%

3 TESTO-IMMAGINE **Gli esperimenti di Pavlov sul condizionamento classico**

A Alla vista del cibo (*stimolo incondizionato*) un cane automaticamente saliva (*risposta incondizionata*).

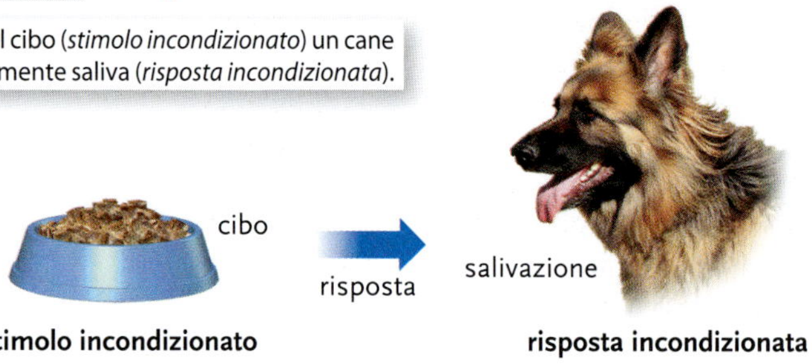

B Altri stimoli, quale il suono di una campanella, non scatenano questa risposta.

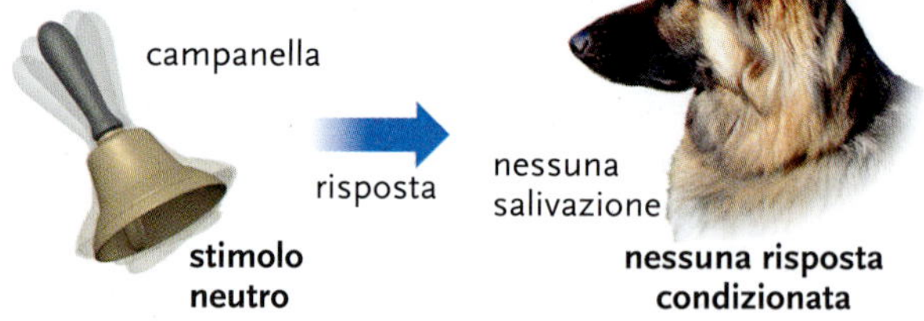

C Se ripetutamente la vista del cibo è associata al suono di una campanella, nel cane avviene un condizionamento.

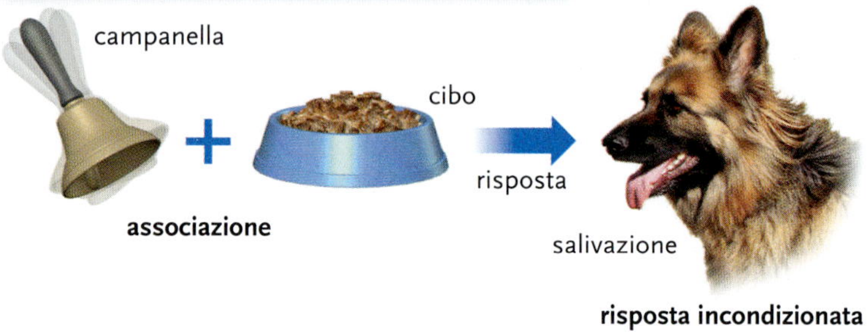

D Una volta avvenuto il condizionamento, il cane saliverà (*risposta condizionata*) anche quando il suono della campanella (*stimolo condizionato*) non sarà più associato al cibo.

2 L'apprendimento associativo

Come abbiamo detto, con l'apprendimento il comportamento può modificarsi in risposta all'esperienza. Numerosi studi di laboratorio hanno dimostrato che spesso, affinché avvenga un apprendimento, è necessario che l'animale crei un'**associazione** tra una propria risposta e uno specifico evento ambientale: in questo caso l'apprendimento è detto **apprendimento associativo**. Classici in questo senso sono gli esperimenti sui cani del fisiologo russo **Ivan Pavlov** (1849-1936), premio Nobel per la medicina. Egli studiò un tipo di apprendimento associativo definito **condizionamento classico**. I suoi studi partivano dalla comune osservazione che nel cane è presente una risposta automatica, o *incondizionata*, che fa sì che l'animale salivi alla vista del cibo ▶ 3A. Pavlov osservò che questa risposta non veniva messa in atto da stimoli differenti (neutri), quali uno stimolo acustico o luminoso ▶ 3B. Se però l'offerta di cibo veniva per un certo tempo *associata* a uno qualunque di questi stimoli ▶ 3C, l'animale successivamente riproponeva la risposta a questo stimolo anche in assenza del cibo ▶ 3D. La salivazione è dunque normalmente una **risposta incondizionata** a uno **stimolo incondizionato** (il cibo), ma può essere messa in atto come **risposta condizionata** a uno **stimolo condizionato** (ad esempio un suono) se nell'animale è avvenuto un apprendimento associativo dovuto a specifiche esperienze.

Un altro tipo di apprendimento associativo è il cosiddetto **condizionamento operativo**. A differenza di ciò che avviene nel condizionamento classico, l'animale associa a determinate esperienze un **comportamento volontario** e non un'azione automatica, come la salivazione.

Altrettanto classici sono, in questo campo, gli esperimenti dello psicologo statunitense **Burrhus F. Skinner** (1904-1990) sui topi. Egli progettò una gabbia, detta appunto *scatola di Skinner*, dotata di alcuni elementi: una leva, un distributore di cibo, dei dispositivi luminosi, una griglia collegata a un generatore elettrico ▶ 4. Quando la leva veniva premuta, il distributore immetteva nella gabbia una pallina di cibo. Se il topo era lasciato libero di ispezionare la gabbia, prima o poi si appoggiava alla levetta e, continuando a muoversi, si accorgeva della pallina di cibo. Già alla seconda esperienza di questo tipo il topo era in grado di associare i due eventi: aveva appreso che la sua «operazione», premere la leva, gli permetteva di ottenere del cibo. Questo tipo di condizionamento può essere **rinforzato** dall'associazione a stimoli neutri, quali gli stimoli luminosi.

4 La scatola di Skinner

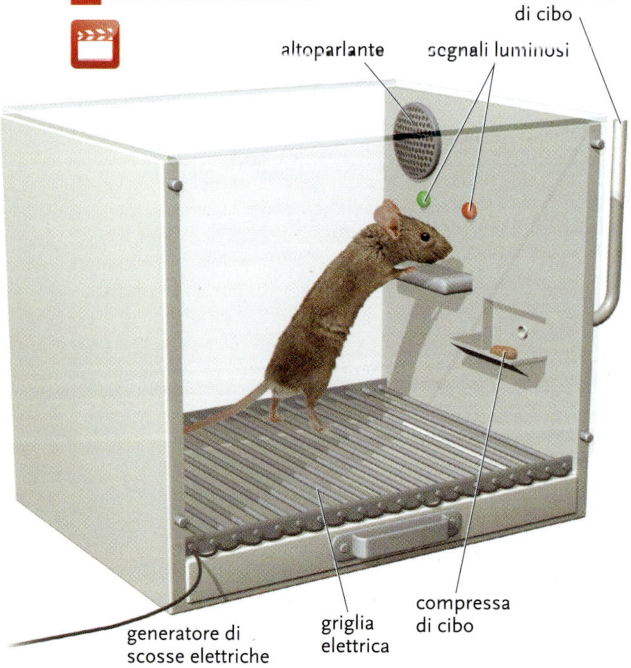

Se ad esempio la leva attivava il distributore *solo in presenza di una luce rossa*, la risposta del topo era più efficiente in presenza di tale stimolo. Analogamente il comportamento poteva essere *dissuaso* da esperienze negative associate alla pressione della leva, quale la somministrazione di una scarica elettrica attraverso la griglia.
In alcuni casi l'animale può fare però **associazioni fasulle**. È questo il caso del cosiddetto «fenomeno dei piccioni superstiziosi». Alcuni piccioni, posti all'interno della scatola di Skinner e ricompensati con del cibo quando premevano la leva, misero in atto casualmente uno scuotimento della testa e lo associarono alla ricompensa alimentare. Come conseguenza, cominciarono a mostrare quel comportamento per ottenere del cibo.
Tra il condizionamento classico e il condizionamento operativo esiste una differenza fondamentale: nel primo caso, a uno stimolo (il suono della campanella) segue una risposta comportamentale (la salivazione); nel secondo è un'azione comportamentale (la pressione della leva) che provoca uno stimolo rinforzante (lo stimolo alimentare) del comportamento stesso. Anche la luce rossa dell'esperimento di Skinner è solo un ulteriore stimolo rinforzante e non uno stimolo incondizionato.

3 L'apprendimento in fase sensibile

L'impossibilità di stabilire una distinzione netta fra innato e appreso è resa evidente da un caso ben noto in etologia, quello dell'**apprendimento in fase sensibile**. Il più conosciuto fra questi comportamenti è l'**imprinting**. L'imprinting dimostra come l'apprendimento sia meno flessibile di quello che si pensi, e possa anzi in alcuni casi essere «pre-programmato» quasi al pari di un istinto. L'imprinting è quel fenomeno per il quale i piccoli di molte specie si legano a un determinato individuo o addirittura a un certo oggetto come se fosse il proprio genitore, se questo li ha stimolati nelle prime ore di vita (*fase sensibile*) ▶ 5. Questi giovani *apprendono* che quella è la figura da seguire, e non sono in grado di modificare questo comportamento con esperienze successive.

5 Un esperimento sull'imprinting

La macchina utilizzata in questo esperimento permette di mostrare a un pulcino in fase sensibile un oggetto in movimento all'interno di un'arena schermata (che elimina la visione di ogni altro elemento dell'ambiente circostante). I risultati dimostrano che il pulcino stabilisce con l'oggetto un attaccamento specifico, a prescindere dal grado di somiglianza con i genitori.

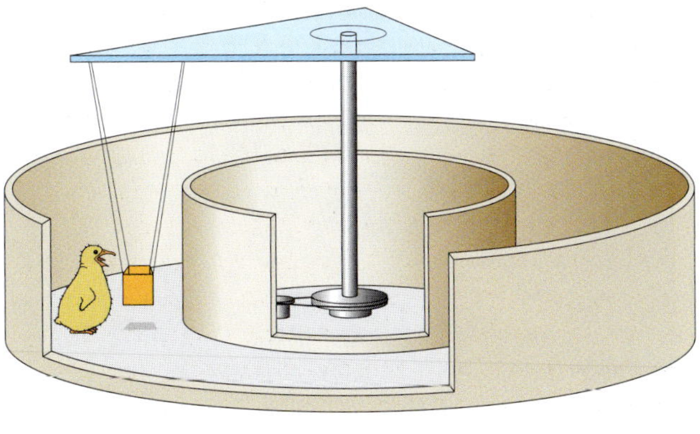

Anche sull'imprinting esistono esperimenti classici: quelli di **Konrad Lorenz** sulle anatre. Egli aveva osservato che, al momento della schiusa, i piccoli di anatra vedono come prima immagine la loro madre e da quel momento stabiliscono con lei un attaccamento specifico. Con i suoi esperimenti l'etologo austriaco dimostrò che era possibile indurre lo stesso tipo di attaccamento con *sostituti della madre* mostrati ai piccoli nella loro fase sensibile. Egli stesso si propose come sostituto della madre e venne trattato come tale dalle sue anatre ▶ 6. Queste anatre anche da adulte non erano in grado di riconoscere come membri della propria specie le altre anatre e corteggiavano esseri umani.

6 Lorenz tra le anatre

Osserva e INDAGA

Alcune orchidee australiane possiedono fiori la cui corolla, imitando una femmina, può stimolare i maschi di vespa tinnide ad accoppiarsi con essa. Il grafico rappresenta il numero di visite da parte di una vespa a un'orchidea *ingannatrice* a partire dal primo incontro. Che cosa si osserva nel grafico? Che cosa significa in termini etologici?

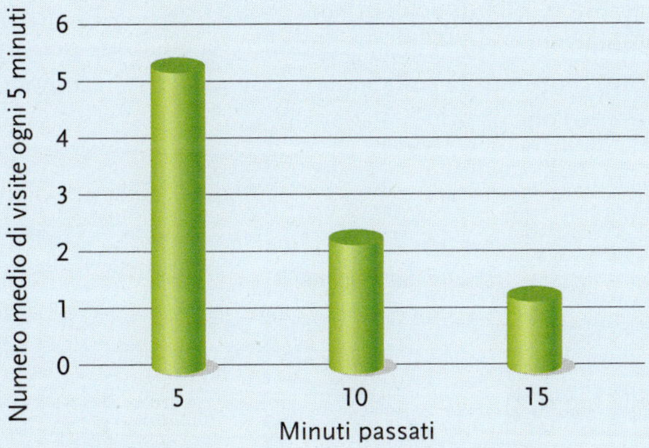

DOMANDE CHIAVE

1. Quali sono le differenze tra il condizionamento classico e quello operativo?
2. Che cosa dimostra l'imprinting?
3. Che cos'è un FAP?
4. Come definiresti un comportamento appreso?

Il comportamento alimentare e la scelta dell'habitat

1 Lo scarabeo stercorario

In questi coleotteri talvolta la coppia collabora a far rotolare la pallina di sterco e a interrarla; la femmina vi depone le uova, così che la larva che si svilupperà abbia cibo a disposizione.

1 Ecologia del comportamento di alimentazione

Nutrirsi è un'esigenza primaria per ogni organismo e non stupisce, pertanto, che le differenti specie animali abbiano messo a punto nel corso dell'evoluzione un'incredibile varietà di tecniche per procurarsi il cibo. In natura qualunque materiale organico, anche quello più repellente per l'uomo, rappresenta una fonte di nutrimento per qualche specie. Lo scarabeo stercorario africano, ad esempio, si nutre dello sterco di elefante. Dopo pochi minuti dal momento in cui sono depositate le feci, queste vengono letteralmente «assaltate» dagli insetti, che le consumano in parte sul posto e in parte le allontanano sotto forma di palline di sterco fatte rotolare velocemente per sottrarle ai possibili competitori ▶ 1.

In generale, il comportamento alimentare si articola in due fasi: la **localizzazione** del cibo e il suo **consumo**. Nel caso dello sterco, tanto la prima che la seconda fase non implicano una «reazione» da parte della fonte di nutrimento; ma nella situazione – assai comune – in cui il pasto sia rappresentato da un organismo vivo, tutto il comportamento alimentare può richiedere strategie complesse e un notevole dispendio di energia. In questi casi infatti sono necessarie l'**individuazione** e la **cattura** della preda.

Nell'individuazione della preda i predatori mettono in campo tutto il proprio repertorio sensoriale. I pipistrelli del genere *Trachops*, ad esempio, riescono a localizzare i rospi di cui si cibano ascoltando il loro richiamo. In questo caso la preda è localizzata sulla base di un segnale acustico. Alcuni pesci oceanici sono dotati di un organo bioluminescente che «accendono e spengono» per produrre luminosità sufficiente a individuare visivamente le prede nelle profondità abissali.

Nel corso della propria vita, inoltre, il predatore affina e migliora le sua capacità d'individuare la preda, diventando gradualmente più rapido ed efficiente. Alcuni studi hanno dimostrato che molti uccelli sono in grado di formarsi un'**immagine di ricerca**, basata sul riconoscimento di pochi elementi chiave. Il predatore migliora la propria percezione della preda quando per più volte si alimenta di una preda dello stesso tipo. Le ghiandaie azzurre, ad esempio, si formano un'immagine di ricerca e diventano più efficienti nella caccia quando si cibano ripetutamente di farfalle di una stessa specie ▶ 2.

Una volta individuata la «vittima», il predatore deve catturarla. Diversamente da quanto si potrebbe pensare, non sempre la cattura della preda richiede una sopraffazione fisica. Nei vertebrati, in effetti, l'immagine tipica del predatore è quella di un animale forte, scattante, dotato di artigli e denti affilati (basti pensare ai felini o ai lupi). Fra gli invertebrati, invece, molte specie hanno evoluto armi e strategie raffinate per avere la meglio sulle prede riducendo al minimo i rischi dovuti a interazioni di tipo aggressivo. Il ragno *Euryopis coki*, ad esempio, si nutre di formiche del genere *Pogonomyrmex*, dotate di un potente pungiglione. Per catturarle, il ragno tende agguati nel corso dei quali si limita ad appiccicare sul corpo della formica un filo di seta che la immobilizza al suolo. Il ragno morde quindi rapidamente la formica a una zampa e si allontana per qualche istante, lasciando che il veleno iniettato con il morso faccia il suo effetto letale. Successivamente il ragno torna alla preda e la porta in un luogo appartato per consumarla in tranquillità.

Alcuni comportamenti alimentari complessi implicano infine l'uso di **esche** o di veri e propri **utensili**. La rana pescatrice, ad esempio, attira gli organismi marini di cui si nutre con un'appendice a forma di «pesciolino»

2 La formazione di un'immagine di ricerca nella ghiandaia azzurra

Le ghiandaie diventano più brave nell'individuazione della preda quando si formano un'immagine di ricerca su un preciso tipo di farfalla.

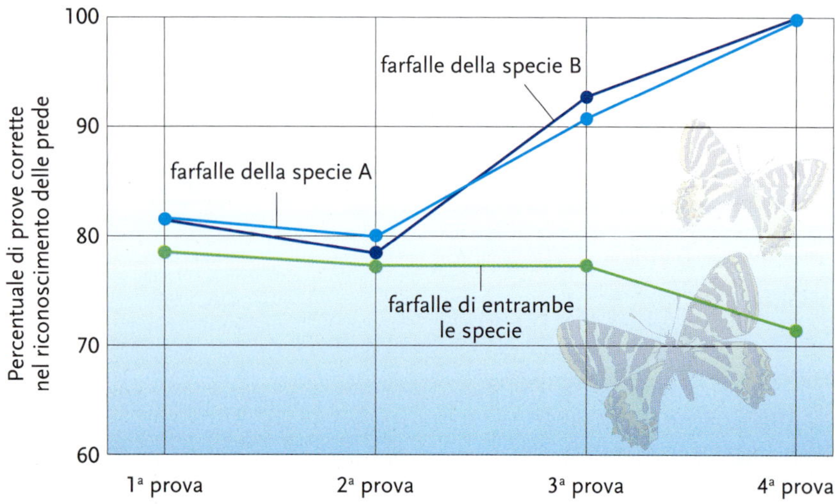

posta all'estremità di una bizzarra protuberanza che parte dalla zona anteriore della sua testa. Tale esca attrae piccoli predatori, che cadono così nel raggio d'azione della rana pescatrice. L'uso di utensili è documentato in varie specie, anche molto differenti fra loro: il picchio utilizza spine per estrarre insetti dai tronchi; la lontra di mare si avvale di pietre per rompere il guscio di alcune conchiglie; l'avvoltoio africano apre le uova di struzzo di cui si nutre colpendole con dei sassi; gli scimpanzè inseriscono fili d'erba nei termitai per estrarne gli insetti ▶ 3.

3 L'uso di utensili

Un avvoltoio africano.

Un piccolo scimpanzè che estrae termiti dal terreno.

2 Strategie per trovare un posto dove vivere

Oltre alla ricerca del cibo, indispensabile per ogni organismo è reperire un posto dove vivere. Talvolta gli animali sembrano spendere energie enormi per individuare un habitat adatto alle loro esigenze. Spesso gli individui si allontanano dal posto in cui sono nati per andare in altri luoghi, anche se ciò può richiedere un viaggio lungo e pieno di pericoli. Altre volte abbandonano posti che inizialmente avevano ritenuto idonei senza un apparente motivo. Quando infine si stabiliscono in un luogo, in molti casi lo difendono strenuamente, sebbene il comportamento territoriale abbia sempre costi elevati. In effetti, gli animali nutrono preferenze per determinati luoghi per il fatto che un habitat favorevole può aumentare notevolmente la fitness di un individuo, permettendogli di sfuggire ai predatori e di mantenere al sicuro la propria prole. Per questo, quando un animale deve scegliere il posto in cui vivere, opera per quanto possibile una **selezione attiva dell'habitat**.
Ad esempio, gli afidi del pioppo depongono le uova alla base delle foglie. Ogni femmina sceglie attivamente una foglia e induce la formazione di una galla, all'interno della quale farà nascere i suoi piccoli. Le femmine che riescono ad accaparrarsi le foglie più grandi producono una prole più numerosa ▶ 4.
I casi più spettacolari nell'ambito delle strategie di ricerca dell'habitat sono sicuramente rappresentati dalle incredibili **migrazioni** compiute da alcuni animali. Il fenomeno è estremamente diffuso tra gli uccelli, tanto che circa la metà delle specie che si riproducono in Nordamerica migra verso l'America centrale e meridionale ogni autunno. Anche molti mammiferi, sia terrestri sia marini (come gli gnu, i bisonti, le foche e le balene), compiono ogni anno viaggi di migliaia di kilometri per spostarsi dai luoghi di riproduzione ai luoghi di svernamento. Fra i rettili, si può ricordare il caso delle tartarughe marine del genere *Chelonia*, che percorrono più di 1800 kilometri per andare a deporre le uova sull'isola di Ascensione, al centro dell'oceano Atlantico. Dopo la deposizione tornano sulle coste brasiliane, dove restano a volte alcuni anni prima di tornare alla stessa isola – e spesso alla stessa spiaggia – per deporre un'altra covata di uova ▶ 5.

4 L'afide del pioppo

La scelta attiva della foglia su cui la femmina si sistema può aumentare notevolmente la sua fitness.

5 La rotta migratoria della tartaruga *Chelonia*

3 Il comportamento territoriale

Una volta che un animale ha individuato e raggiunto un posto dove sistemarsi, provvisorio o definitivo che sia, deve valutare quale rischio corre che tale luogo venga insidiato da possibili competitori. In base alle diverse situazioni, troviamo in natura specie estremamente aggressive nella difesa del proprio territorio e specie che ignorano o addirittura accettano la presenza di altri individui nella propria area vitale. Nel primo caso assistiamo al fenomeno della **territorialità** o **territorialismo**, e le specie che lo praticano sono dette **territoriali**; nel secondo caso l'area occupata dall'animale non è chiamata generalmente «territorio» ma *home-range*, o **area familiare**, a indicare uno spazio non difeso.

Il comportamento territoriale è comune in moltissime specie di vertebrati e presenta una notevole variabilità. Può variare ad esempio in base al numero di individui della stessa specie che condividono un territorio: vi può essere un solo occupante (*territorialismo individuale*), due occupanti (*territorialismo di coppia*), oppure più di due (*territorialismo di gruppo*). Classico esempio di territorialismo individuale è quello dello spinarello; forme di territorialismo di coppia sono frequenti negli uccelli; una tipica forma di territorialismo di gruppo si ha tra i lupi ▶ 6.

I confini dei territori vengono delimitati in vari modi: molti uccelli utilizzano il canto, mentre tra i mammiferi è comune la marcatura mediante urina o secreti ghiandolari. La conquista e la difesa del territorio avvengono attraverso lotte, che raramente però portano a gravi danni fisici. In molte specie, inoltre, il comportamento territoriale non compare tutto l'anno, ma si manifesta soltanto in determinati periodi, in genere nella stagione riproduttiva.

Nelle specie territoriali l'energia e il tempo impiegati nella difesa del territorio vengono sottratti al tempo e alle energie dedicati ad altre attività come il foraggiamento. Anche in questo caso quindi la scelta della strategia comportamentale da adottare sarà valutata di volta in volta in base a un'equazione costi-benefici.

Questa flessibilità può essere in alcuni casi davvero stupefacente. Le ballerine bianche, ad esempio, sono uccelli europei territoriali che difendono la loro area vitale da altri individui, detti «satelliti», ogni volta che il cibo scarseggia. In alcuni casi però tali satelliti posso aiutare i residenti a procurarsi più prede e in questo caso vengono tollerati ▶ 7.

6 Il territorialismo di gruppo nei lupi

I lupi vivono in branchi di 6-12 individui che condividono e difendono un territorio. Il gruppo è costituito da una coppia, uno o più figli nati l'anno precedente e alcuni parenti che non si riproducono.

7 Il comportamento territoriale nelle ballerine bianche

Le ballerine bianche cacciano i «satelliti» quando questi riducono la quantità di cibo assunta, ma li tollerano quando il loro aiuto gli procura un guadagno netto di prede

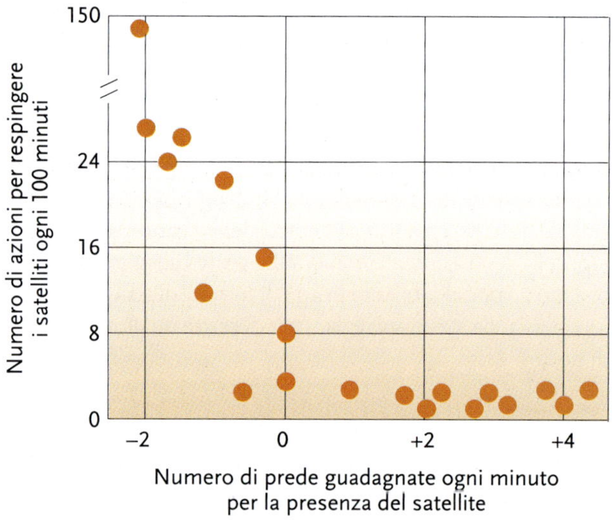

Osserva e Rispondi

La tabella mostra l'effetto della dimensione fogliare e della posizione della galla sul successo riproduttivo delle femmine di afide del pioppo. Quando si forma più di una galla sulla stessa foglia, significa che più femmine usano il nutrimento di quella foglia.

		Numero medio di figli generati		
Numero di galle per foglia	**Dimensioni medie della foglia (cm)**	**Femmina alla base della foglia**	**Seconda femmina**	**Terza femmina**
1	10,2	80	–	–
2	12,3	95	74	–
3	14,6	138	75	29

a. Quali differenze significative puoi osservare tra il numero di figli generati per ogni femmina?

b. Quali conclusioni ne trai?

DOMANDE CHIAVE

1. Ti è mai capitato di andare a cercare funghi nel bosco? Hai mai cercato sulla spiaggia una conchiglia con una particolare colorazione? Se ci pensi, ti sarà successo che, una volta trovata la prima conchiglia, sei poi riuscito a individuare tutte le conchiglie successive con maggiore facilità. Alla luce di ciò che hai appena studiato, sapresti spiegare perché?
2. Un uccello passeriforme è capace di percepire e utilizzare il campo magnetico terrestre come guida per i suoi spostamenti stagionali. Di quale tipo di comportamento stiamo parlando?
3. Un cane maschio urina più volte in vari punti della sua abituale passeggiata. Come spieghi questo comportamento?

Il comportamento riproduttivo e le cure parentali

1 Strategie riproduttive e selezione sessuale

Il comportamento riproduttivo è il punto focale su cui agisce la selezione naturale. Sono infatti proprio le cosiddette **strategie riproduttive** quelle più direttamente mirate a rendere massima la fitness di un individuo. Ogni altro comportamento è evolutivamente vanificato se alla fine l'individuo non riesce a contribuire al *pool genico* delle generazioni successive.

Le strategie che gli animali adottano per passare i propri geni alla prole e assicurarsi che questa, a sua volta, sia in grado di arrivare a riprodursi sono estremamente varie. Nell'uccello del raso, ad esempio, il maschio costruisce elaborati pergolati, realizzati con rametti disposti in modo da formare una sorta di viale alberato in miniatura e adornati con fiori, penne blu di pappagallo e oggetti vari, anche artificiali ▶ 1. Quando la femmina si avvicina al pergolato, il maschio si esibisce in una complessa e movimentata danza, accompagnata da un rumoroso canto. È facile immaginare quanto dispendiosa sia per l'animale una tale performance visiva e vocale. Peraltro senza pergolato i maschi di questa specie non hanno nessuna speranza di attirare una compagna, che si limita da parte sua a compiere la scelta. Questo esempio ci mostra chiaramente come, nel comportamento riproduttivo, le strategie messe in atto dai maschi e dalle femmine differiscano molto di più che in ogni altro ambito del comportamento. La selezione naturale ha dunque agito in maniera molto differente sugli individui della stessa specie appartenenti ai due sessi.

Per questo tipo di selezione, che in realtà è una sottocategoria della selezione naturale, Darwin adottò il termine di **selezione sessuale**. Tale distinzione è tuttavia importante perché, nonostante il medesimo fine, selezione naturale e selezione sessuale possono talvolta entrare in conflitto. Certi comportamenti, come quello dell'uccello di raso, o certi ornamenti maschili, come il piumaggio di alcuni uccelli o le pesanti corna di certi coleotteri, sono stati favoriti dalla selezione sessuale ma impongono di fatto all'animale costi altissimi. Oggetto della selezione sessuale sono generalmente i maschi, che nella maggior parte delle specie sono costretti alla competizione per la partner. Infatti, le poche uova che le femmine producono, rispetto alla grande quantità di spermatozoi maschili, fanno sì che le femmine siano per i maschi una risorsa limitata. I maschi sono quindi costretti a competere fra loro, mentre alle femmine spetta il ruolo della valutazione e della scelta.

2 L'investimento nelle cure parentali

Se i maschi concentrano tutti i loro sforzi nella conquista delle femmine, queste ultime fanno – per contro – un maggiore investimento nelle **cure parentali**. Alla base di questo fenomeno c'è di nuovo il fatto che le femmine producono pochi gameti e sono quindi più propense a investire energie nelle cure da offrire in favore del numero limitato di figli che possono generare. Le femmine inoltre sono certe di aver generato la propria prole, mentre l'attribuzione della paternità non è sempre affidabile. Infine le madri portano spesso le uova con sé, o sono comunque nei pressi dopo la deposizione, e questo fa sì che abbiano una maggior opportunità di offrire ai piccoli appena nati un qualche aiuto. Il padre non ha invece alcun controllo diretto sulla nascita e nella maggior parte delle specie non si trova nei dintorni al momento dell'evento.

Tuttavia esistono casi nei quali può essere decisamente vantaggioso per il maschio offrire cure parentali. Molti pesci territoriali, ad esempio, difendono un sito nel quale avvengono l'accoppiamento e la deposizione delle uova da parte della femmina ▶ 2. Questi maschi, mentre difendono il territorio, possono anche sorvegliare le uova che, in questo sistema di accoppiamento, hanno un'alta probabilità di aver fecondato. Questo determina un rapporto costi-benefici che spinge il maschio a occuparsi della prole.

1 Il pergolato di un uccello del raso

2 Le cure parentali nello spinarello

In questa specie il maschio protegge le uova deposte all'interno del nido da lui costruito.

Osserva e Rispondi

Confronta a pag. C215 la specie 1 (specie carnivora «scortese») con la specie 6 (specie vegetariana «premurosa ed elegante»).

a. Quale comportamento è stato premiato nel corso dell'evoluzione dalla selezione sessuale?
b. Quali comportamenti si sono persi e perché?

DOMANDE CHIAVE

1. Quali sono le principali strategie riproduttive maschili?
2. Quali sono i vantaggi che caratterizzano la strategia riproduttiva maschile?
3. Quando un maschio attua un comportamento di corteggiamento, in che modo la femmina aumenta la sua fitness?
4. Qual è la strategia riproduttiva che aumenta la fitness delle femmine nella maggior parte delle specie?
5. Nei piccioni comuni una volta avvenuto l'accoppiamento il maschio rimane nel nido insieme alla femmina a covare le uova e poi ad accudire, nutrire e proteggere i piccoli. Che cosa puoi dire a proposito di questo comportamento riproduttivo?

Il comportamento sociale

1 Il comportamento di allarme

Cane della prateria che emette un grido di allarme per avvisare i membri della colonia della presenza di un predatore.

1 Costi e benefici della socialità

Tutto ciò che riguarda la socialità animale è oggetto di una disciplina nota come **sociobiologia** e definita dal suo fondatore, il biologo statunitense **Edward O. Wilson** (1929-vivente) come «lo studio sistematico delle basi biologiche di ogni forma di comportamento sociale».

Il concetto di «socialità» è spesso associato all'idea di società complesse come quelle di molti vertebrati, quali i lupi o le scimmie. Si tende anche a pensare che le specie sociali siano comparse successivamente rispetto a quelle solitarie. In realtà il comportamento sociale si manifesta – come tutti gli altri comportamenti – quando le condizioni ecologiche sono tali che i benefici superano i costi, a prescindere dal livello di complessità degli animali coinvolti.

Tra i **vantaggi** della vita in gruppi organizzati possiamo ricordare: la maggiore capacità di difendersi dai predatori, la maggiore quantità di cibo reperibile con la collaborazione, il miglioramento nella difesa degli spazi vitali, l'allevamento cooperativo della prole. Tra gli **svantaggi** troviamo: la maggiore competizione per le risorse limitanti, il maggiore rischio di contrarre malattie dai conspecifici, la possibilità di sfruttamento da parte degli altri individui del gruppo.

Nei cani della prateria, ad esempio, il beneficio principale legato alla socialità sembra essere la cooperazione nella difesa dai predatori, che si attua con l'emissione di grida di allarme quando viene avvistato un possibile aggressore. Questi animali vivono in vere e proprie «città», che sono tanto più grandi quanto maggiore è il rischio di predazione nella zona ▶ 1.

Il **comportamento di allarme**, comune in molte specie sociali, è un esempio di **altruismo reciproco**. Chi emette il grido, infatti, si espone in quel momento al predatore, ma in futuro avrà un guadagno quando un altro membro della colonia lo avviserà di un simile pericolo.

2 Altruismo e fitness complessiva

Nell'altruismo reciproco, il cosiddetto «donatore» ha un vantaggio differito, che giustifica la sua azione.

Il termine **altruismo puro** si usa invece per indicare azioni in cui il donatore subisce un'*effettiva perdita di fitness*, ovvero annulla il successo riproduttivo personale, definito **fitness diretta**, ma mette a disposizione di altri individui le proprie forze. Studi approfonditi hanno però dimostrato che, nel caso in cui questi comportamenti siano rivolti a parenti più o meno stretti, la riduzione del successo riproduttivo personale sarebbe compensata dall'aumento del successo riproduttivo dei parenti, che contribuirebbero comunque a passare alla generazione successiva una parte dei geni del donatore. Calcolando il coefficiente di parentela fra un individuo e i suoi parenti è possibile quindi stabilire in quali casi un atto altruistico sarà vantaggioso ▶ Tabella 1.

Il successo riproduttivo complessivo di un individuo, ovvero la sua **fitness complessiva**, sarà quindi la somma della sua *fitness diretta* con la sua **fitness indiretta**, quantificabile come contributo in geni passati alla generazione successiva tramite comportamenti che aumentino il successo riproduttivo di un parente.

Tabella 1 Coefficienti di parentela (*r*)

Relazione di parentela	*r*
Fratelli e sorelle	1/2
Fratellastri	1/4
Cugini primi	1/8
Genitori rispetto ai figli	1/2
Zii nei confronti dei nipoti	1/4
Nonni nei confronti dei nipoti	1/8

Il valore del coefficiente di parentela tra un individuo e un suo parente indica la frazione di genoma che l'individuo condivide con quel parente.

Osserva e COMPLETA

Negli imenotteri le caste sterili sono formate unicamente da femmine, a causa dell'alto coefficiente di parentela esistente fra sorelle (vedi BioPlus nella pagina a fianco). Osservando lo schema che mette in evidenza i rapporti di parentela tra i fratelli maschi, completa la tabella e prova a spiegare perché non esistono caste sterili maschili.

Confronto tra fratelli maschi	Somiglianza genetica	*r*
tipo 1 e tipo 1	100%	....
tipo 1 e tipo 2	....	....
tipo 2 e tipo 1	....	0
tipo 2 e tipo 2	....	....
media	50%	....

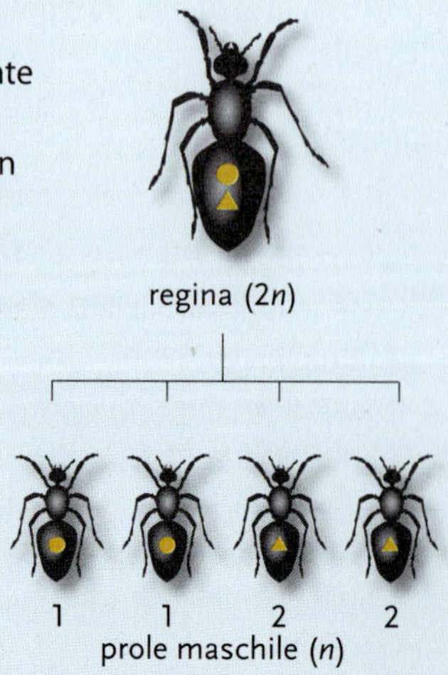

DOMANDE CHIAVE

1. Esistono svantaggi nel comportamento sociale? Se sì, quali?
2. Un coyote della prateria aiuta la madre nell'accudimento dei successivi figli, suoi fratelli, anziché staccarsi dal gruppo per fondarne uno nuovo. Apparentemente il suo gesto è solo altruismo. Sai dire se ci sono e quali sono i vantaggi del suo comportamento?
3. Che cosa s'intende per fitness indiretta?
4. Quando un'ape guardiana punge un invasore, la perdita del pungiglione e delle ghiandole del veleno le è fatale.
   a. Che tipo di comportamento è?
   b. Quali sono le cause?

Bio Plus

Gli insetti eusociali

Nell'ambito degli insetti, i massimi livelli di socialità sono stati raggiunti in alcune specie, definite **eusociali**. L'eusocialità si riscontra nelle termiti ▶ **A**, negli afidi, nelle formiche, nelle api e nelle vespe.

Questi insetti vivono in società altamente organizzate, nelle quali vige la **divisione dei compiti**. La prole viene allevata in maniera cooperativa ed esistono caste specializzate per le varie mansioni (procurare il cibo, occuparsi del nido, tenere lontani i predatori ecc.). Le **azioni altruistiche**, cioè quei comportamenti che abbassano il successo riproduttivo di un individuo a favore di un apparente vantaggio degli altri, sono il cemento di questo tipo di società. In queste specie possiamo osservare addirittura comportamenti che potremmo definire di «altruismo estremo», quali la sterilità e la disponibilità a compiere suicidi in favore di parenti stretti.

Ma come si possono evolvere simili comportamenti se la selezione opera unicamente per un aumento del successo riproduttivo dei singoli individui? Questa domanda ha rappresentato un vero banco di prova per la teoria darwiniana dell'evoluzione.

Oltre alle forti pressioni ecologiche che hanno favorito l'affermarsi di questo tipo di società, si è scoperto che negli imenotteri (un ordine che comprende formiche, api e vespe) esiste una rara forma di riproduzione che avrebbe facilitato l'affermarsi di alti livelli di altruismo fra le sorelle operaie. In questo ordine di insetti, le femmine si sviluppano da uova fecondate (e sono quindi diploidi), mentre i maschi si sviluppano da uova non fecondate (e risultano pertanto aploidi).

Questo sistema riproduttivo è indicato con il termine di **aplodiploidia** ▶ **B**. Per capire come avviene la trasmissione genetica in queste specie, come prima cosa occorre notare che il maschio (*fuco*), in quanto aploide, possiede una sola forma allelica di ogni gene, che verrà quindi trasmessa a tutta la prole. Ogni operaia eredita inoltre dalla madre (*regina*) circa il 50% dei suoi alleli. Dunque, la *parentela fra operaie* è in media del 50% per i geni materni e del 100% per quelli paterni, cioè complessivamente del 75% (coefficiente di parentela = 3/4). Al contrario, la *parentela fra regina e operaia* è in media del 50% (coefficiente di parentela = 1/2), in quanto la prole di una regina ha statisticamente la probabilità di avere la metà dei suoi alleli.

Nelle specie aplodiploidi si crea così una situazione del tutto unica: le femmine sono più strettamente imparentate con le proprie sorelle di quanto non lo siano con la propria madre, e quindi anche di quanto non lo sarebbero con la propria prole! Per una femmina risulta di conseguenza più vantaggioso aiutare la madre ad allevare sorelle, piuttosto che riprodursi.

A La termite, un esempio di insetto eusociale

Al centro dell'immagine si può osservare l'enorme regina circondata da decine di operaie. In basso a destra si può riconoscere un soldato (caratterizzato dal robusto capo).

B Coefficienti di parentela (r) tra insetti aplodiploidi

Nello schema viene preso in esame per semplicità il meccanismo di trasmissione di un singolo gene. Il maschio, essendo aploide (n), ha un solo allele di quel gene e lo trasmette a tutta la prole femminile. La regina, diploide ($2n$), trasmette a ciascuna delle sue figlie in media il 50% dei suoi alleli. Si possono così ottenere solo due genotipi: il tipo 1 e il tipo 2. Se si confrontano adesso le possibili coppie di sorelle ▶ **Tabella A**, si nota che la somiglianza genetica varia dal 50% (r = 1/2) al 100% (r = 1), con una media del 75% (r = 3/4). Al contrario, ogni operaia ha mediamente in comune con la regina «solo» il 50% dei geni (r = 1/2) ▶ **Tabella B**. La parentela tra sorelle è quindi più stretta di quella tra la regina e la sua prole.

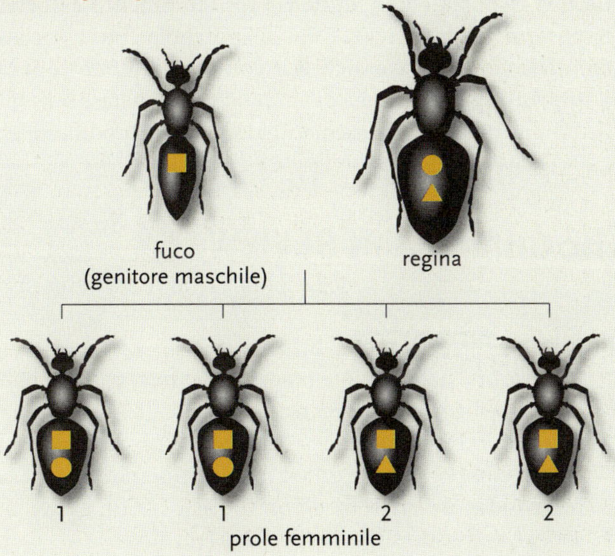

Tabella A

Confronto tra operaie	Somiglianza genetica	r
tipo 1 e tipo 1	100%	1
tipo 1 e tipo 2	50%	1/2
tipo 2 e tipo 1	50%	1/2
tipo 2 e tipo 2	100%	1
media	*75%*	*3/4*

Tabella B

Confronto tra regina e operaie	Somiglianza genetica	r
regina e tipo 1	50%	1/2
regina e tipo 2	50%	1/2
media	*50%*	*1/2*

LE LEZIONI IN SINTESI

1 Comportamento: un approccio evolutivo

L'**etologia** è la disciplina che indaga il **comportamento degli animali**; l'etologia moderna pone particolare attenzione agli **aspetti ecologici ed evolutivi** del comportamento. Le **cause prossime** di un comportamento descrivono «come» questo si manifesta e «come» si sviluppa (**basi fisiologiche** e componenti **innato/appreso**); le **cause remote** spiegano «perché» viene messo in atto e «perché» si è modificato nel tempo (**funzione adattativa** ed **evoluzione**). Ogni comportamento è influenzato dall'**ambiente ecologico** e dall'**ambiente sociale**.

Il comportamento viene regolato da una sorta di **equazione costi-benefici**, che permette all'individuo di modulare le proprie strategie comportamentali in maniera dinamica. Si mantengono nel tempo quei comportamenti che promuovono il successo riproduttivo di un individuo, aumentandone la cosiddetta fitness. Le strategie che si sono affermate nel corso dell'evoluzione sono dette **strategie evolutivamente stabili**.

2 Lo sviluppo del comportamento

I comportamenti sono stati a lungo distinti in **innati** e **appresi**. Oggi sappiamo che tale distinzione non è netta, perché tutti i comportamenti sono il frutto dell'interazione geni-ambiente. I comportamenti con una forte componente innata, scatenati da un **segnale stimolo** o **evocatore**, sono definiti **schemi di azione rigidi** o **FAP**. I comportamenti appresi si basano spesso sull'associazione tra una **risposta** e uno **stimolo** (**apprendimento associativo**). Si possono distinguere due tipi di apprendimento associativo: il **condizionamento classico** e il **condizionamento operativo**. L'**imprinting** è una forma di apprendimento in fase sensibile che determina un comportamento rigido, non più modificabile.

3 Il comportamento alimentare e la scelta dell'habitat

Il **comportamento alimentare** comprende l'insieme di strategie che un animale mette in atto per **individuare** e **consumare** una fonte di cibo. La fase di individuazione della preda può essere ottimizzata con la formazione di un'**immagine di ricerca**; la fase di **cattura** della preda comprende numerose **strategie**, alcune delle quali prevedono l'uso di **esche** o di **utensili**. Il **comportamento di ricerca** di un posto in cui vivere implica la **selezione attiva di un habitat** ottimale. Nell'ambito dei comportamenti di ricerca dell'habitat rientrano le **migrazioni periodiche** compiute da molti animali, in genere su rotte ben precise. In base alla manifestazione o meno di un comportamento di difesa della propria area vitale, distinguiamo **specie territoriali** e **specie non territoriali** (l'area occupata da queste ultime è detta **home-range**, o **area familiare**).

4 Il comportamento riproduttivo e le cure parentali

Le **strategie riproduttive** sono differenti nel maschio e nella femmina. La **selezione sessuale** agisce prevalentemente sui maschi per favorire quelle caratteristiche che li rendono più efficienti nella competizione per la partner. Le femmine investono generalmente più energie dei maschi nelle **cure parentali**.

5 Il comportamento sociale

Il **comportamento sociale**, oggetto di studio della **sociobiologia**, si manifesta ogni volta che i benefici legati alla vita di gruppo superano i costi.

Nei **gruppi sociali** si osservano tanto comportamenti di **altruismo reciproco** (anche tra individui non imparentati) quanto comportamenti di **altruismo puro** (tra parenti). Questi ultimi saranno tanto più probabili quanto maggiore è il coefficiente di parentela e la loro finalità è aumentare la **fitness indiretta** dell'individuo.

Il successo riproduttivo complessivo di un individuo, o **fitness complessiva**, è dato dalla somma della sua *fitness diretta* con la sua *fitness indiretta*.

THE CHAPTER IN REVIEW

- **Ethology** studies animal behaviour.
- Behaviours that promote *reproductive success* are maintained over time because they increase **fitness**.
- Behaviours can be **innate** or **learned**. Behaviours with a strong innate component are called **fixed action patterns**. Learned behaviours are often based on the association between a response and a stimulus (**associative learning**).
- **Imprinting** is a form of learning during a sensible phase, which determines a fixed behaviour that cannot be changed anymore.
- Feeding behaviour comprises two phases: **prey selection** and **capture**. In searching for a place to live, behaviour implies the active selection of a habitat, which can be defended (**territorialism**) or not.
- The two sexes have different reproductive strategies: males invest a lot in **competition for partners**, females in **parental care**.

Termini chiave *Key Terms*

- **Altruismo** *Altruism*
- **Ambiente ecologico** *Ecological environment*
- **Ambiente sociale** *Social environment*
- **Comportamento appreso** *Learned behaviour*
- **Comportamento innato** *Innate behaviour*
- **Comportamento sociale** *Social behaviour*
- **Condizionamento classico** *Classical conditioning*
- **Condizionamento operativo** *Operant conditioning*
- **Cure parentali** *Parental care*
- **Etologia** *Ethology*
- **Fitness** *Fitness*
- **Funzione adattativa** *Adaptive function*
- **Imprinting** *Imprinting*
- **Segnale stimolo** *Sign stimulus*
- **Selezione sessuale** *Sexual selection*
- **Strategie riproduttive** *Reproductive strategies*

LE MAPPE DELL'UNITÀ

Competenza disciplinare Riconoscere e stabilire relazioni tra i concetti

Completa gli schemi

A

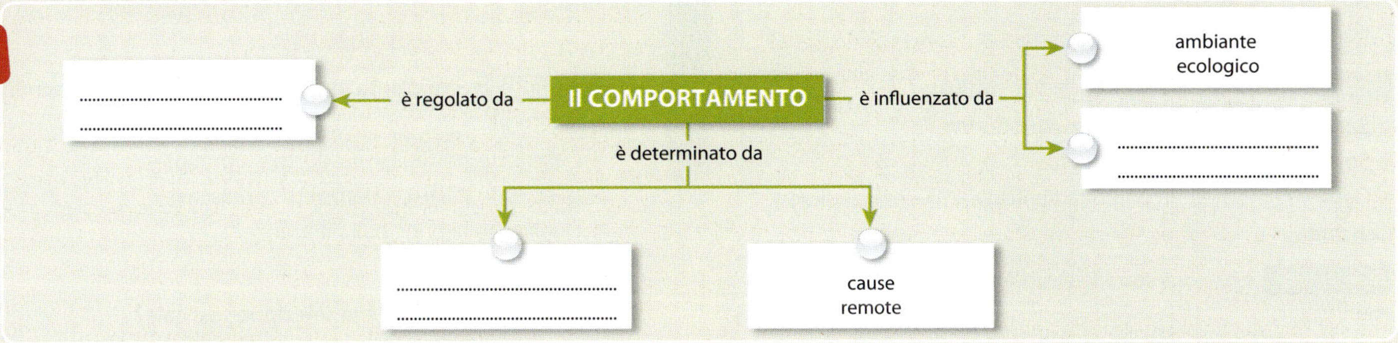

B

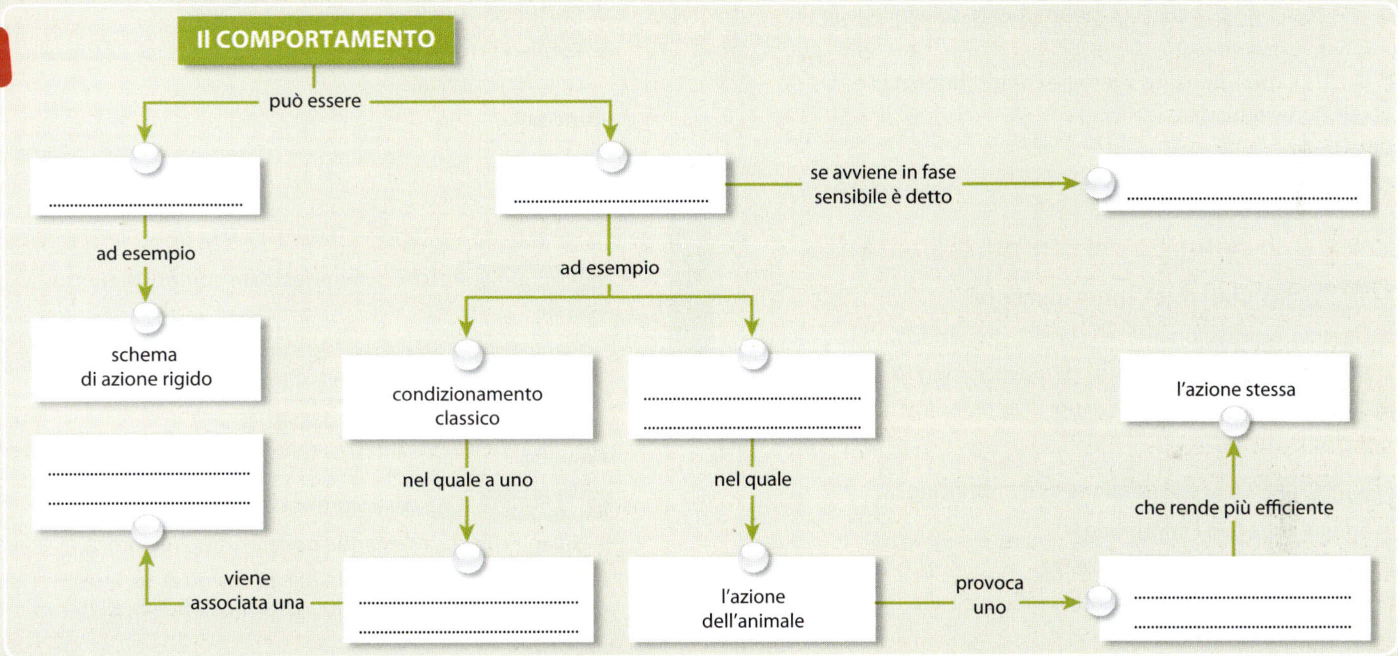

C

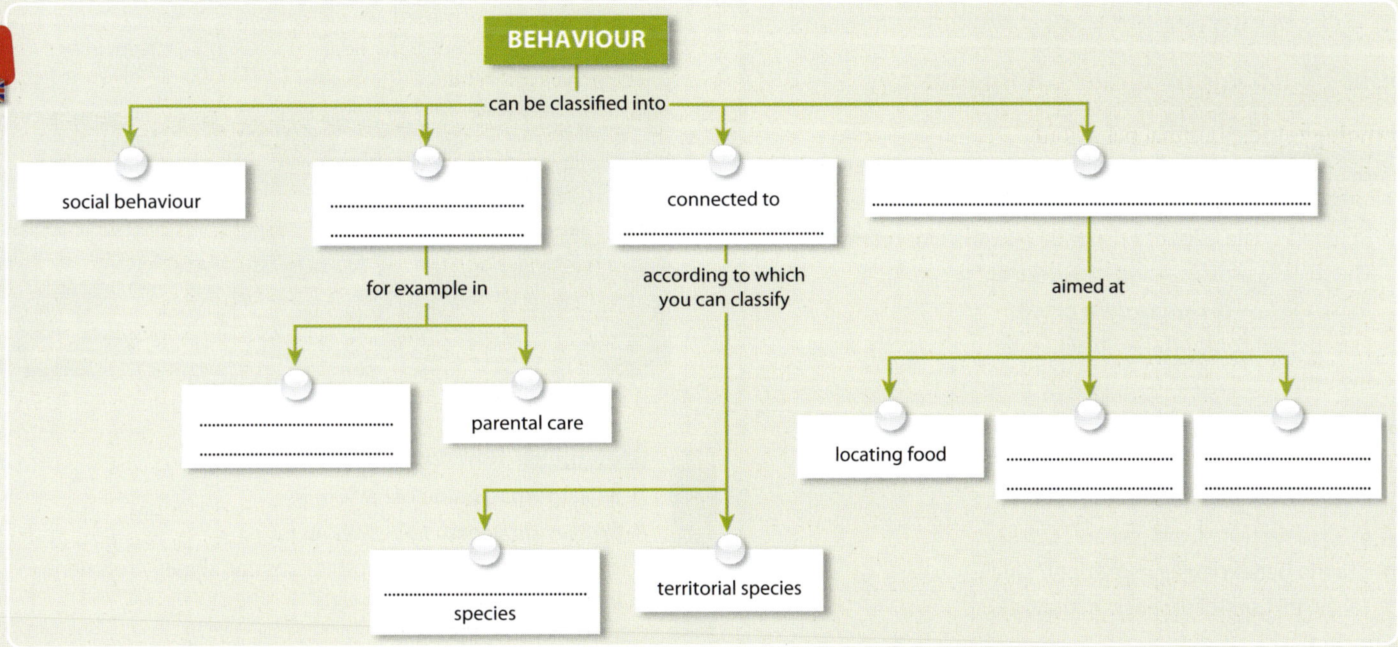

D Progetta e disegna una mappa che abbia come nodo centrale «il comportamento sociale».

PROVE D'INTERROGAZIONE

Competenza disciplinare ▶ Effettuare connessioni logiche e comunicare in forma orale

LEZIONE 1 Comportamento: un approccio evolutivo

A. Domanda: Che cosa si intende per «fitness»?

- Spiega il concetto di «successo riproduttivo».
- Spiega che cos'è la fitness diretta.
- Descrivi in che modo il comportamento può influenzare la fitness.

Concludi.

B. Domanda: Che cosa sono le strategie evolutivamente stabili?

- Spiega l'equazione costi-benefici.
- Che cosa significa che il comportamento si mantiene in un equilibrio dinamico?
- Illustra l'interazione fra strategie comportamentali e selezione naturale.

Concludi.

LEZIONE 2 Lo sviluppo del comportamento

A. Domanda: Che cos'è l'apprendimento?

- Descrivi il condizionamento classico, fornendo un esempio.
- Descrivi il condizionamento operativo, fornendo un esempio.
- Illustra le differenze tra i due tipi di apprendimento.

Concludi.

B. Domanda: Qual è la funzione dell'imprinting?

- Spiega che cos'è l'imprinting.
- Descrivi gli esperimenti di Lorenz.
- Spiega in che modo l'imprinting influisce sulla sopravvivenza dell'individuo.

Concludi.

LEZIONE 3 Il comportamento alimentare e la scelta dell'habitat

A. Domanda: In che cosa consiste il comportamento alimentare?

- Spiega a quale esigenza risponde questo comportamento.
- Illustra la fase di localizzazione del cibo.
- Illustra la fase di cattura della preda.
- Descrivi dei comportamenti alimentari di tipo complesso.

Concludi.

B. Domanda: Quali sono i costi e i benefici di una migrazione?

- Descrivi che cos'è una migrazione.
- Ci sono rischi nelle migrazioni? Quali?
- Ci sono benefici nelle migrazioni? Quali?
- Fai alcuni esempi di specie migratorie.

Concludi.

LEZIONE 4 Il comportamento riproduttivo e le cure parentali

A. Domanda: Confronta le strategie riproduttive maschili e femminili.

- Descrivi le strategie riproduttive femminili.
- Descrivi le strategie riproduttive maschili.
- Quali sono le principali differenze?

Concludi.

B. Domanda: Che cos'è la selezione sessuale?

- Spiega che cosa s'intende per selezione sessuale.
- Chi introdusse questo termine?
- Fornisci un esempio di conflitto tra selezione naturale e selezione sessuale.

Concludi.

LEZIONE 5 Il comportamento sociale

A. Domanda: Perché si manifesta un comportamento sociale?

- Descrivi quando si manifesta un comportamento sociale.
- Quali sono i vantaggi della socialità?
- Quali sono gli svantaggi della socialità?

Concludi.

B. Domanda: Che cosa significa altruismo?

- Spiega che cosa s'intende per altruismo reciproco.
- Spiega che cosa s'intende per altruismo puro.
- Spiega che cosa s'intende per altruismo «estremo».

Concludi.

Question: How does behaviour develop?

- Explain what innate behaviour is.
- Explain what learned behaviour is.
- What does it mean that both genes and the environment influence behaviours?

Conclude your exposition.

TEST E QUESITI

Competenza disciplinare
Applicare le conoscenze acquisite (es. 1-9)
Applicare il linguaggio scientifico (es. 10)
Spiegare in forma scritta fenomeni e processi (es. 11-16)

Scegli la risposta corretta

1. In molte specie di uccelli canori è necessario che i giovani maschi ascoltino un adulto per imparare a cantare. Immaginiamo che, in una specie di questo tipo, il secondo pulcino di una nidiata sia sordo dalla nascita, mentre il primo abbia un udito normale. Possiamo prevedere che...
   - A sia il primo sia il secondo figlio da adulti potranno cantare.
   - B solo il secondo figlio potrà cantare.
   - C solo il primo figlio potrà cantare.
   - D non è possibile fare alcuna previsione.

2. Quale noto scienziato descrisse per la prima volta il condizionamento classico?
   - A Konrad Lorenz.
   - B Edward O. Wilson.
   - C Ivan Pavlov.
   - D Burrhus F. Skinner.

3. Quando i giovani babbuini litigano fra loro i maschi adulti intervengono a favore dei propri figli. Questo avviene principalmente per...
   - A creare disagio nel branco e nei discendenti degli altri maschi.
   - B aumentare la fitness diretta migliorando le condizioni dei propri discendenti.
   - C conquistare le femmine del branco mostrandosi un padre premuroso.
   - D diminuire la propria fitness creando conflitti nel branco.

4. Le cinciallegre che vivono in foreste fitte producono canti con suoni di frequenza bassa mentre quelle della stessa specie che vivono in boschi aperti utilizzano un maggior numero di suoni con frequenza più alta. Questo dimostra che...
   - A il tipo di canto è il risultato dell'interazione dei geni con l'ambiente.
   - B le cinciallegre sviluppano casualmente canti differenti.
   - C il comportamento non si adatta all'ambiente.
   - D il canto è uno schema d'azione fisso.

5. Una leonessa dirige uno gnu verso un'imboscata preparata dalle compagne del suo branco. Per questo comportamento avrà diritto a un pezzo di carne anche se non ha direttamente partecipato ad abbattere lo gnu. Questo è un esempio di...
   - A territorialità.
   - B altruismo reciproco.
   - C comportamento egoista.
   - D comportamento di dispetto.

6. In uno studio recente si afferma che per l'uomo dell'età della pietra la raccolta di cibo da parte di donne non più fertili (le nonne) aumentava il tasso di sopravvivenza dei nipotini. Le donne giovani potevano mettere al mondo più bambini e a intervalli più brevi. Questo comportamento si è affermato perché permetteva di...
   - A occupare il tempo di donne non riproduttive.
   - B aumentare la longevità delle nonne.
   - C disturbare le donne giovani di altri gruppi sociali.
   - D aumentare la fitness diretta delle donne giovani e la fitness indiretta delle donne anziane.

7. In natura è facile osservare una mamma anatra che cammina o nuota seguita dai suoi piccoli. Questo comportamento è legato a un fenomeno noto come...
   - A altruismo estremo.
   - B selezione sessuale.
   - C imprinting.
   - D migrazione.

8. La selezione sessuale agisce sugli individui maschi premiando coloro che hanno maggiore capacità di...
   - A attrarre i membri dello stesso sesso e competere con quelli di sesso opposto.
   - B attrarre i membri dello stesso sesso e distrarre quelli di sesso opposto.
   - C collaborare con i membri dello stesso sesso e distrarre quelli di sesso opposto.
   - D attrarre i membri del sesso opposto e competere con quelli dello stesso sesso.

9. Animali che si trovano ad affrontare all'improvviso situazioni ambientali sfavorevoli possono tuttavia riuscire a sopravvivere e riprodursi. Questo è possibile perché...
   - A il genoma può modificarsi casualmente nel corso della vita di un individuo.
   - B l'ambiente può modificare il genoma.
   - C il comportamento può modificarsi nel corso della vita di un individuo tramite l'apprendimento.
   - D l'ambiente è cambiato in base alle loro esigenze.

Metti in relazione

10. Completa la tabella scrivendo i termini mancanti.

Comportamento	Descrizione
Schema d'azione fisso	Azione messa in atto in modo completo in risposta a uno stimolo segnale
Condizionamento classico	....
....	Forma di apprendimento associativo nel quale è un'azione spontanea dell'animale che provoca uno stimolo rinforzante di quel comportamento
Cure parentali	....
....	Apprendimento irreversibile dell'immagine del genitore che avviene nelle primissime fasi della vita

Rispondi utilizzando i termini indicati

11. Che cosa sono gli istinti?

innato – stimolo – geneticamente – risposta – comportamento

12. Spiega il significato di territorialità.

territorio – energie – area – cibo – disponibilità – home-range – difesa

13. Quando si manifesta un comportamento sociale?

condizioni ecologiche – benefici – fitness indiretta – costi

Rispondi e motiva la tua risposta

14. Che cos'è una migrazione? Quali sono i motivi che inducono questo comportamento?

15. Che cosa sono i rituali di corteggiamento? Perché sono utili a entrambi i sessi?

Rispondi alla domanda in base all'estensione richiesta

16. Descrivi il comportamento alimentare spiegando dettagliatamente le fasi in cui si articola. (**massimo 10 righe**)

In English Competenza trasversale Usare la lingua inglese in un contesto scientifico

Complete the following sentences

1. .... is any kind of phase-sensitive learning.
2. An individual's .... is called fitness.

Choose the right answer for the following questions

3. For females, the biggest burden of reproduction is often represented by…
   - A parenting.
   - B competition against the partner.
   - C mating.
   - D searching for food.

4. The four questions of ethology mainly describe…
   - A where and when a certain behaviour developed.
   - B where and why a certain behaviour developed.
   - C how and why a certain behaviour developed.
   - D how and where a certain behaviour developed.

Answer in a few words

5. What does sociobiology study?

....
....
....
....

IL MIO ESAME DI STATO

Esercizi di simulazione della **Terza Prova**

1. **Tipologia A della Terza Prova**

Curando l'esposizione e l'uso dei termini appropriati, descrivi le principali forme di apprendimento. (**massimo 15 righe**)

2. **Tipologia B della Terza Prova**

Su che cosa agisce la selezione sessuale? Descrivi le differenze nei comportamenti dei due sessi. Perché le cure parentali sono state premiate dall'evoluzione?

3. **Tipologia C della Terza Prova**

Scegli la risposta corretta.

Che cos'è l'home-range?
   - A La capacità di un individuo di localizzare la propria tana.
   - B Un tipo di migrazione.
   - C Un'area difesa con comportamento territoriale.
   - D Un'area occupata ma non difesa.

4. **Tipologia C della Terza Prova**

Scegli la risposta corretta.

Quando un maschio di alce bramisce altri maschi lo possono sentire. Che cosa vuol comunicare ai suoi simili?
   - A Li avverte della presenza di un predatore.
   - B Comunica di essere ferito.
   - C Difende il suo territorio.
   - D Cerca di localizzare gli altri individui del gruppo.

Proposte per l'incremento dei crediti scolastici (cumulabili nel voto d'esame)

5. Le società degli insetti sono tra le più antiche e complesse. Si possono riconoscere vari stadi di socialità, fino a quello più evoluto rappresentato dai cosiddetti *insetti eusociali*. Cercando notizie da più fonti, scrivi una tesina riguardante i vari gruppi di insetti eusociali, tenendo conto dei seguenti argomenti:
   - descrivi le società delle formiche, delle termiti e di alcune vespe sociali;
   - cerca notizie e descrivi in maniera approfondita la società delle api domestiche;
   - descrivi la varie fasi della vita di un'ape e il ruolo dell'ape regina;
   - spiega la funzione delle caste sterili e perché lavorano a vantaggio dell'unico individuo riproduttivo rappresentato dall'ape regina;
   - cerca notizie sulla danza delle api come esempio di comportamento alimentare e di comunicazione.

OSSERVAZIONE E ANALISI

Competenza disciplinare ▶ Riconoscere e descrivere strutture e fenomeni
Formulare ipotesi in base ai dati forniti

Osserva e analizza

1. Il grafico mostra la percentuale di emissione dei segnali di allarme nelle femmine di Citello di Belding in relazione al grado di parentela. Qual è la coppia che coopera di più? Quale quella che coopera di meno? Perché?

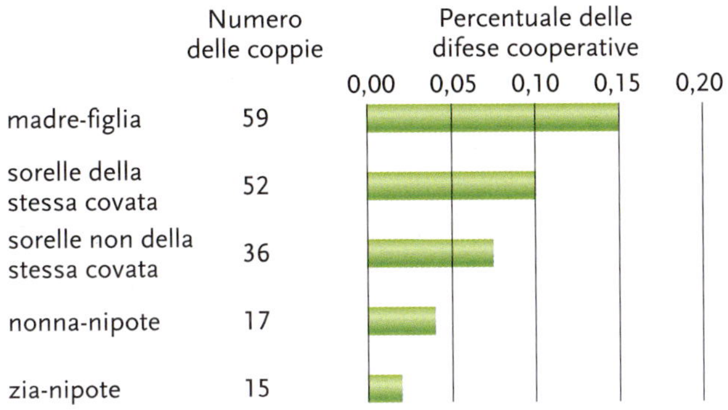

2. La vita sociale offre vantaggi? Comporta svantaggi? In quali casi si afferma in una specie un comportamento altruistico? Rispondi utilizzando come esempio il lupo.

3. La figura rappresenta il maschio di un insetto che offre un dono nuziale alla femmina. Qual è il beneficio di questo comportamento per il maschio? E qual è il costo?

....
....
....
....

Analizza e interpreta

4. I grafici in basso mostrano i compiti assolti dalle api operaie durante la loro vita. Osserva la figura e rispondi.

a. Durante la sua vita un'ape operaia svolge sempre lo stesso lavoro?
b. Quale azione svolge nei primi giorni?
c. Quali attività prevalgono intorno al decimo giorno?
d. Di che cosa si occupa nell'ultima parte della sua vita?
e. In questa società a chi è affidato il compito della riproduzione non essendo un compito dell'ape operaia?

La tua analisi

Rifletti prima di rispondere.

a. Se le api operaie non si riproducono, in che modo aumentano la loro fitness?
b. Che cosa induce l'ape operaia ad assumere i diversi comportamenti al variare dei giorni?

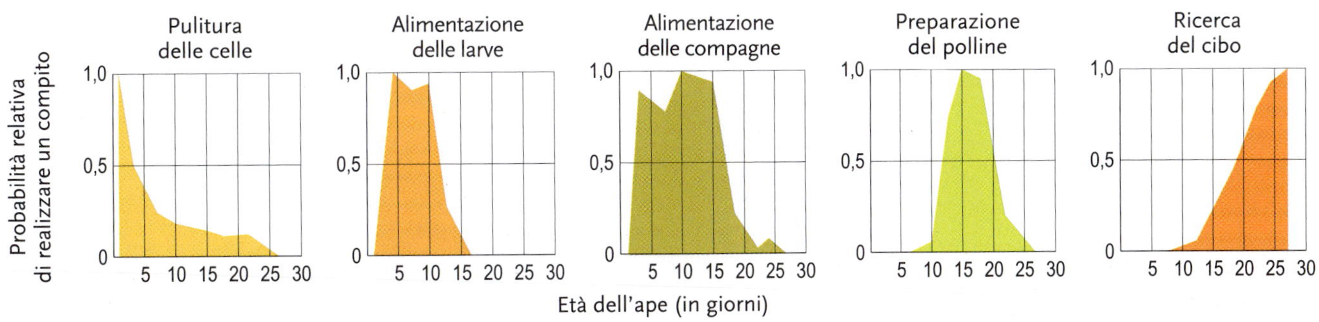

La fucina delle idee

Competenza trasversale Porsi in modo critico e consapevole di fronte ai problemi scientifici

IL PRIMO TRAPIANTO DI CUORE

3 dicembre 1967

Il 3 dicembre 1967 a Città del Capo, in Sudafrica, all'ospedale Grote Schuur, l'équipe del chirurgo Christiaan Barnard eseguì il primo trapianto di cuore. La persona a cui fu trapiantato il cuore di una ragazza morta in un incidente automobilistico si chiamava Louis Washkansky. L'intervento durò 18 ore. L'esito dell'operazione fu positivo e il nuovo cuore iniziò a battere nel petto del paziente facendo sperare in un esito favorevole. Purtroppo ben presto subentrarono numerose crisi di rigetto e i farmaci somministrati per fronteggiarle debilitarono la salute di Washkansky che morì diciotto giorni dopo l'intervento.

Altri cardiochirurghi continuarono sulle orme di Barnard a effettuare trapianti, con interventi sempre più spettacolari: nel 1968 il Dr. De Bakey trapiantò su quattro pazienti il cuore, un lobo polmonare e i reni prelevati da un donatore suicida; nel 1970 il Dr. Cooley effettuò addirittura nove trapianti in quattro mesi.

La tecnica di oggi è notevolmente migliorata rispetto al primo trapianto di Barnard: la sopravvivenza a medio e lungo termine si è molto allungata, i farmaci anti-rigetto sono più tollerati, gli organi che possono essere trapiantati sono molti: cuore, polmoni, fegato, reni, pancreas, midollo osseo, intestino, arti.

Tra le 30 persone che facevano parte dell'équipe del professor Barnard, vi era un chirurgo nero di nome Hamilton Naki, del quale non si seppe praticamente nulla fino alla morte. Chi era? Perché Barnard lo citò solo alla fine della sua vita?

Alla morte di Naki, Pietro Veronese, giornalista d'inchiesta, scrisse il seguente articolo, uscito sul quotidiano «La Repubblica» il 13 giugno 2005.

Dall'originale

Addio Naki, l'ombra di Barnard chirurgo bloccato dall'apartheid

ROMA – È morto in Sudafrica il più straordinario chirurgo del secolo scorso. Straordinario non tanto per le sue capacità tecniche, che pure erano considerate notevolissime; ma piuttosto per la sua storia, perché egli operò in un intervento destinato a entrare nella storia della medicina – il primo trapianto di un cuore umano –, ma il suo nome rimase misconosciuto per 35 anni. La vita di Hamilton Naki si è spenta il 2 giugno, a 78 anni, nel sobborgo nero di Langa, presso Città del Capo, in Sudafrica. La notizia della scomparsa di quest'uomo modesto e sorridente si è avuta soltanto diversi giorni dopo, da un giornale locale: nessuno lo ha particolarmente celebrato in morte, così come il suo contributo eccezionale ai progressi della chirurgia si era meritato qualche anno fa una medaglia e niente più. Il primo trapianto di cuore, avvenuto nella notte del 3 dicembre 1967 all'ospedale Groote Schuur di Città del Capo, resterà per sempre associato al nome di Christiaan Barnard e al suo sorriso smagliante.

Barnard, il chirurgo bellone un po' playboy, protagonista della scena mondana dopo aver abbandonato quella scientifica, risposato dopo aver raggiunto fama mondiale a una donna molto più giovane di lui. Barnard, bianco di pelle in un Paese abitato soprattutto da neri. Barnard, dalla cui bocca non uscì mai una parola di critica, un verbo di condanna al feroce sistema di segregazione razziale noto col nome di apartheid che in quell'epoca ancora imperava in Sudafrica e di cui egli era un beato rampollo.

Sopra, Christiaan Barnard
A fianco, Hamilton Naki

Soltanto molti anni dopo, quando l'apartheid era ormai crollato da tempo, è venuta fuori la vera storia di quella notte al Groote Schuur, quando la speranza dell'uomo di tenere a bada la morte ricevette un'incredibile conferma. L'intervento, complessissimo, pionieristico, durò diciotto ore. Barnard guidava l'équipe che innestò il cuore da trapiantare nel torace del destinatario, il bianco Louis Washkansky (l'uomo sopravvisse 18 giorni e poi soccombette a complicazioni polmonari). Ma le squadre di chirurghi erano due. L'altra dovette occuparsi dell'espianto: asportare il cuore da trapiantare dal corpo della donatrice. Si trattava infatti di una donna, Denise Darvall. Era una ragazza di 25 anni che quella sera aveva accostato la macchina su un lato della strada e poi aveva attraversato per comprarsi una pasta. Un pirata l'aveva investita e uccisa. Il cadavere fu portato al Groote Schuur; il cuore prelevato e passato al team guidato da Barnard. Il capo-chirurgo dell'équipe numero due era Hamilton Naki. Nero, all'epoca quarantunenne, titolare a stento di un diploma di scuola media, completamente autodidatta, il cui nome figurava ufficialmente nei ruoli del prestigioso Groote Schuur con le mansioni di giardiniere.

«Tecnicamente era migliore di me», avrebbe ammesso poi Barnard nel 2001, poco prima di morire. Un'ammissione assai tardiva: 34 anni dopo l'intervento di trapianto, dieci dopo la fine dell'apartheid. Ad Hamilton Naki andava dunque metà del merito e metà della gloria. Un po' come a Tenzing Norgay, lo sherpa nepalese che insieme al neozelandese Edmund Hillary per primo scalò l'Everest. Ma mentre il nome di Tenzing fu fin dall'inizio e per sempre associato all'altro, quello di Naki fu taciuto e occultato per decenni. Forse non c'entrava soltanto il razzismo, il pregiudizio. C'era anche l'imbarazzo di aver affidato una responsabilità così grossa a un uomo che non aveva mai studiato medicina, che non aveva ricevuto alcuna istruzione formale per raggiungere le capacità di un chirurgo di punta, capace di partecipare da protagonista a un'operazione che non aveva precedenti. Hamilton Naki era la dimostrazione incarnata che l'apartheid, oltre ad essere un'immensa ingiustizia, era ancor più un'enorme idiozia. La storia del suo apprendistato è davvero eccezionale.

Negli anni '50, dapprima per caso, poi per indubbia capacità, aveva fatto da assistente a un chirurgo che faceva esperimenti sugli animali: il dottor Robert Goetz, un ebreo tedesco scappato in Sudafrica per sfuggire alle persecuzioni hitleriane. Aveva incominciato dando da mangiare alle cavie, pulendo le gabbie, praticando le anestesie. Infine aveva preso in mano il bisturi. Tutto quello che sapeva di anatomia lo aveva imparato un po' da Goetz e molto da sé, operando gli animali. Quanto al suo talento nessuno, dentro la cinta dell'ospedale, lo metteva in discussione. I giovani neolaureati venuti a fare pratica imparavano da lui. Ma quella fama restava chiusa tra le pareti della sala operatoria. Fuori da lì, Naki restava un giardiniere. Nelle foto ufficiali fatte per immortalare tutto il personale che partecipò all'impresa del trapianto il suo volto, dall'espressione come sempre gentile, sorridente, si perde nelle file posteriori, in mezzo ad infermieri, inservienti, portantini.

Due anni fa Naki ha ricevuto dal presidente Mbeki la massima onorificenza sudafricana. La sua pensione è rimasta però quella di giardiniere, meno di 250 euro al mese. Nessuno si è preso la briga di dargli una laurea honoris causa. Lui ha comunque ringraziato, sorridendo sempre, passando ad incarnare adesso meglio che mai la storia del suo Paese: la cosa importante, sembrava dire con la sua mitezza, era ottenere giustizia e quella almeno, anche se imperdonabilmente tardi, l'ha avuta.

[«La Repubblica», 13 giugno 2005]

LA RICERCA È APERTA

▶ **Collegamenti con: storia, geografia, medicina, giurisprudenza**

Negli argomenti esposti puoi individuare molti temi interessanti da approfondire. Scegli un tema e prepara un saggio breve. Eccone alcuni.

- I trapianti oggi
- La legge e la normativa italiana sui trapianti
- Il percorso seguito a livello nazionale per un trapianto
- La vita e la carriera di Christiaan Barnard
- Il Sudafrica: geografia economica
- L'apartheid in Sudafrica e la sua fine
- Il Sudafrica post apartheid

IL DIBATTITO È APERTO

Nella vita e nel lavoro di Hamilton Naki esistono aspetti che forniscono spunti per molte riflessioni. Infatti Naki, pur non avendo potuto compiere studi superiori e universitari, è riuscito a raggiungere la preparazione necessaria per eseguire operazioni ed espianti di organi, dimostrando grandi capacità.

Il fatto che non avesse la laurea non gli ha impedito di lavorare nell'ospedale in cui operava Barnard, ma ha fatto sì che la sua presenza in sala operatoria durante il primo trapianto di cuore non fosse mai menzionata.

A cancellare il suo nome dai resoconti ufficiali ha anche contribuito l'assetto della società sudafricana, che allora era divisa tra bianchi e neri e dominata dalle leggi razziali. Queste riflessioni ti possono offrire alcuni spunti per un dibattito.

- Gli aspetti etici del trapianto di organi
- Il razzismo in generale e in particolare nell'Italia di oggi
- L'uso degli animali nella ricerca medica e farmaceutica
- Il giornalismo d'inchiesta
- Il mestiere del giornalista
- Gli scienziati che lavorano nel campo della ricerca sono mossi solo dalla loro passione per la conoscenza o anche dal denaro?

Bibliografia consigliata

C. Barnard, C. B. Pepper, *One life*, London, Harrap, 1969

P. Veronese, *Africa, reportage,*

Sitografia consigliata

www.google.it
Parole chiave per la ricerca ➲ Christiaan Barnard / primo trapianto di cuore / Hamilton Naki / Sudafrica apartheid / trapianti di organi / giornalismo di inchiesta / Pietro Veronese

it.wikipedia.org
Parole chiave per la ricerca ➲ Christiaan Barnard / Hamilton Naki / apartheid

Professore per un giorno!

Be a teacher!

Competenza trasversale Presentare argomenti scientifici con l'utilizzo di strumenti multimediali

Prepara la presentazione di una lezione in **PowerPoint** sul tema indicato nella diapositiva ▶ 1. Usa la diapositiva ▶ 2 come modello per realizzarne altre sui temi indicati.

- **diapositiva 3**: *La faringe e l'esofago*
- **diapositiva 4**: *Lo stomaco*
- **diapositiva 5**: *Il fegato e il pancreas*
- **diapositiva 6**: *L'intestino tenue e l'intestino crasso*
- **diapositiva 7**: *Le conclusioni*

Puoi progettare altre diapositive se lo ritieni necessario. Puoi utilizzare anche alcune delle immagini presenti nel volume, selezionandole dalle pagine del **libro digitale**. Una volta preparate le diapositive, allenati a **esporre la tua lezione in 10 minuti**.

Prepare a **PowerPoint** presentation using the topic in slide ▶ 1. Study slide ▶ 2 carefully. Use it as a framework for your own slides on the following topics.

- **slide 3**: *Gaseous exchange in the capillaries*
- **slide 4**: *Pulmonary and systemic circulation*
- **slide 5**: *Blood vessels in the heart, head and liver*
- **slide 6**: *Your conclusions*

You can add as many slides as you think appropriate.
In your last slide, come to your own **conclusions**.
From your **digital book** you can select all the images you may need to prepare your own presentation. Once everything is ready, train yourself to **present your lesson in 10 minutes**.

1

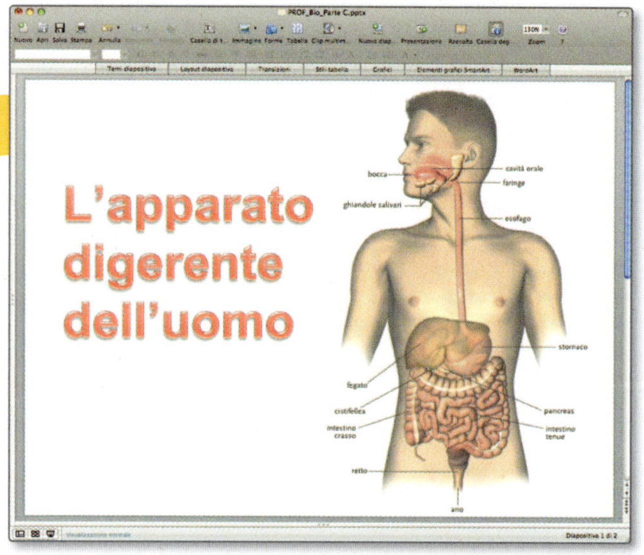

1

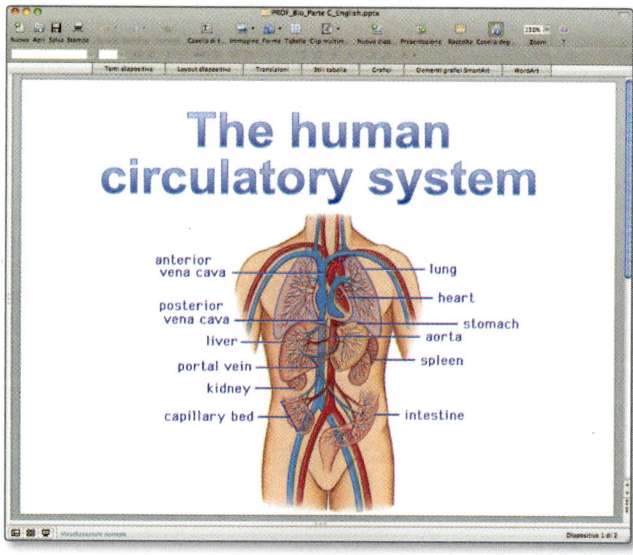

2

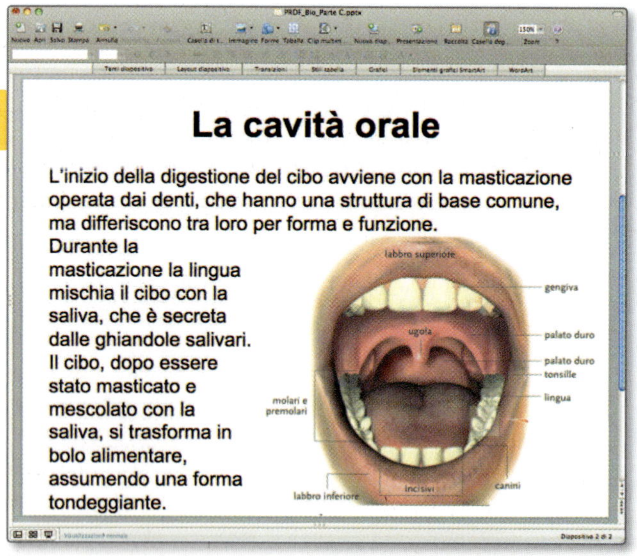

2

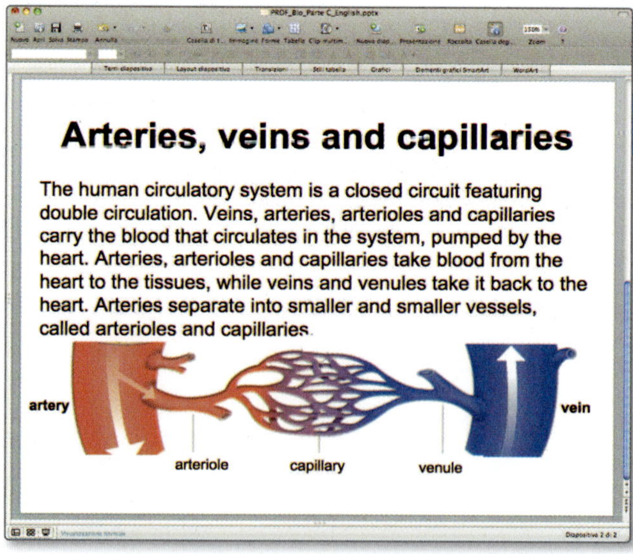

Le mie presentazioni

Prepara altre presentazioni sui seguenti temi:

- le cellule immunitarie;
- il controllo ormonale;
- il comportamento animale: l'alimentazione e la scelta dell'habitat.

My presentations

Prepare other presentations on these topics:

- cell metabolism;
- animal breathing;
- the central nervous system.

L'elaborazione dei dati scientifici

Competenza disciplinare Trarre conclusioni basate sui dati sperimentali

LA CURVA GLICEMICA: TEST DI TOLLERANZA A CARICO ORALE DI GLUCOSIO

Il test di tolleranza a carico orale di glucosio (OGTT, *Oral Glucose Tolerance Test*) viene utilizzato per stabilire la diagnosi di diabete mellito in presenza di valori glicemici dubbi. Questo esame si basa sulla somministrazione per bocca di una quantità fissa di glucosio in soluzione acquosa, a cui seguono alcuni piccoli prelievi ematici a intervalli di tempo prestabiliti. Tali campioni sono necessari per la determinazione della **curva glicemica** (andamento della concentrazione di glucosio nel sangue). I criteri interpretativi della curva glicemica sono riportati nella tabella fornita di seguito. Prima di affrontare l'esercizio, studia la tabella. Potrai notare che:

- in ogni settore della tabella viene fornito sia il valore del livello glicemico rilevato con prelievo del plasma venoso a *digiuno* sia il valore registrato *due ore dopo* (*120'*) la somministrazione di glucosio
- il valore soglia oltre il quale (a digiuno) si definisce il **diabete** (*alterata tolleranza al glucosio*) è di 126 mg/dl
- quando i valori glicemici si attestano tra i 100-110 e i 126 mg/dl si parla invece di **alterata glicemia a digiuno**
- il riscontro di glicemia superiore a 200 mg/dl dopo due ore da carico di glucosio indica infine la presenza di **diabete mellito** anche se la glicemia a digiuno è inferiore a 126 mg/dl.

Livelli glicemici	**Normale**	**Alterata glicemia a digiuno (IFG)**	**Alterata tolleranza al glucosio (IGT)**	**Diabete mellito (DM)**
plasma venoso (mg/dl)	digiuno 120' <110 <140	digiuno 120' ≥110-<126 <140	digiuno 120' <126 ≥140-<200	digiuno 120' ≥126 ≥200

1. Osserva la tabella e rispondi alle domande.
   a. Se il test OGTT dà un valore di glicemia pari a 130 mg/dl a digiuno, quale diagnosi possiamo fare?
   ....
   b. Un test OGTT che fornisce un dato di 100 mg/dl e 130 mg/dl dopo due ore, quali indicazioni fornisce sullo stato di salute del paziente?
   ....
   c. Se un paziente riporta un riscontro di glicemia pari a 210 mg/dl dopo due ore e 110 a digiuno, che cosa dobbiamo dedurne?
   ....

CALCOLO DELL'INDICE GLICEMICO

L'**indice glicemico** (IG) esprime la capacità dei carboidrati contenuti negli alimenti di innalzare la glicemia. Per calcolare l'indice glicemico di un alimento viene misurata al paziente la glicemia a digiuno. Il paziente viene quindi invitato ad assumere 50 g di glucosio, per poi valutare la sua glicemia a intervalli di tempo regolari. La raccolta di questi dati consente di tracciare in un grafico le variazioni glicemiche in funzione del tempo. All'area sottesa a questa linea viene attribuito il valore 100, poiché il glucosio rappresenta l'alimento di riferimento per valutare l'indice glicemico degli altri cibi. Viene poi somministrata al paziente una determinata quantità di alimento, calcolata in modo tale da apportare esattamente 50 g di carboidrati. Similmente a quanto fatto per il glucosio, vengono quindi misurati i valori glicemici a intervalli di tempo regolari. La valutazione del rapporto tra l'estensione delle due aree consentirà di calcolare l'indice glicemico dell'alimento.

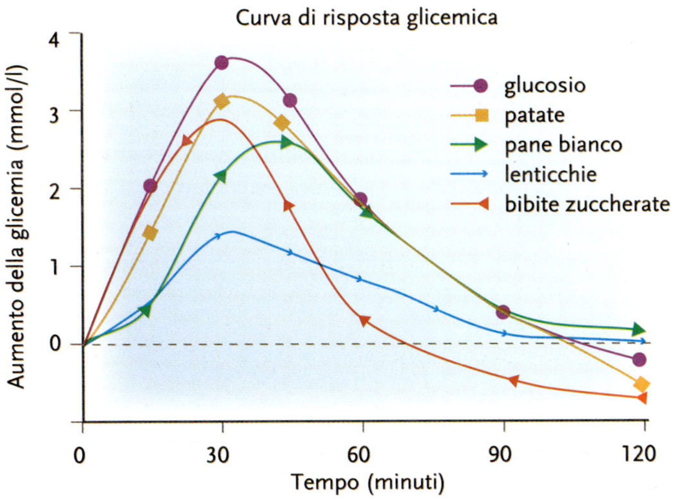

2. Osserva il grafico e rispondi alle domande.
   a. Quale alimento, tra quelli testati, determina il maggiore innalzamento della glicemia?
   ....
   ....
   b. A un paziente diabetico è consigliabile il consumo di pane bianco?
   ....
   ....
   c. Quale alimento, tra quelli presi in considerazione nel test, determina la minore oscillazione nel valore della glicemia?
   ....
   ....

IL MIOGRAMMA

Il grafico che mostra la registrazione di una contrazione muscolare prende nome di **miogramma**. Il miogramma permette di osservare la variazione della tensione sviluppata dalle fibre muscolari in funzione del tempo trascorso dall'applicazione dello stimolo che genera il potenziale d'azione.

La contrazione di tutte le fibre di un'unità motoria in risposta a un singolo potenziale d'azione prende nome di **spasmo** e può essere rappresentata dal seguente miogramma.

3. Osserva il grafico e rispondi alle domande.
   a. Se l'applicazione dello stimolo avviene al tempo 0, dopo quando tempo circa inizia la contrazione?
   ....
   ....
   b. Come si chiama la fase che precede la risposta del muscolo?
   ....
   ....
   c. Che cosa succede dopo circa 30 millisecondi? Come si chiama questa terza fase?
   ....
   ....

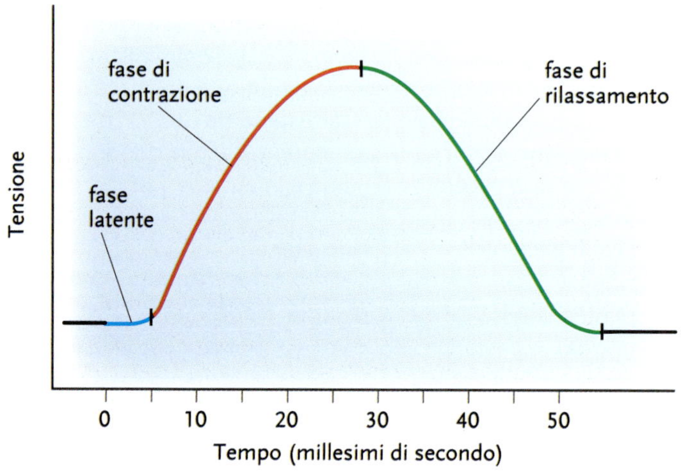

IL TETANO MUSCOLARE

Se si stimola un'unità motoria con un singolo impulso elettrico, si ottiene una contrazione muscolare semplice. Se si applicano invece altri stimoli prima che la contrazione sia finita, si ottiene una serie di contrazioni che si sommano alla prima. Se l'applicazione è ripetuta in rapida successione, si ottiene un'ampia contrazione detta **tetano muscolare**. Se il muscolo si mantiene in uno stato di contrazione tetanica per un tempo prolungato, si ha un'interruzione dello sviluppo di forza da parte delle fibre muscolari.

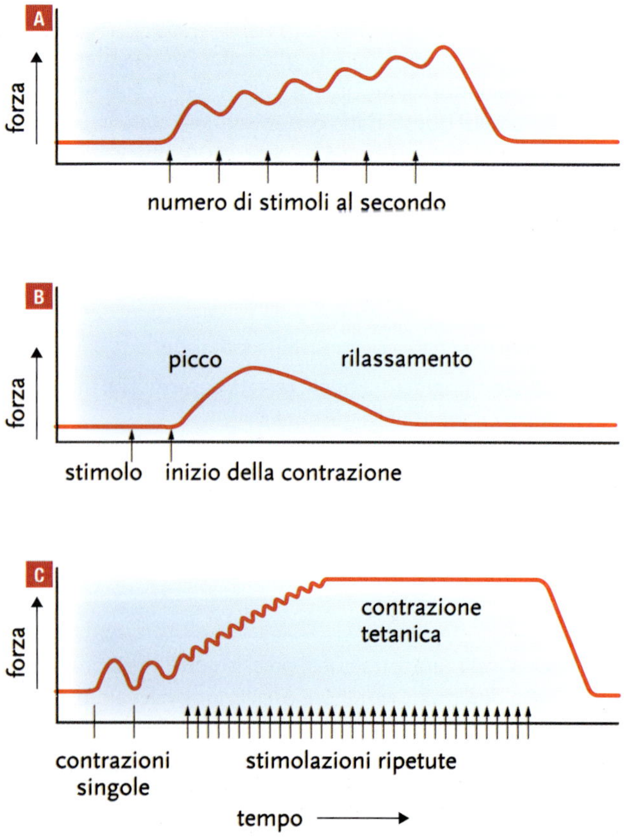

4. Osserva i miogrammi e rispondi alle domande.
   a. Quale dei tre miogrammi descrive la variazione di tensione durante una contrazione muscolare semplice? Da che cosa lo si capisce?
   ....
   ....
   b. Quale miogramma mostra la somma di sei contrazioni semplici?
   ....
   ....
   c. Quale effetto inducono 20 stimolazioni ripetute in un tempo ravvicinato? Questa situazione è contemplata in uno dei tre grafici?
   ....
   ....

GLI ORMONI IPOFISARI E GLI ORMONI OVARICI NEL CICLO RIPRODUTTIVO FEMMINILE

Il ciclo riproduttivo femminile inizia il primo giorno della mestruazione e comprende varie fasi: la fase follicolare (formata a sua volta dalla fase mestruale e dalla fase preovulatoria), la fase ovulatoria e la fase postovulatoria. Durante le fasi del ciclo si hanno cambiamenti della parete uterina e modificazioni nelle ovaie, dove si assiste alla maturazione di un follicolo e alla liberazione dell'ovulo. Questi processi sono regolati dagli ormoni ovarici: estrogeni e progesterone.

5. Osserva il grafico A, che mostra l'andamento degli ormoni ipofisari durante tutto il ciclo riproduttivo femminile, e rispondi alle domande.
   a. Perché durante la maturazione dell'ovocita gli ormoni LH e FSH restano bassi?
   ....
   b. Quando si ha il picco di ormoni ipofisari?
   ....
   c. Come sono i livelli di LH e FSH nella fase postovulatoria?
   ....
   d. Quale ormone ipofisario stimola lo sviluppo dei follicoli?
   ....
   e. Quale ormone ipofisario è responsabile dell'ovulazione?
   ....
6. Osserva il grafico B, che mostra l'andamento degli ormoni ovarici durante tutto il ciclo riproduttivo, e rispondi alle domande.
   a. Durante quale fase i livelli di progesterone sono particolarmente bassi?
   ....
   b. Quando cominciano ad aumentare i livelli di estrogeni?
   ....
   c. Quale ormone ipofisario stimola la produzione di estrogeni nella fase che precede l'ovulazione?
   ....
   d. Quale azione svolgono gli estrogeni sull'endometrio durante la fase preovulatoria?
   ....
   e. Quando si assiste al picco di progesterone?
   ....
   f. In quale fase si ha il picco di progesterone?
   ....

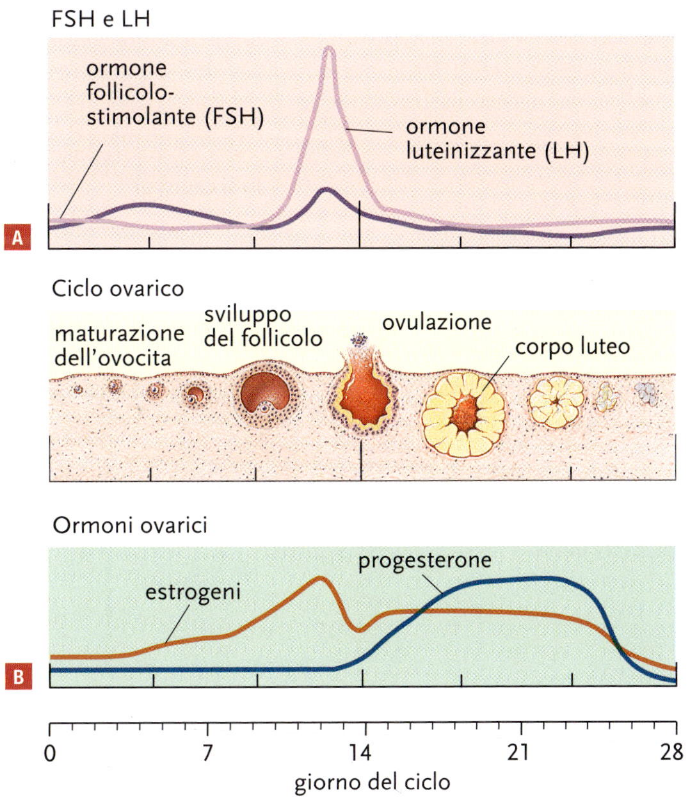

LA CURVA DI SATURAZIONE DELL'EMOGLOBINA

La molecola di emoglobina è costituita da quattro subunità proteiche, unite insieme da legami deboli. Ogni subunità presenta al centro un gruppo eme, che porta legato un atomo di ferro. Poiché ogni gruppo eme è in grado di legare una molecola di ossigeno, ogni emoglobina può trasportare al massimo quattro molecole di ossigeno.

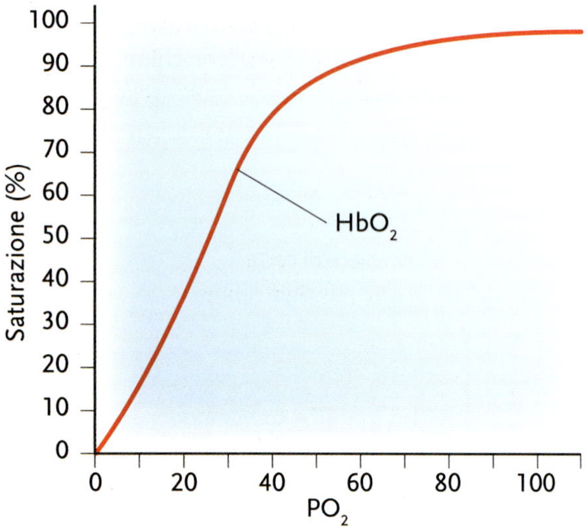

L'ossiemoglobina

Il grafico mostra la curva di saturazione dell'emoglobina: sull'asse delle ascisse è riportata la pressione parziale di ossigeno (in mmHg) nel sangue, sull'asse delle ordinate il livello di saturazione dell'emoglobina, ossia mediamente quanto ossigeno è legato all'emoglobina.

7. Osserva il grafico e rispondi alle domande.

a. Che cos'è l'ossiemoglobina?

....

....

b. In base al grafico, dove si trovano i livelli più bassi di ossiemoglobina? Perché?

....

....

c. Dove si hanno i livelli più alti di ossiemoglobina? Perché?

....

....

Curva di saturazione e temperatura

La temperatura influenza la saturazione dell'emoglobina: più aumenta la temperatura, più diminuisce l'affinità dell'emoglobina per l'ossigeno.

8. Osserva il grafico e rispondi alle domande.

a. Se la curva disegnata mostra la saturazione dell'emoglobina a 37#°C, a una temperatura di 43 °C la curva sarà spostata a destra o a sinistra?

b. E a una temperatura di 20 °C?

L'OSSIDO DI CARBONIO

Il grafico mette a confronto la curva di saturazione dell'emoglobina con la curva di saturazione del monossido di carbonio (CO). Il CO si lega molto saldamente, anche se reversibilmente, al ferro del gruppo eme. Quando il CO si lega a una subunità dell'Hb causa un aumento dell'affinità per l'ossigeno delle altre subunità. La molecola con questo tipo di legami non è in grado di rilasciare l'ossigeno nei tessuti.
L'affinità dell'emoglobina per il CO è 220 volte superiore a quella per l'O_2: bastano quindi minime quantità di questo gas nell'ambiente per produrre concentrazioni tossiche di *carbon-monossi-emoglobina* (HbCO). L'avvelenamento da monossido di carbonio avviene ad esempio quando una stufa difettosa libera CO in un ambiente chiuso.
L'avvelenamento da CO viene trattato con l'ossigenoterapia (generalmente in camera iperbarica), che facilita il distacco del CO dall'emoglobina.

9. Osserva il grafico e rispondi alle domande.

a. Perché la curva dell'HbCO è spostata molto a sinistra rispetto a quella dell'HbO$_2$?

....

....

b. Come interpreti il fatto che la curva sia così ripida?

....

....

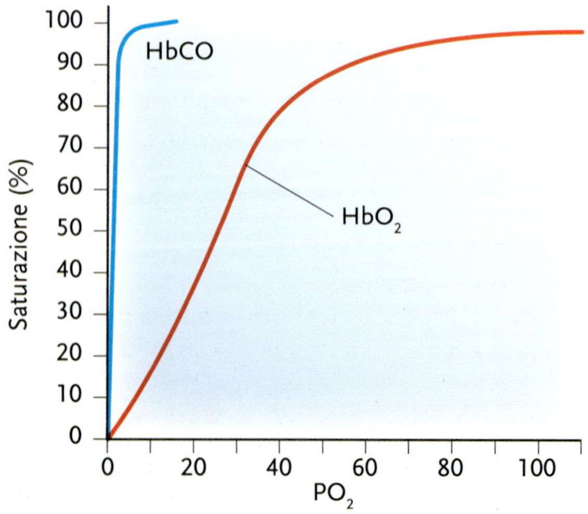

Il biologo in laboratorio

Competenza disciplinare ▶ Saper organizzare ed eseguire attività sperimentali in laboratorio

LA DIGESTIONE ALL'INTERNO DELLA BOCCA

La digestione chimica della saliva: la trasformazione dell'amido in glucosio

La digestione meccanica è un processo che avviene in bocca e viene svolto mediante la masticazione. Masticando, i denti frantumano il cibo, lo riducono in pezzetti più piccoli e lo mescolano alla saliva. La digestione meccanica, però, non trasforma il cibo in altre sostanze, perché non agisce a livello molecolare. Puoi avere facilmente un modello di digestione meccanica frullando una pera: assaggiandola noterai che, nonostante la pera abbia cambiato aspetto, il gusto è sempre lo stesso. La digestione chimica è un processo che, diversamente dalla digestione meccanica, trasforma le sostanze, convertendo le molecole di cibo in molecole più semplici. L'azione della saliva nella bocca e l'azione del succo gastrico nello stomaco sono esempi di digestione chimica.

Che cosa mi serve?

- becher
- 4 provette da 15 ml (con portaprovette)
- termometro
- fornello
- pentolino
- pane
- reattivo di Fehling*
- glucosio
- amido
- acqua
- bacchetta di vetro per mescolare
- pinza in legno
- cucchiaino
- bicchiere di carta
- pennarello indelebile

Che cosa devo fare?

Numera le 4 provette nel seguente modo: glucosio (1); pane secco (2); pane masticato (3); amido (4).
Mastica un pezzetto di pane per qualche minuto e mettilo in un bicchiere di carta insieme a un po' di saliva.
Inserisci un po' di glucosio nella provetta 1, un pezzetto di pane in briciole nella provetta 2, il pane masticato con saliva nella provetta 3, mezzo cucchiaino di amido nella provetta 4.
Riempi a metà ogni provetta con acqua e mescola.
Metti acqua nel pentolino e riscaldala fino a circa 50 °C.
Versa con attenzione l'acqua calda nel becher.
Nella provetta 1 aggiungi 3-4 gocce di ciascuno dei due reattivi di Fehling.
Tenendola con la pinza di legno, poni la provetta nel becher con l'acqua calda e attendi qualche minuto. Osserva che cosa avviene (prima e dopo avere immerso la provetta in bagnomaria) e scrivi sul quaderno i risultati.
Ripeti il test di Fehling con le altre tre provette. Se l'acqua nel becher si è raffreddata, sostituiscila con acqua calda. Registra tutti i risultati che ottieni sul quaderno.

Che cosa osservo?

Se hai eseguito correttamente l'esperimento, dovresti avere ottenuto i seguenti risultati.
Appena aggiunti i reattivi di Fehling, il contenuto di tutte le provette assume un colore azzurro. Dopo che le provette vengono riscaldate per qualche istante a bagnomaria, accade che:

- le provette 1 e 3 (contenenti glucosio e pane masticato) diventano di colore arancione;
- le provette 2 e 4 (contenenti pane non masticato e amido) restano di colore azzurro.

Che cosa è accaduto?

I reattivi di Fehling vengono utilizzati per riconoscere la presenza di zuccheri, ma non funzionano con l'amido.
Provetta 1. In contatto con il glucosio (provetta 1), a caldo, le soluzioni di Fehling reagiscono con il monosaccaride modificando il colore da azzurro ad arancione.
Provetta 2. La provetta 2, contenente il pane non masticato, resta azzurra con i reattivi di Fehling, perché questi non reagiscono con l'amido.
Provetta 3. La provetta 3, contenente il pane masticato, assume invece un colore arancione, come la provetta 1, perché la ptialina, un enzima contenuto nella saliva, ha trasformato l'amido del pane in glucosio.
Provetta 4. La provetta 4 rimane azzurra, perché l'amido non reagisce con i reattivi di Fehling.
Questo esperimento prova che in bocca la digestione chimica messa in atto dalla ptialina consente di convertire l'amido in glucosio.

La tintura di iodio

Un altro metodo per provare la trasformazione dell'amido in glucosio dovuta all'azione della ptialina utilizza la tintura di iodio, che, cambiando colore da marrone a viola, consente di evidenziare la *presenza di amido*.
La provetta contenente pane non masticato, dopo l'aggiunta di qualche goccia di tintura di iodio, diventa viola come quella contenente amido, mentre quella con pane masticato rimane marrone, così come quella con glucosio. Talvolta può accadere che il pane masticato, a causa di una non completa trasformazione dell'amido in glucosio, diventi viola.

---

* Il reattivo di Fehling è costituito da una *soluzione A* (composta da solfato di rame pentaidrato) e una *soluzione B* (in cui è presente tetrato di sodio e potassio e vi è la presenza di idrossido di sodio). Quando si mescola il reattivo di Fehling con una sostanza che contiene zuccheri riducenti, la soluzione assume una colorazione azzurra, che però (se riscaldata) può virare al verde, al giallo e al rosso; questo cambio di colore avviene in base alla quantità di zucchero riducente presente. Quando la sostanza assume una colorazione arancione/rossa, significa che la concentrazione di zucchero riducente è molta. Queste soluzioni non reagiscono né con il saccarosio né con l'amido.

Laurea in Medicina e Chirurgia

Scegli la risposta corretta.

1. Quale dei seguenti termini non è collegabile agli elementi dentari?
   - A Corona.
   - B Cemento.
   - C Fluorescina.
   - D Polpa.
   - E Dentina.
2. Quale delle seguenti strutture o regioni del sistema nervoso non è associata in modo corretto a una delle sue funzioni?
   - A Corpo calloso – comunicazione tra i due emisferi cerebrali.
   - B Talamo – produzione degli ormoni ADH.
   - C Ipotalamo – controllo della temperatura corporea.
   - D Cervelletto – coordinamento motorio.
3. Quali sono le cellule del sistema immunitario che sintetizzano gli anticorpi?
   - A I linfociti T.
   - B I macrofagi.
   - C Le plasmacellule.
   - D I neutrofili.
   - E I mastociti.
4. I dendriti trasmettono l'impulso nervoso…
   - A in senso centripeto, verso il corpo cellulare.
   - B in senso centrifugo, verso i centri nervosi.
   - C alternativamente nei due sensi.
   - D in modo variabile secondo lo stimolo.
   - E dai centri nervosi verso i recettori sensoriali.
5. La febbre, cioè l'aumento della temperatura corporea di base, è una modalità con cui il nostro organismo risponde a un'infezione batterica o virale. Essa è conseguenza del fatto che…
   - A alcuni globuli bianchi del nostro organismo producono sostanze che stimolano l'ipotalamo ad aumentare la temperatura di base.
   - B il microrganismo aggressore stimola direttamente il nostro ipotalamo ad aumentare la temperatura interna per facilitare la sua attività riproduttiva.
   - C gli anticorpi che le plasmacellule producono in risposta all'infezione fanno aumentare la temperatura di base.
   - D c'è una risposta automatica e inconscia del nostro organismo all'aumento della temperatura esterna.
   - E i farmaci assunti per combattere l'aggressore fanno aumentare la temperatura interna.
6. I gemelli biovulari hanno sesso…
   - A sempre uguale.
   - B mai diverso.
   - C sempre maschile.
   - D talvolta uguale, talvolta diverso.
   - E dipende da quale ovulo viene fecondato.
7. Il cardias è…
   - A uno sfintere dello stomaco.
   - B uno sfintere del duodeno.
   - C uno sfintere del retto.
   - D una valvola del cuore.
   - E il muscolo cardiaco.
8. Un significativo vantaggio della fecondazione interna deriva dal fatto che essa…
   - A consente di attribuire con certezza la paternità.
   - B porta alla formazione di una coppia stabile.
   - C consente la fecondazione di numerosi ovociti.
   - D facilita la riproduzione in ambiente terrestre.
   - E riduce la competitività tra i membri del gruppo.
9. Un medico deve curare una donna apparentemente sterile: dopo aver accertato che non vi è alcun danno a carico dell'apparato riproduttivo, disporrà esami clinici per verificare il corretto funzionamento di…
   - A reni.
   - B muscolatura liscia.
   - C ipofisi.
   - D polmoni.
   - E cuore.
10. Un difetto del setto interventricolare destro-sinistro del cuore può causare…
    - A diminuzione della quantità di ossigeno nel circolo sistemico.
    - B diminuzione della quantità di ossigeno nel circolo polmonare.
    - C diminuzione della quantità di CO_2 nella circolazione sistemica arteriosa.
    - D aumento del contenuto di ossigeno nel circolo sistemico.
    - E riflusso del sangue dai ventricoli agli atri.
11. La funzione del timo è…
    - A regolare il metabolismo.
    - B favorire l'accrescimento corporeo.
    - C portare a maturazione i linfociti T.
    - D stimolare le attività metaboliche.
    - E portare a maturazione i linfociti B.

INDICE ANALITICO

Tavole

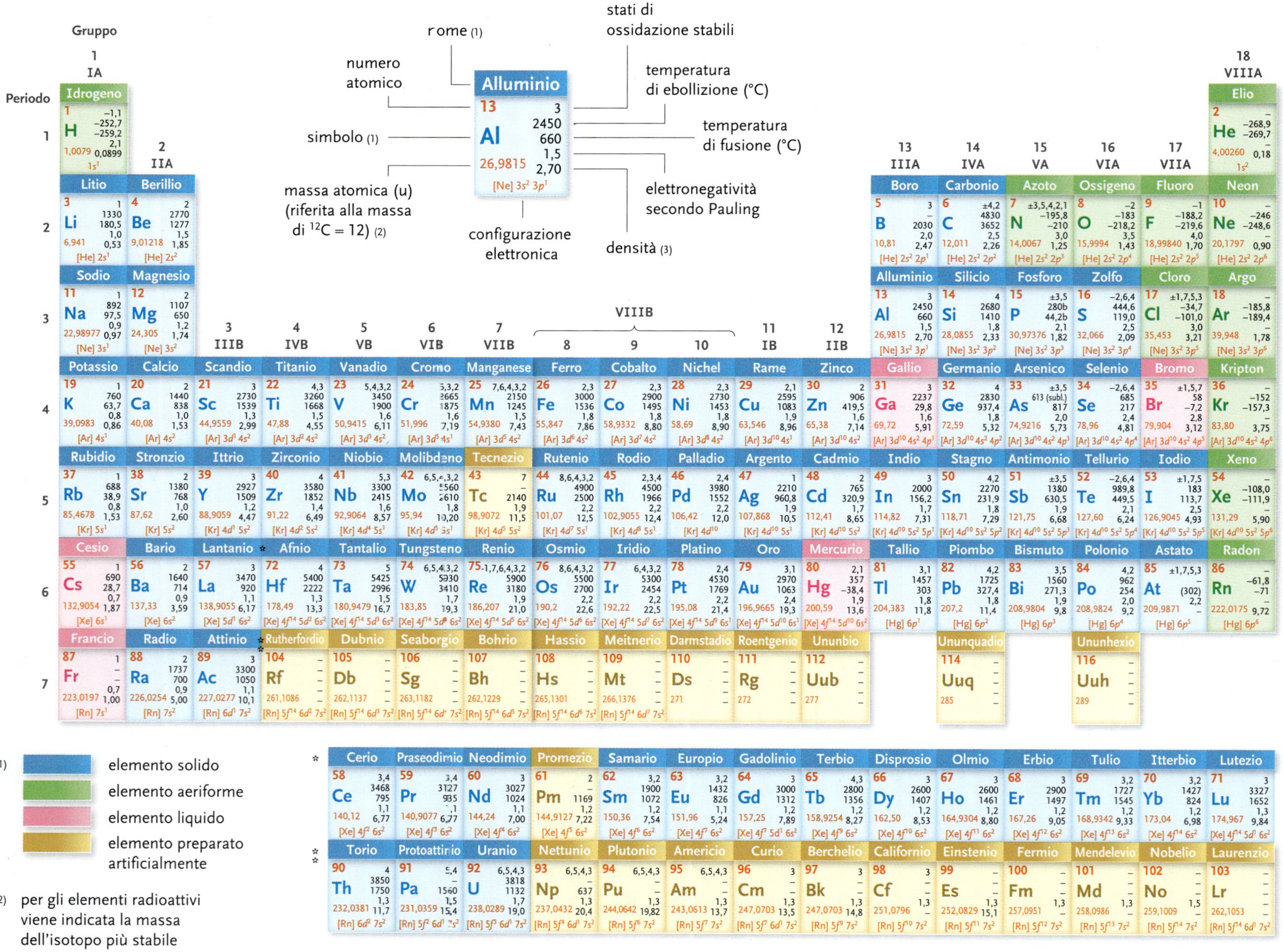

(1) elemento solido

elemento aeriforme

elemento liquido

elemento preparato artificialmente

(2) per gli elementi radioattivi viene indicata la massa dell'isotopo più stabile

(3) per i solidi e i liquidi la densità è espressa in g/ml a 20 °C; per i gas in g/l a 0 °C e a 1 atm

Le masse atomiche sono riferite al carbonio-12. Nei casi in cui compare un numero tra parentesi, esso indica il numero di massa dell'isotopo radioattivo più stabile di un elemento di cui non esistono isotopi stabili.

Nome	Simbolo	Numero atomico	Massa atomica
afnio	Hf	72	178,5
alluminio	Al	13	26,98
americio	Am	95	(243)
antimonio	Sb	51	121,75
argento	Ag	47	107,87
argo	Ar	18	39,95
arsenico	As	33	74,92
astato	At	85	(210)
attinio	Ac	89	(227)
azoto	N	7	14,01
bario	Ba	56	137,33
berillio	Be	4	9,01
berkelio	Bk	97	(247)
bismuto	Bi	83	208,98
bohrio	Bh	107	(262)
boro	B	5	10,81
bromo	Br	35	79,90
cadmio	Cd	48	112,41
calcio	Ca	20	40,08
californio	Cf	98	(251)
carbonio	C	6	12,01
cerio	Ce	58	140,12
cesio	Cs	55	132,91
cloro	Cl	17	35,45
cobalto	Co	27	58,93
cromo	Cr	24	52,00
curio	Cm	96	(247)
darmstadtio	Ds	110	(269)
disprosio	Dy	66	162,50
dubnio	Db	105	(262)
einstenio	Es	99	(252)
elio	He	2	4,00
erbio	Er	68	167,26
europio	Eu	63	151,96
fermio	Fm	100	(257)
ferro	Fe	26	55,85
fluoro	F	9	19,00
fosforo	P	15	30,97
francio	Fr	87	(223)
gadolinio	Gd	64	157,25
gallio	Ga	31	69,72
germanio	Ge	32	72,61
hassio	Hs	108	(265)
idrogeno	H	1	1,01
indio	In	49	114,82
iodio	I	53	126,90
iridio	Ir	77	192,22
itterbio	Yb	70	173,04
ittrio	Y	39	88,91
kripton	Kr	36	83,80
lantanio	La	57	138,91
laurenzio	Lr	103	(260)
litio	Li	3	6,94
lutezio	Lu	71	174,97
magnesio	Mg	12	24,31
manganese	Mn	25	54,94
meitnerio	Mt	109	(266)
mendelevio	Md	101	(258)
mercurio	Hg	80	200,59
molibdeno	Mo	42	95,94
neodimio	Nd	60	144,24
neon	Ne	10	20,18
nettunio	Np	93	(237)
nichel	Ni	28	58,69
niobio	Nb	41	92,91
nobelio	No	102	(259)
olmio	Ho	67	164,93
oro	Au	79	196,97
osmio	Os	76	190,23
ossigeno	O	8	16,00
palladio	Pd	46	106,42
piombo	Pb	82	207,2
platino	Pt	78	195,08
plutonio	Pu	94	(244)
polonio	Po	84	(209)
potassio	K	19	39,10
praseodimio	Pr	59	140,91
promezio	Pm	61	(147)
protoattinio	Pa	91	(231)
radio	Ra	88	(226)
radon	Rn	86	(222)
rame	Cu	29	63,55
renio	Re	75	186,21
rodio	Rh	45	102,91
roentgenio	Rg	111	(272)
rubidio	Rb	37	85,47
rutenio	Ru	44	101,07
rutherfordio	Rf	104	(261)
samario	Sm	62	150,36
scandio	Sc	21	44,96
seaborgio	Sb	106	(263)
selenio	Se	34	78,96
silicio	Si	14	28,09
sodio	Na	11	22,99
stagno	Sn	50	118,71
stronzio	Sr	38	87,62
tallio	Tl	81	204,38
tantalio	Ta	73	180,95
tecnezio	Tc	43	(99)
tellurio	Te	52	127,60
terbio	Tb	65	158,93
titanio	Ti	22	47,88
torio	Th	90	(232)
tulio	Tm	69	168,93
tungsteno	W	74	183,85
uranio	U	92	(238)
vanadio	V	23	50,94
xeno	Xe	54	131,29
zinco	Zn	30	65,39
zirconio	Zr	40	91,22
zolfo	S	16	32,07

Vitamine liposolubili			
Vitamina	**Fonti più comuni**	**Funzioni**	**Sintomi da carenza**
A (retinolo)	Verdure verdi e arancioni, frutta arancione, latticini.	Interviene nella sintesi dei pigmenti visivi, ha un'azione antiossidante e un ruolo nel mantenimento dei tessuti epiteliali.	Ridotta resistenza alle infezioni, dermatiti, disturbi visivi, cecità.
D	È prodotta dalle cellule della pelle; è presente nell'olio di fegato di merluzzo e nel rosso d'uovo.	Favorisce la crescita, la mineralizzazione e l'assorbimento di calcio nelle ossa.	Rachitismo nei bambini, fragilità ossea negli adulti.
E	Verdure verdi, tè, oli vegetali, cereali integrali, margarina.	Ha un'azione antiossidante; partecipa al mantenimento delle membrane cellulari.	Disfunzioni della coagulazione, anemia.
K	Tè, verdure verdi, cavolfiore; viene anche prodotta dai batteri intestinali.	Interviene nella coagulazione del sangue e nella catena di trasporto degli elettroni durante la respirazione cellulare.	Emorragie, anemia, disfunzione della coagulazione.

Vitamine idrosolubili			
Vitamina	**Fonti più comuni**	**Funzioni**	**Sintomi da carenza**
B1 (tiamina)	Cereali integrali, carne magra, legumi, verdure verdi, uova.	Attività da coenzima; serve per la formazione del tessuto connettivo.	Ritenzione idrica, scompensi cardiaci, disturbi nervosi.
B2 (riboflavina)	Carne, cereali integrali, latte, pollame, pesce.	Attività da coenzima.	Lesioni cutanee.
B6 (piridossina)	Spinaci, pomodori, carne, patate.	Coenzima nel metabolismo degli amminoacidi.	Anemia, danni ai nervi, ai muscoli e alla pelle.
B12 (cobalamina)	Carne rossa, pollame, pesce, latticini.	Coenzima nel metabolismo degli acidi nucleici.	Disfunzioni neurologiche, anemia.
PP (niacina)	Fegato, pesce, cereali, carne, pollame.	Attività da coenzima.	Disturbi nervosi, lesioni gastrointestinali e cutanee (pellagra).
C (acido ascorbico)	Frutta (soprattutto agrumi), verdura, pomodori, patate.	Necessaria per la formazione di ossa e cartilagine, ha azione antiossidante, antiinfettiva e antiemorragica.	Scorbuto, ridotta resistenza alle infezioni, ridotta capacità di riparare le ferite.
acido pantotenico	Carne, rosso d'uovo, lievito di birra.	Coenzima nel metabolismo del glucosio e nella sintesi degli acidi grassi e degli steroidi.	Emicrania, affaticamento, formicolio alle mani, nausea.
acido folico	Verdure verdi, cereali integrali, carne magra, lievito di birra.	Coenzima nel metabolismo degli amminoacidi e degli acidi nucleici; ha un'azione nello sviluppo del tubo neurale nell'embrione.	Anemia, crescita ridotta, disturbi mentali.
biotina	Rosso d'uovo, legumi.	Coenzima nel metabolismo del glicogeno, dei grassi e degli amminoacidi.	Dermatiti, depressione, anemia.

ANNOTAZIONI